Praxisbuch der gesunden

Ernährung

Dr. Jörg Zittlau / Dr. Norbert Kriegisch

Praxisbuch der gesunden

Ernährung

Iss dich fit!

SÜDWEST

Inhalt

Kirschen enthalten Biostoffe für die Gesundheit.

Die Auswahl an Apfelsorten ist vielfältig.

Kalt gepresste Öle – für die gesunde Küche.

Iss dich fit!

*S*ich gesund ernähren – das will heute fast jeder. Hat es sich doch mittlerweile herumgesprochen, dass der Wohlstand in unseren westlichen Industrienationen zwar Hungersnöte nur noch aus dem Geschichtsbuch kennt, aber dass diese gesicherte Ernährungslage auch ihre Nachteile hat. Zu viel Zucker, zu viel Fett, zu viel Fleisch – all das, was früher mal als Luxus galt, bringt heute unsere Esstische zum Biegen und unsere Gesundheit ins Wanken.

Dass uns die industrielle Revolution noch von der schweren körperlichen Arbeit früherer Zeiten befreit hat, ist ein weiterer Nachteil für unsere Gesundheit. Wir sind auf dem besten Weg, ein Volk von Stubenhockern oder Verkaufsthekenstehern zu werden – und damit ein Volk von Rückenkranken, Kreislaufgeschädigten und Menschen mit schlechter Verdauung.

Neben mehr Bewegung ist gesunde Ernährung der erste Schritt zu einer stabilen Gesundheit – und dabei kann Ihnen dieses Buch gute Dienste tun.

Essen und Gesundheit

Ungesunde Ernährung kann lebensbedrohend sein.

Ein typischer Fall

Der Mann hatte schon einige Kilos zu viel auf seinem Leib, doch das störte ihn offenbar nicht. Der dicke Hamburger mit dem weichen Brötchen samt versalzenen Pommes und obligatorischer Cola schien ihm zu schmecken. Nach zwei Minuten war alles vorbei, das Fastfood war vertilgt.

Doch dann geschah das Erstaunliche. Der Mann griff in seine Jackentasche und holte eine Schachtel mit Pillen heraus: Vitaminpillen mit Mineralzusatz. Denn er wusste, dass das soeben beendete Mahl mehr durch Fette als durch Biostoffe glänzte, und so wollte er denn auch gleich für Ausgleich sorgen. Also schluckte er – sozusagen als »präventives Dessert« – noch schnell eine Vitaminpille hinterher.

Ernährung – ein aktuelles Problem

Vor zehn Jahren war die beschriebene Szene in Deutschland noch eine pure Zukunftsvision, über die man als »amerikanische Marotte« lächeln konnte, doch heute gehört sie zur alltäglichen Realität. Der Durchschnittsbürger schluckt jeden Tag eine Pille und viele davon in dem festen Glauben, damit alle Sünden – vor allem die im Hinblick auf die Ernährung – ungeschehen machen zu können.

Eine fette Schweinshaxe mit verkochtem Sauerkraut und einem Krug Bier – kein Problem, wenn man die Lezithinpillen zur Cholesterinsenkung parat hat. Eine »Nachmittagssession« mit vier Tassen Kaffee, fünf Zigaretten, zwei Stücken Torte und riesigen Sahnehauben – kein Problem, wenn man mit Multivitaminpräparaten sein kahl geschlagenes Biostoffdepot wieder aufforstet. Zu tief ist einfach die Einstellung in unserer hochtechnisierten Gesellschaft verwurzelt, dass man den über viele Jahre ramponierten Körper mit pharmazeutischen Nahrungsergänzungen schon wieder auf Vordermann bringen könne.

Traurige Realität

Die Wirklichkeit sieht in Deutschland jedoch anders aus. Jährlich gehen etwa 600 000 Todesfälle auf fehlerhafte Ernährung zurück. Ernährungsbedingte Krankheiten verursachen nach einer Studie des Bundesgesundheitsministeriums knapp 84 Milliarden DM Krankheitskosten, das ist ein Drittel des gesamten Gesundheitsbudgets.

Der Preis des Wohlstands

So makaber es klingt: Die durch falsche Ernährung bedingten gesundheitlichen Probleme weiter Teile der westeuropäischen und nordamerikanischen Bevölkerung sind die Folge einer langen Zeit des Friedens und relativen Wohlstands in den westlichen Industrienationen. Die Älteren unter uns erinnern sich noch gut daran, wie in den Jahren des Wirtschaftswunders Unmengen fetthaltiger Nahrungsmittel vertilgt wurden. »Nur nicht mehr hungern«, hieß die Devise, deren Folgen sich heute zeigen.

Krankheiten durch falsche Ernährung

Diese Krankheiten werden nachweislich durch falsche Ernährung ausgelöst oder gefördert:

- Herz-Kreislauf-Erkrankungen wie Herzinfarkt oder Arteriosklerose
- Karies
- Diabetes (Zuckerkrankheit), Gicht
- Magen-Darm-Erkrankungen wie Gastritis, Magengeschwüre, Darmgeschwüre
- Krebserkrankungen
- Allergien und andere Hautkrankheiten
- Durchblutungsstörungen
- Venenleiden wie Hämorrhoiden und Krampfadern
- Bluthochdruck, rheumatische Erkrankungen

Spitzenreiter sind die Herz-Kreislauf-Erkrankungen, gefolgt von Karies. Die falsche Ernährung gilt mittlerweile als Hauptursache für Erkrankungen wie Herzinfarkt, Diabetes, Magengeschwüre, Hauterkrankungen, Allergien u. v. a. m. Am deutlichsten ist der Zusammenhang zwischen Krebs und Ernährung. Hier gibt es keine Zweifel mehr daran, dass eine überwiegend aus Fleisch bestehende Kost zur Entstehung von Tumoren im Verdauungstrakt und von Brustkrebs beiträgt.

Leben Vegetarier gesünder?

Gründe genug also, ein verstärktes Augenmerk auf die Ernährung zu legen. Für radikale Glaubenskriege gegen bestimmte Nahrungsmittel ist hier freilich kein Platz. Wer ausschließlich von Pflanzenkost lebt, ist ebenso einseitig ernährt wie jemand, der überwiegend von Fleisch oder Süßwaren lebt. Aus diesem Grund werden in diesem Buch auch keine Verbote genannt, nach dem Motto »Bloß kein Fleisch, keinen Alkohol und keine Süßigkeiten!« oder »Bloß keinen Fisch und kein Gemüse aus dem Supermarkt, denn da lauern Schwermetalle!«. Uns geht es vielmehr darum, eine Übersicht über eine sinnvolle, abwechslungsreiche Ernährung zu verschaffen und den Blick für die einzelnen gesunden Nahrungsmittel zu schärfen – und zu erklären, warum sie überhaupt gesund sind und wie man sie zur Vorbeugung und Therapieunterstützung von bestimmten Krankheiten am besten einsetzt. Denn ein gesundes Leben schafft man nicht durch Verbote, sondern immer nur durch Einsicht.

Verbote helfen nicht viel… …und das nicht nur, weil sie selten beachtet werden. Auf einzelne Nahrungsmittel völlig zu verzichten macht auch in den meisten Fällen ernährungsphysiologisch wenig Sinn, da der Mensch nun mal von Natur aus ein »Allesfresser« ist.

Die Biostoffe

Mittlerweile ist es Wissenschaftlern gelungen, eine ganze Reihe von heilenden Biostoffen in der Nahrung kenntlich zu machen. Schon länger bekannt sind:

- ▶ Ballaststoffe
- ▶ Ungesättigte Fettsäuren
- ▶ Aminosäuren
- ▶ Mineralien
- ▶ Vitamine
- ▶ Milchsäurebakterien

Breitenwirkung

So vielfältig, wie die in Nahrungsmitteln enthaltenen Wirkstoffe in ihrer chemischen Beschaffenheit sind, auf so unterschiedliche Art und Weise wirken sie im menschlichen Körper. Mit einer ausgewogenen Ernährung lassen sich nicht nur körperliche Gesundheit und Leistungskraft fördern, sondern auch das Aussehen und das seelische Empfinden positiv beeinflussen.

In jüngerer Zeit sind schließlich eine Reihe von Biostoffen hinzugekommen, die gern unter dem Begriff »sekundäre Pflanzenstoffe« zusammengefasst werden. Dazu gehören:

- ▶ Karotinoide
- ▶ Phytosterine
- ▶ Saponine
- ▶ Glukosinolate
- ▶ Terpene
- ▶ Sulfide

Diese weniger bekannten Substanzen werden im ersten Teil dieses Buches, wo die einzelnen Nahrungsbestandteile vorgestellt werden, nicht gesondert aufgeführt, spielen aber in den Kapiteln »Die häufigsten Krankheiten« und »Gesunde Nahrung von A bis Z« eine wichtige Rolle.

Die Wirkungen gesunder Ernährung

Biostoffe wirken nicht nur, wie man vielleicht annehmen möchte, auf den Verdauungstrakt und das Kreislaufsystem. Nicht erst in letzter Zeit hat man herausgefunden, dass sich die Ernährung auch auf Intellekt und Stimmung, auf Schönheit und körperliche Fitness auswirkt. In diesem Buch finden Sie deshalb Vorschläge, wie Sie die einzelnen Nahrungsmittel nach ihrer Wirkung in bestimmten Bereichen Ihrer Gesundheit einsetzen können: Die verschiedenen Kapitel weisen Ihnen den Weg zu einer Ernährung für gutes Aussehen, geistige Regsamkeit oder zur Behandlung bestimmter Krankheiten.

Die kosmetischen Wirkungen

Es gibt Nahrungsmittel, die schon sehr lange als Kosmetikum eingesetzt werden. Dazu zählen beispielsweise Milch, Gurke und Avocado. Wenn freilich Kleopatra ihr Milchbad nahm oder Katharina von Medici die Gurke innerlich und äußerlich als Hautpflegemittel einsetzte, wussten sie zwar, dass ihnen diese Substanzen gut taten, aber nicht, warum diese beiden Nahrungsmittel zum Erhalt ihrer Schönheit beitrugen. Heute liegen über die kosmetischen Eigenschaften der Nahrungsmittel eine ganze Reihe von gesicherten Erkenntnissen aus der Chemie vor. Eine Übersicht mit Tipps für die richtige Ernährung für die Schönheit liefert das gleichnamige Kapitel in diesem Buch.

Die psychischen Wirkungen

Nahrung wirkt nicht nur physiologisch, sondern auch psychologisch. Ein Schweinebraten mit Kloß beispielsweise macht träge, ein frischer Obstsalat mit Zitronensaft macht hingegen munter. Diese Wirkungen beruhen nicht nur auf den Biostoffen, die in den jeweiligen Nahrungsmitteln vorhanden sind, sondern auch auf ihren psychischen Inhalten. So sind schon die Farben von Obstsalat in der Regel frischer und bunter als die eines Schweinebratens, außerdem gehen von Obst Düfte und Aromen aus, die im Nervensystem aufmunternd wirken. All diese Aspekte finden in den folgenden Kapiteln besondere Berücksichtigung.

Nahrung als Heilmittel

Schon Hippokrates (460–377 v. Chr.) betonte den Zusammenhang zwischen Nahrung und Gesundheit. Für ihn stand fest, dass der unterschiedliche Verlauf einer Krankheit von der Ernährungsweise ab-

Auch der Spaß ist wichtig
Essen soll Spaß machen – und das ist nicht nur so dahingesagt. Denn eine freudige, entspannte Haltung dem Essen gegenüber führt zu einer besseren Verdauung, da sich das vegetative Nervensystem auf seine eigentliche Aufgabe konzentrieren kann und keinen Stress verarbeiten muss.

Der Pionier der Heilkunst schlechthin war auch ein Pionier auf dem Gebiet der gesunden Ernährung: Von Hippokrates (460–377 v. Chr.) sind die ersten Diätrichtlinien übermittelt.

11

hängt. Seine dringende Empfehlung war denn auch, der täglichen Nahrung viel Aufmerksamkeit entgegenzubringen, »insofern, dass die Ernährungsweise Alter, Jahreszeiten, Gewohnheiten, Land und Konstitution berücksichtigen sowie Hitze und Kälte entgegenwirken sollte«. Dann, so der griechische Arzt und Philosoph, würde man sich bester Gesundheit erfreuen.

Hippokrates vertrat auch schon die Ansicht, dass die Ernährung als Heilmittel eingesetzt werden kann: »Eure Nahrungsmittel sollen eure Heilmittel sein, eure Heilmittel sollen eure Nahrungsmittel sein.« Dementsprechend kamen bei ihm schon die unterschiedlichsten Speisen als Arznei zum Einsatz, von der Gurke bis zur Petersilie.

Aus heutiger wissenschaftlicher Sicht kann das hippokratische Kredo nur bestätigt werden. Mittlerweile gibt es keinen Zweifel mehr daran, dass über die Nahrung die Entstehung und der Verlauf von bestimmten Krankheiten beeinflusst werden können. Dieses Thema wird ausführlich im Kapitel »Die häufigsten Krankheiten« behandelt.

Was Nahrung wirklich kann

Kann die richtige Nahrung die Lösung für all unsere Gesundheitsprobleme sein, die mittels der Schulmedizin nicht gelöst werden konnten? Ganz sicherlich nicht. Denn genauso wenig, wie es immer eine richtige Pille für eine bestimmte Krankheit gibt, existiert auch kein Nahrungsmittel, das 100-prozentig auf eine bestimmte Krankheit passt. Eine Erkrankung ist kein technischer Fehler, also nicht der Ausfall eines einzelnen Funktionsteils in der menschlichen Maschine, sondern steht in einem komplizierten Zusammenhang mit der gesamten körperlichen und geistigen Befindlichkeit der Person.

Ganzheitliche Zusammenhänge

Die Tatsache beispielsweise, dass die Sojabohne große Mengen an Pyridoxin enthält, dessen Mangel zu übermäßiger Talgproduktion und Akne führt, heißt noch lange nicht, dass Soja auch jede Akne therapieren kann. Und die zinkhaltige Erbse ist kein 100-prozentiges Mittel gegen Haarausfall, auch wenn Zinkmangel zu den häufigsten Ursachen von Haarausfall gehört. Der Grund ist einfach: Jede Krankheit hat mehrere Ursachen, und jedes Nahrungsmittel hat mehrere Wirkungen, und es ist äußerst selten, dass alle Ursachen und alle Wirkungen zueinander passen. Das Problem gibt es auch bei Medikamenten – und bei den noch viel komplexer aufgebauten Nahrungsmitteln kann es erst recht nicht ausgeschlossen werden. Nichtsdestoweniger besteht eine gewisse Chance, über das Soja die Hautprobleme und

Keine eindeutigen Wirkungen
Wer mit seiner Ernährung seine Gesundheit fördern will, muss von alten Denkmodellen Abschied nehmen. Es gibt keine bestimmten Nahrungsmittel, die einen bestimmten körperlichen Mangel beheben. Solche »monokausalen« Wirkungen kennt man in technischen Bereichen, die Natur – und speziell der Mensch – funktioniert viel komplizierter. So, wie Krankheiten durch das Zusammenwirken unterschiedlichster – auch seelischer – Faktoren ausgelöst werden, können sie wirkungsvoll und auf Dauer auch nur durch das Zusammenwirken verschiedener Stoffe geheilt werden.

über die Erbse den Haarausfall vorbeugend und therapeutisch in den Griff zu bekommen. Und zur Unterstützung können sie in jedem Fall eingesetzt werden, insofern ihr Biostoffprofil und auch ihre psychische Bedeutung die Kräfte des Körpers in eine Richtung lenken, wo ihm der Heilungsprozess leichter fällt.

Die gesunden Nahrungsmittel

Den Abschluss dieses Buches bildet das Kapitel »Gesunde Nahrung von A bis Z«. Es erhebt keinen Anspruch auf Vollständigkeit, in ihm finden sich vielmehr wichtige Fakten zu Wirkung, Kauf, Konservierung und Zubereitung von Nahrungsmitteln, die häufig zum Einsatz kommen können und die in ihrer biologischen und psychischen Wirkung das ganze Panorama der Gesundheit abdecken können. Mit anderen Worten: Wer bei seiner täglichen Ernährung auf diese Nahrungsmittel setzt, hat die besten Chancen, ein langes und gesundes Leben zu führen.

Lieber doch kein Fleisch?

- Im Kapitel »Gesunde Nahrung von A bis Z« ist der große Bereich der Wurst- und Fleischwaren ausgespart worden. Dies soll nicht als Plädoyer für eine ausschließlich vegetarische Ernährung gewertet werden. Doch der Verzehr von Fleisch ist nicht ganz unproblematisch, und das nicht nur aufgrund seines hohen Gehaltes an gesättigten Fetten, Cholesterin und Purinen. Noch bedenklicher stimmen die Skandale der letzten Zeit. Immer noch werden Tiere unter haarsträubenden Bedingungen gezüchtet und mit Kadavermehlen und Medikamenten voll gestopft.

- Der gelegentliche Verzehr eines Fleisch- oder Wursthappens wird Ihre Gesundheit sicherlich nicht ruinieren. Doch als Schwerpunktnahrung hat das Fleisch ausgedient. Wir haben uns dazu entschlossen, ersatzweise die tierischen Produkte Honig, Milch, Joghurt, Kefir und Eier sowie auch den Fisch mit aufzunehmen – wohl wissend, dass auch diese nicht ohne Probleme sind. Durch entsprechende Tipps zu Kauf und Zubereitung erhält jedoch der Verbraucher die Möglichkeit, das Risiko beim Verzehr dieser Nahrungsmittel so weit wie möglich zu reduzieren.

Den Fleischkonsum reduzieren

Fleisch ist ein hochwertiges Nahrungsmittel und sollte auch auf den Tisch kommen, wenn es Ihnen schmeckt. Aus gesundheitlichen (hoher Fett- und Cholesteringehalt) und ethischen Gründen (Massentierhaltung, quälerische Tiertransporte) sollte man allerdings weniger und vor allem bewusster konsumieren. Mit Ihrem Verhalten als Verbraucher nehmen Sie langfristig Einfluss auf Qualität und Produktionsmethoden in der Agrarwirtschaft.

Wenn von den Grundstoffen der Ernährung die Rede ist, dann wird meistens von acht Substanzen gesprochen, nämlich von Proteinen, Kohlenhydraten, Fetten, Vitaminen, Wasser, Mineralstoffen, Spurenelementen und Ballaststoffen.

Der Mensch ist, was er isst

Die Auflistung dieser Grundstoffe bringt dem an seiner Ernährung praktisch interessierten Menschen allerdings wenig. Denn ihn interessieren weniger die Grund-, als vielmehr die Wirkstoffe in seiner Nahrung; oder anders ausgedrückt: Er will wissen, was in seiner Nahrung welche Reaktionen in seinem Körper auslöst und wie er seinen Speiseplan in eine biopositivere Richtung dirigieren kann.

Im folgenden Kapitel wurde daher bewusst auf die strenge begriffliche und wissenschaftliche Trennung verzichtet, um den Bezug zur Ernährungspraxis nicht zu verlieren. So kann es durchaus vorkommen, dass eine Substanz in mehreren Kapiteln auftaucht – wie etwa das Natrium, das mehrfach abgehandelt wird. Doch Natrium ist eben ein Stoff mit vielen Gesichtern – je nachdem, in welcher Verbindung und mit welcher Absicht es eingesetzt wird.

Der Grundbaustein unserer Nährstoffversorgung – Aminosäure unter dem Mikroskop.

Aminosäuren

Was sind Aminosäuren?

Aminosäuren sind die Grundbausteine aller Proteine. Die 25 Arten der Aminosäuren werden in drei verschiedene Gruppen unterteilt:

▶ Essenzielle Aminosäuren, die der Organismus nicht selbst herstellen kann und daher über die Nahrung aufnehmen muss

▶ Nichtessenzielle Aminosäuren, die der Organismus selbst herstellen kann, sofern er durch die Nahrungszufuhr mit genügend Stickstoff versorgt wird

▶ Semiessenzielle Aminosäuren wie Arginin und Histidin. Diese Aminosäuren können nur unter bestimmten Stoffwechselbedingungen vom menschlichen Körper selbst produziert werden.

Die positiven Wirkungen der Aminosäuren

Aus Aminosäuren stellt der Körper Zehntausende von unterschiedlichen Proteinen mit unterschiedlichen Aufgaben her. Voraussetzung ist jedoch, dass wir uns über eine Mischkost aus hochwertigen Pflanzenproteinen (etwa in Sojagetreide) und tierischen Proteinen (Quarkspeisen, Fisch, Hühnerfleisch) mit einem ausgewogenen Aminosäurenprofil versorgen. Wichtig: Rein vegetarische Kost führt zu einer Mangelversorgung an schwefelhaltigen Aminosäuren und provoziert dadurch Erkrankungen im Haar- und Hautbereich.

Nicht rein vegetarisch
Eine rein vegetarische Ernährung führt zur Mangelversorgung an wichtigen Aminosäuren. Gesünder ist es, wenn Sie einzelne Nahrungsmittel nicht komplett von Ihrem Speiseplan streichen. Eine Mischkost aus pflanzlichen und tierischen Proteinen bietet Ihnen nicht nur Abwechslung beim Essen, sondern versorgt Sie darüber hinaus noch mit allen nötigen Aminosäuren. Auf diese Weise schützen Sie Haare und Haut vor Erkrankungen.

Arten der Aminosäuren	
Essenzielle Aminosäuren	**Nichtessenzielle Aminosäuren**
Isoleuzin	Alanin
Leuzin	Asparaginsäure, Asparagin
Lysin	Glutaminsäure, Glutamin
Methionin	Glyzin
Phenylalanin	Hydroxylysin
Threonin	Ornithin
Tryptophan	Prolin, Hydroxyprolin
Valin	Serin, Tyrosin
Histidin, Arginin (nur bei	Zitrullin
Säuglingen essenziell)	Zystin, Zystein

Aminosäuren von A bis Z

Aminosäure	Wichtig für
Alanin	Eiweißproduktion
Arginin	Wachstumshormone, Schönheit
Asparaginsäure	Muskelwachstum
Glyzin	Muskel- und Knochenwachstum
Lysin	Immunsystem
Methionin	Entgiftung, Wundheilung
Ornithin	Bauchspeicheldrüse, Diabetestherapie
Phenylalanin	Hormonproduktion, gutes Gedächtnis
Prolin	Eiweißproduktion
Threonin	Verdauung, gesunden Appetit
Tyrosin	Nervensystem, gute Stimmung
Valin	Sauerstofftransport im Blut
Zystin	Entgiftung, schöne Haut

Allroundtalente

An Aminosäuren denkt man zuallerletzt, wenn es um die Bausteine einer ausgewogenen Ernährung geht. Dabei gibt es kaum eine Körperfunktion, die ohne Aminosäuren aufrechterhalten werden könnte. Ob es nun um Ihre Schönheit, Ihr Immunsystem oder Ihre Gedächtnisleistung geht – Aminosäuren spielen immer eine Rolle.

Wichtige Helfer für Ihre Gesundheit

▶ Alanin gehört zu den wichtigsten Eiweißbausteinen. Bei ausgewogener Ernährung kann Alaninmangel immer ausgeschlossen werden.

▶ Arginin ist entscheidend an der Produktion der Wachstumshormone beteiligt und sorgt für ein jugendliches Aussehen und eine straffe Haut, ist also entscheidend für Ihre Schönheit. Allerdings begünstigt Arginin auch das Wachstum von Herpesviren. Daher sollte es von Menschen mit Neigung zu Lippenbläschen nur in Maßen gegessen werden. Arginin befindet sich vor allem in Schokolade.

▶ Asparaginsäure fördert das Muskelwachstum. Asparagin befindet sich vor allem in Keimlingen.

▶ Glyzin fördert das Muskel- und Knochenwachstum. Es wird bei ausgewogener Ernährung vom Körper ausreichend produziert.

Diäten wirksam unterstützen

▶ Karnitin, eine vitaminähnlicher Wirkstoff aus Lysin und Methionin, fördert den Fettstoffwechsel und unterstützt den Abbau von Fettpolstern. Karnitin spielt die Rolle eines Abfallverwerters, indem es die Mitochondrien (die Kraftwerke unserer Zellen) von organischen Säuren befreit, die entstehen, wenn die Fettverbrennung gestört ist. Der Körper stellt Karnitin selbst her, wenn er über die Nahrung ausreichend Lysin und Methionin (in Käse und Hühnerfleisch) erhält. Fertiges Karnitin finden wir in Lamm- und Hammelfleisch.

Karnitin gegen Fettpolster

Karnitin kann Ihnen beim Abbau überflüssiger Fettpolster helfen, denn Karnitin unterstützt die Verbrennung von Fett. Ihr Körper kann Karnitin selbst herstellen, vorausgesetzt, Sie nehmen mit Ihrer Nahrung genügend Lysin und Methionin auf. Diese beiden Aminosäuren sind u. a. in Hühnerfleisch enthalten. Lassen Sie sich also ruhig einmal ein Hähnchen schmecken – so tun Sie zugleich Ihrer Figur etwas Gutes.

Ein muskulöser Mann ist wohl der Traum vieler Frauen. Für viele Männer Grund genug, dem Aufbau der Muskelmasse durch isolierte Aminosäuren auf die Sprünge zu helfen. Medizinisch gesehen ist diese Vorgehensweise jedoch höchst zweifelhaft. Darum ist ein romantisches, natürlich zubereitetes Essen diesen künstlichen Präparaten auf jeden Fall vorzuziehen.

Isolierte Aminosäuren als Sportlernahrung?

Bei Kraftsportlern ist neuerdings der Einsatz von isolierten Aminosäuren beliebt. Dabei werden vor allem zwei Ziele verfolgt:

● Der Körper spart Energie beim Umbau von Eiweiß in Muskelmasse. Der Sportler bekommt schneller Muskelmasse, ohne zu viel Fleisch essen zu müssen.

● Aminosäuren sind zentral für den Stoffwechsel. Also kann so der Stoffwechsel gezielt gelenkt werden.

Unter Sportmedizinern ist die Verabreichung von isolierten Aminosäuren sehr umstritten: Die Präparate sind sehr teuer, die Folgen einer Einnahme noch weitgehend unerforscht. Wer seine Trainingsergebnisse optimieren will, kommt mit einem Speiseplan aus natürlichen Lebensmitteln sicherlich genauso weit.

Aminosäuren für Ihr Wohlbefinden …

▶ Lysin ist wichtig für Ihr Immunsystem. Es unterstützt die Therapie von Herpes, Aphthen und Schleimhautentzündungen im Mund- und Zahnfleischbereich. Lysin findet sich in Milchprodukten.
▶ Methionin unterstützt den Giftabbau in der Leber und die Wundheilung. Es sorgt für bessere Konzentration. Methionin befindet sich in tierischen Proteinen und wird durch Hitze sehr schnell zerstört.
▶ Ornithin fördert die Arbeit der Bauchspeicheldrüse. Darum wird es zurzeit als Medikament in der Diabetestherapie diskutiert.

… für gutes Gedächtnis und eine schöne Haut

▶ Phenylalanin verbessert das Gedächtnis und wirkt als natürliches Schmerzmittel. Phenylalanin ist im Fisch enthalten.
▶ Threonin fördert die Verdauung. Threoninmangel führt zu Appetitlosigkeit und Gewichtsverlust. Threonin findet sich im Fisch.
▶ Tyrosin wirkt depressions- und erschöpfungsmindernd. Zusammen mit Phenylalanin und Methionin gehört Tyrosin zu den psychoaktiven Aminosäuren, die den Fettabbau im Körper ankurbeln. Tyrosin kann Diäten wirksam unterstützen. Tyrosin befindet sich in Tofu, Fisch, Hähnchenbrust und Magerkäse.
▶ Valin fördert den Sauerstofftransport im Blut. Glücklicherweise befindet sich Valin in nahezu allen lebendigen Proteinen.
▶ Zystin schützt die Leber vor Fettablagerungen, unterstützt den Körper beim Ausscheiden von Schwermetallen und fördert den Aufbau der Haut. Zystin zählt neben Arginin zu den Schönmachern.

Tyrosin gehört zu den psychoaktiven Aminosäuren. Es wirkt Erschöpfungszuständen entgegen und kann eine Diät wirksam unterstützen. Tyrosin sollte daher öfter in Ihrer Nahrung enthalten sein. Trinken Sie darüber hinaus noch ein Glas Zitronen- oder Orangensaft, dann wird Ihr Körper noch mehr und schneller Fett verbrennen.

Vorsicht vor einem Zuviel

Die exzessive Einnahme von tierischen Eiweißen und deren Aminosäuren kann zu einer Übersäuerung des Körpers führen. Hier kommt es dann zu Müdigkeitserscheinungen. Längerfristige Übersäuerungen werden auch als Ursache für die Entstehung von Magenerkrankungen und Krebs diskutiert.

Folgen der Überdosierung

▶ Eine Überdosierung von Arginin begünstigt den Ausbruch von Lippenherpes.
▶ Eine Überdosierung an Tyrosin, Lysin und Karnitin kann zu Stresssymptomen wie Herzjagen, Schweißausbrüchen und Angstgefühlen führen.

Was Sie in der Küche beachten müssen

Garmethoden mit hoher Temperaturentwicklung sollten in einer biopositiven Küche eher die Ausnahme bilden.

Die L- und D-Form

Natürliche Aminosäuren besitzen die so genannte L-Form, ihre Moleküle sind dabei links gedreht. Nur in dieser Form sind sie für unseren Organismus erschließbar.

Unter starker Hitze oder durch Behandlung mit Konservierungs- und Farbstoffen wechseln Aminosäuren jedoch zur D-Form: In dieser Form besitzen Aminosäuren keinen Nährwert mehr. D-Aminosäuren können sogar Schaden anrichten, weil sie im Darm die Aufnahme der L-Aminosäuren behindern.

Nahrungsmittel mit Aminosäuren

Diese Nahrungsmittel enthalten besonders viele gesundheitsfördernde Aminosäuren:

- Fisch
- Hähnchen- bzw. Hühnerfleisch
- Hammel- bzw. Lammfleisch
- Keimlinge
- Milchprodukte wie Käse oder Quark
- Sojagetreide
- Tofu
- Schokolade (aber nur in Maßen genießen!)

Müde und gestresst
Aminosäuren sind sehr wichtig für Ihr Wohlbefinden. Versuchen Sie aber dennoch nicht, beliebig viel an Aminosäuren einzunehmen. Eine Überdosierung bestimmter Aminosäuren kann Müdigkeitserscheinungen, Stresssymptome und selbst Krebs hervorrufen. So erreichen Sie das genaue Gegenteil von dem, was Sie wollen.

Küchentipp
Natürliche Aminosäuren ändern bei starker Hitze ihre chemische Form und werden dadurch für den Körper unbrauchbar oder sogar schädlich. Meiden Sie darum in Ihrer Küche nach Möglichkeit Garmethoden mit hoher Temperaturentwicklung. Auch Farb- oder Konservierungsstoffe können die natürliche Struktur der Aminosäuren vernichten und sollten daher nach Möglichkeit gemieden werden.

Unverzichtbarer Ballast für unsere Verdauung – Bohnen liefern ihn reichhaltig.

Ballaststoffe

Was sind Ballaststoffe?

Der etwas negativ klingende Begriff »Ballaststoffe« stammt aus dem Jahre 1860. Die Wissenschaftler des 19. Jahrhunderts verstanden darunter die gesamten unverdaulichen Bestandteile der Nahrung, also auch Sand, Steine und Haare. Weil man früher den biologischen Wert dieser unverdaulichen Substanzen nicht einzuschätzen wusste, glaubte man, mit Ballaststoffen – für alle Stoffe, die vom Verdauungsapparat mehr oder weniger mitgeschleppt werden – den richtigen Begriff gefunden zu haben.

Ballaststoffe – kein unnötiger Ballast

Heute werden Ballaststoffe auch als Faserstoffe bezeichnet. Definiert werden sie als Nahrungsbestandteile pflanzlicher Herkunft, die unserer Verdauung widerstehen. Faserstoffe passieren den ganzen Weg der Verdauung vom Mundspeichel bis zum Dickdarm, ohne dabei chemische Schrammen davonzutragen.

Im Dickdarm werden die Ballaststoffe zwar doch noch teilweise von Bakterien zerlegt, aber für eine Aufnahme in den Körper ist es dann bereits zu spät. Daher gehören Ballaststoffe im strengen Sinn gar nicht zur Ernährung, weil sie ja nicht von unserem Körper aufgenommen werden. Trotzdem kann der Mensch ohne sie unmöglich seine Gesundheit erhalten. Eine Unterversorgung an Ballaststoffen führt zu zahlreichen Erkrankungen.

Scheinbar unnötig

Dank unserer modernen Forschung kennt man heute den gesundheitserhaltenden Wert der Ballaststoffe. Doch das war nicht immer so. Im 19. Jahrhundert wurde der Begriff »Ballaststoffe« geprägt. Dieser Begriff zeigt, dass man damals Ballaststoffe für etwas völlig Unnötiges gehalten hat. Heute weiß man, dass gesunde Ballaststoffe auch in wohlschmeckenden Gerichten enthalten sind.

Ballaststoffe – Faserstoffe

● Der Begriff »Ballaststoffe« wurde 1860 von Wissenschaftlern für die unverdaulichen Teile der Nahrung geprägt – darunter verstand man damals Sand, Steine und Haare.

● Heute versteht man unter Ballaststoffen Faserstoffe aus der Nahrung, die den Verdauungstrakt ohne wesentliche chemische Einwirkung passieren.

● Ballaststoffe gehören im strengen Sinne zwar nicht zur Ernährung, denn sie werden ja nicht verdaut. Aber ohne ausreichende Ballaststoffe in der Nahrung sind Erkrankungen unvermeidlich.

Empfohlene Menge bei Ihrer Ernährung

● Wissenschaftler empfehlen jedem Menschen, täglich ungefähr 30 Gramm Ballaststoffe zu sich zu nehmen.

● Diese Menge ist bei ausgewogener Kost eigentlich leicht zu erreichen: Allein zwei Scheiben Pumpernickel und eine Portion Bohnen können diesen empfohlenen Ballaststoffbedarf schon problemlos decken.

● Doch in der Realität essen die meisten Menschen zu viel Fleisch, zu viel Süßwaren und viel zu wenig Gemüse und hochwertige Getreideprodukte.

● Mit einem gesunden und leckeren Müsli am Morgen decken Sie nicht nur einen Großteil Ihres Ballaststoffbedarfs, Sie geben Ihrem Körper auch einen Vorsprung für den ganzen Tag.

Die positiven Wirkungen der Ballaststoffe

Ballaststoffe sind unentbehrlich für die Verdauung und die Vitaminversorgung Ihres Organismus.
Die Faserstoffe erfüllen in Ihrem Organismus eine Reihe von wichtigen Aufgaben:
▶ Die Pflanzenfasern müssen lange und gewissenhaft zerkaut werden. Dieses lange Kauen massiert das Zahnfleisch, kräftigt den Zahnschmelz, spült Zuckerreste aus den Zähnen und fördert die Ausschüttung von verdauungsförderndem und desinfizierendem Speichel samt den notwendigen Zucker spaltenden Enzymen.

Ballaststoffe helfen beim gesunden Abnehmen

▶ Pflanzenfasern in den Ballaststoffen vergrößern das Volumen der aufgenommenen Nahrung. Die Magen- und Darmwände werden dadurch gedehnt. Sie empfinden deswegen früher ein lang anhaltendes Sättigungsgefühl.
▶ Ballaststoffe sind eine unentbehrliche Größe in jeder vernünftigen und gesundheitsbewussten Diät.
▶ Pflanzenfasern sind vor ihrem Eintritt in den Dickdarm überdurchschnittlich zäh in ihrem Fließverhalten. Dadurch verzögern sie die frühzeitige Entleerung des Magens. Sie fühlen sich länger satt, und das Hungergefühl lässt auf sich warten.
▶ Aus diesem Grund hat Ihr Verdauungssystem mehr Zeit für die Bearbeitung und Aufnahme der Nahrung. Ballaststoffe tragen also zur Stressreduzierung in Ihrer Verdauung bei.

Ballaststoffreiche Kost

Viele Menschen versäumen es, die täglichen 30 Gramm Ballaststoffe zu sich zu nehmen. Die meisten Menschen essen zu viel Fleisch und zu viele Süßigkeiten. Nehmen Sie darum lieber ein kleineres Steak, dafür aber eine größere Portion Gemüse. Oder verzichten Sie beim Frühstück auf den Kuchen zugunsten einer Schüssel voll Müsli.

Zahnpflege einmal anders

Pflegen Sie doch Ihre Zähne zur Abwechslung mit Ballaststoffen. Die Nahrung mit gesunden Faserstoffen muss dazu besonders lange gekaut werden. Dadurch wird das Zahnfleisch massiert, der Zahnschmelz gekräftigt, und die Zähne werden von Zuckerresten befreit. Außerdem wird so die Ausschüttung von verdauungsförderndem und desinfizierendem Speichel gefördert.

Mit Ballaststoffen gegen die Umweltverschmutzung

Unser Körper ist zahlreichen Umweltbelastungen ausgesetzt. Faserstoffe können helfen, schädliche Gifte zu binden und auszuscheiden. Auch Fette, Gallensäuren und Cholesterin binden Ballaststoffe an sich und sorgen so für eine rasche Entleerung durch den Stuhl. Ballaststoffe sorgen auf drei Arten für einen gesunden Organismus:

▶ Ballaststoffe regen die Vermehrung der Nutzbakterien im Dickdarm an.

▶ Faserstoffe senken den Säuregehalt im Dickdarm. Dies mindert das Risiko von Verletzungen, Geschwüren und Tumoren.

▶ Ballaststoffe sind die Träger von wichtigen Vitaminen.

Längeres Sättigungsgefühl

Die Pflanzenfasern der Ballaststoffe vergrößern das Volumen der aufgenommenen Nahrung. So müssen Sie weniger essen, um sich satt zu fühlen. Zudem ist dieses Sättigungsgefühl lang anhaltend, denn die Ballaststoffe bleiben überdurchschnittlich lang im Magen liegen. Dort reduzieren Sie die Ausschüttung von Salzsäure und tragen so zur Schonung des Magens bei.

Vorsicht vor einem Zuviel

Vor allem die aus Samen stammenden Ballaststoffe enthalten größere Mengen an Phytinsäure. Diese Substanz blockiert die Aufnahme bestimmter Mineralien und Spurenelemente. So kann es zu Mangelerscheinungen von Kalzium, Eisen, Phosphor oder Zink kommen, obwohl von diesen Substanzen genügend in der Nahrung vorhanden war. Besonders viel Phytinsäure ist in Sonnenblumen- und Kürbiskernen, Leinsamen, Mohn und Sesam enthalten.

Ballaststoffe haben in der Regel nur dann negative Wirkungen, wenn sie im Übermaß konsumiert werden oder die wasserlöslichen Faserstoffe gegenüber den unlöslichen in der Nahrung dominieren. Hier kann es dann langfristig zu Schädigungen an den Darmwänden kommen, kurzfristig zu Völlegefühl und Blähungen.

Gute Verdauung durch genügend Ballaststoffe

Ballaststoffe sind für ihre verdauungsfördernde Wirkung bekannt. Ballaststoffe wirken auf drei Arten:

● Ballaststoffe reduzieren im Magen die Ausschüttung von Salzsäure. Auf diese Weise werden die Magenwände geschont.

● Ballaststoffe aktivieren zahlreiche Enzyme unserer Verdauung. Viele Enzyme werden erst dann aktiv, wenn sich ausreichend Ballaststoffe in unserer Nahrung befinden.

● Im Dickdarm sorgen Ballaststoffe für mehr Gewicht. Die Nahrungsreste werden dadurch schneller zum Darmausgang transportiert. Darum können Verstopfungen mit ballaststoffreicher Nahrung weitgehend vermieden werden. Der Stuhl bleibt weich und formbar und kann ohne großen Muskelaufwand abgegeben werden.

Hülsenfrüchte wie Bohnen, Erbsen oder Linsen sind die bekanntesten Lieferanten von Ballaststoffen. Einsamer Spitzenreiter in dieser Hinsicht aber sind Pfifferlinge – mit 60 Gramm Ballaststoffen pro 100 Gramm Pilzen.

Ballaststoffe und Cholesterin

Menschen mit Cholesterinproblemen kann mit ballaststoffreicher Nahrung geholfen werden. Ballaststoffe haben einen sehr positiven Einfluss auf den Cholesterinspiegel. Die Faserstoffe können auf vielfache Weise harmonisierend auf den Cholesterinspiegel wirken und ihn auch senken:

▶ Ballaststoffe binden Gallensäuren an sich. Auf diese Weise hindern sie bestimmte Fett aufspaltende Enzyme an der Arbeit. So wird die Fettaufnahme des Körpers reduziert.

▶ Ballaststoffe wirken besänftigend auf das Cholesterinlabor der Leber. Dadurch wird weniger körpereigenes Cholesterin produziert. Dies kann ein entscheidender Faktor sein, wenn einerseits sehr wenig Fett gegessen wird, andererseits aber der Cholesterinspiegel dennoch viel zu hoch ist.

▶ Ballaststoffe vermehren den Nahrungsbrei und sorgen damit für die Verdünnung der Fette in der Nahrung. Die Folge ist, dass weniger Fette in Kontakt mit der Verdauungsoberfläche im Dünndarm gelangen und damit auch weniger Fette in den Organismus aufgenommen (absorbiert) werden.

Größter Effekt

Der Cholesterin senkende Effekt ist bei löslichen Ballaststoffen am größten. Menschen mit einem zu hohen Cholesterinspiegel sollten dies beachten. Lösliche Ballaststoffe befinden sich hauptsächlich in Wurzelgemüse und in Hülsenfrüchten. Sie verringern die Fettaufnahme des Körpers und auch die Produktion von körpereigenem Cholesterin.

Ballaststoffe und Blähungen

Grundsätzlich unterscheidet man zwischen wasserlöslichen und wasserunlöslichen Ballaststoffen.

▶ Wasserunlösliche Ballaststoffe

Die in Wasser unlöslichen Ballaststoffe werden im Dickdarm nur in geringem Umfang abgebaut, sie erhöhen aufgrund ihres hohen Wasserbindevermögens das Stuhlvolumen und unterstützen so die Darmarbeit. Ansonsten werden sie, so wie sie aufgenommen wurden, wieder durch den Stuhl abgegeben.

▶ Wasserlösliche Ballaststoffe

Die in Wasser löslichen Ballaststoffe werden hingegen im Dickdarm von Bakterien zersetzt. Bei diesem Zersetzungsprozess entstehen Fettsäuren, Essigsäure und zahlreiche Gase, welche die unangenehmen Blähungen verursachen.

Zu den blähungsverursachenden Gasen gehören:

▶ Methan
▶ Wasserstoff
▶ Schwefelwasserstoff
▶ Schwefeldioxid
▶ Kohlendioxid

Blähungsmindernde Nahrungsmittel

Ein geringes Blähungsrisiko haben folgende Nahrungsmittel (blähungsmindernde Nahrungsmittel):

▶ Getreideflocken
▶ Kürbiskerne
▶ Naturreis
▶ Obst
▶ Sojaprodukte
▶ Sonnenblumenkerne
▶ Weizenkleie
▶ Weizenmehl

Blähungsfördernde Nahrungsmittel

Lösliche Ballaststoffe werden im Darm von Bakterien zersetzt. Auf diese Weise entstehen zahlreiche chemische Gase, die Blähungen verursachen.

Blähungsfördernde Ballaststoffe befinden sich in:

▶ Bohnen
▶ Gerstenkleie
▶ Haferkleie
▶ Hafermehl
▶ Hülsenfrüchten
▶ Karotten
▶ Linsen
▶ Radieschen
▶ Rettich
▶ Rosenkohl
▶ Roter Bete
▶ Schwarzwurzeln
▶ Sellerie
▶ Zwiebeln

Chili con Carne

Wer kennt das nicht: Abends gibt es Chili con Carne – und in der Nacht kommen die Blähungen. Schuld daran sind die Kidneybohnen (Hülsenfrüchte). Sie gehören zu den blähungsfördernden Nahrungsmitteln.

Blähungen vermeiden

Wenn Sie Blähungen vermeiden wollen, dann sollten Sie eher zu Nahrungsmitteln mit einem geringen Blähungsrisiko greifen. Am Abend könnte es dann ein Reisgericht geben, oder Sie essen einfach viel Obst. Was es sonst noch an blähungsmindernden Lebensmitteln gibt, das können Sie in nebenstehender Aufzählung sehen.

Nahrungsmittel mit hohem Ballaststoffgehalt

Im Prinzip sind Ballaststoffe in zahlreichen Nahrungsgruppen enthalten. Lediglich in Fleisch und in Süßigkeiten finden sich praktisch keine Ballaststoffe.

Im Folgenden sind all diejenigen Nahrungsmittel aufgelistet, die reich an Ballaststoffen sind.

Nahrungsmittel	g-Anteil je 100 g	Nahrungsmittel	g-Anteil je 100 g
● Backwaren		**● Kräuter**	
Getreideflocken	8,2	Pfefferminze	5,0
Haferflocken	5,4	Schnittlauch	6,3
Knäckebrot, Roggen	14,0		
Puffmais	8,0	**● Nüsse/Samen**	
Pumpernickel	9,8	Esskastanien	5,0
Roggenbrötchen	4,8	Erdnüsse	7,0
Roggenmischbrot	6,2	Haselnüsse	7,4
Sechskornbrot	9,0	Leinsamen	36,0
Vollkornbrötchen	5,7	Mohnsamen	20,5
Vollkornmüsli	6,5	Pistazienkerne	6,5
Vollkornnudeln	8,8	Sesam	7,9
Weizenvollkornbrot	7,5	Sonnenblumenkerne	6,3
		Walnüsse	4,6
● Gemüse		**● Obst**	
Artischocken	10,8	Äpfel, getrocknet	8,0
Bohnen, weiße	17,0	Aprikosen, getrocknet	8,0
Erbsen, reife	16,0	Birnen, getrocknet	6,0
Erbsen, Konserve	3,5	Datteln, getrocknet	9,2
Grünkohl	4,2	Feigen, getrocknet	9,6
Kichererbsen	10,7	Hagebutten	6,0
Kidneybohnen, reife	15,7	Heidelbeeren	4,9
Kidneybohnen,		Himbeeren	4,7
Konserve	6,2	Holunderbeeren	7,0
Knoblauch	4,1	Johannisbeeren, schwarz	6,8
Knollensellerie	4,2	Pflaumen, getrocknet	9,0
Linsen	10,6	Rosinen	5,4
Meerrettich	8,3	Zitronen	4,0
Rosenkohl	4,4	**● Pilze**	
Schwarzwurzeln	17,0	Pfifferlinge, getrocknet	60,5
Sojamehl	9,1	Trüffel	16,5

Pfifferlinge – einsame Spitze

Bis zu 60 Gramm Ballaststoffe können Sie in 100 Gramm Pfifferlingen finden. Es muss also nicht immer Körnerfutter sein, wenn Sie sich gesund ernähren wollen.
50 Gramm Pfifferlinge decken schon Ihren gesamten Tagesbedarf an Faserstoffen.

Kuchenorgie

Auch bei einer ballaststoffreichen Küche brauchen Sie nicht auf Süßigkeiten zu verzichten. Wie wäre es mit einem Vollkornkuchen am nächsten Sonntag? Lassen Sie sich das Vergnügen nicht entgehen. Und das Backen – mit Ihren Freundinnen und Freunden – kann auch zu einem geselligen Erlebnis werden.

Bitter ist köstlich. Im Kaffee sind Bitterstoffe unverzichtbar.

Bitterstoffe

Was sind Bitterstoffe?

Bei Bitterstoffen handelt es sich nicht um eine einheitliche Klasse von chemischen Stoffen, denn in der Natur gibt es recht viele Substanzen, die bitter schmecken können. In Kaffee und Tee ist es vor allem das Koffein, im Kakao das Theobromin, in Obst und Gemüse sind es die Terpenoide und Pflanzenphenole, in Mineralwässern ist es das Magnesiumsulfat und in Bitterlemon das Chinin, das den Lebensmitteln ihre typische Geschmacksnote verleiht. Auch tierische Produkte mit viel Eiweiß können bitter schmecken.

Die positiven Wirkungen der Bitterstoffe

Bitterstoffe werden nur selten genannt, wenn es um eine gesunde Ernährung geht. Dabei besitzen sie eine ganze Reihe von gesundheitsfördernden Wirkungen:

▶ Bitterstoffe mobilisieren über die Geschmacksnerven auf der Zunge die Produktion der Verdauungssäfte von Magen und Bauchspeicheldrüse sowie die Darmbewegungen. Interessanterweise wird dabei die Geschwindigkeit, mit der die Nahrung durch den Verdauungstrakt läuft, nicht beschleunigt. Es bleibt also den verdauenden Organen nach wie vor genug Zeit, die Nahrung zu verarbeiten. Die verdauungsfördernde Wirkung der Bitterstoffe beginnt ungefähr 20 bis 30 Minuten nach dem Verzehr.

▶ Bitterstoffe eignen sich zur Behandlung älterer Menschen, deren Speichel-, Enzym- und Magensaftproduktion vermindert ist.

Fitmacher aus Chinarinde

Chinin, ein Fieber senkendes Alkaloid, wurde ursprünglich aus der Chinarinde gewonnen. Heute wird es meistens synthetisch produziert. Einigen Nahrungsmitteln wird Chinin als Bitterstoff zugesetzt. Auf diese Weise erhalten Tonicwater und Bitterlemon ihre typische Geschmacksnote.

Wichtige Biostoffe mit bitterem Geschmack

● Mehrfach ungesättigte Fettsäuren helfen therapeutisch und vorbeugend bei Erkrankungen des Herz-Kreislauf-Systems. Sie befinden sich in großen Mengen in Sonnenblumen-, Weizenkeim-, Erdnuss- und Maisöl.

● Aminosäuren wie Leuzin, Phenylalanin, Tyrosin, Tryptophan und Valin bilden die Bausteine von Proteinen und Enzymen.

● Magnesiumsulfat, das »Bittersalz«, fördert die Verdauung, gilt als ein Erste-Hilfe-Mittel bei Lebensmittelvergiftungen und befindet sich in den meisten Mineralwässern.

● Chinin wird als Bitterstoff einigen Nahrungsmitteln zugesetzt.

Nahrungsmittel mit Bitterstoffen

Folgende Nahrungsmittel enthalten besonders viele Bitterstoffe:

● **Getränke**
Bier
Bitterlemon
Kaffee
Kakao
Mineralwasser
Tee
Tonicwater
Wein

● **Öle**
Erdnussöl
Maisöl
Sonnenblumenöl
Weizenkeimöl

● **Sonstige Lebensmittel**
Grapefruit
Schokolade

Bitterstoffe in Arznei und Schokolade

▶ Bitterstoffe fördern den Appetit. Dadurch werden sie zu einer interessanten Alternative in der Behandlung von Magersüchtigen und Patienten mit Appetitlosigkeit.

▶ Einige Lebensmittel erreichen erst durch Bitterstoffe ihre Geschmacksqualität: Schokolade wäre ohne die Theobromine des Kakaos widerlich süß; Getränke wie Bier, Kaffee, Tee und Wein zählen nur dann zu den guten Sorten, wenn sie eine deutliche Bitternuance enthalten.

▶ Jeder weiß wohl aus eigener, mitunter leidvoller Erfahrung, dass die meisten Medikamente und gesunden Nahrungsmittel irgendwie bitter schmecken. Diese Erfahrung hat einen durchaus wissenschaftlichen Hintergrund, denn tatsächlich besitzen viele wertvolle Biostoffe einen charakteristischen bitteren Geschmack.

Vorsicht vor einem Zuviel

Bitterstoffe entstehen auch bei langer bzw. falscher Lagerung oder mangelnder Reife von Pflanzen und deren Früchten.

▶ Wenn Karotten bitter schmecken, so sind sie durch Pilzerkrankungen, Umwelteinflüsse oder falsche Lagerung geschädigt. Bittere Karotten sollten Sie nie verzehren oder verbrauchen!

▶ In jungen Tomaten befinden sich Bitterstoffe, die jedoch im Lauf der Reifung am Stiel abgebaut werden. Bittere Tomaten wurden zu früh gepflückt. Ähnliches gilt für Bananen.

▶ Fein zerkleinerte Zwiebeln bekommen binnen weniger Minuten einen bitteren Geschmack, der jedoch keine negativen Einflüsse auf die Gesundheit hat.

Kartoffel – bitter und süß

Speisekartoffeln entwickeln Bitterstoffe, wenn sie dem Licht ausgesetzt werden. Hierbei entstehen die gesundheitsschädlichen Glykoalkaloide. Lagern Sie Ihre Kartoffeln daher stets im Dunkeln. Wenn Kartoffeln süß schmecken, hat sich der Stoff Ipomoeamaron gebildet, der beim Menschen zu Leberschäden führen kann.

Pampelmusengeheimnis

Die Kerne einer Grapefruit sind noch bitterer als die Grapefruit selbst. Aber gerade diese Bitterstoffe machen sie zu einem wichtigen Heilmittel für alle möglichen Infektionsarten – von Fußpilz über Harnleiterentzündung bis zum grippalen Infekt. Die fertigen Extrakte gibt es in Drogerien, Reformkost- und Bioläden. Wer die Kerne essen will, muss sie aber vorher schälen.

27

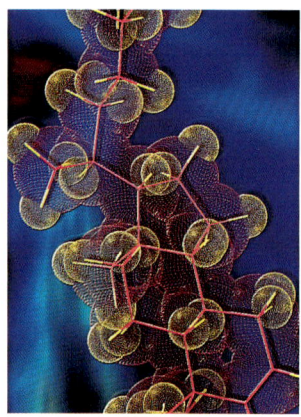

Cholesterin hat einen schlechten Ruf. Es ist aber für unseren Körper unentbehrlich.

Cholesterin

Was ist Cholesterin?

Kaum eine Substanz wurde in den letzten Jahren in der Öffentlichkeit so verteufelt wie das Cholesterin. Dabei ist diese Substanz für uns unentbehrlich, befindet sie sich doch fast überall im Körper. Cholesterin stabilisiert die Zellmembranen, unterstützt das Immunsystem und ist Ausgangspunkt für die Produktion zahlreicher Hormone sowie des Vitamin D. Unser Gehirn besteht zu 20 Prozent aus purem Cholesterin, um die einzelnen Nervenzellen und ihre elektronischen Impulse vor »Kurzschlüssen« zu schützen.

Cholesterin ist nicht identisch mit tierischem Fett, wie oft behauptet wird. Bei Cholesterin handelt es sich vielmehr um ein so genanntes Sterin, das sich wohl in allen Fetten befindet, nicht aber mit diesen identisch ist.

Mehrere Wege führen zum hohen Cholesterinspiegel

Cholesterin wird nicht nur mit tierischer Nahrung aufgenommen, sondern auch von unserem Körper selbst produziert. Diese körpereigene Produktion ist durchaus imstande, von sich aus einen hohen Spiegel von »schlechtem« Cholesterin im Blut zu erzeugen. Mit anderen Worten heißt das: Auch eine cholesterinfreie Ernährung garantiert noch lange keinen niedrigen Cholesterinspiegel im Blut.

Ruinierter Ruf
Cholesterin hat in den letzten Jahren einen extrem schlechten Ruf bekommen. Die meisten Menschen wissen nur, dass Cholesterin schlecht sei. Dieses Pauschalurteil ist allerdings nicht zu halten. Cholesterin ist wichtig für die Zellmembranen, für das Immunsystem, die Hormon- und Vitaminversorgung und nicht zuletzt für das Gehirn.

Körpereigene Cholesterinproduktion

Folgende Faktoren unterstützen die körpereigene Produktion von Cholesterin:

● Eine Ernährung, die jenseits des tatsächlichen Kalorienbedarfs liegt. Wer also zu viel isst – gleichgültig, ob es sich dabei um Fette, Eiweiße oder Kohlenhydrate handelt –, riskiert einen erhöhten Cholesterinspiegel.

● Stress, Ängste, Hektik, Mobbing, unbewältigte Konflikte mit dem Partner – alles, was Ihre Psyche unter Stress setzt, führt über die zentralnervöse Steuerung zu einer verstärkten Produktion von Cholesterin.

● Liegt im Körper ein Mangel an Radikalefängern wie Vitamin C und Beta-Karotin vor (vor allem bei älteren Menschen), wird zur Abwehr freier Radikale vermehrt Cholesterin hergestellt.

Die Transportverpackung des Cholesterins

Damit Cholesterin zu den verschiedenen Organen gelangen kann, wird es von der Leber in Eiweißhüllen verpackt. Hierbei besitzt die Leber prinzipiell zwei Möglichkeiten:

● Sie verschmilzt Cholesterin und Eiweiß zu Paketen mit hoher Dichte, den High Density Lipoproteins (HDL). Diese Pakete wirken in unseren Blutadern als Rohrputzer und sind daher überaus günstig für die Gesundheit einzuschätzen.

● Sie verschmilzt Cholesterin und Eiweiß zu Paketen mit niedriger Dichte, den Low Density Lipoproteins (LDL).

Die Low Density Lipoproteins (LDL)

Die aus Cholesterin und Eiweiß bestehenden Pakete standen lange im Verdacht, mit ihrem sperrigen Molekulargeflecht zur Verstopfung und Verkalkung der Blutgefäße beizutragen. Neuere Studien bringen diese These jedoch ins Wanken. Demnach ist möglicherweise ein erhöhter LDL-Spiegel lediglich das Symptom eines gestörten Fettstoffwechsels. In dieser Störung liegt dann die Gefahr für das Herz-Kreislauf-System, nicht aber im LDL-Spiegel selbst. Auf der anderen Seite würde jedoch auch eine Senkung des LDL-Wertes auf eine Verbesserung des Fettstoffwechsels hinweisen. Das bedeutet, dass eine Verringerung von LDL-Cholesterinen im Blut auf jeden Fall einen positiven Einfluss auf den Gesundheitszustand des Herz-Kreislauf-Systems hat.

Die positiven Wirkungen des Cholesterins

Cholesterin erfüllt zahlreiche Funktionen innerhalb unseres Körpers. Nicht zu unterschätzen ist auch seine psychische Rolle. So untersuchte vor kurzem der amerikanische Psychologe Mark Ketterer das Wohlbefinden von Herzpatienten, bei denen der Cholesterinspiegel gesenkt wurde. Als Ergebnis kam dabei heraus, dass die Patienten mit den niedrigeren Cholesterinwerten genauso häufig von Infarkten und anderen Herzproblemen heimgesucht wurden wie andere, unbehandelte Herzpatienten. Dafür litten sie aber häufiger unter Depressionen – bis hin zu Selbstmordgedanken.

Cholesterin scheint also bis zu einem bestimmten Grad eine depressionshemmende Wirkung zu besitzen. Physiologisch begründet sich diese Eigenschaft vermutlich daraus, dass Cholesterin in unserem Gehirn eine wichtige Rolle dabei spielt, »Kurzschlüsse« beim elektronischen Signalaustausch der Neuronen zu verhindern.

HDL und LDL

Die Leber stellt u. a. zwei Arten von Cholesterin- und Eiweißverbindungen her: die High Density Lipoproteins (HDL) und die Low Density Lipoproteins (LDL). In einer HDL- oder in einer LDL-Verbindung kommt das benötigte Cholesterin zu den Organen. HDL wirken einer Verkalkung der Blutgefäße entgegen, indem sie die Blutadern reinigen.

Psychischer Einfluss

Cholesterin hat eine depressionshemmende Wirkung. Vermutlich kann das Cholesterin im Gehirn »Kurzschlüsse« beim elektronischen Signalaustausch der Neuronen verhindern. In dieser Hinsicht kommt ihm eine psychische Steuerrolle zu. Unser Gehirn besteht immerhin zu 20 Prozent aus Cholesterin. Kein Wunder also, wenn ein Cholesterinmangel psychische Folgen zeitigt.

Das Nahrungscholesterin ist nicht so schlecht wie sein Ruf. Die negative Rolle des Nahrungscholesterins bei der Entstehung von Herz-Kreislauf-Erkrankungen wurde bislang bei weitem überschätzt. Dennoch sollten Sie auf den Fett- und Cholesteringehalt in Ihrer täglichen Nahrung achten. Besonders sinnvoll ist dies bei erwärmten Speisen und bei industriell produzierten Fertiggerichten.

Vorsicht vor Oxycholesterin

● Oxycholesterin hat genau die gefäßverkalkende Wirkung, die bislang fälschlicherweise dem Cholesterin zugeschrieben wurde. Es bildet sich unter Einwirkung von Druck, Hitze und Sauerstoff aus dem Nahrungscholesterin, wie etwa bei der Mikrowellengarung und der industriellen Trocknung von Milchpulver, der Herstellung von H- und Kondensmilch sowie anderen Fertigprodukten. Oxycholesterin steht im Verdacht, unser Immunsystem zu schwächen.

Vorsicht vor einem Zuviel

Immer mehr Studien lassen Zweifel an der geläufigen These aufkommen, wonach ein erhöhter Cholesterinspiegel ein Risikofaktor für das Herz-Kreislauf-System ist. Nichtsdestoweniger ist ein erhöhter LDL-Wert ein sicheres Zeichen für eine Störung im Fettstoffwechsel – und das kann sehr wohl zur Verkalkung der Blutgefäße beitragen. Störungen im Fettstoffwechsel können entweder angeboren sein oder durch Nahrungsfehler erworben werden. Bei den Ernährungsfehlern ist jedoch weniger der Fett- und Cholesteringehalt der Nahrungsmittel, als vielmehr ihr Energie- bzw. Kaloriengehalt von Bedeutung.

Tipps rund um den Cholesterinspiegel

▶ Die Erhitzung von cholesterinreichen Nahrungsmitteln begünstigt die Entstehung von gefährlichem Oxycholesterin. Besonders in die Mikrowelle sollten nur cholesterinarme Nahrungsmittel kommen, am besten ist sogar, wenn Sie die Mikrowelle nur zum Aufwärmen von vegetarischen Lebensmitteln benutzen.

▶ Tierische Fette enthalten nicht nur Cholesterin, sondern entfalten im menschlichen Körper noch eine ganze Reihe von Wirkungen, die bei übermäßigem Fettgenuss zu schweren Gesundheitsschäden führen können.

▶ Achten Sie darauf, den Fett- und Cholesteringehalt auf Ihrem Speiseplan nicht ins Übermäßige ansteigen zu lassen. Gegen die Leberwurst zum Frühstück ist sicherlich nichts einzuwenden, insofern sie ja auch zahlreiche wichtige Biostoffe enthält.

Doch die Leberwurst zum Frühstück, den Hackbraten zum Mittagessen und dann noch den geräucherten Aal zum Abendessen – hierdurch wird Ihre Leber eindeutig überfordert. Fettstoffwechselstörungen sind dann vorprogrammiert.

Wer mehr Kalorien isst, als es eigentlich sein Bedarf erfordert, gefährdet seinen Fettstoffwechsel und damit auch sein Herz-Kreislauf-System. Um festzustellen, ob dies bei Ihnen der Fall ist, brauchen Sie keine komplizierten Kalorientabellen. Stellen Sie sich einfach einmal in der Woche auf die Waage. Steigt Ihr Gewicht von Woche zu Woche an, so können Sie davon ausgehen, dass Sie zu viele Kalorien aufnehmen.

Hohe Cholesterinwerte wirksam bekämpfen

Wer zu hohe Cholesterinwerte hat, kann dies mit einfachen Mitteln in Ordnung bringen. Folgende Tipps können Ihnen dabei helfen, das nächste Mal ohne schlechtes Gewissen zum Arzt zu gehen:

▶ Cholesterin wird von Ihrer Leber besser verarbeitet, wenn es in Verbindung mit Ballaststoffen in den Körper gelangt. Kombinieren Sie daher Ihren Mittagsbraten immer mit reichlich Gemüse. Zur Wurst beim Frühstück oder Abendessen passt auch ein knackiger Rettich oder eine Schale mit Radieschen. Weiterhin sind Obst und Vollkornbrot reich an Ballaststoffen und sollten daher zusammen mit den cholesterinreichen Nahrungsmitteln gegessen werden.

▶ Achten Sie bei Ihrer Ernährung auf die Zufuhr von Biostoffen, die Ihren Cholesterinspiegel auf natürliche Weise senken. Dazu gehören die Saponine, wie sie etwa in Bohnen und Luzerne in großem Umfang enthalten sind. Ebenfalls Cholesterin senkend sind die Phytosterine aus kaltgepressten Pflanzenölen und die Tokotrienole aus Hafer, Gerste und Roggen. Wer sein Weißbrot oder sein helles Brötchen zugunsten von Vollkornbackwaren aussparen kann, geht damit bereits einen wesentlichen Schritt, um seine Cholesterinwerte unter Kontrolle zu bekommen.

Cholesterinreiche Nahrungsmittel

Aus folgender Tabelle können Sie sehen, in welchen Lebensmitteln besonders viel Cholesterin enthalten ist.

Nahrungs-mittel	mg je 100 g	Nahrungs-mittel	mg je 100 g
Aal, geräuchert	163	Hummer	180
Austern	125	Mascarpone	138
Butter	230	Languste	200
Butterschmalz	340	Leberpastete	137
Eigelb	1260	Ochsenzunge	140
Garnele	135	Schinkenspeck	100
Gelbwurst	400	Schweineleber	340
Hackfleisch, gemischt	100	Weißwurst	100
		Wiener Würstchen	100
Hering, mariniert	100	Wildente	110
Hühnerleber	555	Zungenwurst	110

Walnüsse

Statt übermäßig viel Fleisch sollten Sie lieber des Öfteren ein paar Walnüsse essen. Es ist noch zu wenig bekannt, dass Walnüsse den Cholesterinspiegel im Blut senken. Für andere Nüsse gilt jedoch diese Eigenschaft nicht!

Knoblauch als Nothelfer

Oft genug wird zu viel Cholesterin durch die Nahrung aufgenommen. Knoblauch kann nun als Nothelfer fungieren. Er bannt die Gefahr, die von dem Cholesterin ausgeht. Seine Biostoffe verzögern die so genannte Lipidperoxidation, die dafür sorgt, dass sich die Blutfette als Plaques an den Gefäßwänden niederlassen.

*Ananas ist der Enzym-
spender Nummer eins.*

Enzyme

Was sind Enzyme?

Bei den Enzymen handelt es sich um komplexe Eiweißverbindungen, die von lebenden Zellen erzeugt werden und bei fast allen biochemischen Vorgängen in unserem Körper beteiligt sind. Ohne Enzyme wäre beispielsweise keinerlei Stoffwechsel möglich.

Enzyme haben einen entscheidenden Vorteil: Sie können biochemische Vorgänge in Gang setzen, ohne sich selbst dabei zu verändern. Andererseits haben Enzyme auch wieder einen entscheidenden Nachteil: Sie sind sehr anfällig gegen Licht, Hitze, Konservierungsstoffe und Säuren.

Wie gelangen Enzyme in den Körper?

Bis zum 25. Lebensjahr produzieren wir unsere Enzyme zum Teil selbst, doch danach sind wir auf ihre Zufuhr durch die Nahrung angewiesen. Durch Konservierungsstoffe und Temperaturen über 40 °C werden die empfindlichen Eiweißstrukturen der Enzyme in ihrer Wirksamkeit eingeschränkt oder vernichtet. Wir können Enzyme darum nur über rohe Pflanzenkost aufnehmen. Dabei geht sehr viel verloren, da unsere Verdauungssäuren nicht gerade zimperlich mit zugeführten Enzymen umgehen. Bei einer ausgewogenen Mischkost bekommt der Körper aber dennoch genügend Enzyme.

Enzymtherapie
So wirksam eine Enzymtherapie den Heilungsprozess von Erkrankungen unterstützen kann, so gering sind die Chancen, diese Therapie auf dem Nahrungsweg zu praktizieren. Die natürlichen Enzyme überleben den Verdauungstrakt nicht. Aus diesem Grund sind seit geraumer Zeit entsprechende Präparate auf dem Markt, in denen die empfindlichen Heilstoffe vor Licht und aggressiven Magensäuren geschützt werden.

Wichtige Enzyme bei der Ernährung

● **Aprotinin:** Besitzt eine hemmende Wirkung auf bestimmte Enzyme, die Entzündungen der Bauchspeicheldrüse hervorrufen können.

● **Bromelain:** Proteine spaltendes Enzym, hauptsächliches Vorkommen in der Ananas. Wirkt hautstraffend.

● **Heparin:** Blockiert die Blutgerinnung und unterstützt auf diese Weise den Heilungsverlauf von Verletzungen und Venenentzündungen.

● **Pankreatin:** Enzymmischung zum Ausgleich einer eingeschränkten Enzymsekretion der Bauchspeicheldrüse.

● **Papain:** Enzym aus der tropischen Papayafrucht. Fördert die Verdauung von Eiweißen.

Nahrungsmittel mit Enzymen

Folgende Nahrungsmittel sind besonders reich an gesunden Enzymen und sollten deshalb möglichst oft auf Ihrem Speiseplan stehen – als Haupt- oder Nachspeise:

- Ananas
- Zitrone, Orange
- Gemüse
- Kräuter wie Petersilie, Schnittlauch oder Basilikum
- Papaya

Was Enzyme leisten

Enzyme sind keine Allheilmittel, aber sie sind imstande, die Abwehrstrategie des Körpers zu verändern, den Blutzufluss zu erkrankten Stellen zu fördern, ohne gleichzeitig schmerzhafte Schwellungen und Entzündungen zu erzeugen. Bei fiebrigen und chronischen Krankheiten sollten Enzympräparate auf keinen Fall ohne vorherige Rücksprache mit Ihrem behandelnden Arzt eingenommen werden.

Die positiven Wirkungen der Enzyme

Ohne Enzyme läuft in unserem Körper kein Stoffwechselvorgang mehr. Enzyme wirken entzündungshemmend und durchblutungsfördernd. Sie unterstützen dadurch die Heilung von:

▶ Sportverletzungen wie Sehnenscheidenentzündungen, Muskelzerrungen, Knochenhautentzündungen und Blutergüssen
▶ Gefäßleiden wie Schaufensterkrankheit, Krampfadern und anderen Durchblutungsstörungen
▶ Nasennebenhöhlenentzündungen und anderen entzündlichen Erkrankungen der Atemwege
▶ Eierstockentzündungen (Adnexitis)
▶ Rheumatischen Erkrankungen wie Arthritis und Gicht

In der modernen Krebstherapie werden Enzympräparate eingesetzt, um die Verbreitung von Tochtertumoren zu bremsen und die Dosierungen in der Chemo- und Strahlentherapie zu verringern.

Vorsicht vor einem Zuviel

Enzyme sind an allen Stoffwechselvorgängen beteiligt und können dadurch vor allem im Verdauungstrakt Funktionsstörungen und Erkrankungen hervorrufen. So führen übermäßige Enzymaktivitäten beispielsweise zur Entzündung der Bauchspeicheldrüse, der sogenannten Pankreatitis. Daraus folgt, dass Sie Enzyme keinesfalls überdosieren dürfen.

Falsche Versprechungen

Für Enzympräparate wird zurzeit viel Werbung gemacht. So sollen einige von ihnen angeblich dem Körper helfen, die Nahrung besser zu verbrennen und dadurch Fettdepots abzubauen. Tatsache ist, dass die verabreichten Enzyme die Resorption der Nahrungsstoffe verbessern – und das kann durchaus dazu führen, dass der Körper die resorbierten Nährstoffe freudig in den Fettdepots einlagert. Vorsicht ist also geboten – holen Sie sich den Rat Ihres Arztes oder Apothekers, bevor Sie solche Präparate einnehmen.

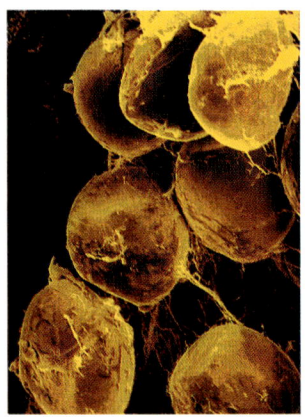

Fett ist ein wichtiger Geschmacksträger – und gar nicht so ungesund, wie man oft vermutet.

Fette

Was sind Fette?

Fette bestehen aus Glyzerin und drei Fettsäuren, daher auch ihr wissenschaftlicher Name »Triglyzeride«. Die Fettsäuren werden nach folgenden Kriterien unterteilt:

▶ Länge ihrer Ketten: kurz-, mittel- oder langkettig

▶ Anzahl ihrer Doppelbindungen: gesättigt, einfach oder mehrfach ungesättigt

Der überwiegende Anteil der mehrfach ungesättigten Fettsäuren (Linol-, Linolen- und Arachidonsäure) ist essenziell, d. h., er kann vom Körper nicht selbst hergestellt, muss also durch die Nahrung zugeführt werden. Ihr Tagesbedarf liegt bei sechs bis acht Gramm.

Legen Sie Ihre Vorurteile ab

Jahrzehntelang wurden wir von Ärzten und Ernährungsexperten gewarnt, bloß die Hände von den Fetten zu lassen. Denn die seien hauptverantwortlich für Übergewicht, Bluthochdruck und Herzinfarkt. Daher sollten wir den Fettanteil in unserer Nahrung nicht über 30 Prozent ansteigen lassen. Angesichts neuester Forschungen scheint die 30-Prozent-Regel aber nicht mehr haltbar zu sein.

Pflanzliche Fette bevorzugen

Wichtiger als das starre Einhalten der 30-Prozent-Regel für die Fettzufuhr ist die korrekte Gewichtung tierischer und pflanzlicher Fette. Gesättigte Fette aus Fleisch, Milchprodukten und gehärteten Ölen (z. B. gehärtete Margarine) sollten nur zehn Prozent der täglichen Energiezufuhr ausmachen. Dieses Ziel kann durch eine einfache Umstellung des Speiseplans erreicht werden:

● Bestreichen Sie Ihr Brot nur noch mit Halbfettbutter oder ungehärteter Margarine.

● Essen Sie mehr Fisch; optimal sind Lachs und Makrele.

● Schmoren oder grillen Sie Ihr Fleisch, anstatt es zu braten.

● Ersetzen Sie tierische oder gehärtete Fette durch Pflanzenöle.

● Reduzieren Sie Ihren Konsum an Süßgebäck. Apfeltaschen, Nussecken, Mandelschnitten & Co. enthalten nicht nur Einfachzucker, sondern auch viele versteckte Fette.

Herzschmerz

Nach neuesten Erkenntnissen kann man Krankheiten wie Übergewicht, Bluthochdruck oder Herzinfarkt nicht mehr eindeutig auf zu hohen Fettkonsum zurückführen. Zu viele Faktoren (Stress, Rauchen, Alkohol, Umweltgifte, Bewegungsmangel) können bei der Entstehung dieser Krankheiten eine Rolle spielen. Der Londoner Kardiologe Michael Oliver fand sogar bei Patienten, die sich fettarm ernährten, einen höheren Prozentsatz an Herzerkrankungen als bei der Durchschnittsbevölkerung.

Ein interessantes Experiment

Fette machen Appetit – und zwar vor allem bei denjenigen, die ohnehin schon mit zu vielen Pfunden zu kämpfen haben. So kredenzten die Ernährungsforscher ihren Versuchspersonen eine Champignonsuppe, die mit einer deftigen Portion Butter so richtig sahnig und cremig gemacht wurde. Bei den Normalgewichtigen stießen sie damit nur auf wenig Gegenliebe. Die Übergewichtigen jedoch schlugen zu, leerten den Teller bis auf den letzten Löffel. Dafür verschmähten sie jedoch die fettarme Tomate zum Mittagessen, die wiederum von den anderen Versuchspersonen bevorzugt wurde.

Unterschiedliche Geschmackspräferenzen

Wissenschaftler kamen zu folgendem Schluss: »Übergewichtige haben anders gelagerte Geschmackspräferenzen als Normalgewichtige, sie geben eher fetthaltigen Speisen den Vorzug.« Weil nun einmal fetthaltige Speisen besonders kalorienreich sind, lässt sich auch verstehen, warum es so große Probleme bereitet, von seinem Übergewicht herunterzukommen. Denn wo allein der Geschmack dominiert, hat es die Vernunft bekanntlich schwer.

Fette machen nicht satt

Ein Forscherteam des Deutschen Instituts für Ernährungsforschung beendete kürzlich seine Studie zu der Sättigungsqualität von Fetten. Ihr Ergebnis war, dass das Nahrungsfett im Verhältnis zu seinem hohen Kaloriengehalt nur einen geringen Sättigungsgrad beim Menschen besitzt. Wer beim Essen wirklich seinen Hunger beseitigen will, sollte mehr auf Eiweiße setzen.

Gründe für den geringen Sättigungsgrad

Die Gründe für den geringen Sättigungsgrad der Fette sind noch nicht abschließend geklärt. Es gibt aber eine gesicherte und eine noch nicht gesicherte These:

▶ Als gesichert gilt, dass Fette im Körper besonders langsam verdaut werden und dadurch länger brauchen, um im Blutkreislauf bestimmte Sättigungsmechanismen in Gang zu setzen.

▶ Eine weitere These besagt, dass bei der Fettverdauung weniger Stoffe frei werden, die sich besänftigend auf unser Hungerzentrum im Gehirn auswirken.

Dilemma
Ausgerechnet Menschen mit Übergewicht haben immer besondere Lust auf fette Gerichte. Diese Erfahrungstatsache ist nun auch wissenschaftlich belegt. Normalgewichtige haben einfach andere Geschmackspräferenzen als übergewichtige Personen. Ein fettarmes Gericht zu essen kostet den Übergewichtigen immer Überwindung, während es der Normalgewichtige sehr gern isst, weil es ihm einfach schmeckt.

Gegen den Hunger
Fette Speisen helfen nicht gegen den Hunger. Wer relativ schnell satt werden will, sollte eiweißreiche Speisen bevorzugen. Denn es machen nicht der Braten mit der fetten Sauce und auch nicht die Schweinshaxe mit der dicken Schwarte satt, sondern der eiweißreiche Magerquark zum Nachtisch, der pikante Schafskäse zum Abendessen oder der schmackhafte Fruchtjoghurt.

Heilmittel der Zukunft
Stehen der Bauchspeicheldrüse genügend mittelkettige Fettsäuren zur Verfügung, kann sie sich die Produktion von Pankreaslipase ersparen. Dies hat zur Folge, dass weniger gesättigte Fettsäuren und weniger Cholesterin in die Blutbahnen gelangen. Auf diese Weise haben die mittelkettigen Fettsäuren eine große Zukunft in der Vorbeugung und Behandlung von Herz-Kreislauf-Erkrankungen vor sich.

Die positiven Wirkungen der Fette

Fette besitzen im Organismus eine Reihe von wichtigen Funktionen:
▶ Als elastische Bausteine sind Fette am Aufbau der Zellwände beteiligt.
▶ Fette halten die Organe elastisch und schützen sie vor mechanischen Belastungen.
▶ Als Polster isolieren Fette den Körper vor Kälte und Wärme.
▶ Als Depotfett bilden sie ein Energiekonzentrat, das doppelt so viel Energie wie Eiweiße oder Kohlenhydrate zu liefern vermag.
▶ Fette lösen die Vitamine A, D, E und K, die sonst vom Körper nicht verwertet werden könnten.

Die zwei Stars unter den Fettsäuren

Zwei Fettarten werden in jüngerer Zeit von Medizinern und Ernährungswissenschaftlern besonders hoch bewertet:
▶ Die mehrfach ungesättigten Fettsäuren, unter ihnen vor allem Linolsäure und Eikosapentaensäure. Ein Mangel an mehrfach ungesättigten Fettsäuren führt zu Hauterkrankungen, Fortpflanzungsstörungen, Organveränderungen und Störungen im Wasserhaushalt. Außerdem enthalten sie das lebenswichtige Vitamin E.
▶ Die mittelkettigen Fettsäuren. Sie sind mit ihrer Länge von sechs bis zwölf Kohlenstoffatomen ein regelrechter Balsam für unsere Bauchspeicheldrüse, die sich bei den mittelkettigen Fettsäuren die Produktion von Pankreaslipase ersparen kann. Mittelkettige Fettsäuren befinden sich vor allem in kaltgepressten Pflanzenölen.

Das Geheimnis der Eskimos

● Die Eikosapentaensäure (EPA) wurde 1983 berühmt, als man sie in überdurchschnittlicher Konzentration im Blut der Eskimos fand.

● Die Bewohner des hohen Nordens waren den Wissenschaftlern ein Rätsel gewesen, weil sie sich überwiegend von Fleisch und Fett ernährten, ohne auch nur annähernd die Herzinfarktquoten der Zivilisationsmenschen zu erreichen. In der EPA liegt ihr Geheimnis.

● Diese Fettsäure hält den Blutfettspiegel niedrig und verhindert das gefährliche Verklumpen von Blutplättchen. EPA befindet sich vor allem in Seelachs und Makrelen – also genau jenen Nahrungsmitteln, die Eskimos in ihren »Fleischpausen« essen.

Fett als Geschmacksverstärker

● Der entscheidende Haken der Fette liegt vor allem in ihrer Ambivalenz von Energiegehalt und Geschmack. Kein anderer Stoff enthält so viel Energie auf kleinem Raum wie die Fette, doch leider macht uns auch kein anderer Stoff so viel Appetit.

● Fett ist ein mächtiger Geschmacksverstärker, viele Nahrungsmittel könnten wir unmöglich essen, wenn man sie nicht durch versteckte oder sichtbare Fette geschmacklich aufgemöbelt hätte. Mit anderen Worte: Ausgerechnet die energiereichen Fette machen uns die meiste Gaumenfreude – ein hinterhältiger Trick der Natur.

Fette machen einen kurzen Atem

Fette brauchen mehr Sauerstoff zur Verbrennung als Kohlenhydrate. Bei Belastungen von geringer bis mittlerer Intensität wirkt sich das nur wenig aus, doch bei einem intensiven Spaziergang oder dem Emporsteigen von 20 Treppenstufen geht einem wesentlich schneller die Puste aus, wenn man zuvor einen fetten Schweinebraten zum Mittagessen hatte.

Vorsicht vor einem Zuviel

Tierische Fette weisen im Allgemeinen höhere Schadstoffbelastungen durch Pestizide und Schwermetalle auf. Der Grund: Die Tiere stehen in der Nahrungskette ganz weit hinten. Daher hatten die Fette auf ihrem Weg von den Pflanzen bis zum tierischen Darm bereits Zeit genug, zahlreiche Schadstoffe anzusammeln.

Tierische Fette gelten – auch wenn ihre negativen Wirkungen auf Herz-Kreislauf-Erkrankungen mittlerweile ziemlich umstritten sind – in großen Mengen immer noch als bedenklich, insofern sie den Verdauungstrakt belasten. Im Zusammenspiel mit ihrer hohen Schadstoffbelastung stehen tierische Fette daher im Verdacht, die Entstehung von Krebsgeschwüren zu begünstigen.

Das Deutsche Institut für Ernährungsforschung warnt

▶ Auch mehrfach ungesättigte Fettsäuren dürfen nicht überdosiert werden, denn in großer Menge erhöhen sie die Infarktgefahr.

▶ Das einzige Öl, dessen Konsum auch in großen Mengen die Infarktrate senkt, ist Olivenöl – dieses enthält relativ wenig ungesättigte Fette.

Speiseplangestaltung

Auch wenn die Fette nicht so schädlich sind, wie bislang angenommen, sollten vor allem tierische Fette nur in Maßen gegessen werden. Da Tiere ganz am Ende der Nahrungskette stehen, sammeln sich dort besonders viele Schadstoffe an. So ist es nicht nur vom ökologischen, sondern auch vom medizinischen Standpunkt aus anzuraten, nur etwa ein- bis zweimal in der Woche Fleisch auf den Speisezettel zu setzen.

Konturenlos

Normalerweise stören Fettpolster, ganz besonders am Bauch. Dass es mit unserer Schönheit ohne Fette aber nicht weit her wäre, ist den meisten Menschen kaum bewusst. Ohne das Unterhautfettgewebe im Gesicht würden wir Menschen einen wenig reizvollen Anblick bieten. Ohne Fette wären wir wirklich konturenlos, denn sie verleihen unseren Gesichtern erst die individuelle Form.

Macht Fett impotent?

Übergewichtige Menschen produzieren in der Tat geringere Mengen des Sexualhormons Testosteron. Das liegt jedoch nicht an der Zufuhr der Nahrungsfette, sondern vielmehr am eigenen Körperfett, das sich direkt auf den Hormonkreislauf niederschlägt. Mit anderen Worten: Zu viele Nahrungskalorien verursachen die Probleme der Sexualität.

Omega-3-Fettsäuren in der Psychiatrie?

Eine erhöhte Zufuhr der mehrfach ungesättigten Omega-3-Fettsäuren hilft bei Arthritis, Morbus Crohn und Schuppenflechte. Darüber hinaus spielen sie eine Rolle bei der Signalübertragung im Gehirn. Studien belegen, dass das Risiko für eine Depression abnimmt, wenn die Nahrung ausreichend Omega-3-Fettsäuren enthält. Wichtigste natürliche Lieferanten für diese Biostoffe sind Fische, vor allem Makrele und Lachs.

Tipps für Ihren Fettkonsum

▶ Bauen Sie mehr pflanzliche Öle (vor allem Olivenöl) und Nüsse in Ihre Ernährung ein.

▶ Braten Sie mit ungehärteter Margarine, Butter oder Pflanzenöl; hier bietet sich wegen der Hitzebeständigkeit besonders Olivenöl an.

▶ Erhitzen Sie beim Braten die Fette nicht über 150 °C.

▶ Verwenden Sie zum Frittieren nur reine Pflanzenfette.

▶ Lagern Sie Ihre Speiseöle und Speisefette immer kühl und vor Licht geschützt.

Gehört zu Karotten Fett?

Bekanntlich gibt es einige Vitamine, die nur durch Fett gelöst und damit wirksam werden können. Aus diesem Grund hört man immer wieder die Empfehlung, Karotten beispielsweise unbedingt mit Butter zuzubereiten, damit wir nur ja in den Genuss ihrer A-Vitamine kommen. Tatsache ist jedoch, dass wir in unserem normalen Speiseplan bereits genug Fette zu uns nehmen, die geduldig im Verdauungstrakt auf »nachrückende« Vitamine warten.

Es ist also nicht unbedingt nötig, Gemüse mit fettlöslichen Vitaminen extra in Butter oder Öl zuzubereiten; denn wer zum Frühstück eine Scheibe Wurst, ein Butterbrot oder eine Scheibe Käse gegessen, ein Glas Milch oder eine Trinkschokolade getrunken hat, sollte eigentlich genug Fett für den bevorstehenden Gemüsekonsum aufgenommen haben.

Enzyme für den Fettstoffwechsel

Zum großen Geschäft wurden in den letzten Jahren Enzympräparate, die angeblich den Stoffwechsel mobilisieren und dadurch Fettpolster zum Schmelzen bringen können. Viele Menschen kaufen auch jetzt noch Enzympräparate in der Hoffnung, dadurch ihre Pfunde zu verringern. Doch so einfach ist die Sache nicht.

▶ Tatsache ist, dass Enzyme an der Nährstoffverwertung im Darm beteiligt sind und komplexe Verbindungen wie Eiweiße, Fette und Mehrfachzucker in ihre Einzelteile zerlegen.

▶ Am abschließenden, entscheidenden Verbrennungsprozess in den Zellen sind Enzyme aber nicht beteiligt.

▶ Das bedeutet, dass das Fett in unserem Darm überhaupt nicht verbraucht, sondern lediglich mit Hilfe der Enzyme zerlegt wird. Wo Fette verbraucht werden, also bei der Verbrennung in den Muskeln, spielen Enzyme überhaupt keine Rolle mehr.

Nahrungsmittel mit ungesättigten Fettsäuren

Folgende Nahrungsmittel besitzen einen besonders hohen Anteil an mehrfach ungesättigten Fettsäuren:

Nahrungsmittel	g-Anteil je 100 g	Nahrungsmittel	g-Anteil je 100 g
● **Backwaren**		● **Pflanzliche Speiseöle**	
Kartoffelchips	20,1	Distelöl	75,0
Tiefgefrorener		Leinöl	72,0
Blätterteig	16,5	Maiskeimöl	50,9
		Rapsöl	27,7
● **Brotaufstriche**		Sesamöl	42,5
Erdnussbutter	18,5	Sojaöl	61,0
		Sonnenblumenöl	60,7
● **Nüsse und Samen**		Walnussöl	70,9
Erdnüsse, gesalzen	16,5		
Leinsamen	18,5	● **Speisefette**	
Mohn	27,8	Diätmargarine	47,0
Paranüsse	24,9	Frittierfett	12,0
Pinienkerne	41,0	Margarine	25,5
Sesam	25,5	Mayonnaise (80 % Fett)	50,0
Sonnenblumenkerne	28,0	Remoulade (50 % Fett)	10,0
Walnüsse	41,5	Schweineschmalz	11,3

Distelöl – einsame Spitze

Distelöl ist der einsame Spitzenreiter, was den Gehalt an mehrfach ungesättigten Fettsäuren angeht. Diese Fettsäuren beugen Hauterkrankungen, Fortpflanzungsstörungen, Organveränderungen und Störungen im Wasserhaushalt vor. Dennoch sollten auch diese gesunden Fettsäuren nicht überdosiert werden, denn sonst kann es zu einem erhöhten Infarktrisiko kommen.

Wurst ist nur halb so schlimm

Der Fettgehalt deutscher Wurstwaren ist in den letzten Jahren auf durchschnittlich 25 Prozent gesunken. Die alten Nährwerttabellen sind in der Regel überholt. So enthalten 100 Gramm Salami nicht mehr – wie noch vor 20 Jahren – durchschnittlich 50, sondern lediglich 27 Gramm Fett. Und bei den beliebten »Knackern« sank der Fettgehalt von 34 auf 25 Gramm.

Tipp für Aktive

Fette verbrauchen zur Verbrennung ganz besonders viel Sauerstoff. Darum muss man nach einem fetten Festtagsschmaus mehr Sauerstoff atmen als sonst. Normalerweise fällt das kaum auf. Wenn Sie aber nach dem Essen einen Spaziergang unternehmen, Treppen emporsteigen oder sich gar sportlich betätigen, wird Ihnen bald die Luft ausgehen. Schuld daran sind die Fette, die allen eingeatmeten Sauerstoff verbrauchen.

Flavonoide – Stoffe, die Obst und Gemüse rot und blau färben.

Flavonoide

Was sind Flavonoide?

Flavonoide sind im Pflanzenreich sehr verbreitet, man kennt mittlerweile bereits knapp 5000 Strukturen an Flavonoiden. Zu den bekanntesten gehören die gelben Flavonoide, die beispielsweise für die gelbe Farbe der Bananen verantwortlich sind, sowie die Anthozyanine (sie bedingen die roten und blauen Farben von Kirschen, Pflaumen, Johannisbeeren, Heidelbeeren, Erdbeeren, Rotkohl und Auberginen) und das Querzetin (es bedingt die gelbe Farbe der gelben Zwiebel).

Empfindlich gegen Lagerung und Konservierung

Flavonoide sind hitzestabil, gehen also beim Kochen nur in geringem Umfang verloren. Sie reagieren jedoch sehr anfällig auf lange Lagerung. Äpfel beispielsweise haben mehr als die Hälfte ihrer Flavonoide verloren, wenn sie ein Winterlager hinter sich haben.

Was besonders interessant ist: Selbst die Erntezeit beeinflusst den Flavonoidgehalt. So enthält der Salat des Spätsommers eine fünfmal so große Menge des Biostoffes wie der Salat, der im April geerntet wur-

Gesunder Rotwein

Flavonoide sind auch im Rotwein enthalten, was von vielen Wissenschaftlern als Grund dafür angesehen wird, dass die Bewohner der Mittelmeerländer deutlich weniger an Herz-Kreislauf-Erkrankungen leiden als etwa die Bier trinkenden Deutschen. Wer dem Alkohol nichts abgewinnen kann, braucht sich aber nicht zu grämen – im unvergorenen Traubensaft ist der Biostoff genauso enthalten.

Ein guter Verbündeter von Vitamin C

● Vitamin C gehört bekanntlich zu den wichtigsten Vitaminen für unser Immunsystem. Bedauerlicherweise ist es eher den »flüchtigen« Stoffen zuzurechnen, d. h., wenn es nicht schon bald nach seinem Verzehr zum Einsatz kommt, ist es auch schon wieder verloren. Vitamin C kann im Körper nicht gespeichert werden, außerdem wird es durch aggressive Substanzen recht schnell zerstört.

● Durch Flavonoide kann dieser Zerfallsprozess von Vitamin C erheblich verzögert werden. Wissenschaftliche Untersuchungen belegen, dass Flavonoide die Bioaktivität von Vitamin C unterstützen. Dieser Faktor ist mit einer der Gründe dafür, dass bislang kein Vitaminpräparat an die Vitamin-C-Wirkung einer frischen Kiwi oder eines Petersilienblattes herankommt. Den Präparaten fehlen die Flavonoide, um die Wirkung ihres Vitamins zu strecken.

de. Der Grund: Flavonoide fungieren beim Gemüse gewissermaßen als Sonnenschutzmittel, und da im April nun einmal weniger die Sonne scheint als im Hochsommer, muss hier auch der Flavonoidgehalt geringer sein. Auch Konservierungsmaßnahmen beeinflussen den Flavonoidgehalt. Bohnen und Tomaten – ansonsten sehr ergiebige Lieferanten dieses Biostoffs – spielen beispielsweise als Dosenware für die Flavonoidversorgung keine sonderliche Rolle mehr.

Ganz wichtig: Flavonoide befinden sich vor allem in den Randschichten der Pflanze. Wer also seinen Apfel, seine Tomate oder seine Kartoffel schält, verzichtet somit auf den Löwenanteil dieser wichtigen Biostoffe.

Die positiven Wirkungen der Flavonoide

Flavonoide gehören zu den Pflanzenstoffen mit einem ausgesprochen breiten Wirkungsprofil. So hemmen sie das Wachstum von Krebstumoren im Verdauungstrakt und in der weiblichen Brust. Darüber hinaus wirken vor allem die Flavonoide aus Zitrusfrüchten antibiotisch auf Bakterien, während andere Flavonoide wiederum die Außenwände von schädlichen Viren attackieren und sie auf diese Weise vernichten.

Flavonoide lindern Schmerzen, verdünnen das Blut

Ferner hemmen Flavonoide den Arachidonsäurestoffwechsel. Dadurch entziehen sie unserem Körper gewissermaßen die Munition für unser Schmerzempfinden: Ohne Arachidonsäure können Schmerz- und Entzündungsprozesse nicht wie gewohnt ablaufen. Flavonoide eignen sich also zur Therapie von chronischen und akuten Schmerzen wie etwa bei rheumatischen Erkrankungen und Migräne.

Derselbe Einfluss auf den Arachidonsäurestoffwechsel sorgt schließlich auch dafür, dass unser Blut besser fließen kann. Bestimmte blutverdickende Stoffe können dann einfach nicht mehr in großem Umfang gebildet werden, und dadurch sinkt wiederum das Risiko von Blutgefäßverschlüssen, wie sie beispielsweise für Herzinfarkte und die meisten Schlaganfälle typisch sind.

Von großer Bedeutung ist schließlich die so genannte immunmodulierende Wirkung der Flavonoide. Sie sind dadurch beispielsweise in der Lage, überschießende Reaktionen des Immunapparates – wie sie für Allergien typisch sind – zu unterbinden. Bei Heuschnupfen kann es daher durchaus sinnvoll sein, auf Fleisch zu verzichten und sich einer Kur aus gelben Zwiebeln, Äpfeln, Kirschen und anderen flavonoidhaltigen Nahrungsmitteln zu unterziehen.

Gemüse und Obst sind Trumpf

Es gibt keine Pflanze, die nicht in irgendeiner Form Flavonoide enthalten würde. Die Flavonoide aus Zitrusfrüchten strecken vor allem die Wirkung von Vitamin C. Die meisten wissenschaftlichen Belege für seine gesundheitsfördernde Wirkung existieren jedoch für das Flavonoid Querzetin, das vor allem Krebs hemmend und antibiotisch wirkt. Man findet diesen Stoff hauptsächlich in gelben Zwiebeln, Grünkohl, Äpfeln, Bohnen, Kirschen, Brokkoli und Blumenkohl.

Die wertvollen langkettigen Kohlenhydrate finden sich vor allem in Vollkornprodukten.

Kohlenhydrate

Was sind Kohlenhydrate?

Chemisch gesehen handelt es sich bei Kohlenhydraten um eine Verbindung von Kohlen-, Wasser- und Sauerstoff.

Von herausragender Bedeutung ist der Sauerstoff, denn er macht die Kohlenhydrate zum idealen Brenn- und Treibstoff für unseren Organismus. Der Grund ist, dass es sich bei jeder Verbrennung letzten Endes um nichts anderes als eine besonders energieliefernde Art handelt, sich mit Sauerstoff zu verbinden – die so genannte Oxidation. Wenn nun eine Substanz gewissermaßen als Mitgift den Sauerstoff für den Verbrennungsprozess mitbringt, braucht von außen nur noch wenig oder sogar gar kein Sauerstoff eingeschleust werden.

Kohlenhydrate – der Treibstoff für den Körper

Im Gegensatz zu Eiweißen und Fetten brauchen die Kohlenhydrate zur Oxidation nur sehr wenig Sauerstoff. Dies ist der entscheidende Vorzug der Kohlenhydrate, der sie zum wichtigsten Treibstoff für unseren Körper macht. Kohlenhydrate werden aufgrund ihres sparsamen Sauerstoffverbrauches von unserem Organismus zur Energiegewinnung bevorzugt. Da ihre Verbrennung unserem Organismus weniger Mühe macht, kommen wir auch weniger aus der Puste.

Energiegewinnung

Unser Körper braucht Energie. Er gewinnt sie, indem er Verbrennungsprozesse in Gang setzt. Dafür braucht es Sauerstoff. Da Kohlenhydrate aus Kohlenstoff, Wasserstoff und Sauerstoff bestehen, kann der Organismus für die Oxidation – wie die Verbrennung wissenschaftlich heißt – den Sauerstoff gleich aus den Kohlenhydraten nehmen. Also muss der Organismus schon keinen Sauerstoff mehr für die Oxidation liefern.

Zucker – der heimtückische Dickmacher?

● Obwohl die Kohlenhydrate den größten Teil der Energieversorgung unseres Körpers sicherstellen, erhielten sie – und zwar unter ihrem deutschen Namen Zucker – einen negativen Ruf in der Ernährungslehre.

● Noch heute gilt Zucker als heimtückischer Dickmacher. Sein Ruf ist mittlerweile ähnlich ruiniert wie der des Cholesterins – und beide genießen diesen Ruf vollkommen zu Unrecht.
Bei den Kohlenhydraten ist der schlechte Ruf sicher darauf zurückzuführen, dass normalerweise kaum zwischen ernährungsphysiologisch vollwertigen und minderwertigen Kohlenhydraten unterschieden wird.

● Diese Unterscheidung ist aber unentbehrlich für eine sachgemäße Werteinschätzung der Kohlenhydrate.

Nahrungsmittel mit viel hochwertigen Mehrfachzuckern

Nahrungsmittel	g-Anteil je 100 g	Nahrungsmittel	g-Anteil je 100 g
● **Backwaren**		● **Gemüse**	
Baguette, Brötchen	53,5	Erbsen, reif	54,0
Butterkeks	50,0	Linsen, reif	50,8
Cornflakes	77,6	(Konserven dieser	
Haferflocken	60,5	Gemüsesorten enthalten	
Knäckebrot, Roggen	64,0	nur noch ungefähr ein	
Knäckebrot, Weizen	66,5	Fünftel des ursprünglichen	
Kräcker	65,0	Anteils an Mehrfach-	
Puffmais	67,0	zuckern.)	
Reismehl	77,8		
Salzstangen	74,5	● **Teigwaren**	
Zwieback	72,5	Vollkornnudeln	58,0

Auf die Qualität kommt es an

Entscheidend für die tatsächliche Bedeutung der Kohlenhydrate ist ihre Qualität. Wenn von Zucker die Rede ist, dann wird meist nicht bedacht, dass Zucker – also Kohlenhydrate – nicht nur in Süßigkeiten, sondern ebenso in Vollkornnudeln, in Gemüse oder Salzstangen enthalten ist. Grundsätzlich gilt:
▶ Vollwertige Kohlenhydrate liefern unserem Körper nicht nur Energie, sondern besitzen darüber hinaus noch eine ganze Reihe von anderen Vorzügen.
▶ Minderwertige Kohlenhydrate sind jedoch nicht viel mehr als bloße Kalorienbomben. Sie liefern in kurzer Zeit viel Energie – und oft ist das Tempo zu hoch und die Menge zu groß, als dass unser Körper damit klarkommen könnte.

Begriffsverwirrung

Wenn in der Alltagssprache von Zucker die Rede ist, sind meist die minderwertigen Kohlenhydrate mit ein oder zwei Zuckermolekülen gemeint.
Die hochwertigen Mehrfachzucker fallen einfach unter den Tisch, da sie eben nicht süß schmecken. Beides kann aber mit dem Begriff »Zucker« gemeint sein – und eines ist ein biologisch relativ wertloser Zahnzerstörer, das andere ein hoch energetischer Brennstoff.

Erholung für den Körper
Gönnen Sie Ihrem Organismus doch mal eine Erholungsphase: Führen Sie ihm hochwertige Mehrfachzucker zu. Ganz besonders geeignet sind beispielsweise Cornflakes, Knäckebrot, Vollkornnudeln, Erbsen oder Vollkornkräcker zum Knabbern. Ihr Körper wird es Ihnen danken, denn er kann nun leichter als sonst die nötige Energie gewinnen. Der Effekt ist, dass Sie leistungsfähiger werden. Am besten wäre es, wenn Sie auf Dauer vollwertige Kohlenhydrate zu einem Hauptbestandteil Ihrer Nahrung machen.

Blutzuckerspiegel

Der Blutzuckerspiegel soll keinen zu großen Schwankungen ausgesetzt sein und nicht zu sehr ansteigen. Darum sind Mehrfachzucker besonders gesund, da sie den Blutzuckerspiegel langsam und fortdauernd aufbauen. Einfachzucker dagegen liefern auf einen Schlag eine enorm große Energiemenge: Der Blutzuckerspiegel steigt viel zu stark an. Hierbei kommt es zu einer Insulinausschüttung. Da nun dadurch der Blutzuckerspiegel zu sehr abgesenkt wird, sind wir nach der Süßigkeitenorgie meist müde und hungrig.

Babytest

Im Unterschied zu den Fetten ist das Verlangen nach Süßem angeboren. Wie Studien an Neugeborenen zeigen, denen man vor dem ersten Stillen eine süße und eine saure Trinklösung gab, schmeckt den Babys das Zuckerwasser einfach besser. Da sie vorher ja noch nichts anderes gekostet hatten, muss diese Vorliebe wohl angeboren sein.

Doch es gibt auch noch andere Gründe, warum es uns mitunter so schwer fällt, mit süßen Speisen vernünftig und unseren Bedürfnissen angemessen umzugehen.

Vollwertige Kohlenhydrate

Bei vollwertigen Kohlenhydraten handelt es sich in der Regel um natürlichen Mehrfachzucker, also um Substanzen, die aus der Natur – vor allem aus Pflanzen und deren Früchten – bezogen werden und aus mehreren Zuckermolekülen bestehen.

»Karius« und »Baktus«
Die beiden zahnschädigenden Figuren, die Kindern oft in Heften beim Zahnarzt gezeigt werden, gibt es wirklich. Ganz besonders wohl fühlen sie sich bei süßen Lebensmitteln. Die darin enthaltenen minderwertigen Kohlenhydrate liefern den Bakterien des Mundraums leicht verwertbare Nahrung. Die Mikroorganismen bedanken sich dafür mit der Produktion von Säuren, die den Zahnschmelz angreifen und für die typischen Karieslöcher sorgen.

> ### Biologische Nachteile minderwertiger Kohlenhydrate
>
> ● Minderwertige Kohlenhydrate fördern Diabetes, indem sie den Insulinapparat des Körpers zu stark beanspruchen.
>
> ● Im Verdauungstrakt sorgen minderwertige Kohlenhydrate für eine starke Übersäuerung, was den Ausbruch von Krebs- und Pilzerkrankungen begünstigt.
>
> ● Einfachzucker raubt dem Körper Mineralien und Vitamine.
>
> ● Einfachzucker beansprucht in hohem Maß das Insulinreservoir des Körpers. Das wichtige Bauchspeicheldrüsenhormon wird dazu verschwendet, überschüssige Zuckermoleküle aus dem Blut zu entfernen. Dadurch fehlt es jedoch beim Abtransport der Fette. Die Folgen sind ein ansteigender Blutfettspiegel und damit oft Arterienverkalkung, Herzinfarkt und Schlaganfall.

Nahrungsmittel mit minderwertigen Kohlenhydraten

Folgende Nahrungsmittel enthalten einen hohen Anteil an minderwertigen Kohlenhydraten:

Nahrungsmittel	g-Anteil je 100 g	Nahrungsmittel	g-Anteil je 100 g
● **Brotaufstriche**		● **Süßwaren**	
Honig	75,1	Fruchteis	24,0
Nuss-Nougat-Creme	53,0	Fruchtgummi	42,4
Orangenmarmelade	69,5	Geleefrüchte	77,8
Pflaumenmus	54,0	Kakaogetränkepulver	76,9
		Kaugummi (ohne Zucker-ersatzstoff)	78,5
● **Getrocknete Früchte**		Marzipan	49,0
Aprikosen	43,3	Milchschokolade	44,6
Birnen	69,0	Nougat	64,5
Datteln	63,7	Pralinen	68,9
Feigen	52,9	Weiße Schokolade	58,3
Rosinen	64,0		

Trockenfrüchte
Getrocknetes Obst wie beispielsweise Aprikosen enthalten zwar sehr viele minderwertige Kohlenhydrate, aber da ihr Gehalt an anderen gesunden bioaktiven Stoffen recht hoch ist, kann man sie trotzdem getrost auf seinen Speiseplan setzen.

Die Pluspunkte dieser Kohlenhydrate:
▶ Sie enthalten viele Mineralien, Vitamine und Spurenelemente.
▶ Sie bieten eine bunte Vielfalt an Geschmacksnoten.
▶ Sie bestehen aus vielen Zuckermolekülen und werden dadurch im Körper langsamer abgebaut. Dadurch wird der Blutzuckerspiegel langsam und fortdauernd aufgebaut. Aus diesem Grund hält uns eine Speise aus vollwertigen Kohlenhydraten länger satt.

Minderwertige Kohlenhydrate

Bei minderwertigen Kohlenhydraten handelt es sich in der Regel um industriell gefertigte Zuckerarten wie Rohr- und Rübenzucker, aber auch um natürliche Zucker wie Frucht- und Traubenzucker, die lediglich aus ein oder zwei Zuckermolekülen bestehen. Ihre Vorteile liegen darin, dass sie vom Körper sehr schnell aufgenommen werden und schnell Energie liefern (Ausnahme: Milchzucker). Allerdings ist ihre Dosierung in der alltäglichen Nahrungsaufnahme zu hoch, so dass der Körper einen regelrechten »Zuckerschock« erhält und mit Ausschüttung von Insulin versucht, den Blutzuckerspiegel wieder abzusenken. Dabei geht er aber oft zu gründlich vor: Der Blutzuckerspiegel sinkt dann so weit, dass wir müde und hungrig werden.

Der kleine Unterschied
Oft scheint es unabänderlich, dass bestimmte Menschen einfach immer Hunger haben. Doch in Wirklichkeit liegt es an der falschen Ernährung. Wer vollwertige Kohlenhydrate zu sich nimmt, bleibt länger satt, und wer lieber minderwertige Kohlenhydrate isst, wird bald wieder hungrig sein. Darum ist eine vollwertige Ernährung gut für die schlanke Linie.

Zucker – eine Psychodroge

Kaum eine Substanz hat derart weit reichende Wirkungen auf unsere Psyche wie der Zucker. Vor allem der Einfachzucker – weil er im Unterschied zu den Mehrfachzuckern direkt seinen süßen Geschmack entfaltet und direkt in unseren Körper übergeht – verdient es, geradezu als Psychodroge unter den Nährstoffen bezeichnet zu werden. Zucker bewahrt uns auf zweifache Weise davor, in ein Stimmungstief zu fallen:

▶ Da wären zunächst einmal die rein psychischen Aspekte seines süßen Geschmacks. Die menschliche Muttermilch schmeckt süß, und auch das Fruchtwasser des Menschen besitzt einen leicht süßlichen Geschmack. Mit jedem Keks und jedem Stück Schokolade geben wir uns also auch ein Stück Erinnerung, und zwar ein Stück Erinnerung an eine Zeit, in der wir noch wohl behütet wurden. Nicht umsonst greifen wir vor allem dann zu Süßigkeiten, wenn wir uns einsam und verlassen fühlen.

▶ Darüber hinaus besitzt Zucker einige Effekte auf die physiologischen Vorgänge in unserem Nervensystem. So steigt bei starker Zuckerzufuhr die Tryptophanproduktion in unserem Blut. Dieser Anstieg führt wiederum zu einer gesteigerten Serotoninausschüttung – bei diesem Stoff handelt es sich um einen Neurotransmitter, der beim Zustandekommen von Stimmungen eine entscheidende Rolle spielt. Mehr Serotonin bedeutet Glück und Zufriedenheit, während sein Abfall im Blut zur Melancholie, bei empfindlichen Menschen sogar zur Depression führen kann.

Geborgenheit

Süßes vermittelt das Gefühl der Geborgenheit. Babys bekommen süß schmeckende Milch, und Föten liegen in einem süßen Fruchtwasser. Schokolade, Bonbons, Plätzchen – all das erinnert uns an die Zeit, in der wir vom Fruchtwasser umflossen waren oder an der Mutterbrust Schutz suchen konnten. Kein Wunder, dass wir uns in schwierigen Zeiten nach dieser Geborgenheit zurücksehnen.

Glück und Zufriedenheit

Zucker beeinflusst unser Nervensystem in günstiger Weise. So bewahrt uns der gelegentliche Griff zur süßen Versuchung bis zu einem bestimmten Grad davor, ins Stimmungstief zu schlittern. Zucker kann uns auch aus Stimmungslöchern herausholen – vorausgesetzt, dass wir beim Griff zum Süßen kein schlechtes Gewissen gehabt haben. Denn in diesem Fall wird natürlich unsere Laune erst recht ins Bodenlose sinken.

Schokolade für Frauen wichtiger als Sex?

● Wie die amerikanische Ernährungsexpertin Debra Waterhouse zeigte, sind es vor allem die Frauen, die psychisch sehr sensibel auf Schokolade reagieren. In ihrer Umfrage gestanden sage und schreibe 50 Prozent aller befragten Frauen, dass ihnen Schokolade wichtiger sei als Sex.

● Debra Waterhouse fand heraus, dass süße Speisen bei Frauen als Tröster in körperlichen und seelischen Krisen fungieren. So greift das weibliche Geschlecht vor allem in den Tagen vor der Periode zu Schokoriegeln und Keksen.

● Frauen mit PMS (prämenstruelles Syndrom) essen wesentlich mehr Einfachzucker als Frauen, die vor der Monatsblutung unter keinen Beschwerden leiden.

Suchtgefahr bei Schokolade?

Schokolade steht mittlerweile im Verdacht, Sucht auslösend zu sein. Unter Wissenschaftlern ist diese These allerdings noch umstritten. Nichtsdestoweniger enthält Schokolade neben zahlreichen Einfachzuckern auch noch andere Substanzen, die sich unmittelbar auf die Arbeit der Nervenzellen auswirken.

Wer langsam isst, braucht weniger Süßigkeiten

Achten Sie darauf, dass Sie Ihre Mahlzeiten lange und gründlich zerkauen. Das dauert zwar etwas länger, doch es zahlt sich aus. Die Mehrfachzucker werden bereits zum Teil durch den Speichel zerlegt, wenn nur lange genug gekaut wird. Dadurch entsteht bereits auf der Zunge ein süßlicher Geschmack, und Ihr Verlangen nach Süßem wird gestillt, ohne dass Sie etwas Süßes gegessen haben.

Freuen Sie sich auf die nächste Schokoladentafel

Essen Sie Süßigkeiten nicht nebenbei, sondern zelebrieren Sie das Knacken einer Schokoladentafel oder das Aufreißen einer Keksdose als Genuss und Belohnung. Denn die Psychologie lehrt uns:
▶ Diejenigen, die süße Speisen als Belohnung verzehren, essen insgesamt wesentlich weniger als diejenigen, die im Vorbeigehen oder aus Frust zu Süßigkeiten greifen.
▶ Diejenigen, die nebenbei oder einfach bei schlechter Laune Süßigkeiten verzehren, essen insgesamt viel mehr als alle anderen Menschen. Das Essen nebenbei verläuft unkontrolliert.
▶ Frustessen hat zum Ziel, ein riesengroßes Loch in der Seele zu stopfen, das freilich mit Schokolade oder Kuchen gar nicht zu stopfen ist. Der Süßigkeitenexzess ist vorprogrammiert, man isst mehr, als man bewusst wahrnimmt.

Die Insulinpumpe

Essen Sie Süßigkeiten weder unmittelbar vor noch unmittelbar nach den Mahlzeiten. Denn vor dem Essen eliminieren Sie den Appetit, nach dem Essen steigern Sie die Aktivität der ohnehin schon durch die Hauptmahlzeit in Gang gesetzten Insulinpumpe.
Die Folge: Der Zuckerspiegel in Ihrem Blut sinkt, Sie werden müde und hungrig – und das, obwohl Ihr Magen voll ist. Die Insulinpumpe ist übrigens das Geheimnis für die allseits bekannte Tatsache, dass der Nachtisch irgendwie immer noch reingeht.

Belohnung

Mit Süßigkeiten können Probleme nicht gelöst werden. Essen Sie darum nie aus Frust irgendwelche Süßigkeiten. Die Verbindung süße Muttermilch – helfende Mutter gibt es nicht mehr. Betrachten Sie Süßigkeiten darum mehr als ein Schmankerl, mit dem Sie sich für eine gelungene Aktion oder ein schönes Erlebnis belohnen. Denn das Angenehme der Aktion hat schon genug zur Befriedigung Ihrer Psyche beigetragen, so dass Ihr Appetit auf Süßes nicht ins Uferlose abdriften wird.

Nachtisch

Dass jeder nach einem reichhaltigen Essen noch einen Nachtisch schafft, hängt mit der Insulinpumpe zusammen. Sie reagiert auf die Nahrungszufuhr und bemüht sich, den Blutzuckerspiegel niedrig zu halten. Dabei sinkt der Zuckerwert im Blut ein wenig zu weit ab, und schon kommt das Hungergefühl wieder.

Kuchenorgie – aber immer doch

Aus Sicht der Zahnmedizin ist es besser, wenn Sie einmal am Tag eine Schoko- und Kuchenorgie feiern, als wenn Sie Ihren Zuckerkonsum in kleine Portionen aufteilen. Denn dadurch erreicht der Zucker- und damit auch der Säuregehalt in Ihrem Mund zwar eine einmalige Spitze, doch für die Zähne wäre es schlimmer, wenn sie unter ständigem Säurebeschuss stehen würden. Und ganz abgesehen von den Zähnen wird auch Ihr Gewicht besser in Ordnung gehalten.

Vorsicht vor Diäten, die auf Kohlenhydrate verzichten

Auf dem Diätenmarkt kursieren leider immer noch Speisepläne, die den Verzehr von Kohlenhydraten verbieten, weil sie angeblich zu den schlimmsten Dickmachern zählen.

Die beiden folgenden Diäten sind mit Vorsicht zu genießen:

▶ **Lutz-Diät:** Der österreichische Arzt Wolfgang Lutz vertritt die Ansicht, dass Mehlerzeugnisse jeden Fleischesser dick machen würden. Sie müssten daher vom Speiseplan gestrichen werden. Außerdem kämen ohnehin die meisten Zivilisationskrankheiten nur vom übermäßigen Verzehr an Kohlenhydraten. Fazit: Hier wird mal wieder der Einfach- mit dem Mehrfachzucker verwechselt. Die Lutz-Diät wird von Experten als gesundheitlich sehr bedenklich eingeschätzt, weil mit dem Verzicht auf (Vollkorn-)Brot und andere kohlenhydratreiche Lebensmittel viele wichtige Biostoffe verloren gehen.

▶ **Atkins-Diät:** Atkins bezeichnet sich selbst gern als Diätrevoluzzer. Sein Kredo: »Fett und Eiweiß ja, Kohlenhydrate nein.« Sein Ziel: Die beiden erlaubten Nährstoffe sorgen für einen größeren Sättigungsgrad als die Kohlenhydrate. Wer länger satt ist, wird weniger essen und daher besser sein Körpergewicht in den Griff bekommen.

Doch leider gibt es für diese These keinen wissenschaftlichen Beweis; die meisten Studien weisen eher darauf hin, dass gerade Fette nicht zu den Sattmachern zählen.

Trennkost

Bei der inzwischen sehr bekannten Trennkost wird hingegen nicht auf Kohlenhydrate verzichtet, sondern Kohlenhydrate und Eiweiße dürfen nur nicht zusammen verzehrt werden. Auf diese Weise werden dem Körper beide Nahrungsbestandteile getrennt angeboten, so dass er sie einzeln verwerten kann. Aus wissenschaftlicher Sicht ist die Trennkost allerdings umstritten. Außerdem ist der Zeitaufwand sehr hoch, und darum ist es für einen Normalbürger kaum möglich, diese Diät neben der Arbeit durchzuhalten.

Zur Not ein Kaugummi
Am besten ist es natürlich, wenn Sie dem Süßigkeitenessen direkt eine Zahnreinigung folgen lassen würden – per Zahnbürste und Zahnseide, nötigenfalls tut es auch ein zuckerfreier Kaugummi.

Atkins-Diät für Allergiker
Diese Diätform wurde eigentlich für Patienten entwickelt, die auf eine Vielzahl von Kohlenhydraten allergisch reagieren. In diesem Fall ist – zumindest für einen kurzen Zeitraum – die Atkins-Diät durchaus sinnvoll.

Nahrungsmittel mit minderwertigen Kohlenhydraten

Folgende Nahrungsmittel bieten einen hohen Anteil an minderwertigen Kohlenhydraten:

Nahrungsmittel	g-Anteil je 100 g	Nahrungsmittel	g-Anteil je 100 g
● **Backwaren**		Pfeffernüsse	36,0
Amerikaner	28,2	Printen	38,4
Baiser	62,0	Sachertorte	35,2
Baumkuchen	24,0	Schwarzwälder	
Biskuits	30,2	Kirschtorte	20,0
Butterkekse	20,0	Spekulatius	23,2
Donauwellen	20,0	Weihnachtsstollen	30,2
Dresdner Stollen	21,4	Zimtsterne	53,7
Früchtekuchen	42,0		
Käsesahnetorte	22,4	● **Frühstücksflocken**	
Königskuchen	29,5	Frosties	40,0
Kokosmakronen	39,6	Honig Smacks	48,0
Lebkuchen	41,9		
Linzer Torte	28,3	● **Getränke**	
Marmorkuchen	22,5	Curacao	28,3
Nussecke	32,5	Eierlikör	28,0
Nusskuchen	26,2	Kirschlikör	32,0
Orangenplätzchen	55,0		

Raffinierter Zucker – süßer Zucker

Zucker ist sehr gesund, aber nur, wenn er nicht besonders süß schmeckt. Denn süßer (raffinierter, industriell hergestellter) Zucker zählt meist zu den minderwertigen Kohlenhydraten, die nur in Maßen konsumiert werden sollten. Anderen Zucker – Mehrfachzucker –, wie er beispielsweise in Gemüse, Brot oder Nudeln enthalten ist, können Sie nach Herzenslust essen, bis Sie satt sind. Mehrfachzucker sind für den Organismus notwendig und helfen bei der Gesunderhaltung. Ein hoher Konsum von raffiniertem Zucker oder von minderwertigen Kohlenhydraten macht nur müde, hungrig und dick und sogar krank. Dennoch ist es schwierig darauf zu verzichten. Schließlich ist uns die Vorliebe dafür angeboren. Beim Baby ist das auch gar nicht schlecht, denn der Hunger nach der süßen Muttermilch kann überlebensnotwendig sein.

Diätenfrust

Wer Diäten macht, nimmt oft zu. Für maximal sechs Wochen bekommt der Körper viel weniger Kalorien, als er benötigt. Die Folge ist eine anfängliche Gewichtsabnahme. Danach aber hat sich der Körper an die knappe Nährstoffzufuhr gewöhnt. Er nimmt mehr Nährstoffe aus der Nahrung auf als vorher, d. h. der Ausnutzungsgrad ist höher. Wenn der Körper nun nach der Diät wieder so viel Kalorien bekommt wie vorher, ist eine Zunahme unvermeidbar. Essen Sie darum auf Dauer nur ein paar Kalorien weniger als nötig. So nehmen Sie zwar nur langsam ab, dafür aber dauerhaft. Wenn Sie zwölf Monate lang je ein Kilogramm abnehmen, haben Sie auch zwölf Kilogramm weniger.

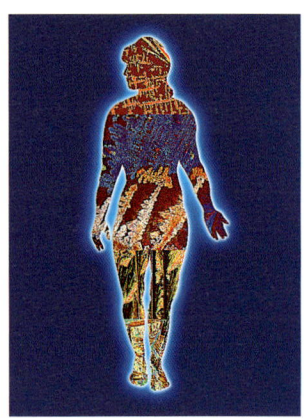

Mineralien finden sich überall in unserem Körper.

Mineralien

Was sind Mineralien?

Bei Mineralien handelt es sich um Salze, die in unserem Organismus eine Reihe von unentbehrlichen Funktionen ausüben. Im Wasser lösen sie sich zu positiven und negativen Ionen, in diesem Zustand werden sie auch als Elektrolyte bezeichnet.

Man unterscheidet zwischen:

▶ Sieben Massenelementen, die von unserem Körper in einer Menge von jeweils über 100 Milligramm benötigt werden

▶ 14 Spurenelementen mit einem Bedarf von jeweils deutlich unter 100 Milligramm

Auf die richtige Kombination kommt es an

Zurzeit ist es in Mode gekommen, für alle möglichen Funktionsstörungen, Krankheiten und Wehwehchen irgendwelche Mineralienpräparate einzusetzen. Nicht nur Patienten, auch Ärzte entwickeln eine immer größere Bereitschaft, mit hohen Mineraliendosierungen dem einseitig ernährten Körper auf die Sprünge zu helfen.

Oft bringen aber diese Mineralienpräparate überhaupt nichts, da der Mineralienmangel nicht durch eine unzureichende Mineralstoffzufuhr verursacht ist. Der Mangel resultiert dann daraus, dass der Körper aufgrund einer ungünstigen Ernährung an der Mineralienaufnahme gehindert wird. Allerdings können Erkrankungen (z.B. Pilze im Darm) oder Medikamente die Mineralienaufnahme behindern.

Essgewohnheiten

Bevor Sie – am besten in Absprache mit Ihrem Arzt – zu Mineralienpräparaten greifen, sollten Sie Ihre Ess- und Lebensgewohnheiten überprüfen. Durch Alkohol, Koffein, Nikotin, viele Süßigkeiten und viel Fleisch kann der Körper an der Mineralienaufnahme gehindert werden. In diesem Fall hilft es wenig, die Mineralstoffzufuhr zu erhöhen. Besser ist es da, wenn Sie Ihren Körper bei der Mineralienaufnahme unterstützen. Durch einen weitgehenden Verzicht auf Fertiggerichte tun Sie auch schon einen Schritt in die richtige Richtung.

Übertriebene Hoffnungen

● Viele Patienten und Ärzte lassen sich von Medienmeldungen leiten, durch die übertriebene Hoffnungen geweckt werden. Mineralienpräparate sollen viele Krankheiten heilen helfen.

● Besonders Magnesiumartikel werden durch die chemische Industrie lanciert. Zwar ist tatsächlich jeder zehnte Bundesbürger mit Magnesium unterversorgt, von einer Selbsttherapie mit Magnesiumpräparaten ist aber dennoch abzuraten. Sollte kein Magnesiummangel vorliegen – und darüber kann nur der Arzt sichere Auskunft erteilen –, kann die Magnesiumaufnahme das Gleichgewicht der Mineralien zerstören.

Nüsse und Samen – Mineralstoffbomben der Natur

● Fische und Hülsenfrüchte zählen zu den wichtigen Eiweißlieferanten, Gemüse und Obst versorgen uns vor allem mit wichtigen Vitaminen, doch für unseren Mineralienhaushalt sind eher Nahrungsmittel verantwortlich, die sonst nur in der zweiten Reihe stehen: Nüsse und Samen. Sie sollten daher im Speiseplan regelmäßig berücksichtigt werden.

● Nüsse und Samen eignen sich als Zutat zu allen möglichen Speisen, vor allem zu Gebäck, Quark, Dickmilch und Joghurt, aber auch zu Salaten und warmen Speisen. Besonders hervorzuheben ist das Mineralienprofil von Haselnuss, Leinsamen, Mohn, Paranuss, Pekannuss, Pistazie, Sesam und Walnuss. Die beliebte Erdnuss enthält etwas weniger Kalzium als die übrigen Nüsse, brilliert dafür aber mit ihrem hohen Gehalt an Jod.

Mineralien sind gern in passender Gesellschaft

Mineralien wirken – wie andere Biostoffe auch – nur selten isoliert, sondern meistens in Verbindung mit anderen Biostoffen. Hierzu einige Beispiele:

▶ **Nervosität:** Sie kann durch ein Missverhältnis im Mineralienhaushalt ausgelöst werden, in dem die Nerven anregenden Ionen (Kalium, Bikarbonat und Phosphat) gegenüber den Nerven beruhigenden Ionen (Kalzium, Magnesium und Wasserstoff) dominieren.

▶ **Osteoporose:** Der bei Frauen vor allem nach dem Klimakterium auftretende Knochenschwund wird gern auf Kalziummangel zurückgeführt. Ein folgenschwerer Fehler! Denn Osteoporose kann durch ein gestörtes Kalzium-Magnesium-Phosphor-Gleichgewicht (zu viel Kalzium, zu wenig Phosphor und Magnesium) ausgelöst werden – und hier wäre dann die einseitige Gabe von Kalziumpräparaten genau die falsche Therapie.

▶ **Blut- bzw. Eisenmangel:** Viele Ärzte greifen hier ohne großes Zögern zu hoch dosierten Eisenpräparaten, ohne freilich einen nennenswerten Anstieg des Eisengehaltes im Blut zu erzielen. Der Grund für diesen Misserfolg: Eisen wird vom Körper nur dann optimal aufgenommen, wenn genügend Vitamin C vorhanden ist. Eisenpräparate ohne entsprechenden Vitamin-C-Anstieg in der Ernährung müssen demnach wirkungslos verpuffen. Wer auf frische Salate setzt – in denen beide Biostoffe in der Regel bestens kombiniert sind –, erzielt größere Erfolge.

Allergien

Allergien werden nicht selten durch ein Ungleichgewicht im Magnesium-Kalzium-Kalium-Haushalt ausgelöst. In der Regel sind im Verhältnis zum Kalium zu wenig Magnesium und Kalzium vorhanden. Doch dies ist nur eine Erfahrungstatsache. Im Einzelfall kann es auch Allergiker geben, deren Blutbild ein solches Ungleichgewicht nicht aufweist. Darum sollten Sie vor einer Magnesium- oder Kalziumeinnahme auf jeden Fall den Arzt konsultieren.

Richtiges Verhältnis

Nicht nur das Verhältnis von Magnesium und Kalzium zu Kalium muss stimmen, sondern auch das Verhältnis von Magnesium und Kalzium. Kalzium fördert beispielsweise die Blutgerinnungstendenz, während Magnesium für eine Abnahme der Blutgerinnung sorgt. Seien Sie also vorsichtig mit der Einnahme von Mineralienpräparaten.

Chlorid – wichtig für Magensaft und Knochen

Chlorid ist zusammen mit Natrium für unseren Wasserhaushalt verantwortlich. Darüber hinaus ist es Bestandteil von Knochen und Magensäure. Der tägliche Bedarf liegt bei zwei bis fünf Gramm, Säuglinge benötigen 0,3 bis 1,2 Gramm.

Die Aufnahme von Chlorid erfolgt in der Hauptsache durch Kochsalz. Chloridmangel ist daher recht selten. Lediglich in körperlichen Ausnahmesituationen – vor allem beim Erbrechen – kann es zu Chloridmangel kommen. Bei Neugeborenen kann ein vererbter Chloridmangel vorliegen. Die Symptome sind Durchfälle, Wassermangel mit schwachem Harndrang sowie Wachstumsstörungen.

Chlorid

Wenn Sie nicht gerade krank sind, brauchen Sie sich um Ihre Chloridversorgung keine Gedanken zu machen. Chlorid ist in Natriumchlorid, dem ganz normalen Kochsalz, enthalten. Und da die meisten Menschen genügend Kochsalz zu sich nehmen, gibt es auch nur sehr selten einen Chloridmangel.

Kalium – das Muskelmineral

Kalium ist zusammen mit Natrium am Wasserhaushalt beteiligt, es wirkt außerdem an der Produktion von einigen Enzymen mit und wird dadurch zum echten Muskelmineral. Es ist per Natrium-Kalium-Pumpe an der Erregung der Muskeln und durch den Eiweißaufbau an der Massenentwicklung der Muskulatur beteiligt. Viele Kraftsportler bleiben hinter ihren Erwartungen zurück, weil sie die Kaliumzufuhr vernachlässigen. Unter normalen Bedingungen werden jedoch die drei bis vier Gramm Tagesbedarf durch die alltägliche Ernährung hinreichend gedeckt.

Fisch enthält viele wichtige Mineralien und andere Biostoffe, wie z. B. Omega-3-Fettsäuren. Leider liefert er auch viel Natrium und Phosphat, zwei Stoffe, von denen wir eher zu viel zu uns nehmen.

Nahrungsmittel mit hohem Kaliumanteil

Nahrungsmittel	mg-Anteil je 100 g
● Backwaren	
Kartoffelchips	1190
Knäckebrot mit Sesam	440
Knäckebrot, Roggen	436
Knäckebrot, Weizen	390
Lebkuchen	212
Printen	220
Pumpernickel	340
Vollkornbrot mit Sonnenblumenkernen	250
Vollkornbrötchen mit Sonnenblumenkernen	300
Vollkornbrötchen mit Zwiebeln	320
Vollkorntoast	320
Weizenvollkornbrot	270
Zwieback	250
● Fisch	
Fast alle Fischsorten enthalten mehr als 200 mg Kalium auf 100 g.	
● Frühstücksflocken	
Haferflocken	340
Müsli mit Nüssen oder Vollkorn	450
● Gemüse/Kräuter/Pilze	
Fast alle Gemüse-, Pilz- und Kräutersorten besitzen einen Kaliumanteil von mehr als 200 mg. Bei Konservenwaren kann allerdings der Anteil um bis zu zwei Drittel reduziert sein.	
● Obst	
Obst besitzt in der Regel Kaliumwerte über 200 mg.	
● Süßwaren	
Süßwaren, vor allem Schokolade, enthalten ebenfalls relativ viel Kalium.	

Getrocknetes Obst

Schon frisches Obst besitzt Kaliumwerte über 200 Milligramm pro 100 Gramm Obst. Getrocknetes Obst schneidet aufgrund seines hohen Ballaststoffanteils bei den Kaliumwerten zum Teil überragend ab. Eine getrocknete Banane enthält z. B. 1490 Milligramm auf 100 Gramm. Damit hat die getrocknete Banane noch mehr Kalium als die – wegen des Fettgehalts sonst eher als ungesund eingestuften – Kartoffelchips.

Kalium im Fleisch

Fast alle Fleischwaren enthalten mehr als 200 Milligramm Kalium auf 100 Gramm. Damit enthalten sie ähnlich viel Kalium wie Fisch. Zur genaueren Bestimmung des Kaliumwertes beim Fleisch gibt es folgende Faustregel: Je magerer das Fleisch, desto höher der Kaliumanteil.

Wenn der Alltag einkehrt, haben gute Vorsätze oft keinen Sinn. Da gibt es auf einem Fest Alkohol, am nächsten Morgen eine halbe Kanne Kaffee, mittags ein Fertiggericht, zwischendurch eine Cola und nebenher ein paar Zigaretten. Pillen fungieren dann oft als Notanker. Damit hofft man die Mineralienversorgung im Körper sicherzustellen. Doch leider geht das nicht. Eine Lebensweise wie die eben beschriebene verhindert ganz besonders die Kalziumaufnahme. Leben Sie daher lieber gesünder, und sparen Sie sich damit die Kalziumpräparate.

Für Haut, Haare, Nägel

Ein ausreichender Kalziumgehalt im Blut ist die Gewähr für schöne Haut, gesunde Haare und feste Nägel. Um dies zu erreichen, sollten Sie lieber auf eine kalziumreiche Ernährung und weniger auf Kalziumpräparate setzen. Denn eine Überversorgung an Kalzium ist nur über die Nahrung ausgeschlossen.

Erhöhter Kaliumbedarf

Der Tagesbedarf an Kalium, der bei etwa drei bis vier Gramm liegt, ist bei den meisten Menschen durch die normale Ernährung sichergestellt. Lediglich bei Leistungssportlern und bestimmten Krankheiten wie Bulimie, Magersucht, Durchfallerkrankungen und starkem Erbrechen besteht ein deutlich erhöhter Kaliumbedarf.

Auch die Einnahme von Kortisonpräparaten, Abführmitteln und eine übermäßige Zufuhr von Kochsalz drücken auf den Kaliumspiegel unseres Körpers.

Kalzium – die natürliche Kosmetik

Kalzium ist am Aufbau von Knochen und Zähnen beteiligt, darüber hinaus aktiviert es wichtige Enzyme: Auch Nervenerregungen wären ohne ausreichende Kalziumversorgung unmöglich.

Unser Körper ist penibel darauf bedacht, einen konstanten Kalziumspiegel im Blut zu erhalten. Dazu geht er nötigenfalls über »Leichen«, indem er sich das Mineral aus dem Kalziumapatit der Knochen holt. Daher kann andauernder Kalziummangel zu schweren Veränderungen am Knochengerüst bis hin zur Osteoporose führen. Allerdings kann auch eine Überversorgung dieselben Folgen haben.

Der tägliche Bedarf liegt bei 800 Milligramm, während der Schwangerschaft und nach den Wechseljahren bei 1200 Milligramm. Unser Kalziumspiegel wird durch zahlreiche Hormone beeinflusst: Das Vitamin D, einige Aminosäuren und die Zitronensäure helfen bei der Aufnahme des wichtigen Minerals. Falsche Zubereitung der Speisen (vor allem zu langes Wässern und Kochen) verringert den Kalziumgehalt der Nahrung.

Wie Sie Ihre Kalziumversorgung sicherstellen können

Folgende Substanzen – im Übermaß genossen – boykottieren die Kalziumversorgung:

▶ Alkohol
▶ Koffein
▶ Nikotin
▶ Gesättigte Fettsäuren: Fleisch, Wurstwaren, Süßigkeiten
▶ Phosphat: Schweine- und Rindfleisch, Wurstwaren, Schmelzkäse, Cola- und Limonadengetränke, Fertiggerichte
▶ Phytinsäure: Getreide, Müsli (Phytat zerfällt allerdings, wenn die Kornspeisen lange aufgeweicht werden)
▶ Oxalsäure: Spinat, Rhabarber, Sauerampfer, schwarzer Tee und Schokolade

Kalziumreiche Nahrungsmittel

Nahrungsmittel	mg-Anteil je 100 g	Nahrungsmittel	mg-Anteil je 100 g
● Backwaren		**● Milchprodukte**	
Bienenstich	310	Allgäuer Hartkäse (50% Fett)	900
Mohnkuchen	240	Butterkäse (50% Fett)	750
Nussecken	280	Camembert (40% Fett)	570
Printen	214	Emmentaler (45% Fett)	1020
		Gouda	800
● Gemüse		Hobelkäse	1200
Grünkohl	210	Kondensmilch (10% Fett)	320
Sojabohnen	257	Parmesan	1290
		Tilsiter (30% Fett)	900
● Kräuter			
Basilikum	369	**● Nüsse und Samen**	
Dill	230	Haselnüsse	226
Kerbel	400	Leinsamen	260
Majoran	350	Mohnsamen	1460
Petersilie	245	Sesam	670
Pfefferminze	210		
Thymian	630		

Folgen eines Kalziummangels

Kalziummangel äußert sich durch Krampfanfälle und negative Veränderungen an Haut, Haaren und Nägeln. Das Mineral gehört darum zu den wichtigen Biostoffen für die natürliche Schönheit. Eine kalziumreiche Ernährung ist auch für Menschen, die auf ihre Schönheit achten, sinnvoll. Eine Überversorgung an Kalzium über die Nahrung ist dagegen praktisch unmöglich. Ein erhöhter Kalziumspiegel im Blut ist ein sicheres Symptom für eine schwere Erkrankung und muss unbedingt ärztlich behandelt werden.

Milch und Milchprodukte

Milch, Quark und Joghurt liegen mit ihren Kalziumwerten fast immer in der Nähe der 100-Milligramm-Marke. Damit haben sie wesentlich weniger Kalzium als andere Nahrungsmittel, sind aber als kalziumreiche Nahrungsmittel einzuschätzen, da sie viel Vitamin D enthalten, das die Kalziumaufnahme im Körper unterstützt.

Sonderfall Schokolade

Schokolade enthält aufgrund des Milchanteils relativ viel Kalzium, allerdings auch Substanzen, welche die Kalziumaufnahme behindern. Sie kann daher nicht den kalziumreichen Nahrungsmitteln zugerechnet werden. Ähnlich ist es mit Grünkohl. Er besitzt zwar 210 Milligramm Kalzium in 100 Gramm Gemüse, doch aufgrund seines hohen Oxalsäureanteils ist sein Wert als Kalziumspender nur von zweifelhafter Bedeutung.

Magnesium – Mineral für Nerven und Gefäße

Kaum ein Vorgang im menschlichen Stoffwechsel läuft ohne Magnesium ab. Das Mineral befindet sich in über 300 Enzymen. Dadurch ist es an der Verdauung von Fetten, Kohlenhydraten und Proteinen beteiligt. Magnesium wirkt krampf- und spannungslösend und beruhigt Muskeln und Nerven. Der Tagesbedarf liegt zwischen 350 (Frauen) und 400 (Männer) Milligramm, Schwangere und Stillende benötigen etwa 450 Milligramm, Babys 75 bis 120 Milligramm.

Auf das Gleichgewicht kommt es an

Magnesium ist natürlicher Gegenspieler von Kalzium, dementsprechend wichtig ist ein ausgewogenes Gleichgewicht der beiden Minerale für unseren Körper. Während beispielsweise Kalzium die Gerinnungstendenz im Blut verstärkt und dadurch zusammen mit anderen Blutsubstanzen die Gefahr von Gefäßverschlüssen erhöht, sorgt Magnesium durch seine »Gegnerschaft« zum Kalzium für eine Abnahme der Gerinnungsneigung. Aus diesem Grund eignet es sich zur Vorbeugung und zur Therapie von Herz-Kreislauf-Erkrankungen. Allerdings darf nicht vergessen werden, dass dieser Effekt gleichzeitig ein stärkeres Bluten bei Verletzungen bedeutet und darum vor allem bei Unfällen verhängnisvoll sein kann.

Gründe für den häufigen Magnesiummangel

Wissenschaftler schätzen, dass etwa jeder zehnte Bundesbürger mit Magnesium unterversorgt ist. Dabei spielt die zu geringe Aufnahme des Minerals eher eine untergeordnete Rolle. Von größerer Bedeutung ist, dass wir uns häufig regelrecht magnesiumfeindlich ernähren, unser Speiseplan also die Aufnahme des lebenswichtigen Minerals entscheidend behindert.

Boykotteure der Magnesiumaufnahme

Die wichtigsten Boykotteure der Magnesiumaufnahme sind:
- ▶ Zu langes Kochen und Wässern der Speisen
- ▶ Gemüse wird nicht frisch, sondern als Konserve verzehrt
- ▶ Alkohol
- ▶ Gesättigte Fettsäuren aus Fleisch- und Wurstwaren
- ▶ Phosphate (Schokolade, Cola- und Limonadengetränke)
- ▶ Abführmittel
- ▶ Östrogenbetonte Antibabypillen

Eine Ernährung mit Schwerpunkt auf B-Vitaminen verbessert hingegen die Magnesiumaufnahme.

Faustregel
Frisches Gemüse ist immer gesünder als Dosengemüse. Fast alle gesunden Inhaltsstoffe fehlen in der Konserve. So haben frische, reife Erbsen 116 Milligramm Magnesium in 100 Gramm. Als Konserve enthalten Erbsen gerade noch 29 Milligramm Magnesium.

Fenchel – Magnesium ohne Kalorien
Fenchel enthält nur 24 Kilokalorien pro 100 Gramm und war deshalb bei den schwer arbeitenden Bevölkerungsschichten der früheren Jahrhunderte nicht gerade beliebt. Dagegen ist er für die heutige Zeit wie geschaffen; eine Knolle deckt ein Drittel des Tagesbedarfs an Magnesium und ein Viertel des Kalziumbedarfs.

Nahrungsmittel mit hohem Magnesiumanteil

Folgende Nahrungsmittel bieten einen besonders hohen Magnesiumanteil:

Nahrungsmittel	mg-Anteil je 100 g	Nahrungsmittel	mg-Anteil je 100 g
● Backwaren		**● Gemüse**	
Knäckebrot, ballaststoffreich	140	Bohnen, weiß	132
		Bohnen, Konserve	87
Vollkornbrot mit Sonnenblumenkernen	106	Erbsen, reif	116
		Kichererbsen	108
		Portulak	150
● Nüsse und Samen		Sojabohnen	250
Erdnüsse, geröstet und gesalzen	180	Sojamehl	250
		Spinat	80
Haselnüsse, ohne Schale	156	Zwiebeln, getrocknet	100
Leinsamen	350		
Mohn	330	**● Getreideprodukte**	
Paranüsse	160	Haferflocken	140
Pinienkerne	270	Hirsemehl	150
Pistazienkerne, geröstet und gesalzen	158	Reis, unpoliert	157
		Schmelzflocken	135
Sesam	370	Weizenflocken	150
Sonnenblumenkerne	420	Wildreis	120

Winterschlaf

Eine starke Erhöhung des Magnesiumspiegels im Blut bewirkt eine Verminderung der Nerven- und Muskelerregbarkeit bis zur Lähmung. Dem Magnesium ist es darum auch zu verdanken, dass Säugetiere einen Winterschlaf halten. Wenn Magnesium nun gegen Stress eingenommen wird, kann man sich leichter entspannen, sehnt sich also nach einem kleinen Winterschlaf. Aber bitte nicht zu viel Magnesium nehmen!

Magnesiumspender

Sojabohnen, Sojamehl, Leinsamen, Mohn, Pinienkerne, Sesam und Sonnenblumenkerne enthalten übermäßig viel Magnesium. Nutzen Sie die natürlichen Magnesiumspender, und greifen Sie öfter mal auf diese Nahrungsmittel zurück. Sie sind eine echte Alternative zu gekauften, fertigen Magnesiumpräparaten.

Überschätzt

Magnesium senkt die stressbedingte Erregbarkeit in Muskeln und Nerven. Dadurch vermag es bei Migräne, Spannungskopfschmerzen, Rückenschmerzen, steifem Nacken und Wadenkrämpfen zu helfen. Seine Wirkung als Antistressmineral wird jedoch häufig überschätzt und durch die Hersteller von Magnesiumpräparaten unzulässig aufgebauscht. Stress ist nur durch eine Veränderung der kompletten Lebensweise abzubauen.

Natrium – Muskelmotor und Wasserschlucker

Natrium reguliert in unserem Organismus vor allem den Wasserhaushalt und die Balance von Säuren und Basen. Zusammen mit Kalium bildet es die so genannte Natrium-Kalium-Pumpe, durch die unsere Muskeln und Nerven angetrieben werden.

Der tägliche Natriumbedarf liegt bei zwei bis drei Gramm, bei Säuglingen zwischen 0,1 und 0,3 Gramm. Die aktuelle Ernährungssituation sieht jedoch so aus, dass wir mehr als genug Natrium in Form von Kochsalz zu uns nehmen. Nur in seltenen Fällen – etwa bei starkem Schwitzen, Erbrechen, Nierenschwäche, Durchfällen oder Missbrauch von Abführmitteln – kann es zu Natriummangel kommen.

Die Symptome von Natriummangel sind Konzentrationsstörungen, Lethargie, Mangel an Appetit und Durst, niedriger Blutdruck, erhöhter Puls und Muskelkrämpfe.

Wo Natrium enthalten ist

Wo Kochsalz ist, ist auch Natrium. Denn Kochsalz besteht aus Natrium und Chlorid. So sind alle gesalzenen Lebensmittel natriumreich. Je salziger etwas schmeckt, desto mehr Natrium ist darin enthalten. Dennoch gibt es einige Nahrungsmittel, bei denen kein Salz vermutet wird und die trotzdem sehr viel Natrium enthalten. Zu ihnen gehört der Käse, obwohl von Kochsalz im Zusammenhang mit dem Käse nie die Rede ist.

Im Überfluss vorhanden

Unsere Muskeln und Nerven sind dringend auf Natrium angewiesen. Dennoch sollten Sie so wenig wie möglich Natrium zu sich nehmen. In Deutschland ist bei normaler Ernährung Natrium im Überfluss vorhanden. Da kann ein bisschen weniger nicht schaden. Die nötigen zwei bis drei Gramm Natrium sind auf jeden Fall noch in der Nahrung enthalten.

Natrium – versteckt im Käse

Im Folgenden sind diejenigen Käsesorten aufgelistet, die besonders viel Natrium enthalten:

Käsesorte	mg-Anteil auf 100 g
Allgäuer Landkäse (65% Fett)	990
Camembert (45% Fett)	970
Danablu (50% Fett)	1260
Harzer Käse	1500
Hobelkäse	1000
Limburger (40% Fett)	1300
Provolone	1300
Roquefort	1810
Schafskäse	1300
Schmelzkäse	1200
Tilsiter (30% Fett)	1000
Vacherin (45% Fett)	1000

Natriumreiche Nahrungsmittel

Nahrungsmittel	mg-Anteil je 100 g	Nahrungsmittel	mg-Anteil je 100 g
● Backwaren		Sardellen, gesalzen	5170
Salzstangen	1790	Seelachs in Öl	3100
		Tiefseegarnelen	
● Brühen/Saucen		aus der Dose	980
Brühe, Instantpulver	20000		
Brühwürfel	19000	**● Fleischwaren**	
Maggiwürze	6240	Bratwurst	950
Sojasauce	6000	Currywurst	1050
Worcestersauce	2000	Haxe, gepökelt	3000
		Leberwurst	1180
● Fisch		Mettwurst,	
Heringe, mariniert	1090	luftgetrocknet	2480
Kaviar	1140	Rauchfleisch	1800
Kaviarersatz	2100	Salami	1260
Lachs, geräuchert	1880	Schinkenwurst	1625
Matjesfilet	2850	Rippchen, gekocht	3000
Rollmöpse	1200	Wiener Würstchen	1180

Instantpulver an der Spitze

In obenstehender Tabelle finden Sie eine Auflistung der natriumreichsten Nahrungsmittel. Instantpulver und Brühwürfel stehen aufgrund ihres hohen Kochsalzanteils vom Natriumgehalt her an der Spitze der natriumreichen Lebensmittel. Auch in Saucen ist oft sehr viel Natrium enthalten. Achten Sie auf eine natriumarme Ernährung, denn an Natrium mangelt es bei der Ernährung in Deutschland wohl keinem.

Brühen und Saucen

In Brühen und Saucen ist ebenso wie bei den Fleischwaren der Natriumanteil überwiegend in Form von Kochsalz enthalten. Das Fleisch selbst oder das Gemüse in der Suppenbrühe ist von sich aus überhaupt nicht natriumreich.

Auch Knabberartikel wie beispielsweise Pistazienkerne kommen erst durch das Salzen zu ihrem Natriumanteil von 1860 Milligramm auf 100 Gramm Nüsse. Wenn Sie auf natriumarme Ernährung achten wollen, sollten Sie sich die Mühe machen, auf versteckte Salze zu schauen.

Käse überflügelt Wurst

Dass in Wurst viel Salz verarbeitet ist, das weiß wohl jeder. Wenn dann das Fleisch noch gepökelt, also gesalzen ist, liegt der Fall klar vor Augen. Aber beim Käse vermutet man keine hohen Natriumwerte. Dabei überflügelt er – hinsichtlich des Natriumanteils – die Wurst um einiges. Eine Bratwurst hat z. B. wesentlich weniger Natriumgehalt als der Käse, egal, welche Käsesorte zum Vergleich hergenommen wird.

Tipp für die Phosphatzufuhr

In der heutigen Ernährungssituation wird eher zu viel als zu wenig Phosphat verzehrt. Der tägliche Bedarf von ca. 800 Milligramm wird meist deutlich überschritten. Schuld daran ist der übermäßige Genuss von Limonaden und Colagetränken, außerdem werden Phosphate gern als Zusatzstoffe in den Nahrungsmitteln eingesetzt. Versuchen Sie darum, Phosphatzusätze in Lebensmitteln weitgehend zu meiden und den Konsum von Limonaden, Colagetränken und Schokolade so weit wie möglich einzuschränken!

Phosphat – umstrittener Energiespender

Phosphat geriet in den letzten Jahren in starken Verruf: Phosphorsalze galten lange Zeit als schlimme Wasserverschmutzer. In jüngerer Zeit gerieten sie in die Diskussion, weil sie das hyperkinetische Syndrom (Zappelphilippsyndrom) bei Kindern hervorrufen sollen. Die Waschmittelhersteller haben mittlerweile reagiert und die Phosphatbleiche aus ihren Mitteln entfernt. In Zahnpasten findet man jedoch immer noch Phosphate als Zahnweißer und Schmirgelsalze. Ob auch die phosphatreiche Kinderernährung unserer Zeit (Limonaden, Colagetränke) zum hyperkinetischen Syndrom führt, ist umstritten. Tatsache ist jedoch, dass eine phosphatarme Kost den Heilungsverlauf dieser Krankheit unterstützt.

Dabei ist Phosphor unentbehrlich als Energieträger: Überwiegend denkend arbeitende Menschen und Sportler haben einen erhöhten Phosphatbedarf. Als Teil der Lezithine unterstützt Phosphat den Aufbau von Zellmembranen und die Arbeit der Nervenzellen.

Balance von Phosphat und Kalzium

Auch Phosphat kann zum Problem werden, dann, wenn es im Verhältnis zu Kalzium aus der Balance gerät.

▶ Zu wenig Phosphat und zu viel Kalzium führen zur Bildung von Nierensteinen.

▶ Zu viel Phosphat und zu wenig Kalzium führen zu Knochenveränderungen und Schäden an der Haut.

Fischstäbchen & Co.

Auch in Fischprodukten, vor allem in Filets und Fischstäbchen, finden sich Polyphosphate (E 450a – E 450c). Sie werden zur Erhöhung der Wasseraufnahme zugesetzt, damit beim Auftauen nicht zu viel Masse verloren geht. Die Polyphosphate können Allergien und Störungen im Kalziumstoffwechsel auslösen.

Phosphate als Zusatz in Lebensmitteln

● Im Käse: Orthophosphorsäure (E 338), Natriumphosphate (E 450a – E 450c) und Mononatriumorthophosphat (E 339a), um beim Erwärmen die Ausscheidung von Fetten und Molke zu verhindern. Sie können Allergien auslösen und den Kalziumstoffwechsel behindern.

● In Zahnpasta, Backmischungen und Zuckersirup: Dikalziumorthophosphat (E 341b) und Trikalziumorthophosphat (E 341c). Die beiden Salze sorgen für die notwendige Bleiche und einen gewissen Glanz. Sie können Allergien auslösen.

● In milchfreien Kaffeeweißern: Di- und Trikaliumorthophosphat (E 340b und c). Die beiden Salze können den Kalziumstoffwechsel beeinträchtigen.

Biopositive Schwefelverbindungen

Nahrungsmittel mit biopositiven Schwefelverbindungen sind:

Nahrungsmittel	mg-Anteil je 100 g	Nahrungsmittel	mg-Anteil je 100 g
Haferflocken	199	Meerrettich	212
Hühnerei	197	Miesmuscheln	367
Kresse	147	Walnüsse	146
Linsen	122		

Auch die meisten Fischsorten enthalten über 150 Milligramm Schwefel auf 100 Gramm und bilden damit eine gute Schwefelquelle.

Schwefel – Gift und Entgifter zugleich

Schwefel ist Baustoff für die Aminosäuren Zystein, Zystin und Methionin und erfüllt dadurch einige wichtige Aufgaben in unserem Organismus. So ist er an der Produktion von Insulin beteiligt und am Aufbau unserer Haarsubstanz. Schwefel gehört zu den wichtigsten Schönheitsstoffen für Nägel, Haut und Haare.

In Form von Salzen vermag Schwefel unterschiedlichste Gifte zu binden und Wasser in den Darm einzuziehen. Dadurch fördert Schwefel die Verdauung und den Abbau von giftigen Substanzen wie etwa Kadmium und Arsen.

Sulfite

Einige Schwefelverbindungen können jedoch schwere Schäden verursachen. So werden bis heute die Salze der schwefligen Säure, die Sulfite, sowie Schwefeldioxid als Farb- und Konservierungsstoffe für Wein (vor allem für schweren, süßen Wein), Kartoffelprodukte und Trockenfrüchte eingesetzt.

Tipps für die richtige Schwefelversorgung

● Achten Sie auf die Qualität Ihrer Schwefelzufuhr.
● Meiden Sie Lebensmittel mit schwefelhaltigen Konservierungsstoffen.
● Trinken Sie weniger süßen, dafür mehr herben Wein.
● Essen Sie weniger Pommes frites und andere industriell verarbeitete Kartoffelprodukte.

Antibiotika ohne Rezept

Zahlreiche Lebensmittel wirken wie Antibiotika. Die darin enthaltenen Schwefelverbindungen sind für die antibiotische Wirkung verantwortlich. Schwefel findet sich in Meerrettich, Kresse, Senf, Kohl, Rettich, Zwiebeln, Lauch und Knoblauch. Die genannten Lebensmittel eignen sich also zum Einsatz bei Infektionen.

Sulfite und Schwefeldioxid

Sulfite haben bedenkliche Nebenwirkungen. So zerstören sie die Vitamine der B-Gruppe, hemmen die Arbeit der Enzyme und verstärken die Wirkung von Krebs erregenden Substanzen. Manche Menschen reagieren schon bei kleinsten Mengen der schwefelhaltigen Konservierungsstoffe mit Brechreiz und Kopfschmerzen. Dennoch muss Schwefeldioxid erst bei Mengen von 50 Milligramm auf ein Kilogramm Lebensmittel auf den Verpackungen angegeben werden. Winzer dürfen den Schwefel sogar ganz auf ihren Etiketten vergessen.

Sojabohnen liefern das für den Menschen höchstwertige Eiweiß.

Grundbausteine der Zellen

Proteine sind die Grundbausteine der Zellen. 25 Aminosäuren – unterschiedlich angeordnet und kombiniert – ergeben bis zu 5000 verschiedene Sorten von Eiweißen. Der menschliche Organismus ist in der Lage, Eiweißstrukturen zu verändern, aber er kann sie nicht aus eiweißfremden Stoffen selbst aufbauen. Mit anderen Worten: Ohne eine ausreichende Proteinzufuhr über die Nahrung kann der Mensch nicht überleben.

Proteine

Was sind Proteine?

Proteine sind die Grundbausteine aller lebenden Zellen und bilden die so genannte Biomasse. Darüber hinaus fungieren Proteine als Enzyme, Farbstoffe, Transportstoffe und Hormone. Als Brennstoff ist Eiweiß zu wertvoll, es wird daher erst dann zur Energiegewinnung eingesetzt, wenn die Fett- und Kohlenhydratreserven aufgebraucht sind. In jeder Zelle existieren bis zu 5000 unterschiedliche Proteine, die allesamt aus lediglich 25 Aminosäuren zusammengesetzt sind.

Der Mensch ist auf Proteine aus der Nahrung angewiesen

Der menschliche Organismus braucht zur Herstellung der 5000 verschiedenen Proteine stets die Zufuhr von Proteinen aus der Nahrung. Eine Eiweißsynthese aus eiweißfremden Stoffen funktioniert bei ihm nicht, ganz im Unterschied zu Fetten und Kohlenhydraten, die auch aus artfremden Stoffen hergestellt werden können.

Tagesbedarf an Eiweiß

Der Tagesbedarf an Eiweiß liegt bei etwa einem Gramm auf ein Kilogramm Körpergewicht. Wenn ein erwachsener Mensch also 70 Kilogramm wiegt, benötigt er 70 Gramm Eiweiß am Tag. Bei Leistungssportlern, vor allem bei Muskel aufbauenden Sportarten, Schwangeren und Kindern kann der Tagesbedarf jedoch vielfach höher sein.

Auf die Qualität kommt es an

● Einige Eiweiße werden von unserem Körper besser, andere schlechter umgesetzt. Einige Proteine kommen unseren eigenen Eiweißstrukturen mehr entgegen, andere weniger.
● Als Maßzahl hierfür gilt heute der so genannte PDCAAS. Diese Abkürzung steht für Protein Digestibility Corrected Amino Acid Score. Für die tatsächliche Proteinzufuhr durch ein Nahrungsmittel ist also nicht nur dessen Eiweißgehalt von Bedeutung, sondern auch die Qualität des betreffenden Eiweißes. Diese Maßzahl sagt, inwieweit das Protein von uns verdaut werden kann und wieweit sein Aminosäurenprofil unserem eigenen Aminosäurenprofil entgegenkommt.

Eiweißreiche Nahrungsmittel und deren Eiweißqualität

Die Eiweißqualität wurde berechnet nach dem neuen Bewertungsverfahren PDCAAS (Protein Digestibility Corrected Amino Acid Score). Dieser Wert multipliziert mit dem Eiweißgehalt des Nahrungsmittels ergibt den EE, den effektiven Eiweißgehalt.

Nahrungsmittel	g-Eiweißgehalt je 100 g	PDCAAS	EE
● Eier			
Hühnerei, gekocht	12,4	1,0	12,4
● Milchprodukte			
Kefir	3,7	1,0	3,7
Milch	3,3	1,0	3,3
Harzer Käse	30,0	0,85	25,5
● Gemüse			
Erbsen, grün	6,6	0,70	4,6
Kichererbsen	19,8	0,66	13,1
Sojabohnen	35,9	0,92	33,0
Sojamehl	37,3	1,0	37,3
● Fleisch/Fisch			
Fisch	17,0	0,94	16,0
Rindfleisch, mager	21,2	0,92	19,5
Schweinefilet	21,8	0,87	19,0

Eiweißqualität
Der so genannte PDCAAS (Protein Digestibility Corrected Amino Acid Score) gibt Auskunft über die Eiweißqualität. Dem PDCAAS ist zu entnehmen, welchen Nutzen ein Nahrungsmittel für unseren Proteinhaushalt wirklich hat. Ein Beispiel: Ein Nahrungsmittel enthält pro 100 Gramm jeweils zehn Gramm Eiweiß. Sein PDCAAS beträgt jedoch nur 0,6. Das bedeutet, dass wir aus diesem Nahrungsmittel auf 100 Gramm genau sechs Gramm körpereigenes Eiweiß herstellen können.

Weizeneiweiß als Allergieauslöser

Weizenprodukte galten lange Zeit als Lieferant hochwertiger Proteine. Weizeneiweiß entwickelt sich jedoch zurzeit zu einem problematischen Allergieauslöser.
Der Grund für diese Entwicklung: Der Weizen wurde mit fremden Gräsern gekreuzt, um seine Widerstandsfähigkeit, Halmstabilität und Ährengröße zu verbessern. Dadurch wurden jedoch auch seine Eiweißstrukturen in eine Richtung verändert, auf die das Immunsystem des Menschen nicht vorbereitet ist. So kommt es immer häufiger zu allergischen Reaktionen. Besonders häufig sind von so genannten Mehlallergien Personen betroffen, die in Bäckereien arbeiten. Mittlerweile gibt es schon zahlreiche Menschen, die das Sonntagsbrötchen und auch das Brot nicht mehr vertragen.

Nicht ohne Grund
Die rapide Zunahme der Weizenmehlallergien in den letzten Jahren ist nicht ohne Grund erfolgt. Schuld daran sind die neuen Weizensorten. Sie sind zwar widerstandsfähiger und größer, aber leider für den Menschen unverträglicher.

Zeitrahmen

Bestimmte Nahrungsmittelkombinationen sind besonders wertvoll für die Sicherstellung der Eiweißversorgung. Die zu kombinierenden Lebensmittel sind nebenstehend aufgeführt. Die beiden Nahrungsmittel müssen nicht gleichzeitig verzehrt werden. Es reicht, wenn sie in einem Zeitrahmen von vier bis sechs Stunden miteinander kombiniert werden. Wer also zum Frühstück ein Vollkornbrötchen isst und zu Mittag ein Erbsengericht, erreicht eine optimale Eiweißkombination.

Kombinieren Sie sich gesund

Einige Nahrungsmittel lassen sich zu regelrechten Eiweißbomben kombinieren. Hierbei kommen dann verschiedene Aminosäurenstrukturen zusammen, die sich gut ergänzen und in ihrer Kombination dem menschlichen Eiweißbedarfsprofil besonders gut entgegenkommen. Zu den wirkungsvollsten Gemischen gehören:

▶ Bohnen/Mais
▶ Milch/Haferflocken
▶ Vollei/Kartoffeln
▶ Reis/Sojabohnen
▶ Bohnen/Hirse
▶ Erbsen/Getreide

Maß halten

Eiweißunterversorgung führt zu Muskelschwund und Funktionseinbußen im Stoffwechsel, da bestimmte Enzyme nicht mehr arbeiten können. Symptome sind ein ständiges Hungergefühl, wiederkehrende Infekte, Muskelschwäche und bei Kindern Störungen in der körperlichen Entwicklung. Ob jedoch eine Überdosierung an Eiweiß schädliche Konsequenzen haben kann, ist umstritten. Als gesichert hingegen gilt, dass pflanzliche Eiweißträger gegenüber den tierischen bevorzugt werden sollten, um den negativen Begleiterscheinungen von Fleisch – hoher Fett- und Purinspiegel – aus dem Weg zu gehen.

Mittelweg

Zu viel Fleisch ist aufgrund seines hohen Fettgehaltes auf jeden Fall ungünstig, wenn es um die Eiweißversorgung geht. Aber bei einer rein vegetarischen Ernährung ist es ziemlich schwer, Mangelerscheinungen auszuschließen. Gehen Sie darum einen Mittelweg. Ab und zu etwas Fleisch kann nicht schaden, aber sonst sollten Sie eher auf Gemüse setzen.

Eiweiß ohne Fleisch

● Lange Zeit wurde bestritten, dass der tägliche Eiweißbedarf ohne Fleisch zu decken sei. Das ist nicht der Fall. Jedoch ist eine ausreichende Eiweißversorgung mittels rein vegetarischer Ernährung nicht einfach, denn sie erfordert eine Menge an Ernährungswissen und Disziplin. Einfacher tut man sich mit einer laktovegetarischen Kost, bei der neben Pflanzenprodukten auch Milchprodukte zugelassen sind.

● Allerdings gibt es mitunter auch hierbei Probleme, weil der Milchzucker von einigen Menschen nicht gut verdaut werden kann. Eine Ausnahme bildet Joghurt: Er enthält genau diejenigen Bakterien, die der Mensch zur Verdauung des Milchzuckers benötigt. Fatal wird es jedoch, wenn jemand allergisch auf Milcheiweiß reagiert. Diese Allergie erfordert eine strikte Diät und muss fachärztlich behandelt werden.

Ernährungstipp

Achten Sie auf eine Kost, in der die Pflanzenanteile deutlich dominieren – wobei Gemüse und Getreide den Vorzug vor Obst erhalten sollten, sofern sich in ihnen mehr Eiweiße, Ballaststoffe und Mineralien befinden. Verabschieden Sie sich von dem alten Vorurteil, dass Gemüse lediglich die Beilage zum Fleisch darstellt. Drehen Sie die Vorzeichen lieber um! Kombinieren Sie Ihr Essen nach dem Prinzip, wonach dem Fleisch die Ergänzerrolle zukommt, um dem Geschmack der Gemüsehauptspeise ein kräftigeres Aroma zu geben.

Eiweiß und Schönheit

Unsere Haare bestehen zu 97 Prozent aus Keratin, einer eiweißhaltigen Hornsubstanz, die Tag für Tag aus der Haarzwiebel herausgetrieben wird. Klar, dass die Haarpracht umso besser gedeiht, je besser sie mit Eiweißen versorgt wird. Damit das optimal gelingt, müssen wir uns nicht nur um eine eiweißhaltige Ernährung kümmern, sondern auch darum, unserem Körper genügend Substanzen zur Verfügung zu stellen, die das Eiweiß verdauen und die neu formierten, körpereigenen Eiweißstrukturen zu den Haarwurzeln bringen.

Für eine optimale Verdauung und termingerechte Bereitstellung des Eiweißes sorgen:

▶ Zitronensäuren aus Äpfeln, Kiwis und Zitrusfrüchten. Sie erzeugen das nötige pepsinhaltige Säureklima in Magen und Dünndarm.

▶ Vitamin B6 aus Fisch, Getreide, Keimen und Nüssen. Dieses Vitamin ist der Schlüssel zum Eiweißstoffwechsel.

Eiweiß und Stress

Das größte Eiweißdepot des Menschen verbirgt sich in den Muskeln, deren Substanz zu einem Fünftel aus reinem Eiweiß besteht. Doch dieses Depot ist beileibe nicht sicher.

Unter Stress fordert unser Körper die sofortige Bereitstellung von Aminosäuren, um daraus Stresshormone bilden zu können. Der Organismus attackiert zu diesem Zweck die großen Eiweißdepots in den Muskeln. Bereits 90 Minuten nach einem heftigen Streit oder einem anderen Stressreiz sind die Eiweißreserven in den Muskeln aufgebraucht. Die Folge: Wir brechen in Schweiß aus und zittern – typische Kennzeichen dafür, dass unsere Muskeln unter enormem Eiweißnotstand leiden.

Heißhunger auf Süßes
Um Stresshormone bilden zu können, greift der Körper oft auf die Eiweißdepots in den Muskeln zurück. Um die fehlenden Eiweißreserven dann wieder aufzubauen, müssten dem Körper Proteine zugeführt werden. Typischerweise reagieren viele Menschen in Stresssituationen mit Heißhunger auf Süßes. Doch diese minderwertigen Kohlenhydrate füllen die Eiweißdepots in den Muskeln bei weitem nicht.

Wenn Sie gestresst sind, dürfen Sie ruhig viel essen. Es muss nur das Richtige sein. Wenn Sie sich eines der eiweißreichen Nahrungsmittel aussuchen und dieses möglichst fettarm zubereiten, dann können Sie nicht nur nach Herzenslust essen, sondern Sie füllen auch das durch Stress verursachte Eiweißdefizit in Ihren Muskeln auf.

Gute H-Milch?
Bestimmte Bearbeitungsmethoden von Nahrungsmitteln sind nicht so schlimm, wie weithin vermutet wird. So sind die Proteine in pasteurisierter und uperisierter Milch beileibe nicht tot, wie oft behauptet wird. Denn beim Pasteurisieren wird die Milch gerade einmal 45 Sekunden lang auf 72 bis 74 °C und beim Uperisieren zwei Sekunden auf 100 °C erhitzt – zu kurz, um das Aminosäurenprofil entscheidend zu beeinflussen oder zu zerstören. Trotzdem sollten Sie zur gehaltvolleren und gesünderen Frischmilch greifen.

Fisch mit Salzkartoffeln gegen Stressfolgen

Bekämpfen Sie Ihren Stress nicht mit Zuckerwerk aus der Süßwarenkiste! Reagieren Sie ihn auch nicht mit Sport ab, denn körperliche Anstrengung verstärkt den Eiweißmangel in den Muskeln. Besser: Erlernen Sie Entspannungsübungen wie etwa das Tiefenentspannungstraining nach Jacobson. Je entspannter Ihre Muskeln sind, desto schneller können Sie Ihr Eiweißdefizit ausgleichen. Ernährungsmäßig begegnen Sie schließlich Ihrem Stress am besten mit einer Kur aus hochwertigen Eiweißen, z. B. einem Fischgericht mit Salzkartoffeln. Das ist leicht verdaulich und enthält neben hochwertigen Eiweißen eine Reihe von anderen wichtigen Biostoffen für unser seelisches Gleichgewicht.

Wichtige Ratschläge zur Eiweißzubereitung

▶ Eiweißstrukturen reagieren sehr empfindlich auf Hitze. Wer sein Essen lange und heiß erhitzt, reduziert den Proteingehalt dramatisch. So ist Rohkost besser als frisches Gemüse, für dieselbe Eiweißwirkung muss man 3,5-mal mehr gekochtes Gemüse als rohes essen.
▶ Auch Fleisch verliert durch langes Garen an Wert. Ein kurz gebratenes Steak hat einen erheblich höheren Eiweißgehalt als ein Braten, der mehrere Stunden im eigenen Saft geschmort hat.
▶ Koch- und Konservenfisch enthält kaum noch verwertbare Aminosäuren, ganz im Unterschied zu Bratfisch, der zu den wichtigsten Eiweißlieferanten zählt.

Tipps für die Küche

● Bevorzugen Sie Rohkost. Sie ist im Hinblick auf die Eiweißversorgung besser als gekochtes Gemüse.

● Versuchen Sie, wenn Sie Gemüse kochen, wenigstens die Garzeit zu begrenzen. Eine bissfeste Bohne schmeckt ohnehin besser als eine total zerkochte.

● Ziehen Sie ein kurz gebratenes Steak einem Braten vor. Denn auch das Fleisch verliert sehr viel Eiweiß durch langes Garen.

● Verbannen Sie Konservenfisch am besten ganz aus Ihrer Küche. Er enthält fast überhaupt keine Proteine mehr.

● Ersetzen Sie Kochfisch durch gebratenen Fisch. Letzterer zählt zu den wichtigsten Eiweißlieferanten, wohingegen gekochter Fisch alle seine Proteine beim Kochen einbüßt.

Vorsicht vor Eiweißdiäten

● Auf dem Diätenmarkt kursieren einige Speisepläne, die den Eiweißgehalt in der Nahrung betonen. Dazu gehören Atkins-Diät, Mayo-Diät, Lutz-Diät, Scarsdale-Diät und Quarkdiät.

● Die Absicht dieser Schlankheitsdiäten: den Anteil an hochwertigen Eiweißen hochzuschrauben und dafür den Fett- und/oder Kohlenhydratanteil herunterzuschrauben.

● Diese Diäten sind vom gesundheitlichen Aspekt her allesamt bedenklich, da sie zu Mangelerscheinungen führen können.

Eiweißreiche Diäten – genau betrachtet

Aus ernährungsphysiologischer Sicht handelt es sich bei den eiweißreichen Diäten in der Regel um markttechnisch geschickt aufbereitete Formen der Mangelernährung.

Besonders nachteilige Auswirkungen können folgende Diäten haben:

▶ **Atkins-Diät:** Der Diätrevoluzzer schwört auf fett- und eiweißreiche, dafür aber extrem kohlenhydratarme Kost. Sie soll angeblich besser satt machen als eine Kost mit vielen Kohlenhydraten. Doch gerade diese Hypothese ist wissenschaftlich in keiner Weise abgesichert. Darüber hinaus erhöht die starke Zufuhr an Fetten und Eiweißen das Risiko von Herzkrankheiten und Gicht.

▶ **Mayo-Diät:** Die Diät nutzt den Verschlankungseffekt von Eiweiß (viele Steaks, viele Eier, viel Salat) und setzt so den Stoffwechsel unter Feuer. In den ersten Tagen der Diät können in der Tat zahlreiche Kilogramm an Körpergewicht verloren gehen, doch die kehren meist nach der Diät wieder zurück. Darüber hinaus steigert die fleischbetonte Kost das Risiko von Herzerkrankungen und Gicht.

▶ **Lutz-Diät:** Die österreichische Variante der Atkins-Diät. Die Kernthese des Arztes Wolfgang Lutz lautet: Mit den Kohlenhydraten kam das Ernährungsübel in unsere Welt. Wer schlank und gesund sein will, muss daher weitestgehend auf sie verzichten und auf Eiweiße und Fette setzen. Diese Diät ist gesundheitlich sehr bedenklich.

Schlank und krank

Schlank sein wollen um jeden Preis lohnt sich nicht. Gehen Sie kein Risiko ein. Von einer Diät erhoffen sich die meisten Menschen eine rasche Gewichtsabnahme. Wenn Sie aber mehr als ein oder zwei Kilogramm pro Monat abnehmen, kann das gesundheitlich sehr bedenklich sein. Stellen Sie lieber langfristig Ihre Ernährung um.

Lutz-Diät

Die Lutz-Diät zählt zu den einseitigsten und gesundheitlich bedenklichsten Diäten überhaupt. Besonders schlimm ist, dass Lutz den Verzicht auf Brot propagiert, ohne dabei zwischen minderwertigen Weißmehl- und hochwertigen Vollkornprodukten zu differenzieren. Überhaupt unterscheidet Lutz nicht zwischen den dick machenden, minderwertigen Kohlenhydraten, wie sie meist in zuckerhaltigen Artikeln enthalten sind, und den hochwertigen, für den Körper kaum zu entbehrenden Kohlenhydraten, wie sie in Getreideprodukten und Gemüse zu finden sind.

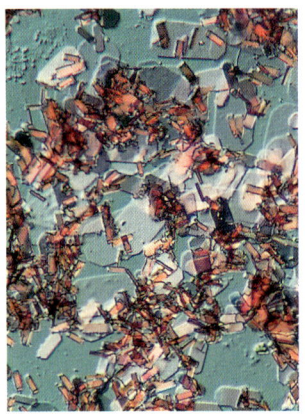

Lebenswichtiges Metall: Unser Körper braucht Zink genauso wie viele weitere Spurenelemente.

Spurenelemente

Was sind Spurenelemente?

Spurenelemente sind Mineralsalze, die in unserem Körper nur in sehr geringen Mengen vorkommen (weniger als 50 Milligramm pro Kilogramm Körpergewicht; Ausnahme: Eisen mit 60 Milligramm). Dennoch sind viele Spurenelemente unentbehrlich für uns. Jedes Spurenelement in unserem Körper besitzt eine spezifische Wirkung. Keine andere Substanz ist imstande, im Fall eines Mangels für das betreffende Element einzuspringen.

Giftige Spurenelemente

▶ **Arsen:** Ein starkes Gift, von dem schon ein zehntel Gramm tödlich wirkt. Die meisten Nahrungsmittel sind arsenarm, nur in Fischen finden sich bis zu 25 Milligramm des Giftes auf ein Kilogramm. Unsere Leber kann diese Mengen in der Regel noch ausscheiden.

▶ **Blei:** Chronische Bleivergiftungen äußern sich in Blutarmut, Müdigkeit, Sehschwäche, Appetitlosigkeit, Gewichtsabnahme und Leberschwellung. Bleibelastete Frauen erleiden wesentlich häufiger Frühgeburten.

▶ **Kadmium:** Das Schwermetall häuft sich im Organismus an und wird nur sehr langsam ausgeschieden. Darin besteht seine besondere Gefahr. Kadmium schwächt die Nieren und das Immunsystem.

▶ **Quecksilber:** Ein Nervengift, das in hohen Konzentrationen in Amalgamfüllungen zu finden ist. Die Quecksilberbelastungen von Süßwasserfischen und Pilzen liegen weit unter denen des Amalgams. Selen bildet einen wirksamen Schutz gegen Quecksilbervergiftungen.

Leber von Zuchttieren

Besonders hohe Blei- und Kadmiumbelastungen zeigt die Leber von Zuchttieren, gefolgt von Pilzen, Blattgemüse und Beerenobst. Anderes Obst und Gemüse liefern im Gegenzug wichtige Biostoffe, um die schädlichen Bleiwirkungen weitgehend zu neutralisieren. Für Kadmium gibt es leider kein Gegenmittel. Panik ist dennoch nicht angesagt. Solange Sie die belasteten Lebensmittel nur selten auf den Tisch bringen, ist das Risiko einer Erkrankung recht gering.

Für den Menschen lebenswichtige Spurenelemente

Diese elf im Folgenden aufgeführten Spurenelemente sind für den Menschen lebensnotwendig. Sie müssen durch die Nahrung oder mit Hilfe entsprechender Präparate aufgenommen werden:

- Chrom
- Eisen
- Fluor
- Jod
- Kobalt
- Kupfer
- Mangan
- Molybdän
- Selen
- Silizium und Zink

Chrom – Schutz vor Diabetes und Herzinfarkt

Erst in jüngerer Zeit erkennen Wissenschaftler die enorme Wichtigkeit des Chroms für den menschlichen Stoffwechsel. Erste Anhaltspunkte gaben ihnen die Sandratten der kalifornischen Wüste. Diese Tiere graben ihre Gänge grundsätzlich in der Nähe von Salzbüschen, die überdurchschnittlich viel Chrom enthalten. Als man ihnen diese Chromquelle entzog, zeigten die ansonsten wieselflinken Sandratten auffallende Müdigkeit und darüber hinaus alle Symptome einer Diabetes (Zuckerkrankheit).

Studie in Simbabwe bestätigt Sandrattenversuch

Nicht nur Sandratten bekommen bei Chrommangel Diabetes. Nun wurde dieser Zusammenhang auch für den Menschen bestätigt – durch eine Studie in Simbabwe, wo man in Städten mit chromarmem Trinkwasser doppelt so viele Diabetiker (mit überhöhten Zucker- und Fettspiegeln im Blut) zählte wie in Städten, die über chromreiches Trinkwasser verfügten. Durch starken Konsum von Süßwaren kann jedoch der Bedarf um ein Vielfaches erhöht sein.

Chrom reguliert die Fett- und Zuckerwerte des Blutes

Chrom ist ein Bestandteil des so genannten Glukosetoleranzfaktors, indem es das Netz der Insulinrezeptoren an unseren Zellen verdichtet. Dadurch kann sich das Fett- und Zuckertransporthormon Insulin besser an unseren Zellen andocken.
Die Folge: Das Blut bleibt unter energetischer Kontrolle, das Insulin garantiert mit Unterstützung des Chroms dafür, dass die Energieträger Fett und Zucker in unserem Blut ihre Richtwerte weder nach oben noch nach unten verlassen. Der Tagesbedarf an Chrom liegt bei 0,05 bis 0,20 Milligramm.

Nahrungsmittel mit hohem Chromanteil	
Nahrungsmittel	µg-Anteil je 100 g
Vollkornbrot	49
Weizenkeime	127
Rinderleber	bis zu 60
Rindfleisch	bis zu 30
Weiße Bohnen	20

Industrieunfälle

Überdosierungen mit Chrom führen zu schweren Vergiftungen. Durch eine natürliche Ernährung sind solche Überdosierungen praktisch ausgeschlossen. Die bekannten Chromvergiftungsfälle stehen meistens im Zusammenhang mit Unfällen in der Chemie- oder Metallindustrie.

Ernährung konkret

Bei der Ernährung sollte auf eine ausreichende Chromzufuhr geachtet werden. Denn der Tagesbedarf an Chrom steigt durch den Konsum von Süßwaren und vor allem durch zuckerhaltige Limonaden enorm an. Daher ist es schwierig, genügend Chrom zu sich zu nehmen. Eine möglichst chromreiche Ernährung birgt keinerlei Risiken, da eine Chromvergiftung durch Lebensmittel praktisch ausgeschlossen ist.

Da Eisen in Lebensmitteln in großen Mengen enthalten ist, müsste die Eisenversorgung des Menschen sichergestellt sein. Doch dieses Metall kann nicht in jeder Form von unserem Körper aufgenommen werden. Darum ist die Resorptionsquote das A und O hinsichtlich der Beurteilung des Eisengehaltes der Lebensmittel. Spinat beispielsweise hat zwar einen hohen Eisengehalt, aber eine schlechte Resorptionsquote. Das bedeutet, dass Eisen im Spinat für die menschliche Eisenversorgung kaum einen Beitrag leisten kann.

Eisen für das Aussehen
Eisen ist auch dafür verantwortlich, wenn die Fingernägel schön fest, die Haare dick sind, die Haut samtig weich ist und die Lippen voll sind. Helfen Sie Ihrer natürlichen Schönheit durch eine eisenhaltige Ernährung auf die Sprünge. Nebenwirkungen brauchen Sie dabei nicht zu befürchten.

Eisen sorgt für glatte Haut und ruhigen Schlaf

Eisen ist mit einem Anteil von fünf Prozent das häufigste Schwermetall in der Erdkruste und deshalb auch reichlich in den Nahrungspflanzen des Menschen enthalten. Dennoch leiden 50 Prozent der Weltbevölkerung und fünf Prozent der Deutschen an Eisenmangel. Die hieraus resultierende Blutarmut (Anämie) – Eisen bildet den Metallkern des Blutfarbstoffes Hämoglobin – ist mit 80 Prozent die mit Abstand häufigste Form der Anämie.

Der grüne Kinderalptraum

Das Kardinalproblem unserer gesamten Eisenversorgung: Das Metall Eisen existiert in der Natur nur in Verbindungen, die für uns schwer oder gar nicht zu verwerten sind.

So trägt auch Spinat seinen Ruf vollkommen zu Unrecht. Der grüne Kinderalptraum besitzt zwar sehr viel Eisen, doch ist es durch eine stabile chemische Verbindung an Oxalsäure gekettet und kann daher nur in ganz geringen Mengen von unserem Körper aufgenommen werden.

Erhöhter Eisenbedarf

In der Regel gelingt es uns bei ausgewogener Ernährung trotz der meist ungünstigen Eisenverbindungen, unseren Organismus ausreichend mit Eisen zu versorgen. Doch beim Sport, in der Schwangerschaft, während der Regelblutungen, bei bestimmten Krankheiten und während der Kindheit besteht ein erhöhter Bedarf. Hier steigt dann auch das Risiko der Unterversorgung.

Mögliche Symptome eines Eisenmangels

- Brüchige Fingernägel
- Spröde Haut
- Dünne Haare
- Lippenrisse
- Verhaltensstörungen
- Depressionen
- Schlafstörungen
- Funktionsstörungen der Muskeln
- Bei Kindern Beeinträchtigungen im Erlernen von Bewegungen und von Sprache

Leibspeise Blumenerde

● Viele der durch Eisenmangel verursachten Krankheiten sind irreversibel, bleiben also auch nach Beseitigung des Eisenproblems bestehen.

● Mitunter zeigt sich der Eisenmangel in den absonderlichsten Essgelüsten. In einer Düsseldorfer Klinik begann beispielsweise eine ältere Frau plötzlich damit, ungewaschene Karotten zu essen, von denen regelrecht der Schmutz abbröckelte. Andere entwickeln Heißhunger auf Eis, Kartoffelchips, Sellerie oder Blumenerde. Auf welchem biologischen Weg der Eisenmangel diese Appetitstörungen verursacht, ist noch nicht eindeutig geklärt. Einige Wissenschaftler vermuten jedoch, dass er unsere Geschmacksempfindungen auf der Zunge beeinträchtigt.

Eisenversorgung – nicht leicht gemacht

Der erwachsene Mensch braucht 10 (Männer) bis 15 (Frauen) Milligramm Eisen pro Tag, unter starken Belastungen oder während der Periodenblutung kann der Bedarf doppelt so hoch sein. Da Eisenpräparate nicht ungefährlich sind, ist von ihrem Gebrauch abzuraten. Unproblematischer ist es jedenfalls, der Eisenversorgung mit natürlichen Produkten auf die Sprünge zu helfen; doch da heißt es – nach dem Spinat –, auch von anderen Vorurteilen Abschied zu nehmen.

Hier ist Umdenken angesagt

▶ Wer glaubt, seinen Haushalt allein mit vegetarischer Kost decken zu können, ist auf dem »Holzweg«. Gemüse besitzt zwar viel Eisen, doch seine durchschnittliche Resorptionsquote liegt gerade mal bei einem Prozent. Mit anderen Worten: Von allen Eisenmolekülen, die in Erbsen, Bohnen, Tomaten & Co. enthalten sind, gelangt nur jedes Hundertste in unseren Blutkreislauf.

▶ Auch überzeugte Müsliesser müssen umdenken. Denn die morgendliche Biospeise enthält so genanntes Phytat, eine Substanz, die sich den Eisenmolekülen auf ihrem Weg in den Organismus regelrecht in den Weg stellt.

▶ Die beste Resorptionsquote – nämlich immerhin 15 Prozent – haben Fleisch, Leber und Fisch. Allerdings erzielt auch das tierische Eisen nur dann hohe Resorptionsquoten, wenn es von ausreichend Vitamin C in unseren Körper eingeschleust wird – und dieses Vitamin findet man wiederum vorwiegend in pflanzlicher Kost.

Natur pur

Die Eisenversorgung durch fertige Präparate sicherzustellen wäre sicher eine einfache Lösung. Eisenpräparate haben aber den Nachteil, sich mitunter in Nebenwirkungen wie Verstopfungen, Sodbrennen und Darmreizungen niederzuschlagen. Außerdem sollten sie unter ärztlicher Aufsicht eingenommen werden, da eine Überversorgung an Eisen hochgradige Vergiftungen erzeugen kann. All diese Risiken haben eisenhaltige Lebensmittel nicht. Insofern ist Natur pur hier sicher die beste Alternative.

Tipp für Müslifreaks

Normalerweise gilt eine Schüssel voll Müsli als gesundes Frühstück. Untersuchungen haben aber gezeigt, dass im Müsli Phytat enthalten ist. Dabei handelt es sich um einen Stoff, der die Aufnahme von Eisen verhindert. Allerdings zerfällt Phytat, wenn man das Müsli ein bis zwei Stunden in Milch oder Wasser aufweichen lässt.

Fluor – die natürliche Kariesbremse

Fluor spielt eine überragende Rolle in der Mundhygiene. Es wirkt vorbeugend bei Karies und ist imstande, selbst bei bereits bestehenden Karieslöchern den dort ablaufenden Mineralabbau an der Zahnsubstanz aufzuhalten. In höherer Konzentration stoppt Fluor das Wachstum der Bakterien, die durch ihre Säuren das Entstehen der Zahnerkrankung begünstigen.

Was von fluorhaltigen Zahnpasten zu halten ist

Zahnpaste mit Fluor bringt nicht die Lösung aller Kariesprobleme. Wer glaubt, allein durch fluoridhaltige Zahnpasten seine Kariesprobleme lösen zu können, ohne gleichzeitig auf Süßigkeiten, Kaffee und andere Zahnschmelzkiller zu verzichten, ist auf dem »Holzweg«.

▶ Entscheidend ist das Säuremilieu. Ein paar Minuten Schmirgeln mit Fluor können den Säuregrad im Mund nicht entscheidend verändern, der durch zuckerreiche Ernährung eingepegelt wurde.

▶ Fluorhaltige Zahnpasten wirken erst dann, wenn man drei Minuten lang durchgehend die Zähne putzt – und diese Zeit wird von den meisten Menschen weit unterschritten.

▶ Nahezu sinnlos ist der Fluoreinsatz bei Menschen über 30 Jahren, da deren Zähne kaum noch Fluor aufnehmen können.

Ernährung mit Fluor – die Lösung aller Probleme?

Eine fluoridhaltige Ernährung (Tagesbedarf: ein Milligramm) vermag dem Kariesbefall vorzubeugen und kleinere Löcher in ihrer Entwicklung zu bremsen. Fluorpräparate sind jedoch des Guten zu viel. Hier besteht grundsätzlich die Gefahr von Überdosierungen.

Je mehr, desto besser?
Eine fluoridhaltige Ernährung vermag mehr für die Zahnerhaltung zu leisten als fluorhaltige Zahnpasten. Wer nun nach dem Motto »Je mehr, desto besser« handelt, wird bald auf Fluorpräparate setzen. Doch wenn Sie Ihrem Körper zu viel Fluor zuführen, kann dies der Gesundheit mehr schaden als nützen. Infolge einer Überdosierung kann es zu Wachstumsstörungen, Schilddrüsenerkrankungen sowie Zahn- und Knochenerweichungen kommen.

Gemüse für die Fluorversorgung

Wie Sie an nachfolgenden Werten sehen können, lohnt es sich bei der Fluorversorgung, auf Gemüse zu setzen.

Nahrungsmittel	µg-Anteil je 100 g
Bohnen, weiß	100
Eisbergsalat	100
Feldsalat	100
Petersilie	110
Spinat	110
Zwiebeln, getrocknet	350

Fluoridhaltige Nahrungsmittel			
Nahrungs-mittel	µg-Anteil je 100 g	Nahrungs-mittel	µg-Anteil je 100 g
● Backwaren		● Meeresfrüchte	
Knäckebrot,		Aal, geräuchert	180
Roggen	210	Bückling	360
Knäckebrot, Sesam	195	Fischstäbchen	100
Roggenvollkornbrot	135	Hummer	210
		Krabben	100
● Eierspeisen		Matjesfilet	300
Frühstücksei	100	Ölsardinen	530
Omelett	100		
		● Nüsse/Samen	
● Eierteigwaren		Erdnüsse,	
Vollkornnudeln	105	geröstet/gesalzen	140
		Paranüsse	120
		Pistazienkerne,	
● Fleischwaren		geröstet/gesalzen	150
Kasseler	150	Walnüsse	680
Rauchfleisch	200		
Rindersteak	120	● Speisefette	
Salami	120	Butter	130
Schweineleber	290		

Maximale Fluorwerte

Eine fluoridhaltige Ernährung ist eine effektive und nebenwirkungs-freie Art, die Zähne vor Kariesbefall zu schützen. Darum sollten Sie einige besonders fluoridhaltige Speisen in Ihren Speiseplan aufneh-men. Das kostet nicht viel Mühe und ist auch noch preiswert. Die höchsten Fluorwerte haben Knäckebrot, Rauchfleisch, Schweine-leber, Zwiebeln, Bückling, Matjesfilet, Ölsardinen und Walnüsse.

Nahrungsmittelpalette

Neben den Nahrungsmitteln, die maximale Fluorwerte erzielen, gibt es noch eine ganze Palette von Lebensmitteln, die eine ganze Menge Fluor enthalten. Wenn Sie öfter mal solche Nahrungsmittel essen, brauchen Sie nicht unbedingt auf die Produkte mit den höchsten Fluorwerten zurückgreifen.

Säuremilieu
Das Säuremilieu im Mund ist sehr empfindlich. Schon eine Schokolade oder ein paar Tassen Kaffee brin-gen das Säuregleichge-wicht im Mund aus der Balance. Auch fluoridhal-tige Zahnpasten können diese Entwicklung nur schwer rückgängig machen. Bei über 30-Jähri-gen wird das Fluor von den Zähnen gar nicht mehr aufgenommen. Bei Jünge-ren kommt es auf die Dis-ziplin beim Zähneputzen an, denn Fluor wirkt erst nach etlichen Minuten.

Den Grund für den häufigen Jodmangel finden wir in vergangenen Zeiten. Die letzte Eiszeit hat das wichtige Mineral Jod tonnenweise aus der Erde gespült. Darum enthalten die heute zur menschlichen Ernährung herangezogenen Tiere und Pflanzen nur noch wenig Jod. Als wichtige Jodquelle bliebe den Deutschen der Fisch, doch davon verzehren sie viel zu wenig. Achten Sie daher auf eine ausreichende Jodzufuhr.

Wie ein Kropf entsteht

In der Schilddrüse werden zwei wichtige Hormone produziert, zu deren Herstellung es Jod braucht. Bei Jodmangel vergrößert sich die Schilddrüse. Auf diese Weise sollen die Hormone doch noch erzeugt werden, was aber fast nie gelingt. Es entsteht der so genannte Kropf. Große Kröpfe sind als Schwellung an der Halsvorderseite sichtbar; sie können auf die Luftröhre drücken und die Atmung beeinträchtigen.

Jod – Motor für Körper und Seele

Das körperliche und seelische Empfinden des Menschen steht und fällt mit der Arbeit seiner Hormone. Eine zentrale Rolle spielt hier die Schilddrüse mit der Bildung von zwei Hormonen – Trijodthyronin und Tetrajodthyronin (Thyroxin). Schon ihre Namen weisen darauf hin, dass zu ihrer Produktion ausreichend Jod aus der Nahrung zugeführt werden muss.

Jodmangel verursacht große gesundheitliche Probleme. Die Schilddrüse vergrößert sich, um die Produktion der beiden Hormone doch noch irgendwie in den Griff zu bekommen. Doch damit nicht genug. Letzten Endes bleiben die Bemühungen der Schilddrüse ohne Erfolg, sie kann die Hormone nicht mehr bedarfsgerecht produzieren.

Folgen von Jodmangel

In der Folge von Jodmangel kommt es zu Störungen im Stoffwechsel, den Kropfkranken geht regelrecht der Dampf aus. Im Folgenden sind die häufigsten Kennzeichen einer Jodmangelerkrankung aufgeführt:
▶ Antriebsschwäche
▶ Großes Schlafbedürfnis
▶ Depressionen und Kälteschübe
▶ Trockene und teigige Haut
▶ Dünnes Haar und Haarausfall

Jodbedarf

Der Jodbedarf liegt bei 0,2 Milligramm pro Tag, während Schwangerschaft und Stillzeit ist er jedoch deutlich erhöht. Hier sollte dann grundsätzlich der Plasmajodspiegel gemessen und bei bestehendem Mangel eine Gabe von Jodidtabletten in Erwägung gezogen werden.

Eine Milliarde Jodmangelerkrankungen

● Obwohl Jodmangel schwere Erkrankungen hervorrufen kann, wird dieser Mangel vor allem in Deutschland fast fahrlässig hingenommen, ohne dass ernsthaft etwas gegen ihn unternommen würde. Etwa eine Milliarde Menschen leiden weltweit unter Jodmangelerkrankungen. In Deutschland ist der Prozentsatz besonders hoch. Die Kropfoperation ist hierzulande der vierthäufigste chirurgische Eingriff.

● Für Diagnostik und Therapie von Schilddrüsenerkrankungen werden jährlich eine Milliarde DM ausgegeben.

Nahrungsmittel mit hohem Jodgehalt	
Nahrungsmittel	µg-Anteil je 100 g
● Fisch	
Fischstäbchen	125
Garnele	130
Kabeljau	120
Matjesfilet	160
Miesmuschel	130
Schellfisch	245
Schlemmerfilet	268
Scholle	190
Seelachsfilet, paniert	279

Tipps zur ausreichenden Jodversorgung

▶ Essen Sie regelmäßig jodreiche Lebensmittel – mindestens einmal, besser zweimal pro Woche Fisch. Dies ist das einzige Lebensmittel, in dem große Mengen an Jod enthalten sind.

▶ Ersetzen Sie die Wurst, die Sie zum Frühstück verzehren, in Zukunft teilweise durch Käse.

▶ Kaufen Sie nur noch jodiertes Speisesalz.

▶ Wenn Sie bereits an Jodmangel leiden: Meiden Sie Kohl und Sojaprodukte. Diese beiden Nahrungsmittel enthalten Substanzen, die die Jodaufnahme blockieren.

Kobalt – ohne ihn kein Vitamin B12

Kobalt ist zentraler Bestandteil von Vitamin B12, dem Kobalamin. Dementsprechend decken sich seine Aufgaben in unserem Körper mit denen des wichtigen Vitamins. Weitere Informationen finden Sie im entsprechenden Abschnitt des Kapitels »Vitamine«. Darüber hinaus verbessert Kobalt die Aufnahme von Eisen und aktiviert eine Reihe von Enzymen.

Kobaltmangel tritt praktisch nie bei Menschen auf, solange diese ausreichend Vitamin B12 über Fleisch, Bierhefe oder Milchprodukte zu sich nehmen. Kobaltmangel geht immer mit einer unzureichenden Vitamin-B12-Versorgung einher. Der tägliche Bedarf von Kobalt liegt bei 0,01 Milligramm.

Gräten – nein, danke
Schon bei dem Gedanken »Fisch« läuft es vielen Menschen kalt den Rücken herunter. Sie verbinden Fisch immer mit Gräten, die womöglich noch im Hals stecken bleiben. Dabei muss ein Fischessen nicht immer mit dem Herausziehen von Gräten beginnen. Viele Fischsorten gibt es als Filets, die praktisch grätenfrei sind. Fischgenuss braucht also nicht an den Gräten zu scheitern.

Kupfer für Blut, Knochen und gesunden Teint

Kupfer besitzt ein ausgesprochen buntes Wirkungsprofil:

▶ Kupfer löst als Bestandteil des Enzyms Caeruloplasmin das Eisen aus unseren Speisen heraus, um es der Blutbildung zuzuführen.

▶ Kupfer unterstützt den Eiweißstoffwechsel.

▶ Kupfer hilft beim Aufbau der Nerven.

▶ Kupfer unterstützt den Farbstoffwechsel in unserer Haut und in unseren Haaren.

Aufbau der Knochengrundsubstanz

Kupfer ist am Aufbau der Knochengrundsubstanz beteiligt, dem Chrondroitinsulfat. Aus diesem Grund empfiehlt die indische Ayurvedamedizin alten und jungen Menschen, viele Erbsen und Sojabohnen zu essen, da die Hülsenfrüchte überdurchschnittlich viel Kupfer enthalten.

Jüngere Untersuchungen weisen schließlich darauf hin, dass dem Mineral wohl auch eine wichtige Rolle bei der Vermeidung von Gefäßverkalkungen zukommt. Zu wenig Kupfer und zu viel Zink, aber auch zu viel Kupfer und zu viele Säuren in der Nahrung scheinen die Bildung von Cholesterinklumpen in den Blutbahnen zu fördern.

Vitamin C zur Unterstützung der Kupferaufnahme

Eine mangelnde Kupferversorgung ist in der heutigen Ernährung eher selten. Wenn jedoch aufgrund einer Erkältung, Grippe oder einer anderen Infektion viel Vitamin C vom Körper aufgebraucht wird, kann der Kupferspiegel im Organismus bedenklich absinken, da das Vitamin die Kupferaufnahme unterstützt.

Schlapp und kraftlos?

Ein Schnupfen allein ist oft nicht so schlimm. Doch viele Schnupfenkranke fühlen sich nach dem Ende ihrer Erkrankung besonders schlapp und kraftlos – gerade dann, wenn der Schnupfen endlich überstanden ist. Das kommt nicht von ungefähr. Ihr Vitamin C ist aufgebraucht, dadurch fehlt ihnen Kupfer zur Bildung von Blutkörperchen und Eiweiß. Dies gilt als weiteres Argument, um Infektionskrankheiten stets mit hohen bis sehr hohen Dosierungen an Vitamin C zu behandeln.

Der tägliche Kupferbedarf liegt bei zwei bis vier Milligramm, Kinder benötigen ungefähr die Hälfte. Diese Menge kann der Organismus normalerweise der Nahrung entnehmen. Nur nach Infektionskrankheiten kommt es oft zu Kupfermangelerscheinungen.

Schnupfen

Wenn man verschnupft ist, ist das schon lästig genug. Aber die Zeit danach, in der man auf Leistungsfähigkeit hofft, ist meist erst recht nicht toll. Sie sind dauernd müde und kaputt. Um das zu verhindern, sollten Sie viel Vitamin C essen, denn dieses fördert die Kupferaufnahme und damit die Bildung neuer Blutkörperchen.

Nahrungsmittel mit hohem Kupfergehalt

Vor allem nach Infektionskrankheiten ist auf eine kupferreiche Ernährung zu achten, damit fehlende rote Blutkörperchen und Eiweiß nachgebildet werden können.

Nahrungsmittel mit einem besonders hohen Kupfergehalt sind im Folgenden aufgeführt:

Nahrungsmittel	mg-Anteil je 100 g	Nahrungsmittel	mg-Anteil je 100 g
● **Hülsenfrüchte**		● **Nüsse**	
Kichererbsen	0,9	Haselnüsse, ohne Schale	1,3
Sojabohnen	1,5	Paranüsse	1,3
● **Leber**		● **Süßwaren**	
Rinderleber	3,6	Bitterschokolade	2,0
Schweineleber	5,5	Kakaopulver	3,9
		Milchschokolade	1,3
● **Samen**			
Mohn	2,2	● **Wassertiere**	
Pinienkerne	1,3	Austern	2,5
Sesam	4,1	Flusskrebse	1,2
Sonnenblumenkerne	2,8	Langusten	1,0

Für Jung und Alt

Kupfer hilft bei Kindern für ein Knochenwachstum ohne Komplikationen, bei Senioren verhindert das Mineral vorzeitigen Knochenabbau. Außerdem haben neueste Untersuchungen ergeben, dass Kupfer auch Gefäßverkalkungen vorbeugt. Insofern ist Kupfer für Jung und Alt gleichermaßen geeignet und für diese Personengruppen auch besonders zu empfehlen.

Kakao und Zitronensaft

Wollen Sie nach einer Grippe etwas gegen Antriebsschwäche, Niedergeschlagenheit und Müdigkeit unternehmen, dann sollten Sie auf Kakao und Zitronensaft setzen. Im Kakaopulver sind fast vier Milligramm Kupfer in 100 Gramm Kakao enthalten. Und das Vitamin C des Zitronensaftes gewährleistet, dass das Kupfer aus dem Kakao auch vom Körper aufgenommen werden kann. Auf diese Weise werden Sie nach der Erkrankung wieder fit.

Bräune und Blässe

In vergangenen Jahrhunderten galt Blässe als etwas Vornehmes, denn nur privilegierte Personen mussten nicht in der Sonne arbeiten. Heute hat sich die Sache umgedreht. Wer viel Geld hat, kann oft in warme Länder fliegen und sich dort in der Sonne bräunen. Dabei ist weder zu starke Bräune – denn sie ist heutzutage Krebs erregend – noch zu starke Blässe – denn sie kann durch einen Kupfermangel hervorgerufen werden – gesund. Ohne Kupfer wären wir alle im wahrsten Sinne des Wortes farblos.

Mangan hält die Haut gesund

Der wissenschaftliche Kenntnisstand zum Mangan ist ausgesprochen dünn. Erst in den letzten Jahren scheint man seine Werte richtig schätzen zu lernen. So steht mittlerweile fest, dass Mangan die Blutgerinnung und Knochenbildung unterstützt, außerdem an vielen Enzymen und auch am Zuckerstoffwechsel beteiligt ist. Unsere Haut ist umso anfälliger für Entzündungen, je weniger Mangan sich in unserer Nahrung befindet. Wer überwiegend pflanzliche Nahrung zu sich nimmt und nur ab und zu Fleisch oder Wurst auf dem Speiseplan hat, braucht sich wegen der Manganzufuhr keine Sorgen zu machen. Die notwendigen 3 bis 5 Milligramm Mangan sind mit größter Wahrscheinlichkeit in seiner Nahrung enthalten, ohne dass er die Ernährung umstellen muss.

Zu viel Fleisch und zu wenig pflanzliche Nahrung

Manganmangel ist in der Bevölkerung relativ weit verbreitet. Der Grund: Ihr Speiseplan enthält zu viel Fleisch und zu wenig pflanzliche Kost. Der tägliche Bedarf liegt bei drei bis fünf Milligramm.

Tipps für die richtige Manganzufuhr

▶ Zink und Mangan beeinflussen sich gegenseitig. Das Verhältnis der beiden Mineralien sollte bei 20:1 liegen.
▶ Kochen Sie Ihr Gemüse keinesfalls zu lange, denn bei langem Garen und Wässern können bis zu 30 Prozent des Mangans verloren gehen.

Kanadische Forschungen
Die Wirkungsweise des Mangans ist noch weitgehend unerforscht. Auch die positiven Wirkungen des Mangans auf die Knochenbildung wurden erst in letzter Zeit erkannt. Interessant sind nun die Ergebnisse eines kanadischen Forscherteams, das bei Epileptikern – vor allem bei Kindern – einen erniedrigten Manganspiegel im Blutserum fand. Ob allerdings entsprechende Präparate die Heilung von Epilepsie unterstützen können, ist noch nicht abschließend geklärt.

Manganbomben aus Fernost
Überaus manganhaltig sind schwarzer und grüner Tee. Spitzenreiter ist mit 70 Milligramm auf 100 Gramm der Tee Orange pekoe.

Manganreiche Nahrungsmittel			
Manganreiche Nahrungsmittel sind auf jeden Fall wegen des weit verbreiteten Manganmangels besonders häufig auf den Speiseplan zu setzen.			
Nahrungsmittel	mg-Anteil je 100 g	Nahrungsmittel	mg-Anteil je 100 g
● Backwaren		● Gemüse	
Haferflocken	5,0	Bohnen, weiß	2,0
Roggenbrot	1,0	Erbsen, frisch	2,0
Weizenvollkornbrot	2,3	Petersilie	3,0
● Obst		Sojabohnen	3,0
Heidelbeeren, roh	bis 4,8	Reis	1,0

Molybdän – Spurenelement des 21. Jahrhunderts

Molybdän ist Bestandteil vor allem jener Enzyme, die für die Entgiftung und Entsäuerung unseres Körpers verantwortlich sind.

Da angesichts der immer weiter um sich greifenden Umweltverschmutzung einer Belastung des Körpers durch verschiedene Gifte kaum mehr aus dem Weg zu gehen ist, sind entgiftende Enzyme besonders wichtig. Da Molybdän ein Bestandteil dieser Enzyme ist, kann man Molybdän wohl das Spurenelement des 21. Jahrhunderts nennen.

Molybdänspender – bitte vorsichtig behandeln

Der tägliche Molybdänbedarf liegt bei 0,2 bis 0,3 Milligramm. Durch eine Kost aus Gemüse, Vollkornprodukten und Hühnerfleisch kann dieser Bedarf auch ohne problematisches Rind- und Schweinefleisch gedeckt werden. Allerdings ist Molybdän sehr empfindlich, sein Anteil geht beim Kochen, Braten, Konservieren und sogar bei der Mehlproduktion um gut 40 Prozent zurück. Gehen Sie also vorsichtig mit diesem wichtigen Spurenelement um.

Bierhefe

Bierhefe hat neben grünen Bohnen den höchsten Molybdänanteil. Ganze 130 Mikrogramm Molybdän sind in 100 Gramm Bierhefe enthalten. Da kann man nur raten, von den Weißbierspezialitäten aus Bayern ein paar Schluck mehr zu trinken. Schließlich ist Molybdän sehr gesund.

Xanthinoxidase

Eines der molybdänhaltigen Enzyme, das die Entgiftung des Körpers bewirkt, ist die Xanthinoxidase. Sie mobilisiert den Abtransport der Harnsäure. Molybdän dient hierbei zur Vorbeugung bei Gicht. Ob allerdings erhöhte Gaben des Minerals bei bereits bestehender Gicht helfen können, ist noch nicht abschließend geklärt. Forschungen in naher Zukunft werden darüber vielleicht Aufschluss geben.

Nahrungsmittel mit hohem Molybdängehalt

Nahrungsmittel mit einem hohen Molybdängehalt entgiften und entsäuern. Die im Folgenden aufgeführten Nahrungsmittel weisen eine große Menge des Spurenelements auf und sollten daher häufiger in Ihrem Speiseplan auftauchen.

Nahrungsmittel	µg-Anteil je 100 g	Nahrungsmittel	µg-Anteil je 100 g
● **Hefe**		● **Gemüse**	
Bierhefe	bis zu 130	Kartoffeln	bis zu 60
● **Fleischwaren**		● **Hülsenfrüchte**	
Hühnerfleisch	bis zu 60	Bohnen, grüne	190
		Sojabohnen	120

Molybdän in Überdosis

So wichtig Molybdän ist: In Überdosierung kann es schädlich sein. Wer über längere Zeit zu viel Molybdän (mehr als ein Milligramm) einnimmt, geht ein erhöhtes Risiko ein, an Gicht zu erkranken. Über die normale Ernährung können derart erhöhte Werte jedoch nicht erreicht werden.

Selen – Entgifter und Allergienschutz

Als Bestandteil des Enzyms Glutathionperoxidase unterstützt Selen unseren Körper bei der Entsorgung von Giften, die beim Fettstoffwechsel anfallen und ansonsten unsere Körperzellen schädigen würden. Auch Vergiftungserscheinungen durch Arsen, Blei, Kadmium und Quecksilber können durch ausreichende Selenzufuhr zumindest gedämpft werden.

Selen zur Vorbeugung von Krebs und Allergien

Als Wächter der Zellwände spielt Selen eine wichtige Rolle bei der Vorbeugung gegen Krebs. Darüber hinaus mobilisiert es unser Immunsystem und unterstützt die Therapie von infektiösen Erkrankungen. Kalifornische Wissenschaftler konnten nachweisen, dass Selen bestimmten Allergien – vor allem Allergien gegenüber Chemikalien – entgegenwirkt.

Risiko von Herzerkrankungen einschränken

Beeindruckend ist auch der Zusammenhang des Minerals Selen mit dem Herzinfarkt. So ergaben finnische Untersuchungen an 10 000 Patienten, dass das Risiko einer Herzerkrankung mit steigendem Selenspiegel deutlich abnimmt. Anderen Wissenschaftlern gelang es, mit Selengaben die Situation von Herzinfarktkranken deutlich zu verbessern.

Blutplättchenqualität wird erhöht

Selen erhöht die Qualität unserer Blutplättchen. Der Selenwert in unserem Blut hat darum enorme Auswirkungen:
▶ Ist wenig Selen im Blut, gerinnt das Blut besonders schnell. Dies ist dann freilich nicht nur bei Wunden der Fall, sondern auch im Körper an riskanten Stellen wie innerhalb des Herzmuskels.
▶ Ist viel Selen im Blut, gerinnt das Blut langsamer und nur dann, wenn es zum Abdichten einer äußerlichen Verletzung unbedingt notwendig ist.

Selenbedarf

Die Selenversorgung liegt in Deutschland und anderen europäischen Gebieten im Argen. Der Tagesbedarf von 0,1 bis 0,2 Milligramm wird fast nie erreicht.
Der Grund: Die Nahrung besteht aus zu viel Fleisch und Wurst, dessen Selenanteil von unserem Körper nur eingeschränkt verwertet werden kann.

Selen und das Herz
Untersuchungen ergaben, dass Herzerkrankungen durch einen hohen Selenspiegel im Blut vorgebeugt werden kann. Außerdem kann Herzinfarktpatienten durch Selenpräparate geholfen werden. Nun haben Wissenschaftler den Grund für diese erstaunlichen Wirkungen des Selens gefunden: Das Mineral befindet sich in einem der Eiweißstoffe, die am Gerüst der Herzmuskulatur beteiligt sind.

Umweltverschmutzung
Trotz überwiegend pflanzlicher Ernährung kommt es oft zu Selenmangel. Durch die grassierende Umweltverschmutzung gelangen mehr und mehr Schwefelverbindungen und Schwermetalle in unseren Körper, wodurch das wertvolle Selen zur Entgiftung herangezogen wird und dadurch an anderen Stellen – z. B. beim Herz – nicht mehr zur Verfügung steht.

Nahrungsmittel mit hohem Selenanteil

Selen ist ein sehr vielseitiges Mineral. Seine Wirkungsweise ist schon relativ gut erforscht. Selen kann Vergiftungserscheinungen durch verschiedene Stoffe abmildern. Außerdem ist es für Herzinfarktpatienten und Personen, die auf Chemikalien allergisch reagieren, besonders empfehlenswert.

Im Folgenden sind Nahrungmittel mit einem hohen Selenanteil aufgeführt.

Nahrungsmittel	µg-Anteil je 100 g	Nahrungsmittel	µg-Anteil je 100 g
● **Fisch**		● **Getreide**	
Bückling	140	Reis	40
Forelle	70	Reis, gekocht	10
Hering	140	Weizen, Vollkorn	50
Karpfen	60	Weizenkeime	110
Ölsardine	50	Weizenkleie	90
Rotbarsch	44		
Scholle	65	● **Käse**	
Thunfisch	130	Emmentaler	11
		Chester	11
● **Gemüse**		Camembert	6
Kohlrabi	50		
Petersilie	50	● **Pilze**	
Rosenkohl	18	Steinpilz	150

Fleisch ist tabu

Der Tagesbedarf an Selen von 0,1 bis 0,2 Milligramm wird fast nie von jemandem erreicht. Um die positiven Wirkungen von Selen zu nutzen, sollten Sie möglichst oft eines der nebenstehenden Nahrungsmittel essen. Tabu sind bei einer selenreichen Ernährung auf jeden Fall Fleisch und Wurst. Dafür gibt es aber viel Fisch und jede Menge Gemüse.

Volkskrankheiten

Allergien, Herzerkrankungen und Krebs sind zu regelrechten Volkskrankheiten geworden. Selen wirkt allen drei gefürchteten Krankheiten entgegen: Es stärkt die Zellwände und beugt so wirksam Krebs vor. Außerdem lässt Selen das Blut langsamer gerinnen, was einem Herzinfarkt genauso entgegenwirkt wie anderen Gefäßkrankheiten. Nach neuesten Forschungen ist in Gegenden mit überdurchschnittlich selenhaltigen Böden die Dickdarmkrebsrate deutlich niedriger als in Vergleichsgebieten.

Selen hat darüber hinaus eine entgiftende Funktion. Insofern kann es Allergien gegen Chemikalien lindern, da die Allergie auslösenden Stoffe im Körper abgebaut werden.

Silizium und Kieselerde – Fitmacher für das Bindegewebe

Silizium und Kieselerde, die zu 98 Prozent aus Siliziumoxid bestehen, halten unseren Körper im wahrsten Sinn des Wortes in Form, indem sie kräftigend und straffend auf das Bindegewebe wirken. Das verhindert so unschöne Erscheinungen wie Zellulite.

Silizium als natürliches Kosmetikum …

Ein Mangel an Silizium ist anhand folgender Merkmale zu erkennen:
▶ Welke Haut
▶ Bindegewebsschwäche, Orangenhaut (Zellulite)
▶ Haarausfall
▶ Brüchige Fingernägel

Eine ausreichende Siliziumversorgung ist im Gegenzug eine Gewähr für eine straffe Haut, feste Fingernägel und schöne Haare. Silizium spielt eine zentrale Rolle als natürliches Kosmetikum.

… und als Arznei

Silizium wirkt sich positiv auf den Heilungsverlauf folgender Krankheiten aus:
▶ Akne und Hautreizungen
▶ Mund- und Halsentzündungen
▶ Bänderschwäche
▶ Bandscheibenschäden
▶ Magen- und Darmentzündungen
▶ Verbrennungen und Schürfwunden

Da Silizium so vielseitig einsetzbar ist, greifen Ärzte nun immer häufiger zu Kieselerdepräparaten.

Siliziumhaltige Nahrungsmittel

Siliziumhaltige Nahrungsmittel als Arzneimittel oder als Kosmetikum für die Schönheit:

Nahrungsmittel	g-Anteil je 100 g
Gemüse	4 bis 5
Getreide	6
Mineralwasser	bis zu 9,6 (je nach Marke)
Wein	3 bis 9

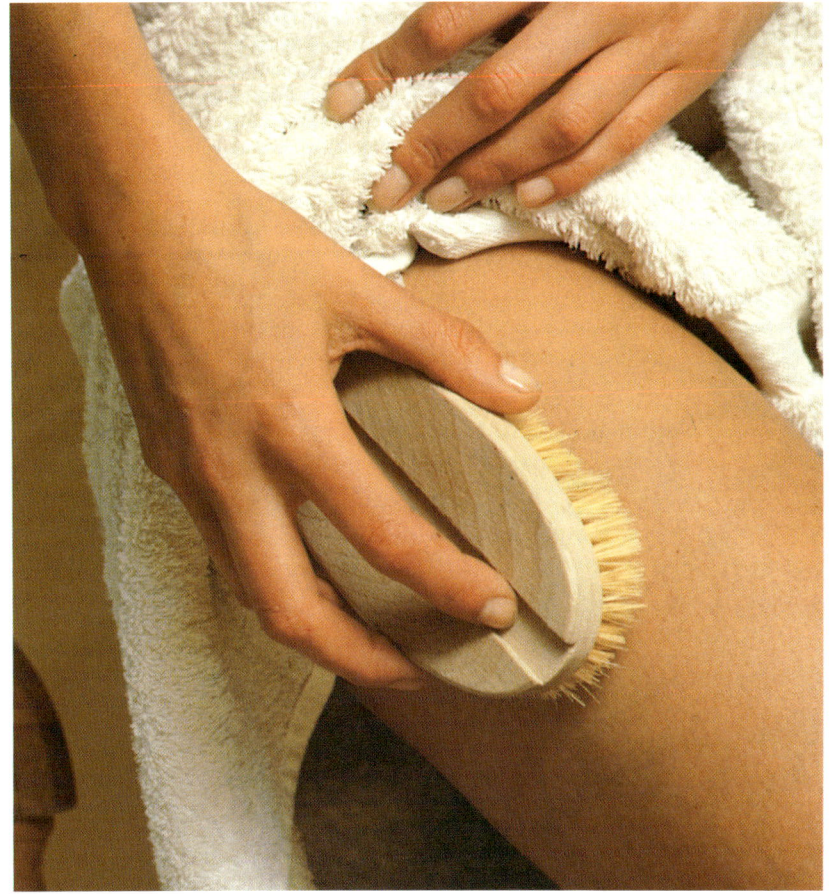

Schöne Haut durch Silizium, Eisen und Mangan: Bei einer ausgewogenen Ernährung und einer dadurch gesicherten Versorgung mit Spurenelementen kann so manche teure Kosmetikbehandlung überflüssig werden.

Vorkommen

Der Tagesbedarf an Silizium liegt bei 100 Milligramm für einen erwachsenen Menschen. Jugendliche in der Pubertätsphase sollten die doppelte Ration zu sich nehmen.

Silizium kommt in der Natur relativ häufig vor, dennoch leiden viele von uns an Unterversorgung. Der Grund: Der menschliche Körper ist nur in sehr beschränktem Maß in der Lage, das Mineral aus den Nahrungsmitteln zu erschließen.

Pflanzen mit stabilem Stützgewebe

Um die Siliziumversorgung halbwegs sicherzustellen, müssten wir umso häufiger zu siliziumhaltigen Nahrungsmitteln greifen. Pflanzen, in denen viel Silizium enthalten ist, haben aber immer ein stabiles Stützgewebe. Aus diesem Grund werden sie oft verschmäht.

Zu faul zum Kauen?

Siliziumhaltige Nahrungsmittel sind immer etwas härter. Die Mehrzahl der Menschen in den Industrieländern bevorzugt aber weiche Nahrungsmittel. Diese Leute sind einfach zu träge, um gewissenhaft und ausdauernd zu kauen. Darum ist ein Siliziummangel fast vorprogrammiert.

Zink fördert Intelligenz und Fruchtbarkeit

Das Spurenelement Zink aktiviert über 70 Enzyme. Damit vermag es eine ganze Reihe von unterschiedlichen Wirkungen zu entfachen:

▶ Als Bestandteil des Insulin-Zink-Komplexes in der Bauchspeicheldrüse erhöht Zink die Wirkung des Insulins und wirkt sich dadurch positiv auf den Fett- und Zuckerspiegel in unserem Blut aus.

▶ Zink beeinflusst die Produktion der Sexualhormone und verbessert die Fortpflanzungsfähigkeit sowie das sinnliche Empfinden.

▶ Zink verbessert die Aufnahme von Vitamin A.

▶ Zusammen mit Folsäure und Vitamin B6 fördert Zink die Regeneration der Körperzellen.

▶ Zink kräftigt die Immunabwehr. Grippale Infekte verschwinden schneller, wenn man frühzeitig Zinkpastillen schluckt.

▶ Zink macht Appetit, da es unseren Geruchs- und Geschmackssinn aktiviert. Zinkmangel führt zu Appetitlosigkeit.

▶ Zink kräftigt Haut und Haare, verhindert Schwangerschaftsstreifen.

▶ Zink wirkt unterstützend auf den Heilungsprozess von unterschiedlichsten Hauterkrankungen von Akne bis zu Lippen- und Genitalherpes.

Zinkbedarf

Der tägliche Zinkbedarf liegt bei 15 Milligramm, bei Schwangeren ist er um fünf Milligramm, bei Stillenden um zehn Milligramm höher. Der Zustand der Zinkversorgung in Deutschland und anderen Zivilisationsländern ist eher schlecht. Alarmierende Tatsache: 80 bis 90 Prozent aller Schwangeren leiden an Zinkmangel – und das in Anbetracht der Tatsache, dass ein schwerer Mangel zu Missbildungen am Baby führen kann.

Tipps zur richtigen Zinkversorgung

▶ Essen Sie regelmäßig Hülsenfrüchte wie Soja und Erbsen. Bevorzugen Sie dabei Frisch- oder Gefrierprodukte.

▶ Kochen Sie Ihr Essen nicht zu lange. Bevorzugen Sie eine Zubereitung mit geringen Garzeiten.

▶ Zu den echten Zinkbomben gehört Bierhefe. Es gibt sie mittlerweile als Flocken, die über das Essen gestreut werden, und als geschmacksneutrale Pillen.

▶ Geben Sie Ihrem Baby so lange wie möglich die Brust. Denn bei Kindern, die mit Kuhmilch ernährt wurden, wurden deutlich verringerte Zinkwerte festgestellt.

Intelligenz dank Zink

Zink verbessert die Intelligenz. So fand ein US-amerikanischer Forscher im Haar von besonders begabten Studenten einen höheren Zinkgehalt als in der Kopfpracht von weniger begabten Studenten. Wenn man Ratten eine zinkarme Diät verordnet, leidet die Entwicklung ihres Gehirns. Offenbar scheint das Mineral eine wichtige Rolle bei der Entwicklung der Gehirnstrukturen zu spielen. Mittlerweile diskutieren schon die ersten Wissenschaftler den Einsatz von Zink bei der Behandlung von bestimmten Funktionsstörungen im Psycho- und Lernbereich.

Nahrungsmittel mit hohem Zinkanteil

Im Folgenden sind Nahrungmittel mit einem hohen Zinkanteil aufgeführt.

Nahrungsmittel	mg-Anteil je 100 g	Nahrungsmittel	mg-Anteil je 100 g
● Frühstücksflocken		**● Hülsenfrüchte**	
Haferflakes	4,0	Erbsen, reif	3,8
Haferflocken	4,4	(Konservenerbsen enthalten nur 0,3 mg)	
● Kräuter		Linsen, reif	5,0
Kerbel	4,0	Mungbohnen, reif	5,5
		Sojabohnen, reif	4,3
● Käse			
Allgäuer Hartkäse (50% Fett)	4,5	**● Nüsse und Samen**	
Alpkäse	4,8	Cashewnüsse, geröstet/gesalzen	5,0
Butterkäse	4,0	Mohn	10,0
Edamer	4,5	Pinienkerne	6,5
Emmentaler	4,6	Sesam	7,7
Gouda (40% Fett)	4,0	Sonnenblumenkerne	5,2
Tilsiter (40% Fett)	4,0		
		● Leber	
● Meeresfrüchte		Rinderleber	5,1
Austern	50,0	Schweineleber	5,9

Fruchtbarkeitssymbol
Zink verbessert die Fortpflanzungsfähigkeit und das sinnliche Empfinden. Da Erbsen einen hohen Zinkgehalt haben, könnte hier der Grund zu finden sein, warum in manchen Ländern ausgerechnet die Erbsen zum Fruchtbarkeitssymbol aufgestiegen sind.

Phytat

Viele zinkhaltige Nahrungsmittel enthalten neben Zink auch Phytat. Durch diesen Stoff wird die Zinkaufnahme wesentlich eingeschränkt. In der obigen Tabelle werden daher nur diejenigen Nahrungsmittel aufgeführt, die neben einem hohen Zink- auch einen niedrigen Phytatanteil aufweisen.

Zink raubende Pillen?

Bestimmte Medikamente, wie z.B. Penizillamin, Tetrazyklin und Isoniazid, rauben Ihrem Körper das wichtige Zink. Solange Sie Medikamente mit diesen Wirkstoffen nehmen, werden Sie des Zinkmangels auch durch eine zinkreiche Ernährung nicht Herr werden. Fragen Sie darum Ihren Arzt oder Apotheker, denn möglicherweise ist eine Versorgung mit Zinkpräparaten angezeigt.

Vitamin B5 – eines von einer ganzen Reihe wichtiger Gesundmacher.

Vitamine

Was sind Vitamine?

Ob komplex oder elektronenmikroskopisch klein, bunt schillernd oder farblos, ob sauer oder geschmacksneutral – Vitamine besitzen keine einheitliche Struktur. Sie gehören völlig unterschiedlichen Stoffklassen an, eine Gruppe im chemischen Sinn bilden sie nicht.

Was die Vitamine so einzigartig macht

Wenn auch die Vitamine nicht einer bestimmten chemischen Stoffgruppe angehören, gibt es doch einiges, was sie von anderen Substanzen unterscheidet und dadurch so einzigartig macht.

▶ Da wäre erst einmal die Tatsache, dass Vitamine von unserem Körper nicht oder nur in geringem Umfang selbst hergestellt werden können. In dieser Hinsicht sind Menschen im Gegensatz zu einigen Tieren einmal mehr rechte »Mangelwesen«. Irgendwann in unserer Entwicklungsgeschichte verlernten wir die Technik zur Vitaminherstellung. Vitamin C beispielsweise konnten wir einmal herstellen, heute können wir es nicht mehr.

▶ Vitamine gehören also zu den essenziellen Bestandteilen der Nahrung. Dennoch unterscheiden sie sich von essenziellen Fett- oder Aminosäuren dadurch, dass sie weder als Baustoff noch als Energielieferant taugen. Ihre Aufgabe besteht im Wesentlichen darin, chemische Vorgänge in Gang zu setzen. In dieser Hinsicht ähneln sie Enzymen und Hormonen.

Einteilung der Vitamine

Vitamine werden in wasserlösliche und fettlösliche Vitamine unterteilt. Dies ist ein wesentlicher Unterschied, da Verdauung, Transport, Verteilung, Speicherung und Ausscheidung in Abhängigkeit von der Löslichkeit sehr unterschiedlich verlaufen können.

Wasserlösliche und fettlösliche Vitamine	
Wasserlöslich sind folgende Vitamine:	Fettlöslich sind folgende Vitamine:
• Alle B-Vitamine und Vitamin C	• Die Vitamine A, D, E sowie K

Vitaminpillen sind keine Alternative

Allen Fortschritten auf dem Gebiet der Chemie- und Arzneimittelforschung zum Trotz wird die beste Wirkung immer noch mit natürlichen Vitaminen aus der Nahrung erzielt. Vitaminpräparate sind ein eher mäßiger Ersatz für echte Vitamine und außerdem noch um vieles teurer.

Berücksichtigen Sie darum zwei Punkte:

● Decken Sie Ihren alltäglichen Vitaminbedarf aus dem reichhaltigen Korb der Natur.

● Vitaminpräparate sind allenfalls in Krankheitsfällen eine Alternative und sollten von einem Arzt verschrieben werden.

Askorbinsäure kontra Zitrusfrucht

Vitamin C wurde im Jahr 1935 von einem ungarischen Forscher als diejenige Substanz im Orangensaft ausgemacht, die Skorbut heilen kann. Seitdem glauben viele, dass die verheerende Mangelkrankheit auch mit Vitamin-C-Pulver therapiert werden könne. Doch das ist nicht der Fall. Selbst große Mengen an pulverisierter Askorbinsäure lassen immer noch schwere Schäden an den Blutgefäßen zurück, während bereits kleine Mengen an Zitronen oder Orangen ausreichen, den Skorbut komplett zum Verschwinden zu bringen.

Vitamin A – im Labor exakt nachgebaut

Vitamin A konnte mittlerweile im Labor exakt nachgebaut werden – obwohl es möglicherweise besser gewesen wäre, wenn es nicht geklappt hätte. Denn über den Bedarf an Vitamin A herrscht unter Wissenschaftlern keine Einigkeit. Dafür ist aber sicher, dass Überdosierungen von Vitamin A verheerende Folgen haben können. Die Gefahr von Überdosierungen besteht aber nur bei Vitaminpräparaten.

Nervenschäden durch wasserlösliches Vitamin B6

Auch bei Vitamin B6 ist der Labornachbau sehr gut gelungen. Da es zu den wasserlöslichen Vitaminen gehört, glauben viele, dass hier keine Überdosierung stattfinden könne. Denn wasserlösliche Vitamine könnten ja – so die verbreitete Ansicht – bei Überschuss einfach mit dem Urin ausgespült werden. Doch das durch übermäßigen Pillenkonsum zugeführte Vitamin B6 bleibt lange genug im Körper, um dort Nervenschäden hervorzurufen, die an die Contergankatastrophe heranreichen.

Hirngeschädigte Kinder

Überdosierungen von Vitamin A sind krank machend. So wurde in den USA bei Untersuchungen an hirngeschädigten Kindern festgestellt, dass zehn Prozent von ihnen hoch dosierte Vitamin-A-Präparate erhalten hatten. Mit dem Vitamin A aus Karotten und anderen Pflanzenprodukten kann dergleichen nicht passieren. Dort befindet sich Vitamin A in in der Gesellschaft von Substanzen, die für eine optimale Dosierung sorgen.

Perfekte Natur

Mittlerweile hat man den Grund herausgefunden, warum Skorbut nicht durch künstliches Vitamin C zu behandeln ist. Zitronen und Orangen enthalten als weiteren Wirkstoff Flavanol in einer genau abgestimmten Menge und Beschaffenheit, so dass es die Wirkung von Vitamin C optimal unterstützt. Bislang ist es nicht gelungen, diesen Flavanol-Vitamin-C-Komplex im Labor nachzuahmen – die Natur ist einfach perfekt.

Vitamin A – das Allroundvitamin

Vitamin A (Retinol) ist ein echter Allrounder:

▶ In der Immunabwehr bekämpft Vitamin A Viren, Bakterien und andere Krankheitserreger.

▶ Vitamin A hält uns jung, indem es den so genannten Epidermal growth factor an den Gewebezellen fördert, einen Faktor, der über die Regenerationsfähigkeit der Zellen entscheidet.

▶ Vitamin A hält unsere Schleimhäute feucht und hilft dadurch bei Erkrankungen wie Gastritis (Magenschleimhautentzündung), Husten, Bindehautentzündungen und Rachenentzündungen.

▶ Vitamin A ist an der Produktion des Sehfarbstoffs Rhodopsin beteiligt. Intensive Bildschirmarbeit führt zu einem erhöhten Bedarf an Vitamin A. Sehstörungen wie etwa die Nachtblindheit können häufig auf Vitamin-A-Mangel zurückgeführt werden.

▶ Vitamin A vermag Blutkrebs zu stoppen. Die Krebszellen werden so umgepolt, dass sie wie normale Zellen altern und sterben, anstatt sich planlos und unaufhaltsam zu vermehren.

Krebsvorsorge
Vitamin A schützt vor Krebs, indem es die Produktion von Eiweißen anregt, durch die unsere Körperzellen miteinander in Verbindung treten. Bei Vitamin-A-Mangel fehlt es den einzelnen Zellen an Orientierung; sie entwickeln sich möglicherweise in eine Richtung, die nicht dem Charakter des Gewebes entspricht. Das ist eine ideale Voraussetzung zur Entwicklung von Krebs und Endometriose (versprengte Gebärmutterschleimhautinseln in anderen Geweben im Körper).

Synthese von Vitamin A

Fertiges Vitamin A gibt es nur bei Tieren, in Pflanzen existieren jedoch Karotinoide, die vom Menschen problemlos zur Synthese des Vitamins genutzt werden können und daher auch als Provitamine bezeichnet werden. Ungefähr sechs Einheiten Karotin werden zu einer Einheit Vitamin A umgebaut. Der tägliche Vitamin-A-Bedarf liegt bei 0,8 (Frauen) bis 1,0 (Männer) Milligramm. Er kann auch durch rein vegetarische Kost gedeckt werden.

Tipps zur Zubereitung von Vitamin A

▶ Vitamin A und seine pflanzlichen Vorstufen sind fettlöslich. Gemüse wird also nur dann zu einer tauglichen Vitamin-A-Quelle, wenn man es mit etwas Öl oder Fett kombiniert. Neue Untersuchungen zeigen außerdem, dass die Karotinoide aus Rohkost für unseren Körper eher schlecht verwertbar sind. Besser ist es, Gemüse zu zerkleinern und dann zu dünsten. Besonders ergiebige Karotinquellen sind übrigens – ganz im Kontrast zu ihrem Ruf – Tomatenmark und Ketchup.

▶ Lange Zeit galten Vitamin A und die Karotinoide als überaus licht- und hitzeempfindlich. Neuere Untersuchungen lassen allerdings Zweifel an dieser alten These aufkommen.

▶ Frisch- und Tiefkühlgemüse ist dem Dosengemüse weit überlegen. Die Karotinwerte des Frischgemüses liegen zum Teil um gut 50 Prozent höher als bei Konserven.

Nahrungsmittel mit hohem Vitamin-A-Gehalt

Der tatsächliche Vitamin-A-Gehalt ergibt sich aus der Menge an »fertigem« Vitamin A (Retinol), addiert mit einem Sechstel der Menge an Karotinoiden. In dieser Tabelle finden Sie die realen bioaktiven Vitamin-A-Werte.

Nahrungsmittel	µg-Anteil auf 100 g	Nahrungsmittel	µg-Anteil auf 100 g
● Fisch		● Gemüse	
Aal	980	Kürbis	326
Thunfisch	450	Karotten, jung	888
		Karotten, alt	2000
● Leber		Spinat	700
Rinderleber	15 100		
Schweineleber	39 000	● Milchprodukte	
(Werte sind durch den		Appenzeller (50% Fett)	380
Vitamin-A-Zusatz in Futter-		Crème fraîche (40% Fett)	480
mitteln bedingt: Gefahr von		Mascarpone	568
Vitamin-A-Vergiftungen!)		Schlagsahne (42% Fett)	520
● Kräuter		● Obst	
Dill	1016	Aprikosen	300
Petersilie	1208	Hagebutten	666
Zitronenmelisse	583	Honigmelonen	292

Hitzeresistent

Entgegen der bisherigen Meinung ist Vitamin A wahrscheinlich doch hitzeresistent. So verabreichten zwei Düsseldorfer Physiologen ihren Versuchspersonen Tomatensaft, den sie zuvor eine Stunde lang umgerührt hatten – einmal bei Zimmertemperatur und einmal bei 100 °C. Das Überraschende: Lediglich der zuvor erhitzte Saft führte bei den Versuchspersonen zu einem beträchtlichen Anstieg von Karotinoiden im Blut.

Vergiftungsgefahr

Während eine Vitamin-A-Vergiftung über die Zufuhr pflanzlicher Provitamine praktisch unmöglich ist, kann es beim Verzehr von fertigen Vitaminen aus tierischer Kost sehr wohl zu gesundheitlichen Problemen kommen. Bei schwangeren Frauen kam es nach dem Verzehr von zu viel Schweineleber (sehr große Mengen) schon zu Missbildungen am Embryo.

Gelbrote Färbung

Einigen Pflanzen sieht man ihren hohen Karotingehalt richtiggehend an: Kürbis, Karotte, Zuckermelone und Aprikose zeigen sich umso stärker in ihrer gelbroten Färbung, je mehr Karotin sie enthalten. Die rote Farbe von Tomaten und rotem Gemüsepaprika ist hingegen kein Hinweis auf überdurchschnittlich viel Karotin.

Thiamin gegen Reizbarkeit

Als »Dosenöffner« für den Brennstoff Glukose sorgt Vitamin B1 (Thiamin) dafür, dass die Nervenzellen ausreichend mit Energie versorgt werden. Thiaminmangel führt zu Reizbarkeit, Störungen des emotionalen Gleichgewichts, Konzentrationsschwäche, chronischer Müdigkeit, Appetitmangel und Schlafstörungen.

Vitamin B 1 – das natürliche Schmerzmittel

Vitamin B1 (Thiamin) zählt zu den Psychovitaminen, es entfaltet seine Wirkungen vor allem im Bereich des Nervensystems.

Ein neues Schmerzmittel

Verschiedene Studien konnten zeigen, dass hoch dosiertes Thiamin eine schmerzlindernde Eigenschaft besitzt. Noch ist nicht geklärt, welche physiologischen Mechanismen genau dahinter stecken. Nichtsdestoweniger wird Vitamin B1 in den USA bereits mit Erfolg in der Therapie von Kopfschmerzen, Wirbelsäulenbeschwerden, Gelenkschmerzen und Neuralgien eingesetzt.

Vitamin-B1-Bedarf

Der Bedarf von Vitamin B1 liegt bei 1,0 (Frauen) bis 1,3 Milligramm (Männer) pro Tag, Schwangere sollten 1,2, Stillende sogar 1,4 Milligramm pro Tag zu sich nehmen. Diese Quoten werden von vielen nicht erreicht. Wegen der verbreiteten ungesunden Lebensweise leidet etwa ein Drittel der deutschen Bevölkerung an einer Vitamin-B1-Mangelversorgung.

Gründe des Thiaminmangels

▶ Wir essen zu wenig hochwertige Getreideprodukte. Dies liegt auch daran, dass die üblichen Weißmehle der Bäckereien kaum noch Vitamin B1 enthalten.

▶ Wir trinken zu viel alkoholische Getränke. Alkohol blockiert die Verdauung, die Gerbstoffe im Wein führen zur Oxidation von Vitamin B1.

▶ Wir essen zu viele warme und tiefgekühlte Speisen. Tiefgefrorener Spinat beispielsweise besitzt nur noch die Hälfte des ursprünglichen Thiamingehalts, beim Kochen können bis zu 70 Prozent verloren gehen. Selbst derjenige, der sich aus Gesundheitsgründen zu Vollkorntoast durchringen konnte, hat beim hitzeempfindlichen Thiamin kein Glück. Eine Minute im Toast – und bereits 30 Prozent aller Thiaminmoleküle sind vernichtet.

▶ Wir holen uns das Thiamin hauptsächlich aus Fleisch. Dort ist der Biostoff an Phosphate gebunden, die erst einmal im Darm unter hohem Enzymaufwand abgespalten werden müssen – ein zeitraubender Kraftakt für unsere Verdauung, der außerdem von zahlreichen anderen Ernährungsfaktoren abhängig ist. Demgegenüber steht uns pflanzliches Thiamin direkt zur Verfügung, es ist daher die wichtigste Versorgungsquelle für Thiamin.

Forschung heute

Die Forschung von heute vermag sehr viel. Doch die Natur ist so kompliziert, dass die Wirkungsweise von einfachen natürlichen Stoffen oft noch nicht geklärt werden kann. So ist es beispielsweise bei Vitamin B1. Mit einem relativ großen Aufwand konnte immerhin nachgewiesen werden, dass Thiamin eine schmerzlindernde Eigenschaft hat. Doch die dahinter liegenden physiologischen Mechanismen konnten noch nicht herausgefunden werden.

Nahrungsmittel mit hohem Thiamingehalt

In der folgenden Liste sind Nahrungsmittel aufgeführt, die besonders viel Vitamin B1 enthalten.

Es wurde berücksichtigt, dass beim Garen ein Großteil des Vitamins verloren geht. Bis zu 70 Prozent von Vitamin B1 können beim Kochen verloren gehen. So wurden Nahrungsmittel, die zum Verzehr gekocht oder gebraten werden müssen, nicht berücksichtigt. Aus diesem Grund fehlen in der Aufzählung ursprünglich thiaminhaltige Nahrungsmittel wie Schweinefleisch, Reis und Hülsenfrüchte.

Beachten Sie, dass auch tiefgekühlte Lebensmittel viel weniger Vitamin B1 enthalten als Frischwaren.

Nahrungsmittel	µg-Anteil auf 100 g	Nahrungsmittel	µg-Anteil auf 100 g
● **Nüsse und Samen**		Müsli mit Nüssen	0,42
Cashewnüsse	0,63	Müsli mit Vollkorn	0,40
Mohn	0,86	Reiscrispis	1,30
Paranüsse	1,00		
Pekannüsse	0,86	● **Wurstwaren**	
Pistazienkerne, geröstet/gesalzen	0,60	Bierschinken	0,85
		Gekochter Schinken	0,58
Sesam	0,93	Kasseler Aufschnitt	0,91
Sonnenblumenkerne	1,90	Mettwurst, luftgetrocknet	1,70
● **Frühstücksflocken**		Rügenwalder	0,83
Haferflocken	0,59	Schinkenwurst	0,71
Honigsmacks	1,40	Teewurst	0,63

Neue Snackideen
Die bekannten Snacks an einem gemütlichen Abend sind Chips, Salzstangen oder Süßigkeiten. Wie wäre es aber dazwischen einmal mit Pistazienkernen, Cashewnüssen oder Sonnenblumenkernen? Das wäre sicher für alle eine willkommene Abwechslung. Außerdem könnten Sie so Ihren Bedarf an Vitamin B1 sicherstellen.

Verwertbarkeit von Vitamin B1

Fleisch und Wurstwaren bieten relativ hohe Thiaminwerte. Aber das Vitamin B1 ist dort an Phosphate gebunden und damit nicht ohne weiteres verwertbar. Mit Hilfe der Enzyme müssen diese Phosphate also zuerst einmal abgespaltet werden, bevor der Körper das Thiamin resorbieren kann.

Bei Pflanzen steht uns Thiamin hingegen in reiner Form zur Verfügung. Darum ist es für den Organismus viel leichter verwertbar als fleischliches Vitamin B1.

Vitamin B2 – für Muskeln und gute Laune

Vitamin B2 (Riboflavin) garantiert unsere Energieversorgung, indem es als Enzymbestandteil die Energieproduktion aus Kohlenhydraten und Fetten ankurbelt.

Riboflavinmangel und die Folgen

Ein Mangel an Vitamin B2 (Riboflavin) kann zu folgenden Symptomen führen:
▶ Geröteter Zunge
▶ Winzigen Rissen im Mundwinkel
▶ Aufgesprungenen Lippen
▶ Müden Augen
▶ Hautschuppungen an Nase und Mund
▶ Haarausfall
▶ Konzentrationsmangel
▶ Depressiven Verstimmungen
▶ Lichtempfindlichkeit
▶ Muskelschwäche

Fit für den Wettkampf

Riboflavin gilt als Sportlervitamin, da es hilft, die Energie von Fetten und Kohlenhydraten in Muskelarbeit umzusetzen. Viele Sportler werden bei Wettkämpfen durch Müdigkeitsattacken überrascht, weil sie kurz vor dem Wettkampf eine riboflavinarme Fastendiät, die meistens sehr wenig Fleisch und kaum Milchprodukte enthält, gemacht haben.

Vitamin-B2-Bedarf

Der durchschnittliche Tagesbedarf an Vitamin B2 liegt bei 1,5 Milligramm. Aufgrund seines breiten Vorkommens und seiner Hitzebeständigkeit ist Vitamin-B2-Mangel in der Bevölkerung relativ selten. Nur bei jungen Frauen wird Riboflavinmangel in letzter Zeit häufiger beobachtet.

Schonende Essenszubereitung

▶ Das Vitamin B2 ist wasserlöslich. Versuchen Sie daher, das Kochwasser beim Zubereiten der Speisen mitzuverwenden. Oder Sie bereiten sich mit dem Kochwasser eine köstliche Gemüsebrühe zu.
▶ Riboflavin ist lichtempfindlich. Lagern Sie Ihr Gemüse nur kurz und möglichst im Dunkeln. Milch und Vitaminsäfte sollten Sie nur im Karton oder in getönter Flasche kaufen.

Nahrungsmittel mit hohem Riboflavinanteil

In folgender Tabelle finden Sie Nahrungsmittel mit einem hohen Anteil an Riboflavin. Vor allem Sportler sollten vor einem Wettkampf auf diese Lebensmittel nicht ganz verzichten. Auch Frauen, die die Antibabypille nehmen, haben einen erhöhten Bedarf an Riboflavin, da die Hormone der Antibabypille den Übergang von Vitamin B2 ins Blut hemmen. Durch einen erhöhte Aufnahme von Riboflavin kann dieser Nachteil der Antibabypille jedoch wettgemacht werden.

Nahrungsmittel	mg-Anteil auf 100 g	Nahrungsmittel	mg-Anteil auf 100 g
• Backwaren		• Gemüse	
Roggentoast	0,35	Erbsen, reif	0,27
		(Bei Erbsenkonserven ist der Wert um die	
• Fisch		Hälfte reduziert.)	
Aal	0,36		
Bückling	0,25	Grünkohl	0,25
Kaviar	0,50	Sojabohnen, reif	0,52
Makrele	0,35	(Im Sojaquark Tofu ist kaum noch Riboflavin	
• Milchprodukte		enthalten.)	
Edamer	0,35	Spinat	0,23
Emmentaler	0,34		
Gorgonzola	0,43	• Fleisch	
Gouda	0,30	Rumpsteak	0,30
Magerquark	0,30	Schweineschnitzel	0,29

Tipp für eine Gemüsebrühe

Wenn Sie das Kochwasser mit dem wichtigen Vitamin B2 nicht zur Zubereitung des Gerichts weiterverwenden können, dann bleibt Ihnen noch eine andere tolle Alternative. Aus dem Kochwasser vom Gemüse können Sie eine gute, wohlschmeckende Gemüsebrühe zaubern. Diese trinken Sie dann einfach statt einer Limonade. Das schmeckt sehr gut und ist darüber hinaus noch sehr gesund.

Kücheninformation

Vitamin B2 bleibt beim Erhitzen (im Gegensatz zum hitzeempfindlichen Vitamin C) relativ stabil. So ist es auch in gekochtem Gemüse, gegartem Fisch und gebratenem Fleisch noch enthalten. Beim Kochen können allerdings große Anteile des wasserlöslichen Vitamins ins Kochwasser übergehen.

Aus diesem Grund sollten Sie das Wasser zur weiteren Zubereitung des Essens mitverwenden – etwa zur Zubereitung einer Sauce – oder für ein anderes Gericht – beispielsweise eine Suppe oder eine Terrine – nutzen. Dann hält sich der Verlust des wasserlöslichen Vitamins in Grenzen.

Winzig, wenig, schnell

Das winzig kleine, wendige und daher auch schnelle Vitamin B3 kann zur Beruhigung der Nerven gegebenenfalls mehr beitragen als Baldrian, Hopfen, Johanniskraut oder andere Beruhigungsmittel. Wenn genügend Niazin im Blut vorhanden ist, gelangt die Aminosäure Tryptophan nicht in den Energiestoffwechsel, sondern wird zur Beruhigung der Nerven eingesetzt.

Nebenwirkungen

Niazin hemmt den Fettstoffwechsel. Darum können weniger Fettsäuren in den Blutkreislauf gelangen. So wird das Risiko eines Herzinfarktes erheblich gesenkt. Aus diesem Grund werden Vitamin-B3-Präparate mittlerweile zur Therapie von erhöhten Cholesterinwerten eingesetzt. Die Präparate besitzen jedoch unangenehme Nebenwirkungen wie Durchfall und Erbrechen. So sind sie zur Selbsttherapie oder gar zur Vorbeugung hoher Cholesterinwerte gänzlich ungeeignet.

Vitamin B3 – das wieselflinke Beruhigungsmittel

Das Geheimnis von Vitamin B3 (Niazin) besteht in seiner Winzigkeit. Ähnlich wie Vitamin C sind seine Moleküle ausgesprochen klein, weswegen es sehr schnell zu seinen Einsatzorten im Körper gelangt, ohne vorher von freien Radikalen »abgeschossen« zu werden – eine Wendigkeit, die Vitamin B3 zum schnellsten aller Vitamine macht – und dieser Umstand macht es wiederum attraktiv für die medizinische Therapie.

Richtige Verteilung der Energien

Vitamin B3 sorgt für die richtige Verteilung der Energien. So entscheidet seine Anwesenheit im Blut beispielsweise darüber, ob die Aminosäure Tryptophan in den Energiestoffwechsel eingeschleust oder aber zur Beruhigung unserer Nerven eingesetzt wird. Eine zu niedrige Niazinversorgung über die Nahrung führt demnach zu Nervosität und Unrast, während eine Extraportion des Vitamins unter Umständen schneller für Nervenruhe sorgt als Baldrian, Hopfen, Johanniskraut oder andere Beruhigungsmittel.

Vitamin B3 gegen Herzinfarkt

Vitamin B3 senkt das Risiko von Herzinfarkten. Es hemmt den Stoffwechsel im Fettgewebe und verringert dadurch die Menge von Cholesterin und Fettsäuren, die in den Blutkreislauf eingeschleust werden. Auf diese Weise wird das Risiko eines Gefäßverschlusses entscheidend gesenkt.

Getreide hat das Niazin fest im Griff

Vitamin B3 ist unproblematisch zum Erschließen. Es kann in der Regel ohne weiteres aus den einzelnen Nahrungsmitteln resorbiert werden. Eine Ausnahme jedoch bildet das Getreide. Hier hat sich der Biostoff auf Verbindungen mit unverdaulichen Substanzen eingelassen. Zu den vorrangigen Vitamin-B3-Versorgern gehören daher folgende Lebensmittel:
▶ Fleisch
▶ Fisch
▶ Hülsenfrüchte
▶ Pilze
Der Verlust beim Kochen und Braten beträgt nur ungefähr 20 Prozent. Deswegen sollte auch die Deckung des Tagesbedarfs von 13 (Frauen) bzw. 17 (Männer sowie schwangere und stillende Frauen) Milligramm in der Regel kein Problem darstellen.

Nahrungsmittel mit hohem Niazingehalt

In folgender Tabelle finden Sie eine Zusammenstellung von nervenberuhigenden Nahrungsmitteln, die einen hohen Niazingehalt haben.

Die an sich niazinreichen Getreidesorten werden hierbei nicht erwähnt, da das Vitamin dort mit unverdaulichen Substanzen verbunden und darum für den menschlichen Körper kaum verwertbar ist.

Nahrungsmittel	mg-Anteil auf 100 g	Nahrungsmittel	mg-Anteil auf 100 g
● Fisch		**● Nüsse und Samen**	
Lachs	6,8	Erdnüsse, geröstet/gesalzen	19,6
		Kaffeebohnen, geröstet	13,8
● Fleisch		(Beachten Sie aber:	
Rumpsteak	10,0	Selbst in einer starken	
Schweineschnitzel	13,0	Tasse Kaffee befinden	
		sich nur noch 0,7 Milli-	
● Hülsenfrüchte		gramm Niazin.)	
Bohnen, weiß	5,9	Mandeln	7,0
Erbsen, reif	8,6	Pekanüsse	6,0
(Erbsenkonserven		Pinienkerne	6,9
besitzen gerade noch		Sonnenblumenkerne	9,2
1,9 Milligramm			
Vitamin B3.)		**● Pilze**	
Linsen, reif	5,2	Pfifferlinge	7,3
Mungbohnen	8,6	Steinpilze	8,4
Sojabohnen, reif	10,0		

Kaffeebohnen und Kaffee

Kaffeebohnen haben einen extrem hohen Niazingehalt. Wer nun aber glaubt, damit seinen Kaffeekonsum rechtfertigen zu können, hat sich getäuscht. Schließlich werden die Kaffeebohnen nicht einfach gegessen. In einer Tasse gefiltertem Kaffee sind nur noch 0,7 Milligramm Niazin enthalten.

Erdnüsse und Sojabohnen

Neben Fleisch erzielen Erdnüsse und Sojabohnen die höchsten Werte beim Vitamin-B3-Gehalt. Überhaupt sind Hülsenfrüchte, Nüsse und Samen bei der Niazinversorgung besonders zu berücksichtigen. Fleisch hat zwar viel Vitamin B3. Doch angesichts des – jedenfalls im Durchschnitt – ohnehin hohen Fleischkonsums braucht darauf eigentlich nicht extra hingewiesen zu werden. Zu viel Fleisch gefährdet auf jeden Fall Ihre Gesundheit, sei es durch den mangelnden Gehalt an Ballaststoffen oder durch seine Schadstoffbelastung. Für den Niazinhaushalt sollte es nur eine Nebenrolle spielen.

Vitamin B5 (Pantothensäure) – das Wundheilmittel

Vitamin B5 ist an der Produktion von zahlreichen Enzymen und dadurch an sehr unterschiedlichen Vorgängen im Körper beteiligt.

Glücksgefühle durch Pantothensäure

Als Synthesemobilisator ermöglicht Pantothensäure im Gehirn den Umbau von Cholin zum Neurotransmitter Azetylcholin, der eine wichtige Rolle beim Entstehen unserer Glücksgefühle spielt. Die Konzentration von Vitamin B5 ist im Gehirn besonders hoch – ein deutlicher Hinweis darauf, dass ihm eine große Bedeutung bei unseren Geistestätigkeiten zukommt.

Therapie von Sportverletzungen

Vitamin B5 mobilisiert in unseren Nebennierenrinden die Ausschüttung des Hormons Kortisol. Dadurch trägt es indirekt zur Entzündungshemmung bei, weswegen auch Vitamin-B5-Präparate bereits in der Therapie von Sportverletzungen und rheumatischen Erkrankungen eingesetzt werden.

Energie für die Zellen
Pantothensäure (Vitamin B5) ist zentraler Bestandteil des Koenzyms A. Dieses – und damit indirekt das Vitamin B5 – sorgt dafür, dass unseren Zellen nicht die Energie ausgeht. Dadurch bietet das Vitamin die Gewähr für körperliche Fitness und Wohlbefinden.

Die Aloe wurde schon lange vor dem Boom der sanften Medizin als Heilmittel bei Verbrennungen eingesetzt. Die Flüssigkeit aus den fleischigen Blättern hat einen angenehm kühlenden Effekt und unterstützt durch ihren Gehalt an Vitamin B5 die Wundheilung.

Nahrungsmittel mit hohem Vitamin-B5-Gehalt			
Nahrungsmittel	mg-Anteil auf 100 g	Nahrungsmittel	mg-Anteil auf 100 g
● Fisch		**● Gemüse und Getreide**	
Forelle	1,82	Blumenkohl	1,01
Hering	1,35	Brokkoli	1,30
Makrele	1,35	Haferflocken	1,09
		Weizenkleie	2,85
● Käse			
Camembert	1,10	**● Samen**	
Limburger	1,10	Sonnenblumenkerne	1,40

Erhöhter Bedarf an Vitamin B5 bei Stress

Über den genauen Bedarf an Vitamin B5 herrscht unter Wissenschaftlern noch keine Einigkeit. Er liegt wahrscheinlich über sechs und unter zwölf Milligramm pro Tag. Unter Stress, körperlicher und psychischer Belastung ist er deutlich erhöht.

Behandlung von Brandwunden

Pantothensäure (Vitamin B5) unterstützt die Wundheilung. Aus diesem Grund werden panthenolhaltige Salben (Dexpanthenol) bereits in der Behandlung von Brandwunden eingesetzt. Nachdem der Körper erst zwei Tage nach der Verbrennung mit der Wundheilung beginnt, kann erst dann Vitamin B5 sinnvoll eingesetzt werden. Ab diesem Zeitpunkt können die Säfte der Aloe mit ihrem hohen Gehalt an Pantothensäure und Vitamin E den Körper bei der Wundheilung wirkungsvoll unterstützen.

Vitamin-B5-Killer

Pantothensäure geht beim Kochen und Braten nur in geringem Umfang verloren. Allerdings reagiert Vitamin B5 sensibel auf Säuren. In Kombination mit säurehaltigen Produkten wie Essig ist also hinsichtlich des Gehaltes an Vitamin B5 Vorsicht geboten.

Fleisch eignet sich demzufolge nur wenig zur Deckung des Vitamin-B5-Bedarfs, weil es auf seinem Verdauungsgang durch den Körper relativ viele Säurefelder hinterlässt. Zudem gehen bei hitzeintensiver Zubereitung von Fleisch bis zu 35 Prozent des Biostoffes Pantothensäure verloren.

Aloe zur Wundheilung
Aloe hat einen hohen Gehalt an Vitamin B5. Da Pantothen die Wundheilung unterstützt, ist diese Pflanze zur Behandlung von Verbrennungen geeignet. Wenn Sie die Frucht frisch haben, können Sie behutsam einige Tropfen der Frucht auf die verbrannten Stellen träufeln. Als Alternative können Sie aber auch Salben oder Lotionen aus der Drogerie oder der Apotheke auftragen.

Vitamin B6 – Hilfe bei Arthritis

Vitamin B6 (Pyridoxin) erfüllt im menschlichen Organismus eine Reihe von unterschiedlichen Aufgaben: Vitamin B6 unterstützt den Stoffwechsel mit Aminosäuren und damit den Aufbau der Proteine. Dieser Prozess ist in unserem Körper von zentraler Bedeutung – ist er gestört, muss es beinahe zwangsläufig zu schweren Krankheiten kommen.

Jede sechste Krankheit durch Vitamin-B6-Mangel verursacht

Chemiker und Physiologen sprechen davon, dass jeder Sechste von uns nur deshalb krank wird, weil ihm Vitamin B6 fehlt. Bis zu 110 Funktionsstörungen und Krankheiten werden durch Pyridoxinmangel verursacht. Zu den wichtigsten Mangelerscheinungen bei Vitamin B6 gehören:

▶ Immunschwäche und gesteigerte Anfälligkeit gegenüber Viren- und Bakterieninfektionen
▶ Blutarmut
▶ Konzentrationsschwäche
▶ Sehschwäche
▶ Muskelschwäche
▶ Depressive Verstimmungen
▶ Arthritis

Steuerungsinstrument
Pyridoxin sorgt für die Balance von Natrium und Kalium in unserer Körperflüssigkeit und ist dadurch ein wichtiges Steuerungsinstrument für die Arbeit unserer Nerven. Nicht umsonst wird Vitamin B6 bereits als Heilmittel für psychische, psychosomatische und neurologische Erkrankungen wie Depressionen, Schizophrenie, Schlafstörungen, Tinnitus und Hörsturz eingesetzt.

Pflanzliche Lebensmittel sind den tierischen überlegen

In pflanzlichen Lebensmitteln findet sich Vitamin B6 hauptsächlich in Form von reinem Pyridoxin, in tierischer Kost in Form von Pyridoxal und Pyridoxamin.

Dies ist ein entscheidender Unterschied, denn die pflanzliche Substanz ist ausgesprochen hitzebeständig, während die beiden tierischen Vitamin-B6-Träger beim Braten und Kochen Verluste bis zu 70 Prozent erleiden können. Hinsichtlich ihres Pyridoxinwertes sind also pflanzliche den tierischen Lebensmitteln überlegen.

Pyridoxinmangelgebiet Deutschland

Der tägliche Bedarf liegt zwischen 1,2 (Frauen), 1,5 (Männer) und 2,0 (schwangere Frauen) Milligramm, Menschen mit hohem Eiweißumsatz brauchen bis zu drei Milligramm. Die Zahlen werden hierzulande nur selten erreicht, Deutschland ist Pyridoxinmangelgebiet. Etwa drei Viertel der Frauen und 50 Prozent der Männer bleiben mit ihrer Versorgung unter dem Pyridoxinbedarf. Der Grund: Ihr Essen enthält zu viel Fleisch, welches wiederum zu lange gekocht wird.

Nahrungsmittel mit hohem Vitamin-B6-Anteil

Aufgrund der hohen Verluste beim Braten und Kochen finden die – ansonsten pyridoxinreichen – Fleisch- und Fischsorten in dieser Tabelle keine Berücksichtigung.

Nahrungsmittel	mg-Anteil auf 100 g	Nahrungsmittel	mg-Anteil auf 100 g
● Obst		**● Kräuter**	
Avocados	0,53	Schnittlauch	0,42
Bananen	0,40		
		● Backwaren	
● Frühstücksflocken		Kartoffelchips	0,89
Honigsmacks	2,0	Knäckebrot, mit Sesam	0,35
Müsli mit Trockenobst	0,39	Weizenvollkornbrot	0,36
● Gemüse		**● Nüsse und Samen**	
Kartoffeln	0,33 bis 0,44	Cashewnüsse	0,45
Kichererbsen	0,54	Erdnüsse,	
Knoblauch	0,38	gesalzen/geröstet	0,6
Linsen, reif	0,60	Leinsamen	0,6
(Linsenkonserven enthalten nur noch 0,1 mg.)		Sesam	0,75
		Sonnenblumenkerne	0,75
Sojabohnen, reif	1,19	Walnüsse	0,87

Milch und Fisch

In tierischen Nahrungsmitteln liegt Vitamin B6 nur in einer wenig hitzebeständigen Form vor. Darum müssen Pyridoxinverluste von bis zu 70 Prozent beim Kochen und Braten von Fleisch hingenommen werden. Leider kann auch nicht auf Milch oder Fisch ausgewichen werden. Für sie gelten ähnliche Verlustzahlen. So gibt es hinsichtlich der Vitamin-B6-Versorgung keine echte Alternative zu den pflanzlichen Lebensmitteln.

»Zickige Hysterikerin«?

Einige Antibabypillen verringern die Vitamin-B6-Konzentration im Körper zum Teil dramatisch. In der Folge geht den Nerven regelrecht die Luft aus, die betroffenen Frauen werden aggressiv und unleidig, hadern mit allem und jedem – auf die Umwelt machen sie den Eindruck einer »zickigen Hysterikerin«. Falls Sie diese Symptome bei sich bemerkt haben, sollten Sie mit dem Frauenarzt über einen Wechsel der Pille sprechen.

Mit Vitamin B6 gegen Schmerzen

Im Tierversuch wurden für Vitamin B6 schmerzhemmende Wirkungen nachgewiesen, allerdings kamen dabei extrem hohe Dosierungen zum Einsatz. Der schmerzlindernde Effekt beruht wohl darauf, dass Pyridoxin zu den Baustoffen von Enzymen gehört, die im Körper als Entzündungsbremse arbeiten. Diskutiert werden unter Wissenschaftlern neuerdings auch depressionshemmende Effekte von Vitamin B6.

Auch wenn weich gekochte Eier sehr gut schmecken – essen Sie nicht zu viel davon. Ganz rohe Eier sollten Sie ebenso meiden. Denn Eier, die nicht mindestens vier Minuten lang gekocht wurden, enthalten Avidin. Diese Substanz hemmt die Aufnahme von Biotin. Dieses ist aber nötig, auch wenn der Mensch Biotin zum Teil selbst herstellen kann.

Biotin für volles Haar und gesunde Haut

Wie alle Vitamine aus der B-Gruppe wirkt auch Biotin (Vitamin B7) hauptsächlich über seine Einflüsse auf den Stoffwechsel. Zu seinen wesentlichen Funktionen gehört:

▶ Aufbau von Energiereserven in Leber und Muskeln
▶ Freisetzung der Energie aus den Energiereserven von Leber und Muskeln
▶ Aufbau von Haut, Haaren und Fingernägeln

Experiment von Schweizer Wissenschaftlern

Wie wichtig Biotin für Haut, Haare und Fingernägel wirklich ist, zeigt ein Experiment, das Schweizer Wissenschaftler durchführten. Sie verabreichten Versuchspersonen mit brüchigen Fingernägeln täglich eine Extraration von 25 Milligramm Biotin. Ein halbes Jahr später waren die Fingernägel wieder intakt, ihre Dicke hatte um 25 Prozent zugenommen.

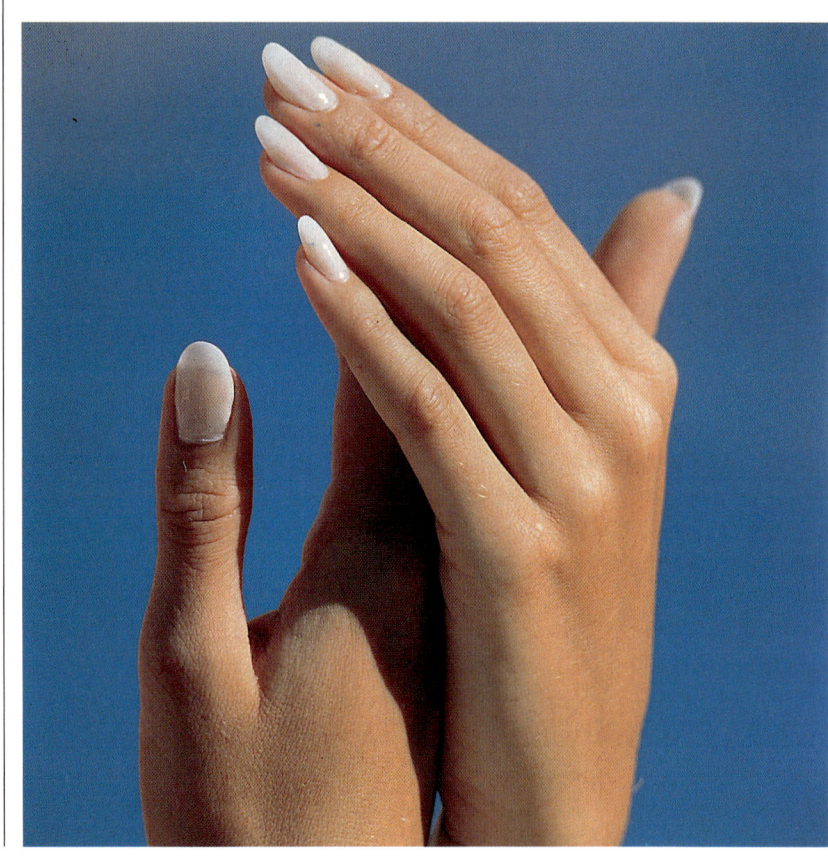

Schöne Hände auch ohne kosmetische Maniküre: Eine Ernährung, die den Körper mit ausreichend Biotin versorgt, hilft Haut, Haaren und Nägeln, sich zu regenerieren.

Nahrungsmittel mit hohem Biotingehalt			
Nahrungsmittel	µg-Anteil auf 100 g	Nahrungsmittel	µg-Anteil auf 100 g
• Gemüse und Getreide		• Meeresfrüchte	
Sojabohnen	60,0	Krabben	6,0
Sojamehl	63,0	Sardinen	21,0
Spinat	6,0		
Haferflocken	20,0	• Nüsse und Samen	
		Erdnüsse	31,0
		Mandeln	16,9
• Obst		Walnüsse	37,0
Bananen	5,5		

Der Grund für diese erstaunliche Entwicklung ist ganz einfach: Vitamin B7 enthält nicht nur viel Schwefel, sondern sorgt auch dafür, dass das wichtige Haut-, Haar- und Nagelmineral dorthin kommt, wo es gebraucht wird.

Der Mensch ist Biotinselbstversorger

Der Mensch kann Biotin zum Teil selbst herstellen, dies gewährt ihm eine gewisse Unabhängigkeit vom Biotingehalt in der Nahrung. Im Gegensatz zu anderen Vitaminen ist Biotin nicht essenziell. Die Deckung des Bedarfs von etwa 0,15 Milligramm ist daher in der Regel kein Problem.

Intakte Darmflora

Voraussetzung für die Deckung des Biotinbedarfs ist, dass Darm und Darmbakterien einwandfrei arbeiten können. Da die Darmflora jedoch sehr sensibel ist, kann im Zweifelsfall ein Biotinmangel nicht ausgeschlossen werden. Eine intakte Darmflora hingegen ist die Gewähr für eine ausreichende Biotinversorgung.

Biotinkiller Antibiotika

Die gefährlichsten Biotinkiller sind Antibiotika. Ihr Einsatz darf nicht zuletzt deshalb nur im Notfall erfolgen. Wer sie schon bei geringfügigen Infektionen einnimmt, riskiert den Tod von zahllosen nützlichen Biotinherstellern im Darm – greifen Sie also lieber zuerst zu sanften Mitteln. Außerdem sollte eine Antibiotikumkur generell von einer biotinreichen Diät begleitet sein.

Arbeitseifer

Voraussetzung für die Deckung des Biotinbedarfs ist eine intakte Darmflora. Doch wie leicht gerade Darmbakterien zu schädigen sind, ist kaum bekannt. Der Arbeitseifer der Bakterien lässt schon bei ein paar Gläsern Schnaps oder einer Tafel Schokolade deutlich nach. Damit ist aber eine ausreichende Biotinversorgung nicht mehr sichergestellt. Belasten Sie Ihre Darmflora daher nicht zu sehr.

Hohe Lichtempfindlichkeit

Biotin geht beim Kochen und Braten nur in geringem Umfang verloren. Durch starken Lichteinfall wird es allerdings oft gänzlich zerstört. Aus diesem Grund sollten Sie frisches Gemüse beispielsweise nicht zu lange in einer hellen Küche lagern. Dabei geht zu viel Biotin verloren. Der Schwerpunkt der Biotinversorgung sollte auf pflanzlichen Nahrungsmitteln liegen. Denn im Fleisch ist Biotin an Proteine gebunden, die für unseren Körper nicht optimal verwertbar sind.

Folsäure – der verlängerte Arm der Seele

Die zur Vitamin-B-Gruppe gehörende Folsäure (Vitamin B8) ist an der Produktion zahlreicher Enzyme und damit auch an vielfältigen Funktionen unseres Körpers beteiligt:

▶ Zusammen mit Kobalamin sorgt Folsäure für Wachstum und Teilung der roten und weißen Blutzellen.
▶ Folsäure sensibilisiert die Bildung von Antikörpern, ist also an der allgemeinen Mobilmachung des Immunapparats beteiligt. Auf diese Weise kann unser Organismus Krankheiten besser abwehren.
▶ Folsäure verbessert die Verwertung der Nahrungsproteine.

Was Folsäure mit der Lebenseinstellung zu tun hat

Folsäure fördert die Produktion des Hormons Noradrenalin. Dieses Hormon ist der verlängerte Arm unserer Lebenseinstellung. Bei grundsätzlich positiv eingestellten Menschen sorgt es für »stille« Euphoriegefühle wie Zufriedenheit, Ausgeglichenheit und inneren Frieden, bei grundsätzlich negativ eingestellten Menschen sorgt es hingegen für Aggressionen, Wut und Ärger.

Mit anderen Worten: Folsäure selbst sorgt nicht für eine gute oder schlechte Laune, aber sie schafft gewissermaßen die Rahmenbedingungen, um unser Glück oder Unglück gefühlsmäßig erst so richtig komplett zu machen.

Nahrungsmittel der ersten Wahl

Folsäure existiert sowohl in tierischen als auch in pflanzlichen Lebensmitteln. Im Tier ist sie jedoch an eine Verbindung gekettet, die von unserem Körper nur eingeschränkt verwertet werden kann. Pflanzliche Kost ist demnach im Hinblick auf die Folsäureversorgung das Nahrungsmittel der ersten Wahl.

Kobalamin als Partner der Folsäure

Der wichtigste Partner der Folsäure ist Kobalamin. Die beiden B-Vitamine beeinflussen sich gegenseitig in ihrer Wirkung. Der Mangel von einem der beiden Vitamine führt gleichzeitig zu Funktionseinbußen des anderen.

Zubereitung in der Küche

Folsäure ist überaus sensibel. Bei küchentechnischer Zubereitung wie Kochen und Braten kommt es zu Verlusten von 30 bis 90 Prozent. So gesund gekochtes Gemüse normalerweise ist, für die Folsäureversorgung nützt es kaum etwas.

Für ein gesundes Baby
Der Folsäurebedarf beträgt 400, bei Schwangeren 600 Mikrogramm. Gerade der letztere Bedarfswert wird häufig selbst bei vitaminbewusster Ernährung nicht erreicht. Ein möglicherweise folgenschweres Defizit! Denn Folsäuremangel erhöht beim Neugeborenen das Risiko von so genannten Neuralrohrdefekten (»offener Rücken«), die aus den Betroffenen oft Pflegefälle werden lassen. Schwangere Frauen sollten daher grundsätzlich Präparate mit Folsäure erhalten.

Nahrungsmittel mit einem hohen Folsäureanteil

Nutzen Sie die in folgender Tabelle aufgeführten Nahrungsmittel zur Sicherstellung Ihres Folsäurebedarfs. Vor allem Schwangere sollten auf eine folsäurehaltige Ernährung achten. Angegeben ist in der Auflistung das Folsäureäquivalent, mit dem die Menge des tatsächlich für uns verwertbaren Vitamins bezeichnet wird.

Nahrungsmittel	µg-Anteil auf 100 g	Nahrungsmittel	µg-Anteil auf 100 g
● Frühstücksflocken		● Kräuter	
Honigsmacks	160	Dill	39
		Petersilie	150
● Gemüse			
Radieschen	24	● Obst	
Karotten	28	Orangen	31,4
Salat	68,3	(Orangensaft besitzt	
Spargel (Konserve)	55	gerade noch 1,3 µg.)	
Tomaten	37,6	Avocados	30,0

Vorsicht, Folsäureverluste
Die Folsäurewerte der nebenstehenden Lebensmittel gelten nur, wenn die Nahrungsmittel auch roh verzehrt werden. Tomaten in einer gekochten Sauce oder Petersiliensträußchen im Auflauf erreichen nicht mehr annähernd so hohe Folsäurewerte wie angegeben.

Folsäuremangel vor allem bei jungen Erwachsenen

Bis zu 90 Prozent des Folsäureanteils gehen beim Kochen und Braten der folsäurehaltigen Nahrungsmittel verloren. Wenn man nun noch den geringeren Biowert der Fleischkost für die Folsäureversorgung bedenkt, darf es nicht verwundern, dass Folsäuremangel überaus weit verbreitet ist. In Deutschland bleiben 99 Prozent der Frauen und 97 Prozent der Männer im Alter von 19 bis 25 Jahren unter dem täglichen Bedarfswert von 400 Mikrogramm.

Ernährungstipp – Rohkosttag

Ihre Folsäureversorgung kann nur durch einen hohen Rohanteil in der Nahrung abgesichert werden. Legen Sie deshalb lieber öfter einmal einen Rohkosttag ein, an dem Sie gekochtes Essen möglichst ausschließen. Die alte Weisheit, wonach warme Speisen eher satt machen als Rohkost, ist eine überholte Legende. Vergessen Sie nicht: Ein Obstquark und ein mit Käse angereicherter Salat besitzen aufgrund ihres hohen Eiweißgehaltes einen höheren Sättigungsgrad als ein Schnitzel mit Pommes frites.

Honigsmacks
Mit 200 Gramm Honigsmacks zum Frühstück können Sie schon mehr für Ihren Folsäurehaushalt tun als mit einer Vitamintablette. Denn Letztere enthält meist nur 200 Mikrogramm Folsäure – gerade mal die Hälfte des Tagesbedarfs. So ist auch hier die natürliche Vitaminernährung der künstlichen ein Stück voraus.

Vitamin B12 – der Nervenschutz

Unser täglicher Bedarf an Vitamin B12 (Kobalamin) ist erstaunlich gering: 0,003 Milligramm, also drei millionstel Gramm. Dabei ist das Vitamin beileibe nicht unwichtig, sein Geheimnis besteht vielmehr darin, in kleinsten Mengen erstaunliche Wirkungen zu erzielen.

Kleine Menge – erstaunliche Wirkung

Die wichtigsten Wirkungen von Kobalamin sind folgende:

▶ Als typisches Vitamin aus der B-Gruppe unterstützt Kobalamin unseren Stoffwechsel. Es hilft der Folsäure bei der Herstellung des Nervenstoffs Cholin. Kobalamin ist dadurch ein wirksames Mittel gegen Nervosität.

▶ Kobalamin unterstützt die Umwandlung von Karoten zu Vitamin A. Dies bedeutet: Selbst der Verzehr von zwei Kilogramm Karotten ginge spurlos an unserer Vitamin-A-Versorgung vorüber, wenn wir nicht gleichzeitig kobalaminhaltige Fleisch-, Eier- oder Milchspeisen essen würden.

▶ Kobalamin hilft bei der Herstellung von Karnitin, einem Stoff, der Fettmoleküle aus den Blutbahnen löst und somit Gefäßverschlüsse, Herzinfarkte und dergleichen verhindern hilft.

▶ Kobalamin schützt die Nervenzellen vor Ablagerungen und Schädigungen. Einige Mediziner erwägen bereits seinen Einsatz in der Therapie von multipler Sklerose.

Strenge Vegetarier können Kobalamin kaum aufnehmen …

Im Unterschied zu den meisten anderen Vitaminen spielen Pflanzen bei der Versorgung mit Kobalamin keine Rolle. Unser Kobalaminbedarf muss über tierische Nahrungsmittel gedeckt werden. Zwar sind wir im Besitz einer bakteriellen Darmflora, die das wichtige Vitamin auch aus nichttierischen Lebensmitteln herstellen kann, doch ihr Beitrag allein würde zur kompletten Versorgung nicht ausreichen. Reiner Vegetarismus birgt also das Risiko einer Kobalaminunterversorgung – und die ist wiederum ein erhebliches Gesundheitsrisiko.

… und nur unzureichend selbst herstellen

Perfekt wäre es freilich, wenn Vegetarier besonders viel Kobalamin selbst herstellen könnten. Doch das Gegenteil ist der Fall. Denn strenge Vegetarier besitzen in der Regel eine schlecht funktionierende Darmflora. Ihre Nahrungsgewohnheit gibt ihnen nicht nur zu wenig Kobalamin, sondern bewirkt auch, dass die Darmbakterien das Vitamin Kobalamin nur noch unzureichend produzieren können.

Milch und Ei für Vegetarier

Strenge Vegetarier haben hinsichtlich der Kobalaminversorgung schlechte Karten. In Pflanzen ist das wichtige Vitamin B12 kaum enthalten. Doch Fleisch muss ein Vegetarier dennoch nicht essen. Denn eine mit Milchprodukten und Eierspeisen ergänzte Pflanzenkost vermag durchaus zur kompletten Bedarfsdeckung beizutragen.

Nahrungsmittel mit hohem Kobalaminanteil			
Nahrungsmittel	µg-Anteil auf 100 g	Nahrungsmittel	µg-Anteil auf 100 g
● Eierspeisen		● Wassertiere	
Frühstücksei	1,4	Aal	2,9
Omelett	2,2	Austern	14,5
		Forelle	4,5
● Fleisch		Hering	8,5
Leber	68,0	Kaviar	16,0
Leberkäse	2,6	Lachs	2,9
Rumpsteak	2,0	Makrele	9,0
Schweineschnitzel	1,8	Rotbarsch	3,8
		Seelachs	3,5
● Milchprodukte		Thunfisch	4,3
Alpenkäse	2,7		
Emmentaler (45% Fett)	2,5	● Wurstwaren	
Harzer Käse	2,0	Cervelatwurst	1,9
Mozzarella	2,0	Landjäger	3,9
Scheibletten	2,0	Leberpastete	6,0
Quark	0,7 bis 1,0	Leberwurst, fein	9,6
Tilsiter	2,0 bis 2,3	Rauchfleisch	6,0
Ziegenkäse	3,5	Zungenwurst	34,6

Die Alternative

Reine Vegetarier können ihre Kobalaminversorgung möglicherweise durch den Verzehr von Seetang- und Algenprodukten retten. Denn in den beiden Wasserpflanzen leben symbiotische Mikroorganismen, die das Vitamin synthetisieren können. Auch Bierhefe enthält viel Kobalamin, im Gärendprodukt Bier ist jedoch nur noch wenig davon enthalten.

Fleisch ist nicht nötig

Fisch und Fleisch erzielen insgesamt die höchsten Kobalaminwerte. Zungenwurst hat tatsächlich 34,6 Mikrogramm Vitamin B12 in 100 Gramm Wurst, die gleiche Menge Kaviar bietet immerhin noch 16 Mikrogramm. Trotzdem kann der Kobalaminbedarf unseres Körpers ohne weiteres allein mit Milchprodukten und Eierspeisen gedeckt werden. Schließlich benötigt unser Organismus nur 0,003 Milligramm Kobalamin am Tag.

Sanfte Droge
Obwohl Kobalamin nur in kleinsten Mengen in unserem Körper wirkt, ist es doch an einer Vielzahl von Vorgängen im Körper beteiligt. So gäbe es ohne die enzymatische Tätigkeit von Kobalamin kein Methionin. Methionin ist eine Aminosäure, die in unserem Gehirn wie eine sanfte Droge wirkt. Sie sorgt für angenehme Gefühle wie Wärme, Glück, Harmonie und stille Freude.

Vitamin C – die Universalwaffe

Vitamin C ist ein Vitamin mit Geschichte. Ein Mangel an diesem Vitamin erscheint bereits im Papyrus Ebers 1550 v. Chr., seit dem Mittelalter häufen sich die Berichte über Skorbutepidemien auf Schiffen, Entdeckungsfahrten und Kreuzzügen. Dass die heimtückische Mund- und Schleimhauterkrankung durch Vitamin-C-Mangel hervorgerufen wird, erkannte man im Jahr 1935. In den letzten Jahrzehnten ist kaum ein Tag vergangen, an dem nicht eine neue Meldung über die Wunderheilwirkungen von Askorbinsäure – so der wissenschaftliche Name des Vitamins – in den Medien kursiert.

Wann ist das Maß voll?

Unter Wissenschaftlern ist umstritten, wie hoch der Tagesbedarf an Vitamin C ist. Der Nobelpreisträger Linus Pauling empfahl eine Dosis von zwei Gramm pro Tag, das ist das 20fache dessen, was die Deutsche Gesellschaft für Ernährung (DGE) vorsieht – und hier hat man erst kürzlich die Empfehlungen von 75 auf 100 Milligramm hoch geschraubt. Die DGE-Werte haben allerdings den Vorteil, dass man sie auch über eine natürliche Ernährung erreicht. Und ob extrem hohe Vitamin-C-Dosierungen tatsächlich vor Krebs und Arteriosklerose schützen, ist eher zweifelhaft.

Die Bedeutung von Vitamin C für die Gesundheit

Auch wenn hinsichtlich der Dosierung von Vitamin C Meinungsunterschiede zwischen den Wissenschaftlern bestehen, in Bezug auf die Wirkungen herrscht Einigkeit. Es besteht kein Zweifel daran, dass Vitamin C zu den wichtigsten Vitaminen für den Menschen gehört.
▶ Vitamin C ist unser wichtigstes Körperabwehrvitamin: Es macht den Fresszellen unseres Immunsystems Appetit auf ungebetene Eindringlinge wie Viren und Bakterien. Menschen, die ausreichend mit Vitamin C versorgt werden, haben eine um 50 Prozent geringere Wahrscheinlichkeit, an Erkältungen zu erkranken.
▶ Als Radikalefänger spielt Vitamin C eine wichtige Rolle bei der Vorbeugung von Krebsgeschwüren.
▶ Eine englische Untersuchung hat ergeben, dass Vitamin C das Risiko von Herz-Kreislauf-Erkrankungen reduziert. Demnach reichen schon 60 Milligramm Vitamin C pro Tag – etwa der Gehalt einer frischen Orange – aus, die Blutgerinnungsneigung deutlich zu senken.
▶ Askorbinsäure verbessert die Kalzium- und Eisenaufnahme unseres Körpers. Hierdurch wird es für Frauen zu einer unentbehrlichen Vorbeugung bei Blutarmut und Osteoporose.

Nahrungsmittel mit hohem Vitamin-C-Gehalt

Aufgrund der enormen Verluste bei Erhitzung werden nur solche Nahrungsmittel aufgeführt, die nicht gegart werden müssen.

Nahrungsmittel	mg-Anteil auf 100 g	Nahrungsmittel	mg-Anteil auf 100 g
● **Gemüse**		Guaven	270
Feldsalat	35	Johannisbeeren, rot	36
Kohlrabi	63,3	Johannisbeeren, schwarz	177
Paprika	139	Kiwis	71
Tomaten	24,2	Litschis	45
		Longanen	56
● **Kräuter**		Mangos	39
Dill	50	Orangen	50
Petersilie	166	Orangensaft	44
Schnittlauch	47	Papayas	82
		Sanddornsaft	266
● **Obst/Säfte**		Stachelbeeren	25
Grapefruits	60	Zitronen	53

Problematische Überdosierungen?

So wie die Bedarfswerte umstritten sind, so besteht auch keine Einigkeit darüber, ob Vitamin C in Überdosierungen schädlich ist, oder nicht. Sicher ist nur eins: Bei natürlicher Kost besteht so gut wie kein Risiko, den Körper mit problematischen Vitaminwerten zu belasten. Wer sich ein Kilogramm Kiwis und dann noch einen Liter Orangensaft zumutet, riskiert Übersäuerungen seines Magens und möglicherweise auch einen Schaden an seinem Zahnschmelz, aber er muss nicht befürchten, durch Vitamin C vergiftet zu werden.

Erste Wahl

Nahrungsmittel der ersten Wahl ist hinsichtlich der Vitamin-C-Versorgung frische Rohkost. Askorbinsäure ist überaus licht-, hitze- und sauerstoffempfindlich. Machen Sie es sich darum zur Pflicht, täglich mindestens ein Stück frisches Obst oder frisches Gemüse zu essen – im Müsli am Morgen, im Joghurt als Dessert oder einfach zwischendurch. Zur Vorratshaltung sind Kiwis, Orangen, Grapefruits und Zitronen besonders geeignet, denn sie bewahren unter ihrer dicken Schale das Vitamin C für einige Tage auf.

Erhöhter Bedarf

Mitunter ist der Bedarf an Vitamin C deutlich erhöht. So erbrachten kürzlich abgeschlossene Studien der Universität Gießen, dass das ohnehin schon beträchtliche Krebsrisiko der Raucher deutlich steigt, wenn sie weniger als 150 Milligramm an Vitamin C zu sich nehmen. Ein nicht zu unterschätzender Vitamin-C-Killer ist schließlich Azetylsalizylsäure (ASS), die in den meisten handelsüblichen Schmerzmitteln enthalten ist. Die Pharmaindustrie hat auf dieses Problem bereits reagiert und das bewährte Schmerzmittel in Kombination mit Vitamin C auf den Markt gebracht.

Bleivergiftungen gibt es
nicht nur bei Chemieunfäl-
len. Blei kann beispiels-
weise schon über die
Nahrung aufgenommen
werden. In der Leber von
Zuchttieren, in Pilzen oder
Beerenobst ist besonders
viel Blei enthalten. Vit-
amin D nimmt in der
Darmschleimhaut diesel-
ben Transportwege wie
Blei. Das bedeutet: Wer
sich ausreichend mit Vit-
amin D versorgt, blockiert
die Bleiaufnahme seines
Körpers und ist dadurch
besser vor dem schleichenden Bleivergiftungsprozess
in unseren Städten
geschützt.

Spaziergang

Unsere Haut ist imstande,
Vitamin D zu produzieren.
Sonnen- und Tageslicht
regen die körpereigene
Vitamin-D-Produktion an.
Wer sich vier Stunden am
Tag an der frischen Luft
aufhält, kann sogar kom-
plett auf Vitamin D aus
der Nahrung verzichten.
So ist täglich ein kleiner
Spaziergang schon mal
ein Schritt in die richtige
Richtung.

Vitamin D – entzündungshemmende Lernhilfe

Es ist noch gar nicht so lange her, dass dem Vitamin D lediglich die Rolle des Knochen- und Zahnfestigers zugeschrieben wurde, was zwar wichtig, aber eher eingeschränkt in seinem Wirkungskreis wäre. Jüngere Untersuchungen zwingen jedoch zum Umdenken.

Was Vitamin D alles vermag

Vitamin D ist effektvoller als bisher angenommen:

▶ Vitamin D wirkt als »Entzündungsmodulator«. Über die Dämpfung bestimmter chemischer Botenstoffe verhindert es das Überschießen von Entzündungen. Wenn zu wenig Vitamin D im Körper ist, können sich beispielsweise harmlose Pickel oder Pusteln leicht zu schmerzhaften und stark geröteten Eiterherden entwickeln.

▶ Vitamin D unterstützt die Produktion von Abwehrzellen in der Thymusdrüse.

▶ Durch seinen Einfluss auf den Kalziumstoffwechsel fördert Vitamin D die Übertragung der Signale von einer Nervenzelle zur nächsten. Es ist also auch ein Psychovitamin, fördert unsere Konzentrations- und Lernbereitschaft.

Eigenproduktion der Haut

Vitamin D kommt in der Natur relativ selten vor, kann aber von unserer Haut in Eigenproduktion hergestellt werden. Ausgangsstoff ist hier eine Verbindung des Cholesterins, was wieder einmal für die immense Bedeutung des so oft verteufelten Gallenfetts spricht.

Sonnenlicht fördert die Vitamin-D-Produktion

Die körpereigene Vitamin-D-Produktion wird durch das Sonnenlicht »angefeuert«. Je mehr Tageslicht an unsere Haut kommt, umso weniger müssen wir das Vitamin aus der Nahrung beziehen. Eine traurige Tatsache ist jedoch, dass der moderne Mensch in der Regel viel zu wenig Licht abbekommt. Wissenschaftler empfehlen daher, täglich etwa zehn Mikrogramm Vitamin D zu verzehren.

Sonderfall Baby

Säuglinge bis zum zwölften Monat benötigen zwölf Mikrogramm Vitamin D – eine Zahl, die durch Mutter- und Kuhmilch unmöglich erreicht werden kann. Darum werden die gebräuchlichen Säuglingsnahrungen mit dem Vitamin angereichert. Hier ist es ausnahmsweise sehr empfehlenswert, auf dieses künstliche Vitamin zurückzugreifen. Denn eine natürliche Alternative gibt es hier nicht.

Nahrungsmittel mit hohem Vitamin-D-Gehalt

Nahrungsmittel mit einem hohen Vitamin-D-Anteil fördern die Konzentrations- und Lernbereitschaft, schützen vor Bleivergiftungen, vermindern Entzündungen und sind für eine ausreichende Anzahl von Fresszellen im Körper verantwortlich. Auch gemäßigte Vegetarier, die Milchprodukte essen, sollten auf die aufgeführten Produkte zurückgreifen, sofern sie sich nicht mindestens drei Stunden am Tag im Freien aufhalten. Denn auch Milchprodukte haben nicht genügend Vitamin D.

Nahrungsmittel	µg-Anteil auf 100 g	Nahrungsmittel	µg-Anteil auf 100 g
● Eierspeisen		Bückling	30,0
Eigelb, rohes	7,0	Matjesfilet	23,0
Frühstücksei	1,8	Sardinen	6,8 bis 45,0
Omelett	1,6		
		● Obst/Pilze	
● Fisch		Avocados	5 bis 10
Aal, geräuchert	22,0	Steinpilze	3,1

Tipp zur Vitamin-D-Versorgung Ihres Babys

Die Vitaminproduktion in der Haut eines Babys kann einen wesentlichen Beitrag zur Bedarfsdeckung leisten. Bringen Sie daher Ihr Kind möglichst oft und lange an die frische Luft, um wenigstens Gesicht und Hände ausgiebig Licht tanken zu lassen.

Schützen Sie das Baby jedoch zwischen Mai und September vor direkter Sonneneinstrahlung, sonst besteht die Gefahr von Verbrennungen. Zur Vitamin-D-Synthese reicht das Licht im Schatten eines Schirmchens oder eines Baums vollkommen aus. Auch ein Spaziergang mit dem Baby im Wagen leistet schon sehr gute Dienste, um die Vitamin-D-Versorgung anzuregen.

Empfindliches Vitamin D

Vitamin D ist empfindlich gegen Sauerstoff, Licht und Hitze, durch Kochen gehen bis zu 40 Prozent verloren. Bevorzugen Sie darum lieber ungekochte, frische Lebensmittel. Vor allem Fisch ist empfehlenswert. Er enthält – wie Sie aus obiger Tabelle ersehen können – besonders viel Vitamin D.

Vorsicht, Unterversorgung

Pflanzen enthalten bis auf wenige Ausnahmen so gut wie kein Vitamin D. Reine Vegetarier sind daher in der Regel unterversorgt, sofern sie sich nicht mindestens drei Stunden am Tag im Freien aufhalten. Daran ändert sich auch nichts durch die Ergänzung der Pflanzenkost durch Milch, Quark, Dickmilch oder Joghurt. Deren Vitamin-D-Gehalt wird zwar weithin hoch eingeschätzt, doch tatsächlich enthalten 100 Milliliter Kuhmilch gerade einmal 0,06 Mikrogramm. Man müsste also über acht Liter Milch pro Tag trinken, um den Vitamin-D-Bedarf decken zu können.

Vitamin E – der Radikalefänger

Vor etwa fünf Jahrzehnten wurde das Vitamin E neu entdeckt. Seitdem ist Vitamin E zu den absoluten Megastars unter den Vitaminen aufgestiegen. Es gilt als Garant von Jugend, Manneskraft und Fruchtbarkeit, die pharmazeutische Industrie verdient mit Vitamin-E-Präparaten Millionen.

Entdeckung an Ratten

Vergrößerung der Brüste
Vitamin E reguliert den Hormonhaushalt der Frau. Darum spielt es bei allen hormonell beeinflussten Körpervorgängen eine Rolle. Regelbeschwerden, Wechseljahre- und Schwangerschaftsprobleme können mit Vitamin E günstig beeinflusst werden. Jüngere Untersuchungen verzeichneten sogar eine Straffung und Vergrößerung der Brüste, wenn ausreichend Vitamin E verabreicht wurde.

Vor etwa 50 Jahren bekamen Ratten Vitamin E in das Futter gemischt. Der Effekt war unerwartet. Der neue Stoff rief bei den Ratten eine regelrechte Fortpflanzungsexplosion hervor. Die Verfütterung des Stoffes führte bei den Rattenmännchen zu kräftigen und prall gefüllten Hoden, während die Weibchen um ein Vielfaches empfängnisbereiter wurden.

Kein Wundermittel, aber ein bemerkenswertes Vitamin

Ein Wundermittel ist Vitamin E sicher nicht, auch wenn die Werbung oft den Anschein erweckt. Doch das, was das Vitamin kann, ist auch schon bemerkenswert genug:

▶ Als Rostschutzmittel schützt Vitamin E empfindliche Substanzen wie etwa Vitamin A oder Fettsäuren, aber auch Körperzellen vor dem Angriff der bekanntesten Chemoaggressoren – der freien Radikale. Außerdem schützt Vitamin E vor bestimmten Wucherungen wie Lungenkrebs, Darmkrebs und Magendysplasie.

▶ Im Immunsystem fördert Vitamin E die Bildung von Antikörpern. Mit Vitamin C zusammen ist es eine gute Waffe gegen Infektionen.

▶ Vitamin E bindet Arachidonsäure, eine Substanz, die bei der Entstehung von Schmerzen eine wichtige Rolle spielt. So werden Vitamin-E-Präparate mittlerweile als Therapieergänzungen in der Schmerztherapie, z. B. bei Migräne und Rheuma, diskutiert.

Bedarf und Bedarfsdeckung

Der tägliche Bedarf an Vitamin E liegt bei 12 (Frauen), 15 (Männer) und 17 (stillende Frauen) Milligramm pro Tag. Wer viel Fisch isst, hat ebenfalls einen erhöhten Bedarf, da die großen Mengen an ungesättigten Fettsäuren im Fisch das Radikalefängervitamin als Schutzstoff benötigen.

Vitamin E ist empfindlich gegenüber Hitze, Sauerstoff und Licht, beim Kochen gehen bis zu 55 Prozent verloren. Frische Rohkost ist also hinsichtlich der Vitamin-E-Versorgung das Nahrungsmittel der ersten Wahl.

Nahrungsmittel mit hohem Vitamin-E-Gehalt

Die hier angegebenen Werte der Nahrungsmittel zeigen nur den wirksamen Anteil des Vitamin E, das Tokopheroläquivalent.

Nahrungsmittel	mg-Anteil auf 100 g	Nahrungsmittel	mg-Anteil auf 100 g
● **Backwaren**		Haselnüsse ohne Schale	26,0
Kartoffelchips	6,1	Mandeln ohne Schale	25,0
Nusskuchen	7,0	Pistazienkerne	5,2
Vollkornbrötchen mit			
Sonnenblumenkernen	4,0	● **Pflanzliche Öle**	
Vollkornkeks	7,6	Distelöl	75,0
		Maiskeimöl	30,0
● **Fisch**		Olivenöl	12,0
Aal, geräuchert	5,5	Sonnenblumenöl	55,0
Kaviar	10,0	Weizenkeimöl	215,0
● **Frühstücksflocken**		● **Speisefette**	
Honigsmacks	12,0	Remoulade	7,5
Müsli mit Vollkorn	6,5	Standardmargarine	16,0
● **Nüsse und Samen**		● **Süßwaren**	
Erdnüsse ohne Schale,		Marzipan	6,1
nicht geröstet	9,1	Nougat	8,0

Gute und schlechte Form

Vitamin E existiert in der Natur in zwei unterschiedlichen Formen. Die höherwertige Form ist das Alpha-Tokopherol, das sich aber in zu geringer Menge in tierischen Nahrungsmitteln befindet. Von größerer Bedeutung ist die Kost aus Pflanzen und deren Ölen, auch wenn die darin enthaltenen Tokopherole meistens nur ein Viertel des Biowertes der tierischen Tokopherole erreichen. Ihr Vitamin-E-Anteil müsste also durch vier dividiert werden, um zur effektiven Menge an Vitamin E zu kommen.

Eisen kontra Vitamin E

Nehmen Sie Eisenpräparate? Wenn ja, dann sollte der Zeitpunkt ihrer Einnahme mindestens zwei Stunden von den Mahlzeiten entfernt liegen. Ansonsten bildet Vitamin E zusammen mit dem Schwermetall im Darm einen Komplex, der beide Substanzen außer Kraft setzt und biowirkungslos macht.

Schutz vor Altersflecken

Durch die Schutzwirkung auf Fettsäuren ist Vitamin E ein wichtiges Mittel für die Schönheit. Denn von freien Radikalen attackierte Fettsäuren verbinden sich mit Eiweiß, um sich dann als Altersflecken in der Haut niederzulassen. Durch Vitamin E kann das verhindert werden. Bereits bestehende Altersflecken können allerdings nicht mehr beeinflusst werden.

Vitamin K – Spezialist für die Wundversorgung

Vitamin K führte lange Zeit ein Schattendasein, bis in den 1990er Jahren die geeigneten technischen Instrumente entwickelt wurden, um seine Wirkung näher erforschen zu können.

Herstellung des Blutgerinnungsstoffes

Mit Hilfe neuer und wesentlich genauerer Untersuchungsmethoden kamen überraschende Ergebnisse bei Vitamin K ans Licht. Es stellte sich heraus, dass es sich beim Vitamin K – im Unterschied zu den meisten anderen Biostoffen – offenbar um einen Spezialisten handelt, der vor allem eine Aufgabe hat: die Produktion des Blutgerinnungsstoffes Prothrombin.

Länger blutende Wunden heilen schneller, wenn der Körper ausreichend mit Vitamin K versorgt wird. Wenn genügend Vitamin K vorhanden ist, kann auch sehr viel von dem Blutgerinnungsstoff Prothrombin – dem so genannten Faktor II – hergestellt werden, der das Blut schnell gerinnen lässt.

Hitzebeständig

Falls Sie schlecht heilende Wunden oder hartnäckige Pickel haben, können Sie bevorzugt Lebensmittel mit viel Vitamin K in Ihren Speiseplan einbauen. Nebenstehende Tabelle hilft Ihnen dabei. Beachten Sie dabei, dass die Speisen gekocht werden können, denn Vitamin K ist ausgesprochen unempfindlich gegenüber Hitze.

Einzigartiges Vitamin K
Vitamin K ist in jeder Hinsicht einzigartig. Im Gegensatz zu den mitunter universell einsetzbaren anderen Vitaminen hat sich das Vitamin K auf eine einzige Aufgabe spezialisiert. Es stellt den Blutgerinnungsstoff Prothrombin her. Außerdem muss es nicht einmal teilweise durch die Nahrung aufgenommen werden. Es wird bei einem gesunden Menschen komplett vom Körper hergestellt und ist immer in ausreichendem Maß vorhanden.

Nahrungsmittel mit hohem Vitamin-K-Gehalt			
Nahrungsmittel mit hohem Vitamin-K-Gehalt für eine schnelle Wundheilung:			
Nahrungsmittel	µg-Anteil auf 100 g	Nahrungsmittel	µg-Anteil auf 100 g
● Fleisch		● Gemüse	
Huhn	weit über 100	Blumenkohl	80
(Die genauen Werte		Brokkoli	210
hängen von der Futter		Feldsalat	210
versorgung des jeweiligen		Grünkohl	500
Geflügelbestandes ab.)		Rosenkohl	230
Hammel, Muskelfleisch		Sauerkraut	150 bis 250
ohne Fett	bis 200	Spinat	350

Leicht zu merken: Vitamin K, wie Kohl. In Blumen-, Grün- und Rosenkohl sowie in Brokkoli ist enorm viel des lange verkannten Vitamins erhalten, das die Blutgerinnung fördert und so für schnellere Wundheilung sorgt.

Seltener Vitamin-K-Mangel

Vitamin-K-Mangel ist relativ selten. Seine Wirkung als Wundversorger ist viel zu wichtig, als dass es der Körper auf eine Mangelversorgung ankommen lassen könnte. Aus diesem Grund »erlernte« unser Darm im Laufe der Entwicklungsgeschichte, das Vitamin in Eigenproduktion herzustellen.

Unabhängigkeit ist oft sehr wichtig

Wir sind im Hinblick auf die Vitamin-K-Versorgung nahezu unabhängig von seiner Zufuhr aus der Nahrung. Es wäre für den Körper auch verhängnisvoll, wenn Vitamin K nicht immer in ausreichendem Maß zur Verfügung stünde. Dann könnte der Mensch an einer winzig kleinen Wunde sterben, da die Blutung nicht gestillt werden könnte.

Vitamin-K-Diät

Bei schlecht heilenden Wunden, hartnäckigen Pickeln und anderen »Blutungsproblemen« kann es trotz der Eigenproduktion von Vitamin K nützlich sein, eine Vitamin-K-Diät zu machen. Nahrungsmittel der ersten Wahl ist hier Gemüse. Der tägliche Bedarf eines erwachsenen Menschen liegt bei 70 Mikrogramm, Säuglinge benötigen lediglich fünf bis zehn Mikrogramm.

Voraussetzung für die Eigenproduktion

Der Mensch kann Vitamin K normalerweise selber herstellen. Voraussetzung dafür ist allerdings, dass wir die Produktionskräfte unseres Darms in Ordnung halten und sie nicht durch übermäßigen Fleisch-, Alkohol- und Süßwarenkonsum beeinträchtigen. Darüber hinaus sind diese drei Lebens- bzw. Genussmittel praktisch in jeder Hinsicht – auch hinsichtlich anderer wichtiger Biostoffe – gesundheitsschädigend. Wahren Sie also bei Fleisch, Alkohol und Süßwaren ein bestimmtes Maß.

Koenzym Q – das wichtige Quasivitamin

Koenzym Q, Faktor 10, Ubichinon – unterschiedliche Namen für eine Substanz, die in jüngerer Zeit stark in den Vordergrund des öffentlichen Interesses rückte. Sie gehört streng genommen nicht zu den Vitaminen, weil sie vom Körper selbst synthetisiert werden kann. Doch diese Tatsache trifft auch auf andere Stoffe zu, man denke nur an Vitamin D. Außerdem ähnelt Koenzym Q in seiner Struktur und Wirkungsweise den Vitaminen E und K – Grund genug für die Wissenschaftler, es unter der Vitaminabteilung abzuhandeln.

Aufgaben von Ubichinon

Seine wichtigsten Rollen spielt Ubichinon oder Koenzym Q in der so genannten Atmungskette und im Abfangen freier Radikale. Es transportiert Elektronen und garantiert dadurch die Energiebereitstellung in den Zellen.

Da Ubichinon unentbehrlich für die intrazelluläre Energiebereitstellung ist, wird Energie knapp, wo es fehlt – wo es aber in ausreichendem Umfang zur Verfügung steht, gibt es auch genügend Energie. Verschiedene experimentelle Untersuchungen zeigten eine verbesserte Toleranz von Zellgewebe gegenüber Sauerstoffnot, wenn man es vorher mit diesem Quasivitamin versorgte.

Therapie von Herzschwäche

In Japan und den USA wird Koenzym Q in Präparatform mittlerweile zur Therapie von Herzschwäche eingesetzt.

Der Grund: Klinische Untersuchungen erbrachten, dass Herzpatienten belastbarer wurden, wenn man ihnen Koenzym Q verabreichte. Ihr Herz wurde offenbar in die Lage versetzt, die Sauerstoffnot, die bei erhöhtem Pulsschlag auf ihr schwächliches Herz einwirkte, besser zu verkraften.

Bausteine für Koenzym Q

Eine Zufuhr von Koenzym Q in Form von Präparaten ist auch bei einer Herzerkrankung sicher sinnvoll, ansonsten müssen wir uns darum bemühen, in der Nahrung ausreichend Bausteine für die eigene Herstellung des Biostoffs aufzunehmen. Dazu ist zunächst die Aminosäure Phenylalanin nötig, weiterhin noch Methionin.

▶ Phenylalanin befindet sich in größeren Mengen in Karotten, Roter Bete, Tomaten, Spinat, Äpfeln und Ananas.

▶ Methionin findet man vor allem in Käse, Kohl, Meerrettich, Knoblauch, Äpfeln und Haselnüssen.

Laetril – Vorsicht, Gift

Laetril wird von seinen Befürwortern auch gern als Vitamin B17 bezeichnet. Seine Muttersubstanz ist das Amygdalin, das bereits 1830 aus Bittermandeln isoliert wurde – dieser Stoff setzt unter bestimmten Bedingungen Blausäure frei.

Letzter, verhängnisvoller Strohhalm für Krebskranke

Vitamin B17 wird vor allem in den USA immer noch als das Krebsheilmittel gefeiert. Es soll angeblich in der Lage sein, Krebszellen gezielt abzutöten. Es wird Krebskranken gern als letzter Strohhalm angeboten.

Die wissenschaftliche Beweislage ist jedoch dünn. Gesichert sind hingegen zahlreiche Vergiftungs- und Todesfälle durch die hoch dosierte Verabreichung von Laetril. Ein 17-jähriges Mädchen verstarb beispielsweise binnen 24 Stunden, weil man ihm 3,5 Laetrilampullen verabreichte.

Eindringliche Warnung

Über dunkle Kanäle gelangt Laetril mittlerweile auch nach Deutschland. Oft setzen Krebskranke ihre ganze Hoffnung in dieses neue Mittel. Doch angesichts der Todesfälle, die das Mittel schon gefordert hat, sei vor der Anwendung dieses »Vitamins« hiermit eindringlich gewarnt!

Überdosis ist tödlich

Die Muttersubstanz von Laetril ist Amygdalin. Dieser Stoff ist auch in Bittermandeln enthalten. Es handelt sich um die giftige Blausäure. Kein Wunder, dass Laetril nicht ein universales Krebsheilmittel sein kann. Statt Heilungen bewirkte der Stoff schon zahlreiche Todesfälle.

Immer wieder kommen alte Ratschläge zur gesunden Ernährung auf den Apfel zurück – und das nicht von ungefähr. Ständig werden neue Inhaltsstoffe entdeckt, als Letztes Phenylalanin, das der Körper zur Herstellung von Koenzym Q, einem Wirkstoff gegen Herzschwäche, benötigt.

Ernährung für die Schönheit

Schönheit und Gesundheit hängen eng zusammen – und besonders eng ist die Verbindung zwischen Schönheit und gesunder Ernährung. Einerseits machen kräftiges Haar, straffe Haut, gesunde Zähne und eine gewisse Sportlichkeit einen Menschen eher schön, als dies Kleidung, Schmuck und die Erzeugnisse der Kosmetikindustrie je vermögen. Andererseits kann man über die Ernährung für sein körperliches Erscheinungsbild genau so viel tun wie für seine Leistungsfähigkeit. Mit einer gesunden, ausgewogenen, vollwertigen Kost lässt sich die Zunft der plastischen Chirurgie praktisch arbeitslos machen – sie müsste sich auf die Behandlung von Operationsnarben und Unfallfolgen beschränken.

Schönheit kommt von innen – und von gesunder Ernährung.

Essen Sie sich schön

Muss Schönheit leiden?

Es ist schon erstaunlich, was sich ein Mensch antun kann, um schön zu sein. Per Lifting lässt er sich seine welke Haut hinter den Ohren zusammenknoten, dünne Schläuche saugen das Fett aus seinen Polstern, zur Hautverjüngung gießt er sich ätzende Vitamin-A-Säuren ins Gesicht, oder er begibt sich freiwillig unter eine Laserstrahlkanone, um sich ein paar Augenfältchen wegdampfen zu lassen.

Vergebliche Versuche

Schließlich die zahlreichen Diäten, mit denen er seine überschüssigen Pfunde in den Griff zu bekommen versucht. Von der eher gefährlichen Lutz-Diät über die kompromissbereite FdH-Diät bis zur alkoholisch orientierten Schroth-Kur – es gibt Dutzende von Diäten, und die Erfolgsaussichten der meisten sind eher gering, einige sind sogar äußerst gefährlich.

Schönheit kommt von innen

Die Werbefalle

Was heutzutage als schön gilt, definiert die Werbeindustrie. Zwar gab es auch in früheren Jahrhunderten Schönheitsideale – und damit Menschen, die sie erfüllten, und solche, die als weniger attraktiv galten. Doch nie zuvor wurde dieses Ideal so diktatorisch vertreten wie in unseren Zeiten der vollkommenen Freiheit. Durch das Gefühl, nicht schön genug zu sein, ausgelöste Depressionen und andere psychische Krankheiten sind eine Erfindung unserer Jahrzehnte.

Nichtsdestoweniger haben alle Diäten den äußeren Schönheitskuren durch Salben, Strahlen, Schläuche und Skalpell gegenüber zumindest einen Vorteil: nämlich die Erkenntnis, dass eine dauerhafte Schönheit nur von innen heraus kommen kann. Die Ernährung spielt hier eine wesentliche Rolle. Denn einerseits ist das Gewebe in Haut, Haaren, Nägeln, Muskeln und Bindegewebe nur so gut wie die Substanzen, aus denen es gebildet wird – diesen Aspekt versuchen viele Diäten zumindest zu berücksichtigen. Auf der anderen Seite beeinflusst die Nahrung die Psyche, und die wirkt wiederum stark auf unser Gesundheitsverhalten und über den Weg des psychohormonellen Regelkreises sogar direkt auf Körper und Stoffwechsel – und damit auch direkt auf unser Aussehen. Dieser Aspekt wird nur von den wenigsten Diäten berücksichtigt. Dabei ist er eminent wichtig, mindestens genauso wichtig wie der körperliche Aspekt.

Das Grundkonzept gesunder Ernährung

Jede Nahrungsaufnahme hat also stets zwei Seiten: eine psychische und eine physische, wobei die physische Seite bei den essenziellen Nahrungsmitteln (wer nach dem schweißtreibenden Sport eine Flasche Mineralwasser auf Ex trinkt, beseitigt sicherlich in erster Linie

Ernährung – immer für Körper und Seele

● Nur die wenigsten Menschen sind sich bewusst, dass ihre Ernährung stets ganzheitlich auf sie wirkt. Wer eine Tafel Schokolade isst, nimmt dadurch nicht nur eine bedenkliche Zahl von Kalorien und Fetten zu sich, sondern auch einige Psychostoffe, die schmerz- und depressionslindernd wirken.

● Darüber hinaus ist das Essen von Schokolade selbst bereits ein Akt von eminenter psychischer und psychophysischer Bedeutung. Psychisch fungiert es möglicherweise als Ersatz für uns versagte Liebesgefühle oder als eine Art von Belohnung, weil wir irgendetwas erfolgreich hinter uns gebracht haben.

● Psychophysisch ist es möglicherweise die Reaktion auf einen fetten Schmorbraten, den wir vorher gegessen haben und dessen Fette unseren Appetit nicht vollständig befriedigen konnten und einen regelrechten Heißhunger auf Süßes übrig ließen. Dass wir uns dann mit der Schokolade noch einmal Fett antun – das weiß unser Appetitzentrum im Gehirn leider nicht, ihm geht es nur um den Zuckerstoß, den eine Tafel Schokolade verspricht.

Positiv denken
Das Essen hat viele Aspekte, und jeder davon ist wichtig, keiner sollte vernachlässigt werden. Dass Essen nicht nur satt, sondern auch glücklich macht, ist kein Nachteil, sondern sollte als elementare Chance zu mehr Lebensqualität akzeptiert werden. Sich die Nahrungsaufnahme prinzipiell zu vermiesen heißt, sich auf Dauer zwangsläufig krank zu essen.

seinen Wassermangel) und die psychische Seite bei den Luxusnahrungsmitteln überwiegt (wer auf vollen Magen eine Sahnetorte isst, der will wohl eher ein Loch in seiner Seele als in seinem Magen stopfen!). Der psychische und der körperliche Weg der Ernährung sind wiederum jeweils in zwei Pfade einzuteilen.

Der stoffliche Aspekt

▶ Beim ersten Pfad des körperlichen Einflusses wäre zunächst einmal das rein Stoffliche zu nennen. Wer zu viele Kalorien isst, zu viele tierische Fette und zu wenig hochwertige Kohlenhydrate, sorgt dafür, dass sein Nahrungsangebot weit von dem abweicht, was sein Körper eigentlich braucht, um zu einer idealen Zusammensetzung zu finden. Dessen Zusammensetzung verschiebt sich dadurch von der Aktiv- in Richtung Passivmasse: Muskeln bilden sich zurück, Fettdepots bilden sich aus. Es gilt die Regel: Unser Körpergewebe kann nicht besser sein als die Substanzen, die wir ihm zur Verarbeitung geben.

Der bioaktive Aspekt

▶ Der zweite Pfad des körperlichen Einflusses über die Ernährung geht über das Bioaktive. Wer etwa zu viel koffeinhaltige Getränke verzehrt und zu wenig Vitamine, sorgt dafür, dass sein Körper nicht

Tipp für Diätwillige
Im Kapitel »Schlank mit Genuss« finden Sie einige empfehlenswerte Diätstrategien.

Unbewusste Auswahl
Längst weiß die Wissenschaft, wie zielsicher sich der menschliche Körper und der menschliche Geist an Nahrung das aussuchen, was sie gerade brauchen. Diese Auswahlfähigkeit müssen wir nicht erlernen – sie sitzt in den Genen. Man hat an Tieren beobachtet, dass sie sich in Stresssituationen, vor dem Winterschlaf, nach Verwundungen oder der Geburt von Jungen usw. genau die Nahrung suchten, die die entsprechenden Mineralien, Vitamine, Kohlenhydratverbindungen aufwies, die sie gerade nötig hatten. Wenn sich die Situation dann wieder normalisiert hatte, nahmen die Tiere auch wieder die für den Normalfall angemessene Nahrung zu sich.

mehr richtig funktioniert. Das Koffein entzieht unserem Organismus wichtige Mineralien und sorgt über die Aktivierung von Stresshormonen für einen hohen Verbrauch von Aminosäuren; Koffein wirkt also bionegativ. Der Vitaminmangel führt zu gesteigerter Infektanfälligkeit und zu Störungen im Stoffwechsel – auch das ist letzten Endes bionegativ. Wir sind dann nur noch eingeschränkt funktionstüchtig und verlieren dadurch an Fitness, Schönheit, Leistungsfähigkeit und Gesundheit. Die Korrektur kann nur dahingehend erfolgen, die biopositiven Substanzen in richtigem Umfang zuzuführen und die bionegativen Stoffe zu reduzieren – also dem Körper mehr Vitamine und weniger Koffein zuzuführen. Allerdings ist diese Formel nur selten so einfach zu finden wie in dem angeführten Beispiel.

Der psychoaktive Aspekt

▶ Der erste Pfad des psychischen Einflusses der Ernährung führt über psychoaktive Substanzen. So wirkt Koffein kurzfristig aufmunternd, langfristig ermüdend; Eiweiße machen satt, Fette lassen hingegen Appetitgefühle offen; Vitamin C wirkt in großen Mengen aufputschend, und die Aminosäure Methionin ist an Glücksgefühlen beteiligt. Es handelt sich dabei um Substanzen, die unmittelbar auf unser Nervensystem wirken und dadurch psychische Wirkungen entfalten. Und da Müdigkeit, Hunger, Glück und andere Empfindungen entscheidend unser Aussehen prägen, kann die kosmetische Wirkung dieser psychoaktiven Stoffe nicht hoch genug eingeschätzt werden.

Der optische Aspekt

▶ Demgegenüber führt der zweite Pfad des Ernährungs-Psycho-Weges über Aussehen und Bedeutung. Wer z.B. von seinen Eltern in frühen Babyjahren immer gefüttert wurde, wenn er schrie, setzt dieses Muster wahrscheinlich auch im Erwachsenenalter fort, und zwar dergestalt, dass er stets den Kühlschrank plündert, wenn ihm zum Schreien zumute ist. Essen ist für ihn grundsätzlich zum Trostversprechen geworden. Ein weiteres Beispiel: Wer gerade einen Trennungsprozess durchmacht, entwickelt möglicherweise einen verstärkten Drang zu Erdbeeren, zartem Fleisch und Lachs, weil ihm die rote Farbe der betreffenden Speisen das Gefühl von Wärme und Geborgenheit vermittelt. In beiden Fällen wirken die Nahrungsmittel nicht auf direktem, chemischem Weg, sondern indirekt über ihre Bedeutung und ihr Aussehen. Auch dieser Pfad ist nicht unerheblich für Fitness und Schönheit, er wird Ihnen auch im Kapitel »Die häufigsten Krankheiten« noch öfter begegnen.

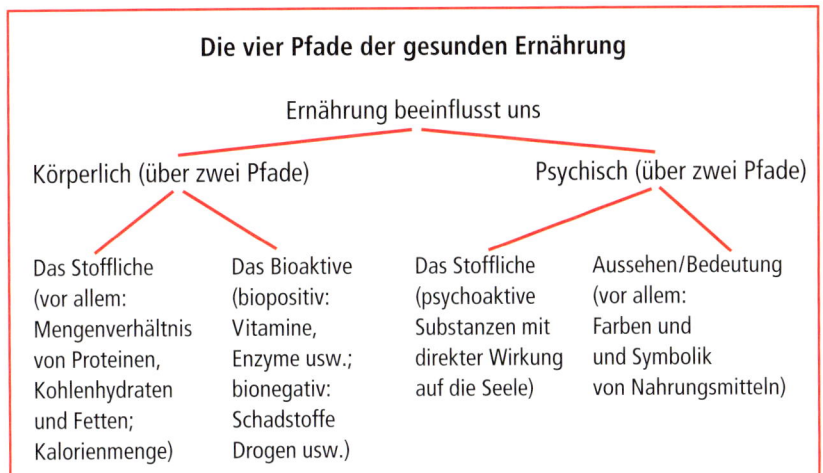

Die vier Pfade der gesunden Ernährung

Ernährung beeinflusst uns

Körperlich (über zwei Pfade)   Psychisch (über zwei Pfade)

Das Stoffliche (vor allem: Mengenverhältnis von Proteinen, Kohlenhydraten und Fetten; Kalorienmenge)

Das Bioaktive (biopositiv: Vitamine, Enzyme usw.; bionegativ: Schadstoffe Drogen usw.)

Das Stoffliche (psychoaktive Substanzen mit direkter Wirkung auf die Seele)

Aussehen/Bedeutung (vor allem: Farben und und Symbolik von Nahrungsmitteln)

Nicht nur, was wir essen, ist wichtig
Es reicht nicht aus, bloß das Richtige zu essen. Wir müssen es auch auf die richtige Weise tun. Vor allem: Nehmen Sie sich gerade beim Essen Zeit – nicht nur fürs Essen, sondern auch für sich selbst!

Ernährung als Teil des alltäglichen Lebens

Schließlich darf nicht unerwähnt bleiben, dass die Ernährung einen Teil unseres alltäglichen Lebens bildet und dass sie auf viele andere Faktoren einwirkt und von zahlreichen anderen Faktoren beeinflusst wird. Der Trend, dass sich Menschen wenig Zeit zum Essen nehmen oder beim Essen andere Angelegenheiten erledigen, nimmt immer stärker zu. So erbrachte eine psychologische Untersuchung, dass viele Kinder beim Essen Fernsehen gucken oder am Computer spielen.

In Ruhe essen

Die Folgen einer derartigen Alltagsgestaltung sind dramatisch. Das hektische oder beiläufige Herunterschlingen der Mahlzeiten lässt im Verdauungstrakt erst gar keine Verdauungsstimmung aufkommen, so dass dort Funktionsstörungen vorprogrammiert sind, die sich auch auf das Outfit niederschlagen: Der Atem wird schlecht, der Schweiß riecht säuerlich, und die Ringe unter Augen von Gastritikern tragen auch nicht gerade zur physischen Attraktivität bei. Darüber hinaus kann ein unvorbereiteter und angespannter Verdauungstrakt die Nährstoffe nicht vollständig verwerten. Mit anderen Worten: Wer sein Essen in Hektik einnimmt, dem nützt es nur wenig, wenn er dabei Obst und Gemüse isst. Denn eine hektische Lebensweise beeinträchtigt nachgewiesenermaßen unsere Fähigkeit, Biostoffe zu verwerten. Auch dadurch kommt es zu gesundheitlichen Beeinträchtigungen und nicht zuletzt auch zu Beeinträchtigungen des Aussehens, vor allem an Haut und Haaren, die stark abhängig von einer funktionierenden Zufuhr an Mineralien und Vitaminen sind.

Essen – Teil unserer Kultur
Immer war das Essen für den Menschen mehr als bloße Nahrungsaufnahme. Schon in frühesten Zeiten wurde der kultische Aspekt betont, die meisten Weltreligionen kennen auch heute noch Formen ritualisierter Nahrungsaufnahme. Das macht auch für Nichtgläubige durchaus Sinn: In einer Zeit, in der das Essen zur lästigen, weil zeitraubenden Nebensache wird, gehen wichtige psychische Aspekte der Ernährung verloren; die Folgen reichen von Übergewicht über Verdauungsprobleme bis hin zu Magengeschwüren.

Zarte Haut macht Menschen anziehend und sympathisch.

Gesunde, straffe Haut

Schutz gegen Umweltreize

Die Haut ist zwar nur 0,5 bis 2 Millimeter dick, doch dafür ist ihre Oberfläche umso größer, nämlich 2 bis 2,5 Quadratmeter. Daher wird sie viel stärker mit den Reizen aus der Umwelt konfrontiert als die Organe im Inneren unseres Körpers.

Nichtsdestoweniger steckt sie diese Belastungen relativ einfach weg, sofern sie nur genügend Nährstoffe bekommt. Doch damit sieht es infolge unserer immer hektischer gewordenen Essgewohnheiten eher schlecht aus. Unsere Haut leidet, bekommt in der Regel zu wenig Vitamine und Mineralien.

Die Haut und die Psyche

Die Haut fungiert zusätzlich als sensibles Barometer unseres seelischen Innenlebens. Nur kleine Irritationen in unserer Psyche – und unsere äußere Hülle reagiert. Stress, kalte Wut, nagender Ärger – und die Haut wird blass, das Blut wird aus ihr abgezogen. Angst, innere Konflikte, Berührungsängste – und die Talgdrüsen der Haut produzieren mehr Fett. Mittlerweile gilt als gesichert, dass zahlreiche Hauterkrankungen wie Neurodermitis, Akne, Schuppenflechte und die so genannten Raynaudschen Durchblutungsstörungen in der Hauptsache psychische Ursachen haben.

Das nimmt Ihre Haut übel

Rauchen: Das Nikotin und die anderen Schadstoffe des Zigarettenqualms sorgen für schlechte Stoffwechsel- und Durchblutungszustände in der Haut. Außerdem provoziert das ständige Ziehen an der Zigarette die Bildung von Falten am Mund.

Alkohol: Exzessive Partys, bei denen der Alkohol in Strömen fließt, treiben Wasser in Ihre Gesichtshaut und quellen sie auf. Danach wird das Wasser wieder abgezogen, und die Haut fällt regelrecht in sich zusammen.

Zu viel UV-Licht: Setzen Sie lieber auf Lichtdiät! Meiden Sie die Sonnenstrahlen in der Zeit von 11 bis 15 Uhr. Im Sommer schützen Sie Ihre Haut entweder mit Sonnenmilch (Faktor 10 bis 15) oder – besser noch – mit Kleidungsstücken. Am besten für unsere Haut ist Bewegung unter bewölktem Himmel, dabei bekommt sie genau die richtige Strahlendosis ab.

Fastfood: Ausgelaugtes Dosengemüse, Schnellgerichte aus der Imbissbude sowie Colagetränke, Limonaden und Süßigkeiten boykottieren die Verdauung im Darm, so dass nur noch wenig Biostoffe zur Haut gelangen können.

Zu viel Fleisch: Opulente Fleischgerichte mit deftiger Sauce überfordern Ihren Verdauungsapparat, so dass viel ungelöstes Kalzium über die Blutbahnen in die Haut gelangen kann. Dort bilden sich dann Verklumpungen, die zur Faltenbildung führen. Reduzieren Sie daher Ihren Fleischkonsum, und wenn Sie es denn schon nicht lassen können, sollten Sie Ihrer Kalziumverdauung mit sauren Früchten wie Kiwis, Zitronen, Orangen und Äpfeln auf die Sprünge helfen.

Das tut Ihrer Haut gut

▶ Vitamin C erhöht die Produktion von wichtigem Kollagen. Bei diesem Stoff handelt es sich um einen stark quellenden Eiweißkörper im Bindegewebe, der unsere Haut glatt und fest macht. Sie finden Vitamin C vor allem in Holunderbeeren, Kiwis, Orangen, Zitronen und Grapefruits.

▶ Vitamin E schützt die Haut vor freien Radikalen. Sie finden das wichtige Vitamin in Vollkornprodukten, Nüssen und Pflanzenölen.

▶ Vitamin A ist das Hautvitamin für den Sommer. Denn zusammen mit Vitamin C und Selen sorgt es für einen natürlichen Sonnenschutz. Ein Mangel an Vitamin A führt zu Durchblutungsstörungen und hässlichen Verhornungen in der Haut.

▶ Das Enzym Bromelain löst Eiweißverkrustungen im Hautgewebe. Dadurch wird Ihre Haut wieder glatt und straff. Bromelain findet sich in großer Konzentration in Ananas.

▶ Sojalezithin aus dem Reformhaus enthält viel Phosphatidylcholin, eine natürliche Substanz, die unsere Verdauung mobilisiert und dadurch die Eiweißkrusten in unserer Haut reduziert.

▶ Kupfer hilft bei der Umwandlung von Eiweißsubstanzen zu Kollagenfasern, die der Haut eine feste Struktur verleihen. Sie finden das wichtige Spurenelement in Nüssen, Hülsenfrüchten und Vollkornbrot. Zu den regelrechten Kupferbomben gehören Miesmuscheln und Leber. Die Wassertiere sind jedoch eher rar und spielen daher bei der Kupferversorgung keine Rolle; Leberspeisen sind hingegen allzu sehr mit Schadstoffen und tierischen Fetten befrachtet, so dass sie allenfalls in Form von gelegentlichen Leberwurstaufstrichen in den Speiseplan eingebaut werden dürfen.

▶ Zink gehört zu den klassischen Hautmineralien und wird auch in der Therapie von Hauterkrankungen wie etwa Herpes eingesetzt.

Die Haut trainieren

Unsere Haut kann sich selbst am besten schützen, denn sie ist ja ein Schutzorgan für unseren Organismus. Wenn man sie täglich einem gewissen Grad an Kälte, Licht, Trockenheit und Feuchtigkeit aussetzt, hält sie sich selbst in Form. Das Schlimmste, was man der Haut antun kann: niemals an die frische Luft zu kommen!

Den richtigen Sport wählen

Wer regelmäßig Sport treibt, hält seine Haut straff. Nicht alle Sportarten aber haben den gleichen Effekt – wer sich nur im Fitnessstudio aufhält, entzieht der Haut Licht und Frischluft, wenn sie es am nötigsten hätte.
Und Personen mit empfindlicher, trockener Haut sollten vorsichtig ausprobieren, wie viel Schwimmbadwasser sie vertragen, ohne dass ihre Haut austrocknet.

Biostoffe – auch für die Psyche

Wer eine schöne und straffe Haut haben will, kommt nicht um eine ganzheitliche Betrachtung des Problems umhin. Ein bisschen mehr Vitamine und Mineralien, etwas weniger Alkohol und ein paar Zigaretten weniger werden nicht reichen. Eine gesunde Haut ist Resultat einer gesunden Ernährung und einer gesunden Psyche. Eine komplette Hauterneuerung erreicht man also nicht nur mit einer hautfreundlichen Ernährung, sondern auch mit einem Speiseplan, der der Psyche entgegenkommt.

Quinoa

Sie erhalten Quinoa in Naturkostläden und gut sortierten Reformhäusern. Aber seien Sie wählerisch! Schmeckt Ihr Quinoa bitter, sollten Sie demnächst woanders einkaufen, denn bitterer Peruspinat enthält kaum noch Biostoffe.

Tipps für Ihren Speiseplan

Allheilmittel Ananas

Von September bis Dezember ist Ananaszeit! Essen Sie täglich ein paar Scheiben der frischen Frucht, denn sie enthält viel Bromelain für eine straffe und faltenfreie Haut. In den übrigen Monaten trinken Sie täglich ein Glas Ananassaft aus dem Reformhaus!

Weniger Wurstwaren

Finger weg von lange gegartem Fleisch! Keinen Schweine- und Rinderbraten mehr! Zum Ausgleich dürfen Sie sich zweimal im Monat eine Scheibe Leberwurst gönnen, um Ihre Kupfer-, Zink- und Selenversorgung abzusichern.

Gemüse und Grünzeug

Essen Sie täglich mindestens ein Stück frisches Gemüse oder Obst! Ideal: Garnieren Sie Ihr Nussmüsli zum Frühstück (enthält viel Vitamin E und wichtige Hautmineralien) mit einer klein geschnittenen Kiwi (enthält viel Vitamin C). Gelegentlich dürfen Sie auch einmal auf Schokomüsli ausweichen, denn die darin enthaltenen Mineralien (vor allem Kupfer und Zink) wiegen seinen hohen Kaloriengehalt im Hinblick auf die Hautversorgung allemal auf! Außerdem verhindert es mögli-

cherweise den nachmittäglichen Griff zu Kuchen und anderen kalorienreichen Leckereien.

Vollkorn und Tofu

Essen Sie zum Frühstück möglichst wenig Weißbrot und andere minderwertige Getreideprodukte. Essen Sie lieber Brot und Brötchen aus Vollkorn! Essen Sie zweimal pro Woche Tofu (siehe unseren Rezeptvorschlag auf der rechten Seite). Dieses Sojaprodukt ist Balsam für die Kollagenproduktion Ihrer Haut! Mit entsprechenden Beilagen und Ölen sorgt es gleichzeitig für eine stattliche Zufuhr an Vitamin E. Darüber hinaus enthält Tofu wenige gesättigte, dafür aber viele mehrfach ungesättigte Fettsäuren, hochwertige Proteine und Mineralien. Ihm fehlen jedoch die Vitamine A, D und Kobalamin.

Quinoa – Quelle der Kraft

Essen Sie einmal pro Woche ein Gericht aus Quinoa, dem Peruspinat (er gehört allerdings nicht zu den Gemüse-, sondern den Getreidesorten). Er enthält ungefähr zehnmal so viel Kupfer und doppelt so viel Zink wie Weizen. Das Beste aber ist sein Eiweißprofil, es ist wie geschaffen für die Kollagenproduktion Ihrer Haut.

▶ Selen ist der zentrale Bestandteil des Enzyms Glutathionperoxidase und dadurch entscheidend am Einfangen freier Radikale beteiligt, die sich in der Haut bei starker Sonneneinstrahlung bilden. Die richtige Hauternährung muss im Sommer besonders reich an Vitamin C, Vitamin A und Selen sein.

▶ Hochwertige, schwefelhaltige Proteine, denn das Hautkollagen ist ja nichts anderes als eine Eiweißvariante. Ideal sind Sojaprodukte, daneben natürlich auch die tierischen Proteinspender Leber, Geflügel und Fisch, da der Darm aus ihnen viel Kollagen herausziehen kann.

Japanisches Tofugemüse Triyaki

● Für die Tofumarinade 1 EL Olivenöl, 50 ml Gemüsebrühe, 50 ml Sojasauce, ein paar Tropfen Worcestersauce, 1 EL Honig, 1 TL Ingwer, 1 Prise Pfeffer und 3 gepresste Knoblauchzehen vermischen.

● Die Tofuwürfel damit übergießen und im Kühlschrank etwa 3 Stunden ziehen lassen.

● Zum Bereiten der Schmorpfanne Pflanzenöl in der Pfanne erhitzen, dann die Ringe von 3 Frühlingszwiebeln hinzufügen. Die Ringe werden anschließend goldbraun gebraten und in eine flache Auflaufform gegeben.

● Dann kommen 2 grüne Paprika, 250 Gramm Zucchini und 250 Gramm Tomaten – alles in Scheiben – und die marinierten Tofuwürfel hinzu. Das Ganze wird bei guter Hitze 15 Minuten offen und schließlich 20 Minuten bedeckt im Backofen gegart.

● Das Gemüse darf nicht zerkochen! Nehmen Sie am besten Naturreis als Beilage.

Alte Fehler

Zu den alten, überholten Kosmetikratschlägen gehört es, bei trockener Haut unbedingt viel Wasser zu trinken, um der Austrocknung praktisch von innen zu begegnen. Das schadet zwar nicht, aber: Wenn Ihr Körper bereits eine normale Menge an Wasser enthält, wird es Ihnen auch nichts gegen trockene Haut nützen.

Der Wintertipp

Stellen Sie die Heizung niedriger, dann bleibt Ihre Haut auch im Winter von Trockenschäden verschont! Die richtige Raumtemperatur liegt bei 18 bis 20 °C. Die ideale Luftfeuchtigkeit liegt bei 40 bis 50 Prozent.

Kräftiges Haar

Kräftiges, glänzendes Haar ist für jeden eine Zier.

Die biologischen und psychischen Grundlagen

Kräftiges und schönes Haar wird durch eine ganze Reihe von Faktoren beeinflusst.

▶ Durch Vererbung. Blondschöpfe beispielsweise sind von Natur aus mit etwa 140 000 Haaren ausgestattet, rothaarige Menschen besitzen hingegen nur etwa 90 000. Auch Festigkeit und Dicke der Haare werden wesentlich durch die Vererbung festgelegt: Blondes Haar etwa ist dünner als dunkles. An diesen im Erbgut festgelegten Faktoren kann durch die Ernährung nicht mehr viel geändert werden.

▶ Durch die Durchblutung. Haar ist umso stabiler und schöner, je besser es an seinen Wurzeln durchblutet wird. Die Durchblutung hängt wiederum von zahlreichen Umständen ab, wie etwa dem Sonnenlicht, der psychischen Gemütslage und schließlich der Ernährung.

▶ Durch das Nährstoffangebot. Selbst eine gut funktionierende Durchblutung an der Haarwurzel muss sinnlos bleiben, wenn im Blut selbst nicht die richtigen Nährstoffe mitgeführt werden. An diesem Punkt – dem Nährstoffgehalt im Blut – kann man durch eine gezielte Ernährung am meisten erreichen.

Das nimmt Ihr Haar übel

Physikalische Belastungen: Beim Haar handelt es sich um lebendiges Gewebe, das auf mechanische Belastungen wie das lange Tragen von Helmen oder übermäßiges Trockenrubbeln mit Handtüchern, aber auch auf Temperaturbelastungen durch langes Fönen sehr empfindlich reagieren kann. Ebenfalls schädlich für den Haarwuchs sind übermäßige Sonnenbestrahlungen und kalter Wind.

Falsche Haarpflege: Wer etwa auf verfilztes Haar damit reagiert, dass er es mit einer Drahtbürste bearbeitet, darf sich nicht wundern, wenn Haarwurzeln ausgedünnt und die Talgdrüsen zu verstärkter Fettproduktion angeregt werden. Durch tägliches Haarewaschen können Haare hingegen nicht mehr geschädigt werden, denn die modernen Shampoos sind milder als Shampoos der früheren Zeit.

Einseitige Ernährung: Zu wenig hochwertige Proteine, zu wenig Mineralien und Vitamine bremsen den Haarwuchs; außerdem zu viel Cholesterin und zu viel Kalzium, die für eine schlechtere Durchblutung sorgen. Alkoholexzesse schließlich nehmen den Haaren ihren Glanz.

Die Haarfabriken auf unserem Kopf

Bei der Produktion unserer Haare wird viel mehr Substanz verwendet, als viele glauben. Das einzelne Haar wird zwar jeden Tag nur um 0,35 Millimeter länger, doch in der Summe von 100 000 Haaren macht das sage und schreibe 35 Meter pro Tag. Bei solchen Produktionsmengen muss zwangsläufig die Ernährung eine große Rolle spielen.

Das tut Ihrem Haar gut

▶ Zink, Vitamin C und Bioflavonoide sorgen dafür, dass die Blutäderchen ausreichend Nährstoffe zu den Haarwurzeln durchlassen.

▶ Pepsine, hochwertige Proteine und Vitamin B6. Jedes Haar besteht zu 97 Prozent aus Keratin, einem Eiweißstoff, der in der Haarwurzel aus zugeführtem Nahrungseiweiß gebildet und vor allem tagsüber nach oben herausgeschoben wird. Klar, dass dieser Vorgang umso besser funktioniert, je besser der Körper mit Eiweiß versorgt wird. Allerdings: Nicht nur der Proteingehalt unserer Nahrung bestimmt, ob unser Organismus ausreichend mit Eiweiß versorgt wird, sondern auch unsere Fähigkeit, die Nahrungsproteine zu verwerten. Dazu benötigen wir vor allem saure Pepsine und Vitamin B6.

▶ Schwefel sorgt für den Glanz im Haar, indem er den Molekülen des Haarkeratins als Klettergerüst dient.

▶ Kupfer und die B-Vitamine Paraaminobenzoesäure, Pantothensäure und Folsäure arbeiten Hand in Hand, um aus der Nahrung Farbstoffe herauszuziehen und im Haar einzulagern. Ohne diese Substanzen wären wir im wahrsten Sinn des Wortes farblos, das Ergrauen des Haarschopfes kann durch eine ausreichende Versorgung mit diesen Stoffen hinausgezögert werden.

▶ Vitamin A. Schuppigem und leicht fettendem Haar kann durch ausreichend Vitamin A vorgebeugt werden, denn dieser Stoff verhindert Gewebeuntergänge an den Haarwurzeln und blockiert die Bildung von überflüssigen Talgdrüsen.

Pflegetipps

▶ Bei trockener Kopfhaut sollten Sie Ihr Haar nur zweimal pro Woche waschen, um den Fettgehalt Ihrer Haut nicht zu beeinträchtigen. Massieren Sie dabei gut durch, um die Durchblutung zu fördern.

▶ Bei übermäßiger Schuppenbildung sollten Sie Ihre gewohnten Haarpflegemittel überprüfen, stark entfettende Präparate gehören entfernt.

▶ Bei der Haarwäsche reicht einmaliges Shampoonieren vollkommen aus. Nehmen Sie nicht zu viel Shampoo, eine haselnussgroße Portion sollte für mittellanges Haar genügen.

▶ Massieren verbessert die Durchblutung und hat schon so mancher kahlen Stelle zumindest einen Flaum verliehen. So machen Sie's richtig: Verschieben Sie die Kopfhaut in Längs- und Querrichtung, Sie können den Druck durch Kneten und Beklopfen variieren. Haarwasser ist für die Massagen entbehrlich.

Haarausfall in Belastungssituationen
Haarausfall kann mit Belastungssituationen zusammenhängen, durch die bestimmte Mineralien aufgebraucht werden. Besonders häufig: Blutarmut in Verbindung mit Haarausfall bei Leistungssportlern (Auslöser: Eisenmangel), Haarausfall während der Schwangerschaft (Auslöser: Jodmangel) und Haarausfall während psychischer Belastungen (Auslöser: Siliziummangel).

Tipps für Ihren Speiseplan

Vitamine

Vitamin C für die Durchblutung der Haarwurzeln befindet sich vor allem in Kiwis, Orangen, Zitronen und Paprika. In Kiwi, Orange und Zitrone kann Vitamin C aufgrund der dicken Schalenwände relativ lange gelagert werden, im Paprika wird es jedoch schon binnen weniger Stunden durch Sonnenlicht vernichtet.

Mayonnaise

Mayonnaise enthält viel Schwefel zum Erhalt des Haarglanzes sowie Jod. Machen Sie daher Ihren Salat gelegentlich mit einer Mayonnaisesauce (50 Prozent Fett) an. Sie können sie allerdings auch als wirksames Shampoo (bei trockenem und normalem Haar) anwenden: Mischen Sie zwei Esslöffel Weizenkeimöl mit einem Eigelb!

Algen

Algen enthalten auf 100 Gramm etwa 5,6 Gramm Eiweiß und sehr viel Folsäure und andere Vitamine des B-Komplexes. Dadurch werden sie zu einem wichtigen Antreiber unserer Haarproduktion. Die in Deutschland erhältlichen Speisealgen stammen meistens aus Japan oder Frankreich und lassen sich relativ leicht zubereiten. Aufgrund ihres sehr hohen Kalziumgehaltes sollten sie jedoch nicht häufiger als einmal pro Woche auf dem Speiseplan stehen.

Feldsalat

Feldsalat enthält sehr viel Beta-Karotin, das unser Körper zu Vitamin A umwandeln kann. Der Salat gehört daher zweimal pro Woche auf den Tisch. Günstig ist es auch, ihn im eigenen Garten anzupflanzen; er kann praktisch die ganze Gartensaison über gezogen werden. Die eigene Aufzucht hat einen Vorteil: Je kürzer der Transportweg, desto mehr Vitamine bleiben dem Salat erhalten.

Erbsen

Erbsen helfen müden Haaren durch eine ganze Reihe von Nährstoffen auf die Sprünge. 100 Gramm getrocknete Erbsen enthalten ein Drittel der notwendigen Tagesration an Zink und die Hälfte des Eisen- und Kupferbedarfs. Außerdem bestehen sie fast zu einem Viertel aus hochwertigen Proteinen, die unser Körper zur Synthese von Haarsubstanz verwenden kann. Daher: Essen Sie mindestens zweimal pro Woche 200 Gramm Erbsen zu den Mahlzeiten oder einmal pro Woche ein spezielles Erbsengericht.

Sauerkraut

Ein echter »Haardünger« ist Sauerkraut. Es enthält viel Vitamin C für die Blutgefäße am Haarbalg, außerdem zahlreiche B-Vitamine für den Erhalt der Haarfarbe. Besonders wichtig ist jedoch sein hoher Gehalt an Pepsinen, durch die unsere Eiweißverwertung optimiert wird.

Roh ist besser

Gekochtes Sauerkraut enthält nur noch wenige Vitamine. Am besten: Bereiten Sie sich einen Sauerkrautsalat mit Öl, Essig und Pfeffer.

▶ Fettiges Haar sollte drei- bis viermal pro Woche gewaschen werden. Bevorzugen Sie Shampoos mit so genannten sebostatischen Zusätzen, damit durch das häufige Waschen Ihre Kopfhaut nicht zu übermäßiger Fett- und Schuppenproduktion angeregt wird.

▶ Nach dem Waschen sollten Sie Ihr Haar nicht trockenrubbeln, sondern es behutsam mit einem Handtuch ausdrücken. Föhnen Sie so selten wie möglich!

Feldsalat mit Chicorée und Seelachsstreifen

● Zutaten (für 2 Personen): 100 g kleinblättriger Feldsalat, 1 Chicorée, 100 g Champignons, 100 g Seelachs, 30 g Walnusskerne, 1 TL Zitronensaft, Salz, gemahlener Pfeffer, 1 TL mittelscharfer Senf, 3 EL Pflanzenöl

● Entfernen Sie die sandigen Wurzeln des Salats (die Salatblätter sollten jedoch dabei nicht auseinander fallen). Den Salat gründlich waschen und dann auf einem Sieb abtropfen lassen.

● Der Chicorée wird in einzelne Blätter zerteilt und in Stücke geschnitten. Den Seelachs und die Pilze schneiden Sie in kleine Streifen.

● Mischen Sie nun alle Salatzutaten zusammen, die Walnusskerne sollten zuvor noch zerkleinert werden.

● Für die Sauce verrühren Sie den Zitronensaft mit den Gewürzen, bis sich das Salz gelöst hat. Danach mit einem Schneebesen zuerst den Senf und dann das Öl mit dem Zitronensaft verrühren.

● Als Beilage eignen sich knusprige Vollkornbrötchen mit etwas Ziegenkäse. Sehr gut schmeckt dazu ein roter Wein, der nicht zu herb sein sollte.

Wertvoller Seelachs
Kombinationen aus Salat und Fisch ergeben ein breites Eiweiß- und Aminosäurenprofil, das zusammen mit den Vitaminen und Mineralstoffen der beiden Nahrungsmittel den Haarwuchs optimal unterstützt. Der Seelachs (Köhlerfisch) bildet eine durchaus ernst zu nehmende Nahrungsquelle, seinen häufig zu hörenden Ruf als »Billigfisch minderer Qualität« trägt er vollkommen zu Unrecht. Hervorzuheben sind vor allem seine hohen Anteile an Kalium, Zink, Jod und Niazin.

Glatte Nägel

Hart, aber sensibel

Entwicklungsbiologisch erfüllen Nägel den Sinn eines »körpereigenen Werkzeugs«. Sie dienen uns zum Klauben, Kratzen, Drücken, Schaben, Gitarrespielen und vielen anderen Tätigkeiten mehr. Die Natur hat sie dementsprechend – sofern günstige Nahrungsbedingungen vorliegen – mit relativ harten Substanzen ausgerüstet.

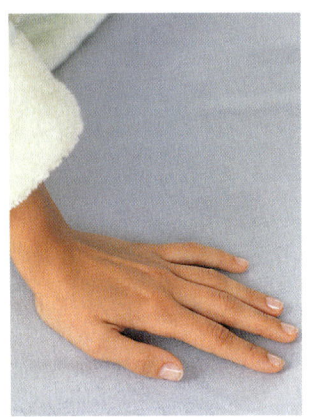

Früher wichtiges Werkzeug, heute Schönheitsmerkmal – die Fingernägel.

Das nehmen Ihre Nägel übel

▶ Normalerweise ist das Nagelbett recht gut versiegelt und vor Bakterien geschützt. Pilzbefall, starke Beanspruchung (z.B. durch Geschirrspülen) und falsche bzw. übertriebene Nagelpflege sorgen jedoch für Verletzungen, die den Parasiten den Zugang erleichtern.

▶ Nervöse Nägelkauer und Nägelknibbler schädigen leicht Nagelsubstanz und Nagelbett, sind überdurchschnittlich häufig von Nagelbettentzündungen betroffen.

▶ Falsche Zubereitung der Speisen (zu langes Wässern und Kochen) verringert den für die Nägel wichtigen Kalziumgehalt der Nahrung.

Mit Honig und Zwiebelsaft

Ein Gemisch aus Honig und Zwiebelsaft wirkt desinfizierend, mobilisiert die körpereigenen Abwehrkräfte (wichtig bei Nagelbettentzündungen!) und kräftigt den Nagelwuchs. Mischen Sie beide Substanzen zu gleichen Teilen, und machen Sie daraus vor dem Schlafengehen Auflagen, die mit einem Mullverband bedeckt werden.

Hände weg

Meiden Sie Schokolade sowie Colagetränke und Limonaden, denn sie behindern Ihre Kalziumverdauung.

Tipps für Ihren Speiseplan

Bohnen

Essen Sie wöchentlich mindestens zweimal Hülsenfrüchte! Vor allem grüne Bohnen sollten aufgrund ihres hohen Protein-, Kalzium- und Biotingehaltes häufig auf den Tisch kommen.

Käse statt Marmelade

Zum Frühstück sollten Sie zumindest Teile Ihres Marmeladen- und Wurstverzehrs zu Gunsten von Käse austauschen – der enthält wichtige Mineralien (Kalzium, Silizium und Schwefel) sowie hochwertige

Proteine, die Ihren Nagelwuchs unterstützen. Gut sind auch Milchprodukte wie Joghurt und Quark; reine Milch ist aufgrund ihres geringen Kalziumgehalts weniger geeignet.

Zinklieferanten

Zu den wichtigen Zinklieferanten gehören neben Hülsenfrüchten auch Nüsse und Samen – vor allem Cashewnüsse, Erdnüsse, Leinsamen, Mandeln, Mohn, Para- und Pekannüsse, Pinienkerne, Sesamsamen und Sonnenblumenkerne.

Meerrettichaufstrich

● Zutaten:
1 Meerrettich, 40 g Pflanzenmargarine, 1 TL gehackte Petersilie, ½ Zwiebel, jodiertes Salz
● Die Margarine schaumig rühren, die Zwiebel möglichst klein hacken, den Meerrettich putzen und raspeln.

● Dann die Zwiebel- und Rettichstücke zusammen mit der Petersilie und der Margarine vermischen, mit dem Salz abschmecken.
● Der würzige Meerrettichaufstrich passt vor allem zum Abendbrot. Im Kühlschrank hält er sich etwa 2 Wochen.

▶ Alkohol, Koffein, Nikotin, gesättigte Fettsäuren (Fleisch, Wurstwaren, Süßigkeiten), Phosphat (in Schweine- und Rindfleisch, Wurstwaren, Schmelzkäse, Cola- und Limonadengetränken, Fertiggerichten), Phytinsäure (in Getreide, Müsli; das schädliche Phytat zerfällt allerdings, wenn die Kornspeisen lange aufgeweicht werden) und Oxalsäure (in Spinat, Rhabarber, Sauerampfer, schwarzem Tee, Schokolade) behindern die Kalziumaufnahme.

Das tut Ihren Nägeln gut

▶ Kalzium und Silizium (Kieselerde): Diese Mineralien gehören zu den wichtigsten Biostoffen für unsere Nägel, sind entscheidend am Kalkstoffwechsel beteiligt. Kalzium- und Siliziummangel zeigt sich durch leicht brechende und splitternde Fuß- und Fingernägel.
▶ Schwefel ist Baustoff für die Aminosäuren Zystein, Zystin und Methionin und ist damit entscheidend am Wuchs der Nägel beteiligt. Biopositive Schwefelverbindungen findet man in Haferflocken, Hühnerei, Kresse, Fisch und Meerrettich.
▶ Eisen: Eisenmangel sorgt für typische Wachstumsstörungen wie extreme Abflachungen und Wölbungen an den Nägeln.
▶ Zink: Bei Zinkmangel zeigen die Nägel weiße Pünktchen und Ränderungen.
▶ Biotin enthält nicht nur Schwefel, sondern sorgt auch dafür, dass das unentbehrliche Mineral zum Nagelbett gelangt.
▶ Vitamin D: Dieses Vitamin verbessert die Aufnahme von Kalzium.
▶ Hochwertige Eiweiße: Die Nägel bestehen zu einem Großteil aus dem Eiweißstoff Keratin; dementsprechend muss die Nahrung zu einem kräftigen Nagelwachstum ausreichend Proteine enthalten.

So schützen Sie sich vor Nagelproblemen

▶ Schieben Sie Ihre Nagelhaut nach dem Duschen oder Baden behutsam mit einem Holzstäbchen oder einem Taschentuch zurück.
▶ Trocknen Sie die Hände nach dem Spülen, Duschen oder Baden immer gut ab.
▶ Ringelblumensalbe (siehe unten) ist die ideale Pflege für strapazierte Hände und Fingernägel.

Ringelblumensalbe – selbst gemacht

Nehmen Sie 1 Handvoll getrocknete Ringelblumen, und vermischen Sie sie mit 100 Milliliter Olivenöl. Das Ganze 20 Minuten kochen lassen und dann die Blüten herausfiltern. Danach geben Sie 20 Gramm Bienenwachs und 3 Tropfen Melissenöl hinzu, gut durchrühren. Dann in ein Marmeladenglas geben und erstarren lassen.

Mit Ernährung und Getränken kann man viel für seine Fitness tun.

Nahrung für die Fitness

Vorsicht, Defizite

Wer in seiner Sportart Erfolg haben will, und sei es auch nur in der Hinsicht, dass er sich die Gesunderhaltung als Ziel gesteckt hat, muss nicht nur regelmäßig trainieren, sondern sich auch dementsprechend ernähren – eine Erkenntnis, die sich unter Leistungs- und Hobbysportlern mehr und mehr durchsetzt.

Dennoch essen und trinken viele immer noch das Falsche. Bei Triathlon- und Marathonveranstaltungen bleiben Jahr für Jahr Hunderte von austrainierten Athleten auf der Strecke, nur weil sie nicht auf eine ausreichende Kohlenhydrat- und Wasserzufuhr geachtet haben. Wissenschaftler ermittelten, dass Freizeitbodybuilder sich so manchen Schweißtropfen sparen könnten, wenn sie sich mehr um ihre Eiweißbilanz kümmern würden. Und eine vom Deutschen Kassenärztlichen Verband veröffentlichte Studie ergab, dass rund 40 Prozent aller Leistungssportler unter Zinkmangel leiden, bei 30 Prozent bestehen Eisendefizite, jeder fünfte hat zu wenig Magnesium im Körper.

Gehen Sie keinen Werbeversprechungen auf den Leim

Der Markt für synthetische Sportlernahrung boomt wie nie zuvor. Zurzeit macht er pro Jahr einen Umsatz von etwa zwei Milliarden DM. Bleibt die Frage, ob die Sportfoodprodukte für den Sportler neben dem Diäteffekt für sein Portemonnaie auch noch andere Effekte besitzen.

Diäteffekt – hauptsächlich fürs Portemonnaie

Die Meinungen dazu sind unterschiedlich. Die Verfechter der Linie, die für die Sportfoodprodukte eintreten, besitzen jedoch oftmals eine bemerkenswerte Nähe zur Industrie. Unabhängige Wissenschaftler stehen hingegen dem Markt eher kritisch gegenüber – wie z.B. die Ernährungswissenschaftlerin Alexandra Schek von der Justus-Liebig-Universität Gießen, die eine umfangreiche Abhandlung zu den »ernährungsbezogenen Leistungshilfen« im Sport vorgelegt hat.

Ihr Resümee: »Die meisten Sportfoodprodukte fördern nicht nachweislich die Leistung. Vielmehr kann die Anwendung einiger Präparate mit unerwünschten Nebenwirkungen verbunden sein.« Außerdem, so die Forscherin weiter, seien die meisten Produkte schlicht viel zu teuer.

Nahrung für Sportler – reicht die Natur aus?
Immer mehr Sportler haben begriffen, dass nicht nur das Training, sondern auch die Ernährung ihr Leistungsvermögen beeinflusst. Doch viele von ihnen haben kein Vertrauen in die Natur, wollen einfach nicht wahrhaben, dass sie ihren speziellen Nahrungsbedarf am besten über eine natürliche Ernährung decken können. Lieber glauben sie den Werbeversprechungen der so genannten Sportfoodindustrie.

Was bringen Alkalisalze?

Alkalisalze gehören zu den typischen Produkten der Sportfoodindustrie. Sie wirken basisch, d. h., sie sind imstande, ermüdende Säuren zu neutralisieren. Aus diesem Grund werden sie gern von Ausdauersportlern geschluckt, um der beim Radfahren und beim Dauerlauf im Blut entstehenden Milchsäure den Wind aus den Segeln zu nehmen. Eine Nebenwirkung ist jedoch, dass die Fähigkeit des Blutes verringert wird, Sauerstoff ans Muskelgewebe abzugeben. Und dies bedeutet konkret: Der Sportler hat nach der Einnahme von Alkalisalzen zwar weniger ermüdende Säuren im Blut, dafür werden aber seine Muskeln mit weniger Sauerstoff versorgt – ein Effekt, der für eine Leistungssteigerung denkbar ungünstig ist.

Was bringen Energiedrinks?

Zum absoluten Renner in der Sportlerszene sind mittlerweile die so genannten Energydrinks aufgestiegen. Anfangs wurden sie nur als Aufputschmittel für tanz- und diskowütige Teenager vermarktet, doch mehr und mehr etablieren sie sich auch als »legales Doping« für den Sportler. Dabei sind sie ungefähr so leistungsfördernd wie eine Tasse Kaffee. Denn außer Koffein enthalten sie kaum eine Substanz, deren Wirkung auf den Sportler hinreichend bewiesen wäre.

Was bringen hoch dosierte Vitamine?

In einigen Sportlerkreisen, vor allem in der Bodybuilderszene, ist es üblich geworden, sich hoch dosierte Vitaminbomben einzuverleiben. Nicht wenige muten sich beispielsweise täglich das 10- bis 20fache des täglichen Vitamin-E-Bedarfs zu – in der trügerischen Hoffnung, dadurch die Trainingsbelastbarkeit zu steigern und die Anzahl von Muskelverletzungen zu reduzieren. In wissenschaftlichen Studien konnten diese Effekte jedoch nicht bewiesen werden. Und das ist kein Wunder: Die zehnfache Zufuhr an Vitamin E bewirkt lediglich, dass die zehnfache Menge des Vitamins funktionslos im Körper weggespeichert wird.

Was bringen Proteinkonzentrate?

Proteinkonzentrate haben im Kraftsport eine gewisse Tradition, da kräftige Muskeln nun einmal in der Hauptsache aus Proteinen bestehen. Wissenschaftliche Messungen haben nun ergeben, dass Kraftsportler wie z.B. Gewichtheber, Bodybuilder und Kugelstoßer in der Tat einen erhöhten Proteinbedarf haben. Er liegt ungefähr bei

Alkalisalze – schlecht für den Magen
Die in Sportlerkreisen beliebten alkalischen Salze haben einen negativen Einfluss auf die Magentätigkeit. Dadurch kann es bei manchen Sportlern – je nach Empfindlichkeit – zu Magenkrämpfen und Durchfällen kommen.

(S)tierische Kräfte?
Das den Energiedrinks zugesetzte Stierhodenhormon Taurin bleibt bislang den wissenschaftlichen Beweis schuldig, tatsächlich mehr Kraft verleihen zu können. Und der Inhaltsstoff Inosit verbessert wohl das Energiedepot der Sportler, doch kann selbst ein erhöhter Inositbedarf ohne Probleme aus unserer körpereigenen Produktion gedeckt werden.

Energie durch Zucker?

Von belgischen Radsportlern aus der Frühzeit der Tour de France erzählt man, dass sie während des Rennens das Bistro stürmten, den Inhalt der Zuckerdose in ein Glas Bier schütteten und solcherart gedopt weiterfuhren. Ob das den gewünschten sportlichen Erfolg brachte, ist nicht überliefert; heute jedenfalls leistet sich kein Sportler mehr solchen ernährungsphysiologischen Unsinn. Durchaus Sinn macht dagegen ein anderes Getränk der altvorderen Radprofis: Wasser oder verdünnter Fruchtsaft mit einem Schuss Apfelessig. Das löscht den Durst und stärkt die Abwehrkräfte.

Was soll man beim Sport trinken?

Optimale Durstlöscher

● Isotonische Getränke besitzen genau den richtigen osmotischen Druck. Achten Sie jedoch darauf, dass Sie immer sparsam gesüßten Produkten den Vorzug geben!

● Fruchtsaft-Mineralwasser-Gemische (im Verhältnis 1 : 4 oder 1 : 3) versorgen den sportlich stark beanspruchten Organismus mit Vitaminen, Kohlenhydraten und Mineralien. Ihr osmotischer Druck ist nahezu optimal.

● Zitronentee mit etwas Naturzucker ist ein idealer Durstlöscher ohne Nebenwirkungen, er enthält außerdem noch einige wichtige Mineralien. Auf einen Liter Tee sollten zwei Zitronen zerdrückt werden. Die Zitrusfrüchte verleihen dem Sportler durch ihr Vitamin C die »zweite Luft«. Lösen Sie außerdem noch ein oder zwei kleine Stückchen Kandiszucker (keinen weißen Fabrikzucker!) im Tee, um den osmotischen Druck zu erhöhen und etwas für Ihren Kohlenhydratbedarf zu tun.

Bedingt geeignet

● Fruchtsäfte enthalten in der Regel viele wichtige Vitamine und schnell verwertbare Kohlenhydrate. Ihr Zuckeranteil ist jedoch oft etwas zu hoch, so dass das Durstgefühl sogar noch verstärkt werden kann. Einige Säfte (z. B. Grapefruit-, Orangen- und Ananassäfte) sorgen für saures Aufstoßen.

Ungeeignet

● Limonaden enthalten zu viel Zucker und zu wenig Mineralien, löschen deshalb nicht den Durst.

● Das Gleiche gilt für Colagetränke: zu viel Zucker, zu wenig Mineralien. Das in ihnen enthaltene Koffein regt die Wasserausscheidung des Körpers an. Als Alternative kommen lediglich zucker- und koffeinfreie »Dietcokes« infrage, ihr Geschmack lässt jedoch stark zu wünschen übrig.

● Milch löscht den Durst leider kaum. Ihr Fett- und Eiweißanteil belastet den Magen.

● Alkoholhaltige Getränke regen die Wasserausscheidung des Körpers an. Außerdem mindert Alkohol das Konzentrations- und Leistungsvermögen.

● Energydrinks regen durch ihren Koffeingehalt die Wasserausscheidung des Körpers an. Außerdem sind sie sündhaft teuer und enthalten zahlreiche Substanzen, über deren Wirkungen bislang nur wenig bekannt ist.

1,1 Gramm pro Kilogramm Körpergewicht, im Unterschied zu 0,6 bis 0,8 Gramm beim Normalbürger. Laut jüngstem Ernährungsbericht der Deutschen Gesellschaft für Ernährung nimmt der Bundesbürger jedoch ohnehin 1,2 Gramm pro Kilogramm Körpergewicht zu sich. Mit anderen Worten: für den Sportler hierzulande ist eine Extrazufuhr von Proteinen überflüssig, da er ohnehin schon viel mehr Eiweiß zu sich nimmt, als für den Alltagsbedarf notwendig wäre.

Was bringen isotonische Getränke?

Bei körperlicher Betätigung verliert der Mensch große Mengen an Wasser und Mineralien. Dieser Verlust ist umso größer, je höher die Außentemperaturen sind und der Körper Schweiß absondern muss, um nicht zu überhitzen. Darüber hinaus geht auch der Blutzuckerspiegel in den Keller. Durch all diese Vorgänge kann es bei länger andauernder Belastung zu einem deutlichen Leistungsabfall des Sportlers kommen. Die moderne Sportmedizin empfiehlt daher, dem Körper bei allen längerfristigen (d. h.: über eine halbe Stunde anhaltenden) sportlichen Betätigungen Nahrung und Flüssigkeit zuzuführen. Der immer wieder zu hörende Einwand, wonach der Organismus während des Sports keinerlei Stoffe resorbieren könne, weil er zu sehr mit Muskelarbeit beschäftigt sei, ist schon lange hinfällig.

Hoher und niedriger osmotischer Druck

Die verschiedenen Nahrungsmittel werden vom Organismus unterschiedlich schnell resorbiert. So braucht fettreiche Nahrung länger als zuckerreiche und feste Nahrung länger als flüssige, um aufgenommen werden zu können.

Entscheidend für die Verdauungsgeschwindigkeit einer Flüssigkeit ist ihr osmotischer Druck. Er ist umso höher, je mehr Stoffe in der Flüssigkeit gelöst sind. Leitungswasser z. B. hat einen relativ geringen osmotischen Druck, denn im Verhältnis zum Blut ist seine Konzentration an gelösten Teilchen sehr gering. Die Folge: Wenn man Leitungswasser trinkt, gelangen nur wenig Wasser und sehr wenig Mineralien in den Organismus, weil nicht genügend Kraft hinter ihnen steht, um sie durch die Darmwand ins Blut zu pressen.

Ausgewogenes Verhältnis von Wasser und Mineralien

Fruchtsäfte haben hingegen aufgrund ihres hohen Zuckergehaltes einen hohen osmotischen Wert. Die Folge: Es gehen zwar viele gelöste Stoffe hinüber ins Blut, doch das versucht nun, das Konzentrationsgefälle zwischen Darminhalt und Körperflüssigkeit auszugleichen, in-

**Isodrinks –
nicht unumstritten**

Isotonische Getränke sind nach wie vor umstritten. Die Befürworter sehen sie als optimale Sportlernahrung, andere stellen ihre Wirksamkeit grundsätzlich in Abrede. Beide Positionen sind falsch, denn sie ignorieren das Flüssigkeitsproblem des Sportlers.

**Isotonische Getränke –
selbst gebraut**

Ein isotonisches Getränk, das aufgrund seiner osmotischen Eigenschaften die in ihm enthaltenen Mineralien und das nötige Wasser schnell in den Organismus abgibt, können Sie leicht selbst herstellen. Optimal ist ein Gemisch aus einem Anteil Fruchtsaft und vier Teilen Mineralwasser. Es sollte hierbei jenen Fruchtsäften der Vorzug gegeben werden, die nicht zu einer raschen Säurebildung im Magen neigen (also möglichst kein Orangen- oder Grapefruitsaft).

Unsinnige Fertigprodukte
Müsliriegel und die »leichte« Milchschnitte sind laut jüngeren Untersuchungen ebenfalls sportuntauglich. Der Müsliriegel enthält sage und schreibe zehnmal so viel Fett wie ein Schweineschnitzel. Wer die 300 Gramm Kohlenhydrate fürs Training allein durch Milchschnitten abdecken wollte, müsste nach Berechnungen der Zeitschrift »Ärztliche Praxis« 28 Stück davon verzehren. Und das mache den Sportler, so der bissige Kommentar der Zeitschrift, allenfalls fett anstatt fit.

dem es Wasser an den Darminhalt abgibt. Der Sportler bemerkt diesen Vorgang schon nach wenigen Minuten. Er bekommt einen schleimigen Mund, und seine Speiseröhre wird von saurem Aufstoßen malträtiert.

Bei isotonischen Getränken stimmt hingegen der osmotische Druck mit dem des Blutes weitgehend überein. Hierdurch gelangen die gelösten Teile ebenso wie das Wasser umgehend in den Organismus. Dies bedeutet also:

▶ Das Getränk mit den günstigsten Eigenschaften hat nicht nur ein breites Zucker- und Mineralienprofil, mit dem es die Verluste des belasteten Körpers auffangen kann, sondern gleichzeitig auch eine Gesamtkonzentration von all diesen Stoffen, die identisch ist mit der des Blutes, um eine schnellstmögliche Stoff- und Wasserdiffusion zu gewährleisten.

▶ Diesem Ideal kommen die käuflichen isotonischen Sportlerdrinks sehr nahe. Sie haben also den Zweck, dem Sportler nicht nur – wie häufig vermutet wird – seine Mineralien und seinen Zucker zurückzugeben, sondern auch seine Wasserverluste so rasch wie möglich auszugleichen.

▶ Nichtsdestoweniger kann man sich ein isotonisches Getränk selbst zusammenbrauen (siehe Randspalte vorhergehende Seite).

Frühzeitige Erschöpfung beim Ausdauersport ist oft eine Frage der Ernährung: Rechtzeitig und in ausreichender Menge das Richtige essen und trinken bewahrt den Körper vor Mangelerscheinungen.

Allgemeine Regeln zur Sporternährung

Auch wenn jede Sportart und jeder Sportler einen individuellen Nahrungsbedarf besitzt, gibt es einige Ernährungsregeln, die für alle verbindlich sind. Das Sportlerproblem Nummer eins ist die Energieversorgung. Der Körper bezieht seine Energien hauptsächlich aus den so genannten Glykogenspeichern in Muskeln und Leber, und diese Speicher lassen sich am schnellsten und effektivsten durch Kohlenhydrate, also durch Zucker, auffüllen. Der Griff zu Schokolade oder Traubenzucker ist jedoch ein Eigentor, da der in ihnen enthaltene Einfachzucker die Insulinausschüttung des Körpers provoziert – und Insulin drückt den Blutzuckerspiegel nach unten, der Sportler fällt in ein regelrechtes Energieloch.

Fertigprodukte wie Müsliriegel oder Schokoschnitten enthalten zu viel Fett und zu wenig Kohlenhydrate, um während einer sportlichen Anstrengung mit Energie zu versorgen. Da sind Nudeln, Kartoffeln, Müsli und Knäckebrot aufgrund ihres Gehalts an Mehrfachzuckern schon besser geeignet, den Energiebedarf zu decken. Geeignet ist auch die von Boris Becker bevorzugte Banane. Sie besitzt ein günstiges Kohlenhydratprofil, ist leicht verdaulich und versorgt den Sportler auch noch mit notwendigen Mineralien und Vitaminen.

Rechtzeitig trinken

Ein weiteres Ernährungsproblem des Sportlers, vor allem im schweißtreibenden Sommer, ist die Wasserversorgung. Viele machen den Fehler, erst dann zu trinken, wenn sie Durst haben. Doch das Durstgefühl ist ein »Spätzünder«, es kommt erst, wenn die Wasserkonzentration im Körper bereits deutlich abgenommen hat, die Muskulatur also längst unterversorgt ist. Also: Training oder Wettkampf regelmäßig zu ausgiebigen Trinkpausen unterbrechen; erfahrene Langläufer und Radfahrer sind sogar imstande, während der Bewegung den Becher oder die Trinkflasche zum Mund zu führen.

Ebenfalls ein typisches Problem im Sommer ist für viele Sportler die Mineralversorgung. Zu den Problemmineralien gehören vor allem Eisen (zur Blutbildung), Magnesium (zur Muskelarbeit), Kalium (zur nervösen Steuerung der Muskeln und zum Erhalt der Konzentration), Kupfer (zur Blutbildung) und Jod (zur Bildung wichtiger Stoffwechselhormone). Mit Ausnahme von Jod und Eisen können alle Mineralien durch tägliche Rohkostanteile in der Nahrung problemlos gedeckt werden, zur Eisen- und Jodversorgung eignen sich vor allem Fisch und Geflügel.

Vegetarier, aufgepasst
Da Eisen und Jod vorwiegend in Fisch und Geflügel zu finden sind, haben Vegetarier – und speziell Frauen, die einen höheren Eisenbedarf haben als Männer – oft Probleme mit der Versorgung mit diesen Spurenelementen. Auch auf die Zufuhr von Zink und den Vitaminen B12 und D müssen sie besonders achten.

Spezielle Ernährung – für jede Sportart

Eine Ernährungsempfehlung, die für alle Sportarten und jeden Sportler gilt, kann nicht gegeben werden, da sich die einzelnen Sportdisziplinen in ihrem Belastungs- und Nährstoffprofil unterscheiden. So brauchen z. B. Ausdauersportler viele Kohlenhydrate in ihrer Nahrung, während Kraftsportler eher auf ihre Eiweißversorgung achten müssen.

100-Meter-Läufer verdanken ihre Schnelligkeit im Wesentlichen ihrer Kraft und Reaktionsschnelligkeit, sind also Kraft- und Schnelligkeitssportler, die einerseits viel Eiweiß und andererseits viele B-Vitamine für ihr Nervensystem brauchen. Und Fußballer müssen schnell und ausdauernd laufen sowie hoch springen und über längere Zeit ein hohes Konzentrationsniveau halten.

Ernährungstipps für Schnellkraftsportler

Sportarten
Kurzstreckenlauf, Weit- und Hochsprung, Tischtennis, Turnen, Eiskunstlauf, Eisschnelllauf, Kanu

Benötigte Biostoffe
Hochwertige Proteine in fettarmen Nahrungsmitteln, langkettige Kohlenhydrate, Valin (sorgt für die schnelle Freisetzung von Energien für die Muskelarbeit), Vitamine aus der B-Gruppe, Magnesium, Kalzium (zur Verbesserung der Muskelarbeit) und Kalium (zur Verbesserung der Nervenleitgeschwindigkeit)

Geeignete Lebensmittel
Getreide, Vollkornprodukte, Müsli, Gemüse. Vor dem Wettkampf keine ermüden-den Nahrungsmittel wie Kaffee, Kakao, Fleisch, fette Saucen, Alkohol. Nach dem Wettkampf und während der Muskelaufbauphase beim Training sind eiweißreiche Nahrungsmittel besonders wichtig: Greifen Sie zu Produkten wie Peruspinat (Quinoa), Quark, Joghurt, Käse, Leinsamen, Sojaprodukten, Fleisch, Geflügel, Fisch.

Ernährungstipps für Spielsportler

Sportarten
Fußball, Handball, Hockey, Wasserball, Rugby, American Football, Tennis, Eishockey, Volleyball

Benötigte Biostoffe
Langkettige Kohlenhydrate, hochwertige Proteine, Valin (sorgt für die schnelle Freisetzung von Energien für die Muskelarbeit), Zink, Eisen, Magnesium, Vitamine aus der B-Gruppe, Vitamin C, Vitamin K (für die verbesserte Wundheilung bei Verletzungen) und zusätzlich sehr viel Flüssigkeit

Geeignete Lebensmittel
Getreidekörner, Vollkornprodukte, Frühstücksflocken, Müsli, Gemüse, Obst, Bierhefe, Honig, Säfte, Mineralwasser.
Einen Tag nach dem Wettkampf sollte besonders auf eiweißreiche Nahrungsmittel geachtet werden: Joghurt, Peruspinat (Quinoa), Quark, Fleisch, Geflügel, Fisch, Leinsamen, Sojaprodukte etc. sind zu empfehlen.

Ernährungstipps für Kampfsportler

Sportarten
Ringen und Boxen, asiatische Kampfsportarten wie Judo, Aikido und Karate

Benötigte Biostoffe
Langkettige Kohlenhydrate, hochwertige Proteine, Valin (sorgt für die schnelle Freisetzung von Energien für die Muskelarbeit), Zink, Eisen, Magnesium, Vitamine aus der B-Gruppe, Vitamin C, Vitamin K (zur verbesserten Wundheilung bei Verletzungen), Vitamin A (zur Verbesserung der optischen Reaktionsfähigkeit), viel Flüssigkeit

Geeignete Lebensmittel
Getreidekörner, Vollkornprodukte, Frühstücksflocken, Müsli, Gemüse (vor allem Karotten, Tomaten), Obst (vor allem Pfirsiche, Melonen), Bierhefe, Honig, Säfte, Mineralwasser. Am Tag nach dem Wettkampf sollte auf eiweißreiche Nahrungsmittel geachtet werden: Peruspinat (Quinoa), Quark, Joghurt, Fleisch, Geflügel, Fisch, Leinsamen, Sojaprodukte.

Ernährungstipps für Kraftsportler

Sportarten
Gewichtheben, Bodybuilding, Kugelstoßen, Diskuswerfen, Speerwerfen

Benötigte Biostoffe
Besonders in der Muskelaufbauphase braucht der Körper hochwertige Eiweiße und Vitamine aus der B-Gruppe, ansonsten mehrkettige Kohlenhydrate, Kalium, Magnesium, Kalzium, Vitamin C, Zink und Kupfer. Außerdem sollte auf den Ballaststoffanteil in der Nahrung geachtet werden, da Kraftsportler in der Regel große Nahrungsmengen aufnehmen und daher auf eine schnelle, reibungslose Verdauung angewiesen sind.

Geeignete Lebensmittel
Fleisch, Geflügel, Fisch, Rohkost, Quark, Joghurt, Peruspinat (Quinoa), Leinsamen, Pistazienkerne, Weizenkeime, alle Sojaprodukte, alle Vollkornprodukte

Ernährungstipps für Ausdauersportler

Sportarten
Langlauf, Radfahren, Rudern, Biathlon, Triathlon, Wandern, Bergwandern, Schwimmen

Benötigte Biostoffe
Langkettige Kohlenhydrate (etwa 60 Prozent der Nahrung), Zink, Eisen, Magnesium, Kalzium, Vitamine aus der B-Gruppe, Vitamin C, Jod, sehr viel Flüssigkeit (je nach Intensität der Belastung bis zu fünf Litern, bei schweißtreibenden Wettkämpfen bis zu zehn Litern)

Geeignete Lebensmittel
Getreidekörner, Vollkornprodukte, Frühstücksflocken, Müsli, Obst, Teigwaren (z. B. Nudeln, Makkaroni), Kartoffeln, Hülsenfrüchte, Bierhefe, Honig, Säfte, Mineralwasser. Außerdem sollte zur ausreichenden Eiweiß- und Jodversorgung einmal pro Woche ein Fischgericht auf den Tisch kommen.

Gesunde Ernährung für Geist und Seele

Ernährung beeinflusst unsere Psyche. Das hat jeder schon einmal gemerkt, dem die gute Laune abhanden kam, wenn ihm der Magen knurrte, oder den nach einem üppigen Essen die Lust an der Arbeit verließ. Aber diese Beispiele sind recht banal – Ernährung wirkt viel tiefer und subtiler auf unser Empfinden. Gute Laune, Konzentrationsfähigkeit, Gedächtnis, Kreativität – ja sogar unser Glücksempfinden und unsere Sexualität sind durch die Auswahl unseres Essens zu beeinflussen. Dabei tappen wir nicht mehr im Dunkeln. Die Biochemiker und die Neurologen haben mittlerweile so viele Erkenntnisse über den Zusammenhang zwischen den Inhaltsstoffen unserer Nahrung und dem Funktionieren unseres Gehirns zusammengetragen, dass sich mit ziemlicher Sicherheit feststellen lässt, was uns fehlt, wenn wir lustlos, unkonzentriert oder vergesslich sind.

In letzter Zeit hat man die Zusammenhänge zwischen Nahrung und Psyche gründlich untersucht.

Nahrung für die Psyche

Schlechte Vorbilder

Viele Jahrhunderte war es in Medizin und Philosophie üblich, die geistigen Fähigkeiten als etwas Immaterielles aufzufassen. Zwar gab es mitunter den ein oder anderen (Quer-)Denker, der Körper und Seele als miteinander verbunden ansah, doch insgesamt bestand kein Zweifel daran, dass alle geistigen Kräfte letzten Endes einer anderen als der körperlichen Welt entspringen müssten.

Descartes' Modell

Einen schon beinahe legendären Bekanntheitsgrad erhielt das Zweiweltenmodell des französischen Philosophen Rene Descartes (1596–1650). Für ihn bestand die Welt aus zwei Substanzen, nämlich der res extensa und der res cogitans, also der ausgedehnten (sprich: körperlichen) und der denkenden (also der in dieser Logik unausgedehnten) Substanz. Wohl stand für den französischen Denker fest, dass die unausgedehnte Substanz wie ein »Geist in der Maschine« den Körper bewegen könne, aber eine Bewegung in die umgekehrte Richtung erschien ihm ausgeschlossen. Körperliche Substanzen könnten also, so meinten er und die meisten seiner Philosophenkollegen dieser Zeit, den unausgedehnten Geist nicht beeinflussen – und somit wäre es unmöglich, dass man über die Ernährung, die ja nun ohne Zweifel etwas Stoffliches und Ausgedehntes ist, den Geist in irgendeine Richtung lenken kann.

Trennung von Leib und Seele

Die absolute Unabhängigkeit des Geistes vom Leib und den leiblichen Bedürfnissen lag viele Jahrhunderte wie ein schweres Magendrücken über der Kultur des Abendlandes. Es gab Philosophen und Dichter, die sich regelrecht dafür schämten, dass ihr Denken sich gelegentlich nicht nur an Gott und den geistigen Grundlagen der Welt orientierte, sondern sich auch einmal einem saftigen Lammbraten oder einer prall gefüllten Obstschale zuwandte.

Der griechische Philosoph Plotin (205–270) etwa, ein religiös-mystischer Weltverächter, lehnte alles ab, was dem Körper gut tat, und so scherte er sich auch in keiner Weise um seine Ernährung. Am Ende war er aufgrund mangelnder Hygiene und akuten Vitaminmangels überall mit hässlichen Pusteln bedeckt. Und seine Schüler wandten

Der Körper – nur unwichtiges Beiwerk?
Die Geschichte der abendländischen Kultur ist leider auch eine Geschichte der Leibfeindlichkeit. Vor allem christliche Theoretiker predigten häufig, die Erlösung der Seele sei nur für den zu erreichen, der seinen Leib missachte. Auch bei weniger religiös geprägten Denkern hinterließ dies Spuren: Lange Zeit galt der Geist als etwas, was total unabhängig vom Körper existiere.

sich von ihm ab, weil ihr Lehrer trotz seines Ekel erregenden Aussehens an seinem Ritual festhielt, seine Zöglinge zur Begrüßung zu umarmen.

Fehlernährte Geistesgrößen

Die Liste der Kulturgrößen, die ihre Ernährung sträflich vernachlässigten, ist unglaublich lang. Kaum auszumalen, was solche Genies wie Spinoza, Kierkegaard, Schiller, Kafka oder Tucholsky noch mehr hätten leisten können, wenn ihre Ernährung mehr Proteine und essenzielle Aminosäuren enthalten hätte. Welche Melodien wären noch aus Mozarts Feder geströmt, wenn er mehr Obst statt Schokolade und Alkohol konsumiert hätte? Möglich, dass Vincent van Gogh bei einem schärferen Blick auf seinen Speiseplan sogar von seinen manisch-depressiven Zuständen verschont geblieben wäre.

Sie alle waren sich eben sicher, dass ihr Geist nichts mit ihrer Ernährung zu tun habe. Außerdem wusste man damals ohnehin herzlich wenig von gesunder Ernährung, von Vitaminen, Spurenelementen oder Bioaktivstoffen. So wegweisend die Größen der Kulturgeschichte aus früheren Zeiten auch für unser heutiges Denken sein mögen – für eine Ernährung, die die geistige Leistungsfähigkeit fördert, sind sie ein denkbar schlechtes Beispiel.

Der Weg in die richtige Richtung

Aber langsam wendete sich das Blatt. Schon der französische Schriftsteller und Philosoph Jean Anthelme Brillat-Savarin (1755–1826) ahnte, dass Nahrung und Seele untrennbar miteinander verbunden seien: »Ohne ordentliche Ernährung bleiben die Gedanken ohne Kraft und Geschmeidigkeit, die Reflexion kann sie nicht zusammenbringen, die Urteilskraft sie nicht bändigen, bis schließlich das Gehirn unter diesen vergeblichen Anstrengungen erlahmt.«

Der erste Denker jedoch, der die Abhängigkeit des Geistes vom Körper zur Grundlage seiner Philosophie machte, hieß Friedrich Nietzsche (1844–1900). Für ihn war klar: Der Geist kann nur so weit gehen, wie der Leib ihn trägt. Und Nietzsche wusste aus eigener leidvoller Erfahrung, dass die Psyche nicht nur mit dem Körper, sondern auch mit der Ernährung zusammenhängt. Denn aus den Aufzeichnungen des migränekranken Philosophen erkennt man, dass seine Attacken in engem Zusammenhang mit seiner Ernährung standen, und dass er diesen Zusammenhang kannte. Wenn er sich beispielsweise zu viel fette Wurst zu den Mahlzeiten gönnte, musste er stets mit »verheerenden Donnerwettern« in seinem Kopf dafür bezahlen.

Das Zeitalter der Aufklärung
Erst langsam – im 18. und 19. Jahrhundert – dämmerte es den Philosophen und Naturwissenschaftlern, dass geistige Höhenflüge nicht unabhängig von einem gesunden Körper stattfinden. Das Wissen, das noch den »heidnischen« Römern selbstverständlich war, dass nämlich in einem gesunden Körper ein gesunder Geist wohne, war durch das lange Mittelalter hindurch fast völlig verschwunden. Das Zeitalter der Aufklärung räumte nicht nur mit unwissenschaftlichen Weltanschauungen und Denkweisen auf, es begann auch, den Körper und seine Bedürfnisse als etwas Natürliches und nicht mehr als etwas nur Sündhaftes zu begreifen.

Körper und Psyche – eine komplizierte Einheit

Andere Denker sollten den Vorstellungen Friedrich Nietzsches folgen, und erst recht die enormen Fortschritte der Medizin Anfang dieses Jahrhunderts sorgten schließlich dafür, dass sich unser Verständnis vom Geist wesentlich gewandelt hat. Heute wissen wir, dass Psyche und Körper eng miteinander verflochten sind. Und diese Verflechtung liegt nicht nur darin begründet, dass unser Denken und Fühlen wesentlich in einem hoch entwickelten Organ, dem Gehirn, abläuft, sondern auch darin, dass alle Teile unseres Körpers durch ein kompliziertes System von Sinneszellen, Nervenleitungen, Hormonen, Botenstoffen, Blutbahnen, Lymphgängen u.v.a.m. mit ebendiesem Gehirn verbunden sind.

Hirn, Nerven, Psyche – Produkte unserer Ernährung

Hinweise auf den Zusammenhang von Denken, Fühlen und Ernährung gibt es zuhauf. So bleiben Kinder, die in ihren ersten Lebensjahren mangelernährt werden, weit hinter der geistigen Entwicklung ihrer normal ernährten Altersgenossen zurück. Opulente und fettreiche Mahlzeiten machen den Intellekt träge, weil sie das Blut in die Magengegend anstatt zum Gehirn dirigieren (»Ein voller Bauch studiert nicht gern«).

Allgemein bekannt ist, dass Zucker und Fisch gut fürs Gehirn sind und man späte und reichhaltige Abendmahlzeiten mit Alpträumen und einem schlechten Schlaf zu bezahlen hat. Einige Wissenschaftler behaupten sogar einen Zusammenhang von kulturellen und geschichtlichen Entwicklungen der Völker mit ihrer Ernährung. So sollen die antiken Griechen mit ihren großen Dichtern, Mathematikern und Philosophen nicht zuletzt deshalb zu ihrer führenden Rolle im Abendland gekommen sein, weil sie sich überwiegend von Fisch und Pflanzenkost ernährten. Von angrenzenden Völkern wurden sie respektvoll-spöttisch die klugen Grünfresser genannt.

Weit reichende Folgen falscher Ernährung

Auf der anderen Seite beeinflusst die Ernährung unser psychisches Empfinden auch indirekt. Ein Speiseplan etwa, der unsere Augen glanzlos macht und die Haut vor Pickeln sprießen lässt, verändert unser Aussehen und damit auch unser Selbstbewusstsein. Ein durch saure Nahrung ständig aufstoßender Magen trägt auch nicht unbedingt zum Wohlempfinden bei, und dass hagere und asketische Typen nun einmal andere Dinge im Kopf haben als dicke und sinnliche Typen, wird sicherlich schon jedem einmal aufgefallen sein.

Ein Wechselspiel
Die Ernährung beeinflusst die Psyche und umgekehrt. So macht uns ein Schweinebraten mit Klößen müde und unkonzentriert, und in unseren depressiven Phasen essen wir besonders gern Süßes. Und wenn unser Leben irgendwie fade und ohne aufregende Höhepunkte verläuft, greifen wir gern zu scharfen und würzigen Speisen.

Deutlicher Beleg
Der drastischste Beweis für das Zusammenwirken von Körper und Geist: Unterernährte Kinder bleiben in ihrer geistigen Entwicklung deutlich hinter ihren gleichaltrigen Kameraden zurück, die genug zu essen bekommen. Vor allem in den afrikanischen Ländern zeigt sich dieses Phänomen in erschreckendem Umfang.

Die Psyche und die Biochemie

● Immer mehr Wissenschaftler beschäftigen sich in jüngerer Zeit mit dem Zusammenhang von Hirn, Nerven, Psyche und Ernährung. Sie haben herausgefunden, dass bestimmte Substanzen in den Lebensmitteln die Arbeit unseres Gehirns direkt beeinflussen können. Denn die Nervenimpulse in unserem Gehirn werden nicht nur elektrisch, sondern auch chemisch übermittelt.

● Jedes elektrische Signal, das durch die Nervenbahn geht, landet ja irgendwann an deren Ende. Von hier aus geht es nur noch über die Synapsen weiter, und die brauchen zur Weiterleitung des Signals etwas Stoffliches: die so genannten Neurotransmitter. Ihre Beschaffenheit entscheidet darüber, in welcher Weise der Impuls einer Nervenzelle bei der anderen Nervenzelle ankommt, ob er als hemmend oder als anregend, als positiv oder als negativ interpretiert wird.

● Die Zusammensetzung der Neurotransmitter hängt jedoch wiederum von unserer Ernährung ab, und das erklärt schließlich die Tatsache, dass bestimmte Nahrungsmittel direkt in das Signalübertragungssystem unseres Gehirns und damit auch in unser Seelenleben eingreifen können.

Neurotransmitter
Sie sorgen für die Übertragung der Signale von einer Hirnzelle zur nächsten. Es gibt unterschiedliche Neurotransmitter: Einige von ihnen wirken eher erregend, andere von ihnen besitzen eher hemmende Effekte. Ihre Funktionsfähigkeit hängt stark von der Ernährung ab.

Unsere Ernährung – ein Spiegelbild der Seele

Doch genauso wie die Ernährung unsere Psyche beeinflusst, so wirken sich umgekehrt auch unsere psychischen Befindlichkeiten auf unseren Speiseplan aus. Denn letzten Endes handelt es sich beim Vorgang des Essens und Trinkens um nichts anderes als eine bestimmte Art des Verhaltens, und sofern jedes Verhalten ein Produkt unserer seelischen Situation ist, müssen auch Essen und Trinken vor diesem Hintergrund betrachtet werden.

Aufschlussreiche Versuche

So wird wohl jeder schon einmal die Erfahrung gemacht haben, dass es bestimmte Situationen gibt, in denen er gern zu Schokolade, Alkohol, Lakritze oder Kaffee greift. Doch auch wenn wir auf einmal Appetit auf etwas Salziges oder generell einfach nur einen Riesenhunger verspüren, obwohl wir noch wenige Minuten vorher etwas gegessen haben, ist das alles ein deutlicher Hinweis darauf, dass unsere Nahrungsbedürfnisse in irgendeinem Zusammenhang mit unserem seelischen Befinden stehen.

Gegenseitige Beeinflussung
Nicht nur die Psyche bzw. unser Instinkt lässt uns zu diesen oder jenen Nahrungsmitteln greifen, sondern auch unser Intellekt. Wie stark unsere Gedankenwelt unser Ernährungsverhalten bestimmt, lässt sich am einfachsten dadurch belegen, dass Sie gerade dieses Buch in Händen halten, und dass Sie nach dessen Lektüre möglicherweise andere Dinge essen als vorher.

Wissenschaftler haben zu dem Einfluss der Psyche auf die Ernährung einige interessante Studien durchgeführt und dabei vor allem den Stress als entscheidende Störgröße entlarvt. So konfrontierte man eine Reihe von Versuchspersonen beim Frühstück mit unangenehmen Geräuschen oder hektisch flackerndem Licht. Eine andere Gruppe musste vorher einen Intelligenztest lösen, der den Haken hatte, unlösbar zu sein.

Hektische Umweltreize und ein unlösbares Problem – ein wirklich erheblicher Stress, der denn auch den meisten Versuchspersonen ganz ordentlich den Appetit verdarb. Einige reagierten jedoch genau andersherum. Die übergewichtigen Versuchsteilnehmer bekamen nämlich unter dem Stress erst recht Hunger und langten beim Frühstück umso stärker zu. Ein deutlicher Hinweis darauf, dass Fettleibige offenbar über ein anderes Stressbewältigungsmuster verfügen als dünne Menschen.

Unterschiedliche Möglichkeiten
Stress kann den Appetit hemmen, er kann ihn aber auch steigern. Hemmend wirkt er meistens, wenn er mit Angst verbunden ist, fördernd, wenn eher melancholische Stimmungen und Hoffnungslosigkeit vorliegen und es gilt, mit Hilfe von opulenten Speisen ein Loch in der Seele zu stopfen.

Ernährungsgewohnheiten beobachten

Wenn wir also unsere Ernährungsgewohnheiten nur aufmerksam beobachten, so werden wir schon bald Rückschlüsse auf unser aktuelles seelisches Befinden ziehen können. Unser Appetit, unser Durst, unser Geschmack und schließlich unser konkreter Speiseplan – sie sind Spiegel unserer Seele, sie sind ein Diagnoseinstrument, mit dessen Hilfe wir unseren eigenen Problemen auf die Schliche kommen können.

Farben in der Natur beeinflussen unsere Stimmung – man denke nur an einen blauen Sommerhimmel oder einen schönen Regenbogen. Mit dem Essen ist es genauso: Seine Optik beeinflusst unsere Psyche und über diese unser gesamtes Verdauungssystem.

Körper oder Psyche?

Gewiss, nicht alles, was sich in unserem Ernährungsverhalten verändert, muss gleich ein Hinweis auf einen psychischen Prozess sein. Plötzlich entstehender Durst kann auch der Hinweis auf einen Diabetes sein oder aber darauf, dass wir unter Fieber leiden. Und die Heißhungerattacke auf Schokolade kann auch auf einen akuten Blutzuckermangel durch starke körperliche Belastungen zurückgeführt werden und braucht nicht unbedingt das Resultat einer Depression zu sein. Dennoch lohnt es sich, die eigene Ernährung oder auch die Ernährung des Partners oder der Kinder im Auge zu behalten.

Farben und Nahrungsmittel

Farben beeinflussen unser Seelenleben; insofern beeinflussen natürlich auch die Farben unserer Speisen unsere Psyche.

▶ Rot symbolisiert Blut, Feuer, Kraft und Hitze. Dementsprechend wirkt die Farbe Rot in erster Linie anregend. Von aggressiven und hyperaktiven Menschen sollte sie eher gemieden werden. Zu den natürlichroten Nahrungsmitteln gehören Chili, roter Paprika, Tomaten, Rote Bete, rote Bohnen, Erdbeeren und Rote Johannisbeeren.

▶ Orange belebt, wirkt aber nicht ganz so aktivierend wie Rot. Orange empfiehlt sich bei depressiven Verstimmungen. Orangefarbene Nahrungsmittel sind Kürbis, Orangen, Karotten, Klementinen und Aprikosen.

▶ Gelb symbolisiert Sonne, Licht und Offenheit. Gelb macht Gedanken beweglicher, soll verschlossene Seelen öffnen. Zu den gelben Nahrungsmitteln zählen Zitronen, Käse, Mais, Kümmel, Ingwer, Mirabellen und Bananen.

▶ Blau beruhigt die Nerven und lindert Schmerzen. In der belebten Natur ist die Farbe eher selten. Man findet sie in Heidelbeeren, blauen Trauben, Borretsch und frischen Feigen.

▶ Grün wurde schon von der heiligen Hildegard von Bingen als therapeutische Farbe geschätzt. Die moderne Farbtherapie setzt das in der Pflanzenwelt überaus weit verbreitete Grün zur Behandlung von Stimmungsschwankungen und entzündlichen Erkrankungen ein.

▶ Weiß als Farbe der Unschuld unterstützt körperliche wie psychische Reinigungsprozesse. Man findet die Farbe bei Milchspeisen, Schwarzwurzeln, Spargel, Weißkohl, Kokosfleisch und Meerrettich.

▶ Braun vermittelt das Gefühl von Geborgenheit. Nicht umsonst wirken gerade deshalb schokofarbene Süßigkeiten so attraktiv auf uns. Gesünder als Schokolade sind freilich Nüsse, Edelkastanien, Leinsamen, Tee, Zimt und Nelkengewürz.

Ernährung – ein Tor zur Seele
Unsere Ernährung ist ein sicherer Indikator, durch den wir – mit etwas Aufmerksamkeit und Geschick – an unser Innerstes herankommen können, ohne uns gleich auf die Couch des Therapeuten legen zu müssen. Mit ein bisschen Übung und einer gewissen – auch erlernbaren – Ehrlichkeit gegenüber sich selbst wird es einem leicht fallen, körperliche von psychischen Ursachen bestimmter Essgewohnheiten zu unterscheiden.

Farben gegen Krankheit
Welche Nahrungsmittel wie gefärbt sind und welche heilsamen Wirkungen diese Nahrungsmittel haben können, können Sie weiter hinten in diesem Kapitel nachlesen.

Was unser Hunger uns zeigt

Wohl jeder hat schon einmal verwundert an sich festgestellt, wie ihn – scheinbar ohne Grund – der Heißhunger auf etwas ganz Bestimmtes überfällt. Auffällig sind solche Hungerattacken nicht, wenn man nach einem langen Arbeitstag oder sportlicher Betätigung verschlingen könnte, was einem gerade in den Weg kommt, sondern dann, wenn man auf einmal unbedingt eine saure Gurke oder eine Tafel Schokolade, ein Wiener Schnitzel oder einen Magenbitter »braucht«, obwohl man sonst kaum entsprechende Gelüste verspürt. Hinter solchem spezifischen Hunger stehen oft ganz spezielle psychische Gegebenheiten, da die gewünschten Nahrungsmittel ganz spezielle unbewusste Wünsche befriedigen können.

Schokolade

Schokolade enthält Substanzen, die sich direkt auf die Neurotransmitter im Gehirn auswirken. Wir werden leider schon früh in unserer Kindheit mit der Schokolade konfrontiert, und so lernen wir schon früh, dass sie eine Depressionen hemmende Wirkung besitzt. Und alles, was Depressionen hemmend ist, wird von uns niemals vergessen. Wir erinnern uns also auch noch Jahrzehnte später daran, dass uns die Schokolade schon aus so manchem Stimmungstief geholfen hat. Und so greifen wir auch als Erwachsene immer dann zum Schokotrost, wenn uns einmal ein Stimmungstief überkommt.

Fleisch

Fleisch hat eine tiefe symbolische Bedeutung. Es steht für Männlichkeit und Aggressivität. Schon Achilles aß Knochenmark, bevor er in den Krieg zog, die Giljaken hofften mit Bärenfleisch auch die Kraft der Raubtiere essen zu können. Noch heute drängen Väter ihre essunlustigen Söhne, doch das Gemüse liegen zu lassen und dafür das Fleisch aufzuessen. Noch immer findet sich das Holzfällersteak auf den Speisekarten, obwohl längst die Maschinen die Muskelprotze von damals verdrängt haben. Wer also ein besonders starkes Verlangen nach Fleisch verspürt, will Stärke tanken – sehr wahrscheinlich deshalb, weil er sich schwach und bedrängt fühlt. Denn physiologisch gibt es eigentlich nichts, was den Appetit auf Fleisch in irgendeiner Weise rechtfertigen könnte. Egal, ob es sich um Eiweiß, Aminosäuren, Mineralien oder Vitamine handelt, das Fleisch spielt hier nur eine Nebenrolle, es gibt in der Welt der Pflanzen- und Milchprodukte immer etwas, was dem Fleisch in diesen Punkten weit überlegen ist – mit einer Ausnahme: der Eisenversorgung. Doch die ist bei Frauen viel häufiger ein Problem als bei Männern, und dennoch essen Frauen weniger Fleisch. Die Attraktivität des blutigen Steaks scheint also vielmehr in seiner Symbolik zu liegen.

Alkohol

Die Gründe für den verstärkten Griff zu alkoholischen Getränken können vielfältig sein. Einsamkeit, Stress, Angst vor dem Alleinsein und Kummer können ebenso eine Rolle spielen wie eine erbliche Veranlagung. So konnten Wissenschaftler nachweisen, dass viele Alkoholiker eine Störung im »Belohnungszentrum« ihres Gehirns haben. Mit anderen Worten: Ihr Gehirn ist weniger als andere imstande, Gefühle von Zufriedenheit und Leistungsbestätigung zu erzeugen.

Was unser Hunger uns zeigt

Milch und Milcheis

Milch ist stellvertretend für unseren ersten Kontakt zur Welt. Das Erste, was wir als Neugeborene zu uns nahmen, war die Muttermilch – ein Erlebnis, das uns Geborgenheit und Schutz vermittelte und als solches unauslöschlich in unserem Gedächtnis bleibt. Der Geschmack, aber auch die weichen physikalischen Eigenschaften von Milch und Milcheis werden daher stets angenehme Erinnerungen in uns hervorrufen; das geschieht zwar meistens nur unterschwellig, ohne uns vollständig bewusst zu werden, doch es reicht aus, um uns immer wieder zu milchig cremigen Speisen greifen zu lassen, wenn wir uns einsam fühlen und uns nach mütterlicher Geborgenheit sehnen.

Natürlich hat das Milcheis im heißen Sommer auch den Zweck, dem erhitzten Körper etwas Kühlung zu verschaffen. Doch wer überdurchschnittlich häufig am Eis schleckt, auch dann, wenn es eigentlich gar nicht so heiß ist, sehnt sich möglicherweise tatsächlich nach dem Nuckeln an der Mutterbrust zurück. Und schließlich: Jeder weiß, dass warme und süße Milch nicht nur Kinder, sondern auch Erwachsene von deren Schlafstörungen befreien kann. Doch chemisch enthält die Milch eigentlich nichts, was eine Schlaf fördernde Wirkung hätte – es müssen also die Erinnerungen an unsere Säuglingszeit sein, die uns beim Trinken von warmer und süßer Milch so wohlig in den Schlummer gleiten lassen.

Süße Speisen

Das Verlangen nach Süßem ist angeboren. Der Grad dieses Verlangens hängt jedoch stark von unseren Empfindungen ab. Er nimmt zu, wenn wir uns von anderen Menschen abgelehnt fühlen, wenn wir beispielsweise Lob oder Zuwendung erwartet, aber nicht bekommen haben. Wir versüßen uns also das Leben mit Schokolade, Kuchen, Keksen u. Ä., wenn wir in unseren Erwartungen bitter enttäuscht wurden. Häufig hat das Verlangen nach Süßem aber auch weniger tiefenpsychologische Ursachen. So verstärkt es sich, wenn wir fettreich gegessen haben, da unsere Geschmacksnerven wohl mit Deftigem, aber nicht mit Süßlichem versorgt wurden und zum Ausgleich dafür einen Nachtisch aus Pudding oder dergleichen haben wollen. Auch ein dramatischer Abfall des Blutzuckerspiegels – meistens hervorgerufen durch intensive geistige oder körperliche Tätigkeiten – kann Heißhunger auf Süßes nach sich ziehen.

Fetthaltige Speisen

Fette Speisen bestechen in der Regel durch ihr Aroma. Was viel Fett enthält, schmeckt in der Regel deftig und würzig. Das Bedürfnis nach Würzigem und Deftigem steigt wiederum mit der Unfähigkeit, auch feinere Nuancen im sinnlichen Empfinden wahrzunehmen. Mit anderen Worten: Wer seine Sinne abstumpft – und das gilt nicht nur für kulinarische, sondern auch für erotische, visuelle und andere Sinnesreize –, braucht das Deftige, um überhaupt noch etwas empfinden zu können. Es ist kein Zufall, dass uns gerade dann die Lust auf Deftig-Fettiges überkommt, wenn wir einige Stunden vor dem Fernseher oder Computerbildschirm gehockt und dort unsere Sinne mit Reizen überladen haben.

Allgemeine Grundregeln

Grundsätzlich gibt es drei Regeln, die Sie beim Zusammenstellen Ihrer Nahrung für Geist und Psyche beachten müssen.

Das Äußere ist wichtig

Zwang verdirbt den Appetit
Warum mögen eigentlich Kinder keinen Spinat? Viele Erziehungswissenschaftler vermuten, dass diese Abneigung weniger vom Geschmack der Pflanze kommt, als vielmehr von der Aufforderung der Eltern, dass die Kinder gefälligst auch einmal etwas für ihre Gesundheit essen müssen. Darüber hinaus scheint gerade zum Thema »Spinat« in Deutschlands Küchen eher Einfallslosigkeit zu herrschen.

Achten Sie auf das Äußere der Nahrung, achten Sie auf Farben, Symbolik, Geschmack und Geruch! Wenn Sie beispielsweise ohnehin schon mit starken Aggressionen zu tun haben, sollten Sie nicht auch noch Fleisch essen, das eine starke männlich-aggressive Symbolik transportiert. Und wer unter Fieber leidet, sollte keine roten oder organgefarbenen – also keine warmen – Farbtöne in seiner Nahrung haben, sondern auf grüne und blaue Nuancen setzen, von denen Farbpsychologen wissen, dass sie unser vegetatives Nervensystem zu kühlenden Maßnahmen verleiten und kühlende Stimmungen auslösen.

Das Gehirn auf Trab bringen

Nahrung für die Psyche muss die Hirnphysiologie unterstützen. Dies bedeutet konkret: Die Nahrung muss so ausgewählt sein, dass sie die chemischen Abläufe im Gehirn optimiert.

Den Körper entlasten

Nahrung für die Psyche muss sämtliche Funktionen Ihres Körpers unterstützen, also auch rein organische. Dies bedeutet konkret: Ihre Ernährung darf den Organismus nicht belasten, sondern muss ihn unterstützen und vital halten. Denn der Geist geht nur so weit, wie der Körper ihn trägt.

Achten Sie auf das Äußere der Nahrung

▶ Tipp Nr. 1: Ihr Essen muss Ihnen schmecken. Die Wirkung des besten Nährmittels für Ihre Psyche verpufft im Leeren, wenn es Ihnen nicht schmeckt und es nicht gut riecht. Sie können noch so viele Vitamine zu sich nehmen – wenn Ihnen das Essen nicht schmeckt, zieht das Ihre Stimmung unweigerlich in den Keller. Wer seinen Speiseplan als Strafe und nicht als Lust empfindet, hat auch keinen Spaß mehr am Denken, an Kreativität, an Sex und an Liebe – und er hat auch die denkbar ungünstigsten Voraussetzungen, um in seinem Leben glücklich zu werden.

▶ Tipp Nr. 2: Achten Sie auf die Farben Ihrer Mahlzeiten, denn die besitzen eine ausgesprochen starke Wirkung auf Ihre Psyche. Die ideale Farbkombination Ihres Essens und Ihrer Getränke müssen

Nahrungsmittelfarben – hilfreich oder schädlich

Rot

- Nahrungsmittel:
Tomate, Paprika, Erdbeere, Kirschen, einige Apfelsorten, Himbeeren, Radieschen, Fleisch, Früchtetee, Lachs
- Hilft bei:
Depressionen, Hypotonie (niedrigem Blutdruck), Müdigkeit
- Gegenanzeigen:
Schlaflosigkeit, Hypertonie (Bluthochdruck), Aggressivität, Nervosität

Weiß

- Nahrungsmittel:
Geschälter Reis, Milch, Joghurt, Quark, Sellerie, Weißkohl, Blumenkohl, in der Regel auch gebratener Fisch und bestimmte Teile von gebratenem Huhn
- Hilft bei:
Trauer, Angst, Einsamkeit, Schuldgefühlen
- Gegenanzeigen:
Hyperaktivität, Nervosität

Gelb

- Nahrungsmittel:
Banane, Dattel, einige Apfel- und Birnensorten, Honigmelone, Quitte, geschälte Kartoffel, Paprika, Käse, Curry
- Hilft bei:
Asthma, Depressionen, vegetativer Dystonie
- Gegenanzeigen:
Nervosität

Grün

- Nahrungsmittel:
Kohlrabi, einige Apfel- und Birnensorten, Weintraube, Kiwi, Gurke, Zucchini, Kohl, Brokkoli, Paprika, Petersilie, Schnittlauch, Lauch
- Hilft bei:
Atemproblemen, Ärger, Nervosität, Erschöpfung, Depressionen, Hypertonie (Bluthochdruck), Schlafstörungen
- Gegenanzeigen:
Keine bekannt

Orange

- Nahrungsmittel:
Orange, Karotte, Mandarine, Pfirsich, Aprikose
- Hilft bei:
Allergien, Appetitlosigkeit, Libidoschwäche
- Gegenanzeigen:
Nervosität, Schlaflosigkeit

Blau

- Nahrungsmittel:
Trauben, Pflaumen, Holunderbeeren, Heidelbeeren, Brombeeren
- Hilft bei:
Nervosität, Hypertonie (Bluthochdruck), Hyperaktivität, Nervosität, Schlafstörungen, Wutausbrüchen
- Gegenanzeigen:
Muskelverspannungen, Antriebslosigkeit

Grün – nicht nur psychisch wertvoll
Die Farbe Grün ist in der Pflanzenwelt zwangsläufig weit verbreitet. Sie ist fast immer ein sicheres Zeichen für viel Vitamin C, viele Flavonoide und auch viele Karotinoide.

Essen muss Spaß machen
Noch mal der Rat: Lassen Sie sich, auch wenn Sie abnehmen oder sich gesund ernähren wollen, nicht den Spaß am Essen nehmen. Versuchen Sie vielmehr – gerade auch über das Aussehen der Gerichte –, die Nahrungsaufnahme zu einem kleinen Ritual, einem kleinen Fest zu machen. Denn die gesündesten Biostoffe bleiben wirkungslos, wenn sie ohne Freude aufgenommen werden. Nur ein entspannter, stressfreier Körper verfügt über ein optimal funktionierendes Verdauungssystem.

Besondere Konzentration erfordert besondere Nahrung. Wer sich falsch ernährt, wird nach kurzer Zeit fahrig, zerstreut und unsicher.

Zwei wichtige Quellen
Wenn ein Gehirn einwandfrei funktionieren soll, muss es mit großen Mengen an Brennstoffen (Kohlenhydraten) und Biostoffen versorgt werden, die den Hirnstoffwechsel unterstützen (Aminosäuren, Cholin).

Ihren psychischen Zustand ergänzen – negative Stimmungen, Empfindungen und Gedanken müssen farblich abgebaut, positive Stimmungen, Empfindungen und Gefühle müssen farblich unterstützt werden (siehe hierzu den Kasten auf der vorigen Seite).

▶ Tipp Nr. 3: Berücksichtigen Sie die Symbolik der Nahrungsmittel! Denn Nahrungsmittel haben ein uraltes kulturelles Erbe, und dadurch sind sie gefüllt mit zahlreichen psychisch wirksamen Inhalten, die mit Ihrer aktuellen psychischen Situation abgestimmt sein müssen (siehe hierzu nebenstehenden Kasten).

So unterstützen Sie die Arbeit Ihres Gehirns

Wenn Sie Ihr Gehirn in seiner Tätigkeit unterstützen wollen, müssen Sie zweierlei berücksichtigen.

▶ Erstens müssen Sie Ihr Gehirn ausreichend mit Energie versorgen, es muss fortwährend unter Dampf gehalten werden, damit sich nicht frühzeitig Müdigkeitserscheinungen oder Missmut einstellen. Die Lösung für dieses Problem liegt in B-Vitaminen und hochwertigen Mehrfachzuckern.

▶ Zweitens müssen sich in der Nahrung genau jene Substanzen befinden, aus denen der Körper die notwendigen Neurotransmitter – die Botenstoffe zur Signalübermittlung von Nervenzelle zu Nervenzelle – bilden kann. Eine entscheidende Rolle spielen hier essenzielle Aminosäuren wie Tryptophan und Vitamine wie Cholin, auf deren Zufuhr von außen der Körper angewiesen ist.

So unterstützen Sie die Funktionen Ihres Körpers

Der Gesundheitszustand Ihres Körpers entscheidet über die Leistungsfähigkeit Ihres Gehirns. Wenn Ihr Darm nicht imstande ist, wichtige Biostoffe zu erschließen, kann Ihre Nahrung noch so sehr den Richtlinien einer gesunden Ernährung entsprechen, es wird nichts nutzen.

Nahrung für die Psyche bleibt auch dann ohne Effekt, wenn Ihr Körper mangelernährt ist. Ein kranker Körper lenkt die Aufmerksamkeit auf sich, hier ist dann kein Platz mehr für die Entfaltung eines freien Geistes. Wer also mittels einer hochwertigen Ernährung seinen Körper in Schuss hält, schafft bereits die idealen Startbedingungen für die Weiterentwicklung seiner psychischen Leistungen.

Rotwein – nicht nur die Farbe wirkt
Die rote Farbe des Weins ist ein Hinweis auf einen hohen Gehalt an bestimmten Biostoffen, von denen die Wissenschaftler mittlerweile wissen, dass sie das Risiko von Krebs und Herzinfarkt begrenzen.

Die Symbolik der Nahrungsmittel

Fleisch
Fleisch, vor allem halb gegartes, noch blutendes Steakfleisch, steht für Kraft und männliche Aggressivität. Der Verzehr von Fleisch kann bereits vorhandene Aggressionen verstärken.

Milch
Milch – auch Milchspeiseeis – steht für Schutz und Geborgenheit der Mutterbrust. Sie hilft, wenn wir uns einsam und verlassen fühlen; sie ist jedoch genau das Falsche für introvertierte, ängstliche Typen, denen eigentlich ein aggressiveres Verhalten gegenüber der Umwelt gut tun würde.

Bier
Bier ist in Deutschland das Getränk Nummer eins, doch es ist nach wie vor ein männliches Getränk. Bier trinkende Frauen werden von Männern gern als unweiblich stigmatisiert.

Wein
Im Unterschied zum Bier hat Wein ein etwas edleres Image – und er ist »frauentauglich«. Rote Weine gelten sogar als Inbegriff der Sinnlichkeit schlechthin; ihre therapeutischen Wirkungen auf Antriebsmangel, niedrigen Blutdruck und Libidomangel sind schon lange bekannt.

Rohkost
Rohkost hatte lange Zeit das schlechte Image des Armeleuteessens. Heute gilt sie als Inbegriff von Vitalität und Gesundheit. Rohkost hat auch auf der psychischen Ebene eine stark vitalisierende Wirkung.

Psychoanalyse am Esstisch?
Welche Symbolik bestimmte Nahrungsmittel transportieren, das zu wissen kann nicht nur nützlich sein, wenn Sie diese bewusst einsetzen, um gesundheitsfördernde Wirkungen zu erzielen. Sie können umgekehrt auch von Ihren Vorlieben auf bestimmte psychische Gegebenheiten bei Ihnen schließen. Wenn Sie also mehr über sich selbst, speziell über Ihr Unbewusstes erfahren wollen, kann es durchaus nützlich sein, wenn Sie einmal Ihren Speiseplan bzw. Ihre Essgewohnheiten genauer unter die Lupe nehmen.

Essen macht glücklich – nur das richtige muss es sein!

Gute Laune

Schlechte Laune und die erregte Müdigkeit

Wohl jeder kennt das Phänomen der erregten Müdigkeit. Wir fühlen uns müde und erschlagen, die Konzentration nähert sich dem Nullpunkt, und eigentlich wollen wir schlafen – doch auf der anderen Seite sind wir zu erregt, um Ruhe zu finden. Ein Gefühl, das in heutiger Zeit sehr häufig auftritt, denn oft sind wir gezwungen, auch dann noch zu arbeiten, wenn Körper und Geist schon längst deutliche Pausensignale gesetzt haben. Wir sitzen dann bei der Arbeit, versuchen uns halbwegs über Wasser zu halten, doch wenn irgendetwas Unvorhergesehenes passiert, werden wir aggressiv: Wir haben schlechte Laune.

Schlecht drauf sein – eine Folge der Müdigkeit

In diversen Untersuchungen konnte nachgewiesen werden, dass schlechte Laune einen engen Zusammenhang mit dem Gefühl der erregten Müdigkeit besitzt. Unser Gehirn ist eigentlich zu müde, um etwas zu tun, und wird dennoch gezwungen, etwas zu leisten. Am Ende findet es selbst dann keine Entspannung mehr, wenn es sich eigentlich entspannen darf – zu sehr hat es sich an den Mechanismus des Wachhaltens gewöhnt. Ein klassischer Fall von Stress, der schließlich bei vielen von uns in schlechter Laune mündet.

Hören Sie auf die Signale

Wer also seine gute Laune bewahren will, sollte auf die Signale seines Gehirns achten. Er sollte nicht über Müdigkeit und Erschöpfung einfach hinwegarbeiten, sondern sie ausleben: etwa durch ein Nickerchen, eine Meditation, einen Spaziergang oder einen belanglosen Plausch mit Kollegen. Vollkommen falsch sind Aufputschmittel wie Kaffee, Energydrinks oder Cola. Denn die führen nach kurzfristiger Aufmunterung zu einem Abfall des Glückshormons Serotonin: Die Laune sinkt ins Bodenlose.

Essen für die Stimmung

Andererseits ist es durchaus möglich, seine gute Laune mit Hilfe von Ernährungstricks aufrechtzuerhalten. Wie weit Stimmungen mit der Ernährung zusammenhängen können, zeigt der Heißhunger auf Süßes, der – zumindest bei den meisten von uns – komischerweise

Das Gehirn gut versorgen
Gute Laune ist an ein entspanntes Gesamtempfinden, an einen ausgeruhten Organismus gebunden. Wer permanent unter Stress steht, wird seine gute Laune auf Dauer nicht behalten können. Aufputschmittel helfen da nicht – im Gegenteil: Wenn ihre Wirkung nachlässt, sind der Stress, die Erschöpfung, das »tiefe, schwarze Loch« größer als vorher. Trotzdem kann man über seine Ernährung seine Laune steuern – indem man das Gehirn mit den Biostoffen versorgt, die es entspannter und leistungsfähiger machen.

immer dann auftritt, wenn wir schlechter Laune sind. In diesem Fall registriert das Gehirn einen akuten Energieabfall, den es über einen entsprechenden Befehl des Appetitzentrums durch Heißhunger auf Süßes zu kompensieren sucht. Zucker führt schnell, wenn auch nur kurzzeitig, zu einer besseren Energieversorgung des Organismus. Heißhunger, speziell der auf Süßes, ist also oft eine Art Notruf vom Gehirn, wenn es sich im Energienotstand befindet.

Doch auch abseits solcher »Notprogramme« gibt es zahlreiche Zusammenhänge zwischen Essgewohnheiten und guter bzw. schlechter Laune.

Das nimmt Ihre Laune übel

Ein Hauptfeind der guten Laune sind die Triglyzeride. Diese Fette machen das Blut zähflüssiger und beeinträchtigen dadurch den Sauerstofftransport zum Gehirn. Eine Therapie mit fettarmer Ernährung hat in einer US-Studie bei Patienten mit mittleren und schweren Depressionen erstaunliche Verbesserungen erzielen können. Der ideale Triglyzeridwert im Blut liegt bei 120 bis 150 Milligramm pro Deziliter Blut. Übergewichtige und unsportliche Personen besitzen überdurchschnittlich häufig hohe Triglyzeridwerte im Blut. Zu den triglyzeridhaltigen Nahrungsmitteln gehören Schweine- und Rindfleisch sowie deren Würste, Innereien und Saucen. Süßigkeiten wie Kuchen und Schokolade erhöhen ebenfalls den Triglyzeridspiegel im Blut, weil sie durch ihren enormen Zuckergehalt wichtige Fettabtransportstoffe für sich beanspruchen und dadurch den Stoffwechsel negativ beeinflussen.

Das tut Ihrer Laune gut

Das Gefühl der erregten Müdigkeit geht einher mit Veränderungen im Neurotransmitterhaushalt unseres Gehirns. Typisch sind der Anstieg von Tryptophan und der Abfall von Serotonin, dem entscheidenden Hormon zur Auslösung von Glücksgefühlen.

Der Anstieg des einen und der Abfall des anderen sind eigentlich ein Paradox, weil ja die Aminosäure Tryptophan der Vorläufer des Neurotransmitters Serotonin ist. Dieser Widerspruch besteht aber nur scheinbar: Schlechte Laune zeigt sich darin, dass wohl die allergünstigsten Voraussetzungen zur Bildung des Gute-Laune-Hormons Serotonin vorhanden sind (nämlich genügend Tryptophan), doch dass diese Voraussetzungen nicht in die Tat umgesetzt werden. Der Tryptophangehalt im Gehirn steigt – die Folge ist Müdigkeit –, und der Serotoningehalt sinkt – die Folge ist Angespanntheit.

Die Tryptophanstafette Tryptophan wird in den Nervenbotenstoff Serotonin umgewandelt, aus dem dann in einem weiteren Schritt das Hormon Melatonin hergestellt wird. Dieses Hormon wird in Abhängigkeit vom Tag-Nacht-Rhythmus ausgeschüttet und sorgt für einen ruhigen und erholsamen Schlaf.

Tipps für Ihren Speiseplan

Avocado – die Gute-Laune-Frucht

Die Avocado wird in Südamerika auch Alligatorbirne genannt und zeigt damit zur Genüge, wie »bissig« sie unsere Psyche auf Vordermann zu bringen vermag. Der spanische Eroberer Cortez bekam sie von den Azteken geschenkt und brachte sie schließlich zu uns nach Europa.

Mittlerweile gibt es etwa 400 Avocadosorten auf der Welt. Die Hauptanbaugebiete befinden sich in den USA, Afrika, Indien, Ozeanien und Israel. Der Avocadobaum benötigt sieben Jahre, bis er die ersten Früchte trägt. Doch die zeigen dafür einen enormen Nährstoffgehalt. Die Avocadofrucht enthält überdurchschnittlich hohe Anteile an Leuzin und Isoleuzin, die zur Bildung von Serotonin notwendig sind. Darüber hinaus enthält sie auf 100 Gramm etwa 500 Milligramm Kalium und 30 Milligramm Magnesium, die zur Übertragung der Nervensignale im Gehirn gebraucht werden. Beeindruckend ist schließlich ihr Gehalt an den Vitaminen E, Niazin, B6, Folsäure und C. 100 Gramm Avocadofleisch enthalten schließlich auch noch 0,6 Milligramm Salizylsäure, eines der wirksamsten Schmerzmittel, die die Natur zu bieten hat.

Komplexe Kohlenhydrate

Eine ausreichende Versorgung mit komplexen Kohlenhydraten macht hinsichtlich der guten Laune einen doppelten Sinn. Sie sorgt für einen konstant hohen Energiespiegel im Gehirn, und sie hilft bei der Umwandlung von Tryptophan zum Gute-Laune-Hormon Serotonin. Darüber hinaus muss die Ernährung ausreichend Leuzin und Isoleuzin enthalten; die beiden Aminosäuren befinden sich vor allem in Oliven, Avocados, Papayas, Kokosnüssen, Walnüssen und Haselnüssen.

Kohlenhydrate aus Obst

Der Einfachzucker aus Früchten und Gemüse bringt den Blutzuckerspiegel relativ schnell auf ein hohes Niveau, ihr Mehrfachzucker sorgt dafür, dass das Niveau möglichst lange oben bleibt. Günstige Kohlenhydratprofile für die gute Laune besitzen

- Äpfel
- Bananen
- Brotfrucht
- Oliven
- Kartoffeln
- Pastinaken
- Zuckererbsen

Avocadobrotaufstrich

Das aus der Schale gelöste Fruchtfleisch wird mit der Gabel püriert. Dann vermischen Sie es mit Zwiebeln, frischem Knoblauch (eine halbe Zehe auf eine Avocadofrucht), Zitronensaft, Kräutern der Provence und Salz. Der Aufstrich schmeckt besonders gut auf knackigem Roggen- oder Zwiebelbrot. Im Kühlschrank hält er sich für etwa fünf Tage.

Der Grund für diese ungünstige Entwicklung liegt meistens darin, dass wichtige Gehilfen zur Umwandlung von Tryptophan zu Serotonin fehlen. Zu denen zählen vor allem die komplexen Kohlenhydrate sowie die Aminosäuren Leuzin und Isoleuzin. Die Versorgung mit all diesen Stoffen ist ohne Probleme durch eine ausgewogene Ernährung sicherzustellen. Komplexe Kohlenhydrate finden sich in Obst und Gemüse, Leuzin und Isoleuzin in Avocados und Nüssen.

Avocado-Müsli-Salat

● Zutaten (für 2 Personen): 1 Avocado, 1 Tomate, ½ Apfel (nicht zu mehlig, am besten etwas säuerlich), 1 kleine Salatgurke, 1 EL Essig, Salz, gemahlener Pfeffer, 1 EL Olivenöl, ½ Zwiebel, etwas gehackte Petersilie, 2 TL Weizenflocken

● Die Avocado halbieren und vom Kern befreien.

● Die Tomate wird gewaschen und entstielt, der Apfel entkernt und geschält, die Salatgurke geschält (wobei einige Stellen der Schale ruhig stehen bleiben können).

● Alles in kleine Würfel schneiden und vermischen.

● Für die Sauce wird der Essig in einer Schüssel mit Salz und Pfeffer gewürzt und mit dem Pflanzenöl verrührt. Die Zwiebeln würfeln und zusammen mit der Petersilie untermischen. Über den Salat gießen.

● Den Abschluss bilden die Weizenflocken, die über dem Salat verteilt werden. Vor dem Servieren 15 Minuten ziehen lassen!

● Der Salat ist ungemein nahrhaft und eignet sich als vollwertige Mahlzeit!

GRÜNE BANANEN, ÜBERBACKEN

Zutaten für 2 Personen

2 unreife Bananen
2 EL Honig
1 Scheibe Gouda

Zubereitung

Die Bananen schälen, halbieren und braten. Mit Honig bestreichen, den Käse darüber legen und kurz überbacken, bis der Käse zu verlaufen beginnt.

Vielseitige Avocado
Die Alligatorbirne eignet sich zur Zubereitung von
▶ **Schmackhaften Suppen**
▶ **Saucen und Dips**
▶ **Süßsauren Salaten**
▶ **Zahlreichen Vorspeisen**
▶ **Cremes und Desserts**
▶ **Brotbelägen**
▶ **Rohkost**

Zwei Seiten einer Medaille: Zur Konzentration gehört Entspannung.

Leichte Verdaulichkeit ist Trumpf

Opulente Nahrungsmittel, die viel Fett und Eiweiß enthalten, beanspruchen den Verdauungsapparat. Das vegetative Nervensystem reagiert darauf mit einer Blutumverteilung vom Gehirn weg in Richtung Magen und Darm – eine denkbar ungünstige Voraussetzung zum konzentrierten Arbeiten. Wer lange und konzentriert arbeiten will, sollte daher möglichst auf mehrere kleine Mahlzeiten setzen, die außerdem beim Verdauen keine Gase und Blähungen erzeugen.

Optimale Konzentration

Geisteskräfte bündeln

Die Konzentration gehört neben Intelligenz und Kreativität sicherlich zu den wichtigsten Voraussetzungen des geistigen Arbeitens. Konzentration heißt im Wesentlichen, dass sich die geistigen Kräfte auf einen bestimmten Punkt bündeln, also nicht zerstreut in alle Richtungen verwehen, sondern ihre ganzen Energien auf die Lösung eines bestimmten Problems richten.

Höchstleistungen in der Einsamkeit

Den höchsten Gipfel der Konzentration erreicht der Mensch, wenn er mit sich allein, von äußeren Reizen abgeschottet ist. Das wussten schon die Völker der Antike. Große Politiker zogen sich in die Einsamkeit der Berge zurück, wenn sie Kraft und neue Ideen für rhetorische Schlachten sammeln wollten, und die Philosophen waren ohnehin dafür bekannt, nicht gerade gesellig zu sein (mit Ausnahme vielleicht von Sokrates).

Im Mittelalter wurden die großen geistigen Leistungen von Mönchen vollbracht, die in der Abgeschiedenheit eines Klosters lebten und sich nicht um ihren Lebensunterhalt kümmern mussten, und auch die großen Schriftsteller, bildenden Künstler und Musiker des 18. und 19. Jahrhunderts suchten die Einsamkeit, wenn sie etwas Besonderes schaffen wollten.

Das Zeitalter der Reizüberflutung

In heutiger Zeit ist Abgeschiedenheit jedoch selten geworden. Kaum ein Augenblick vergeht, in dem der Mensch nicht von irgendwelchen Reizen bombardiert wird. Neben den acht bis zehn Stunden Arbeit pro Tag schaut er zu Hause in die Bildschirme seines Heimcomputers oder seines Fernsehgerätes, beim Autofahren hört er Radio, und in Kaufhaus und Restaurant ist man unablässigem Gedudel ausgesetzt. Das Funktelefon ist mittlerweile zum Statussymbol geworden, vorgeblich, um immer erreichbar zu sein, im Endeffekt aber mit der Konsequenz, dass jeder Anspruch auf Ruhe und Abgeschiedenheit aufgegeben ist. Konzentration ist in solchen Situationen praktisch unmöglich geworden, und vor diesem Hintergrund darf es denn auch nicht verwundern, dass überragende Leistungen – egal, ob in Kultur, Wissenschaft oder Wirtschaft – eher selten geworden sind.

Die Elemente der Konzentration

Konzentration ist also nur möglich, wenn es gelingt, sich aus dem Trubel des Alltagsgeschehens auszuklinken. Dazu sind allerdings eine Reihe von Dingen notwendig.

▶ Man muss eine gewisse Gleichgültigkeit gegenüber dem Alltagsgetriebe besitzen. Die Genies aus Kunst, Musik und Dichtung waren immer dadurch gekennzeichnet, dass sie sich ganz um ihr Werk gekümmert haben und ihnen die Welt um sie herum relativ egal war.

▶ Man muss an etwas schon interessiert sein, denn wo kein Interesse besteht, findet sich auch keine Bereitschaft, die geistigen Kräfte zu bündeln.

▶ Man muss körperlich gesund sein. Denn Krankheiten und Schmerzen lenken ab.

▶ Die Ernährung muss so ausgerichtet sein, dass sie die Kräfte im Gehirn bündelt und nicht die Aufmerksamkeit auf sich selbst zieht. Darüber hinaus muss sie die Hirnphysiologie unterstützen.

Das nimmt Ihre Konzentration übel

Ungünstig für die Konzentration sind schwer verdauliche Nahrungsmittel wie Schweinefleisch, Rindfleisch, Sahnesaucen, Dosengerichte, Fastfood, Sahne und Sahnekuchen sowie Sahnequark.

Auch blähungsfördernde Nahrungsmittel sind Konzentrationskiller. Meiden Sie Haferkleie, Hafermehl, Gerstenkleie, Karotten, Rote Bete, Rettich, Radieschen, Sellerie, Schwarzwurzeln, Zwiebeln, Hülsenfrüchte und Rosenkohl.

Das tut Ihrer Konzentration gut

▶ Die Nahrung muss in großem Umfang Biostoffe zur Unterstützung der Hirnarbeit enthalten.

▶ Die Nahrung muss das Gehirn durchgehend mit Energie versorgen.

▶ Die Speisen müssen leicht verdaulich sein, dürfen den Verdauungstrakt nicht belasten und beim Verdauungsprozess nicht allzu viel Blut auf sich ziehen.

▶ Die Mahlzeiten müssen schmecken, dürfen jedoch nicht zu stark gewürzt sein, da dies einen starken Nachgeschmack hinterlassen könnte, der die Aufmerksamkeit ablenkt. Das Essen sollte keine Geschmacksrichtung überbetonen, sondern feine Geschmacksnuancen enthalten, um die Sinne nicht abzustumpfen.

▶ Die Nahrungsmittel sollten eine neutrale Symbolik besitzen. Aggressive Symbole (wie z. B. bei Fleisch) sind konzentrationshemmend.

Konzentrierte Stille

Wer seine Konzentration fördern will, muss heutzutage Fremdreizen aus dem Weg gehen. Eine solche Empfehlung mag früher völlig überflüssig gewesen sein – heute verfolgen uns auf Schritt und Tritt Bildschirmgeflimmere und seichtes Gedudel aus unzähligen Lautsprechern. Die ideale Gegenwehr, um sich von solcher visueller und akustischer Umweltverschmutzung nicht überschwemmen zu lassen, besteht in Meditationsübungen (Zen, autogenes Training usw.). Aber so weit müssen Sie gar nicht gehen. Auch im Alltag können Sie sich sammeln, wenn Sie Momente der Stille bewusst und konzentriert zu erleben versuchen oder ab und zu den Blick zur Entspannung wirklich auf etwas ruhen lassen: auf einem schönen Bild, einer Landschaft, einem Baum …

Neutrale Symbolik

Nahrungsmittel besitzen nicht nur physiologisch wirksame Substanzen, sondern auch eine psychologisch wirksame Symbolik. Welche Symbolik sich auf die Konzentration hinderlich oder fördernd auswirkt, hängt ab von der Persönlichkeit des jeweiligen Menschen. Es gibt Typen, die konzentriert arbeiten können, wenn sie aggressiv sind, andere werden durch aggressive Gedanken nur abgelenkt.

Mit Bananen auf Nummer Sicher

Auf Nummer Sicher geht derjenige, der auf Nahrungsmittel setzt, die nur wenig symbolischen Gehalt besitzen; dazu gehören Rohkost, Obst, Vollkorn und Joghurt, sie besitzen darüber hinaus auch physiologisch die idealen Voraussetzungen zur Förderung der Konzentration. Umstritten ist die Symbolik der Banane. In der Antike ehrte man sie als »Frucht der Weisen«, heute wird sie aufgrund ihrer länglichen Krümmung gern als Phallussymbol eingeschätzt. Für die erste Version spricht allerdings mehr, denn die Banane enthält zu viele Vitamine, Mineralien und komplexe Kohlenhydrate, als dass sie beim geistigen Arbeiten nicht zum Einsatz kommen sollte.

Geschmack mit feinen Nuancen

Die Mahlzeiten während der konzentrierten Arbeit sollten natürlich schmecken und nicht nur widerwillig als notwendiges Übel aufgefasst werden. Beim Würzen sollte jedoch auf feine Nuancen geachtet werden. Wenn eine Speise einseitig süß oder salzig schmeckt oder von einem anderen Gewürz allzu stark dominiert wird, stumpft nicht nur der Geschmackssinn ab, durch Querverbindungen im Hirn werden auch die anderen Sinne in ihrer Sensibilität beeinträchtigt. Der betreffende Mensch hat dann für längere Zeit kein Gespür mehr für Nuancen, und das wirkt sich nachteilig auf alle Tätigkeiten aus, die von einer scharfen Beobachtungsgabe getragen werden.

Reizüberflutung – auch beim Essen

Warum sollte es bei der Nahrung anders sein als im Kaufhaus: So, wie uns dort immerwährende Musik die Ohren verstopft, wird mit überwürztem Geschmackskleister zum Angriff auf unsere Geschmacksnerven geblasen. Überfettete, überzuckerte Schokoriegel, Pommes mit Mayo und Ketchup – der klare, ehrliche Einzelgeschmack hat in der Welt des Fastfood genauso wenig noch eine Chance, wie die wohl dosierte Schärfe einer klassischen Nationalküche aus Fernost. Versuchen Sie also, Ihre Geschmacksnerven mal wieder etwas zu sensibilisieren!

Würze fürs Gehirn

● Konzentrationsfördernde Gewürze sind Anis, Galgant, Harz, Honig, Koriander, Kreuzkümmel, Lorbeer, Oregano, Paradieskörner, Pfeffer, Rosmarin, Selleriegrün, Tamarinde, Zimt.

● Konzentrationshemmende Gewürze sind Paprika, Salz, Wacholder.

Fein dosierte Konzentrationsnahrung

Es gibt verschiedene Wege, die Konzentration zu fördern – genug, dass man sich bei seiner Nahrungsauswahl auch auf ganz spezielle Situationen einstellen kann. So braucht man z. B. zu Beginn einer geistigen Anstrengung andere Biostoffe, als wenn man sich bereits an deren Ende und in entsprechender Erschöpfung befindet. Hier ein exemplarischer Speiseplan, der Ihnen zeigt, wie vielseitig Sie auf die Anforderungen Ihres Denkapparats reagieren können.

Zu Beginn der konzentrierten Arbeit

Frischkornmüsli mit Trockenfrüchten
4 EL geschroteter Weizen, 2 EL geschrotete Gerste, 200 g Trockenfrüchte, 1 frischer Apfel, 4 EL Joghurt, 1 kleiner Becher Milch, einige Nüsse nach Wahl (für 2 Personen)
Zubereitung:
Das Getreide wird im Saft der Trockenfrüchte eingeweicht; wenn keiner vorhanden ist, wählen Sie ersatzweise Multivitaminsaft. Einige Zeit stehen lassen. Dann kommen die Trockenfrüchte hinzu und der klein geschnittene Apfel, der Joghurt, die Milch und die Nüsse.

Ein konzentrationsfördernder Zwischensnack

Nusspüree
20 Walnüsse, etwa 100 g Schmand oder Sauerrahm, 1 Prise Zimt, etwas Salz, 2 EL Olivenöl (für 2 Personen)
Zubereitung:
Alle Zutaten im Mixer grob pürieren, das Öl kommt erst am Ende hinzu: ein wunderbarer Brotaufstrich.

Für frische Kohlenhydratreserven nach der Arbeit

Pellkartoffeln mit Gemüseragout
½ kg gewaschene Kartoffeln, 1 Zwiebel, etwas Öl, 200 g geschälter Kohlrabi, 200 g Karotten, 50 g Zuckerschoten, 100 g Schmand oder Sauerrahm, 100 g Crème fraîche, Salz, Pfeffer, Muskat, ½ Bund Kerbel (für 2 Personen)
Zubereitung:
Die Kartoffeln 20 Minuten lang mit der Schale im Topf kochen. In einer Pfanne die klein gehackten Zwiebelstücke im Öl andünsten, das Gemüse zugeben. Danach Schmand und Crème fraîche zugießen und 12 Minuten garen. Mit Salz, Pfeffer und Muskatnuss abschmecken. ½ Bund gehackte Kerbelblätter bildet den Abschluss.

Achtung beim Würzen
Neben der Sorgfalt, die man dafür aufwenden sollte, schmackhafte, aber nicht überwürzte Speisen zu erhalten, ist zu beachten, dass nur bestimmte Gewürze förderlich auf die Konzentration wirken. Andere wirken beruhigend bis einschläfernd oder aber allzu erregend und ekstatisierend, so dass sie für konzentriertes Arbeiten ungeeignet sind.

Nüsse – echte Biobomben fürs strapazierte Hirn
Nüsse gehören zu den besten Hirnversorgern, die es gibt. Sie enthalten hochwertige Proteine, wichtige B-Vitamine und zahlreiche Mineralien. Von Walnüssen ist mittlerweile bekannt, dass sie die Blutgefäße im Hirn vor Cholesterinablagerungen schützen.

Tipps für Ihren Speiseplan

Vitamin B12
Vitamin B12 unterstützt den Körper bei der Eigensynthese von Cholin. Es befindet sich vor allem in Fleisch- und Milchprodukten sowie in Bierhefe.

Leicht verdaulich
Förderlich für Konzentration sind diese leicht verdaulichen Lebensmittel mit einem geringen Blähungsrisiko:
▶ **Weizenmehl**
▶ **Getreideflocken**
▶ **Obst**
▶ **Kürbiskerne**
▶ **Sonnenblumenkerne**
▶ **Naturreis**
▶ **Sojaprodukte**
▶ **Joghurt**
▶ **Müsli**

Komplexe Kohlenhydrate

Das Gehirn bezieht seine Energie vorwiegend aus Zucker; ein erwachsenes Gehirn benötigt etwa 180 Gramm Glukose täglich, bei geistiger Arbeit liegt der Bedarf deutlich über 200 Gramm. Dies bedeutet, dass es nur dann länger auf hohem Niveau konzentriert arbeiten kann, wenn es gelingt, den Blutzuckerspiegel dauerhaft hoch zu halten. Die Lösung hierzu liefern die komplexen Kohlenhydrate oder Mehrfachzucker aus Pflanzen. Denn im Unterschied zum Einfachzucker aus Süßigkeiten, Honig, Kuchen, Limonade und Colagetränken erhöhen sie den Glukosespiegel nicht nur kurzfristig, sondern für längere Zeit. Komplexe Kohlenhydrate befinden sich in Obst, Rohkost, Gemüse, Kartoffeln und Vollkornprodukten.

Vitamin C

Es unterstützt die Bildung von wichtigen Neurotransmittern. Dadurch wirkt es in höheren Dosierungen als ausgesprochener Muntermacher. Vitamin C befindet sich in großem Umfang in allen Zitrusfrüchten sowie in bestimmten Gemüsesorten wie Paprika, Petersilie, Tomaten und Meerrettich.

Magnesium

Dieses Mineral hemmt als Gegenspieler des Kaliums alle Erregungs- und Sekretionsvorgänge. Durch Dämpfung der Erregbarkeit von Nerven und Muskeln ist es genau das richtige Mittel gegen Stress, Gereiztheit und Aggressionen, die ja bekanntlich zu den größten Konzentrationshindernissen gehören.
Magnesium befindet sich vor allem in Samen, Nüssen und Hülsenfrüchten sowie in Vollkornprodukten.

Cholin

Dieses B-Vitamin ist der Ausgangsstoff des Neurotransmitters Azetylcholin, der sozusagen auf den Brückenköpfen sitzt, durch die die einzelnen Nervenzellen im Gehirn miteinander verbunden sind. Cholin befindet sich vor allem in Nüssen, Samen, Vollkorn und Hülsenfrüchten. Auch Fleisch und vor allem Leber enthalten große Mengen des Vitamins, sie sollten jedoch aufgrund ihrer schweren Verdaulichkeit während des konzentrierten Arbeitens nicht auf den Tisch kommen.
Der beste Snack für zwischendurch ist ein Müsli mit Kiwi und frischer Milch.

Konzentration auch unter Stress

Brokkoli mit Sultaninen

500 g Brokkoli, Zitronensaft (Menge nach eigenem Geschmack), 1 EL Pflanzenöl, 1 TL Butter, 1 Prise Salz, 50 g geröstete Sonnenblumenkerne, 50 g Sultaninen (für 2 Personen)

Zubereitung:

Den Brokkoli putzen und in kleine Röschen teilen. Den Strunk schälen und in Scheiben schneiden. In siedendem Salzwasser garen: die Röschen 4, den Strunk 8 Minuten. Herausnehmen, abschrecken und gut abtropfen lassen.

Jetzt Zitronensaft, Öl, Butter mit dem Salz in der Pfanne erhitzen. Den Brokkoli darin schwenken und erhitzen. Schließlich werden die Sonnenblumenkerne und Sultaninen hinzugefügt. Lassen Sie das Ganze vor dem Servieren noch etwas abkühlen!

Gerstenfrikadellen

- Zutaten (für 2 Personen): 1 Zwiebel, 400 ml Gemüsebrühe, 200 g gemahlene Gerste, 1 Knoblauchzehe, 50 g Haselnüsse (geröstet und gemahlen), Majoran, Schnittlauch, Selleriegrün, Muskat
- Die klein geschnittene Zwiebel mit der Gemüsebrühe aufkochen und die fein geschrotete Gerste einrieseln lassen.
- Dann die Gewürze hinzufügen, alles gut vermengen und zu Frikadellen formen.
- Die fertigen Frikadellen werden dann am besten in Olivenöl gebraten und mit Salat serviert.

Für den »langen Atem«
Die Gerstenfrikadellen verhelfen in erster Linie zu lang andauernder Konzentrationsfähigkeit. Durch ihren Gehalt an langkettigen Kohlenhydraten sind sie in der Lage, das Gehirn über einen längeren Zeitraum hinweg kontinuierlich mit Nährstoffen zu versorgen.

Auch die Fähigkeit, Glück zu empfinden, kann durch die Ernährung beeinflusst werden.

Glücksempfinden

Glück ist individuell

Es ist wohl unmöglich, eine allgemein gültige Beschreibung von Glück zu geben. Denn Glück ist ein höchst individueller Wert. Was dem einen seine Familie bedeutet, ist dem anderen sein Beruf; es gibt Menschen, die am glücklichsten beim Ausüben ihres Hobbys sind, andere wiederum sind glücklich, wenn sie gar nichts tun und meditieren. Schließlich erleben einige das Glück nur für kurze Augenblicke, während andere ihr gesamtes Leben als glücklich bezeichnen. Glück ist eben ein dehnbarer Begriff, er lässt sich in alle Richtungen drehen und strecken, je nach der Lebenseinstellung, die ein Mensch hat.

Glück erleben – auch eine Frage der Ernährung

Kein Gummibegriff ist jedoch die Fähigkeit zum Empfinden von Glück. Denn bekanntermaßen gibt es Menschen, die niemals glücklich sind, obwohl sie eigentlich allen Grund dazu hätten; auf der anderen Seite empfinden einige Menschen ein tiefes Glück, obwohl sich eigentlich das ganze Schicksal gegen sie verschworen hat. Die Ursache für diese unterschiedlichen Fähigkeiten: Empfindungen sind Charaktersache, es gibt genauso viel Empfindungen, wie es Charaktere gibt. Doch jüngere Untersuchungen ergaben, dass auch die Ernährung ein ganz gewichtiges Wort dabei mitzusprechen hat, ob wir glücklich sein können oder nicht.

Das nimmt Ihr Glücksempfinden übel

▶ Alkohol in großen Mengen

Alkohol in großen Mengen sorgt lediglich für kurze euphorische Steigerungen, um uns danach wieder umso tiefer in psychische Löcher zu schicken. Darüber hinaus gehört er zu den großen Vitamin-B-Verschwendern, die wir als Biostoffe zum Auslösen von glücklichen Stimmungen unbedingt brauchen.

▶ Schokolade und andere Süßwaren

Wer Glück empfinden will, muss auch ein Gespür für Feinheiten besitzen. Er empfindet schon das erste schüchterne Lächeln seines Babys, einen Spaziergang mit einem geliebten Menschen oder die freundliche Geste eines Polizeibeamten als Reize, die ihn glücklich machen. Schokolade, Sahnetorte und Co. sind jedoch die Feinde des Feinen. Sie sind einfach nur süß und sorgen dadurch für eine Abstumpfung, die weit über das Geschmacksempfinden hinaus die ganze Psyche erfasst. Wer viel Süßes isst, dem fehlt das Gespür für die Nuance – und damit fehlt ihm eine ganz wesentliche Voraussetzung zum Glücklichsein.

▶ Stress

Glück braucht Erlebnistiefe. Doch im Stress geht diese Tiefe verloren; Hektik, Angst und ähnliche Stimmungen sorgen für den so genannten Wahrnehmungstunnel, der unser strapaziertes Hirn vor Reizen schützen soll.

Das tut Ihrem Glücksempfinden gut

▶ Das Glücksempfinden des Menschen ist nicht zuletzt ein Resultat von bestimmten Hormonen. Eines der wichtigsten Glückshormone ist das Noradrenalin. Es wirkt im Gehirn als Neurotransmitter, der für die Überleitung von Nervensignalen sorgt. Darüber hinaus verhindert Noradrenalin den Zerfall der hoch empfindlichen Endomorphine. Von diesen Peptiden ist bekannt, dass sie Schmerzen lindern und euphorische Gefühle auslösen, bei Langstreckenläufern beispielsweise sorgen sie für den »runner's high«, jenen psychologischen Kick also, der die Athleten laufen, laufen und laufen lässt.

Der Rohstoff von Noradrenalin ist das Phenylalanin, eine Aminosäure, die auf den Membranen der Nervenzellen in den so genannten Vesikeln auf ihren Abruf wartet. Erhält der Mensch irgendeinen Reiz, der ihn euphorisch machen könnte, so wird das Phenylalanin zur Synthese des Glückshormons Noradrenalin aktiviert. Mit anderen Worten: Ein Glücksreiz bleibt wirkungslos, wenn sich auf den Nerven zu wenig Phenylalanin befindet, um das Glückshormon Noradrenalin herzustellen.

Wer also Glück empfinden will, muss ausreichend Phenylalanin zu sich nehmen. Die Aminosäure befindet sich vor allem in Roter Bete, Karotten, Tomaten, Spinat, Äpfeln und Ananas.

▶ Neben Noradrenalin gehört Serotonin zu den wichtigsten Stoffen des Glücks. Das Hormon vermittelt das Gefühl von Wohlbefinden und angenehmer Sättigung, es wirkt Schlaf fördernd und unterstützt den Tiefschlaf. Darüber hinaus aktiviert es die bereits erwähnten Endomorphine.

Rohstoff des Serotonins ist das Tryptophan, eine essenzielle Aminosäure, die über die Nahrung aufgenommen werden muss. Man findet sie vor allem in Rüben (z. B. Rote Bete), Rettich, Fenchel, Bananen, Tomaten und Spinat, außerdem in vielen Fischen wie Hering, Sardellen, Kabeljau und Makrelen.

BANANENMÜSLI

Zutaten für 2 Personen

2 Bananen
1 Orange
30 g Honig
1 EL Zitronensaft
40 g Weizenflocken
30 g gehackte Nüsse

Zubereitung

Die Bananen zu einem Brei zerquetschen, die Orange ausdrücken (als Ersatz kann auch Orangensaft genommen werden). Danach Brei und Saft zusammen mit Honig und Zitronensaft verrühren. Füllen Sie nun das Ganze in eine Schale, am Ende werden dann die Flocken und Nüsse hineingestreut.

Tipps für Ihren Speiseplan

Kohlenhydrate

Sie bilden die wichtigste Nahrungsquelle des Hirns. Auch die Umwandlung von Tryptophan zu Serotonin geschieht nur unter dem Einfluss der Kohlenhydrate. Besonders wirksam sind Kombinationen aus Einfach- und Mehrfachzucker, wie sie in Bananen, Kartoffeln und der Brotfrucht vorkommen.

Thiamin

Dieses B-Vitamin sorgt dafür, dass die Hirnzellen ausgiebig mit Energie aus den Kohlenhydraten versorgt werden. Thiaminmangel kann häufig für depressive Zustände und schlechte Laune verantwortlich gemacht werden.

Thiamin befindet sich als typisches B-Vitamin vor allem in Vollkornprodukten, Weizenkeimen, Fleisch und Bierhefe. Es ist sehr empfindlich. Durch langes Lagern, Gefrieren und Erhitzen wird es in großem Umfang zerstört, und da Fleischprodukte in der Regel für den Verzehr gegart werden müssen, spielen sie bei der Thiaminversorgung keine Rolle. Die natürlichen Gerbstoffe von Wein und Tee gehören ebenfalls zu den Feinden des B-Vitamins. In asiatischen Ländern gilt der häufige Verzehr von Tee als Hauptursache von thiaminbedingten Funktionsstörungen des Gehirns.

Vitamin B6 und Vitamin C

Diese beiden Vitamine unterstützen die Umwandlung von Phenylalanin zu Noradrenalin. Vitamin B6 befindet sich vor allem in Nüssen, Samen und Vollkornprodukten, während Vitamin C besonders in Zitrusfrüchten zu finden ist.

Eisen, Mangan, Kupfer und Magnesium

All diese Mineralien unterstützen die Umwandlung von Phenylalanin zu Noradrenalin. Wer ausreichend Hülsenfrüchte, Milcherzeugnisse, Fisch und Vollkornprodukte isst, wird hinsichtlich der Versorgung mit diesen Mineralien keine Probleme bekommen.

Obst, Gemüse und Getreide

Essen Sie reichlich Getreide, Obst und Gemüse mit ausgeglichenem Kohlenhydratprofil. Eröffnen Sie den Tag mit einem Obstmüsli anstatt mit einem Marmeladenbrötchen, essen Sie zu Mittag regelmäßig Salat mit Roter Bete, Karotten und Spinat – er kann ruhig größer sein als das eigentliche Mittagessen. Warum den Salat nicht zum Hauptgericht und das Fleisch zur Beilage machen?

Mehr Omega-3-Fettsäuren

Die mehrfach ungesättigten Omega-3-Fettsäuren zeigten in diversen Studien, dass sie auf den Botenstoffhaushalt im Gehirn wirken. Ihr Einsatz wird bereits ernsthaft als Behandlungsalternative in der Psychiatrie diskutiert, um das große Problem der depressiven Erkrankungen in den Griff zu bekommen. Ihre natürlichen Quellen haben Omega-3-Fettsäuren vor allem in Fischen wie Makrele und Lachs sowie in Rapsöl, Sojabohnen und Walnüssen; mittlerweile werden sie aber auch schon einigen Brotsorten zugesetzt.

Leichte Küche

Sorgen Sie dafür, dass Ihnen das Essen schmeckt, ohne Sie müde zu machen! Nehmen Sie sich die Zeit, sich mit leichter Küche zu befassen – Sie werden sehen, auch sie kann geschmackliche Erlebnisse vermitteln.

Bananen – Früchte des Glücks

In der Antike ehrte man bereits die Banane als »Frucht der Weisen«. Doch noch mehr, als dass sie die intellektuellen Funktionen des Hirns unterstützt, scheint sie zu unserem Glücksempfinden beitragen zu können. Die Banane enthält ein beinahe ideales Kohlenhydratprofil aus Einfach- und Mehrfachzuckern, wobei allerdings zu bedenken ist, dass der Anteil an Mehrfachzuckern mit dem Reifezustand der Frucht deutlich abnimmt. Ebenso überzeugend ist der hohe Kupfer-, Magnesium- und Vitamin-C-Anteil der Banane, durch den die Produktion von Noradrenalin ganz entscheidend angekurbelt werden kann. Ein weiteres Plus liegt in ihrem Thiamin, das eine entscheidende Rolle bei der Kohlenhydratverwertung der Hirnzellen spielt.

Bananencurry

● Zutaten (für 2 Personen): 3 Bananen, 1 EL Ghee, 1 TL gemahlener Ingwer, 1 TL ganzer Kreuzkümmel, 1 Prise Chilipulver, 1 Prise Zimt, 1 Prise Salz, 2 EL Wasser, 100 g süße Sahne

● Die Bananen schälen und in Scheiben schneiden. Ghee in der Pfanne erhitzen und den Kreuzkümmel darin behutsam anrösten.

● Danach kommen die übrigen Gewürze, die Bananenscheiben sowie das Wasser hinzu. Das Ganze lediglich 3 Minuten leicht kochen lassen, um die Biostoffe zu erhalten.

● Anschließend die Sahne einrühren und servieren.

Geheimnisvolles Ghee

Ghee ist eine Art Butterschmalz, ein wichtiger Bestandteil der indischen Küche. Sie können es durch geklärte Butter ersetzen: Herkömmliche Butter in einer Tasse oder einem kleinen Topf erhitzen, dann die oben schwimmenden Trübstoffe abschöpfen.

Schlank mit Genuss

*E*ine Diät muss eigentlich im strengen Sinn nicht unbedingt zur Gewichtsabnahme führen. Denn so halten beispielsweise auch Sumo-Ringer eine Diät (mit viel Fleisch und Fett), um möglichst viel Speck anzusetzen, damit sie der Gegner nicht so schnell aus dem Ring schieben kann. Tatsache ist jedoch, dass die meisten von uns beim Begriff »Diät« an Gewichtsabnahme denken. Die Anzahl der Abmagerungsdiäten ist mittlerweile unüberschaubar. Nur die wenigsten können allerdings ihre Versprechungen halten. Im Folgenden werden zehn Konzepte vorgestellt, die nach dem Stand der aktuellen Forschung große Erfolgsaussichten besitzen und keine Mangelernährung provozieren. 100-prozentige Erfolgsgarantien bieten allerdings auch die von uns gewählten Diäten nicht. Wer längerfristig sein Wunschgewicht halten will, kommt an einer Umstellung seines täglichen Lebensstils (mehr Bewegung, weniger Fett und Süßwaren) nicht vorbei.

Für Menschen mit der Blutgruppe 0 ideal: mageres Grillfleisch und frischer Salat.

Blutgruppendiät

Der Grundgedanke

Die Blutgruppendiät geht zurück auf den amerikanischen Naturmediziner Dr. Peter J. D'Adamo. Ihr Grundgedanke: Der Blutgruppentyp entscheidet darüber, ob wir bestimmte Nahrungsmittel besser oder schlechter vertragen und ob sie uns schlank oder dick machen. Da sich die Blutgruppen seit vielen tausend Jahren nicht verändert haben, bedeutet dies für die Gegenwart: Wer heute gesund und schlank bleiben will, muss sich ähnlich ernähren wie seine Blutgruppenvorfahren, er muss also einen ähnlichen Speiseplan aufbauen wie zu jenen Zeiten, als sich sein Blutgruppentyp entwickelte.

Die Blutgruppendiät erfreut sich zunehmender Beliebtheit. Immer mehr Ärzte nehmen sie in ihr Behandlungsrepertoire auf, vor allem bei Übergewicht, Nahrungsunverträglichkeiten sowie Stoffwechsel- und Verdauungserkrankungen.

Der Speiseplan

▶ Blutgruppe 0

Blutgruppe 0 entstand vor etwas mehr als 40 000 Jahren. Der Mensch war zu dieser Zeit noch als Jäger und Sammler unterwegs. Und dies bedeutet für den 0-Typus der Gegenwart, dass er genau dann am gesündesten bleibt, wenn er sich ähnlich ernährt, wie es vor 40 000 Jahren der Fall war: mit viel Eiweiß in Form von Fleisch (vor allem Hammel, Rind und Wild) und Fisch.

Auf der anderen Seite gibt es auch vieles, was dem 0-Typus nicht behagt, nämlich das, was sich nach seiner Entstehungsperiode vor 40 000 Jahren entwickelte. Wie etwa der Ackerbau mit seinen zahlreichen Getreidewaren: Weizen und Mais fördern beim 0-Typus das Übergewicht, er sollte bei seinen Backwaren auf Dinkel, Gerste und Hirse ausweichen. Auch typische Agrarprodukte wie Milch, Joghurt und Käse sollten eher selten auf den Tisch kommen. Ihr Verzehr führt bei Menschen mit Blutgruppe 0 häufig zu Verdauungs- und Stoffwechselproblemen. Ähnliches gilt für Erdnüsse, Pistazien, Kartoffeln, Auberginen und Rosenkohl.

▶ Blutgruppe A

Blutgruppentyp A entwickelte sich vor etwa 20 000 Jahren, als der Mensch vom Jäger zum geselligen Bauern und Viehzüchter wurde. Die neue Blutgruppe musste diesen Veränderungen Rechnung tragen,

Verträgliches Brot

Unter den Backwaren wird lediglich das Essener Brot (hergestellt nach dem Rezept der alten Essener Mönche) von allen Blutgruppentypen gut vertragen. Es wird mittlerweile wieder in einigen Naturkostläden und Bäckereien angeboten.

und in der Tat präsentiert sich Blutgruppe A als ein Medium, das Getreideprodukte wesentlich besser zu verarbeiten hilft als die Ursprungsblutgruppe 0.

Auf der anderen Seite bekommt der A-Typ Probleme, wenn man ihm Aal, Schinken und Wild zu essen gibt. Milchwaren setzen bei ihm schnell Pfunde an, während Pflanzenöle, Soja, Gemüse und Ananas bei ihm die Gewichtsabnahme fördern.

▶ Blutgruppe B

Dieser Blutgruppentyp entwickelte sich vor 10 000 bis 15 000 Jahren am Dach der Welt: in den Hochlagen des Himalayas. Menschen dieses Typs neigen dazu, die Energien aus der Nahrung als Fett abzuspeichern. Ein Mechanismus, der in den Gründerzeiten der Blutgruppe sicherlich wertvoll war, galt es doch, in der Kälte und bei unregelmäßigem Nahrungsangebot zu überleben. Wer jedoch heute in einem Wohlstandsland mit Blutgruppe B ausgerüstet ist, hat mit diesem ausgesprochenen Dickmachergen natürlich ein Problem. Er muss daher in besonderem Maß auf den Energiegehalt in seiner Nahrung achten.

Dafür kann der B-Typ jedoch leichten Herzens zugreifen, wenn ihm beispielsweise Käse serviert wird. Menschen mit Blutgruppe B sind die einzigen unter den vier Blutgruppentypen, die eine Vielzahl von Milchprodukten unbeschwert genießen können. Der Grund: In ihrem Blut kursiert von Natur aus ein Molekül, das auch in Milchprodukten zu finden ist.

Problematischer sind da schon bestimmte Getreideprodukte. Die Lektine des Roggens etwa provozieren beim B-Typ in besonderem Maß Blut- und Gefäßerkrankungen, Weizen und Mais führen zu einem trägen Stoffwechsel.

▶ Blutgruppe AB

Dieser Blutgruppentyp entwickelte sich als letzte aller Blutgruppen, als sich die A-lastigen Kaukasier mit den B-lastigen Mongolennomaden vermischten, also vor ungefähr 1000 Jahren. Dementsprechend ist AB weniger das Resultat von Anpassungen an die Umwelt, als vielmehr das Ergebnis einer Vermischung von A und B. Und dies bedeutet, dass Menschen vom Typ AB rotes Fleisch sowie Weizen, Buchweizen und Mais meiden sollten. Tofu, Fisch, Milchprodukte (vor allem Kefir und Joghurt) und Ananas fördern hingegen die Gewichtsabnahme. Wichtig: AB-Typen sind auf eine gewisse Menge an tierischem Eiweiß angewiesen, vor allem auf die Fleischsorten, die ihr B-ähnliches Erbe repräsentieren, also auf Lamm, Hammel, Kaninchen oder Pute.

Regionale Unterschiede

Die Verteilung der einzelnen Blutgruppen kann sehr unterschiedlich sein. In Deutschland dominiert Blutgruppe A mit 43,5 Prozent, vor Blutgruppe 0 mit 39,1 Prozent. Erst weit dahinter folgen B mit 12,5 und AB mit 4,9 Prozent. In China dominiert mit 45,5 Prozent der Blutgruppentyp 0, während A gerade mal auf etwas mehr als 20 Prozent kommt und B mit 25 Prozent recht stark vertreten ist. In der Schweiz haben 49 Prozent Blutgruppe A, und auch der 0-Wert liegt über 40 Prozent. Im Land von »Ötzi« dominieren also jene Blutgruppen, die entwicklungsgeschichtlich am ältesten sind.

Fit für den Tag: Ein Müsli gibt Kraft ohne zu belasten.

Brigitte-Diät

Der Grundgedanke

Die Idee der Brigitte-Diät besteht im Wesentlichen darin, bei strikter Reduzierung von Kalorien und Fetten dennoch ein hohes Maß von »Esszufriedenheit« zu entwickeln. Das bedeutet: Der kulinarische Spaßfaktor steht bei ihr ganz oben. Darüber hinaus sind die Gerichte so ausgewählt, dass sie trotz ihres niedrigen Energiegehalts alle wichtigen Biostoffe enthalten.

Jeder einzelne Diättag enthält ein Frühstück (mit 200 Kilokalorien), eine warme Mahlzeit (400 Kilokalorien), die mittags oder abends gegessen werden kann, einen Imbiss (200 Kilokalorien) sowie zwei Zwischenmahlzeiten zu jeweils 100 Kilokalorien. Die Kosten für die Brigitte-Diät sind ausgesprochen niedrig. Jeder Diättag kostet etwa 10 DM, wobei es natürlich auf die Einkaufsquellen ankommt.

Den Diäterfolg stabilisieren

Die klassische Brigitte-Diät dauert vier Wochen. Danach stellt sich wie bei allen Abmagerungskuren die Frage, wie das neu erworbene Körpergewicht stabilisiert werden kann. Grundsätzlich gilt: Wer jetzt wieder zu seinen ursprünglichen Kostformen zurückkehrt, wird auch wieder an Gewicht zulegen und dabei wahrscheinlich derart erfolgreich sein, dass er am Ende sogar über seinem ursprünglichen Ausgangsgewicht liegt (der berüchtigte Jo-Jo-Effekt). Die Entwickler der Brigitte-Diät raten daher, die Grundzüge der Diät weitgehend beizubehalten. Das typische Brigitte-Müsli sollte ebenso im Speiseplan bleiben wie die Fettreduktion.

Der Kaloriengehalt sollte nach Kurende behutsam gesteigert werden, also in der ersten Woche erst einmal auf 1200 Kilokalorien und dann pro Woche weitere 200 Kilokalorien, bevor man sich allmählich auf die üblichen 2000 Kilokalorien zurückbewegt.

Darüber hinaus zu beachten

▶ Mehrere kleine Mahlzeiten, damit der Blutzuckerspiegel nie ganz in den Keller sackt.

▶ Nicht mit hungrigem Magen einkaufen gehen.

▶ Nicht aus Langeweile essen oder das Essen mit anderen Beschäftigungen wie etwa Fernsehen kombinieren (vergleichen Sie dazu auch das Kapitel »Genusstraining«, Seite 178).

Keine Risiken

Die Brigitte-Diät zählt zu den Diäten, die unter Ernährungswissenschaftlern eine große Akzeptanz besitzen. Die Gefahr einer Mangelernährung besteht bei ihr nicht, dennoch bietet sie Übergewichtigen recht große Erfolgsaussichten. Wie die meisten Diätformen berücksichtigt sie jedoch nicht die individuellen Besonderheiten des Stoffwechsels. Hier besitzt wohl die Blutgruppendiät den am meisten versprechenden Ansatz.

▶ Sich keine Speise verbieten. Denn wer sich selbst zur Regel macht, etwa keine Walnüsse mehr zu essen, sorgt dafür, dass sich seine Gedanken immer wieder um dieses Thema drehen und damit der »Walnussrückfall« vorprogrammiert ist.

▶ Nicht nach der Uhr zu essen, sondern nur dann, wenn man tatsächlich hungrig ist.

▶ Langsamer essen, damit der Körper Zeit hat, ein Sättigungsgefühl anzuzeigen.

▶ Viel Mineralwasser trinken.

▶ Sich nicht durch die Waage terrorisieren lassen und sich höchstens einmal pro Woche auf das ungeliebte Messinstrument stellen.

▶ Sich des eigenen Essverhaltens wirklich bewusst werden – ohne davon besessen zu sein.

▶ Die sportlichen Aktivitäten steigern. Die Verfasserinnen der Brigitte-Diät empfehlen vor allem das »sanfte Dauerlaufen«, da hier der Körper mehr Fett verbrennt als Kohlenhydrate. Und der Stoffwechsel arbeitet noch zwölf Stunden nach dem Training auf Hochtouren.

Der sportive Ratschlag der Brigitte-Autorinnen ist freilich mit Vorbehalt zu betrachten. Denn aus sportwissenschaftlicher Sicht ist es sinnvoller, die Diät mit leichtem Krafttraining, beispielsweise in einem Fitnessstudio, zu begleiten. Der Grund: Krafttraining baut Muskelmasse auf, und die gehört zu den fleißigsten Kalorienverbrennern unseres Körpers. Darüber hinaus belasten gerade übergewichtige Menschen beim Joggen in starkem Maß ihre Gelenke.

Zum Weiterlesen
Näheres zur Brigitte-Diät gibt es in dem Buch »Brigitte-Diät« von Helga Haseltine und Marlies Klosterfelde-Wentzel. Es zählt mittlerweile zu den Klassikern unter den Diätratgebern.

Für Disziplinierte
Ähnlich wie bei der Fit-for-Fun-Diät bietet auch die Brigitte-Diät Tagespläne, die jeweils fünf Mahlzeiten enthalten. Ihr Kaloriengehalt (1000 Kilokalorien) liegt jedoch weit unter den Vorstellungen der Fit-for-Fun-Redaktion (1500 bis 1800 Kilokalorien), sie erfordert daher von ihrem Anwender erheblich mehr Selbstdisziplin.

Der Klassiker – das Brigitte-Müsli

Dieses Müsli zeichnet sich durch seinen hohen Ballaststoffgehalt aus, darüber hinaus lässt es sich schmackhaft mit Früchten und Milchprodukten kombinieren.

● Zutaten zum Vormischen für 14 Tage: 10 EL Vierkornflocken (75 g), 7–8 getrocknete Aprikosen, 4 EL Kürbiskerne, 10 EL Haferkleie, abgeriebene Schale von je 1 Orange und Zitrone

● Die Vierkornflocken und die Kürbiskerne in einer Pfanne ohne Fettzugabe nacheinander rösten.

● Kürbiskerne und Aprikosen grob hacken und mit den restlichen Zutaten in einer Schüssel vermengen.

● Abkühlen lassen und in eine gut verschließbare Dose füllen. Kühl und trocken lagern.

Das Müsli ist noch bekömmlicher, wenn man es vor dem Essen etwas quellen lässt.

Kraft aus dem Vollen: Vollkornprodukte sollten eine Hauptrolle bei unserer Ernährung spielen.

DGE-Diät

Der Grundgedanke

Die Deutsche Gesellschaft für Ernährung (DGE) tritt immer wieder als Kritikerin alternativer Ernährungsformen auf, vor allem dann, wenn diese wissenschaftlich nicht genügend abgesichert sind. Darüber hinaus hat man aber auch eigene Ernährungsvorschläge für Übergewichtige zusammengestellt. Diese Vorschläge besitzen eine solide wissenschaftliche Grundlage, wie man das von einer derart großen Institution wie der DGE erwarten darf, sie sind daher sicherlich einen Versuch wert. Allerdings sollten sie auch nicht überschätzt werden. Denn gerade die Größe und der dementsprechend aufgeblähte bürokratische Apparat der DGE bringt es mit sich, dass man nicht immer auf dem aktuellen Stand der Ernährungswissenschaften steht und sich neuen Entwicklungen oft unaufgeschlossen zeigt.

Basis der DGE-Diät ist eine vollwertige und fettarme Kost. Auf Liebgewordenes soll nicht mit aller Gewalt verzichtet werden, gelegentliche Naschereien sind erlaubt. Überhaupt bemüht sich die DGE, wenig mit Verboten zu arbeiten – aufgrund der altbekannten Tatsache, dass Verbote nur selten dazu taugen, Gewohnheiten zu ändern.

Obst, Gemüse und Körner

Getreideerzeugnisse wie Vollkornbrot, Nudeln und Reis sollten im täglichen Speiseplan eine Hauptrolle spielen, genauso wie Frischobst und Gemüse. Milchprodukte sollten am besten in fettreduzierter Form auf den Tisch kommen, ein- bis zweimal pro Woche ist Seefisch (aber kein Aal!) angesagt. Mageres Fleisch sowie magere Wurst dürfen zwei- bis dreimal pro Woche verzehrt werden, der wöchentliche Eierkonsum sollte nicht die Zahl 3 übersteigen.

Der Psychotrick
Nehmen Sie einen Dessertteller zum Essen, und teilen Sie Ihre Portion in zwei Hälften! Das gibt Ihnen das Gefühl, einen Nachschlag nehmen zu dürfen.

So sparen Sie Fett beim Kochen

▶ Bevorzugen Sie stets frische Lebensmittel. Denn Fertiggerichte, Fertigsaucen und Dosenware enthalten viel Fett.

▶ Schneiden Sie bei Fisch, Fleisch und Geflügel stets die fetthaltigen Krusten und Häute ab. Auch beim Schinkenrand gehört der Fettrand entfernt.

▶ Bevorzugen Sie fettarme oder magere Fleischteilstücke, Geflügelarten, Wurst und Milcherzeugnisse.

▶ Backpapier spart das Fett auf dem Backblech.

▶ Dämpfen, dünsten oder grillen Sie Ihre Speisen. Garen Sie ohne oder mit wenig Fett in beschichteten Pfannen, im Wok, im Tontopf, in der Mikrowelle oder Folie.

▶ Binden Sie Braten- und Gemüsefonds mit püriertem Gemüse oder geriebenen rohen Kartoffeln.

▶ Ersetzen Sie bei Rahmsaucen oder Aufläufen die Sahne zur Hälfte durch Milch, Kefir oder Joghurt.

▶ Wenn Sie Suppen oder Saucen kalt werden lassen, können Sie später das Fett von der Oberfläche schöpfen.

▶ Servieren Sie knackig gegartes Gemüse mit einem Stich Butter und frischen Kräutern. Opulente Saucen wie Hollandaise und Béarnaise enthalten übermäßig viel Fett.

▶ Binden Sie Cremespeisen mit Gelatine.

▶ Verwenden Sie für Puddings sowie Creme-, Joghurt- oder Quarkspeisen fettarme Ausgangsprodukte.

▶ Machen Sie es beim Mittagessen wie in den Mittelmeerländern: Essen Sie zum Hauptgang viel Brot ohne Belag.

Nähere Auskünfte
Die Broschüren zur DGE-Diät gibt es bei:
Deutsche Gesellschaft für Ernährung
Postfach 930201
60457 Frankfurt
Tel. 069 / 9 76 80 30

Die Anstatt-Tabelle der DGE

Problematisches Nahrungsmittel	Ersatz
Butter	Frischkäse, Senf, Magerquark, Halbfettbutter
Bratkartoffeln, Pommes frites, Kroketten	Pellkartoffeln, Folienkartoffeln, Pommes frites und Kroketten aus dem Backofen
Eiscreme	Fruchteis
Rührkuchen, Obstkuchen mit Mürbeteig, Sahnetorte	Obstkuchen mit Hefe- oder Biskuitteig
Kartoffelchips, Nüsse	Salzstangen und Salzbrezeln
Fettes Schweinefleisch, Bratwurst, Gans, Ente	Kalbfleisch, Wild, Pute, Hühnchen und Entenbrust ohne Haut
Salami, Fleischwurst, Leberwurst, Blutwurst, Mettwurst, Speck	Schinken (ohne Fettrand), Putenbrust, Geflügelwurst, Corned beef; vegetarische und fettfreie Alternativen zu Wurstaufschnitt: z. B. Tomate, Gurken, Rettich
Fettreiche Milchprodukte	Fettreduzierte Milchprodukte
Mayonnaise	Fettarme Mayonnaise, Salatmayonnaise mit Joghurt oder saurer Sahne gestreckt

Kalorienarme Zwischenmahlzeit: Frisch gepresste Fruchtsäfte.

Fit-for-Fun-Diät

Der Grundgedanke

Das Grundkonzept der Fit-for-Fun-Diät heißt: Kohlenhydrate statt Fett. Der Zuckeranteil in der Nahrung (vor allem der Anteil an komplexen Zuckern) wird also angehoben, während der Fettanteil (vor allem der Anteil an tierischen Fetten) abgesenkt wird.

In der Praxis kann der Diätwillige sich für die 1500- oder die 1800-Kilokalorien-Diät entscheiden. Die kleinere Variante ist für diejenigen gedacht, deren Stoffwechsel durch viele vergebliche Diäten bereits geschädigt ist und nur noch auf reduziertem Niveau arbeitet. Die 1800er Kur eignet sich hingegen für den Menschen, der durch geistige oder körperliche Arbeit stark beansprucht wird. Die sollte von ausgiebigem Trinken begleitet, alkoholhaltige Getränke sollten allerdings stark reduziert werden. Dafür sind Kaffee und Tee erlaubt, allerdings nur mit Süßstoff, nicht mit Zucker. Außerdem erlaubt: ungezuckerte Fruchtsäfte, am besten mit Mineralwasser verdünnt.

Die Küche aufrüsten

Für die Fit-for-Fun-Diät muss möglicherweise die Küchenausstattung etwas aufgestockt werden. Ohne Wok und Tontopf funktionieren einige Rezepte nicht. Dafür kann aber der Speiseplan recht abwechslungsreich gestaltet werden. Darüber hinaus fällt die Kalorienreduktion mit 1500 bzw. 1800 Kilokalorien moderat aus, frustrierende Gefühle von Entbehrung und Heißhunger bleiben dadurch erspart.

Die Fit-for-Fun-Nährwert-Tabelle

1500-Kilokalorien-Kur			1800-Kilokalorien-Kur		
Mahlzeit	Nährwert	Fett	Mahlzeit	Nährwert	Fett
Frühstück	450 kcal	10,0 g	Frühstück	450 kcal	10,0 g
1. Zwischenmahlzeit	100 kcal	2,5 g	1. Zwischenmahlzeit	100 kcal	2,5 g
Warme Mahlzeit	500 kcal	15,0 g	Warme Mahlzeit	600 kcal	20,0 g
2. Zwischenmahlzeit	100 kcal	2,5 g	2. Zwischenmahlzeit	100 kcal	2,5 g
Kalte Mahlzeit	350 kcal	10,0 g	Kalte Mahlzeit	550 kcal	15,0 g

Nudelauflauf mit Schafskäse

Ein Mittagessen für die 1800-kcal-Diät

● Zutaten (für 1 Person): 90 g Vollkorn-Röhrennudeln, 100 g gelbe Paprikaschote, 200 g Zucchini, 1 Zwiebel, 1 TL Olivenöl, Pfeffer, Jodsalz, 1/2 Tetrapack Tomatenstückchen, 50 g Schafskäse

● Nudeln in kochendem Salzwasser 8 Minuten garen, anschließend abgießen.

● Paprikaschote und Zucchini in Stücke schneiden. Die Zwiebel abziehen und würfeln.

● Öl in einer beschichteten Pfanne erhitzen und die Zwiebel darin glasig andünsten. Paprika und Zucchini zugeben und 4 Minuten braten.

● Mit Salz und Pfeffer abschmecken, mit den Tomatenstücken unter die Nudeln mischen und in eine Auflaufform füllen.

● Schafskäse in kleine Würfel schneiden und über den Nudeln verteilen. Im vorgeheizten Backofen auf mittlerer Schiene bei 200 °C 25 bis 30 Minuten backen, bis der Käse leicht angebräunt ist.

Erfolg trotz Hunger?

Die Fit-for-Fun-Diät besitzt recht große Erfolgsaussichten. Bei einigen ihrer Gerichte bleibt jedoch die Frage, ob sie nicht ein Hungergefühl hinterlassen – und wer Hunger hat, hat schlechte Karten, um eine Diät durchzuhalten.

Zucchini-Hack-Pfanne mit Nudeln

Ein Mittagessen für die 1500-kcal-Diät

● Zutaten (für 1 Person): 80 g Vollkorn-Spiralnudeln, 1 Zwiebel, 150 g Zucchini, 1 TL Olivenöl, einige Rosmarinblätter, 75 g Rinderhackfleisch, Jodsalz, Pfeffer, 1 EL Sojasauce

● Nudeln in kochendem Salzwasser 8 bis 10 Minuten garen. Anschließend abgießen.

● Zwiebel abziehen und würfeln. Zucchini längs halbieren und in feine Scheibchen schneiden.

● Öl in einer beschichteten Pfanne erhitzen. Rosmarin und Hackfleisch zugeben und braun anbraten. Das Fleisch dabei mit dem Pfannenwender zerbröseln.

● Zwiebel- und Zucchinistücke zugeben und 4 Minuten mitbraten. Das Ganze mit Salz, Pfeffer und Sojasauce abschmecken.

● Nudeln unterheben, einige Sekunden mitbraten und heiß servieren.

Lieber öfter

Durch fünf Mahlzeiten pro Tag versucht die Fit-for-Fun-Diät ein möglichst stabiles Sättigungsniveau zu halten. Die Zwischenmahlzeiten sollten jedoch nicht über 100 Kilokalorien enthalten.

Frische Zutaten in schöner Umgebung: Genussvolles Essen ist garantiert.

Gesund durch Genuss
Immer mehr Psychologen fordern, das Training des Genusses zu einem festen Bestandteil verhaltenstherapeutischer Maßnahmen zu machen. Doch nicht nur der kranke, auch der gesunde Mensch profitiert vom Genusstraining, denn Genuss ist einer der grundlegenden Faktoren für den Erhalt unserer Gesundheit. Mit anderen Worten: Wer gesund bleiben will, sollte beizeiten genießen lernen.

Genusstraining

Der Grundgedanke

Übergewichtige gelten oft als genusssüchtige Menschen, die sich nicht bändigen können. Doch das Gegenteil ist der Fall. Übergewichtige sind nämlich meistens dadurch gekennzeichnet, dass sie zu schnell essen, zu wenig genießen, und sich dadurch zu spät Sättigungsgefühle einstellen. Hier kann ein Genusstraining eine wertvolle Hilfe sein, gerade in Kombination mit den üblichen Diätkuren.

Fälschlicherweise wird Genuss oft mit einem oberflächlichen Lebensstil gleichgesetzt (»Erst die Arbeit, dann das Vergnügen«). Tatsache ist jedoch, dass gerade das Genießen einen intensiven Zugang zur Umwelt verschafft. Und wer intensiv und in hoher Qualität erlebt, der benötigt weniger Quantität. In Bezug auf das Essen bedeutet dies: Wer seine Mahlzeiten richtig genießt, der braucht weniger Masse, um befriedigt vom Esstisch aufstehen zu können. Nicht umsonst kredenzt man in edlen Restaurants nur kleine Portionen mit ausgiebigen Pausen zwischen den einzelnen Gängen.

Die sieben Grundregeln des Genusses

▶ Erstens: Genuss braucht Zeit

Für das Genießen benötigt man Freiräume, nur wer Zeit hat, kann auch genießen. Verzichten Sie daher auf schnelle Imbisse für zwischendurch, für ein Essen sollten Sie sich mindestens 15 Minuten Zeit nehmen. Wichtig: Nie im Stehen essen, setzen Sie sich stets hin!

▶ Zweitens: Genuss muss erlaubt sein

Die therapeutische Erfahrung zeigt, dass gerade übergewichtige und essgestörte Menschen stark mit Verboten und Tabus hinsichtlich ihrer Ernährung überfrachtet sind. Hier ist es sinnvoll, bewusst damit zu brechen und sich moralischen Freiraum für ein genussvolles Essen zu geben. Eine Tafel Schokolade wird nicht dadurch kalorienärmer, dass man sie mit schlechtem Gewissen isst.

▶ Drittens: Genuss geht nicht nebenbei

Beim Genuss muss die Aufmerksamkeit auf einen relativ engen Bereich gerichtet werden. Man darf also nichts nebenher tun. Genussvolles Essen und gleichzeitiges Fernsehen etwa schließen sich gegenseitig aus. Merke: Die nebenbei konsumierten Chips und Bierflaschen vom TV-Abend enthalten oft mehr Kalorien als ein opulentes, in vollen Zügen genossenes Mittagessen.

▶ Viertens: Wissen, was gut tut

Jeder Mensch hat seine Vorlieben. Man sollte sich beim Geschmack nicht von Trends leiten lassen. Denn wer missmutig hineinzwingt, was gerade in ist, sorgt meist zu einem späteren Augenblick für die Befriedigung seiner echten Bedürfnisse. Was nützt der gesündeste Rohkostsalat, wenn danach die Nussecke auf den Tisch kommt?

▶ Fünftens: Weniger ist mehr

Genuss hat nichts mit Völlerei zu tun. Im Gegenteil, zum Genießen gehört auch Bescheidenheit, Ess- und Trinkgelage verlieren schnell ihren Reiz, wenn sie zur Gewohnheit werden.

▶ Sechstens: Ohne Erfahrung kein Genuss

Zum richtigen Genießer wird man erst durch Erfahrung – es ist noch kein Weinkenner vom Himmel gefallen.

▶ Siebtens: Genuss ist alltäglich

Es bedarf keiner besonderen Ereignisse, um Genuss zu erfahren. Besondere Anlässe sind zwar willkommen, aber keine Bedingung fürs Genießen. Auch der Alltag hat viele Genussquellen zu bieten.

Drei einfache Übungen zum Genusstraining

● Füllen Sie drei Gläser mit heißem Tee. Jedes Glas wird mit einer unterschiedlichen Menge Zucker gesüßt. Schließen Sie die Augen, schieben Sie dann die Gläser auf einem Tisch umeinander herum, so dass Sie nicht mehr wissen, welches Glas mit wie viel Zucker gesüßt wurde. Kosten Sie dann von dem ersten Glas, und ordnen Sie seinen Geschmack in eine der drei Kategorien »etwas süß«, »süß« oder »sehr süß« ein. Mit dem zweiten und dritten Glas verfahren Sie ebenso. Ziel dieser Übung: Trainieren Sie so lange, bis Sie jedem Glas eindeutig und ohne Zögern eine eindeutige Süßintensität zuordnen können. Man kann diese Übung auch mit unterschiedlich hohen Anteilen an Zitronensaft durchführen.

● Nehmen Sie eine Rosine in den Mund, und lassen Sie sie so lange wie möglich im Mund zergehen. Konzentrieren Sie sich darauf, wie die Rosine im Lauf der Zeit die unterschiedlichsten Geschmacksnuancen entwickelt, versuchen Sie die jeweiligen Nuancen in Worte zu fassen.

● Lassen Sie sich von jemand anderem ein schmackhaftes Abendbrot bereiten. Schließen Sie die Augen, und versuchen Sie, nur durch Schmecken und Tasten den Brotbelag zu erraten.

Dicke sind keine Gourmets
Untersuchungen am Deutschen Institut für Ernährungsforschung in Potsdam ergaben, dass übergewichtige Menschen Stoffe mit bitterem und süßem Geschmack erst in höherer Konzentration wahrnehmen als Normalgewichtige. Ob dieser mangelnde Feinschmeckersinn allerdings Ursache oder Folge von übermäßigem und undifferenziertem Nahrungskonsum ist, wurde nicht geklärt. Ein Genusstraining kann jedoch in jedem Fall sinnvoll sein.

Wo kann man Genusstraining lernen?
Das Genusstraining wird mittlerweile an einigen Kliniken durchgeführt, die auf die Behandlung von Essstörungen oder Übergewicht spezialisiert sind. Auch unter Ernährungsberatern und Verhaltenstherapeuten nimmt die Zahl der Genusstrainer zu.

Füllt leere Mägen ideal: frisches Obst.

GI-Diät

Der Grundgedanke

Im Zentrum der GI-Diät steht der so genannte glykämische Index, kurz GI. Dahinter steckt eine Maßeinheit für Kohlenhydrate, die wir uns aus Kartoffeln, Gemüse, Schokolade, Gebäck oder anderen zuckerhaltigen Nahrungsmitteln zuführen. Beim Verzehr dieser Nahrungsmittel steigt unser Blutzuckerspiegel, mit der Folge, dass aus unserer Bauchspeicheldrüse vermehrt Insulin ausgeschüttet wird. Dieses Hormon sorgt in seiner Eigenschaft als Transportexperte dafür, dass der Blutzuckerwert im gesundheitlich verträglichen Rahmen bleibt, überflüssige Zuckeranteile werden dazu entweder in den Glykogenspeicher der Muskeln oder aber – chemisch umgewandelt – als Depotfett abgespeichert.

Unterschiedliche Wirkungen von Kohlenhydraten

Die Kohlenhydrate aus den unterschiedlichen Nahrungsmitteln wirken jedoch recht unterschiedlich auf die Insulinausschüttung, und genau hier tritt dann die Maßeinheit GI in Kraft. So besitzen etwa Croissants einen GI von 67, und damit mobilisieren sie die Insulinausschüttung dreimal so stark wie Schokolade (GI 22). Weißbrot mit einem GI von 95 wirkt mehr als doppelt so stark wie Äpfel und Orangen (GI 38 bzw. 46). Wer jedoch die Insulinausschüttung in besonderem Maß anregt, erhöht auch die Abspeicherung von Depotfett. Croissants und Weißbrot sind also im Hinblick auf eine Diät ein echtes Problem, während Äpfel, Orangen und hin und wieder ein Riegel Schokolade eher unproblematisch einzuschätzen sind.

Eine Nahrungsumstellung hat also umso mehr Chancen auf einen diätetischen Erfolg, je mehr sie Nahrungsmittel mit niedrigem GI enthält. Als GI-Schallmauer betrachten Ernährungswissenschaftler in

Nicht nur für Kranke
Die GI-Diät wurde in den 1980er Jahren von kanadischen Ernährungswissenschaftlern und Medizinern entworfen. Sie hatte eigentlich zur Absicht, Diabetikern zu helfen. Sie kann jedoch auch für den normalen Übergewichtigen enorm hilfreich sein.

Nahrungsmittel mit GI-Wert unter 50		
Geeignet für eine GI-Diät sind:		
Äpfel	Erdnüsse	Pasta (Hartweizen)
Birnen	Grapefruit	Pfirsiche
Bohnen,	Joghurt	Pflaumen
gekocht	Kirschen	Tomaten
Erbsen	Orangen	Zitronen

der Regel den Wert 50. Wer also beim Abnehmen erfolgreich sein will, sollte auf größere Anteile von Nahrungsmitteln achten, die unter dem glykämischen Index von 50 liegen.

Die wichtigsten GI-Regeln

▶ Das Essen nicht nur auf drei Mahlzeiten pro Tag verteilen. Versuchen Sie, in regelmäßigen Abständen alle paar Stunden etwas zu essen. Denn Unregelmäßigkeiten in der Nahrungszufuhr aktivieren das Insulinsystem.

▶ Essen Sie frisches Obst und trinken Sie Fruchtsäfte nur auf weitgehend leeren Magen, also morgens vor dem Frühstück oder als Snack zwischen Mittag- und Abendessen. Obst und Obstsäfte müssen den Verdauungsapparat möglichst schnell passieren, da sie sonst den Blutzuckerspiegel in die Höhe schrauben und damit die Insulinausschüttung mobilisieren.

▶ Viel trinken, aber erst zum Ende der Mahlzeit. Dadurch findet Ihr Stoffwechsel optimale Bedingungen vor. Zur Überprüfung Ihrer Trinkgewohnheiten können Sie Ihren Urin heranziehen. Ist er hell zitronengelb, liegen Sie goldrichtig, was die Trinkmenge angeht. Zeigt er eine dunkle Farbe und einen intensiven Geruch, sollten Sie tiefer ins (Wasser-)Glas schauen.

▶ Ordnen Sie Ihren Speiseplan und Ihre bevorzugten Nahrungsmittel nach dem glykämischen Index neu. Achten Sie jedoch darauf, zum Ausgleich nicht ungehemmt auf fette Produkte zurückzugreifen. Doch eine Ersatzbefriedigung sollte bei der GI-Diät eigentlich nicht nötig sein – denn immerhin sind ja aufgrund ihres niedrigen GI-Werts auch Leckereien wie Pasta, Schokolade und Erdnüsse erlaubt.

▶ Fleisch ist zwar aufgrund seiner weitgehenden Zuckerlosigkeit bei der GI-Diät erlaubt, dennoch sollte es nur in mäßigem Umfang auf den Tisch kommen. Bevorzugen Sie mageres Fleisch, vor allem Geflügel und Fisch. Versuchen Sie außerdem, ohne fetthaltige Saucen auszukommen.

Auch die Fettzufuhr berücksichtigen!

Die GI-Diät trägt sicherlich dazu bei, die Abspeicherung von Depotfett möglichst gering zu halten. Wer jedoch weiterhin große Mengen Fett zu sich nimmt, wird kaum abnehmen können, denn Fette sind nun einmal überaus reich an Kalorien. Die GI-Diät hat also nur Sinn, wenn gleichzeitig der Verzehr von Fleisch, Wurst und anderen fettreichen Waren im Rahmen bleibt.

Schokolade für die Diät?

Gemäß der GI-Diät kann hin und wieder ein Riegel Schokolade nicht schaden, denn sein GI-Wert ist eher niedrig. Es sollte jedoch nicht vergessen werden, dass Schokolade viele versteckte Fette enthält.

Nahrungsmittel mit GI-Wert über 50		
Ungeeignet für eine GI-Diät sind:		
Ananas	Kiwis	Roggenbrot
Aprikosen	Mais	Rosinen
Bananen	Mangos	Speiseeis
Kartoffeln, gekocht	Papayas	Vollkornbrot
	Pizza	Wassermelone

Knackiges Gemüse, schonend gegart: Im Wok geht es ganz einfach.

Japan-Diät

Der Grundgedanke

Basis der Japan-Diät ist die Entdeckung, dass Übergewicht und Herz-Kreislauf-Erkrankungen am Fuß des Fujiama nicht die Hauptrolle spielen wie bei uns – und das, obwohl dort eine gleichermaßen hoch technisierte Gesellschaftsform vorherrscht. Die Hauptursache für dieses Phänomen: In Japan isst man weniger Wurst und Fleisch, dafür aber wesentlich mehr Fisch, Gemüse, Tofu und Reis. Insgesamt enthält der Speisezettel gerade einmal 25 Prozent Fett – im Unterschied zu den 40 bis 45 Prozent, die in Mitteleuropa üblich sind. Darüber hinaus werden die japanischen Gerichte traditionell im Wok zubereitet. Bei dieser Zubereitung verbleiben den Nahrungsmitteln wesentlich mehr Biostoffe als beim normalen Braten oder Kochen, außerdem kann man auf kalorienreiche Bratfette verzichten.

Der Speiseplan

▶ Grüner Tee

Das japanische Hauptgetränk. Man lässt es in Japan nur kurz ziehen, nie länger als 3 Minuten, oft nur 30 Sekunden. Der Tee schmeckt dadurch recht mild, seine anregende Wirkung ist relativ stark.

▶ Tofu

Kohlenhydrate statt Fett
Die Energiezufuhr erfolgt bei der Japan-Diät weniger durch Fette als durch komplexe Kohlenhydrate. Der Mehrfachzuckeranteil beträgt bei der japanischen Küche 65 Prozent – das ist fast ein Drittel mehr als bei uns.

Wird aus heißer Sojamilch hergestellt. Tofu ist fett- und kalorienarm, cholesterinfrei und reich an pflanzlichem Eiweiß, er besitzt einen außergewöhnlich hohen Sättigungsgrad. Darüber hinaus enthält er Krebs hemmende Isoflavonoide sowie den Stoffwechsel anregende B-Vitamine. Tofu ist in der Küche universell einsetzbar, man kann ihn braten, dünsten, zu Püree verarbeiten, er schmeckt zu Suppen ebenso wie zu Aufläufen, Süßspeisen und Salaten.

▶ Fisch

Die japanische Küche hat eine lange Fischtradition. Die Zubereitung roher Fische oder an sich giftiger Fischspezialitäten will jedoch gelernt sein und ist nichts für den Laien. Es gibt jedoch auch genügend Gerichte mit gebratenem, gebackenem oder gedünstetem Fisch.

▶ Reis

Wie in anderen asiatischen Ländern, so zählt auch in Japan der Reis zu den Hauptnahrungsmitteln. Einer der großen diätetischen Vorteile von Reis besteht darin, dass er bei geringem Kaloriengehalt relativ sättigend ist. Als Alternative kommen Glasnudeln in Betracht.

Grundregeln für den Gebrauch des Woks

▶ Beim Woken geht alles recht schnell. Legen Sie sich daher die Zutaten (auch die Saucen und das Salz) vorher sorgfältig zurecht.

▶ Je fester die Konsistenz, desto feiner der Schnitt. Also: Spinat nur grob hacken, Möhren aber ganz dünn schneiden.

▶ Die richtige Temperatur ist erreicht, wenn ein Wassertropfen im Wok einen Stepptanz macht. Danach ein wenig Öl im Wok aufheizen.

▶ Nun hinein mit den Zutaten, und zwar erst das, was lange dauert. Also zuerst das Fleisch oder das grobfaserige Gemüse (z. B. Möhren und Zwiebeln). Dabei ständig mit der Wokschaufel wenden.

Tofu in Pfeffersauce

● Zutaten (für 4 Personen): 500 g Tofu, 100 g chinesische Glasnudeln, 4 mittelgroße rote Zwiebeln, 3 Knoblauchzehen, 1 große Chilischote, 5 EL Erdnussöl, 250 ml Instantgemüsebrühe, 1 EL Speisestärke, 3 EL Sojasauce, Cayennepfeffer

● Die Tofublöcke auf einen flachen Teller legen und mit einem schweren Holzbrett abdecken, damit der Saft herausgepresst wird. Inzwischen Wasser erhitzen, die Glasnudeln darin etwa 3 Minuten ziehen lassen, dann in ein Sieb schütten, kalt abschrecken und gründlich abtropfen lassen.

● Die Zwiebeln abziehen, halbieren und in dünne Scheiben schneiden. Knoblauch abziehen und sehr fein hacken. Entstielte Chilischote halbieren und entkernen. Die Schotenhälften in feine Scheiben schneiden. Den Tofu trocken-

tupfen und in 2 Zentimeter große Würfel schneiden.

● 1 Esslöffel Erdnussöl im Wok erhitzen. Zwiebeln, Knoblauch und Chili darin bei starker Hitze braten, bis die Zwiebeln glasig sind. Dann alles herausnehmen.

● 2 weitere EL Erdnussöl im Wok erhitzen. Den Tofu darin unter Wenden zart braun werden lassen und auf das Abtropfgitter des Woks legen.

● Die Glasnudeln in etwa 10 Zentimeter lange Stücke schneiden. Das restliche Erdnussöl im Wok erhitzen. Die Nudeln darin knusprig braten und zur Seite stellen. Die Brühe in den Wok gießen und aufkochen lassen, dann mit der Speisestärke binden.

● Die Tofustücke und das Gemüse dazugeben, mit Sojasauce und Cayennepfeffer scharf würzen. Zum Schluss die Glasnudeln hinzufügen.

Gesunder grüner Tee
Ob grüner Tee auf den Fettstoffwechsel wirkt, ist umstritten. Die dazu veröffentlichten Studien sind nicht eindeutig. Als gesichert gilt aber, dass er die Neigung der Blutfette verringert, zu oxidieren und sich dadurch an die Blutgefäßwände anzudocken.

Fettsparender Wok
Der große Vorteil des Woks besteht darin, dass er sehr stark erhitzbar ist. Die Speisen werden recht schnell gar, und man spart Fett und Öl.

Leben wie Gott in Italien: Bei der Mittelmeerdiät ist Schlemmen erlaubt.

Mittelmeerdiät

Der Grundgedanke

Die Menschen rund um das Mittelmeers leiden seltener unter Übergewicht und Herz-Kreislauf-Erkrankungen als die Bewohner des Europas nördlich der Alpen. Einer der Gründe dafür liegt in ihrer spezifischen Ernährungsform. So verzehrt man am Mittelmeer weniger Butter, dafür aber mehr Gemüse und Obst. Fette werden zum großen Teil in Form mehrfach ungesättigter Fettsäuren aus Fisch, Nüssen und Samen, vor allem aber durch hochwertiges Olivenöl zugeführt. Hinzu kommt, dass man sich viel Zeit zum Essen nimmt.

Der Speiseplan

▶ Rotwein

Wenn es ein alkoholisches Getränk gibt, das – in Maßen verzehrt – gesund ist, dann ist es Rotwein. Seine Polyphenole schützen unsere Blutadern vor gefährlichen Fettablagerungen, seine Saponine fördern die Verdauung tierischer Fette. Beim Weintrinken fallen außerdem in der Regel weniger Kalorien an als beim Biertrinken – nicht zuletzt auch deshalb, weil Bier den Appetit anregt, während Wein unser Hungerzentrum eher in Ruhe lässt.

▶ Oliven und Olivenöl

Oliven und ihr Öl enthalten zahlreiche essenzielle Fettsäuren; darüber hinaus erhöhen sie die Bioverfügbarkeit der Vitamine, die wir uns mit Salaten zuführen. Olivenfrüchte sind außerdem trotz ihres hohen Sättigungsgrads arm an Kalorien, zehn Stück von ihnen enthalten gerade einmal 36 Kilokalorien.

▶ Rohkostsalate

Der üppige Salat gehört am Mittelmeer zum Mittagessen dazu wie in Bayern der Knödel zum Schweinebraten und in Niedersachsen die Mettwurst zum Grünkohl. Rohkost besitzt aus diätetischer Sicht den Vorteil, bei niedrigem Kaloriengehalt relativ satt zu machen und unseren Stoffwechsel mit wichtigen Vitaminen und vielen Ballaststoffen zu versorgen.

▶ Frische Kräuter

In der Mittelmeerküche wird ausgiebig mit frischen Kräutern wie Oregano und Basilikum gewürzt. Sie enthalten eine Fülle von gesunden Stoffen, die unsere Verdauungsorgane anregen und oft auch die Verwertung tierischer Eiweiße verbessern.

Weniger Sahne!
Typisch für die Mittelmeerküche sind auch die opulenten Sahnesaucen zu manchen Pastagerichten. Wer Diät machen will, sollte auf sie verzichten und stattdessen zu Olivenöl oder Fleischsaucen greifen.

▶ Fisch

Am Mittelmeer gehört der Fisch zur Standardkost. Er sättigt, enthält dabei aber wesentlich weniger Kalorien als etwa Schweine- oder Rindfleisch. Darüber hinaus enthält er wichtige Omega-3-Fettsäuren. Diese Stoffe senken das Herzinfarktrisiko, indem sie die Beweglichkeit der Blutgefäße und den Blutfluss verbessern.

▶ Weniger Süßes

Wo es warm ist, verspüren die Menschen meistens nur geringes Verlangen nach Süßem. Dies trifft auch auf die meisten Mittelmeerländer zu.

▶ Der Faktor »Zeit«

Die amerikanische und mitteleuropäische Imbisskultur trifft man am Mittelmeer nur selten an. Dort nimmt man sich im Allgemeinen für das Essen Zeit. Und wer sich dies zu Herzen nimmt, verspürt auch eher ein Gefühl der Sättigung – ein Faktor, der beim Abnehmen eine entscheidende Rolle spielt (lesen Sie dazu auch das Kapitel »Genusstraining«, Seite 178).

Scharfer Fischtopf

● Zutaten (für 4 Personen): 2 Zwiebeln, 4 Knoblauchzehen, 4 bis 5 geschälte Tomaten aus der Dose, 1 rote Chilischote, 2 EL Bratenfett, 2 TL Oregano, 2 EL Olivenöl, 150 ml Fischfond aus dem Glas, Saft von 1 Zitrone, Salz, Pfeffer, 500 g Filet von einem Seefisch (z. B. Seelachs)

● Zwiebeln abziehen und in dünne Ringe schneiden. Knoblauch abziehen und in der Knoblauchpresse ausdrücken. Die Tomaten zerkleinern. Die Chilischote putzen, längs aufschneiden, waschen und in feine Streifen schneiden.

● Den Backofen auf 200 °C vorheizen. Eine ofenfeste Form mit Deckel nehmen und sie mit etwas Olivenöl bestreichen. Dann die Hälfte der Zutaten (inklusive Oregano und Knoblauch, ohne Öl, Fond und Zitronensaft) auf dem Boden der Form verteilen, mit Salz und Pfeffer würzen. Die Fischfilets darauf legen und ebenfalls mit Salz und Pfeffer würzen. Zum Schluss kommt die zweite Hälfte der Zutaten oben drauf.

● Olivenöl, Zitronensaft und Fischfond verrühren und über das Fischgericht gießen. Alles zusammen in den Backofen schieben, wenn nötig mit Alufolie abdecken, 20 bis 30 Minuten garen lassen.

Gegen den Infarkt

Der regelmäßige Verzehr von 1,0 bis 1,5 Gramm Omega-3-Fettsäuren pro Woche senkt das Risiko, an Herz-Kreislauf-Erkrankungen zu sterben, um 60 Prozent. In einer klinischen Untersuchung an Herzinfarktpatienten reduzierte man die Sterbequote in den zwei Jahren nach dem Herzanfall um 29 Prozent, indem man den Patienten zweimal pro Woche Fisch oder aber eine entsprechende Menge an Fischölkapseln verordnete.

Schlankmacher aus China: Pu-erh-Tee.

Pflanzliche Diäthilfen

Der Grundgedanke

Pflanzliche Diäthilfen können auf dreierlei Weise wirken:
▶ Über eine Stimulierung des Fettstoffwechsels
▶ Über eine Blockade der Fettaufnahme
▶ Über eine Hemmung des Appetits
Bei einigen Heilpflanzen können auch mehrere Faktoren gemeinsam auftreten.

Die besten pflanzlichen Diäthilfen

▶ Madarwurzel (Calotropis gigantea)
Diese asiatische Heilpflanze hemmt den Appetit. Eine große Studie an 661 übergewichtigen Frauen und 195 übergewichtigen Männern ergab bereits nach vier Wochen bei knapp 90 Prozent einen durchschnittlichen Gewichtsverlust von 2,8 Kilogramm. Nach acht Wochen betrug die Gewichtsreduktion bereits 4,9 Kilogramm. Etwa 70 Prozent der untersuchten Personen gaben an, dass sich bei ihnen die Esslustgefühle verringert hätten.

Zu Nebenwirkungen kommt es in der Regel nicht. Man erhält die homöopathischen Zubereitungen der Pflanze in Apotheken.
▶ Mate (Ilex paraguariensis)
Dieser traditionelle »Gauchotee« aus Südamerika stimuliert den Fettstoffwechsel, scheint darüber hinaus aber auch den Appetit zu drosseln. Hauptverantwortlich für diese Effekte sind wahrscheinlich seine Saponin- und Koffeinanteile.

In einer Studie der Universität Lausanne wurden zwölf in der Öffentlichkeit als »Fatburner« gefeierte Heilpflanzen darauf getestet, inwieweit sie diesem Anspruch auch gerecht werden, darunter neben Mate auch grüner Tee, Artischocke, Kermesbeere und Blasentang. Hierzu wurden normalgewichtige Testpersonen drei Stunden lang auf einer Liege ruhig gestellt. Nach Einnahme einer einmaligen Dosis der jeweiligen Heilpflanze bzw. eines Plazebos (Scheinmedikaments) wurde in einem so genannten kalorimetrischen Messverfahren der Energieverbrauch gemessen.

Das Ergebnis: Bei elf der getesteten Pflanzen ließen sich keinerlei Einflüsse auf den Energieumsatz feststellen. Lediglich bei Mate wurden deutliche Hinweise für einen gesteigerten Fettstoffwechsel gefunden. Nebenwirkungen sind durch Mate kaum zu befürchten. Allerdings

Erst langfristig wirksam
Für Madarzubereitungen gelten die Regeln der Homöopathie. Dies bedeutet, dass es am Anfang der Anwendung durchaus zu einer Erstverschlimmerung der Beschwerden, mithin zu einer Zunahme des Körpergewichts kommen kann.

sollte die tägliche Ration von 4 Tassen (à 150 bis 200 Milliliter) nicht überschritten werden. Diese Einschränkung gilt vor allem für Schwangere, die außerdem den Tee noch recht lange, also 10 Minuten, ziehen lassen sollten.

Anwendung und Dosierung: Für 1 Tasse wird 1 Teelöffel der fein geschnittenen Blätter mit kochendem Wasser überbrüht. Danach 5 bis 10 Minuten ziehen lassen, schließlich abseihen. Dosierung: 4 Tassen pro Tag, am besten jeweils zu den Mahlzeiten.

▶ Pu-erh-Tee (Camellia sinensis var. dayeh)

Pu-erh enthält zahlreiche Saponine, von denen bekannt ist, dass sie die Fettaufnahme drosseln. Möglich ist aber auch, dass die an der Fermentation des Tees beteiligten Schimmelpilze den Fettstoffwechsel verbessern.

Zu Pu-erh-Tee und seinem Einfluss auf den menschlichen Fetthaushalt existieren klinische Studien aus China, die von hiesigen Wissenschaftlern allerdings kritisch beurteilt werden. Es gibt jedoch auch japanische Laborversuche von international anerkannten Wissenschaftlern. Hier setzte man Ratten gezielt einer fett- und cholesterinreichen Mast aus, wobei einem Teil von ihnen zusätzlich Pu-erh-Tee kredenzt wurde. Wie zu erwarten, legten die Tiere im Körpergewicht und auch im Blutcholesterinspiegel schon nach wenigen Wochen deutlich zu, die Gewichtszunahme fiel jedoch bei den Pu-erh-Exemplaren erheblich geringer aus.

Anwendung und Dosierung: Empfohlen wird 1 gestrichener Teelöffel Pu-erh-Kraut auf 1 Tasse, wobei die Tasse etwa 150 Milliliter Fassungsvermögen besitzen sollte. Das entspricht bei 1 Liter etwa 6 Teelöffeln, wobei aufgrund der besseren Lösungsmöglichkeiten in einer Kanne die Menge sogar auf 5 Teelöffel heruntergeschraubt werden kann.

Die Pu-erh-Blätter werden in die Tasse bzw. Kanne gegeben und anschließend mit kochendem Wasser übergossen. Danach lässt man den Tee 3 bis 5 Minuten ziehen.

Die empfohlene Tagesration liegt bei 3 bis 4 Tassen pro Tag, die jeweils zu den Mahlzeiten getrunken werden sollten.

Wie bei grünem Tee, so können Sie auch vom Pu-erh-Tee bis zu 3 Aufgüsse zubereiten. Zweit- und Drittaufguss brauchen dann nur noch 2 bis 3 Minuten ziehen. Zum Süßen des Pu-erh-Tees eignen sich Agavendicksaft (aus Naturkostläden), Apfelsüße, Honig, Melasse oder Ahornsirup (aus Reformhäusern und Naturkostläden). Nach einiger Zeit gewöhnt man sich aber auch an den puren Geschmack des rauchig-moorigen Pu-erh-Tees.

Im zweiten Anlauf
Matetee wurde vor einigen Jahren schon einmal als Schlankmacher gefeiert. Durchsetzen konnte er sich allerdings nicht – und das, obwohl er, wie wissenschaftliche Studien bestätigen, durchaus Chancen im Fettabbau besitzt. Möglicherweise brachten die Menschen damals einfach zu wenig Geduld auf. Erste Diäterfolge zeigen sich bei einer Matekur in der Regel nach zwei Wochen.

Lieber Ökotee
Kaufen Sie nur rückstandskontrollierten Pu-erh-Tee, am besten aus ökologischem Anbau. Denn gerade vom Pu-erh sind zahlreiche Produkte auf dem Markt, die stark mit Pestiziden belastet sind.

Schlafen für die schlanke Linie: 20 Minuten nach dem Mittagessen sind ideal.

Schlafdiät

Der Grundgedanke

Auf den ersten Blick erscheint es paradox, durch eine Festigung des Schlafs einen diätetischen Effekt erzielen zu wollen. Denn normalerweise benötigt unser denkendes Großhirn im Wachzustand deutlich mehr Kalorien als beim Schlafen. Auf der anderen Seite gehen vom wachen und schlafenden Großhirn auch unterschiedliche Signale an tiefere Bereiche des Hirns aus. So wirken die für angestrengte Gedankenarbeit typischen Beta-Wellen ganz anders auf die tieferen Hirnzonen als die für Schlafen und Entspannung typischen Alpha-Wellen.

Hunger aus dem Hypothalamus

Eines der wichtigsten Organe der tieferen Hirnzonen ist der Hypothalamus. In ihm sitzt u. a. das Hungerzentrum, er sorgt also für unsere Appetit- oder Sättigungsgefühle. Läuft nun die Großhirnrinde auf Hochtouren, also mit Beta-Wellen, reagiert der Hypothalamus mit einer Erhöhung des Hungergefühls, vor allem der Appetit auf Süßes wird gesteigert. Eigentlich ein sinnvoller Vorgang, soll er doch gewährleisten, dass unserem Denkapparat nicht die Energie ausgeht. Doch leider geht der Hypothalamus gern auf Nummer Sicher. Er schießt also mit seinem Hungergefühl weit über das hinaus, was die Großhirnrinde tatsächlich an Energien benötigt. Die Folge: Wir haben auch dann noch Appetit auf Süßes, wenn der Zuckerbedarf eigentlich gedeckt ist. Es werden also mehr Kalorien zugeführt, als tatsächlich verbrannt werden – eine klassische Voraussetzung für die Entstehung von Übergewicht.

Ganz anders bei Schlaf und Entspannung. Die Alpha-Wellen des ruhenden Großhirns geben uns über den Hypothalamus das Gefühl von Zufriedenheit und Sättigung. Hunger wird erst dann signalisiert, wenn tatsächlich ein Energiebedarf besteht. Und damit sind wiederum Grundvoraussetzungen für Schlankheit und Wohlbefinden geschaffen. Ziel muss es also sein, möglichst viele Alpha-Wellen im Großhirn zu produzieren.

Die Strategien für viele Alpha-Wellen in Ihrem Hirn

▶ Vor jedem Essen fünf Minuten tief aus dem Bauch heraus atmen. Durch die Nase langsam einatmen, durch den Mund ausatmen.
▶ Nehmen Sie sich für jedes Essen ausreichend Zeit!

Die Entdecker der Schlafdiät
Einer der ersten, die in ihrer therapeutischen Arbeit auf den Zusammenhang von Übergewicht und schlechtem Schlaf stießen, war der Pariser Osteopath Christophe Giaçon. Er stellte fest, dass der Tagesablauf übergewichtiger Menschen häufig von Stress, Hetze und zu kurzem Schlaf geprägt ist. Studien am Pariser Institut für Schlafforschung bestätigten dann die Beobachtungen Giaçons.

▶ Möglichst immer zur gleichen Zeit ins Bett gehen!

▶ Direkt nach dem morgendlichen Aufwachen und vor dem abendlichen Einschlafen die Muskeln locker lassen, bis sich der Körper schwer, warm und entspannt anfühlt.

▶ Etwa zwei Stunden vor dem Schlafengehen das Abendessen einnehmen, am besten Suppe, Gemüse und Nudeln. Nur wenig Alkohol!

▶ Die ideale Raumtemperatur für den Nachtschlaf liegt zwischen 17 und 19 °C.

▶ Grüne Pflanzen aus dem Schlafzimmer entfernen, sie rauben Ihnen den Sauerstoff.

▶ Wenn möglich ein Nickerchen nach dem Mittagessen einlegen. Aber nur dann, wenn Sie zu den Menschen gehören, die dabei nicht länger als 20 Minuten wegdösen! Wer nachmittags länger schläft, provoziert nächtliche Schlafstörungen.

▶ Wissenschaftliche Studien belegen, dass auch das Magnetfeld unsere Schlafqualität beeinflusst. Schlafen Sie daher in möglichst weiter Entfernung von elektrischen Geräten wie Radio oder Fernseher, versuchen Sie, ohne elektronische Weckhilfen auszukommen. Außerdem sollten Sie Ihr Bett nach dem Magnetfeld der Erde ausrichten, mit dem Kopf in Richtung Nordpol.

Gute Kombination
Die Schlafdiät eignet sich sehr gut zur Unterstützung anderer Diätformen. Besonders chancenreich ist eine Kombination aus Schlaftraining, Genusstraining und einer fettreduzierten Kostform wie Japan-, Mittelmeer- oder Fit-for-Fun-Diät.

Ist Ihr Sättigungsgefühl aus dem Gleis geraten?

Machen Sie bitte hinter jedem auf Sie zutreffenden Phänomen ein Kreuz. Haben Sie am Ende mehr als drei Kreuze, läuft offenbar Ihr natürliches Sättigungsgefühl aus dem Ruder. Hier kann dann eine Schlafdiät sinnvoll sein.

Sie müssen vor dem Essen häufig gähnen. . . . . ❑

Sie werden häufiger von Heißhungerattacken auf Süßes heimgesucht. . . . . ❑

Sie essen Ihren Teller prinzipiell leer. . . . . ❑

Sie beschäftigen sich während des Essens mit anderen Dingen. . . . . ❑

Sie greifen immer wieder zu Zwischensnacks, die Sie oft gar nicht bewusst wahrnehmen. . . . . ❑

Kurz nach dem Essen haben Sie schon wieder Appetit. . . . . . ❑

Sie haben keine festen Essenszeiten. . . . . ❑

Sie können sich schon wenige Stunden nach der Mahlzeit nicht mehr daran erinnern, was Sie gegessen haben. . . . . ❑

Den Stoffwechsel langsam ankurbeln!
Springen Sie nach dem morgendlichen Aufwachen nicht sofort aus dem Bett, sondern machen Sie erst ein paar Streckübungen. Dadurch kommt es bereits zu einer leichten Steigerung Ihres Blutzuckerspiegels, und Sie werden beim Frühstück weniger Hunger haben.

Die häufigsten Krankheiten

*K*rankheiten heilen – nur mit Hilfe des täglichen Speisezettels? Wenn Sie sich keine allzu schnellen Erfolge versprechen und einige wichtige Regeln beachten, ist das durchaus möglich. Es muss Ihnen nur klar sein, dass Nahrungsmittel – wie alles, was aus der Natur kommt – ganzheitlich wirken. Anders als chemische Pharmazeutika verfügen sie nicht über einen, sondern über eine Vielzahl von Wirkstoffen; diese aber sind deutlich feiner dosiert. Das bedeutet, dass Sie mit einer Nahrungsmitteltherapie keine Erfolge von heute auf morgen erzielen können, aber dafür haben Sie auch keine unangenehmen Nebenwirkungen zu befürchten. Und vor allen Dingen gilt: Sprechen Sie bei schwerer wiegenden Erkrankungen auf alle Fälle mit Ihrem Arzt. Denn bei einer ausgewachsenen Bronchitis etwa oder einer Krebserkrankung können Biostoffe aus gesunder Nahrung allein nichts mehr ausrichten.

Killerzellen unseres Immunsystems sorgen für die Abwehr von Krankheitserregern.

Abwehrschwäche

Symptome

● Wiederholtes Auftreten von Infektionskrankheiten wie Akne, grippalen Infekten, Bronchitis, Pilzbefall u.a.

● Bereits bestehende Infektionskrankheiten heilen nur langsam aus

Ursachen

Ursachen für Immunschwächen können psychische Belastungen und Fehler in der Ernährung sein.

Wie das Immunsystem funktioniert

Bei der Arbeit des Immunsystems geht es recht martialisch zu. Da ist von Fress- und Killerzellen die Rede, von vorderster Abwehrfront u. Ä. Das darf noch nicht einmal verwundern, insofern es ja in der Tat darum geht, »ungebetene Gäste« zu beseitigen, Eindringlinge, Invasoren, die sich in unseren Körper eingeschlichen haben.

Die unspezifische Abwehr – in vorderster Front

An vorderster Front kämpfen die Einheiten der so genannten unspezifischen Immunabwehr. Dazu gehören diese Einheiten:

▶ Fresszellen bzw. Phagozyten. Ihr Abwehrkampf besteht im Wesentlichen darin, den feindlichen Erreger einfach zu verschlingen. Dabei senden sie unentwegt Botenstoffe aus, die für die Aktivierung von anderen Teilen des Immunsystems sorgen. Fresszellen sind allerdings recht träge; es gibt zahlreiche Parasiten, die sich den Attacken der Fresszellen relativ mühelos entziehen können. Eine Körperabwehr, die nur aus unspezifischen Fresszellen bestünde, hätte keine Chance.

▶ Das Komplementsystem. Hierbei handelt es sich um die Chemowaffe des Immunsystems. Es besteht aus 20 miteinander reagierenden Proteinen, die bei Bedarf aktiviert werden können. Sie verändern dann ihre chemischen Eigenschaften und sind imstande, die Zellwände von eingedrungenen Parasiten zu zersetzen.

▶ Killerzellen. Ihr Kampf erinnert an die Strategien der Spionageabwehr. Denn sie vernichten diejenigen Zellen unseres eigenen Körpers, die bereits von Viren befallen sind und dadurch möglicherweise zu

Abwehrtruppen

T-Lymphozyten stammen aus der Thymusdrüse (daher das T vor ihrem Namen) und gehören zur spezifischen Körperabwehr, die gezielt gegen Eindringlinge vorgeht. Sie produzieren Antikörper, deren chemisches Profil genau auf die Zellwände der Parasiten passt. Makrophagen sind imstande, Mikroben, Fremdkörper, Zelltrümmer und andere Teilchen, die im Körper stören, zu »phagozytieren«, d.h., sie zu fressen und abzubauen.

einer Produktionsstätte von weiteren Viren werden können. Die Killerzellen treten in Aktion, wenn sich die befallenen Zellen durch Aussenden von Interferon bemerkbar machen.

Die spezifische Abwehr – hoch spezialisiert

Hinter den unspezifischen Abwehrkämpfern befindet sich die Front der spezifischen Abwehr. Dazu gehören:

▶ Lymphozyten. Sie bilden eine Gruppe der weißen Blutkörperchen. Sie treten in Aktion, wenn der Feind identifiziert wurde. Die Lymphozyten sind dann imstande, innerhalb von Sekunden Tausende von Antikörpern ins Blut zu entlassen, deren chemisches Profil genau auf die Zellwände der Eindringlinge passt und sie regelrecht durchbohrt. Zu den wichtigsten Antikörpern gehören die Immunglobuline; ihr Mangel gilt als wichtiger Risikofaktor für die Entstehung von Krebs.

▶ Gedächtniszellen. Ein Teil der Lymphozyten verfügt über eine Art Gedächtnis. Wenn sie einmal einen Feind erkannt haben, speichern sie dessen Bild wie in einer Datenbank. Sollten später dann wieder einige Exemplare dieses Feindes versuchen, im Körper Unheil anzurichten, treffen sie auf ein Abwehrsystem, das bereits vorbereitet ist und schnell reagieren kann. Ein Großteil der üblichen Impfungen verlässt sich auf das Gedächtnis der Lymphozyten und dessen Fähigkeit, Fremdkörper zu erkennen.

Die größten Feinde des Immunsystems

Das Immunsystem schützt uns zwar vor ungebetenen Eindringlingen, doch selbst ist es nicht gegen Schädigungen gefeit. Zu seinen schlimmsten Feinden gehören die freien Radikale; das sind aggressive Substanzen, die vor allem im Zusammenhang von Schadstoffbelastungen, Strahlungen und Stress entstehen; doch auch der lebensnotwendige Prozess des Atmens trägt zur Bildung von Radikalen bei, sie sind also letzten Endes nicht vermeidbar. Dies macht es umso wichtiger, das Immunsystem durch eine entsprechende Ernährung vor dem Angriff der freien Radikale zu schützen.

Aminosäuren zur Stärkung des Immunsystems

▶ Zystein wirkt als Schleimlöser und Mobilisator der T-Lymphozyten. Nicht zu unterschätzen ist seine Aufgabe als Radikalefänger. Bei HIV-infizierten Patienten findet sich in der Regel ein erniedrigter Zysteinspiegel im Blut, eine gezielte Gabe der schwefelhaltigen Aminosäure brachte jedoch noch keine Behandlungserfolge. Zystein befindet sich vor allem in Milchprodukten.

Körperabwehr – nicht nur im Blut tätig
Die Lymphozyten sind der beste Beweis dafür, dass sich die Immunabwehr nicht nur im Blut abspielt. Denn gerade einmal vier Prozent von ihnen kursieren im Blut, der Rest wartet in den lymphatischen Organen und im Knochenmark auf seinen Einsatz.

Lange Stillzeit kräftigt die Immunabwehr
Wer sein Baby so lange wie möglich stillt, versorgt es mit wichtigen immunmodulierenden Stoffen. Die Grundlagen für die spätere Entwicklung seines Immunsystems sind dann bereits gelegt.

Natürlich ist es möglich, dass bestimmte Schwächen im Immunsystem auf den Mangel einer einzigen Aminosäure zurückzuführen sind. Doch das ist eher selten. Außerdem gehört die gezielte Therapie mit einer bestimmten Aminosäure in die Hand eines Arztes, der sich in ernährungsphysiologischen Fragen auskennt (leider ist auch das sehr selten). Dem Laien bleibt immerhin die Möglichkeit, seine Nahrung auf ein möglichst weites Eiweißprofil auszurichten, um den Mangel an einer Aminosäure bereits im Vorfeld auszuschließen.

▶ Tryptophan ist an der Synthese der meisten Proteine beteiligt. Darüber hinaus wirkt es regulierend auf das Immunsystem. Man findet Tryptophan in Rüben, Rettich, Fenchel, Bananen, Tomaten, Spinat und Milchprodukten, vor allem in Käse.

▶ Die Säure Arginin versorgt unseren Körper mit Stickoxid. Das ätzende Gas wird im Blut von Makrophagen ausgeschüttet, um Bakterien zu töten. Darüber hinaus wirkt es als Botenstoff, der die Lymphozyten in den Kampf schickt. Arginin befindet sich in Fleisch und grünem Gemüse.

Vitamine zur Stärkung des Immunsystems

▶ Vitamin A. Ein Mangel an diesem Vitamin führt zur Schwächung der lymphatischen Organe, in denen die Lymphozyten gebildet und gelagert werden. Vitamin-A-Mangel beeinträchtigt also die spezifische Immunabwehr.

▶ Pyridoxin. Dieses Vitamin aus der B-Gruppe unterstützt das Verstoffwechseln der Aminosäuren und damit den Aufbau von Proteinen – ein Prozess, der in unserem Körper von zentraler Bedeutung ist, gerade was das Funktionieren des Immunsystems betrifft. Pyridoxinmangel trifft vor allem das auf 20 Aminosäuren aufbauende Komplementsystem des Immunapparats.

▶ Folsäure. Die zur Vitamin-B-Gruppe gehörende Folsäure sorgt für das Wachstum und die Teilung der roten und weißen Blutzellen. Ferner mobilisiert sie in den Lymphozyten die Bildung von Antikörpern.

▶ Vitamin C. Mit Sicherheit das bekannteste Immunvitamin. Es macht den Fresszellen Appetit auf ungebetene Eindringlinge wie Viren und Bakterien und schützt außerdem die Organe des Immunsystems vor dem Angriff freier Radikale.

▶ Vitamin E. Im Immunsystem fördert Vitamin E die Bildung von Antikörpern, außerdem schützt es empfindliche Substanzen des Immunapparats vor dem Angriff freier Radikale.

Mineralien zur Stärkung des Immunsystems

▶ Magnesium. Im Immunsystem ist Magnesium an der Bildung der Lymphozyten beteiligt. Unter ständigem Stress sinkt der Magnesiumanteil im Körper zum Teil dramatisch – mit ein Grund dafür, dass Stress den Ausbruch von Erkrankungen fördern kann.

▶ Selen. Dieses Spurenelement ist Bestandteil von Glutathionperoxidase, einem Enzym, das die Zellen des Immunsystems vor dem Angriff freier Radikale schützt. Selen erfüllt mithin ähnliche Aufgaben wie Vitamin E.

Selen gehört zu jenen Biostoffen, deren Aufnahme großen Schwankungen unterworfen ist. Am Abend wird es vom menschlichen Organismus relativ schlecht resorbiert, der beste Zeitpunkt für die Selenversorgung ist der frühe Morgen.

▶ Kupfer. Ohne Kupfer würde unser Körper kein Vitamin C verwerten können, denn das Mineral ist Bestandteil des Enzyms Askorbinsäureoxidase.

▶ Zink. Zink hält die spezifische Immunabwehr auf Trab.

Weitere Biostoffe zur Stärkung des Immunsystems

▶ Karotinoide. Sie bilden nicht nur die Vorstufe zum Vitamin A, sondern erhöhen auch die Anzahl der im Blut zirkulierenden Killerzellen.

▶ Saponine. Die immunstimulierende Wirkung der Saponine wurde bereits zu Beginn der fünfziger Jahre beobachtet. Die stark bitter schmeckenden Substanzen erhöhen die Antikörperkonzentration im Blut.

▶ Flavonoide. Sie führen zu einer verstärkten Aktivierung der Killerzellen, außerdem schützen sie die Radikalefänger Vitamin C und Vitamin E vor dem Zerfall.

▶ Sulfide. Die schwefelhaltigen Stoffe stimulieren die Aktivität der Killerzellen. Zu den sulfidreichen Nahrungsmitteln gehören Knoblauch und Zwiebeln.

▶ Milchsäurebakterien. Die Stoffwechselprodukte der Milchsäurebakterien, beispielsweise im Joghurt, erhöhen die Konzentration der Immunglobuline.

Flavonoide außer Verdacht
Flavonoide wurden lange Zeit verdächtigt, aufgrund ihres Einflusses auf den Erbgutträger DNS (Desoxyribonukleinsäure) die Entstehung von Krebsgeschwüren zu unterstützen. In zahlreichen Versuchen der jüngsten Zeit konnte dieser Verdacht jedoch restlos ausgeräumt werden.

Tipps für Ihren Speiseplan

Orange ist Trumpf

Die orange Farbe von Gemüse oder Obst lässt auf einen hohen Anteil von Karotinoiden schließen. Ausnahme: die Orange. Doch sie ist aufgrund ihres hohen Vitamin-C-Gehaltes natürlich trotzdem wichtig zur Stärkung des Immunsystems.

Zitrusfrüchte

Zitrusfrüchte enthalten viel Vitamin C und eine beachtliche Zahl von Flavonoiden. Auch Tomaten und Paprika enthalten große Mengen Askorbinsäure.

Nicht nur Erbsen und Linsen

Hülsenfrüchte aller Art stärken die Abwehr nachhaltig. Denn sie enthalten zahlreiche Saponine, auch ihr Magnesiumgehalt kann sich sehen lassen. Besonders reich an Saponinen sind beispielsweise Kichererbsen, Sojabohnen und grüne Bohnen.

Immunstarke Knollen

Zwiebeln oder Knoblauch sollten eigentlich in keinem Mittagessen fehlen. Denn die beiden Pflanzen enthalten Sulfide, die das Immunsystem in Hochstimmung versetzen. Zwiebeln sind außerdem noch reich an Flavonoiden und Vitamin C.

Gesunde Knabberei

Nüsse und Samen bestechen vor allem durch ihren hohen Gehalt an B-Vitaminen, Vitamin E und Magnesium.

Joghurt

Joghurt enthält wichtige Mineralien und Milchsäurebakterien, deren Fermente schon lange als Beschützer des Darmbereichs gelten. Jüngere Untersuchungen zeigen jedoch, dass sie auch außerhalb des Darms antimikrobiell wirken.

Hagebuttenmark – Tipp für die kalte Jahreszeit

Die Hagebutte gehört zu den echten Vitaminbomben der Natur; hervorzuheben ist vor allem ihr hoher Gehalt an Vitamin C, der auch noch nach dem ersten Kochen überragend bleibt. Bereiten Sie sich ein Hagebuttenmark nach folgendem Rezept:

● Die frischen Früchte von Stielen und Blütenresten befreien, in der Mitte auseinander schneiden und mit dem Teelöffel entkernen. Dann gründlich durchwaschen, damit die feinen Härchen an der Innenseite der Fruchthüllen fortgespült werden.

● Die entkernten Hüllen werden mit Wasser bedeckt und über Nacht stehen gelassen.

● Am nächsten Tag kochen Sie die Hagebutten 30 Minuten lang in ihrem Einweichwasser (um die Vitamine zu sichern).

● Nach kurzem Abkühlen werden sie dann durch ein Sieb gestrichen, und Sie erhalten das Hagebuttenmark. Tiefgekühlt kann es über mehrere Monate aufbewahrt werden.

Hagebuttenmark eignet sich zur Zubereitung von Suppen (beispielsweise mit Apfelmus und Roséwein) und Marmelade (dabei gehen allerdings viele Vitamine verloren). Darüber hinaus können sie in Form von Gemüse (beispielsweise zu Wildbraten und Pasteten) und Saucen (zu Fondues) eingesetzt werden. Am besten sammeln Sie die Früchte selbst, die Fruchtzeit beginnt im Oktober. Hagebuttensträucher stehen an sonnigen Waldrändern, auf Waldschlägen, an Feldrainen und auf Brachflächen. Nehmen Sie sich in Acht vor den sichelförmigen Stacheln an den Ästen!

Keine Zigaretten und Alkohol

Der Tipp, die Finger von Zigaretten und Alkohol zu lassen, klingt überholt, aber er ist gerade bei Abwehrschwäche von enormer Bedeutung. Denn beide Stoffe vernichten Vitamin C in großem Umfang, übermäßiger Alkoholkonsum geht zudem zu Lasten der B-Vitamine, außerdem beeinträchtigt er die Funktionen von Milz und Thymusdrüse, in denen wichtige Abwehrzellen gebildet und gelagert werden.

Joghurtsuppe mit Kichererbsen und Pfefferminze

- Zutaten (für 2 Personen): 300 g Vollmilchjoghurt, 1 EL Kichererbsenmehl, 1 kleines Bund Pfefferminze, 1 EL Ghee, 1 TL brauner Rohrzucker, 1 TL gemahlener Kreuzkümmel, Gelbwurz, Pfeffer und gemahlene Nelken, 200 ml Wasser, etwas Salz
- Verrühren Sie Joghurt und Kichererbsenmehl in einer Schüssel.
- Entfernen Sie die Blättchen von der gewaschenen Pfefferminze. Anschließend die Blätter hacken.
- Jetzt wird der Ghee in einem Topf erhitzt, gesüßt und gewürzt (noch ohne Salz und Pfefferminze!). Den Joghurt dazurühren und das Wasser hinzugeben, dann die Minzenblätter und das Salz zugeben.
- Kurz aufkochen, bei Bedarf kann mit Gelbwurz oder Pfeffer nachgewürzt werden.
- Die Joghurtsuppe sollte ein strahlendes Gelb aufweisen – ein guter Nebeneffekt, da dieser Farbe laut Farbtherapie eine immunmodulierende Wirkung zukommt.

Milchsäurebakterien helfen sich selbst

Wissenschaftliche Untersuchungen erbrachten den Nachweis, dass Milchsäurebakterien sogar noch zwei Wochen nach ihrer Einnahme im Darm nachweisbar sind. Die Forscher vermuten, dass die von außen zugeführten Mikroorganismen das Darmmilieu längerfristig beeinflussen, so dass auch die körpereigenen Nutzbakterien in ihrem Wachstum unterstützt werden. Mit anderen Worten: Wer regelmäßig Milchsäurebakterien im Joghurt verspeist, fördert das Wachstum der Milchsäurebakterien, die sich bereits in seinem Darm befinden.

Allergien

Des einen Freud, des andern Leid: Blumen und Allergien gehören oft zusammen.

Symptome

● Die Symptome der Allergie hängen hauptsächlich von zwei Faktoren ab: erstens von der Beschaffenheit des Stoffes, auf den allergisch reagiert wird, zweitens vom körperlich-seelischen Zustand des Allergikers

● Die Auswirkungen reichen von Schnupfen und tränenden Augen (vor allem bei Pollenallergie, Hausstauballergie) über Unterleibskrämpfe (vor allem Lebensmittelallergien) und Hautausschläge (z.B. bei Metallallergien) bis zu lebensgefährlichen Atemnotanfällen (vor allem bei Hausstauballergie, Pollenallergie, Tierhaarallergie, Asthma)

Biologische Hintergründe

Das Problem des Allergikers besteht darin, dass die Mastzellen seines Immunsystems bei ihrer Begegnung mit bestimmten Stoffen oder Mikroorganismen (den Allergenen) zu viele Histamine produzieren. Die Histamine haben normalerweise den Sinn, den übrigen Einheiten des Immunsystems ihre Arbeit zu erleichtern, indem sie den »Kampfplatz« präparieren. Dazu gehören beispielsweise die Erweiterung der Blutgefäße und die Verengung der Bronchien. Bei Allergikern jedoch tun die Histamine zu viel des Guten, die Blutgefäße werden übermäßig erweitert, es kommt zu Schwellungen und Entzündungen. Im schlimmsten Fall kommt es zu allergischen Schockreaktionen, die lebensbedrohliche Folgen haben können.

Ernährung und Allergie

Dass ein Nahrungsmittelallergiker mit der Umstellung seiner Ernährung viel gegen seine Krankheit ausrichten kann, liegt auf der Hand. Bleibt die Frage, ob auch ein Heuschnupfenkranker oder ein Hausstauballergiker seine Krankheit durch eine Umstellung der Ernährung beeinflussen kann. Die Frage muss ganz klar bejaht werden. Denn jede allergische Erkrankung ist das Resultat einer Immunstörung, und dies bedeutet, dass alles, was das Immunsystem in seiner Arbeit beeinträchtigt, eine Allergie verstärken kann und alles, was es in seiner Arbeit unterstützt, eine Allergie mildern kann.

Eine Modekrankheit
Eine kürzlich abgeschlossene Untersuchung ergab: Lediglich bei fünf Prozent der Menschen, die glaubten, eine bestimmte Allergie zu haben, konnte eine medizinisch nachweisbare Allergie festgestellt werden. Die Allergie ist also bereits zu einer Modekrankheit geworden. Allerdings – das berücksichtigte die Studie wohl nicht – gibt es eine Vielzahl von Allergien, die mit den normalerweise angewandten Tests nicht erkannt werden.

Zu den wichtigsten Einflussgrößen des Immunsystems gehört zweifelsohne die Ernährung. Die einzelnen Inhaltsstoffe der Nahrungsmittel vermögen bis in die Details des Immunsystems wirksam zu werden. Darüber hinaus stellen viele Nahrungsmittel unserer Zeit für den Körper eine enorme Belastung dar, so dass ihm weniger Kraft bleibt, das Immunsystem aufzurüsten.

Nahrungsmittelallergien

Kaum ein Lebensmittel, das in jüngerer Zeit nicht in den Verdacht geraten wäre, ein Allergen zu sein: Austern, Thunfisch, Gewürze, Hühnereiweiß, Konservierungsstoffe – die Liste könnte beliebig fortgeführt werden. In vielen Fällen handelt es sich allerdings nicht um eine Allergie im eigentlichen Sinn, sondern um eine so genannte pseudoallergische Reaktion.

Dazu gehört beispielsweise das bekannte Chinarestaurantsyndrom mit Symptomen wie Kopfschmerz, Schwindelgefühl und Gesichtsstarre. Ausgelöst wird es durch Natriumglutamat, einen Geschmacksverstärker, der in chinesischen Restaurants verwendet wird, um die eher fein nuancierte asiatische Kochkunst dem auf Deftiges getrimmten Geschmack des Abendländers anzupassen. Im strengen Sinn handelt es sich hier nicht um eine Allergie, sondern um eine Nahrungsmittelunverträglichkeit, weil körperliche Reaktionen bzw.

Stress und Allergien

Starker Stress fördert den Ausbruch von Allergien. So kommen viele Menschen im Zusammenhang von Prüfungen, beruflichen Belastungen, Scheidungen und dergleichen zu einer Allergie. Das Fatale: Die durch Stress erworbenen Allergien bleiben meistens auch dann noch bestehen, wenn die belastende Situation vorbei ist.

Die häufigsten Nahrungsmittelallergene	
Nahrungsmittel	Allergiehäufigkeit in Prozent
Sellerie	41
Hühnereiweiß	21
Milcheiweiß	20
Fisch	12
Karotten	12

Zusatzstoffe in Lebensmitteln, die zu pseudoallergischen Reaktionen führen können
- Farbstoffe: E 102, 104, 110, 120, 122, 123, 124, 127, 151, 160b
- Konservierungsstoffe: E 200, 201, 202, 203, 210, 211, 212, 213, 214 bis 219, 220, 221, 222, 223, 224, 226, 227
- Sonstige problematische Zusatzstoffe: E 385, 432 bis 436, 476, 491 bis 495

Die Krux mit dem Gusto

Wer von uns schätzt nicht die internationale Küche – sie verschönt nicht nur den Alltag mit kulinarischen Genüssen. Ein romantisches Abendessen beim Italiener oder ein Geschäftsessen beim Chinesen gibt dem Treffen mit dem neuen Partner das gewisse Etwas. Aber Vorsicht! Häufig lösen Geschmacksverstärker der ausländischen Küche Beschwerden aus. Denken Sie nur an das Chinarestaurantsyndrom.

Beschwerden in Gang gesetzt werden, ohne dass die Antikörper des betreffenden Menschen eine entscheidende Rolle spielen würden. Nichtsdestoweniger können auch pseudoallergische Reaktionen große gesundheitliche Probleme bereiten; außerdem können sie sich zusammen mit Allergien zu einem dramatischen Symptomenkomplex aufschaukeln.

Allgemeine Tipps zur Ernährung

Sellerie ist Nahrungsmittelallergen Nummer eins und sollte daher in der Ernährung eines Allergikers in jedem Fall ausgespart werden. Die anderen problematischen Lebensmittel werden im Ernährungsplan am besten »gestreut«; Fisch, Hühnerfleisch bzw. Hühnereier sowie Milchprodukte und Karotten sollten also an unterschiedlichen Tagen gegessen werden, um im Immunapparat keine »schlafenden Hunde« zu wecken.

Sollte jedoch der Verdacht entstehen, dass Sie auf ein Lebensmittel gezielt allergisch reagieren, muss in Zusammenarbeit mit einem Allergologen oder Ernährungswissenschaftler eine so genannte Eliminati-

Erste Hilfe für Heuschnupfenkranke
½ Teelöffel Ackerschachtelhalm in ¾ Liter Wasser kurz aufkochen und nach etwa 5 Minuten abseihen. Der Tee eignet sich vor allem zu Nasenspülungen, weil er die Nasenschleimhäute abschwellen lässt.

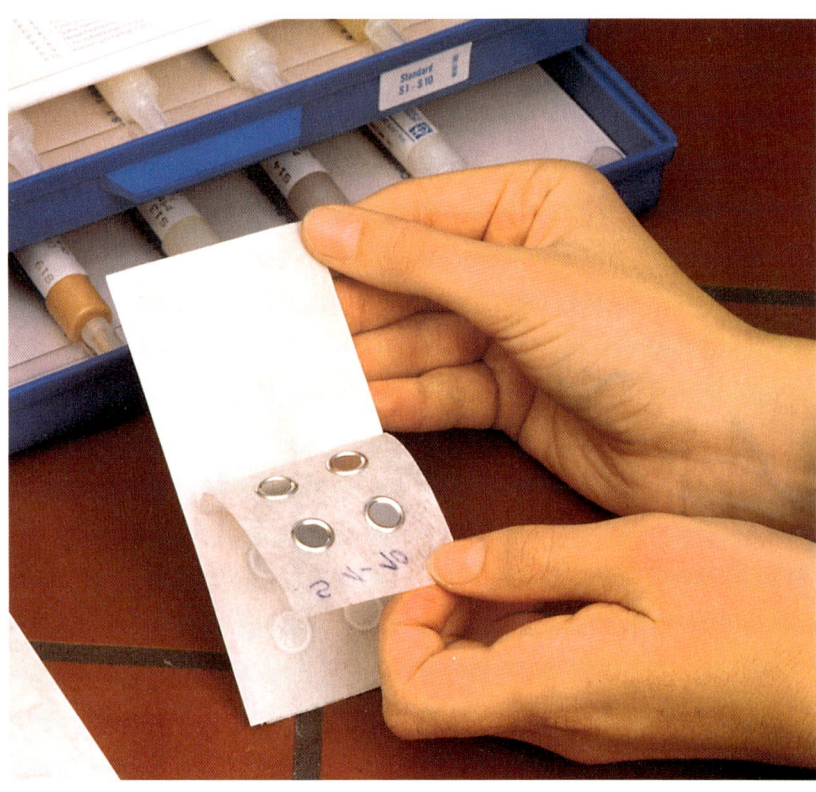

Am Anfang des Kampfes gegen die Allergie steht der oft langwierige Allergietest. Wenn man herausgefunden hat, was das Immunsystem zu Fehlreaktionen veranlasst, beginnt die oft noch längerwierige Behandlung.

onsdiät vorgenommen werden. Hierbei werden dann gezielt ein oder mehrere Nahrungsmittel weggelassen, um eine eventuelle Symptomenverbesserung zu beobachten. Tritt danach keine Änderung der Symptome ein, ist es unwahrscheinlich, dass das weggelassene Nahrungsmittel ein große Rolle beim Auslösen der allergischen Reaktionen spielt. Die Eliminationsdiät ist als Testverfahren – sofern sie richtig angewandt wird – erheblich zuverlässiger als der allgemein übliche Hauttest beim HNO-Arzt.

In jedem Fall günstig ist es, möglichst wenige Zusatzstoffe in der Nahrung zu haben. Dies bedeutet konkret: Finger weg von besonders farbigen Nahrungsmitteln (Weingummi, Lutscher, Kunstspeiseeis, u. Ä.), weniger Süßigkeiten, weniger Limonaden und Colagetränke. Süßen Sie mit Naturhonig, reduzieren Sie den Fabrikzuckerkonsum so weit wie möglich! Denn der industriell gefertigte Zucker entzieht dem Körper wichtige Mineralien und Vitamine fürs Immunsystem.

Sich parfümieren mit dem, was schmeckt

Kein anderer Sinn erregt derart unsere spontanen und unbewussten Gefühle wie der Geruchssinn. Wenn etwas alt, muffig oder ätzend-sauer riecht, erregt es unseren Abscheu, und wir gehen auf Distanz; duftet es jedoch frisch, süßlich oder etwas herb, dann fühlen wir uns unwiderstehlich angezogen. Kein Wunder, dass Geruchspsychologie mittlerweile zur Standardausrüstung von Marketingexperten gehört und überall im Kaufhaus nur noch der Duft regiert.

Doch die Duftwelle hat ihren Preis. Das menschliche Immunsystem ist überfordert. In der vom IVDK (Informationsverbund Dermatologischer Kliniken) geführten Hitliste der häufigsten Kontaktallergene (Stoffe, deren Hautkontakt allergische Reaktionen auslöst) rangieren Düfte bereits mit neun Prozent auf dem zweiten Platz, werden gerade noch vom Nickel übertroffen. Bei Männern halten sie sogar die Spitzenposition, wahrscheinlich deshalb, weil es hier beim Rasieren zu zahlreichen Schnittwunden kommt, die den Duftallergenen aus dem Rasierwasser oder dem Parfüm den Eintritt ins Körperinnere erleichtern.

Wer wirklich vor einer Duftstoffallergie auf Nummer Sicher gehen will, hat prinzipiell nur zwei Chancen:

▶ Er verzichtet auf sämtliche kosmetische Produkte und achtet auch beim Kauf anderer Hygieneartikel wie Badezimmer- und Teppichreinigern, nur unproblematische Substanzen wie Essigsäure zuzulassen. Er muss sich allerdings damit abfinden, dass seine Welt geruchlich eher trist werden wird.

Adressen, die weiterhelfen

▶ **Deutschland**
Deutscher Allergiker- und Asthmabund
Hindenburgstraße 110
41061 Mönchengladbach

▶ **Österreich**
Lungen-Union
Obere Augarten-
straße 26–28
A-1020 Wien

▶ **Schweiz**
Schweizerische Elternvereinigung Asthma- und Allergiekranker Kinder
Schaufelgrabenweg 28
CH-3033 Wohlen

Tipp
Wer auf Kosmetika bzw. die darin enthaltenen Lösemittel allergisch reagiert, kann versuchsweise auf reine Aromaöle zurückgreifen.

Wie alle Flavonoide befindet sich das Querzetin hauptsächlich in den Randschichten der Pflanzen sowie in den Blättern. Essen Sie also die Äpfel möglichst ungeschält, auch Tomaten sollten ihre Schale behalten. Tomaten aus der Dose besitzen kaum noch Flavonoide.

Grünkohl sollte geerntet werden, wenn der erste Frost seine Blätter bereits weicher gemacht hat. Nichtsdestoweniger bleiben seine Blätter auch nach dem Frost zu hart, um roh gegessen zu werden. Eine Garzeit von etwa 40 Minuten ist daher notwendig, um ihn genießbar zu machen. Geben Sie nach dem Garen etwas Öl zu, um die Resorption der Biostoffe zu verbessern. Wichtig: Grünkohl sollte nur einmal gegart und nicht wieder aufgewärmt werden, da in diesem Fall zu viele Nitrate frei werden könnten.

Tipps für Ihren Speiseplan

Flavonoide

Die Flavonoide Querzetin, Myrizetin und Kaemperol blockieren die Freisetzung von Histamin durch die aktivierten Mastzellen. Besonders wichtig ist Querzetin, da es in der Natur sehr häufig vorkommt und demnach leicht in den Speiseplan eingebaut werden kann. Außerdem ist es ausgesprochen widerstandsfähig gegenüber Hitze; durch längere Lagerung geht es jedoch in großem Umfang verloren. Querzetinreiche Nahrungsmittel sind:

- Gelbe Zwiebeln
- Grünkohl
- Grüne Bohnen
- Äpfel
- Kirschen
- Brokkoli

Magnesium

Göttinger Wissenschaftler konnten nachweisen, dass Magnesium durch seine antagonistische Wirkung gegenüber Kalzium die Mastzellen davon »überzeugen« kann, weniger Histamine in den Blutkreislauf abzugeben. Eine Magnesiumkur macht jedoch nur Sinn, wenn sie vier bis sechs Wochen vor dem erwarteten Ausbruch der Allergien durchgeführt wird. Zu den magnesiumreichen Nahrungsmitteln gehören Vollkornprodukte, Nüsse, Samen und einige Gemüsesorten.

Vitamin C

Askorbinsäure ist imstande, einen Teil der überschießenden Histamine zu binden und zu einer harmlosen Säure abzubauen. Sie finden das Vitamin vor allem in Kiwis, Orangen, Zitronen, Sanddorn, Äpfeln, Tomaten und Paprika.

Diese Nahrungsmittel helfen dem Allergiker

- Rotbuschtee. Der südafrikanische Rotbuschtee wird vor allem gegen Allergien eingesetzt. Er enthält große Mengen an antiallergischen Flavonoiden. Zubereitung: 1 gehäuften Teelöffel Rotbuschnadeln mit 1 Tasse kochendem Wasser überbrühen. 3 Minuten ziehen lassen, abseihen. Der Tee enthält kein Koffein, kann daher in großen Mengen (bis 1,5 Liter pro Tag) verzehrt werden.
- Tomaten. Sie enthalten viel Vitamin C und große Mengen an Querzetin.
- Grünkohl. 100 Gramm von ihm enthalten 31 Milligramm Magnesium und 11 Milligramm Querzetin. Sein hoher Vitamin-C-Anteil von 105 Milligramm geht allerdings durchs Kochen weitgehend verloren.

▶ Oder er orientiert sich an dem, was ihm auch beim Essen gut tut. Wer also z.B. keine Probleme mit dem Essen von Weizenkeimen hat, kann seine Haut getrost mit Weizenkeimöl pflegen, einem altbewährten Naturkosmetikum. Und wer Buttermilch allergiefrei trinken kann, dürfte auch mit einer Buttermilchwaschlotion keinerlei Kummer haben. Die wirkt porentief rein und riecht aromatisch, ohne den Körper mit zahllosen Duftstoffen zu bombardieren.

Darüber hinaus bietet die selbst gebraute Kosmetik aus bewährten Nahrungsmitteln noch einen weiteren Vorteil: Sie ist wesentlich preiswerter als ihre Konkurrentin aus der Industrie.

TOMATEN MIT BROKKOLI

Zutaten für 2 Personen

200 g Brokkoli
4 große Fleischtomaten
1 TL gekörnte Gemüsebrühe
Salz, Pfeffer
1 EL Butter

Zubereitung

Zunächst wird der Brokkoli in Salzwasser gekocht. Er darf nicht zu weich werden, prüfen Sie seine Festigkeit während des Garens (das erste Mal nach etwa 4 Minuten) mit der Gabel. Die Tomaten waschen, den Stängelschaft entfernen und für die Füllung aushöhlen, ohne dabei die Tomatenhaut zu beschädigen. Etwas Fruchtfleisch sollte am Rand bleiben. Schließlich mit der Gemüsebrühe würzen. Dann die Tomaten auf gebutterte Alufolie setzen und die Brokkoliröschen in die Löcher legen. Die Folie fest verschließen. Bei geringer Hitze etwa 10 Minuten lang grillen. Die fertigen Brokkolitomaten können zusammen mit Crème fraîche serviert werden (sofern keine Milcheiweißallergie besteht!).

Grünkohlsalat

● Zutaten (für 2 Personen): 500 g Grünkohl, Salz, 5 EL Olivenöl, 5 Walnusskerne, 2 kleine Gewürzgurken, 1 EL Joghurt, 1 TL mittelscharfer Senf, 1 TL Essig, Pfeffer

● Befreien Sie den Grünkohl von seinen welken Blättern, dem Strunk und den groben Rippen. Die Blätter werden gewaschen, »trockengewedelt« und in feine Streifen geschnitten. Geben Sie die Streifen in eine Schüssel. Mit Salz und Olivenöl vermengen und 1 Stunde ziehen lassen.

● In der Zwischenzeit werden die Walnusskerne gehackt und die Gurken in dünne Scheiben geschnitten. Für die Sauce den Joghurt mit Senf, Essig, Pfeffer und Salz verrühren.

● Streuen Sie schließlich die Nüsse und die Gurken über den Grünkohl, mischen Sie alles gut durch! Kurz vor dem Servieren gießen Sie die Sauce über den Salat.

Satt – oft schon allein vom Anblick.

Appetitstörungen

Symptome

- Essen und Trinken machen dem Betroffenen keinen Spaß
- Die Nahrungsaufnahme ist gering und erfolgt nur widerwillig

Ursachen

Appetitlosigkeit kann sehr viele Gründe haben. Ein Grund, der bei der Ursachenforschung gern vergessen wird, sind Verstopfungen der oberen Nasenwege, beispielsweise durch Erkältungen, Heuschnupfen oder Nasenscheidenwandkrümmungen. Wenn der Mensch nicht richtig riechen kann, kann er auch nicht richtig schmecken – und das drosselt den Appetit.

Biologische und psychische Hintergründe

Außerdem drosselt das Appetitzentrum in unserem Gehirn den Hunger, wenn wir krank sind – vor allem dann, wenn wir Fieber haben –, um nicht unnütz Kräfte für die Verdauung zu verbrauchen. Auch körperliche Anstrengung verringert zunächst einmal die Lust auf feste Speisen. Der alte Satz »Sport fördert den Appetit« stimmt nur längerfristig, kurzfristig führt die Temperaturerhöhung beim Sport zur Steigerung des Durst- und zur Senkung des Hungergefühls. Psychisch haben Appetitstörungen oftmals einen Zusammenhang mit Depressionen und Ängsten; extreme Appetitmangelerscheinungen wie etwa die Magersucht besitzen eine Dynamik, die vom Laien nur schwer durchleuchtet werden kann und daher unbedingt vom Fachmann (Psychiater, Psychologe, Psychoanalytiker) behandelt werden muss.

Kinder brauchen Abwechslung

Bei Kindern liegt jedoch der häufigste Grund für Appetitstörungen einfach darin, dass ihr Speiseplan zu einseitig gestaltet wird. Eine einseitige Kost – egal, ob es sich dabei um Süßwaren oder ballaststoffreiche Körner handelt – wirkt hemmend auf das menschliche Appetitzentrum, insofern die eintönige Wiederholung von Reizen grundsätzlich von unserem Gehirn mit Erregungs- und Lusteinbußen beantwortet wird.

Fruchtsäuren

Bei Fruchtsäuren muss man keine Angst haben, dass sie den Körper übersäuern; denn sie werden vollständig zu Kohlendioxid und Wasser abgebaut. Das Kohlendioxid wird schließlich über die Lungen abgeatmet, wodurch der Weg frei wird für die basischen, Säure puffernden Stoffe der Früchte.

Mit natürlichen Farben den Appetit fördern

Die farbliche Zusammenstellung der Speisen hat einen großen Einfluss auf das Appetitzentrum im Gehirn. Synthetische Farben wirken appetithemmend, natürliche Farben jedoch fördern den Appetit. Farbpsychologen haben mittlerweile herausgefunden, dass dieser Effekt vor allem einer Farbe zukommt, nämlich Orange.

Farben gezielt einsetzen

Es gibt eine Vielzahl von Möglichkeiten, die Mahlzeiten orange zu gestalten:
▶ Farbige Untersetzer lassen auch das Trinken zu einem farbigen Erlebnis werden. Besonders gut wirkt natürlich die Farbe, wenn Sie ein Glas klares Mineralwasser darauf abstellen.
▶ Farbiges Geschirr (vor allem Teller, Tassen und Untertassen) kann ebenfalls Orangetöne in die Essumgebung bringen.
▶ Bauen Sie gezielt orangefarbene Nahrungsmittel in Ihre Umgebung ein. Dazu gehören Kürbis, Karotten, Orangen, Aprikosen, Klementinen, Mangos.

Weniger Kunstfarben

Gerade Kinder werden gern mit extrem farbigen Nahrungsmitteln wie Weingummi, Kunstspeiseeis, Tomatenketchup und Süßigkeiten verwöhnt. All diesen mit synthetischen Farbstoffen vollgepfropften Nahrungsmitteln ist gemein, dass sie den Appetit der Kinder anregen sollen. Und das tun sie denn auch, allerdings zu Lasten natürlicher Lebensmittel, in denen gemäßigte Farbtöne dominieren. Keine noch so rote Kirsche hat eine Chance gegen das Rot der Gummibärchen, und kein noch so grüner Salat vermag gegen grünen Wackelpeter etwas auszurichten. Hier sind dann Appetitstörungen vorprogrammiert. Wer also will, dass seine Kinder Spaß an richtigem Essen haben, sollte deren Konsum an knallig farbenen Kunstnahrungsmitteln so weit wie möglich einschränken, um nicht das natürliche Farbempfinden der Kinder zu irritieren. Außerdem enthalten die Speisen aus der Chemiefabrik massenweise Einfachzucker, der ebenfalls appetithemmend wirkt.

Mit Gewürzen den Appetit fördern

Gewürze regen den Appetit auf zweierlei Weise an:
▶ Sie sind eine Geschmacksbereicherung für die Speisen und erhöhen dadurch die Lust aufs Essen.

Appetizer
In vielen Ländern ist es Tradition, vor dem Essen einen alkoholischen Appetizer zu trinken. Besonders beliebt ist der Campari, und sein Genuss regt aufgrund der in ihm gelösten Bitterstoffe tatsächlich das Appetitzentrum an. Für Kinder kommt er natürlich nicht infrage.

Nehmen Sie sich Zeit
Alles, was wir im Alltag machen, bringt uns umso mehr Spaß und Lustgewinn, je mehr Zeit wir uns dafür nehmen. Das gilt auch für das Essen. Nicht umsonst sind Appetitstörungen in Frankreich viel seltener als in Deutschland oder in den USA.

ORANGENCURRY

Zutaten

3 Orangen
1 EL Butter
3 Nelken
1 Messerspitze Zimt
Pfeffer (nach persönlichem Geschmack)
1 EL gemahlener Ingwer
1 TL gemahlener Kardamom

Zubereitung

Pressen Sie die Orangen aus, sammeln Sie deren Saft. Die Butter erhitzen, würzen und schließlich mit dem Saft löschen und 15 Minuten bei geringer Hitze kochen lassen. Als Saucengrundlage zu exotischen Gemüse-, Fleisch- oder Fischgerichten verwenden.

Tipps für Ihren Speiseplan

Weniger Süßigkeiten

Schon die Großeltern verboten uns, vor den Mahlzeiten Süßes zu essen. Und sie hatten Recht! Denn die Einfachzucker und Aromastoffe von Schokolade, Gummibärchen und Kuchen wirken zumindest kurzfristig dämpfend auf unser Appetitzentrum. Von noch größerer Bedeutung ist aber, dass sie längerfristig den Geschmackssinn abstumpfen, so dass kaum noch Lust an anderen Nahrungsmitteln empfunden wird.

Weniger Deftiges

Deftig fette Speisen stumpfen ebenfalls den Geschmackssinn ab. Feinere Nuancen der Küche gehen verloren, wenn sie in einem Schwall von tierischen Fetten und Saucen ertränkt werden.

Biostoffe gegen Appetitlosigkeit

Fruchtsäuren regen die Verdauungsorgane an und mobilisieren den Stoffwechsel. Beides zusammen wirkt anregend auf den Appetit. Man findet Fruchtsäuren in allen Obstsorten, besonders in Äpfeln und Johannisbeeren.
● Bitterstoffe wirken verdauungsanregend und stimulieren das Appetitzentrum im Gehirn.

Vorzügliche Appetitanreger mit ihren Bitterstoffen sind Chicorée und Grapefruit.

Die idealen Nahrungsmittel gegen Appetitlosigkeit

● Die Rote Johannisbeere und ihre Säfte sind ideale Appetitmacher. Sie besitzt mit 2820 Milligramm auf 100 Gramm Beeren den höchsten Fruchtsäuregehalt überhaupt. Der Saft wirkt am besten, wenn er eine halbe Stunde vor den Mahlzeiten getrunken wird und so Zeit hat, seine Wirkung zu tun.
● Auch die Ananas enthält viele Fruchtsäuren, außerdem besitzt sie Enzyme, die den Magensaftfluss anregen. Besonders appetitanregend ist es, etwa eine halbe Stunde vor dem Essen eine Scheibe Ananas zu essen. Als Alternative kommt frischer Ananassaft aus dem Reformhaus infrage.
● Schon der Geruch des Dills reicht oftmals aus, um den Appetit anzuregen. Er sollte daher regelmäßig zur Garnitur des Essens eingesetzt werden.
● Chicorée enthält verdauungsanregende Bitterstoffe. Eine kleine Portion Chicoréesalat vor oder zu der Hauptspeise wirkt Wunder auf die Geschmacksnerven.

▶ Sie wirken direkt auf unser Appetitzentrum. Wichtig ist allerdings, dass Gewürz und Speisen zueinander passen. Bewährt haben sich aber auch isolierte Gewürzanwendungen, beispielsweise in Form von Gewürzölen.

Diese Gewürze sind appetitanregend

Zu den appetitfördernden Gewürzen zählen Kapern, Kardamom, Koriander, Kreuzkümmel, Paprika und Trüffel. Allzu scharfe Gewürze wirken hingegen appetithemmend.

Chicoréesalat mit Gurken und Pilzen

● Zutaten (für 4 Personen):
Für den Salat: 6 Chicorée-stangen, 250 g Champignons, 1 Salatgurke, 2 Karotten, 1 Tasse Mungbohnensprossen, Dill (Menge nach Geschmack) Für die Sauce: Pfeffer, Salz, 1 EL Senf, 1 Zitrone, ½ Tasse Olivenöl, Balsamico, etwas brauner Rohrzucker
● Der Chicorée wird in feine Streifen geschnitten, ebenso die Champignons und die Gurke. Die Karotten werden geraspelt.

Dann schütten Sie alle Zutaten zusammen.
● Die Zutaten für die Sauce werden gut verrührt. Gießen Sie dann die Sauce über den Salat. Vor dem Servieren 1 Stunde ziehen lassen.
● Der Salat kann nur einmal serviert und nicht für später aufbewahrt werden. Wer ihn auch noch am nächsten Tag essen will, wird durch den Chicorée sein »bitteres Wunder« erleben.

Chicorée
Oft werden die Spitzen des Chicorées abgeschnitten, um etwas von seinem bitteren Geschmack zu nehmen. Ein Fehler, denn gerade dort sitzen die meisten Biostoffe! Versuchen Sie lieber, durch ein pikantes Gericht den bitteren Geschmack geschickt zu tarnen! So verträgt sich der Chicorée bestens mit etwas Senf im Salatdressing.

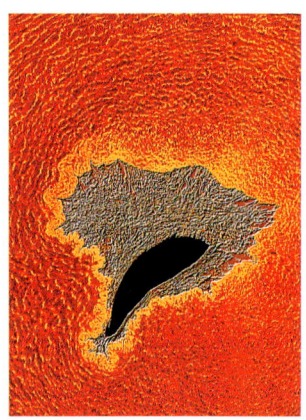

*Cholesterinablagerungen
verstopfen Blutgefäße.*

Arteriosklerose

Symptome

● Die Arteriosklerose verläuft schleichend; die allmählichen Verengungen der Blutgefäße werden vom Betroffenen meistens erst dann bemerkt, wenn sie zu einer schweren Herz-Kreislauf-Erkrankung geführt haben

● Zu den Folgeerkrankungen der Arteriosklerose gehören Angina pectoris, Herzrhythmusstörungen, Herzinsuffizienz, Herzinfarkt, Schlaganfall sowie die periphere arterielle Verschlusskrankheit (auch als Raucherbein bekannt)

Ursachen

Die Arteriosklerose eines Blutgefäßes beginnt mit einer Schädigung in der Gefäßwand. Genau diese Stelle wird daraufhin von cholesterinreichen Substanzen besiedelt, und das mit einer solchen Zielgenauigkeit, dass einige Wissenschaftler den Vorgang als Bemühungen des Körpers interpretieren, die Lecks in den Blutgefäßen abzudichten. Doch diese Plaques genannten Cholesterindichtungen besitzen eine Reihe von Nachteilen.

▶ Sie sind nicht flexibel. Mit Cholesterinablagerungen belastete Blutgefäße sind starr und können so nicht mehr richtig auf Blutdruckänderungen reagieren. Dadurch kommt es zu neuen Rissen in den Gefäßwänden, außerdem führt die Erstarrung der Blutleitungen zur Erhöhung des Blutdrucks. Mit anderen Worten: Arteriosklerotische Veränderungen tragen selbst zur Entstehung weiterer arteriosklerotischer Veränderungen bei. Darin liegt die besondere Heimtücke dieser Krankheit.

▶ Die »Flicken« sind meistens zu groß und ragen weit ins Gefäßinnere hinein. Dadurch wird der Blutfluss bereits deutlich behindert, außerdem bekommen größere Partikel wie etwa Blutgerinnsel Schwierigkeiten, sich an den Plaques »vorbeizumogeln«, und bleiben oft hängen – wenn sich genug Partikel angesammelt haben, drohen spontane Gefäßverschlüsse.

▶ Die raue Oberfläche der Plaques animiert bestimmte Blutzellen dazu, den Prozess der Blutgerinnung in Gang zu setzen. Dadurch steigt das Risiko von Blutgerinnseln und Gefäßverschlüssen.

Tiere kennen keinen Herzinfarkt
Arteriosklerose und Herzinfarkt sind im Tierreich sehr selten. Der Grund: Tiere sind bis auf wenige Ausnahmen imstande, körpereigenes Vitamin C herzustellen – im Unterschied zum Menschen, der auf die Zufuhr durch die Nahrung angewiesen ist.

Zwei unterschiedliche Therapieansätze

Cholesterin reduzieren

Im Prinzip gibt es heute zwei Ansätze zur Prävention, d. h. Vorbeugung, und Therapie der Arteriosklerose. Der traditionelle Ansatz versucht in erster Linie, den Fettanteil im Blut zu senken; dazu gehört natürlich auch eine Reduzierung des Nahrungsfetts durch eine lipide- – d. h. eine fettsenkende Diät:

▶ Keine Innereien
▶ Wenig Süßigkeiten
▶ Mageres Fleisch
▶ Viel Magerfisch
▶ Viel Gemüse und Obst
▶ Vollkornbrote statt Feinbrote

Das Ziel ist klar: Es besteht darin, den Fett- und Cholesterinspiegel im Körper so weit zu senken, dass dem Blut weniger Baustoffe zur Bildung der gefährlichen Plaques zur Verfügung stehen.

Vitamine, Aminosäuren, Spurenelemente

Der zweite Ansatz ist wesentlich jünger und geht im Wesentlichen auf das Linus-Pauling-Institut in Kalifornien zurück. Demnach gilt es in erster Linie, die Schäden an den Blutgefäßen zu vermeiden, damit der Körper keine Notwendigkeit mehr zur Bildung der gefährlichen Plaques sieht. Hierzu dienen bestimmte Biostoffe, die von den kalifornischen Wissenschaftlern unter dem Begriff »Vitamin-Zell-Komplex« zusammengefasst werden. Von den Stoffen aus diesem Komplex ist bekannt, dass sie die Arterienwände vor Schäden schützen bzw. bereits bestehende Schäden nebenwirkungsfrei beseitigen.

▶ Vitamin C wirkt im Körper als »Zement« der Blutgefäße, indem es die Produktion von Kollagen, Elastin und anderen Stabilitätsmolekülen fördert. Zusammen mit Vitamin E, Karotinoiden und Selen schützt es außerdem die Gefäßwände vor dem »Rostfraß« der freien Radikale.

▶ Lysin und Prolin. Diese Aminosäuren wirken als natürliche »Teflonsubstanzen«, sie haften sich an die gefährlichen Fettstoffe im Blut, erhöhen Ihre Gleitfähigkeit und verhindern so die Plaquebildung, außerdem kratzen sie bereits bestehende Ablagerungen regelrecht von den Arterienwänden herunter.

▶ Magnesium. Das Mineral entspannt die glatte Muskulatur der Arterienwände. Dadurch bleiben die Gefäßwände elastisch, Bluthochdruck kann vermieden werden.

Der Zeitfaktor spielt mit
Etwa jeder zweite Europäer stirbt an den Folgen arteriosklerotischer Ablagerungen, weltweit sterben Jahr für Jahr zwölf Millionen Menschen an Herzinfarkt oder Schlaganfall. Allerdings sind diese Zahlen noch kein Grund zur Panik. Denn der Mensch der Gegenwart wird heute viel älter als früher, und dadurch ist die Zeitspanne größer geworden, in der sich Veränderungen an den Blutgefäßen abspielen können.

Mehr Sport
Sportliche Bewegung – vor allem Ausdauersport – ist zur Therapie und Vorbeugung von Arteriosklerose unverzichtbar. Sie kräftigt die Blutgefäße, senkt den Blutdruck und verringert den Cholesterinspiegel. Denken Sie daran, dass der Vitamin-C-Bedarf bei Sportlern deutlich erhöht ist!

Vertrauen Sie nicht allein auf die Vitaminpille

Die Aussicht, mit der Zufuhr von Biostoffen der Arteriosklerose begegnen zu können, ist verführerisch. Denn es ist natürlich einfacher, täglich ein paar Biostoffkonzentrate aus dem Vitamin-Zell-Komplex zu schlucken, als auf die geschmacksfördernden Fette in der Nahrung zu verzichten. Doch es sei gewarnt: Keine Pille auf der Welt vermag letzten Endes die verheerenden Folgen einer falschen Ernährung auszugleichen.

Weniger Fette, mehr Biostoffe – ein guter Kompromiss

Die beiden Ansätze zur Erklärung der Arteriosklerose werden in den Wissenschaften sehr kontrovers diskutiert. Dabei spielen allerdings auch handfeste wirtschaftliche Interessen eine Rolle. Denn die Lipidvertreter sorgen natürlich für bessere Verkaufsziffern bei den Cholesterin senkenden Medikamenten, während die Zell-Komplex-Vertreter für bessere Verkaufszahlen bei den Vitaminpräparaten sorgen. Außerdem entlasten sie das Cholesterin von der Hauptschuld für Herz-Kreislauf-Erkrankungen, und das kommt natürlich der Agrarindustrie entgegen, die ja als Fleisch- und Eierproduzent zu den Hauptlieferanten des tierischen Fetts zählten.

Mehr Obst und Gemüse

Dabei liegen die beiden Ansätze hinsichtlich ihrer Konsequenzen für die Ernährung gar nicht so weit auseinander, sie liegen eigentlich sogar auf einer Wellenlänge. Denn Lipidsenkung im Blut ist letztlich nur durch eine schwerpunktmäßig vegetarische Ernährung zu erzielen, und auf diese Kostform muss auch derjenige zurückgreifen, der seine Versorgung an Vitamin C, Lysin, Prolin, Magnesium und ande-

Weniger tierische Fette und mehr Vitamin C: So sorgen Sie doppelt für elastische Gefäße und einen ungehinderten Fluss des Blutes. Deshalb ist viel Gemüse auf dem Tisch ein Muss bei Behandlung und Vorbeugung von Arteriosklerose.

So stellen Sie Ihre Vitamin-C-Versorgung sicher

Sorgen Sie dafür, dass zu jeder ihrer Mahlzeiten eine Vitamin-C-Bombe auf dem Speiseplan steht!

● Zum Frühstück eignen sich Bananen, Orangen und Kiwis, beispielsweise als Zusatz zu Müsli, Haferflocken und anderen Frühstückszerealien.

● Zum Mittagessen schmeckt Rohkost wie Salat, Karotten, Tomaten, Paprika, Chinakohl, Kohlrabi, Meerrettich, Petersilie, Rotkohl, Sauerkraut, Zwiebeln. Als Beilage zum mageren Fleisch kommt gedünstetes Gemüse infrage wie Blumenkohl, Brokkoli, Grünkohl, Paprika und Rosenkohl.

● Zum Abend sollte es dann wieder Rohkost geben oder aber einen Frischkäseaufstrich, der mit Kräutern garniert ist. Reich an Vitamin C sind: Beifuß, Borretsch, Brunnenkresse, Dill, Gartenkresse, Kerbel, Petersilie, Pimpinelle, Schnittlauch, Sellerieblätter, Zitronenmelisse.

ren Biostoffen verbessern will. Mit anderen Worten: Lipidsenkung und Verbesserung der Biostoffversorgung laufen auf einen ähnlichen Speiseplan hinaus.

Zwiebeln und Knoblauch

Die beiden Zwiebelpflanzen enthalten Allizin, Ajoen und Adenosin, die eine starke hemmende Wirkung auf die Blutgerinnung besitzen. Dadurch wird das Risiko von Blutgerinnseln deutlich verringert. Wer allerdings einen nennenswerten Effekt auf sein Herz-Kreislauf-System erzielen will, muss 10 Gramm frischen Knoblauch oder 200 Gramm frische Zwiebeln pro Tag essen. In Knoblauchpräparaten konnte Ajoen bislang nicht nachgewiesen werden.

Ist Alkohol erlaubt?

Hier kommt es ganz einfach auf die Menge und auf die Art der Getränke an. Hoher Alkoholkonsum von mehr als 0,4 Liter Wein oder einem Liter Bier lässt den Cholesterinspiegel steigen und verschleißt wichtige Vitamine. Schnaps ist in jedem Fall ungeeignet, da er nicht nur unkontrollierbare Mengen an Alkohol enthält, sondern auch arm an wichtigen Biostoffen ist. Im Unterschied dazu enthält Rotwein Substanzen, die einen positiven Einfluss auf die Blutgefäße besitzen.

Vitamin C – der Arterienbeschützer
Der kanadische Arzt G. C. Willis konnte kürzlich nachweisen, dass Vitamin C Arteriosklerose auf natürliche Weise abbaut. Zu Beginn seiner Studie dokumentierte er die arteriosklerotischen Ablagerungen seiner Herzpatienten mit Hilfe einer Röntgenkontrastmittel-Untersuchung. Danach verabreichte er der einen Hälfte seiner Patienten 1,5 Gramm Vitamin C pro Tag, die andere Hälfte blieb ohne Vitamine. Schon wenige Wochen später hatten bei 30 Prozent der ersten Gruppe die arteriosklerotischen Veränderungen deutlich abgenommen, während sie bei der Kontrollgruppe gleich geblieben waren oder sich verschlimmert hatten.

Risikofaktor Fabrikzucker

Süßwaren sind für Menschen mit Herz-Kreislauf-Problemen in jedem Fall ein Risikofaktor, egal, ob man nun eher zur Lipid-these oder zur Zell-Komplex-These tendiert. Denn der in Süßwaren enthaltene Einfachzucker steigert über die unphysiologische Belastung des Stoffwechsels den Fett- und Cholesteringehalt im Blut – und er zieht überdies wichtige Mineralien und Vitamine aus unserem Körper. Darüber hinaus beeinträchtigt er den Genuss von sauren Speisen: Wer an Sahnetorte und Bonbons gewöhnt ist, bringt irgendwann keine Grapefruit oder Kiwi mehr hinunter. Und gerade solche Früchte wären ja aufgrund ihres hohen Vitamin-C-Gehaltes besonders wichtig für gefährdete Gefäße.

Tipps für Ihren Speiseplan

Empfehlenswerte Lebensmittel

Geeignete Nahrungsmittel enthalten wenig tierisches Fett, dafür viel Vitamin C und E sowie Karotinoide, Ballaststoffe, Magnesium, Lysin und Prolin:

- Pflanzliche Öle wie Olivenöl, Sonnenblumenöl, Maiskeimöl, Weizenkeimöl
- Magerfisch wie Kabeljau, Seelachs, Rotbarsch, Scholle, Forelle
- Magere Milchprodukte wie Magermilch, Buttermilch, Joghurt, Kefir, Magerquark, Hüttenkäse, Sauermilchkäse (z. B. Harzer Käse)
- Getreideprodukte wie Vollkornbrot, Schrotbrot, Haferflocken, Hafermehl
- Gemüse: Alle Sorten, vor allem Karotten, Rote Bete und Mangold
- Frischobst: Alle Sorten, vor allem aber Zitrusfrüchte
- Tee, Mineralwasser, ungezuckerte Säfte

Weniger empfehlenswerte Lebensmittel

Weniger oder nicht geeignete Lebensmittel sind arm an mehrfach ungesättigten Fettsäuren, Ballaststoffen und Vitaminen, dafür aber reich an tierischem Fett oder Fabrikzucker:

- Fleisch: Mageres Fleisch – vor allem Geflügel – kann ohne weiteres ab und zu als Beilage zu Gemüsegerichten gewählt werden, sollte aber nicht zum zentralen Nahrungsmittel werden. Durchwachsenes Fleisch von Rind und Schwein ist zur Therapie und Prävention von Arteriosklerose ungeeignet, da es einen viel zu hohen Fettanteil hat.
- Innereien: Leber, Niere, Zunge u. Ä.
- Wurstwaren: Frischwurst ist in Maßen geeignet, Dauerwurstwaren enthalten hingegen zu viel Fett.
- Fisch: Aal, Räucheraal, Kaviar, Fischfrikadellen
- Milchprodukte: Kondensmilch mit zehn Prozent Fett, Kaffeesahne
- Eierspeisen: Nicht mehr als drei Eidotter pro Woche essen! Ungeeignet ist auch die viel zu fette Mayonnaise.
- Kartoffeln: Pommes frites, Bratkartoffeln, Kartoffelchips
- Süßwaren: Bedingt geeignet sind Marmelade, Honig, Konfitüre, Kakao; ungeeignet sind Schokolade, Nuss-Nougat-Creme, Schokoriegel, Marzipan u. Ä.
- Zubereitete Lebensmittel: Sahnekuchen, Schokoladengebäck, fette Saucen

Wie gefährlich ist Cholesterin?

Auch wenn es in letzter Zeit immer mehr kritische Stimmen gibt, die die Gefährdung durch Cholesterin etwas differenzierter sehen als bisher, sollte das Gallenfett nicht einfach ignoriert werden. Denn erst kürzlich wurde eine Studie an über 4400 Herz-Kreislauf-Patienten in Schweden abgeschlossen. Sie ergab deutliche Hinweise darauf, dass die Senkung des Cholesterinspiegels sehr wohl zur Besserung arteriosklerotischer Veränderungen beitragen kann. Und außerdem – dass eine cholesterinarme Ernährung schädlich sei, hat bisher noch niemand behauptet.

Knoblauch-Tomaten-Quark

● Zutaten:
100 g Quark, 1 EL Milch, ½ Zwiebel, 1 EL gehackte Petersilie, 2 Knoblauchzehen, 2 Tomaten, Salz, Pfeffer, Paprikapulver
● Den Quark mit Milch, gehackter Zwiebel und Petersilie vermischen. Die Knoblauchzehen abziehen und über der Mischung auspressen.

● Die Tomaten werden mit heißem Wasser überbrüht, abgezogen und im Mixer püriert bzw. durch ein Sieb gestrichen.
● Mischen Sie dann das Tomatenpüree mit dem Quark. Abschließend mit den angegebenen Gewürzen abschmecken.
● Der Knoblauch-Tomaten-Quark schmeckt besonders pikant zu Petersilienkartoffeln.

KRÄUTERAUFSTRICH FÜRS BROT

Zutaten

Estragon
Kresse
Thymian
Majoran
Basilikum
Dill
Petersilie
Zitronenmelisse
100 g Pflanzenmargarine
Zitronensaft
1 Prise Salz

Zubereitung

Alle Kräuter zu gleichen Teilen vermischen. Dann nehmen Sie 3 EL davon und mischen es mit Pflanzenmargarine, Zitronensaft und Salz. Fast alle Kräuter zeichnen sich durch einen hohen Anteil an Vitamin C und durch wichtige Senföle und Flavonoide aus.

Hoher Blutdruck ist eine weit verbreitete Zivilisationskrankheit.

Blutdruck, hoher

Symptome

● Man spricht von erhöhtem Blutdruck oder Hypertonie, wenn bei drei oder mehr Arztbesuchen zu verschiedenen Zeiten mehr als 160/95 mmHg (Millimeter Quecksilber) auf dem Blutdruckmessgerät angezeigt wurden

Ursachen

Auf eine einzelne Ursache lässt sich hoher Blutdruck selten zurückführen. Häufig kommen mehrere Faktoren zusammen, die meisten sind aber mit einer Änderung der Lebensführung auszuschalten:

● Übergewicht
● Bewegungsmangel
● Rauchen
● Alkoholmissbrauch
● Stress, Frustrationen und Angst
● Vererbung
● Krankheiten wie Gicht und Diabetes
● Vitamin-C-Mangel

Ohne Vorwarnung

Das besondere Problem am Bluthochdruck: Er gehört zu den schleichenden Erkrankungen, die in ihrer Entwicklung nur selten bemerkt werden. Nur in wenigen Fällen äußert er sich bereits frühzeitig in Beschwerden wie Schwindel, Schlafstörungen, Atemnot oder Leistungsabfall; wenn man erst einmal die Folgen von jahrzehntelangem Bluthochdruck spürt, sind meistens schon irreparable Schäden an Herz, Nieren, Gehirn oder Augen aufgetreten.

Ein bundesweites Problem
In Deutschland leiden etwa 12 bis 15 Prozent aller Erwachsenen an Hypertonie, weltweit sind es mehrere 100 Millionen. Allerdings wissen nur die wenigsten von ihrer Krankheit.

Eine Krankheit mit Folgen

Bluthochdruck zählt zu den Hauptrisikofaktoren für Herz-Kreislauf-Erkrankungen. Der Grund: Je höher der Druck in den Blutgefäßen, umso höher ist dort das Schadensrisiko. Außerdem macht es ein erhöhter Blutdruck dem Herzen schwerer, das Blut in den Kreislauf zu pumpen; es muss mehr Kraft aufwenden, um gegen den Widerstand aus den Gefäßen bestehen zu können.

Kochsalz – als Risikofaktor umstritten

Die Rolle des Kochsalzes bei der Entstehung des Bluthochdrucks ist noch lange nicht geklärt. Die bisher vorliegenden Untersuchungen weisen in sehr unterschiedliche Richtungen. Sicher ist jedoch, dass das Kochsalz für die Entstehung der Hypertonie von viel geringerer Bedeutung ist als bislang angenommen. Die alleinige Reduktion der Salzzufuhr reicht jedenfalls nach heutigem Wissensstand nicht aus, um bestehenden Bluthochdruck senken zu können.

Kaffee – ja oder nein?

Der Kaffee wurde immer wieder verdächtigt, den Blutdruck in die Höhe zu treiben. Doch gerade dann, wenn man sich damit abzufinden begann, erschienen wieder andere Studien, die dem liebsten Frühstücksgetränk der Deutschen sogar eine blutdrucksenkende Eigenschaft bescheinigten. Bleibt die Frage, wie Wissenschaftler bei einem einzigen Nahrungsmittel zu derart unterschiedlichen Ergebnissen kommen können.

Die Antwort liegt auf der Hand: All diese Studien berücksichtigten nicht, ob die Versuchspersonen zu den regelmäßigen Kaffeetrinkern gehörten oder aber zu denen, die sich nur gelegentlich mit Koffein aufzufrischen pflegen. Und diese Vorbedingungen sind, wie man nun sicher zu wissen glaubt, von großer Bedeutung für den Blutdruck.

Eine Gewöhnungsfrage

So besitzen regelmäßige Kaffeetrinker eine gewisse Toleranz, die sie unempfindlich gegenüber den Einflüssen von Koffein macht. D. h.: Ihr Blutdruck bleibt auch dann stabil, wenn sie fünf Tassen Kaffee pro Tag trinken. Demgegenüber reagieren unregelmäßige Kaffeetrinker sensibel. Ihre Steuerungshormone für die Spannung der Blutgefäße bleiben sehr anfällig für die Einflüsse von Koffein. Die Folge: Wenn sie nach einer längeren Kaffeepause sich wieder einmal eine Tasse gönnen, kann dies bereits ausreichen, den Blutdruck deutlich hochgehen zu lassen.

Essen Sie wie ein typischer Hypertoniker?

Sind folgende Äußerungen für Sie typisch: »Ich musste für alles bereit sein«, »Es blieb wieder mal alles an mir hängen«, »Ich muss es einfach schaffen«, »Keiner wird mich aufhalten können«?

Wenn Sie öfter zu derartigen Kampf- und Durchhalteparolen greifen, könnte es sein, dass es sich bei Ihnen um eine typische Hypertoniker-

Primär und sekundär
Die Medizin unterscheidet zwischen primärer und sekundärer Hypertonie. Die primäre ist mit etwa 90 Prozent aller Fälle die häufigere, sie hat keine organische Ursache und kann therapeutisch beeinflusst werden. Bei der sekundären Hypertonie besteht hingegen ein organischer Defekt wie etwa eine Funktionsstörung der Nieren, sie kann nur über eine Therapie der Primärerkrankung beeinflusst werden.

Essen ohne Kochsalz
Die meisten Mahlzeiten müssen nur deshalb mit Salz gewürzt werden, weil aufgrund ihrer Zubereitung das Salzaroma der Zutaten verloren gegangen ist. Wer weniger kocht, dafür mehr Salate und Obst isst, wird schon allein durch diese Umstellung seinen Salzkonsum entscheidend verringern können.

natur handelt. Denn nach Ansicht der Verhaltensmediziner wirken sich permanente Aggressions- und Erwartungsgefühle über das vegetative Nervensystem und Hormonausschüttungen spannungsverstärkend auf unsere Blutgefäße aus und erhöhen dadurch den Blutdruck.

Der typische Hypertoniker ist nicht nur überdurchschnittlich aggressiv, er zeigt auch ein typisches Verhalten bei der Nahrungsaufnahme:

▶ Er isst meistens mit der Uhr in der Hand, findet bei den Mahlzeiten nicht zur rechten Entspannung.

▶ Er isst mit wenig Lust und mit wenig Bewusstsein. Wenn man ihn zwei Stunden nach dem Essen fragt, was er denn zum Mittagessen gehabt habe, kann er meistens nicht antworten – die Nahrungsaufnahme ist für ihn von zu geringer Bedeutung, als dass sein Gedächtnis dafür Platz schaffen würde. Geschäftstermine sind dem Hypertoniker wichtiger als Spaß und Lust an sinnlichen Genüssen.

▶ Er bevorzugt süße und fette Speisen zum Essen, weil nur sie noch imstande sind, sein Geschmackszentrum anzusprechen. Feinere Nuancen im Essen werden von ihm nicht mehr wahrgenommen.

▶ Er trinkt viel Alkohol.

Entspannung beim Essen – Entspannung beim Blutdruck

Falls Sie beim Essen die aufgeführten Verhaltensmerkmale an sich beobachten, sollten Sie versuchen, sie zu ändern. Es lohnt sich. Denn wem es gelingt, sich beim Essen zu entspannen und zu genießen, der besitzt günstige Voraussetzungen, auch seinen sonstigen Alltag stressfrei zu gestalten. Eventuell hilft Ihnen ein Entspannungstraining wie Yoga, Feldenkrais oder autogenes Training.

Nicht zu viel Lakritze
Lakritze (Süßholzwurzel) enthält ein Saponin, das bei hoher Zufuhr den Blutdruck des Menschen nach oben drückt. Hypertoniker oder Hypertoniegefährdete sollten daher auf die würzigen Leckereien so weit wie möglich verzichten.

Knoblauch – Heilung auf Umwegen

● Der Wirkstoff Allizin, der in großen Mengen im Knoblauch enthalten ist, wird schon lange als blutdrucksenkendes Mittel diskutiert. Mittlerweile scheint festzustehen, dass er wohl präventiv gegen den Bluthochdruck helfen kann, in der Therapie jedoch allenfalls bei gemäßigteren Formen der Hypertonie wirksam ist.

● Nichtsdestoweniger ist Knoblauch für bluthochdruckkranke Menschen ein Nahrungsmittel der ersten Wahl, weil er den Cholesterinspiegel senkt. Dadurch reduziert sich das Risiko von sklerotischen Arterienveränderungen, die ja gerade bei Bluthochdruck zu den typischen Folgeerscheinungen gehören.

Nicht überall wird die Frucht des Diospyros kaki (»Göttliches Feuer«) als Kakifrucht geführt, selbst in Deutschland gibt es unterschiedliche Bezeichnungen. Mögliche Namen sind Kakiapfel, Kakipflaume, Dattelpflaume, Dattelfeige oder chinesische Quitte.

Kaki – die Frucht für Hochdruckkranke

Die gelborangefarbene bis rote Kakifrucht wächst an einem Ebenholzgewächs, das ursprünglich aus Asien stammt, mittlerweile aber auch in anderen Kontinenten angebaut wird. Sie eignet sich geradezu ideal als Diät für übergewichtige Hypertoniker, denn sie besitzt nur wenig Natriumsalze, dafür aber umso mehr Kalium (bis zu 170 Milligramm auf 100 Gramm), Karotinoide und Vitamin C. Aus Israel stammen die kernlosen Kakis, die so genannten Sharon-Früchte.

Reife Kakis halten sich nur wenige Tage, müssen im Kühlschrank gelagert werden. Sie schmecken auch ohne andere Obstsorten und lassen sich bestens zu Mus verarbeiten.

Das Geheimnis der Sajor-Caju-Pilze

Die Menschen aus China und anderen asiatischen Ländern (mit Ausnahme von Japan) leiden relativ selten an Bluthochdruck. Lange Zeit dachte man, das liege an dem dort weniger verbreiteten Salzkonsum. Die Wahrheit liegt jedoch wohl eher darin, dass man in diesen Ländern zum Essen Pilze der Art Peurotus sajor-caju verzehrt. Dieser Pilz enthält neben Kalium Wirkstoffe, die auf diejenigen Hormone wirken, die in unserem Körper für die Spannung der Blutgefäße verantwortlich sind.

Tee und Blutdruck
Grüner und schwarzer Tee senken den Blutdruck, wenn sie länger als fünf Minuten ziehen. Eine in Holland durchgeführte Studie an 800 Männern ermittelte bei regelmäßigen Teetrinkern eine deutlich geringere Quote von Herzerkrankungen.

217

Tipps für Ihren Speiseplan

Kaliumreiche Speisen

Das Mineral Kalium mobilisiert den Wassertransport aus den Zellen. Dadurch sinkt der Flüssigkeitsgehalt im Blut, der Blutdruck nimmt ab. Lebensmittel mit hohem Kaliumgehalt sind:

- Aprikosen
- Bananen
- Bierhefe
- Bohnen
- Kakifrüchte
- Linsen
- Nüsse
- Petersilie
- Pflaumen
- Pistazienkerne
- Pumpernickel
- Sojabohnen
- Spinat
- Weizenkleie

Immer wieder Vitamin C

Um die Rolle von Vitamin C beim Bluthochdruck verstehen zu können, muss man sich vergegenwärtigen, dass unser Blut nicht in statischen Rohren verläuft wie das Wasser in den Metallrohren eines Hauses. Die Wände unserer Gefäße sind vielmehr beweglich, oder besser: Sie sollten normalerweise beweglich sein. Diese Flexibilität gewährleistet, dass sich die Gefäße erweitern können, wenn eine Druckwelle vom Herz in den Kreislauf gestoßen wird; der Blutdruck kann dadurch im gesundheitlich vertretbaren Rahmen gehalten werden. Auf der anderen Seite führen krankhaft veränderte und verhärtete Gefäßwände dazu, dass die Druckwelle nicht abgefangen werden kann. Hier ist dann ein Blutdruckanstieg unvermeidlich.

Damit die Arterienwände elastisch bleiben, werden von den Zellen der Arterienwände so genannte Relaxingstoffe produziert. Einer dieser Stoffe heißt Prostazyklin, der Antreiber zu seiner Herstellung ist Vitamin C. Darüber hinaus schützt Vitamin C die Arterienwände vor mechanischen Schädigungen und damit auch vor starren Cholesterinablagerungen an den Arterienwänden. Lebensmittel mit hohem Vitamin-C-Gehalt sind:

- Fenchel
- Grapefruits
- Himbeeren
- Holunderbeeren
- Kakifrüchte
- Kiwis
- Orangen
- Paprika
- Petersilie
- Tomaten
- Zitronen

Ballaststoffe

Einige Ballaststoffe (z. B. aus Bohnen, Bananen, Zitrusfrüchten und Äpfeln) setzen bei ihrem Gang durch den Verdauungstrakt kurzkettige Fettsäuren frei, die eine entspannende Wirkung auf die Arterienwände besitzen. Darüber hinaus halten Ballaststoffe satt, ohne dabei den Körper unter Kalorienbeschuss zu setzen – sie verhindern also Übergewicht, das ja bekanntermaßen einen engen Zusammenhang mit Bluthochdruck besitzt.

Flavonoide im Tee

Vor allem schwarzer und grüner Tee enthalten eine Reihe von Flavonoiden, die den Blutdruck senken. Diese Eigenschaften sind schon seit langem bekannt, dennoch führt der Tee hierzulande im Verhältnis zum Kaffee immer noch ein Schattendasein. Probieren Sie doch einmal grünen Tee anstatt des üblichen Kaffees zum Frühstück. Das fein aromatische Getränk besitzt nicht nur blutdrucksenkende Eigenschaften, sondern sorgt auch für eine wohlige Mischung aus Entspannung und Wachheit, die den Start in den Alltag leichter macht.

Vegetarische Kost gegen Bluthochdruck

Ein groß angelegte, zwölf Jahre während Studie verglich die Blutdruckwerte von 5000 Vegetariern mit denen von »normalen« Fleischessern. Das Ergebnis: Gerade einmal drei Prozent der Vegetarier litten unter hohem Blutdruck im Unterschied zu den fast 15 Prozent der Kontrollgruppe; auch hatten sie eine signifikant niedrigere Sterblichkeitsrate an Herz-Kreislauf-Erkrankungen.

Knoblauchquark mit Paprika

● Zutaten (für 2 Personen): 50 g Quark, 50 g Joghurt, ½ Zwiebel, 1 EL gehackte Petersilie, 2 Knoblauchzehen, 1 rote oder gelbe Paprikaschote, Salz, Pfeffer, Oregano

● Den Quark mit Joghurt, klein gehackter Zwiebel und Petersilie vermischen. Die Knoblauchzehen abziehen und mit einer Presse über der Mischung auspressen.

● Die Paprikaschote wird entkernt, in Stücke geschnitten und im Mixer püriert. Mischen Sie dann das Paprikapüree mit dem Quark, abschließend mit den angegebenen Gewürzen abschmecken.

● Der Paprika-Knoblauch-Quark schmeckt als Brotaufstrich und als Beilage zu Petersilienkartoffeln.

● Durch Allizin, Vitamin C, Flavonoide und Karotinoide besitzt dieser Quark eine ganze Reihe von Biostoffen gegen Bluthochdruck.

● Nehmen Sie auf alle Fälle roten oder gelben Paprika; der grüne enthält weniger Biostoffe und gibt dem Quark außerdem eine weniger angenehme Farbe.

KAKI-BANANEN-SALAT

Zutaten

4 Kaki- oder Sharon-Früchte
1 Banane
Zitronensaft
gemahlene Nüsse

Zubereitung

Zerschneiden Sie die Kakis zu Würfeln und die Banane zu Scheiben. Dann werden beide unter Hinzufügen von Zitronensaft vermischt. Am Ende wird der Salat mit einigen gemahlenen Nüssen bestreut.

Schnelle Erschöpfung ist oft Anzeichen eines zu niedrigen Blutdrucks.

Blutdruck, niedriger

Symptome

- Der Blutdruck liegt permanent unter 100/80 mmHg (Millimeter Quecksilber)

- Kalte Hände und Füße; überhaupt neigt der Hypotoniker zu raschem Auskühlen

- Schwindelanfälle

- Rasche Ermüdbarkeit, das morgendliche Aufstehen und das abendliche Wachbleiben bereiten Probleme

- Psychisch: Häufig Ängste und das Gefühl, nicht richtig durchatmen zu können

Ursachen

Biologisch besteht beim niedrigen Blutdruck (Hypotonie) ein Missverhältnis der Herzkraft des Patienten zum Gesamtquerschnitt seines Blutgefäßsystems, so dass es dem Herzmuskel nicht gelingt, im Körper einen ausreichenden Blutdruck aufzubauen. Niedriger Blutdruck ist meistens angeboren, man spricht daher auch von konstitutioneller Hypotonie.

Lästige Begleiterscheinungen

Dass Hypotoniker ein langes Leben erwarten können, ist schon beinahe sprichwörtlich geworden – das reine Vergnügen ist diese Krankheit aber auch nicht. Mattigkeit, Wetterfühligkeit und Schwindelanfälle begleiten sie häufig. Besonders in den Nachmittagsstunden haben Hypotoniker oft einen Tiefpunkt, gerade dann, wenn in der Regel die volle Arbeitsleistung gefordert ist.

Ein probater Tipp ist, in einem schräg gestellten Bett zu schlafen. Wenn das Fußende etwa 20 Zentimeter höher steht als das Kopfende, wird der Kreislauf nachts gezwungen, gegen die Schwerkraft zu arbeiten, und so daran gehindert, ins Bodenlose zu sacken. So kommt man als Hypotoniker morgens leichter aus dem Bett.

Ebenfalls bewährt haben sich mehrere kleine Mahlzeiten, über den ganzen Tag verteilt. Das hält den Blutzuckerspiegel konstant hoch und belastet nicht so wie das opulente Mittagsmenü.

Keine Geschlechterunterschiede
Frauen leiden häufiger unter den typischen Hypotonikersymptomen; das bedeutet jedoch nicht, dass sie öfter betroffen sind. Laut einer Studie des National Institute of Occupational Health in Australien sind beide Geschlechter in gleichem Maß betroffen, nämlich mit ungefähr drei Prozent. Frauen haben jedoch weniger Schwierigkeiten damit, ihre Müdigkeits- und Schwindelanfälle zuzugeben.

Kochsalz – ja oder nein?

Immer noch kursiert die Meinung, dass man nur die Mahlzeiten entsprechend salzen müsse, und dann würde der niedrige Blutdruck schon wieder auf die Beine kommen. Hinter dieser Meinung verbirgt sich das veraltete Wissen darum, dass überhöhte Kochsalzzufuhr zu den Hauptursachen für Bluthochdruck gehört und dass es von daher also nur logisch sei, einen niedrigen Blutdruck durch hohe Salzdosierungen zu therapieren. Doch das ist ein Irrtum!

▶ Erstens ist Bluthochdruck eine in sich geschlossene Krankheit mit ganz eigenen Ursachen, und in der Medizin ist es ganz selten, dass die Ursache für eine bestimmte Krankheit als Therapie für eine andere Erkrankung infrage kommt.

▶ Zweitens ist die Rolle des Kochsalzes bei der Entstehung von Hypertonie nach neueren Untersuchungen unsicherer denn je.

▶ Unser Tipp: Als Hypotoniker befinden Sie sich in der glücklichen Lage, nicht auf die Kochsalzmengen in Ihrer Ernährung achten zu müssen. Diese Situation dürfen Sie ruhig genießen; es besteht jedoch kein Grund, Ihren Salzkonsum bewusst zu erhöhen. Denn der erste Effekt, der sich einstellen wird, ist starker Durst, außerdem stumpft der Verzehr von übersalzenen Speisen den Geschmackssinn ab.

Kaffee – ja oder nein?

Kaffee kann alles: Er kann den Blutdruck erhöhen, ihn unbeeinflusst lassen oder ihn senken. Seine Wirkung hängt wesentlich von Ihren Konsumgewohnheiten ab. Wer regelmäßig zum liebsten Frühstücksgetränk der Deutschen greift, wird durch einen erhöhten Konsum seinen niedrigen Blutdruck nicht auf Trab bringen können, weil sich sein Körper an das Koffein gewöhnt hat. Wer jedoch selten Kaffee trinkt, wird sich durch die ein oder andere Tasse tatsächlich Besserung verschaffen können. Doch falls Sie diese Aufputschmaßnahmen des Öfteren wiederholen, wird sich Ihr Körper daran gewöhnen – und der Kaffe wird wirkungslos bleiben.

Sekt – ja oder nein?

Kurzfristig führt Sekt zu einer Erhöhung des Blutdrucks, die Betroffenen fühlen sich dann frisch und munter, manchmal sogar regelrecht aufgekratzt. Doch schon wenige Minuten später ist die Wirkung der typischen Prickelstoffe verpufft, dann wirkt nur noch der Alkohol – und der macht müde und bringt den Blutdruck wieder in den Keller. Sekt ist also für den Hypotoniker keine Alternative.

Gefahr für die Schwangerschaft

An mehreren Frauenkliniken wurde festgestellt, dass durch niedrigen Blutdruck Infarkte und thrombotische Veränderungen im Mutterkuchen provoziert werden. Der Embryo kann dann nicht genug Sauerstoff bekommen, und damit steigt das Risiko von Frühgeburten und Schädigungen des Kindes. Bei Schwangeren ist daher ein niedriger Blutdruck unbedingt als behandlungsbedürftige Krankheit zu bewerten.

Vorsicht, Abführmittel

Magersüchtige Mädchen leiden häufig unter Hypotonie, da ihr Körper Schwierigkeiten hat, ausreichend Spannung in den Blutgefäßen aufzubauen. Außerdem führt der ständige Gebrauch von Abführmitteln (der ja bei Magersüchtigen die Regel ist) fast immer zu starken Blutdruckabfällen.

221

Tipps für Ihren Speiseplan

VITAMIN-C-DRINK

Zutaten für 1 Person

2 Kiwis
2 Orangen
1 Zitrone
1 TL Honig

Zubereitung

Die Früchte halbieren und auspressen. Dann den Honig hinzugeben.

Pyridoxin und Vitamin C

Diese beiden Vitamine mobilisieren die Produktion des Fitmacherhormons Noradrenalin. Essen Sie daher viel frisches Obst, vor allem Zitrus- und Beerenfrüchte. Eine geradezu ideale Zusammensetzung hat mit 71 Milligramm Vitamin C und 0,15 Milligramm Pyridoxin die Kiwi. Die ungeschälte Frucht lässt sich wunderbar halbieren und leicht auslöffeln. Darüber hinaus eignen sich Kiwis zur Herstellung von Kompott, Marmelade, Gelee und als Zutat für einen Obstsalat. Besonders pikant sind Kombinationen mit (nicht zu süßlich schmeckenden) Äpfeln.

Kiwikompott

6 Kiwis schälen und in Scheiben schneiden. Dann mit etwas Wasser, 2 Esslöffel Zitronensaft, 1 Teelöffel Honig und 1 Teelöffel braunem Zucker kurz dünsten.
Kiwikompott schmeckt zum Frühstück, im Müsli oder Joghurt und zu Vanilleeis.

Essen Sie Lakritze

Lakritze enthält ein blutdruckhebendes Saponin, nämlich das so genannte Glyzyrrhizin. Sorgen Sie also dafür, dass diese Leckereien des Öfteren in

Ihrem Speiseplan auftauchen. Die meisten der heutigen Produkte stellen auch – im Unterschied zu früher – keine Gefahr mehr für Ihre Knochen dar, da sie vom Hersteller bereits mit Kalzium angereichert wurden. Achten Sie auf die entsprechenden Aufschriften der Verpackungen.

Altes Hausmittel – Rosmarinwein

Schon Pfarrer Kneipp empfahl täglich zwei Gläser Rosmarinwein, jeweils zum Mittag- und Abendessen. So wird er angesetzt:
Am besten eignet sich ein kräftiger Weißwein aus dem Süden, da er den Rosmarinwirkstoff Kampfen optimal zur Geltung bringt. Gießen Sie ¾ Liter Wein auf 20 Gramm Rosmarinblätter. Lassen Sie die Mischung 5 Tage lang ziehen.

Besenginster – nur für gute Verstoffwechsler

Besenginster enthält eine Substanz namens Spartein, das bei Hypotonie sehr hilfreich sein kann. Man erhält die betreffenden Präparate aus der Apotheke. Allerdings sind sie nichts für gute Futterverwerter – die Einnahme sollte mit dem Arzt abgesprochen werden.

Den Tee nur kurz ziehen lassen

Tee kann wie Kaffee den Blutdruck anregen, er kann ihn aber auch sinken lassen. Die Wirkung hängt davon ab, wie lange man ihn ziehen lässt. Wer seinen Tee nur kurz (drei bis fünf Minuten) ziehen lässt, aktiviert das in ihm enthaltene Theophyllin. Dieses Alkaloid blockiert Rezeptoren in den Gefäßwänden, die normalerweise auf den Blutdrucksenker Adenosin reagieren.

Orangensalat mit Schuss

● Zutaten (für 2 Personen):
4 Orangen, 1 EL Zitronensaft,
1 EL brauner Zucker, 1 EL
Orangenlikör, 1 TL gehackte
Walnusskerne, 1 TL gehackte
Haselnusskerne
● Die Orangen mit einem
scharfen Messer sorgfältig
schälen, auch die weiße Haut
gehört entfernt. Dann die ein-
zelnen Filets zwischen den
Trennhäuten herausschneiden.
● Mit Zitronensaft, Zucker
und Orangenlikör vermischen.
Beim Servieren streuen Sie die
Nusskerne über den Salat.
● Orangensalat eignet sich gut
als Nachspeise zum Mittag-
essen oder als Beilage zum
Vanilleeis.

Orangen-Bananen-Salat

● Zutaten (für 2 Personen):
2 Orangen, 2 Bananen, 1 EL
Zitronensaft, 1 TL Honig,
1 EL gehackte Haselnusskerne
● Die Orangen filetieren wie
oben beschrieben. Die Bananen schälen und in kleine
Scheiben schneiden.
● Das Obst mit Zitronensaft
und Honig vermischen. Vor
dem Servieren streuen Sie die
Nusskerne über den Salat.
● Orangen-Bananen-Salat eignet sich als Vitaminspritze
zum Frühstück und als Nachtisch zum Mittagessen.

Sport und Hypotonie

Eine sportmedizinische Studie an 128 Berliner Frauen ergab, dass ein bis zwei Stunden Sport pro Woche einem niedrigen Blutdruck auf die Sprünge helfen. Am besten eignen sich Kombinationssport-arten aus Ausdauer- und Kraftleistungen wie Rad-fahren, Gymnastik, Body-building. Allerdings ist der Effekt nicht von Dauer. Nach einer Sportpause von vier Monaten ist der Blut-druck meistens wieder im Keller.

Fit durch Saunen

Gehen Sie regelmäßig in die Sauna! Das trainiert Ihre Gefäße und stabili-siert Ihren Blutdruck. Genauso geeignet sind kalte Güsse und anstei-gende Fußbäder nach Pfarrer Kneipp.

Pfirsich ist ein wenig bekanntes Mittel gegen Durchfall.

Salzstangen und Cola?

Salzstangen und Cola stopfen den Darm und haben schon so manchen Durchfall zum Verschwinden gebracht. Klar, dass Kinder so eine Art von Diät besonders gern mögen. Sie sollte jedoch nicht zu lange dauern, denn aus ernährungsphysiologischer Sicht handelt es sich dabei um eine Mangelernährung (zu wenig Vitamine und mit Ausnahme von Natrium zu wenig Mineralien). Außerdem erzeugt sie bei Kindern die falsche Vorstellung, dass es sich bei Salzstangen und Cola um gesunde Nahrungsmittel handeln würde.

Durchfallerkrankungen

Symptome

● Dünnflüssiger Stuhl

● Häufiger Stuhlgang, mehr als fünfmal pro Tag

● Der Stuhldrang bleibt nach der Darmentleerung bestehen

● Manchmal kommt es zu krampfartigen Unterleibsschmerzen

● Eventuell treten begleitend Übelkeit und Fieber auf

Ursachen

Zu den häufigsten Ursachen von Durchfall gehören Entzündungen und Infektionen im Darmbereich sowie psychische Belastungen. Auch der ständige Missbrauch von Abführmitteln kann zu dünnem Stuhlgang führen.

Durchfall und Ekel

Der Darm steht in engem Kontakt zur Psyche. Besonders sensibel reagiert er auf Ekelgefühle. Der Grund hierfür ist nahe liegend: Ekel ist nämlich nichts anderes als ein Signal der Abscheu, eine Warnung unserer Psyche, den Kontakt zum Auslöser des Ekelgefühls (das kann ein Nahrungsmittel, aber auch eine Person oder sogar der Beruf sein) auf jeden Fall abzubrechen. Wenn wir das jedoch nicht tun, fühlt sich unsere Seele innerlich beschmutzt, und sie gibt über das vegetative Nervensystem dem Darm den Befehl, uns zu reinigen. So wird Wasser in den Darm gedrückt, es entsteht schließlich Durchfall.

Wichtige Biostoffe gegen den Durchfall

▶ Vitamin A und Karotinoide. Durchfall ist in der Regel auch ein Darmschleimhautproblem. Vitamin A gilt als wichtiger Beschützer aller menschlichen Schleimhäute, es wirkt zusammen mit seinen Vorläufern, den Karotinoiden, außerdem noch antibiotisch und stärkend auf das Immunsystem. Karotinoide befinden sich vor allem in Karotten, Mangold, Kürbis, Pfirsichen und Melonen.

▶ Pektine werden bereits in der Marmeladen- und Konservenindustrie als Versteifungsstoff eingesetzt. Ähnliche Wirkungen erzielen sie auch im menschlichen Verdauungstrakt: Sie entziehen dem Darminhalt Wasser und sorgen dadurch für die notwendige Festigkeit des Stuhls. Pektine befinden sich vor allem in der Schale von Äpfeln und Kartoffeln sowie in Heidelbeeren, Tomaten und Karotten.

▶ Fruchtsäuren. Die Fruchtsäuren der meisten Obstsorten dezimieren den Bestand der Fäulniserreger im Darm. Besonders gut geeignet sind Äpfel und Pfirsiche.

▶ Gerbstoffe. Diese Substanzen wirken als Entzündungshemmer in den Darmwänden. Man findet Gerbstoffe fast überall in der Pflanzenwelt; hervorzuheben sind jedoch Äpfel, Mispeln, Quitten, Brombeer- und Heidelbeerblätter sowie die Früchte der Heidelbeere.

▶ Milchsäurehaltige Nahrungsmittel. Die durchfallhemmende Wirkung von Milchsäurebakterien bzw. fermentierten Lebensmitteln konnte in zahlreichen Studien nachgewiesen werden. Zu den besonders wirksamen milchsäurehaltigen Lebensmitteln gehören Sauerkraut, vergorener Rote-Bete-Saft und Joghurt.

Die Apfelkur

In den zwanziger und dreißiger Jahren des 20. Jahrhunderts verordnete fast jeder Arzt die Apfeldiät, um die Durchfallerkrankungen seiner Patienten in den Griff zu bekommen. Heute wollen die meisten Mediziner davon leider nichts mehr wissen, obwohl Apfeldiäten gerade bei Kindern besonders erfolgreich sind und so gut wie keine Nebenwirkungen zu befürchten sind.

Kräuter gegen den Durchfall

● Blutwurz. Er enthält wichtige Gerbstoffe, die den Darminhalt zusammenziehen und dickflüssiger machen. Außerdem »gerbt« er die Darmwände, macht sie dadurch widerstandsfähiger gegenüber Keimbefall.

Blutwurz erhält man in der Apotheke. Bereiten Sie sich einen Tee nach folgendem Rezept: 1 Esslöffel der Droge in einen Topf mit 250 Milliliter siedendem Wasser geben. 10 Minuten kochen lassen, dann abseihen. Trinken Sie 1 Tasse pro Tag.

● Odermennig. Das Kraut vom Odermennig enthält ebenfalls viele Gerbstoffe, außerdem noch einige therapeutisch wichtige Bitterstoffe.

Auch Odermennig erhalten Sie in der Apotheke. Übergießen Sie 1 Teelöffel des Krauts mit 150 Milliliter kochendem Wasser. 10 Minuten ziehen lassen, abseihen. Trinken Sie 3 Tassen täglich.

Wann zum Arzt?

Durchfall kann das Symptom schwer wiegender Erkrankungen sein. Gehen Sie zum Arzt:

▶ Wenn der Durchfall länger als zwei Tage dauert

▶ Wenn er von Fieber und Gliederschmerzen sowie von Blut im Stuhl begleitet ist

▶ Wenn der Durchfall kurz nach dem Aufenthalt in einem südlichen Land aufgetreten ist

▶ Wenn Sie die Kontrolle über den Stuhlgang komplett verlieren und es auch in der Nacht zu Darmentleerungen kommt

Vorsicht mit Vitamin-A-Präparaten

Vitamin A gehört zu den wichtigen Biostoffen für einen funktionierenden Darm. Seien Sie jedoch vorsichtig! Überdosierungen durch Vitamin-A-Präparate können schwere Nebenwirkungen auslösen!

Das Geheimnis der Heidelbeere

Eigentlich ist Gerbsäure eher ein Schad- als ein Biostoff, denn in hoher Konzentration setzt sie den Schleimhäuten in unseren Verdauungswegen zu. In der Heidelbeere ist die organische Säure jedoch an zahlreiche Farbstoffe gebunden. Die Folge: Unser Darm muss sie erst einmal aus ihren Farbstoffverbindungen herauslösen, und das kostet Zeit. Die Gerbsäurekonzentration bleibt dadurch immer unter Kontrolle.

Tipps für Ihren Speiseplan

Sauerkraut

Beim Sauerkraut handelt es sich um fermentierten, also vergorenen Weißkohl. Interessant ist, dass Sauerkraut im Verhältnis zu seinem Urprodukt in einigen Biostoffen besser, in einigen allerdings auch etwas schlechter abschneidet. Für Durchfallerkrankungen ist vor allem sein hoher Gehalt an Milchsäure bzw. Milchsäurebakterien von Bedeutung, außerdem sein hoher Gehalt an Vitamin B2, das eine entzündungshemmende Wirkung besitzt.

Heidelbeere

Sie war schon in der alten Volksmedizin als Heilmittel bei Durchfallerkrankungen bekannt. Zu ihren Wirkstoffen gehören:
- Pektine zum Wasserentzug des Darminhaltes
- Gerbsäuren, die in Zusammenarbeit mit den typischen Farbstoffen der Heidelbeere Entzündungen der Darmwand attackieren
- Vitamin C zur Mobilisierung des Immunapparates und Vitamin A zur gezielten Verbesserung der immunologischen Situation in der Darmschleimhaut

Getrocknete Heidelbeeren wirken am besten gegen Durchfall, doch auch Heidelbeermarmelade kann durchaus sinnvoll sein, besonders bei Kindern, die ja auch geschmacklich überzeugt sein wollen.

Schwarze Johannisbeere

Ähnlich wie die Heidelbeere gehört die Schwarze Johannisbeere zu den wirkungsvollsten Heilmitteln gegen Durchfall überhaupt. Sie enthält vor allem:
- Vitamin C
- Gerbsäuren in Verbindung mit schwarzem Farbstoff, durch die eine lang andauernde Beruhigung der gereizten Darmwände erzielt wird
- Zahlreiche Mineralien zur Regeneration der beim Durchfall sehr aktiven und enorm beanspruchten Darmmuskulatur

Karotte

Die Karotte zählt zu den wichtigsten Vitamin-A-Versorgern überhaupt, außerdem enthält sie Pektine und Ballaststoffe, die Wasser aus dem Darminhalt ziehen. Eine Karottendiät dauert am besten mindestens zwei Tage, in dieser Zeit sollte kein anderes Nahrungsmittel gegessen werden; Trinken ist natürlich erlaubt. Damit kriegen Sie auch heftige Durchfälle in den Griff.

Wichtig ist, dass die Äpfel mitsamt der Schale verzehrt werden, denn dort sitzen die entscheidenden Biostoffe, die Pektine. Achten Sie jedoch auf allergische Reaktionen! Denn in unserer heutigen Zeit befinden sich in den Apfelschalen leider sehr viele Schadstoffe wie z. B. Insektizide.

Apfeldiät – so wird's gemacht

Essen Sie alle zwei Stunden ein paar zerkleinerte, ungeschälte Apfelstückchen und sonst nichts! Trinken ist freilich erlaubt. Die ersten Erfolge spüren Sie bereits nach einigen Stunden: Ihr Stuhl wird fester, und der Drang zur Darmentleerung lässt deutlich nach. Die Diät darf bei Kindern (ab vier Jahren) zwei Tage, bei Erwachsenen auch vier Tage betragen. Mangelerscheinungen sind kaum zu befürchten, da es sich beim Apfel ja um ein vollwertiges Nahrungsmittel handelt.

Kartoffel-Karotten-Suppe

- Zutaten:
4 Kartoffeln, 2 Karotten
- Geben Sie die klein geschnittenen Kartoffeln und Karotten in ½ l kaltes Wasser.
- Aufkochen und 20 Minuten garen lassen.
- Danach wird das Gemüse zerstoßen und mit Salz (aber keinen Pfeffer und auch keine Kräuter!) gewürzt.
- Essen Sie die Suppe mehrmals täglich! Auf andere Nahrungsmittel können Sie ruhigen Gewissens für eine Weile verzichten, denn Kartoffeln und Karotten enthalten eine Menge Biostoffe.

Mispeln und Quitten
Als Apfelersatz kommen vor allem Mispeln und Quitten infrage. Sie besitzen ähnliche Wirkstoffprofile wie der Apfel. Mispelfrüchte bekommt man jedoch in heutiger Zeit nur noch selten im Handel. Am ehesten erhalten Sie sie in türkischen oder griechischen Läden.

Nicht mit Gewalt
Ein Durchfall zeigt an, dass etwas im Darm nicht stimmt. Meistens ist er ein Zeichen dafür, dass der Körper den Verdauungstrakt reinigen, Schadstoffe abtransportieren will. Durchfall macht also durchaus Sinn, er ist zumindest in den ersten zwei Tagen kein Fall für den Einsatz starker und rasch wirkender Medikamente.

Die erste Regel bei Erbrechen: Viel trinken!

Erbrechen

Ursachen

Der Auslöser des Erbrechens sitzt im unteren Teil des Hirns, und zwar in der so genannten Medulla oblongata. Sie ist zuständig für Schlucken, Schnaufen, Blutdruck, Atmen – und eben für das Erbrechen. Die Medulla kann durch die Psyche (alle Nervenstränge aus dem Gehirn müssen erst einmal durch die Medulla durch, um zum Rückenmark zu gelangen) und durch Gifte wie Nikotin, Schwermetalle und Toxine aus verdorbener Nahrung sehr schnell beeinflusst und zum Auslösen des Brechreizes gebracht werden.

Physiologische Hintergründe

Wichtig
Erbrechen kann das Symptom der unterschiedlichsten Erkrankungen sein; sollte es über mehrere Tage anhalten, ist in jedem Fall eine ärztliche Untersuchung angezeigt. Die Ernährung richtet sich dann natürlich nach dem ärztlichen Befund.

Die Medulla oblongata geht beim Auslösen des Brechreizes sehr gründlich vor, sie sorgt nicht selten dafür, dass der Magen komplett geleert wird. Dabei gehen freilich zahlreiche Mineralien und viel Wasser verloren, die dem Körper schon bald wieder zugeführt werden sollten. Außerdem brauchen die Magenwände erst einmal eine gewisse Zeit, um sich von dem Erbrechen zu erholen. Hier ist also zunächst einmal leichte Kost angesagt.

Vitamin A für die Zeit nach dem Brechanfall

Nach einer Brechattacke sind die Schleimhäute des Magens gereizt, auch im Rachenraum macht sich oftmals – hervorgerufen durch die Salzsäure des ausgeworfenen Mageninhaltes – ein starkes Brennen bemerkbar. Hier sind dann Vitamin A und seine Vorläufer, die Karotinoide, gefragt. Sie fördern die Regeneration der Schleimhäute und schützen sie vor dem Angriff freier Radikaler und feindlicher Mikroorganismen.

Nahrungsmittel mit viel Karotinoiden sind Karotten, Pfirsiche, Kürbis, Melonen und Mangold.

Pyridoxin gegen psychisch bedingte Brechreize

Pyridoxin (Vitamin B6) wird schon seit längerer Zeit als Mittel gegen unerwünschte Brechreize eingesetzt. Es scheint eine beruhigende Wirkung auf die Medulla oblongata zu besitzen. Die üblichen Pyridoxinlieferanten wie Fleisch, Milchspeisen und Getreide sind jedoch für den gereizten Magen genau das Falsche. Besser: Zerhacken Sie ein paar Bierhefetabletten, die dann mit viel Wasser in kleinen Portionen heruntergeschluckt werden.

Nicht die Magenwände reizen

Unmittelbar nach einer Brechattacke, aber auch zur Vorbeugung bei starker Neigung zum Erbrechen heißt es zunächst einmal, alles zu meiden, was die Magenschleimhaut reizen könnte. Hierzu gehören natürlich Kaffee und Alkohol.
Absolut tabu sind Colagetränke, da sie neben dem Koffein auch noch andere Substanzen enthalten, die den Magen reizen. Ebenfalls auf der Negativliste stehen:

▶ Zitrusfrüchte und -säfte
▶ Anregende Gewürze
▶ Rohe Zwiebeln
▶ Kohl
▶ Hülsenfrüchte
▶ Frittierte und stark fettende Speisen
▶ Sahne-, Käse- und andere fettreiche Kuchensorten

Balsam für den gereizten Magen

Nach dem Erbrechen sollte alles vermieden werden, was den Magen-Darm-Trakt über Gebühr beanspruchen könnte. Also zunächst einmal wenig Fett, wenig Eiweiß, wenig Zusatzstoffe (also besser keine Lebensmittel aus der Konserve) und keine anregenden Substanzen (wie z. B. Koffein und Gewürze wie Pfeffer, Paprika oder Curry).

Mineralwasser und Götterspeise

Gefragt sind zunächst einmal Kohlenhydrate, Wasser und Mineralien. In vielen amerikanischen Krankenhäusern gibt man den kleinen und großen Patienten nach dem Erbrechen erst einmal stilles Mineralwasser zum Trinken und zum Essen eine Portion Götterspeise. Die Vorteile des Gelatinedesserts: Es enthält viele Kohlenhydrate und Mineralien (mit Ausnahme von Natrium und Kupfer), wird leicht vertragen – und schmeckt!

Eine wichtige Bioreaktion

Das Erbrechen hat in den meisten Fällen den konkreten Sinn, den Körper so rasch wie möglich von Schadstoffen zu befreien. Brechreiz darf daher nicht mit allen Mitteln bekämpft werden. Wenn allerdings sicher ist, dass er keine biologischen, sondern psychische Ursachen hat (wie beispielsweise auf schwankenden Schiffen und Flugzeugen), sollte etwas gegen ihn unternommen werden.

Natürliches Vitamin A

Vitamin A fördert zwar die Regeneration von gereizten Magenwänden, doch das sollte Sie nicht dazu verführen, nach dem Brechanfall zu Vitamin-A-Präparaten zu greifen. Denn Ihr Verdauungstrakt ist noch gar nicht wieder in der Lage, hohe Vitamindosierungen aufzunehmen. Darüber hinaus haben natürliche Vitamin-A- bzw. Karotinoidelieferanten wie die Karotte auch noch den Vorteil, die Magenwände beruhigen und für zahlreiche Mineralien sorgen zu können.

Tipps für Ihren Speiseplan

Melisse – ein magenfreundliches Gewürz

Zu allen Gerichten, zu denen man Zitronen oder Zitronensaft braucht, kann man auch Melisse verwenden. Sie ist im Unterschied zu Zitrusfrüchten auch für sensible oder gereizte Magenwände leicht verträglich. Außerdem hat sich das alte Heilkraut gerade bei Magenkrämpfen immer wieder bewährt. Wichtig: Beim Kochen verliert Melisse an Geschmack, sie darf bei gegarten Speisen also erst kurz vor dem Servieren zugegeben werden!

Nährstoffe ersetzen

Beim Erbrechen gehen Wasser und Mineralien verloren – vor allem bei Kindern, die ja weniger Nährstoffreserven besitzen als Erwachsene. Der Ausgleich der Defizite erfolgt am besten über Getränke aus einem Teil Apfelsaft und vier Teilen Mineralwasser. Wichtig: Immer in kleinen Schlucken nippen.

Tees gegen das Erbrechen

Um die schmerzhaften Folgen des Erbrechens zu lindern oder auch um bei einem verdorbenen Magen so weit beruhigend auf die Magenschleimhäute einzuwirken, dass ein Erbrechen verhindert wird, eignen sich die folgenden Teezubereitungen:

● Lindenblüten/Bitterorange
4 Teile Lindenblüten,
1 Teil Bitterorangenblätter.
1 Esslöffel der Kräutermischung mit 1 großen Tasse siedendem Wasser übergießen. 10 Minuten ziehen lassen und abseihen. Würzen Sie den Tee mit Zitronensaft und etwas Honig.
Lindenblüten wirken krampflösend und werden daher von Naturheilärzten gern bei Erbrechen eingesetzt. Beachten Sie jedoch, dass Lindenblütentee eine schweißtreibende Wirkung besitzt. Sie sollten daher nach dem Trinken des Tees das Haus nicht verlassen und außerdem viel (Mineral-)Wasser trinken.

● Schafgarbe/Hauswurz
Beide Kräuter zu gleichen Teilen vermischen.
2 Teelöffel der Kräutermischung mit 1 großen Tasse siedendem Wasser übergießen. 10 Minuten ziehen lassen und abseihen.
Wichtig: Sie dürfen Schafgarbentee nicht über längere Zeit trinken, da er in geringen Mengen das giftige Thujon enthält.

● Kamille/Melisse
Beide Kräuter zu gleichen Teilen mischen.
2 Teelöffel der Kräutermischung mit 1 großen Tasse siedendem Wasser übergießen. 10 Minuten ziehen lassen und abseihen.
Kaum eine Heilpflanze ist in der Pflanzenheilkunde besser erforscht als die Kamille. Sie wirkt krampflösend und entzündungshemmend, eignet sich daher zur Behandlung von Magenkrämpfen und entzündlichen Magenerkrankungen.

● Johanniskraut
1 Esslöffel der Droge mit 1 großen Tasse siedendem Wasser übergießen. 10 Minuten zugedeckt ziehen lassen und schließlich abseihen. Johanniskrauttee eignet sich vor allem zur Beruhigung nervöser Magenbeschwerden und zur Beseitigung von Erbrechen infolge von akutem Stress oder Schock. Nicht zu vergessen schließlich der hohe Gerbstoffgehalt der Droge, der den Magenwänden Schutz vor aggressiven Substanzen oder Mikroorganismen bietet. Johanniskrauttee eignet sich auch zur Vorbeugung von Erbrechen, wenn der Patient an nervösem Reizmagen leidet.

Wenn sich der Magen erbrochen hat, sollte man ihm Gutes tun. Dazu eignen sich Nahrungsmittel wie:
▶ Zwieback
▶ Haferschleim
▶ Milchbrei
▶ Kompott
▶ Trockenes Brot (hier ausnahmsweise dem Weißbrot den Vorzug gegenüber Vollkornprodukten geben!)
▶ Pflanzenöle
▶ Marmelade in geringen Mengen

Karottencremesuppe

● Zutaten (für 2 Personen): 400 g Karotten (wahlweise aus dem Glas), ½ l milde Gemüsebrühe, Suppenkräuter, Muskat
● Karotten putzen, waschen, klein schneiden und in der Gemüsebrühe weich kochen.
● Mit Suppenkräutern und Muskatnuss würzen, nach Geschmack pürieren oder durch ein Sieb streichen.
● Diese Suppe bringt den Salz- und Kohlenhydrathaushalt wieder in Ordnung, die Mineralien und Vitamine der Karotte (vor allem Provitamin A) sorgen darüber hinaus für die Genesung der strapazierten Magenschleimhaut.
● Tipp:
Bei Kleinkindern, die unter dem kräftezehrenden Erbrechen noch mehr leiden als Erwachsene, empfiehlt sich statt frischer Karotten Babynahrung aus dem Glas.

Neue Kräfte durch Bananen

Bananen besitzen genau das richtige Kohlenhydratprofil für die Zeit nach dem Brechanfall. Außerdem enthalten sie viel Kalium und Magnesium. Ihr Natriumgehalt ist jedoch sehr gering, der Patient sollte also daneben auch noch kochsalzreiche Nahrungsmittel (Mineralwasser, Weißbrot) zu sich nehmen.

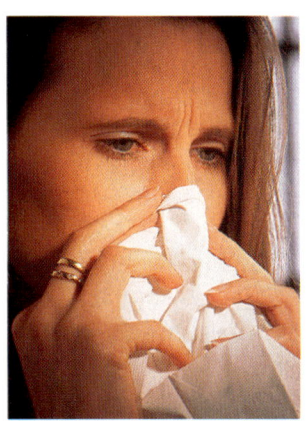

Jeden Winter das Gleiche:
Der Schnupfen ist da!

Erkältung und Grippe
Erkältungskrankheiten und die »echte« Grippe haben eine Menge Gemeinsamkeiten (wie z. B. Husten, Hals- und Rachenschmerzen), besitzen jedoch auch eine Reihe von Unterschieden. Die Grippe setzt meist schlagartig ein. Das Fieber der Grippe ist in der Regel deutlich höher als bei Erkältungen, außerdem wird der Patient viel stärker geschwächt. Während viele Erkältungen nur Bagatellerkrankungen sind, ist eine Virusgrippe immer eine ernste Angelegenheit.

Erkältungskrankheiten

Symptome

- Niesen, tropfende Nase, anschwellende Schleimhäute
- Husten, Heiserkeit sowie Hals- und Rachenschmerzen
- Kopfschmerzen, brennende Augen

Ursachen

Den Beginn der Erkältung macht eine Virusinfektion der oberen Atemwege. In der Folge haben es dann auch andere Erreger – wie etwa Bakterien – leichter, in den Körper einzudringen. In vielen Fällen kommt es dann zu einem »grippalen Mix« von unterschiedlich stark ausgeprägten Krankheitserscheinungen, an denen mehrere Mikroorganismen beteiligt sein können.

Eine nicht auskurierte Erkältung wird oft zum Auslöser für schwer wiegende Erkrankungen wie Lungenentzündung, Bronchitis, Mandelentzündungen und chronische Atemwegsinfekte.

Biostoffe gegen Schnupfen und Erkältungskrankheiten

▶ Vitamin C. Das Vitamin stärkt die Immunabwehr und unterstützt dadurch den Körper beim Kampf gegen die eingedrungenen Fremdkörper. Die Killerzellen des Immunsystems werden aggressiver und beweglicher, außerdem erhöht sich durch Vitamin C der Gehalt an Immunglobinen, den maßgeschneiderten Waffen gegen Erkältungserreger.

Wichtig: Askorbinsäure kann seine Wirkung um das Zehnfache steigern, wenn sie mit einer ausreichenden Menge an Bioflavonoiden kombiniert wird. Die idealen Bioflavonoide-Vitamin-C-Kombinationen findet man in Brokkoli, Grünkohl, Karotten, Knoblauch, Tomaten, Aprikosen, Zitronen und Zwiebeln. Grünkohl und Brokkoli sind allerdings nur zweite Wahl, da sie zum Verzehr gekocht werden müssen, wodurch große Mengen an Vitamin C verloren gehen.

▶ Vitamin E stärkt wie Vitamin C die Immunabwehr. Das Vitamin findet sich vor allem in Pflanzenölen, Vollkornwaren, Kürbis, Spargel, Grünkohl und Avocados, wird allerdings unter Hitze und Licht in großem Umfang vernichtet.

Grapefruitkerne – Superwaffe gegen Erkältungen

● Die Kerne der Grapefruit enthalten zahlreiche Substanzen (Hesperidin, Naringin, Didymin, Querzetin, Nobiletin u.a.), die den Physiologen für ihre leicht antibiotische Wirkung bereits länger bekannt sind.

● Erst in jüngster Zeit fand man jedoch heraus, dass die Substanzen in den Kernen wohl in einer einmaligen Mischung beisammen sind. Der aktuelle Forschungsstand: Grapefruitkernextrakt wirkt antibiotisch auf 800 Viren- und Bakterienstämme, die meisten von ihnen gehören zu den Auslösern oder Begleitern von Erkältungskrankheiten. Von einer derartigen Quote können pharmazeutische Antibiotika nur träumen.

● Also: Holen Sie sich bei einer Erkältung zwei Grapefruits aus Ihrem Obstladen. Dann essen Sie zunächst das Fleisch (enthält den therapeutischen Bitterstoff Naringin und viel Vitamin C) und dann die geschälten Kerne. Wichtig: Die Kerne müssen lange und intensiv zerkaut werden, damit sie ihre Wirkstoffe schon im Rachenraum abgeben können.

● Wer Probleme mit dem Geschmack der Kerne hat, sollte Grapefruitkernextrakt aus dem Handel beziehen.

Nur Geduld
Erkältungen brauchen ihre Zeit, um zu verschwinden. In der Regel dauert es drei bis vier Tage, bis das Gröbste überstanden ist. Wenn sich nach acht Tagen immer noch keine deutliche Besserung zeigt, muss zwecks einer Absicherung der Diagnose der Arzt aufgesucht werden.

▶ Honigzucker. Durch Zusammenwirken mit dem menschlichen Speichelstoff Inhibin setzt Honigzucker antibiotische Substanzen frei, die vor allem im Rachenraum wirksam werden.

▶ Alliin. Die Alkylverbindung zählt zu den Sulfiden, die den aus der Schulmedizin bekannten antibiotischen Sulfonamiden nicht unähnlich sind. Man findet Alliin in Zwiebeln und Knoblauch. Am wirksamsten ist es in Knoblauch, weil es dort mit Hilfe eines Enzyms zu Allizin umgewandelt wird. Dieser Stoff ist für den typischen Geruch der Gewürzpflanze verantwortlich und wirkt als starkes natürliches Antibiotikum. Es unterdrückt selbst noch in einer Verdünnung von 1:125 000 das Wachstum von Bakterien, Hefen und Pilzen.

▶ Benzyl-Isothiozyanat. Benzyl-Isothiozyanat ist ein Senföl, das keimtötende Eigenschaften besitzt. In Experimenten wurde festgestellt, dass Benzyl-Isothiozyanat Virusinfektionen unterdrückt. Dabei attackierte das Öl nicht nur die Zellwände der Mikroorganismen, sondern sorgte auch dafür, dass ihre Vermehrungsaktivitäten gestoppt wurden. Den höchsten Gehalt an Benzyl-Isothiozyanat besitzen Garten- und Kapuzinerkresse sowie der Meerrettich.

Flavonoide
Die Flavonoide unterstützen nicht nur die Wirkung von Vitamin C, sondern besitzen auch selbst antibiotische Eigenschaften. Eine eminent starke Wirkung gegenüber Erkältungsviren besitzt das Querzetin, ein Flavonoid, das besonders in Zitrusfrüchten vorkommt.

Tipps für Ihren Speiseplan

Viel trinken, wenig essen

Das Nervensystem des Menschen reagiert bei fiebrigen Infektionen, also auch bei Erkältungen, grundsätzlich mit einer Senkung des Appetits und einer Steigerung des Durstempfindens. Diese »Empfindungsstrategie« macht durchaus Sinn. Denn der Körper muss seine Kräfte auf den Kampf gegen Viren bzw. Bakterien richten – da würde die Verdauung von opulenten Speisen lediglich wichtige Kraftreserven kosten. Der Wasserbedarf ist bei Infektionskrankheiten grundsätzlich erhöht, die Zellen des Immunsystems sind umso beweglicher und aggressiver, je besser sie mit Wasser versorgt sind.

Kürbis

Schon Hippokrates schätzte den Kürbis als Heilmittel bei Bandwurmleiden. Heute gilt er bei Erkältungen als ein Mittel der allerersten Wahl. Er enthält mit etwa zwei Milligramm überdurchschnittlich viele Karotinoide, die Vorstufen des wichtigen Schleimhautvitamins A. Beeindruckend auch sein Vitamin-C-Gehalt und sein Gehalt an Folsäure, Pyridoxin,

Vitamin E, Magnesium und Zink (das sich besonders in den Kernen befindet).
Ein weiterer Vorteil der dicken Kugelfrucht: Sie schmeckt, und sie schmeckt so gut, dass sie auch von kranken Kindern, die ja nur wenig Appetit entwickeln, gern gegessen wird. Der Fett- und Eiweißgehalt des Kürbisses ist außerordentlich gering, so dass er den Verdauungstrakt des Kranken nur wenig belastet; dafür besteht er zu 91,3 Prozent aus Wasser, was wiederum dem erhöhten Flüssigkeitsbedarf des Kranken entgegenkommt. Eine eher obstliche Geschmacksnote entwickelt der Kürbis, wenn er zusammen mit Äpfeln und Gurken zu einem süßsauren Salat vermischt wird. Die Gemüsenote wird hingegen in der Kombination mit Zucchini und Melisse betont.

Knoblauch

Er enthält zahlreiche Vitamine zur Stärkung des Immunsystems sein Inhaltsstoff Allizin wirkt keimtötend, darüber hinaus wird dieser Wirkstoff über den Atem ausgeschieden (daher der unverwechselbare Geruch!),

wodurch es in den Bronchien zu einer deutlichen Krampflinderung kommt.
Die Wirkung von geruchlosen Knoblauchpräparaten ist umstritten, da ja gerade die Abatmung des Allizins therapeutische Effekte erzielt. Auf Nummer Sicher geht, wer täglich mindestens eine frische Knoblauchzehe isst, bei Erkältungen sogar zwei bis drei. Der typische Geruch ist unvermeidlich, allerdings läßt er bei regelmäßigem Verzehr mit der Zeit etwas nach.

Honig

Sein Zucker erzeugt im Kontakt mit Speichel antibiotische Stoffe. Außerdem besitzt er viel Energie (etwa 300 Kilokalorien auf 100 Gramm), zu deren Freisetzung die Verdauung nicht beansprucht werden muss. Das macht Honig gerade in der appetitarmen Erkältungszeit zu einem idealen Nahrungsmittel.

Kresse

Garten- und Kapuzinerkresse enthalten große Mengen an antibiotischem Benzyl-Isothiozyanat, außerdem sehr viel Vitamin C, Karotinoide, Kalium und Magnesium.

▶ Vitamin A stärkt die Widerstandskraft der Schleimhäute im Nasen-, Rachen- und Bronchialbereich. Ideale Vitamin-A-Lieferanten sind die karotinoidhaltigen Kürbisse, Mangold, Kresse und Karotten.
▶ Magnesium unterstützt die Bildung von Zellen, aus denen die Antikörper gebildet werden. Durch ausreichend Mineralwasser und Rohkost kann die Magnesiumzufuhr abgesichert werden.
▶ Zink ist an der Bildung der Antikörper beteiligt, hält ferner die für die Immunabwehr so wichtigen T-Lymphozyten auf Trab. Man findet das Mineral vor allem in Mandeln, Erdnüssen, Kürbiskernen und grünem Blattgemüse.

Brotaufstrich aus Brunnenkresse und Knoblauch

● Zutaten (für 2 Personen): 300 g Magerquark, 0,2 l saure Sahne, ½ Zwiebel, 2 EL Brunnenkresse, 1 Knoblauchzehe, Salz, Pfeffer
● Rühren Sie den Quark in einer Schüssel glatt, dann kommt die saure Sahne hinzu. Jetzt zerhacken Sie Zwiebel und Brunnenkresse so klein wie möglich, der Knoblauch wird abgezogen und in der Knoblauchpresse zerdrückt. Dann mischen Sie das Ganze zusammen, am Ende wird mit den Gewürzen abgeschmeckt.
● Der Knoblauch-Kresse-Aufstrich schmeckt besonders pikant auf Pumpernickel und anderen dunklen Brotsorten. Wer im Winter dreimal die Woche davon isst, sollte eigentlich keine Probleme mit Erkältungen bekommen.

Brunnenkresse
Die zwischen Mai und September blühende Pflanze kann man selbst sammeln. Sie steht an klaren Quellen, langsam fließenden Gewässern und in feuchten Gräben. Man erkennt sie an ihren kriechenden Stängeln und den gefiederten, dunkelgrünen und fleischigen Blättern. Gesammelt werden die jungen Triebe und Blätter zwischen März und Mai sowie zwischen November und Dezember.

Honig – die wiederentdeckte Wunderwaffe
Schon die frühen Buddhisten wussten die keimtötenden Eigenschaften des Honigs zu schätzen. Sie setzten ihn gegen alle möglichen Erkrankungen ein, als Wundauflage kam er auch bei schweren Blutungen und Verletzungen zum Einsatz.

Fieber ist eine Selbstheilungsmaßnahme des Körpers.

Fieber

Symptome

- Erhöhte Körpertemperatur (über 37,5 °C)
- Starke Schweißbildung (nicht immer!)
- Hautrötung
- In schlimmeren Fällen Schüttelfrost

Ursachen

Fieber ist keine eigenständige Erkrankung, sondern ein Symptom. Als Abwehrmechanismus dient es dem Körper dazu, mit bestehenden Infektionen fertig zu werden. Es sollte daher, solange es nicht allzu hoch wird, gar nicht mit allen Mitteln bekämpft werden; Ziel sollte vielmehr sein, die Ursachen des Fiebers – meistens eingedrungene Mikroorganismen – zu bekämpfen und schließlich zu beseitigen. Hierzu dient eine Ernährung, die eine möglichst breite Palette an antibiotischen Wirkstoffen enthält.

Die Biostoffe gegen Fieber

▶ Vitamin C stärkt die Immunabwehr und unterstützt dadurch den Körper beim Kampf gegen eingedrungene Fremdkörper. Es befindet sich vor allem in Zitrusfrüchten, Paprika, Tomaten und Petersilie.

▶ Vitamin E fördert ebenfalls die Immunabwehr. Das Vitamin findet sich vor allem in Pflanzenölen, Vollkornwaren, Kürbissen, Spargel, Grünkohl und Avocados, wird allerdings unter Hitze und Licht in großem Umfang vernichtet.

▶ Phenolsäuren. Diese Substanzen hemmen vor allem das Wachstum von Viren und Bakterien. Besonders wirksam sind die Phenolsäuren von Moos- und Heidelbeeren.

▶ Kaffeesäure. Schon in den sechziger Jahren vermutete man, dass Kaffeesäure eine antibiotische und Fieber senkende Wirkung besitzt. Die Forschungen wurden jedoch leider nicht weiter intensiviert. Heute weiß man, dass Kaffeesäure in Zusammenarbeit mit Ferulasäure und Karotinoiden in der Tat starke antibiotische und Fieber senkende Wirkungen besitzt. In der Natur findet man diese Wirkstoffkombination vorwiegend in Karotten.

Phenolsäuren
Diese Substanzen gehören zu den Polyphenolen. Zu ihnen gehören auch die Kaffee- und Ferulasäuren der Karotte. Polyphenole wirken nicht nur antibiotisch, sondern auch als Antikanzerogen, also als Heilmittel gegen den Krebs.

Viel trinken, wenig essen

Der fiebrige Körper braucht überdurchschnittlich viel Flüssigkeit, um die Wasserverluste durch den Fieberschweiß aufzufangen. Außerdem funktioniert das Immunsystem besser, wenn es ausreichend »gewässert« wird. Der Appetit wird hingegen über den Hypothalamus, der als Teil des Zwischenhirns gleichzeitig als Hunger- und Fieberkontrollstation arbeitet, gesenkt, um dem Körper nicht durch überflüssige Verdauungstätigkeiten seine Kraftreserven zu nehmen.

Kinder ohne Appetit

Bei Kindern funktioniert der Viel-trinken-wenig-essen-Mechanismus noch recht gut, fiberige Erkrankungen gehen bei ihnen automatisch einher mit Appetitverlust. Doch viele Eltern ignorieren diese Signale, drängen ihren kleinen Patienten irgendwelche Leckereien auf, in dem alten, aber völlig falschen Glauben, dass ja das Kind bei Kräften bleiben müsse.

Unser Rat: Geben Sie Ihrem kranken Kind nur dann etwas zu essen, wenn es wirklich danach verlangt! Denn der kindliche Körper weiß selbst am besten, was er im Fall einer Erkrankung benötigt. Optimale Getränke sind Tees (vor allem Kräutertees) oder Gemische aus Fruchtsaft und Mineralwasser (im Verhältnis 1:3).

Hausmittel Hagebuttenmark

Die Hagebutte brilliert durch ihren Gehalt an Vitamin C, der auch nach dem ersten Kochen noch seinesgleichen in der Natur sucht. Überdurchschnittlich hoch sind auch ihre Werte an Kalium, Kupfer, Fluorid, Karotinoiden und Niazin, die wichtige Funktionen im Immunsystem erfüllen und zum Teil sogar direkt antibiotisch wirken. Grundlage der meisten Hagebuttengerichte ist das Hagebuttenmark. Es wird nach folgendem Rezept zubereitet:

▶ Die frischen Früchte (die Erntezeit beginnt im Oktober!) von Stielen und Blütenresten befreien, in der Mitte auseinander schneiden und per Teelöffel entkernen. Dann gründlich durchwaschen, damit die feinen Härchen an der Innenseite der Fruchthüllen fortgespült werden.

▶ Die entkernten Hüllen werden mit Wasser bedeckt und über Nacht stehen gelassen. Am nächsten Tag kochen Sie die Hagebutten 30 Minuten lang in ihrem Einweichwasser (um die Vitamine zu sichern). Nach kurzem Abkühlen werden sie dann durch ein Sieb gestrichen. Tiefgekühlt kann das Hagebuttenmark über mehrere Monate aufbewahrt werden.

Isotonische Getränke zum Ausgleich

Bei fiebrigen Erkrankungen wird viel geschwitzt, dieser Flüssigkeitsverlust sollte schnell ausgeglichen werden. Hierzu eignen sich Gemische aus Fruchtsaft und Mineralwasser oder aber isotonische Getränke, die aufgrund ihres süßlichen Geschmacks und des bunten Aussehens von Getränk und Verpackung gerade von Kindern sehr gern getrunken werden.

Hagebuttenmark – vielseitig und gesund

Hagebuttenmark eignet sich zur Zubereitung von Suppen (z. B. mit Apfelmus und Roséwein) und Marmelade (dabei gehen allerdings viele Vitamine verloren). Darüber hinaus können die Früchte als Gemüse (z. B. zu Wildbraten und Pasteten) und Saucen (zu Fondues) zubereitet werden.

Tipps für Ihren Speiseplan

Zwiebeln

Die Zwiebel enthält viel Vitamin C und schwefelhaltige Substanzen (Methylzysteinsulfoxide), die in ihrer Wirkung den Sulfonamiden ähneln, die ja als Antibiotikum schon länger in der Medizin eingesetzt werden. Eine Zwiebelkur eignet sich daher ausgezeichnet zur Bekämpfung von fiebrigen Erkrankungen. Dazu müssen freilich bis zu einem Dutzend rohe Zwiebeln pro Tag verzehrt werden – und das macht jedoch kaum jemand mit.

Als Alternative kommt der Zwiebelsirup infrage. Hierzu werden mehrere Zwiebeln in Scheiben geschnitten und mit Honig vermischt. Das Gemisch lässt man zwölf Stunden lang ziehen; es entsteht schließlich ein Saft, der esslöffelweise mehrmals täglich eingenommen werden sollte.

Rote Johannisbeeren

Im Unterschied zur Schwarzen Johannisbeere schmeckt und riecht die Rote weniger streng, sie wird daher auch von Kindern recht gern gegessen. Der ernährungsphysiologische Vorteil der Roten Johannisbeere: Sie enthält viel Wasser, wenig Eiweiß, Fett und Kalorien, dafür aber sehr viel Vitamin C. Sie entspricht also dem gesteigerten Flüssigkeitsbedürfnis des Fieberkranken, belastet kaum dessen Verdauungsorgane und besitzt schließlich einen der wichtigsten Biostoffe zur Stärkung der Immunabwehr. Falls keine frischen Früchte zur Hand sind, kann man auch auf Johannisbeersaft zurückgreifen.

Blätter und Früchte der Preiselbeere

Wegen ihres Arbutin- und Methylarbutingehaltes (es handelt sich dabei um entzündungshemmende und Fieber senkende Stoffe) eignet sich der Tee der Preiselbeerblätter vorzüglich als Antifiebermittel. Dazu wird ¼ Liter kochendes Wasser über die Blätter (1 Esslöffel) gegossen, danach 10 Minuten ziehen lassen und abseihen. Der Tee sollte 3-mal pro Tag vor den Mahlzeiten getrunken werden. Sein Geschmack und seine Fieber senkende Eigenschaft werden durch die Beigabe von 1 Teelöffel Naturhonig pro Tasse wirkungsvoll unterstützt.

Die Beeren der Preiselbeere enthalten schließlich viel Vitamin C, Kalium und Magnesium. Ihre Konserven sind jedoch als Lieferant für wichtige Biostoffe praktisch bedeutungslos.

Heidelbeeren und Moosbeeren

Heidelbeeren und Moosbeeren enthalten viel Wasser, Vitamin C und zahlreiche antibiotische Phenolsäuren. Besonders wirksam ist Moosbeerensaft aus dem Reformhaus.

Kaffee – manchmal lohnt der Versuch

Wie schon der Begriff sagt, kommt Kaffeesäure natürlich auch im Kaffee vor, und das in sehr hoher Konzentration (sieben Milliliter auf eine Tasse Kaffee). Allerdings enthält das beliebte Frühstücksgetränk sonst keine Wirkstoffe, die bei fiebrigen Infektionen hilfreich sein könnten; sein Koffein kann aufgrund seiner herzschlagtreibenden Wirkung einem empfindlichen Fieberkranken sogar zu schaffen machen. Nichtsdestoweniger gibt es Fälle, bei denen Kaffee erstaunliche Fieber senkende Wirkungen entfaltet – vor allem dann, wenn der Patient sonst nicht zu den Kaffeetrinkern gehört.

Lindenblütentee

Er gehört sicherlich zu den Klassikern der Fieberbekämpfung. Lindenblütentee wirkt schweißtreibend und fördert dadurch die Abkühlung des Körpers über die Haut. Seine Schleimstoffe wirken darüber hinaus reizlindernd und auswurffördernd, beispielsweise bei fiebrigen Erkältungen und Entzündungen der oberen Atemwege.

Bereiten Sie sich einen Tee nach folgendem Rezept: 1 Esslöffel Lindenblüten mit 150 Milliliter kochendem Wasser übergießen, mindestens 5 Minuten ziehen lassen, abseihen. Trinken Sie täglich 3 Tassen, sehr wichtig ist die Tasse vor dem Schlafengehen.

Zwiebelwein

- Zutaten:
1 Zwiebel, 1 l Weißwein
- Die Zwiebel abziehen und zerkleinern, die Stücke in den Weißwein geben.
- 10 Tage lang ziehen lassen und schließlich abseihen. Den Zwiebelwein in eine dunkle Flasche füllen. Bei Fieber trinken Sie davon 2 kleine Gläser (50 Milliliter) pro Tag; günstig ist es, den Wein vorher zu erwärmen (nicht kochen!).
- Bei der Zwiebelweinkur muss wegen ihrer entwässernden Wirkung viel Mineralwasser getrunken werden (mindestens 1,5 Liter pro Tag!).

Teekombination

Bei Fieber sehr bewährt hat sich eine Kombinationskur aus Hagebutten und Lindenblüten. Drosseln Sie Ihre Nahrungszufuhr, meiden Sie vor allem opulente Mahlzeiten; versuchen Sie stattdessen, drei Teller Hagebuttensuppe und drei Tassen Lindenblütentee pro Tag zu sich zu nehmen. Ihr Körper wird dadurch abgekühlt, mit wichtigen (zum Teil antibiotischen) Biostoffen und mit ausreichend Flüssigkeit versorgt. Die üblichen Fiebererkrankungen verschwinden durch die Hagebutten-Lindenblüten-Kur in der Regel binnen weniger Tage.

Preiselbeeren selbst sammeln

Die Sammelzeit für Preiselbeeren beginnt im Juli. Unser Tipp: Sammeln Sie die Beeren erst im September, denn zu dieser Zeit enthalten sie die meisten Biostoffe.

Tee aus Wacholderbeeren ist ein altes Mittel gegen Magenbeschwerden.

Gastritis

Symptome

● In leichteren Fällen: Sodbrennen, Völlegefühl (obwohl nichts gegessen wurde), Aufstoßen, Appetitlosigkeit

● In schweren Fällen: Schmerzen im Oberbauch, außerdem noch Magenkrämpfe, Durchfall, Blähungen und Verstopfungen

● Oft – besonders nach stärkerem Alkoholgenuss – besteht Neigung zu Übelkeit und Erbrechen

Ursachen

Jüngere Untersuchungen scheinen keinen Zweifel mehr daran zu lassen, dass ein Mikroorganismus namens Helicobacter pylori an der Entstehung von Magenschleimhautentzündungen beteiligt ist. Die klassische Behandlungsmethode mit Medikamenten, die das früher als alleinige Ursache vermutete Zuviel an Magensäure eindämmen sollen, ist daher nur bedingt – sprich: kurzfristig – hilfreich. Die Chancen des Helicobacter pylori, sich in der Magenwand festzusetzen, werden umso größer, je schwächer das Immunsystem des betreffenden Menschen ist.

Psychische Ursachen

Die Magenwände und ihr Immunsystem stehen in engem Kontakt zum vegetativen Nervensystem und damit zur Psyche. Zu den typischen seelischen Belastungssituationen, die zu einer Gastritis führen können, gehören:

▶ Situationen, die einen Geborgenheitsverlust beinhalten. Magengeschwür (Ulkus) und Gastritis sind überdurchschnittlich häufig bei Menschen, die ihren Wohnort verloren oder gewechselt oder die ihren Partner oder eine andere Bezugsperson verloren haben.

▶ Berufliche Veränderungen, vor allem wenn sie mit einer Zunahme der Verantwortung gekoppelt sind.

▶ Unterdrückte bzw. frustrierte Rachegelüste und Aggressionen, die gewissermaßen im Magen »geparkt« werden, um später zum Zuge zu kommen. Typisch für Gastritiker und Ulkuskranke sind Sprüche wie: »Ich hätte es ihm gern heimgezahlt«, »Wer zuletzt lacht, lacht am besten«, »Ihr werdet alle noch sehen«.

Reizmagen oder Gastritis?
Die Symptome der Gastritis ähneln stark denen des so genannten Reizmagens, sie sind daher für den Betroffenen, aber auch für viele Ärzte nicht leicht unterscheidbar. Die aufgeführten Ernährungsumstellungen vermögen jedoch bei beiden Erkrankungen die Therapie zu unterstützen.

Grundregeln der Magendiät

▶ Speisen und Genussmittel, die die Magenschleimhaut schädigen oder die der Patient schlecht verträgt, müssen vom Speisezettel gestrichen werden.

▶ Nahrungsmittel mit Biostoffen, die den Heilungsverlauf der Magenschleimhautentzündung günstig beeinflussen können, sollten in den Speiseplan bevorzugt eingebaut werden.

Vorsicht beim Alkohol

Alkoholische Getränke wurden hinsichtlich ihrer Wirkung auf die Gastritis lange Zeit überschätzt. Tatsache ist, dass es keinen wissenschaftlichen Beweis dafür gibt, dass mäßiger Alkoholkonsum zum Essen die Magenwände in irgendeiner Weise schädigt. Tatsache ist aber auch, dass Alkoholiker überdurchschnittlich häufig an Erkrankungen des Magens leiden.

Reduzieren, nicht meiden

Sie brauchen keinen krampfhaften Bogen um den Alkohol machen, sollten jedoch versuchen, den Konsum auf alkoholschwächere Genussmittel wie Bier und Wein sowie auf die Mahlzeiten zu beschränken. Auf keinen Fall dürfen Sie jedoch Medikamente mit alkoholischen Getränken zusammen einnehmen!

Unverträgliche Speisen

Zu den Nahrungsmitteln, die bei Patienten mit akuter Gastritis oder Magengeschwüren in der Regel Beschwerden verursachen, gehören Kaffee (auch entkoffeinierter Kaffee!), stark gewürzte Mahlzeiten (vor allem Pfeffer und Chili) sowie Lebensmittel mit einem hohen Gehalt an ätherischen Ölen (z. B. Zwiebeln). Viele Patienten haben auch Probleme mit frittierten Speisen (z. B. Pommes frites) und sehr fetthaltigem Essen wie etwa Sahnekuchen, Braten und Saucen.

Teilen Sie die Mahlzeiten besser ein

Für Gastritiskranke gilt grundsätzlich: Fünf kleinere Mahlzeiten sind besser als drei große! Günstig ist diese Aufteilung:
▶ Frühstück (zwischen 6 und 8 Uhr)
▶ Zweites Frühstück (zwischen 9 und 10 Uhr)
▶ Mittag (zwischen 12 und 13 Uhr)
▶ Nachmittagssnack (zwischen 15 und 16 Uhr)
▶ Abendessen (zwischen 18 und 19 Uhr)

Magensäurehemmer bringen nur wenig

Immer noch grassiert in der Medizin die Theorie, wonach Ulkus und Gastritis (Magengeschwür und Magenschleimhautentzündung) durch eine Überproduktion von Magensäure provoziert werden und dass diese Überproduktion wiederum die Folge von psychischen Belastungen oder falscher Ernährung sei. Und so werden auch immer noch fleißig Medikamente verschrieben, die den Säuregehalt im Magen zu puffern versuchen. Doch diese Mittel haben nur wenig Aussicht auf Erfolg: 95 Prozent der Patienten, die mit den Säurehemmern behandelt worden sind, haben zwei Jahre später erneut eine Entzündung oder sogar ein Geschwür in ihren Magenwänden.

In der Therapie der Gastritis kursieren recht viele Diäten. Doch nur die wenigsten taugen etwas, viele richten sogar mehr Schaden als Nutzen an. So ist beispielsweise die übliche Magenschonkost aus Eiern und Milchprodukten genau das Falsche. Milch vermag zwar unmittelbar nach ihrem Genuss die Magensäuren zu neutralisieren, doch bereits 20 Minuten später gibt sie Kalziumionen an die Magenwände ab, was wiederum zu einer Steigerung der Säureproduktion führt.

Nicht zu spät essen

Mahlzeiten ein oder zwei Stunden vor dem Schlafengehen sind in jedem Fall zu vermeiden, da der Magen die Speisen erst verdaut und dann seinen Säureüberschuss beim liegenden Patienten in die Speiseröhre hinaufschickt. Dadurch kann es zu Aufstoßen und Entzündungen der Speiseröhre kommen.

Die wichtigen Biostoffe gegen Gastritis

▶ Vitamin A. Das Vitamin baut in den Magenwänden zerstörte Schleimhautbereiche wieder auf, so dass ihnen die Salzsäure, die der Magensaft enthält, nichts mehr anhaben kann. Außerdem unterstützt es die Immunabwehr. Machen Sie dazu eine dreiwöchige Lebertrankur (aus der Apotheke, Dosierung laut Packungsbeilage). Auch Spinat, Kürbis, Grünkohl und natürlich die Karotte versorgen uns mit den richtigen Vitamin-A-Mengen.

▶ Vitamin C. Askorbinsäure gehört zu den wichtigsten Vitaminen für das Immunsystem und ist daher auch zur Vorbeugung und Therapie von Magenschleimhautentzündungen unentbehrlich. Nahrungsmittel mit hohem Vitamin-C-Gehalt sind oft sehr sauer, weshalb sie denn auch im Magen und im Zwölffingerdarm, der ja bei vielen Gastritikern ebenfalls entzündet ist, zu Problemen führen können. Bevorzugen Sie daher jene Nahrungsmittel, die neben Askorbinsäure auch noch säurepuffernde Substanzen enthalten.

▶ Vitamin B12. Das Vitamin unterstützt die Immunabwehr beim Kampf gegen Helicobacter pylori, es verschafft ihr die »Lupe«, durch die der Feind erkannt wird. Außerdem gehört Vitamin B12 zu den wichtigen Biostoffen für einen funktionierenden Stoffwechsel.

Vitamin-C-reich und verträglich

Diese Vitamin-C-reichen Nahrungsmittel sind für Gastritiker gut verträglich:

Gemüse
- Fenchel
- Kohlrabi
- Meerrettich

Kräuter
- Dill
- Gartenkresse
- Petersilie

Obst
- Erdbeere
- Hagebutte
- Kiwi
- Klementine
- Orange
- Sanddorn
- Schwarze Johannisbeere

Vitamin B12 befindet sich vorwiegend in tierischen Nahrungsmitteln sowie in milchsäurevergorenem Weißkohl (Sauerkraut). Bei ausgewogener Ernährung, die nicht auf reine Pflanzenkost setzt, ist Vitamin-B12-Mangel relativ selten. Zur optimalen Verwertung von Vitamin B12 werden allerdings große Mengen an Folsäure benötigt, und diesbezüglich ist ein Mangel in der Bevölkerung ziemlich häufig. Folsäure befindet sich ebenfalls in Fleischprodukten, daneben aber auch noch in Kartoffeln, grünem Gemüse, Nüssen und Hülsenfrüchten.

▶ Papain. Das Ferment besitzt ähnliche Wirkungen wie das Verdauungsenzym Pepsin. Es wirkt verdauungsfördernd (es spaltet beispielsweise tierische Eiweiße auf) und entzündungshemmend. Beide Faktoren unterstützen die Gastritistherapie in großem Maß. Absoluter Star unter den papainhaltigen Pflanzen ist – wie der Name schon vermuten lässt – die Papaya.

▶ S-Methylmethionin. Dieser Stoff befindet sich in großen Mengen im Weißkohl, in etwas geringeren Mengen in Sauerkraut, Petersilie, Sellerie und Salat. Er wirkt regenerierend auf die Magenwände, bringt sogar Magengeschwüre zum Verschwinden.

Tees gegen Gastritis

Tee aus Wacholderbeeren, Kalmus und Esche

Mischen Sie die drei Heilpflanzen zu gleichen Teilen. Dann geben Sie 2 Esslöffel davon in ½ Liter kochendes Wasser und halten sie 5 Minuten am Kochen. Danach abseihen. Trinken Sie diese Menge in 3 Portionen über den Tag verteilt, am besten vor den Mahlzeiten.

Tee aus Schafgarbe und Hauswurz

Beide Kräuter zu gleichen Teilen vermischen. 2 Teelöffel der Mischung mit 1 großen Tasse siedendem Wasser übergießen. 10 Minuten ziehen lassen und abseihen.
Wichtig: Sie dürfen Schafgarbentee nicht über längere Zeit trinken, da er in geringen Mengen das giftige Thujon enthält.

Tee aus Kamille und Melisse

Beide Kräuter zu gleichen Teilen mischen. 2 Teelöffel der Mischung mit 1 großen Tasse siedendem Wasser übergießen. 10 Minuten ziehen lassen und abseihen.
Kamille wirkt krampflösend, antibiotisch und entzündungshemmend. Dadurch hilft sie nicht nur gegen die Symptome der Gastritis, sondern geht auch direkt gegen Helicobacter pylori vor.

Tipps für den Kauf von Papayas
▶ **Kaufen Sie möglichst Früchte, die sich gerade gelb verfärben.**
▶ **Unreife Früchte sollten am Fenster nachreifen.**
▶ **Die Papaya lässt sich roh am einfachsten essen, wenn man sie leicht eindrücken kann.**

Kein Nikotin
Das Nikotin der Zigaretten gehört zu den schlimmsten Magengiften überhaupt. Es attackiert nicht nur direkt die Magenwände, sondern sorgt auch noch über eine Stimulation des vegetativen Nervensystems dafür, dass der Säurehaushalt im Magen außer Kontrolle gerät. Außerdem verschleißt Nikotin eine Reihe von wichtigen Biostoffen, die für das Funktionieren des Immunsystems von großer Bedeutung sind.

Tipps für Ihren Speiseplan

Papaya

Die Papayafrüchte wachsen auf Bäumen, zählen zu den Feigengewächsen und sehen aus wie kleine Melonen. Noch erstaunlicher ist jedoch ihr Gehalt an Papain, das nicht nur die Verdauung fördert, sondern auch bereits bestehende Entzündungen der Magenschleimhaut lindern kann. Zu ihren weiteren wichtigen Biostoffen gehören Vitamin C und die Karotinoide (Vorstufen von Vitamin A).

Die Papaya eignet sich zum Einfruchtdessert, indem man die Frucht in Streifen schneidet und mit Honig nachsüßt. In Kombination mit anderen Fruchtsorten schmeckt sie ebenfalls gut.

Achten Sie jedoch darauf, dass Sie als Gastritiker Ihren Obstsalat nicht allzu sauer anrichten.

Petersilie und Dill

Die beiden Kräuter enthalten überdurchschnittlich viel Kalzium und Vitamin C, sollten daher bei Ihrem Mittag- und Abendessen regelmäßig zum Einsatz kommen. Petersilie enthält außerdem noch kleinere Mengen des Magenwirkstoffes S-Methylmethionin.

Karotten

Kein Nahrungsmittel versorgt unseren Körper mit vergleichbaren Mengen an Vitamin A wie die Karotte. Ebenfalls beachtlich ist ihr Gehalt an Folsäure. Dieses Vitamin unterstützt die Resorption von Vitamin C und Vitamin B12.

Schließlich zählt die Karotte zur echten Schonkost. Sie enthält viele Biostoffe, jedoch wenig Fett, wenig Kalorien und wenig Eiweiße und stellt dadurch die Magenwände des Gastritikers vor keine großen Probleme. Beachtlich ist auch ihr hoher Jodanteil, der die Karotte zur idealen Ergänzungsnahrung bei einer Weißkohlsaftdiät macht.

Weißkohlsaft

Der amerikanische Arzt Carnett Cheney erzielte große Erfolge bei der Behandlung von Magenschleimhautentzündungen sowie Magen- und Zwölffingerdarmgeschwüren, indem er seine Patienten einer Weißkohlsaftdiät unterzog. Seine Erfolge begründeten sich im hohen S-Methylmethionin-Gehalt des Saftes.

Den Kohlsaft gewinnt man am besten durch eine elektrische Saftpresse oder Zentrifuge. Eine Alternative ist die Saftgewinnung durch einen Fleischwolf. Die Pflanze wird dabei durch den Wolf gedreht, die dabei entstehende Masse in ein Tuchsäckchen gefüllt und einfach ausgedrückt. Um auf Nummer Sicher zu gehen, geben Sie dem Saft noch etwas Kümmel hinzu, um Blähungen zu vermeiden.

Die Weißkohlsaftdiät kann bis zu einer Woche dauern; während dieser Zeit sollten Sie Ihre übliche Kalorienzufuhr um mindestens die Hälfte reduzieren, außerdem sollte hochwertige Pflanzenkost (vor allem Äpfel, Karotten, Papayas) in Kombination mit jodhaltigen Nahrungsmitteln wie Fisch (aber keine Fertiggerichte!) und Milchprodukten im Vordergrund stehen.

Gewürze

● Scharfe Gewürze wie Paprika, Pfeffer und Curry sollten nur in geringen Mengen verwendet werden.

● Absolut tabu sind Cayennepfeffer und Chili.

● Für Gastritiker geeignet sind hingegen Dill, Petersilie, Thymian, Majoran, Estragon, Muskat, Salbei und Basilikum.

Tee aus Brennnessel und Süßholz

2 Teile Brennnessel und 3 Teile Süßholz mischen. 2 Teelöffel der Mischung mit 1 großen Tasse kochendem Wasser übergießen. 10 Minuten ziehen lassen und abseihen. Trinken Sie davon 2 Tassen pro Tag. Süßholz enthält neben Zucker große Mengen an Krämpfe und Entzündungen hemmenden Glykosiden und Flavonoiden. Es empfiehlt sich daher besonders bei Magenschleimhautentzündungen, die mit einer erhöhten Produktion an Magensäften verbunden sind.

Basler Karottenmus

● Zutaten (für 2 Personen): 150 g Karotten, 150 g Kartoffeln, ½ l Wasser, 100 g Joghurt, Salz, Muskat
● Die Karotten und Kartoffeln in Stücke schneiden, ins Wasser legen und weich kochen.
● Das Gemüse abseihen, durch ein Sieb streichen und mit dem Joghurt verrühren.
● Zum Schluss noch etwas Salz und Muskat zufügen.

● Das Mus eignet sich als magenverträgliche Beilage zu allen grünen Gemüsen (Spinat, Brokkoli), zu Fisch oder Fleisch (achten Sie in den letzten beiden Fällen aber unbedingt auf eine schonende Zubereitungsart!).
● Wenn Ihr Magen wieder in Ordnung ist, schmeckt es auch in der Auflaufform mit Käse gratiniert.

Problemfall Zwiebel

Rohe Zwiebeln werden von Gastritikern in der Regel nur schlecht vertragen. Dabei gehört die stark schwefelhaltige Zwiebel zu den wirksamsten Heil- und Vorbeugungsmitteln bei Magenkrebs. In China wurden 564 Magenkrebspatienten hinsichtlich ihres Ernährungsverhaltens untersucht, und man stellte fest, dass sie im Unterschied zur Normalbevölkerung knapp 25 Prozent weniger Zwiebelgemüse verzehrten. Unser Tipp: Essen Sie als Alternative zu den Zwiebeln andere schwefelhaltige Nahrungsmittel wie Knoblauch, Schnittlauch und Schalotten.

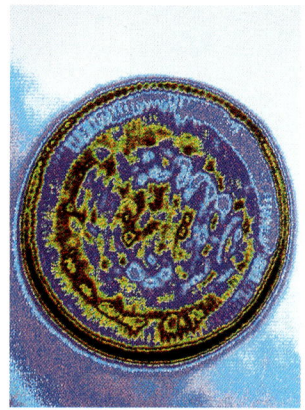

Wer sie einmal hat, wird sie nicht mehr los: Herpesviren.

Herpes

Symptome

● Lippenherpes (Herpes labialis)

Beginnt mit Spannungsgefühl und leichtem Kribbeln auf der Lippe; binnen kurzer Zeit erscheinen die typischen, schmerzhaften Herpesbläschen; in schweren Fällen kann das gesamte Gesicht mit Pusteln überzogen werden

● Genitalherpes (Herpes genitalis)

Kündigt sich an durch Juckreiz und Spannungsgefühl an Scheide oder Penis; danach kommt es zu gruppierten Bläschen auf rotem Grund, die zu Krusten trocknen und spätestens nach 10 Tagen narbenlos abheilen sollten; mitunter kommt es zur Schwellung der Lymphknoten in der Leiste und zu Fieber

Ursachen

Herpeserkrankungen werden durch Viren ausgelöst. Im Fall von Herpes simplex Typ I sind 90 Prozent der Bevölkerung im Besitz des betreffenden Virus! Meist befindet es sich im passiven Wartestadium, doch bei Schwächung des Immunsystems »wittert« es seine Chance.

Biologische Hintergründe

Wichtig

Herpesviren können für Menschen mit chronischen Erkrankungen wie Diabetes, Krebs oder AIDS überaus gefährlich sein. Hier ist dann unbedingt ärztliche Hilfe vonnöten.

Stress macht das Herpesvirus stark. Körperliche Krisen im Umfeld von Regelblutung oder fiebrigen Erkrankungen fördern die Entwicklung der Pusteln (daher auch der Name Fieberbläschen). Bei Lippenherpes spielt neben mechanischen Reizungen wie durch Küssen, Essen oder die Verwendung von Lippenstiften die Sonneneinstrahlung eine große Rolle. In Regionen mit starkem UV-Licht – z. B. am Meer oder in den Bergen – kommt es besonders häufig zur Bläschenbildung.

Ekel – ein wichtiger Herpesfaktor

Unsere Immunabwehr steht in engem Kontakt zu unseren psychischen Stimmungen. In Bezug auf Herpes stellten Psychologen fest, dass diese Krankheit einen engen Zusammenhang mit dem Gefühl des Ekels besitzt.

Für Herpes genitalis typisch sind Ekelgefühle vor dem Partner, besonders beim Geschlechtsverkehr. Die Bläschen werden dann vom Körper als eine Art Warnung an den betreffenden Menschen eingesetzt, den Geschlechtsverkehr mit dem Partner unbedingt zu meiden. Herpes labialis befällt hingegen die Mundpartien und fungiert demzufolge als ein Ekelsignal im Hinblick auf Reize, die den Mund berühren oder durch den Mund in den Körper eingeführt werden. Typisch sind Fieberbläschen nach dem Küssen eines Menschen, gegen den eine unbewusste Aversion besteht – wobei freilich Herpesviren beim Küssen auch durch den Lippenkontakt von einem zum anderen Menschen übertragen werden können. Häufig kommt es jedoch auch zu Fieberbläschen im Zusammenhang mit einer bestimmten Mahlzeit. Wer also beispielsweise jedes Mal nach einem Fischgericht unter Ausschlag am Mund leidet, sollte dieses Signal als Zeichen eines tief verwurzelten Ekels durchaus ernst nehmen und fortan keinen Fisch mehr essen.

Die wichtigen Biostoffe gegen Herpesviren

▶ Benzyl-Isothiozyanat. Das Senföl bewies in Experimenten eine ausgesprochen starke Wirkung gegenüber Herpesviren. Es attackiert nicht nur die Zellwände der Parasiten, sondern hindert sie über eine Blockade im Stoffwechsel auch an der Vermehrung. Benzyl-Isothiozyanat entfaltet seine Wirkung vornehmlich über den Harn, es ist daher weniger bei Lippen- als bei Genitalherpes angezeigt.

▶ Querzetin gehört zu den Flavonoiden, die ihre antibiotische Wirkung vor allem bei Viren entfalten. Im Vergleich zum handelsüblichen Herpesmedikament Aciclovir besitzt es jedoch gerade einmal die Wirksamkeit von einem Prozent. Dementsprechend sind relativ große Mengen notwendig, um einen ähnlichen Effekt erzielen zu können.

Arznei aus der Natur

Pflanzen mit hohem Anteil an Benzyl-Isothiozyanat	Pflanzen mit hohem Anteil an Querzetin
● Gartenkresse	● Gelbe Zwiebeln
● Kapuzinerkresse	● Grünkohl
● Meerrettichwurzeln	● Grüne Bohnen
● Senf	● Äpfel
● Brokkoli	● Kirschen

Lippenherpes und Zahnpflege

Achten Sie auf die Zahnpflege! Die nasse Zahnbürste im feuchten Badezimmer bietet das Idealmilieu für Herpesviren. Bewahren Sie Ihre Zahnbürste möglichst trocken auf, kaufen Sie sich am besten jeden Monat eine neue.

Tee – die sanfte Alternative

Wenn kein Medikament zur Hand ist oder Sie keines anwenden wollen, helfen vielleicht Tees aus Kamille, Thymian, Weidenrinde oder Zinnkraut. Einzeln oder kombiniert besitzen sie infektionshemmende Eigenschaften. Die Bläschen mit dem lauwarmen Tee betupfen, eventuell eine getränkte Kompresse auflegen.

Die tägliche Orange
Essen Sie täglich mindestens eine Zitrusfrucht, um Ihren Vitamin-C-Haushalt aufzufrischen! Als Alternative kommen auch Tomaten und Paprika infrage.

Querzetin – frisch muss es sein
Querzetin ist wohl hitzestabil, jedoch anfällig gegenüber den üblichen Verarbeitungsmethoden der Lebensmittelindustrie. In Konservenbohnen und Sauerkirschen aus dem Glas beispielsweise ist der Gehalt an Querzetin um 50 Prozent geringer als bei den Naturprodukten.

Tipps für Ihren Speiseplan

Unbewusste Abneigungen?

Achten Sie darauf, in welchem Zusammenhang Ihre Herpesbläschen auftreten! Sollten sie immer in Begleitung eines bestimmten Nahrungsmittels erscheinen, so muss dieses natürlich vom Speisezettel gestrichen werden. Führen Sie zur Kontrolle mal Buch über Ihren Speiseplan und das Auftreten der lästigen Bläschen.

Weniger Fleisch

Der Speiseplan sollte schwerpunktmäßig auf Pflanzenkost ausgerichtet sein, denn Fleisch ist nicht nur arm an virushemmenden Wirkstoffen, sondern gehört auch zu denjenigen Lebensmitteln, die häufig unbewusste Ekelgefühle beim Essen auslösen (die unterschwellige Angst vor dem Verzehr von toten Tieren ist viel weiter verbreitet, als sich die meisten Menschen eingestehen wollen).

Mehr Gemüse

Nahrungsmittel der ersten Wahl ist Gemüse, vor allem Hülsenfrüchte, da sie große Mengen an Zink und virushemmenden Stoffen enthalten.

Vitamin C

Vitamin C mobilisiert den Immunapparat und sollte daher bei Virusinfektionen grundsätzlich in hohen Dosierungen zum Einsatz kommen.

Besonders geeignet sind in diesem Fall Brunnenkresse, Kapuzinerkresse, Erdbeeren, Heidelbeeren und Brokkoli, die neben einem hohen Vitamin-C-Gehalt auch virushemmende Biosubstanzen enthalten.

Zink

In Form von Zinkwasserbehandlungen und Zinkcremes wird das Mineral schon länger bei der Behandlung von Herpes angewandt, weil die Zinkionen das Herpesvirus an seiner Vermehrung hindern. In der Nahrung erfüllt Zink vor allem den Zweck, das Immunsystem zu stärken. Enthalten ist es in:

- Augenbohnen
- Austern
- Erbsen (frisch oder tiefgekühlt; Konservenerbsen enthalten kaum noch Zink)
- Haferflocken
- Kakao
- Käse
- Kichererbsen
- Linsen
- Mungbohnen
- Nüssen
- Pinienkernen
- Sojabohnen
- Thymian
- Weizenkeimen

▶ Gerbsäuren besitzen genau die entgegengesetzte elektrostatische Ladung der Virushüllen. Dieser Umstand versetzt sie in der Lage, die Mikroorganismen gewissermaßen magnetisch zu »knacken«, ähnlich wie ein Magnet imstande ist, eine Metalltür zu sich hinüberzuziehen und damit zu öffnen.

Früchte mit hohem Anteil an virushemmenden Gerbsäuren sind Erdbeeren, Heidelbeeren, Himbeeren, Moosbeeren, Pfirsiche, Pflaumen, Quitten und Weintrauben.

Beerensalat

- Zutaten (für 2 Personen): 100 g Himbeeren, 100 g Heidelbeeren, 100 g Brombeeren, 1 Zitrone, 2 EL brauner Zucker, 10 g Mandeln
- Die Beeren waschen und gut abtropfen lassen. Die Zitrone waschen, auspressen und den Saft sammeln.

- Jetzt mischen Sie das Obst mit dem Saft und dem Zucker, anschließend lassen Sie die Mischung mindestens ½ Stunde lang im Kühlschrank ziehen.
- Vor dem Servieren streuen Sie die Mandeln über den Beerensalat.

Windpocken und Herpes

Es gibt Menschen, die eine angeborene Widerstandsfähigkeit gegenüber Herpesviren besitzen und so gut wie nie von Bläschen am Mund oder den Geschlechtsorganen betroffen sind. Auf der anderen Seite konnten Wissenschaftler herausfinden, dass eine erhöhte Anfälligkeit für Herpes genitalis besteht, wenn man in seiner Kindheit Windpocken hatte. Dasselbe gilt für eine Anfälligkeit gegenüber Gürtelrose.

Zur Not auch aus dem Glas

Beerenfrüchte enthalten Biostoffe, die gezielt antibiotisch gegen Herpesviren wirken. Ihre Wirkung ist natürlich umso größer, wenn die Früchte frisch sind. Doch auch Gläserobst kann bei Herpes durchaus wirksam sein.

Husten

Honig ist immer noch das Beste für den strapazierten Hals.

Ursachen

Normalerweise liegt der Sinn des Hustens darin, Fremdkörper, die in die Atemwege gelangt sind, wieder aus der Lunge zu entfernen. Für Lebewesen wie den Menschen, die auf eine freie Lungenatmung angewiesen sind, wird er daher im Gehirn mit absoluter Priorität behandelt.

Dies bedeutet konkret: Husten kann nur schwer gestoppt werden, da er für unser Gehirn zu wichtig ist, als dass es ohne weiteres von ihm ablassen könnte – schließlich handelt es sich um eine körpereigene Schutzmaßnahme. Eine richtige Hustentherapie sollte daher nicht auf die Beseitigung des Hustens als Symptom, sondern auf die Beseitigung seiner Ursachen zielen. Hustenreizlindernde Medikamente sind eigentlich genau das Falsche.

Wichtig

Gehen Sie zum Arzt, wenn Sie beim Husten einen farbigen Auswurf beobachten können, starke Schmerzen haben oder sich ein Rasseln und Pfeifen bemerkbar machen. Auch länger andauernder Husten (über zwei Wochen) ist ein Fall für den Arzt.

Bei Husten immer viel trinken

Husten (besonders mit starkem Auswurf) bedeutet für den Körper einen großen Flüssigkeitsverlust, der unbedingt ausgeglichen werden muss. Trinken Sie daher viel und regelmäßig, auch dann, wenn Sie keinen Durst verspüren. Die besten Getränke sind Tee, Wasser und Gemische aus Fruchtsaft und Wasser.

Die Biostoffe gegen Husten

▶ Immunstärkende Biostoffe. Hierzu zählen vor allem Zink, Magnesium, Vitamin C, Vitamin A, Pyridoxin, Folsäure und Vitamin E. Ein wirksames Profil dieser Biostoffe findet man praktisch in allen Gemüse- und Obstsorten; allerdings sollte darauf geachtet werden, dass nicht die Schleimhäute gereizt werden. Vor allem saure Zitrusfrüchte wie beispielsweise Zitronen und Grapefruits sorgen bei einigen Hustenpatienten im Bereich der oberen Atemwege für unangenehme Empfindungen.

▶ Sorbitansäure wirkt entzündungshemmend. Man findet diese Säure vorwiegend in den Beeren der Eberesche.

▶ Brunnenkresse: Sie enthält überdurchschnittlich viel Vitamin C und E sowie viele Karotinoide, die Vorstufen zu Vitamin A. Ihr hoher Gehalt an Senföl verbessert die Sekretion der Schleimhäute im Bronchial- und Rachenbereich. Dadurch eignet sich das vitaminreiche Wildgemüse zur Behandlung von trockenem Husten, keinesfalls aber zur Behandlung von Husten, der bereits von starkem Auswurf begleitet ist. Die Brunnenkresse eignet sich aufgrund ihres strengen Geschmacks nur bedingt zum eigenständigen Salatanteil, am besten verwendet man sie als Gewürz zu Butterbrot, Bratkartoffeln, Eiern und Rohkostsalat.

Tees gegen Husten

● Anistee
2 Teelöffel Anissamen mit 1 großen Tasse heißem Wasser übergießen, nach 15 Minuten abseihen. Süßen Sie den Tee mit naturbelassenem Honig. Trinken Sie davon 3 Tassen pro Tag.

● Anis-Sultaninen-Pflaumen-Tee
Zutaten: je 30 Gramm Sultaninen, getrocknete Pflaumen, Anissamen
Alle Bestandteile mischen. Dann 5 Esslöffel davon mit 1 Liter kochendem Wasser übergießen. 15 Minuten ziehen lassen und abseihen. Verteilen Sie den Liter Tee auf mehrere Portionen am Tag.

● Eibischtee
Ein altes Hausmittel gegen Husten ist Eibischtee, ein etwas unansehnlich-zähes, aber wirksames Getränk. Übergießen Sie 1 Teelöffel Eibischwurzeln mit ¼ Liter kaltem (!) Wasser, und lassen Sie das Ganze 2 bis 3 Stunden ziehen.

BRUNNENKRESSESUPPE

Zutaten für 2 Personen

½ l Gemüsebrühe
1 TL Speisestärke
100 ml Milch
Salz
2 EL Brunnenkresse
50 g Joghurt

Zubereitung

Die Gemüsebrühe aufkochen lassen. Die Speisestärke in der kalten Milch auflösen und in die Brühe geben. Mit Salz würzen. Jetzt deponieren Sie die Brunnenkresse und den Joghurt in die beiden vorgesehenen Teller und gießen die Suppe einfach darüber.

Tipps für Ihren Speiseplan

Honig

Nicht nur die Vitamine und Mineralien des Honigs wirken sich positiv auf den Husten aus, sondern auch seine physikalische Beschaffenheit. Die eigenartig weiche und doch in sich geschlossene Honigmasse legt sich wie ein Balsam über die strapazierten Bereiche im Hals- und Rachenraum. Der Hustenreiz kann dadurch mitunter vollständig zum Erliegen gebracht werden.

Ebereschensaft

Die Beeren der Eberesche enthalten sehr viel Vitamin C und Karotinoide, die Vorstufen von Vitamin A. Darüber hinaus enthalten sie den entzündungshemmenden Gerbstoff Sorbitansäure. Ebereschensaft erhält man im Reformhaus oder in der Apotheke. Mischen Sie ihn mit Honig; seine heilende Wirkung wird dadurch verstärkt, außerdem erhält er einen angenehmeren Geschmack.

Rettich

Der alte »Radi« hat sich schon häufig bei der Linderung von Hustenbeschwerden bewährt, vor allem bei Keuchhusten. Er enthält Biostoffe wie Senföl und Raphanol, die sich entspannend auf die Muskeln der Atemwege auswirken. Rettich schmeckt besonders gut, wenn man ihn fein geraspelt mit Kopf- oder Feldsalat sowie Tomaten oder Karotten mischt. Als Sauce eignet sich eine mild gewürzte Öl-Essig-Mischung. So werden die E-Vitamine der Rohkost optimal gelöst.

● Rettichsalat mit Radieschen Zutaten: 1 geraspelter Rettich, einige zerschnittene Radieschen, ½ zerschnittene Salatgurke. Die Marinade wird aus 1 Esslöffel Weinessig und 1 Teelöffel Olivenöl gemischt. Gewürzt wird mit jodiertem Salz, Pfeffer, Oregano und etwas Brunnenkresse oder Schnittlauch. Das Gemüse sollte vorher gründlich gewaschen werden.

Knoblauch

Ajoen ist ein Umwandlungsprodukt des Allizins, das sich besonders in Zwiebeln und Knoblauch befindet. Ajoen wirkt entzündungshemmend, indem es den Stoffwechsel der Arachidonsäure hemmt, der die typischen Entzündungserscheinungen der Atemwege (starke Schleimbildung, gereizte Bronchien, ständiger Hustenreiz) hervorruft (siehe Rezept rechte Seite).

Honig + Rettich = Hustensaft

Eine Alternative zum Rettichsalat ist der Rettichsaft. Dazu höhlen Sie das Gemüse aus und füllen es mit Honig. Nach drei bis fünf Stunden wird er kopfüber in eine Schüssel gestellt; jetzt kann der fertige Hustensaft aus Honig und Rettichwasser herausfließen und gesammelt werden.

Unser Tipp – Bier

Warmes Bier ist ein Geheimtipp gegen den Husten und hat schon so manchem geholfen. Erhitzen Sie dazu ½ Liter Bier, und vermischen Sie ihn mit 4 Esslöffeln Honig. Dieses »Heilbier« wird am besten in kleinen Schlucken nach den Mittags- und Abendmahlzeiten getrunken, es eignet sich natürlich nicht für Kinder!

▶ Anis wirkt entkrampfend auf die Muskulatur der Atemwege. Das Doldengewächs gehört zu den ältesten Heilpflanzen überhaupt. Bereits Pythagoras und Hippokrates rühmten seine Kräfte als hustendämpfendes Mittel.

Die Wirkung von Anis beruht in erster Linie auf dem ätherischen Öl, das zum Teil über die Lunge abgeatmet wird und dabei die Flimmertätigkeit der Härchen in den Atemwegen unterstützt.

Knoblauch-Schafskäse-Creme mit Brunnenkresse

● Zutaten (für 2 Personen): ½ Knoblauchknolle, 50 g Schafskäse, 50 g Quark, Salz, 1 EL zerkleinerte Brunnenkresse, ½ Frühlingszwiebel

● Den Knoblauch im Backofen bei niedriger Hitze etwa 12 Minuten lang backen. Der Knoblauch verliert dadurch an Schärfe.

● Dann den Knoblauch abkühlen lassen, abziehen und mit einer Gabel zerdrücken. Den Schafskäse zunächst zerschneiden und dann ebenfalls mit der Gabel zerdrücken. Anschließend werden Knoblauch-paste, Käsepaste und Quark zusammengemischt.

● Würzen Sie die Mischung mit Salz, der Brunnenkresse und den klein gehackten Zwiebelstückchen – die Mengen richten sich mit Ausnahme der Kresse nach Ihrem persönlichen Geschmack.

● Die Knoblauch-Schafskäse-Paste eignet sich als Vorspeise oder als Brotaufstrich. Sie schmeckt sehr pikant als Begleitung zu Gurken- oder Tomatenstückchen (Gurken mit Dill würzen, die Tomaten mit Basilikum!).

Asiatischer und deutscher Anis
Der deutsche Anis ist durch seinen süß-aromatischen Duft leicht von den eher strengen Anisfrüchten aus Asien zu unterscheiden. Dadurch eignet er sich besser zum Backen von Aniszwieback, Aniskuchen und Anisplätzchen. Allerdings ist in den Backwaren der Anteil der ätherischen Öle zu stark reduziert, um noch therapeutische Wirkungen entfalten zu können.

Tee aus Anis und Huflattich
Die Wirkung des Anis kann man noch verbessern, indem man die Anisfrüchte mit Huflattichblättern und Holunderblüten kombiniert. Aus den drei Pflanzen lässt sich mit Hilfe von Honig ein köstlicher Tee zubereiten.

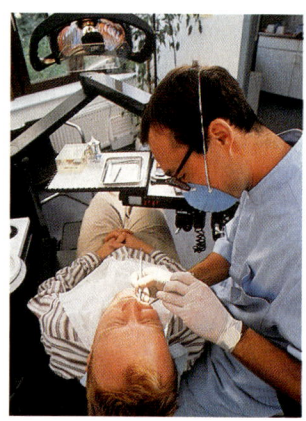

Lästig, aber unvermeidbar: der Besuch beim Zahnarzt.

Teuer und weit verbreitet
In Deutschland müssen jährlich 20 Milliarden DM für die Behandlung von kariesbedingten Zahnschäden aufgebracht werden. Karies ist somit nicht nur die häufigste, sondern auch die teuerste Einzelerkrankung der Deutschen.

Karies

Symptome

● Zahnschmerzen, vor allem beim Verzehr von heißen, kalten oder zuckerreichen Speisen

● In schweren Fällen reagieren die Karieslöcher schmerzhaft auf bloße Luftbewegungen

Ursachen

Hauptursache für Karies ist ein akuter Mineralienverlust im Zahnschmelz. Er wird ausgelöst durch Einfachzucker und die Säuren von Mundbakterien, die sich vom Zucker ernähren. Das Resultat sind die berüchtigten Karieslöcher im Zahn. Neben dem Zucker aus der Nahrung sind noch folgende Risikofaktoren zu nennen:

▶ Stress beeinträchtigt die Darmtätigkeit und dadurch die Resorption von Mineralien aus der Nahrung, die die Zähne erhalten. Diese verfügen somit über weniger Substanzen, um ihren Schutzmantel stabil zu halten. Darüber hinaus drosselt unser vegetatives Nervensystem unter Stress die Produktion von Speichel, der die Konzentration der ätzenden Säuren im Mundraum zu reduzieren vermag.

▶ Mangelnde Zahnpflege. Richtige Zahnpflege bedeutet: Mindestens zweimal pro Tag die Zähne putzen, die Zahnzwischenräume sollten mit Zahnseide gereinigt werden. Wer sein Gebiß nur unzureichend pflegt, fördert die Bildung von Zahnbelag und damit die Entwicklung von aggressiven Bakterien und Säuren.

Einfachzucker – Gefahr auch aus dem Darm

Immer noch grassiert die Vorstellung, dass man ruhig viel Süßes essen könnte, wenn man nur schön brav die Zähne putzen würde – ein gefährlicher Trugschluss! Denn die demineralisierende Wirkung des Zuckers beschränkt sich keineswegs auf den Mundraum.

Tatsache ist, dass der Zahnschmelz kein isoliertes Schattendasein vom Rest des Körpers führt, sondern durchaus an dessen Stoffwechselvorgängen beteiligt ist. Und das gilt nicht nur für den sich entwickelnden Zahnschmelz im Kindesalter, sondern auch für den fertigen Zahnschmelz des Erwachsenen. Und was an den Stoffwechsel angeschlossen ist, kann auch durch diesen beeinflusst werden.

Mineralienräuber Nummer eins

Diese Tatsache hat im Hinblick auf den Zucker eine dramatische Bedeutung. Denn mittlerweile ist bekannt, dass der weiße, entmineralisierte Zucker aus Schokolade, Kuchen, Limonaden und anderen Leckereien für seine Aufbereitung im Körper eine große Menge an Mineralien und B-Vitaminen benötigt, die er sich ganz einfach aus den Blutwegen herausstiehlt.

Süßwaren rauben unserem Organismus also wichtige Stoffe wie Magnesium, Fluor und Kalzium, die er eigentlich für den Aufbau von Hartsubstanzen wie Knochen und Zähnen brauchen würde. Mit anderen Worten: Übermäßiger Zuckergenuss wirkt nicht nur lokal – von der Mundhöhle her –, sondern auch über den Blutweg demineralisierend auf das Gebiss. Auf diese Weise werden unsere Zähne von zwei Seiten attackiert:

▶ Von außen über den bloßen Nahrungskontakt
▶ Von innen über die Zuckerverdauung

Da darf es nicht verwundern, dass Karies in unseren Breiten, wo täglich tonnenweise Zucker verschlungen wird, die am meisten verbreitete Zivilisationskrankheit darstellt.

Auf Süßigkeiten verzichten?

● Süßwaren und gereinigte Weißmehlprodukte gehören nachweislich zu den Hauptfeinden des Zahnschmelzes, sollten daher so weit wie möglich gestrichen werden. Das Problem: Das Verlangen des Menschen nach etwas Süßem ist ihm bereits angeboren, Verbote machen daher nur wenig Sinn.

● Wer also selbst seinen Konsum von Schokolade, Kuchen, Cola, Limonaden, Gummibärchen und dergleichen einschränken oder bei seinem Kind für eine entsprechende Einschränkung sorgen will, muss süße Alternativen anbieten können. Denn nur wenn der Trieb auf Süßes auf andere Weise befriedigt werden kann, wird der Mensch auch auf seine gewohnten Süßigkeiten verzichten können.

● Süßen Sie also Ihre selbst gemachten Leckereien grundsätzlich mit süßen Nahrungsmitteln wie Honig, Ahornsirup, Apfel-Birnen-Dicksaft und braunem Zucker. Bereichern Sie außerdem Ihren Speiseplan mit süßen Früchten aus der Natur – die enthalten zwar auch Zucker, doch sie liefern gleich die Mineralien zu seiner Verdauung mit (siehe Randspalte).

Fluor – ein Krebsrisiko?
Über erbgutschädigende und Krebs erzeugende Wirkungen des Fluorids wurde wiederholt diskutiert. Verschiedene Studien ergaben jedoch keinerlei Hinweise auf ein dementsprechendes Risiko. In sehr hohen Mengen wirkt Fluor allerdings giftig, die tödliche Dosis von fünf bis zehn Gramm allerdings kann über die Ernährung praktisch nicht erreicht werden.

Zuckerersatz aus der Obstkiste
Diese Obstsorten stillen den Hunger auf Süßes am besten:
▶ Bananen
▶ Bestimmte Apfelsorten
▶ Reife Birnen
▶ Erdbeeren
▶ Honigmelone
▶ Kakis
▶ Litschis
▶ Nektarinen
▶ Reife Kiwis
▶ Reife Pflaumen
▶ Süßkirschen
▶ Weintrauben

Mundspülen nach saurem Obst und Joghurt

Die in Obst, Fruchtsäften und Joghurt enthaltenen Säuren weichen die Zahnoberfläche auf und entziehen ihr winzige Mengen an Mineralien und Zahnsubstanz. Der Schaden ist jedoch zu gering, um ausgerechnet von solchen gesunden Lebensmitteln wie Obst und Joghurt abzuraten – hier ist der Nutzen durch die vorhandenen Biostoffe einfach höher einzuschätzen. Außerdem sorgt der Speichel unter normalen Bedingungen binnen weniger Stunden wieder dafür, dass der Mineralien- und Substanzverlust ausgeglichen wird.

Ein Tipp: Wenn Sie zu den Menschen gehören, die gern und oft Zitrusfrüchte essen, sollten Sie danach den Mund ausspülen. Falsch wäre es jedoch, nach dem Verzehr saurer Lebensmittel die Zähne zu putzen, denn die Borsten würden an den aufgeweichten Zahnoberflächen nur für Abrieb sorgen.

Die wichtigen Biostoffe gegen Karies

▶ Fluor erhöht die Widerstandsfähigkeit des Zahnschmelzes gegenüber Säuren, hilft aber auch bei der Remineralisierung, wenn der Zahn bereits angegriffen ist. Mit anderen Worten: Das Mineral arbeitet nicht nur präventiv, sondern auch, wenn sich bereits die ersten Kariessymptome zeigen. Zudem hemmen Fluorsalze den Stoffwechsel der Bakterien, die beim Verdauen der Zuckermoleküle die ätzenden Säuren produzieren.

Fluorpillen – ja oder nein?

Unsere alltägliche Ernährung ist relativ arm an Fluor, dafür aber umso reicher an Zucker. Es mehren sich daher die Stimmen von Wissenschaftlern, die grundsätzlich zu Fluorpräparaten raten; an deutschen

Hoffen Sie nicht aufs Trinkwasser!
In den USA wurde dem Trinkwasser Fluor zugesetzt; seitdem sind Karieserkrankungen in starkem Maß zurückgegangen. In deutschem Trinkwasser ist der Fluorgehalt jedoch gering. 90 Prozent aller deutschen Quellen enthalten weniger als 0,25 Milligramm Fluor auf einen Liter Wasser.

Ein Zuviel ist gefährlich
Die Gefahr einer zu hohen Fluorideinnahme besteht in dem damit verbundenen Eingriff in den Kalziumstoffwechsel. Es kann dadurch zu einer Störung in den Knochen mit einem erhöhten Bruchrisiko kommen.

Wie viel Fluor braucht der Mensch?	
Richtwerte für die angemessene Fluoridzufuhr (in Milligramm pro Tag laut Deutscher Gesellschaft für Ernährung)	
● Säuglinge, 0 bis 4 Monate	0,1 bis 0,5
● Säuglinge, 5 bis 12 Monate	0,2 bis 1,0
● Kinder, 1 bis 3 Jahre	0,5 bis 1,5
● Kinder, 3 bis 6 Jahre	1,0 bis 2,5
● Kinder, 6 bis 12 Jahre	1,5 bis 2,5
● Jugendliche/Erwachsene	1,5 bis 4,0

Nahrungsmittel mit hohem Fluoridgehalt

Backwaren
- Knäckebrot, Roggen
- Knäckebrot, Sesam
- Pumpernickel
- Roggenvollkornbrot

Eierteigwaren
- Vollkornnudeln

Fleischwaren
- Cornedbeef
- Kasseler
- Rauchfleisch
- Rinderleber
- Rindersteak
- Rumpsteak
- Salami
- Schweineleber

Speisefette
- Butter

Wassertiere
- Aal
- Auster
- Bückling
- Fischstäbchen

- Flusskrebs
- Hummer
- Krabbe
- Matjesfilet
- Languste
- Nordseegarnele
- Ölsardine

Gemüse
- Bohnen, weiß
- Eisbergsalat
- Feldsalat
- Petersilie
- Spinat

Eierspeisen
- Frühstücksei
- Omelett
- Rührei
- Spiegelei

Nüsse und Samen
- Erdnüsse
- Paranüsse
- Pekannüsse
- Pistazienkerne
- Walnüsse

Räucherfleisch als Fluorlieferant?

Fettreiche und geräucherte Fleischsorten enthalten relativ viel Fluor, das hängt mit ihrer Zubereitung zusammen. Für Menschen mit Darmerkrankungen, Fettstoffwechselstörungen und Herz-Kreislauf-Erkrankungen sind solche Nahrungsmittel allerdings vollkommen ungeeignet. Überhaupt sollte der Fluorgehalt genauso wenig wie der Eisengehalt von Fleisch dazu missbraucht werden, um sich hemmungslos vom Salami- und Kotelettbüffet zu bedienen. Denn das brächte letzten Endes mehr Nachteile als einen Nutzen für die Gesundheit. Außerdem enthalten 100 Gramm Salami gerade einmal ein Fünftel des Fluorgehaltes, mit dem Walnüsse aufwarten können.

Kliniken ist es mittlerweile üblich, jedem Neugeborenen eine Packung mit Fluor- und Kalziumtabletten mit nach Hause zu geben. Tatsache ist: Das Fluorproblem lässt sich durch Pillen tatsächlich lösen. Tatsache ist aber auch, dass die chemische Industrie damit ganz schöne Umsätze macht und außerdem die Konsumhaltung der Menschen verstärkt wird – nach dem Motto: »was soll ich mich um eine vernünftige Ernährung kümmern, wenn es ohnehin für jedes Nährstoffproblem eine Pille gibt«. Unser Rat: Bauen Sie lieber mal ein paar Walnüsse in Ihren Speiseplan ein! Das spart Geld, außerdem enthalten Walnüsse neben dem Fluor noch ganz andere Biostoffe, die Ihnen ein Mineralienpräparat nicht bieten kann.

Tipps für Ihren Speiseplan

Fluoridiertes Speisesalz

Mittlerweile ist durch eine Reihe von Studien belegt, dass über fluorangereichertes Speisesalz der Kampf gegen Karies gewonnen werden kann. Über die umfassendsten Erfahrungen auf diesem Gebiet verfügt die Schweiz. Dort erfolgt seit 1963 eine Kariesprophylaxe mit fluoridiertem Speisesalz. Die Wissenschaftler beziffern den Rückgang kariesgeschädigter Zähne durch die Salzumstellung bei 8- bis 14-jährigen Kindern auf fast 90 Prozent!
In Deutschland gibt es fluoridiertes Speisesalz als »Jodsalz mit Fluorid« zu kaufen.

Walnüsse

Die Walnuss gehört mit 680 Mikrogramm Fluor auf 100 Gramm Fruchtfleisch zu den echten Fluorbomben der Natur. Darüber hinaus muss sie beim Verzehr relativ lange gekaut werden – dies massiert das Zahnfleisch und sorgt für einen recht langen Kontakt vom Fluor zum Zahnschmelz, so dass das wichtige Mineral bereits durch eine Fest-zu-fest-Reaktion in das Zahnmaterial übergehen kann.
Als Alternative für die Walnüsse und zur Abwechslung im täglichen »Nussspeiseplan«

kommen Erdnüsse (130 Mikrogramm Fluorgehalt), Pekannüsse (140 Mikrogramm) und geschälte Pistazienkerne (120 Mikrogramm) infrage; doch sie reichen nicht annähernd an den enormen Fluorgehalt der Walnüsse heran.

Käse

Schließen Sie Ihre Mahlzeiten möglichst mit einem Stückchen Käse ab! Die Wissenschaft konnte feststellen, dass der Verzehr von Käse die Säuren im Mundraum puffert.

Hülsenfrüchte

Hülsenfrüchte enthalten viele Ballaststoffe. Die helfen zwar nicht mehr bei bestehender Karies, sorgen aber für eine hochqualitative Gebissreinigung. Ein weiterer Vorteil der Hülsenfrüchte besteht in ihrem hohen Molybdänanteil. Molybdänspitzenreiter sind Sojabohnen, Kidneybohnen, weiße Bohnen und Erbsen.

Litschis

Die fluoridhaltigen »chinesischen Haselnüsse« schmecken rosinenartig süß und sind zudem sehr kalorienarm. Darüber hinaus enthalten sie viel Kalium, Eisen und Vitamin C. Sie eignen sich vor allem für köstliche Obstsalate.

Vanadium – ein Mineral auf dem Sprung
Einige Wissenschaftler vermuten, dass das Spurenelement Vanadium für die Entwicklung von Zähnen und Knochen mindestens genauso wichtig ist wie Fluor. Noch fehlen jedoch Befunde, die eine karieshemmende Wirkung beim Menschen bestätigen können. Zu den absoluten Spitzenreitern hinsichtlich des Vanadiumgehalts gehören die Pflanzenöle (vor allem Sojabohnenöl).

▶ Molybdän. Dieser Enzymmobilisator spielt eine wichtige Rolle bei der Speicherung von Fluor. Hohe Fluoriddosierungen bleiben wirkungslos, wenn nicht gleichzeitig genügend Molybdän vorhanden ist. Die Rolle dieses Minerals bei der Zahngesundheit darf nicht unterschätzt werden. In Gegenden, deren Boden wenig Fluor, aber dafür viel Molybdän enthält, tritt Karies nur relativ selten auf. Molybdänreiche Nahrungsmittel sind Bierhefe, Hühnerei, Hühnerfleisch, Hülsenfrüchte, Nudeln und Weizenkeime.

Kräuterquark

• Zutaten:
250 g Quark, 5 EL Joghurt, 1 Zwiebel, 1 EL zerkleinerte Petersilie, 1 EL zerkleinerter Schnittlauch, 1 EL zerkleinerter Estragon, Salz, 1 EL Zitronensaft

• Den Quark mit dem Joghurt verrühren. Dann die Zwiebel klein schneiden und die Stückchen gemeinsam mit den Kräutern zumischen. Mit etwas Salz und Zitronensaft abschmecken.

• Petersilie, Schnittlauch und Estragon gehören zu den ergiebigsten Fluorlieferanten überhaupt. Zusammen mit dem kalziumreichen Quark und den verdauungsfördernden Milchsäurebakterien des Joghurts bilden sie eine wirkungsvolle Mischung zur Härtung des Zahnschmelzes.

• Als Kräuteralternativen kommen Dill, Kerbel, Majoran und Zitronenmelisse infrage.

• Der Kräuterquark eignet sich als Aufstrich fürs Brot und als Beilage zu Kartoffeln. Im Kühlschrank hält es sich etwa 5 Tage lang.

Petersilienreis
Eine Mischung aus Reis (eventuell in Gemüsebrühe gekocht) und Petersilie enthält viel Fluor und Molybdän für den Zahnschmelz sowie viel Vitamin C und andere Biostoffe für das Zahnfleisch. Petersilienreis eignet sich als Zutat für Fisch- und Fleischspeisen mit Sauce.

Karies – ein chemisch-parasitärer Prozess
Am meisten bedroht von Karies sind Kaufurchen, Zahnzwischenräume, Zahnhalsteile und die rauen Flächen der Zähne. Diese Stellen werden beim Zähneputzen oft zu wenig berücksichtigt. Zu einer intensiven Zahnpflege gehört auch die Verwendung von Zahnseide oder einer Munddusche.

Rosskastanienextrakt dichtet Venenwände ab.

Krampfadern

Symptome

● Krampfadern treten vor allem an den Waden auf und zeigen sich dort als vergrößerte, wurmartig gewundene und verdickte bläulichrote Venen, die sich unter der Haut abzeichnen oder sie deutlich nach oben ausbeulen

Ursachen

Blutstau durch mangelhaft versorgte Venenwände. Die Veranlagung dafür kann in die Wiege gelegt sein; Bewegungsmangel, langes Stehen, Vitaminunterversorgung erhöhen das Krampfaderrisiko.

Biologische Hintergründe

Menschen mit Krampfadern haben in der Regel zwei körperliche Veranlagungen:

▶ Ihre Venenwände sind dünn und dadurch in verstärktem Maß anfällig für Verletzungen.

▶ Ihre Fähigkeit, den Blutgerinnungsstoff Fibrin abzubauen, ist unterentwickelt.

Durch diese Veranlagungen kommt es häufiger zu Verletzungen an den Venenwänden, die vom Körper mit einer Anlagerung von Blutgerinnungsstoffen beantwortet werden. Diese Stoffe sammeln sich nun an, ohne jedoch wieder in ausreichendem Maß abgebaut werden zu können. In der Folge kommt es zu Verhärtungen und Verdickungen der Venenwände, der Blutfluss aufwärts zum Herzen wird dadurch blockiert – es kommt sogar zu Rückflüssen, die von den Venenklappen nicht mehr aufgehalten werden können.

Ein häufiges Problem
Krampfadern sind eine echte Volkskrankheit. Etwa 25 Prozent der Männer und die Hälfte aller Frauen im Alter von über 40 Jahren sind betroffen.

Ernährungsumstellung zur Prävention

Bereits bestehende Krampfadern lassen sich durch eine Umstellung der Ernährung kaum beeinflussen. Oft hilft nur noch ein operativer Eingriff oder eine Verödung, um die unansehnlichen Venengebilde zum Verschwinden zu bringen.

Präventiv lässt sich die Erkrankung jedoch sehr wohl beeinflussen. Denn der Ernährungszustand der Venenwände ist ja letzten Endes nichts anderes als ein Teilbereich des Gesamternährungszustandes eines Menschen. Daher: Wenn es in Ihrer Familie häufiger zu Krampfadern gekommen ist, sollten Sie in jedem Fall frühzeitig damit beginnen, sich »venengerecht« zu ernähren!

Biostoffe zur Vorbeugung von Krampfadern

▶ Der Wirkstoff Adenosin hemmt die Enzyme, die normalerweise den Gerinnungsstoff Fibrin zu einem unlöslichen Panzer machen. Er sorgt also dafür, dass sich nicht zu viele unelastische Gerinnungsstoffe an den Venenwänden ablagern können.

Adenosin steigert seine Wirksamkeit in Kombination mit bestimmten anderen Substanzen. Über einen besonders effektiven Adenosinkomplex verfügt die Honigmelone. Die zu den Kürbisgewächsen gehörende Pflanze konnte schon in vielen Studien beweisen, dass sie die Blutgerinnungsstoffe auf ein unproblematisches Niveau zurückschrauben kann.

▶ Sulfide unterstützen die körpereigene Fibrinolyse, d. h., sie helfen dem Körper bei seinen Aktivitäten, den Blutgerinnungsstoff Fibrin abzubauen.

Das wirksamste Antifibrinsulfid ist das Ajoen des Knoblauchs. Seine Wirksamkeit steht dem berühmten Gerinnungshemmer Aspirin in nichts nach; im Unterschied zur Azetylsalizylsäure hat es jedoch erheblich weniger Nebenwirkungen.

Ingwer – senkt Fieber, bremst die Blutgerinnung

▶ Das Gingerol des Ingwers ähnelt in seiner chemischen Struktur dem Gerinnungshemmer Aspirin (Azetylsalizylsäure). Es sorgt für einen verbesserten Abbau des Blutgerinnungsstoffes Fibrin.

▶ Flavonoide kräftigen die Wände der Blutgefäße. Außerdem schützen sie das wichtige Blutgefäßvitamin Askorbinsäure vor dem Angriff freier Radikale. Wirksame Bioflavonoide befinden sich in Brokkoli, Grapefruit, Roter Bete, Grünkohl, Zwiebel und Zitrone.

Immer wieder Vitamin C

▶ Vitamin C bildet sozusagen den Kitt, mit dem die Venen ihre Schäden reparieren können, ohne dabei an Elastizität zu verlieren. Um allerdings einen nennenswerten Effekt auf die Venenwände zu erzielen, muss die Zufuhr relativ hoch sein. Die in der Regel empfohlene Tagesmenge von 75 Milligramm Vitamin C reicht für einen gefährdeten Menschen beileibe nicht aus. Für ihn liegt die empfohlene Tagesration bei 150 Milligramm, das entspricht etwa 100 Gramm Schwarzen Johannisbeeren oder zwei Kiwifrüchten.

Rosskastanienextrakt

Die Wirkstoffe der Rosskastanie vermögen bis zu einem bestimmten Grad die Venenwände abzudichten. Dadurch gelangt keine Flüssigkeit mehr ins umliegende Gewebe, der Patient bleibt wenigstens von den Schwellungen verschont; außerdem erscheinen die Krampfadern weniger groß. Die hässlichen Venen komplett zum Verschwinden bringen kann jedoch auch der Rosskastanienextrakt nicht.

Bewegung bringt die Beine auf Trab

Bei Krampfadern sollten Sie generell für genügend Bewegung sorgen. Dies kann auch mit wenig Zeitaufwand im Alltag geschehen. Lassen Sie den Aufzug im Parterre stehen, und benützen Sie die Treppe. Legen Sie kurze Entfernungen statt mit dem Auto lieber zu Fuß oder mit dem Fahrrad zurück.

Der Schatz von Barbados
Die älteste Erwähnung der Grapefruit stammt aus dem 17. Jahrhundert, als Botaniker den bis zu 25 Meter hohen Baum samt seiner hellgelben Frucht auf der Insel Barbados entdeckten. Im Jahr 1832 kam sie dann nach Florida, um auch gleich in großem Stil angebaut zu werden. Heute werden dort 2,5 Millionen Tonnen Grapefruit pro Jahr geerntet.

▶ Zink und Kupfer bilden wichtige Aufbaustoffe im Stützgewebe der Blutgefäßwände. Ein Mangel an den beiden Spurenelementen führt zu einer stärkeren Verletzungsanfälligkeit der Venen und erhöht dadurch das Krampfaderrisiko.

Ein günstiges Kupfer-Zink-Profil findet sich in Weizenkeimen, Hülsenfrüchten, Grapefruit, Kakao und Nüssen. Absolute Zinkspitzenreiter sind Austern.

Pampelmusen für den Kreislauf

▶ Zitrusfrüchte brillieren natürlich in erster Linie durch ihren hohen Anteil an Vitamin C. Eine besondere Rolle bei der Vermeidung von Krampfadern spielt jedoch die Pampelmuse. Ihr Wirkstoffprofil wirkt gleichzeitig entlastend und tonisierend auf das Herz-Kreislauf-System; es sorgt also dafür, dass das Blut genau in der richtigen Geschwindigkeit in den Adern fließen kann und die Gefäßwände elastisch bleiben.

An einigen Kliniken führt man mit Herzkranken und Patienten mit Krampfadern ein- bis zweimal pro Woche einen Grapefruittag durch. Da gibt es dann nichts anderes zu essen als vier Pampelmusen. Auch

Keine Angst vor den scharfen Schoten! Mit Chili gewürzte Speisen mögen für den mitteleuropäischen Gaumen zunächst gewöhnungsbedürftig sein, ihre Schärfe ist aber durchaus gesund. Ein feuriges Chili ist also keinesfalls vergleichbar mit einer versalzenen Suppe.

Chili – scharfe Waffe gegen Krampfadern

Noch ist nicht geklärt, welcher Wirkstoff des Chilipfeffers dazu beiträgt, das Risiko von Blutgefäßerkrankungen zu minimieren. Doch dass er es kann, scheint festzustehen. So wurde in einer groß angelegten Studie eine Gruppe von Thailändern (hoher Chilikonsum) mit einer Gruppe von US-Amerikanern (niedriger Chilikonsum) verglichen.

Das Ergebnis: Je höher der Chilikonsum, umso stärker war die fibrinolytische Aktivität der betreffenden Personen, umso besser war also deren Blut imstande, Gerinnungsstoffe abzubauen. Die untersuchten Thailänder litten daher auch wesentlich seltener an Erkrankungen der Blutgefäße wie Arteriosklerose und Krampfadern.

Geben Sie also Ihrem Speiseplan ruhig hohe Dosierungen vom »heißen« Chili! Er lässt sich in allen möglichen Speisen zum Einsatz bringen, nicht nur im berühmten Chili con Carne.

wenn hier die Abwechslung auf der Strecke bleibt: Diese Fastendiät wirkt wie ein Zündstoff auf das matte Herz-Kreislauf-System, außerdem sorgt der hohe Kalium- und Bitterstoffgehalt der Früchte für eine therapeutisch sinnvolle Entwässerung.

Buchweizenkraut

Jüngere Studien zeigten eine hohe Wirksamkeit des Buchweizenkrauts bei chronischer Insuffizienz der Venen. Das Unterschenkelvolumen der mit Ödemen (Wasseransammlungen) belasteten Beine nahm im Durchschnitt um 62 Milliliter ab, zudem fühlten sich die Patienten deutlich wohler. Die Entwicklung drohender oder bestehender Krampfadern konnte gestoppt werden.

Mit Rutin gegen Krampfadern

Hauptwirkstoff des Buchweizens ist das Rutin. Es dient zur Vorbeugung und Behandlung von Zuständen, die mit erhöhter Kapillarbrüchigkeit und Kapillardurchlässigkeit (Kapillaren sind die feinsten Blutgefäße) verbunden sind. Rutin dichtet die Kapillaren regelrecht ab, beschädigte Blutgefäße werden repariert. Auch die Wandelastizität des Durchblutungssystems wird verbessert.
Buchweizenkraut gibt es in Form von Tabletten oder Tees in Reformhäusern und Apotheken.

Vorsicht vor Eisenpräparaten

Eisenpräparate gehören zu den wenigen Mineralienzusätzen, die von deutschen Ärzten gern – und leider viel zu häufig – verschrieben werden, vor allem während der Schwangerschaft. Dabei wird jedoch ignoriert, dass große Mengen an Eisen die Resorption der beiden Mineralien Zink und Kupfer verschlechtern. Dies ist mit einer der Gründe dafür, dass viele Frauen ausgerechnet in ihrer Schwangerschaft zu Krampfadern kommen.

Wenn Sie zu viele Pfunde mit sich herumtragen, sollten Sie dieses Problem auch in Hinblick auf Ihre Krampfadern in den Griff bekommen. Denn Übergewicht setzt Ihre Beinvenen nur unnötig unter Druck.

Schon Pfarrer Kneipp schwor auf das Element Wasser zur Heilung körperlicher Beschwerden. Um die Durchblutung zu fördern und somit Krampfadern in Schach zu halten, sollten Sie sich einmal täglich Wechselduschen gönnen. Diese erfrischen zudem und halten auch den Kreislauf in Schwung.

Tipps für Ihren Speiseplan

Honigmelone

Wer zweimal die Woche eine Honigmelone verspeist, besitzt gute Chancen, keine Krampfadern zu bekommen. Denn die Frucht verfügt über einen Adenosinkomplex (ein Bestandteil zahlreicher wichtiger Enzyme), der den problematischen Blutgerinnungsstoff Fibrin von den Venenwänden »abkratzt«. Darüber hinaus können sich auch die anderen Nährstoffkonzentrationen sehen lassen, vor allem der Gehalt an Vitamin C, Karotinoiden, Niazin, Kalium und Fluorid. Honigmelonen isst man am besten frisch, ohne Zucker. Sehr delikat: Honigmelonen, in kleine Stücke zerschnitten, mit Ingwer. Es gibt kaum ein besseres Einfruchtdessert – und wohl kein Dessert, das mehr Biostoffe gegen Krampfadern enthält! Auch die klassische Vorspeise aus Italien, Parmaschinken mit Honigmelone, ist ein gesunder und kulinarischer Genuss.

Knoblauch

Das Ajoen des Knoblauchs gehört zu den wirksamsten Gerinnungshemmern, die es gibt. Wer aufgrund seiner Familiengeschichte eine Krampfaderbildung bei sich befürchten muss, sollte Knoblauch zum Standardgewürz auf seiner Speisekarte machen. Setzen Sie sich den Verzehr einer ganzen Zwiebel als Wochenziel! Wichtig ist, stets die frischen Zehen zu nehmen; Knoblauchsalz und Knoblauchpräparate sind kein Ersatz.

Klar, Knoblauch verbreitet einen typischen Geruch, nicht nur als Pflanze, sondern auch durch Atem und Schweiß. Doch lassen Sie sich nicht davon unterkriegen! Der Duft der Zehen wird langsam salonfähig, außerdem gewöhnt sich der Körper an die Duftstoffe, so dass er im Lauf der Zeit immer weniger Ausdünstungen an die Umwelt abgibt. Wer Knoblauch mit Milchprodukten genießt – also etwa als Knoblauch-Kräuter-Quark oder mit Schafskäse –, kann darauf bauen, dass ein Teil der Geruchsmoleküle entschärft wird.

Ingwer

Das vornehmlich in Asien übliche Gewürz enthält den Gerinnungshemmer Gingerol. Versuchen Sie daher, das Gewürz so oft wie möglich in Ihren Speisen auftauchen zu lassen. Es lässt sich übrigens in fernöstlichen Gerichten sehr gut mit Knoblauch kombinieren.

Heilkräuter

In der Volksmedizin werden eine ganze Reihe von Kräutern zur Bekämpfung von Krampfadern empfohlen. Die meisten von ihnen haben jedoch von Wissenschaftlern keine Bestätigung erhalten können. Die sichersten Erkenntnisse zu ihren Wirkungen auf die Beinvenen liegen über Rosskastanie, Buchweizen und Weißdorn sowie deren Tees und Extrakte vor.

Kiwi-Melonen-Kaltschale

● Zutaten (für 2 Personen): 350 bis 400 g Fruchtfleisch einer Honigmelone, 50 ml Zitronensaft, ½ Bund Melisse, 2 Kiwis

● Das Melonenfleisch im Mixer pürieren. Dann alle anderen Zutaten (mit Ausnahme der Kiwis) beimischen und schaumig aufschlagen und auf 2 Teller verteilen.

● Die Kiwis auslöffeln und das Fleisch in kleine Scheiben schneiden, die dann zusammen mit der Melisse über die Suppe gestreut werden.

● Die Kiwi-Melonen-Suppe enthält wichtige Biostoffe, die einerseits die Funktionstüchtigkeit der Blutgefäßwände und andererseits die Fließeigenschaften des Blutes verbessern. Sie sollte daher mindestens 1-, besser 2-mal in der Woche auf den Tisch kommen, z. B. als Vorspeise zum Mittagessen oder als Kuchenersatz am Nachmittag.

Sport hilft

Im Unterschied zu den Arterien, die als Leitungen für das sauerstoffreiche Blut relativ weit im Schutz des Körperinneren verborgen liegen, befinden sich die Venen als Leitungen fürs sauerstoffarme Blut eher in den äußeren Körperzonen, meistens umgeben von der Skelettmuskulatur. Dies bringt gleichzeitig den Vorteil, dass die Venen bei ihrer Arbeit von den Muskeln unterstützt werden – sofern diese nur kräftig genug sind und ausreichend bewegt werden. Mit anderen Worten: Sport erleichtert den Venen ihre Arbeit, und dadurch sinkt natürlich das Risiko der Krampfaderbildung.

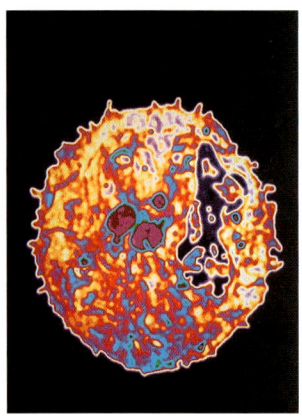

Aus solchen entarteten Zellen entstehen die gefährlichen Tumoren.

Krebserkrankungen

Symptome

Symptome, die auf eine Krebserkrankung im Frühstadium hinweisen können:

● Schorfige Krusten oder Geschwüre, die nicht innerhalb von drei Wochen abheilen

● Hautflecken oder Muttermale, die ständig größer werden, bluten oder jucken

● Ein Knoten oder eine Schwellung unter der Haut

● Chronische Schluckbeschwerden

● Länger andauernde Heiserkeit

● Länger anhaltender Husten

● Husten mit blutigem Auswurf

● Veränderungen im Stuhl, vor allem eine blutrote Verfärbung

● Plötzliche, unerklärliche Gewichtsabnahme

Alle genannten Symptome können auch eine andere Ursache als Krebs haben. Zur Absicherung der Diagnose ist daher in jedem Fall der Arzt aufzusuchen.

Die Zahlen nicht dramatisieren
In den letzten Jahrzehnten hat der Krebs immer mehr zugenommen. Heute erkranken in Deutschland jährlich etwa 330 000 Menschen an Krebs, in über 200 000 Fällen führt er zum Tode. Darin liegt jedoch kein Grund zur Panik, denn einer der wichtigsten Gründe für die hohen Zahlen liegt einfach darin, dass der Mensch heute viel älter wird als beispielsweise noch vor 100 Jahren – und je älter ein Organismus werden kann, umso mehr Zeit besitzen seine Zellen, sich krankhaft zu verändern.

Ursachen

Am Beginn der Krebserkrankungen stehen winzige Veränderungen im genetischen Bauplan einer oder mehrerer Körperzellen. Wenn sich dann diese Zellen teilen, produzieren sie ein Gewebe, das sich vom übrigen Organismus unterscheidet und schließlich zum Tumor ausbildet. Das Kardinalproblem der Tumorzellen: Sie besitzen keinen Kode, d. h., sie schlüpfen durch die dichten Maschen des Immunsystems hindurch, ohne erkannt zu werden – und damit steht ihnen praktisch der Weg zu ungehindertem Wachstum offen.

Vererbung oder Umwelt?

Gerade Krebspatienten, deren Krankheit oft dramatische Folgen mit sich bringt, fragen sich immer wieder, warum es ausgerechnet sie

»erwischt« hat. Sie zermartern sich den Kopf, ob sie ihr Schicksal schon in die Wiege gelegt bekamen oder ob Umweltfaktoren verantwortlich sind – und ob man diesen Umweltfaktoren aus dem Weg hätte gehen können.

Unterschiedlichste Auslöser

Die moderne Wissenschaft kann hierauf keine pauschale Antwort geben. Denn Krebs ist nicht gleich Krebs, Darmtumoren haben eine andere Entstehungsgeschichte als etwa Augen- oder Hauttumoren. Doch für die einzelnen Krebsarten ist es mittlerweile durchaus möglich, sie zwischen erbgutbedingtem Schicksal und Eigenverantwortung einzuordnen.

▶ Augentumoren sind zu 100 Prozent familiär bzw. genetisch vorbedingt. Eins von 15 000 Kindern erkrankt an dieser schwer wiegenden Augenerkrankung, die durch eine erbliche Veränderung in den Keimzellen der Eltern ausgelöst wird.

▶ Hautkrebs hat seine Ursachen zu 50 Prozent im Erbgut und zu 50 Prozent in der Umwelt. Der hohe Anteil der erblichen Faktoren wird schon allein aus der Tatsache ersichtlich, dass die starke, genetisch vorgegebene Pigmentierung z. B. den gebürtigen Afrikaner vor Hautkrebs weitgehend schützt. Die schlimmste Form des Hautkrebses, das maligne Melanom, findet sich daher hauptsächlich bei hellhäutigen Menschen, und zwar vor allem bei denjenigen, die auf Sonnenstrahlen schnell und intensiv mit Hautrötung und Sonnenbrand reagieren. Nichtsdestoweniger haben auch Hellhäutige eine realistische Chance, sich vor Hautkrebs zu schützen, indem sie nämlich einfach starke Sonnenbestrahlungen meiden und sich für die Sommerhitze ausreichend mit Sonnenmilch eincremen.

▶ Beim Brustkrebs sind in jüngerer Zeit mehrere genetisch bedingte Faktoren bekannt geworden. So scheinen sich die »Problemgene« für den Brustkrebs vorwiegend auf einem bestimmten Chromosom zu befinden. Mit anderen Worten: Es ist bis zu einem bestimmten Grad durchaus möglich, anhand einer Betrachtung der Familiengeschichte eine Frau als »Risikofrau« einzuschätzen.

Moralische Bedenken sind dabei jedoch angebracht: Man stelle sich nur einmal vor, wie ein Arzt aufgrund einer familiengeschichtlichen Betrachtung einer Frau mitteilt, dass sie in Bezug auf den Brustkrebs als »Risikopersönlichkeit« eingestuft werden müsse. Diese Frau wird wohl kaum noch ruhig schlafen können – und damit möglicherweise gerade die psychischen Bedingungen schaffen, die der Krankheit zum Ausbruch verhelfen oder ihre Heilung behindern. Außerdem können

Wichtige Unterschiede
Die Überlebensaussichten bei den einzelnen Krebserkrankungen sind sehr unterschiedlich. Laut Statistischem Bundesamt liegen die einzelnen Überlebenschancen (auf fünf Jahre gesehen) wie folgt:
▶ Lungenkrebs 17:100
▶ Magenkrebs 23:100
▶ Blutkrebs 33:100
▶ Darmkrebs 43:100
▶ Prostatakrebs 62:100
▶ Gebärmutterkrebs 69:100
▶ Brustkrebs 70:100
▶ Mundkrebs 71:100
▶ Hautkrebs 96:100

Ansteckender Krebs?

Immer wieder hört man die Frage, ob Krebs ansteckend sei. Die Antwort ist ein kategorisches Nein. Krebs ist keine Infektionskrankheit, und damit kann er weder durch körperlichen Kontakt noch durch Blut, Urin oder andere Körperflüssigkeiten des erkrankten Menschen übertragen werden.

derartige Einschätzungen nur bedingt richtig sein, da Umweltfaktoren wie Rauchen, falsche Ernährung und Sonnenbestrahlung mit etwa 70 Prozent immer noch den Löwenanteil bei den Ursachen für die Brustkrebsentstehung bilden.

▶ Für Dickdarmkrebs werden vorwiegend Ernährungsfaktoren verantwortlich gemacht. Und hier muss in erster Linie vor den tierischen Fetten gewarnt werden. Denn sie provozieren im Körper eine vermehrte Ausschüttung von sekundären Gallensäuren, die zu den Hauptauslösern für Darmtumoren gehören.

▶ Auch Lungenkrebs geht vornehmlich auf Umweltfaktoren zurück. Risikofaktor Nummer eins ist einwandfrei das Rauchen. Genetische Faktoren spielen eine Nebenrolle und erklären allenfalls, dass es auch den ein oder anderen Kettenraucher gibt, der vom Lungenkrebs verschont bleibt. Ein weiterer Risikofaktor liegt in übermäßigem Alkoholgenuss.

Krebs und Ernährung

Mittlerweile gibt es keine Zweifel mehr daran, dass die Ernährung bei der Entstehung der meisten Krebstumoren eine entscheidende Rolle spielt. Vor allem Vitaminmangel und ein Überangebot an tierischen Fetten tragen wesentlich zur Erhöhung des Risikos bei; wer viel Gemüse und Obst isst, hat ein geringeres Krebsrisiko. Dickdarm-, Brust-, Gebärmutter- und Gallenblasenkrebs sind laut einer jüngsten Untersuchung der Deutschen Gesellschaft für Ernährung bei Übergewichtigen viel häufiger zu finden als bei Normalgewichtigen.

Auf der anderen Seite kann eine Umstellung der Ernährung die Therapie von Krebserkrankungen unterstützen. Eine Komplettheilung allein durch bestimmte Ernährungsschwerpunkte ist allerdings eher selten.

Vitamin E

In unterschiedlichen Studien konnte nachgewiesen werden, dass Lungenkrebs-, Magenkrebs- und Dickdarmkrebspatienten überdurchschnittlich oft an Vitamin-E-Mangel leiden. Vor einer unkontrollierten Einnahme von Vitamin-E-Präparaten sei jedoch gewarnt. Denn Überdosierungen des Radikalefängers schwächen das Immunsystem, indem sie die bakterienötenden Eigenschaften der Leukozyten (weißen Blutkörperchen) blockieren.

Vitamine gegen den Krebs

Vitamin A

Menschen mit einer Vitamin-A-Mangelversorgung sind stärker als andere gefährdet, an Krebs zu erkranken; unterversorgte Frauen beispielsweise besitzen ein um 20 Prozent höheres Brustkrebsrisiko. Umgekehrt können hohe Vitamin-A-Dosierungen die Therapie von Krebstumoren wirkungsvoll unterstützen. Das Vitamin stärkt das Immunsystem und schützt als Antioxidans die Zellen vor Umweltgiften. Darüber hinaus kontrolliert es die Zellvermehrung und ist dadurch imstande, die Verbreitung von Tumorzellen zu hemmen.

Vitamin E

Vitamin E wirkt gegen Stoffe, die das Wachstum von Tumoren auslösen können. Als Radikalefänger schützt es die Zellmembranen und damit auch das Erbgut der Zellen vor den Angriffen äußerst aggressiver Substanzen.

Vitamin C

Askorbinsäure hat vor allem vorbeugende Wirkungen bei Magen- und Brustkrebs. Wie Vitamin E ist sie ein Radikalefänger, der die Zellen vor aggressiven Substanzen schützt. Gegenüber Vitamin E besitzt Vitamin C jedoch einige entscheidende Unterschiede:

▶ Es wird bereits im Magen in sehr hohen Konzentrationen freigesetzt, hilft dadurch vor allem vorbeugend gegen Magenkrebs.

▶ Die Gefahr von Überdosierungen besteht praktisch nicht. Überschüssige Askorbinsäure kann in der Regel problemlos ausgeschieden werden.

▶ Es muss täglich in hohen Dosierungen zugeführt werden, weil es aufgrund seiner Wasserlöslichkeit nur eine kurze Verweildauer im Körper besitzt.

Gesunde Mittelmeerkost

● In Europa sterben jährlich 837 000 Menschen an bösartigen Tumoren, 1,3 Millionen Mal im Jahr stellen Ärzte die vernichtende Diagnose »Krebs«. Doch innerhalb des europäischen Raumes gibt es große Unterschiede. Die größte Krebsrate bei Männern hat man in Luxemburg, Frankreich und Belgien, bei den Frauen führen Dänemark und Finnland die traurige Rangliste an. Deutschland rangiert jeweils in der Mitte. Doch was interessant ist: Spanien, Portugal und Griechenland sind am seltensten von Krebs betroffen.

● Die Gründe für die niedrige Krebsrate der mediterranen Völker: Ihre Haut besitzt mehr Pigmente als die der anderen Europäer, und damit besitzen sie einen besseren Schutz vor Hautkrebs. Von größerer Bedeutung ist jedoch ihre Ernährung. Die mediterranen Einwohner essen weniger fette und gepökelte Fleischsorten, dafür aber mehr Gemüse, Pflanzenöle, Fisch und Getreide. Nicht zu unterschätzen ist schließlich der in Mittelmeerländern übliche Rotwein, dessen Flavonoide ebenfalls eine Krebs hemmende Wirkung besitzen.

Mittelmeerländer – leider auch Spitze beim Leberkrebs

Auch wenn die Krebsquote in den mediterranen Ländern deutlich geringer ist als im übrigen Europa – im Leberkrebs stehen sie an der Spitze. Der Grund: Bei ihnen erkranken überdurchschnittlich viele Menschen an Hepatitis B und C, die – wenn sie chronisch werden – das Krebsrisiko deutlich erhöhen.

Krebs und Pökelfleisch
Noch bis vor kurzem galt Pökelfleisch als Nahrungsmittel mit hohem Krebsrisiko, weil bei seiner Herstellung große Mengen an Nitrosaminen freigesetzt werden. Doch jüngere Untersuchungen des Staatlichen Gesundheitsamtes Mittelhessen lassen hoffen. Die Wissenschaftler fanden nur noch in acht von 260 getesteten Pökelwaren die kanzerogenen Nitrosamine und auch die nur in einer sehr geringen Konzentration. Ursache der erfreulichen Entwicklung: Pökelsalz wird heute nur noch unter Zusatz von Vitamin C verwendet, und das wirkt als Radikalefänger, der die Entstehung von Nitrosaminen verhindert.

Folsäure

Das B-Vitamin ist an der Bildung des Erbguts in den Zellen beteiligt, also jenem Vorgang, der – sofern er fehlerhaft verläuft – am Anfang der Krebserkrankungen steht. Darüber hinaus hilft es dem Immunsystem, seine Feinde besser zu erkennen. Folsäure verbessert also die Fähigkeit unseres Körpers, abweichende und zur Tumorbildung neigende Zellen zu identifizieren und damit zur Angriffsfläche für die natürlichen Killerzellen des Immunapparats zu machen.

Sekundäre Pflanzenstoffe – die Krebskiller

Unter sekundären Pflanzenstoffen versteht man diejenigen Substanzen, die keinen Energiegehalt besitzen und auch nicht zu den Vitaminen und Mineralien gehören. In der Pflanze selbst dienen sie vor allem dazu, vor starken Sonnenstrahlen, Krankheiten und Schädlingen zu schützen.

Wissenschaftler fanden nun in den letzten Jahren heraus, dass die sekundären Pflanzenstoffe auch im menschlichen Körper eine ganze Reihe von krankheitshemmenden Wirkungen entfalten. Sie tragen daher eigentlich ihren Zusatznamen »sekundär« vollkommen zu Unrecht, denn immer mehr Forscher sehen in ihnen eine der größten Chancen, die sich in jüngster Zeit im Kampf gegen den Krebs ergeben haben.

Karotinoide

Karotinoide bilden die Vorstufe zum wichtigen Antikrebsvitamin A, darüber hinaus besitzen sie selbst starke antioxidative Eigenschaften, d.h., sie schützen die Zellen vor dem Angriff aggressiver Substanzen. Schließlich verbessern sie auch noch die Fähigkeit des Immunsystems, Tumorzellen zu identifizieren und zu vernichten – und damit dringen sie zum Kernproblem der Krebserkrankungen überhaupt vor.

Die wichtigsten Karotinlieferanten sind Brokkoli, Grünkohl, Karotten, Tomaten und Aprikosen.

Saponine

Saponine verringern vor allem das Risiko von Dickdarmkrebs, in dem sie die Entstehung von Gallensäuren blockieren, die zu den Hauptauslösern von Darmtumoren gehören.

Die wichtigsten Saponinlieferanten sind Weizen, Gerste, Sojabohnen, Knoblauch und Zwiebeln.

Ballaststoffe – wirksame Waffe gegen Darmkrebs

● In einer jüngst veröffentlichten Studie wurden 5287 Fälle von Dickdarmkrebs mit 10470 gesunden Kontrollpersonen verglichen. Das Ergebnis: Je höher die Aufnahme von Ballaststoffen, desto geringer das Erkrankungsrisiko.

● Bei Menschen, die täglich mehr als 31 Gramm Ballaststoffe zu sich nehmen, besteht eine um 50 Prozent geringere Wahrscheinlichkeit, am Darmkrebs zu erkranken! Experten schätzen mittlerweile, dass man allein in den USA die Zahl der Darmkrebserkrankungen um 50000 Fälle pro Jahr senken könnte, wenn man die tägliche Ballaststoffzufuhr bloß um 13 Gramm pro Tag erhöhen würde.

● Beim Gang der Ballaststoffe durch den Darm entsteht die kurzkettige Fettsäure Butyrat, die eine hemmende Wirkung auf das Wachstum von Krebszellen besitzt. Ansonsten werden Ballaststoffe jedoch von uns nur bedingt verdaut, werden somit als Antikrebsmittel eher im physikalischen als im chemischen Bereich aktiv.

● Zu ihren physikalischen Tätigkeiten gehört die Erhöhung des Stuhlgewichts, wodurch der Darminhalt zügig weitergeführt werden kann; den Krebs auslösenden Stoffen bleibt dadurch weniger Zeit, mit den Darmwänden in ausgiebigen Kontakt zu kommen. Darüber hinaus verhindern Ballaststoffe den Umbau von primären zu sekundären Gallensäuren, die ja besonders bei fettreicher Kost gebildet werden und die bei der Krebsentstehung die Rolle des Wegbereiters spielen. Also: Wer schon seine Gallensäurebildung durch Schweinebraten mit fetter Sauce und Kloß ankurbeln muss, sollte danach wenigstens einen Teelöffel Leinsamen essen, um seinen Darmwänden die Attacken der sekundären Gallensäuren zu ersparen.

Ballaststoffe als Darmregulierer
Ausreichende Zufuhr von Ballaststoffen ist ideal zur Vorbeugung vor Darmerkrankungen. Besonders Vollkornprodukte wirken dabei Wunder. Sie sind überaus gut verträglich – gleichzeitig trainieren Sie Ihre Kaumuskulatur.

Terpene

Die aromatischen Terpene können keinen bestehenden Krebs mehr stoppen, doch sie besitzen eine starke vorbeugende Wirkung gegen Magen-, Haut-, Brust- und Lungenkrebs.
Die Terpene sitzen im Pflanzenreich überall dort, wo es erfrischend duftet. Besonders aromatische Beispiele sind das Menthol der Pfefferminze, das Karvon des Kümmels und das Limonen der Zitrone und der Melisse.

Sulfide

In China, Hawaii und Griechenland leiden die Menschen viel seltener an Magenkrebs als hierzulande. Der Grund: Sie essen mehr sulfidhaltige Zwiebeln. In einem Knoblauchanbaugebiet in China ist der Magenkrebs praktisch unbekannt, genauso wie in einigen entlegenen Gebieten am Kaukasus, wo der Knoblauch zu den Hauptnahrungsmitteln gehört.

Die Sulfide verhindern durch ihren Einfluss auf bestimmte Enzyme, dass sich Krebs erzeugende Stoffe überhaupt erst auf den Weg zu den Zellen machen können. Die Sulfide des Knoblauchs stärken außerdem das Immunsystem, besonders interessant ist jedoch die Wirkung, die sie auf den Magen haben. Dort blockieren sie das Wachs-

Krebsmittel Brokkoli
Schauen Sie beim Kauf genau auf das Äußere des Gemüses! Frischer Brokkoli ist blaugraugrün und bissfest, ohne holzig zu sein.

Frischer Knoblauch
Mittlerweile kursieren auf dem Markt zahlreiche Knoblauchpräparate; einige werben damit, vollkommen geruchlos zu sein. Derartige Versprechungen machen skeptisch. Denn die Schwefelsubstanzen des Knoblauchs entfalten ihre Wirkung nicht zuletzt über den Atem. Mit anderen Worten: Der typische Knoblauchatem ist ein Beweis dafür, dass die Biostoffe der würzigen Zwiebel ihre Arbeit aufgenommen haben.

Die wichtigsten Krebs hemmenden Nahrungsmittel

Nahrungsmittel	Hauptwirkstoffe
Brokkoli	Vitamin C, Karotinoide, Glukosinolate
Aprikosen	Karotinoide
Grünkohl	Karotinoide, Querzetin, Folsäure
Rosenkohl	Karotinoide, Glukosinolate, Folsäure
Kopfsalat	Vitamin C, Karotinoide
Kürbisse	Karotinoide, Vitamin E, Folsäure
Tomaten	Karotinoide, Vitamin C, Folsäure
Karotten	Karotinoide
Sojabohnen	Saponine
Kichererbsen	Saponine, Ballaststoffe
Grüne Bohnen	Saponine, Ballaststoffe
Brunnenkresse	Glukosinolate, Vitamin C
Kohlrabi	Glukosinolate, Vitamin C
Rotkohl	Glukosinolate, Vitamin E, Folsäure
Brombeeren	Vitamin C, Ellagsäure
Himbeeren	Vitamin C, Ellagsäure
Erdbeeren	Vitamin C, Ellagsäure
Walnüsse	Vitamin E, Folsäure, Ellagsäure
Pekannüsse	Vitamin E, Folsäure, Ellagsäure
Gelbe Zwiebeln	Querzetin, Vitamin C
Leinsamen	Ballaststoffe, Folsäure
Knoblauch	Sulfide
Pinienkerne	Vitamin E

Die zehn Regeln der Krebsprophylaxe

Die Deutsche Krebshilfe hat unlängst zehn Regeln herausgebracht, mit deren Einhaltung man das Krebsrisiko deutlich verringern kann.

- Rauchen Sie nicht!
- Trinken Sie weniger Alkohol!
- Meiden Sie starke Sonnenbestrahlung!
- Folgen Sie den Gesundheits- und Sicherheitsvorschriften am Arbeitsplatz!
- Essen Sie häufig frisches Obst und Gemüse sowie Getreideprodukte mit hohem Fasergehalt!
- Vermeiden Sie Übergewicht!
- Gehen Sie zum Arzt, wenn Sie eine ungewöhnliche Schwellung, eine Veränderung an einem Hautmal oder eine abnorme Blutung bemerken!
- Gehen Sie zum Arzt, wenn Sie andauernde Beschwerden haben!
- Gehen Sie einmal pro Jahr zur Krebsfrüherkennungsuntersuchung!
- Für Frauen gilt: Untersuchen Sie regelmäßig die Brust!

tum von Bakterien, durch die normalerweise die Bildung von Nitrosaminen in Gang gesetzt wird – jenen Stoffen also, die zu den berüchtigsten Krebsauslösern überhaupt gehören. Die Sulfide des Knoblauchs packen das Krebsübel also an der Wurzel, indem sie genau diejenigen Organismen ausschalten, die die größten Risiken bergen.

Ellagsäure

Diese zu den Phenolen gehörende Säure wirkt vor allem vorbeugend auf Dickdarm- und Speiseröhrenkrebs, indem sie aggressive Substanzen daran hindert, bis zum Erbgut der dortigen Zellen vorzudringen. Ellagsäure findet man vor allem in Brombeeren, Himbeeren, Erdbeeren, Walnüssen und Pekannüssen.

Glukosinolate

Diese Substanzen können die Krebsentstehung im frühen Stadium blockieren, wirken aber auch dann noch, wenn der Tumor bereits weit fortgeschritten ist. In hohen Dosierungen verringern einige Glukosinolate das Brustkrebsrisiko um bis zu 90 Prozent!

Die Psyche nicht vergessen
Krebs besitzt einen deutlichen Zusammenhang mit der Psyche. Bestimmte Stressfaktoren schwächen das Immunsystem, außerdem neigt man unter Stress zu höherem Alkohol- und Zigarettenkonsum sowie zu einer schlechteren, hastigeren Ernährung.

Glauben Sie keinen Wunderheilern
Schwere Krankheiten produzieren immer verzweifelte Menschen, und wer verzweifelt ist, fällt leicht in die Hände von Scharlatanen. Bevor Sie als Betroffener eine alternative Behandlungsmethode ausprobieren, sollten Sie zunächst einmal Rat bei den anerkannten Hilfestellen für Krebskranke suchen. Die Adressen finden Sie auf der übernächsten Seite.

**KOHLRABISALAT MIT
KAROTTENCREME**

Zutaten

2 geraspelte Kohlrabi
1 Karotte
½ Chinakohl, in Streifen
geschnitten
1 Tasse Roggensprossen
1 Tasse Mungbohnensprossen
etwas Petersilie

Für die Creme

2 fein geraspelte Karotten
1 TL Honig
2 EL Sesamöl
Salz, Pfeffer
100 g Joghurt

Zubereitung

Die Salatzutaten zusammenmischen und mit der gut ver-
rührten Creme übergießen.

Die verschiedenen Krebsarten und Ernährung

Brustkrebs

Niedrigeres Erkrankungsrisiko und Unterstützung der Therapie sind möglich durch:
- Ungesättigte und mehrfach ungesättigte Fettsäuren
- Sojaprodukte
- Vitamin A
- Beta-Karotin

Eine Erhöhung des Erkrankungsrisikos und Beeinträchtigung der Therapie bewirken:
- Gesättigte Fettsäuren aus Schweine- und Rindfleisch
- Alkohol

Dickdarmkrebs

Niedrigeres Erkrankungsrisiko und Unterstützung der Therapie sind möglich durch:
- Obst
- Gemüse
- Ballaststoffreiche Nahrung
- Kalzium
- Vitamin D und E

Eine Erhöhung des Erkrankungsrisikos und Beeinträchtigung der Therapie bewirken:
- Alkohol
- Gesättigte Fettsäuren aus Schweine- und Rindfleisch

Hautkrebs

Niedrigeres Erkrankungsrisiko und Unterstützung der Therapie sind möglich durch:
- Vitamin A
- Kalzium

Kehlkopfkrebs

Niedrigeres Erkrankungsrisiko und Unterstützung der Therapie sind möglich durch:
- Vitamin C

Eine Erhöhung des Erkrankungsrisikos und Beeinträchtigung der Therapie bewirkt:
- Alkohol

Lungenkrebs

Niedrigeres Erkrankungsrisiko und Unterstützung der Therapie sind möglich durch:
- Gemüse
- Vitamin A und C

Eine Erhöhung des Erkrankungsrisikos und Beeinträchtigung der Therapie bewirkt:
- Alkohol

Magenkrebs

Niedrigeres Erkrankungsrisiko und Unterstützung der Therapie sind möglich durch:
- Gemüse
- Vitamin C
- Alkohol (in kleinen Mengen)

Prostatakrebs

Niedrigeres Erkrankungsrisiko und Unterstützung der Therapie sind möglich durch:
- Gemüse

Eine Erhöhung des Erkrankungsrisikos und Beeinträchtigung der Therapie bewirken:
- Tierische Fette, fette Milch

Die schwefelhaltigen Glukosinolate befinden sich vornehmlich in Rosenkohl, Brokkoli, Blumenkohl, Rotkohl, Sauerkraut, Rettich, Brunnenkresse, schwarzem Senf, Meerrettich, Raps und Kohlrabi.

Querzetin

Querzetin, ein Flavonoid, verringert das Risiko von Magen-, Dickdarm- und Brustkrebs durch seine Fähigkeit, sich direkt am Erbgut der Zellen anzudocken und dort genau diejenigen Stellen zu blockieren, die sonst von Krebs erregenden Substanzen attackiert würden. Darüber hinaus schützen sie die wichtigen gegen Krebs wirksamen Vitamine C und E vor dem Angriff freier Radikale.

Zu den querzetinreichen Lebensmitteln gehören gelbe Zwiebeln, Grünkohl, grüne Bohnen, Äpfel, Kirschen, Brokkoli und Rotwein.

Adressen, die weiterhelfen

▶ **Deutsche Krebshilfe
Thomas-Mann-Straße 40
53111 Bonn**

▶ **Gesellschaft für
Biologische Krebsabwehr
Postfach 102549
69015 Heidelberg**

▶ **Deutsche Ileostomie-,
Colostomie-, Urostomie-
Vereinigung
Kepserstraße 50
85356 Freising**

▶ **Bundesverband der
Kehlkopflosen
Obererle 65
45897 Gelsenkirchen**

Obstsalat mit Tofu

● Zutaten (für 2 Personen): 1 Banane, 1 Orange, 1 Kiwi, 1 Apfel, 100 g Tofu, 3 EL Zitronensaft, 1 EL Honig, 10 g Mandelsplitter

● Banane, Orange und Kiwi schälen und klein schneiden. Den Apfel entkernen und mitsamt Schale klein schneiden.

● Den Tofu in kleine Stückchen zerteilen und mit dem Obst gut vermischen.

● Zitronensaft und Honig vermengen und über den Salat gießen.

● Die Mandeln werden vor dem Servieren über die Portionen gestreut.

Migräne

Wenn der Kopf eine Pause braucht, setzt er diesen Anspruch durch.

Symptome

● Halbseitig auftretender Kopfschmerz

● In einigen Fällen: Übelkeit, Erbrechen, Lichtscheu, Sehstörungen, Sprechstörungen (können zum Teil davor auftreten)

Ursachen

▶ Bestimmte Charaktereigenschaften können die Migräneanfälligkeit fördern. So konnte festgestellt werden, dass kopfgesteuerte Menschen häufiger unter der Krankheit leiden. Als weitere psychosomatische Auslöser kommen Sorgen und Kummer sowie verdrängte Triebansprüche (z. B. unterdrückte sexuelle Wünsche) infrage.

▶ Unverträglichkeit auf bestimmte Nahrungsmittel muss vor allem bei Kindern und Frauen in den Wechseljahren berücksichtigt werden.

▶ Frauen leiden aufgrund ihrer hormonellen Konstellation dreimal so häufig an Migräne wie Männer.

▶ Hypotonie (niedriger Blutdruck).

Nutzen Sie den Entspannungseffekt des Essens

Essen und Kochen gehören zu den ältesten Entspannungstechniken, die es gibt. Daher: Sorgen Sie dafür, dass es vor und während der Mahlzeiten immer entspannt zugeht. Unser Nervensystem ist im Umfeld des Essens auf Müßiggang und Wohlergehen eingestellt; dort sollte also so wenig wie möglich über berufliche Probleme, die schlechten Noten der Kinder oder sonstige Ärgerlichkeiten gesprochen und schon gar nicht gestritten werden.

Nahrungsmittel, die eine Migräne auslösen können

Unverträglichkeiten auf bestimmte Nahrungsmittel können vor allem bei Kindern und Frauen in den Wechseljahren zu Migräneschüben führen. Man kommt ihnen in der Regel durch ein Migränetagebuch auf die Schliche. In diesem Tagebuch wird nicht nur der Zeitpunkt der Migräne aufgelistet, sondern auch die Speisen, die über den Tag verteilt gegessen wurden. Wenn also beispielsweise die Migräneattacken regelmäßig einige Minuten oder Stunden nach dem Verzehr eines Schokoladenstücks auftreten, spricht einiges für eine Allergie

Risikofaktor Süßspeisen

Süßwaren stellen vor allem aus zwei Gründen einen großen Risikofaktor dar:

● Sie enthalten Zusatzstoffe, die zu Unverträglichkeiten führen können.

● Ihr Einfachzucker führt kurzfristig wohl zu einem Anstieg, längerfristig jedoch zu einem rapiden Abfall des Blutzuckerspiegels. Das Gehirn gerät dadurch in einen Versorgungsnotstand, der sich meistens in Konzentrationsstörungen, mitunter aber auch in Migräneattacken niederschlägt.

oder Unverträglichkeit auf die typischen Inhaltsstoffe von Kakao. Wenn die Kopfschmerzen nicht nur nach Schokolade, sondern auch nach dem Verzehr von Milch, Quark oder Joghurt auftreten, spricht einiges für eine Unverträglichkeit gegenüber Milchzucker.

Konservierungsstoffe sind oft schuld

Am häufigsten sind jedoch Konservierungsstoffe und Farbstoffe an dem Ausbruch einer lebensmittelbedingten Migräneattacke beteiligt. Es macht daher auf jeden Fall Sinn, alle stark gefärbten Konservenwaren wie Gummibärchen, Weingummi, Dosenobst, Fertiggerichte und Speiseeis erst einmal vom Speisezettel zu streichen.

Wichtige Biostoffe bei Migräne

▶ Das Mineral Selen kontrolliert die Synthese der Schmerzmediatoren. Selenmangel führt zu erhöhter Schmerzempfindlichkeit.
▶ Verschiedene Studien konnten zeigen, dass hoch dosiertes Thiamin schmerzlindernde Eigenschaften besitzt. Noch ist nicht geklärt, welche physiologischen Mechanismen genau dahinter stecken. Nichtsdestoweniger wird das B-Vitamin in den USA bereits mit Erfolg in der Therapie von Kopfschmerzen, Wirbelsäulenbeschwerden, Gelenkschmerzen und Neuralgien eingesetzt.
▶ Vitamin E besitzt die bemerkenswerte Eigenschaft, zahlreiche problematische Substanzen im Körper zu binden und dadurch unschädlich zu machen. Zu ihnen gehört auch die bereits erwähnte Arachidonsäure. Vitamin-E-Mangel führt zur Verschlimmerung von Entzündungen und Schmerzen, während Vitamin-E-Präparate mittlerweile als Therapieergänzung in der Schmerztherapie von Migräne und rheumatischen Erkrankungen eingesetzt werden.

Essen während der Migräneattacke?
Viele Migränekranke können während ihrer Schmerzattacken absolut keinen Bissen zu sich nehmen: möglicherweise ein Fehler! Denn ein Forscherteam der Londoner Migräneklinik fand heraus, dass es vielen Migränekranken besser geht, wenn sie während des Anfalls Kekse oder trockene Brötchen essen.

Zu den bekanntesten Wirkstoffen gegen Kopfschmerzen gehört ASS (Azetylsalizylsäure). Ihr Haken: Sie verschleißt in großen Mengen Vitamin C. Die Pharmaindustrie hat bereits darauf reagiert und kombinierte Präparate mit ASS und Vitamin C auf den Markt gebracht. Preisgünstiger und wirkungsvoller ist es jedoch, den puren Wirkstoff ASS zusammen mit frischem Zitronen- oder Apfelsinensaft einzunehmen.

Fisch

Essen Sie mehr Fisch, am besten zweimal pro Woche (aber keinen Aal!). Kombinieren Sie ihn mit Kartoffeln (aber keinen Pommes frites!) und Gemüse. Bevorzugen Sie frischen Fisch; eingelegte Fischgerichte enthalten Zusatzstoffe, die zu einer Migräneattacke führen können.

Tipps für Ihren Speiseplan

Zeit fürs Essen

In der Neurologie wird Migräne gern als »Pause für überstrapazierte Hirne« bezeichnet. Mit anderen Worten: Die Migräne hilft kopfgesteuerten, betont rationalen Menschen, ihr Gehirn funktionstüchtig zu halten, indem es sie schmerzhaft zwingt, eine Pause einzulegen.

Sie können diesen Mechanismus möglicherweise zum Stoppen bringen, indem sie in ihrem Alltag bewusst mehr Denkpausen einlegen. Spaziergänge sind weniger hilfreich, weil gerade kopfgeleitete Menschen dabei gern zu intellektueller Hochform auflaufen. Sport ist auch nicht unbedingt zu empfehlen, sofern er mit starker Leistungsmotivation einhergeht. Bestens geeignet ist jedoch das Essen: Die Sinne sind auf die Mahlzeiten fokussiert, auch wird reichlich Blut zum Verdauungstrakt geleitet. Voraussetzung ist natürlich, dass das Essen schmeckt und man sich Zeit dafür nimmt. Optimal wäre es, wenn Sie öfter einmal kochen würden. Es gibt kaum etwas, wobei das Gehirn besser auf Pause schalten kann.

Selen und Thiamin

Achten Sie auf die Zufuhr von Hülsenfrüchten, Nüssen und Vollkornprodukten; sie enthalten viel Selen und Thiamin.

Vitamin E

Wichtig sind Salate, die mit Pflanzenölen – Vitamin E! – und Essig angemacht werden.

Arachidonsäure meiden

Migräne fördernde Nahrungsmittel mit viel Arachidonsäure:
- Hühnerei (vor allem das Eigelb)
- Schweineschmalz
- Fleisch
- Leber
- Wurstwaren
- Aal
- Thunfisch

Migräneneutrale Nahrungsmittel mit wenig Arachidonsäure:
- Milchprodukte, vor allem Milch, Joghurt und Quark
- Margarine
- Fisch (Ausnahmen: Thunfisch und Aal)

Absolut arachidonsäurefrei sind:
- Pflanzen und Pflanzenöle

Weniger Fleisch, nichts Süßes

Reduzieren Sie Ihren Konsum an Fleisch und Wurstwaren! Süßigkeiten sollten ganz gestrichen werden.

Der Stoff, aus dem die Schmerzen sind

Migräneschmerzen werden über so genannte Entzündungs- und Schmerzmediatoren ausgelöst; dazu gehören beispielsweise die Prostaglandine und Leukotriene. Sie werden meistens aus dem Grundmaterial Arachidonsäure gebildet, einer Fettsäure, die sich vorwiegend in tierischen Lebensmitteln versteckt.

Eine Diät mit arachidonsäurearmen Lebensmitteln kann in vielen Migränefällen den Schmerz zumindest lindern.

Reiseintopf mit Pilzen und Gemüse

● Zutaten (für 2 Personen): 20 g Margarine, 1 Zwiebel, 150 g Reis, 100 g Champignons, 600 ml Gemüsebrühe, 200 g Mischgemüse (Erbsen, Karotten, Brokkoli etc.) aus der Tiefkühltruhe, 2 Knoblauchzehen, Salz, 1 EL zerkleinerte Petersilie

● Margarine in der Pfanne zerlassen und die klein geschnittene Zwiebel und den Reis darin anrösten, dann die geputzten und zerkleinerten Pilze samt Gemüsebrühe hinzufügen.

● Den Eintopf kochen lassen, bis der Reis aufgequollen ist. Erst jetzt das Tiefkühlgemüse hinzugeben und 3 bis 5 Minuten mitkochen lassen.

● Die Knoblauchzehen abziehen und in die Suppe hineinpressen. Schließlich mit Salz abschmecken und mit den zerhackten Petersilienblättern überstreuen.

● Der Reiseintopf enthält viel Selen und Thiamin, die bei der Hemmung von Schmerzsignalen eine wichtige Rolle spielen.

Vitamin B2

Aus einer belgischen Studie geht hervor, dass die regelmäßige Einnahme von hohen Dosierungen des B-Vitamins Riboflavin Migräneanfällen vorbeugen kann. Die Forscher hatten ihren Patienten täglich 100 Milligramm des Vitamins verabreicht, die daraufhin gut ein Drittel weniger Migräneanfälle erlitten als die Personen einer Vergleichsgruppe, die ein Plazebo (Scheinmedikament) bekamen. Wenn sich trotzdem ein Anfall einstellte, war er kürzer als die der Vergleichsgruppe.

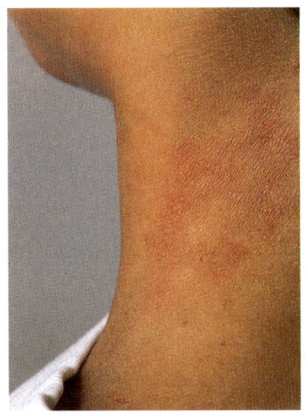

Vor allem Kinder leiden unter dem quälenden Juckreiz.

Neurodermitis

Symptome

● Entzündungen der Haut (Schuppen, Nässen und Rötung); betroffen sind vor allem Gesicht, Hals, Ellbeugen, Kniekehlen und Ohrläppchenansatz

● Quälender Juckreiz

Ursachen

▶ Erbliche Veranlagung

▶ Psychische Konflikte (viele Neurodermitiker befinden sich zwischen der Angst vor zu viel Nähe und der Angst vor einer Trennung); gerade solche Probleme, die ja unmittelbar mit Berührungen zu tun haben, werden häufig über Hautprobleme ausgetragen

▶ Nahrungsmittelallergien

Wichtige Ernährungsfaktoren

In verschiedenen wissenschaftlichen Untersuchungen konnte nachgewiesen werden, dass die Neurodermitis in etwa 20 Prozent aller Fälle mit einer Lebensmittelallergie verbunden ist; bei Kindern liegt die Zahl sogar bei 40 Prozent. Darüber hinaus zeigen viele der physiologischen Auslöser der Krankheit einen ausgesprochen engen Zusammenhang mit der Ernährung.

So leiden Neurodermitiker häufig an einer Fettstoffwechselstörung, vor allem im Bereich der Gamma-Linolensäure. Andere haben zu viele Immunglobine aus der E-Gruppe in ihrem Blut; sie leiden also unter einer Störung des Immunapparates, der bekanntlich über die Ernährung sehr stark beeinflusst wird.

Farb- und Konservierungsstoffe sind nicht die Hauptschuldigen

Farb- und Konservierungsstoffe spielen bei der Neurodermitis eine untergeordnete Rolle; Wissenschaftler vermuten, dass sie lediglich bei einem Prozent der neurodermitischen Kinder als Ursache infrage kommen. Das Herauskristallisieren des allergieauslösenden Nahrungsmittels ist nicht einfach – oft sind lange, für den Patienten lästige Versuchsreihen nötig – und gehört in die Hand eines erfahrenen Allergologen oder Ernährungswissenschaftlers.

Keine allgemein gültige Neurodermitisdiät

Das Düsseldorfer Institut für Ernährungsberatung und Diätetik stellt fest: »Es gibt keine allgemein gültige Neurodermitisdiät! Deshalb ist es auch nicht möglich, mit so genannten Erlaubt-Verboten-Listen zu arbeiten.« Nichtsdestoweniger sei es möglich, generelle Hinweise zu geben und bestimmte Anforderungen an die Ernährung von Neurodermitikern zu stellen.

Neurodermitis und Lebensmittelallergien

Zu den wichtigsten allergieauslösenden Stoffen, die eine kindliche Neurodermitis bedingen können, gehören:

- Hühnereier
- Milch
- Nüsse
- Soja
- Gewürze
- Weizen
- Fisch
- Hülsenfrüchte

Neurodermitis – ausgelöst durch Gewürze?

Im Erwachsenenalter verschieben sich die Allergien meistens zu den pflanzlichen Allergenen hin, beispielsweise zu Kräutern und Gemüse. Vor allem verschiedene Gewürze können Neurodermitis auslösen oder verstärken. Häufig im Zusammenhang mit Neurodermitisschüben stehen:

- Anis
- Dill
- Fenchel
- Lorbeer
- Majoran
- Muskat
- Rosmarin
- Salbei
- Senfkörner
- Thymian

Wichtige Biostoffe bei Neurodermitis

▶ Zink, Magnesium und Pyridoxin (Vitamin B12) sind an der Produktion des Enzyms Delta-6-Desaturase beteiligt. Dieses Enzym versetzt den Menschen in die Lage, Gamma-Linolensäure aus eigener Kraft zu synthetisieren.

▶ Linol- und Gamma-Linolensäure. Auf den Zusammenhang zwischen ungesättigten Fettsäuren und Neurodermitis stieß man schon im Jahre 1933, als man bei Kindern mit Ekzemen eine deutlich erniedrigte Konzentration von essenziellen Fettsäuren im Blut feststellte. Die Verabreichung von Pflanzenölen brachte eine Verbesserung des Hautbildes.

Heute weiß man, dass die mehrfach ungesättigten Linol- und Gamma-Linolensäuren am Aufbau und Funktionieren der Zellmembranen beteiligt und dadurch auch für eine gesunde und straffe Haut verantwortlich sind. Außerdem erfüllen sie wichtige Aufgaben im Immunsystem, bilden die Baustoffe von Prostaglandinen und anderen stoffwechselaktiven Substanzen. Neurodermitiker leiden häufig unter einer Störung im Fettstoffwechsel, ihr Immunsystem wird zu

TOFU-AVOCADO-PASTE

Zutaten

2 Avocados
1 Zitrone
250 g Tofu
Salz
Oregano
1 EL Sesamsamen

Zubereitung

Die Avocados schälen, entkernen und zerkleinern; die Zitrone auspressen und den Saft aufbewahren. Schließlich die Avocadostücke, den Tofu und den Zitronensaft im Mixer zu einer Paste verrühren. Später kommen dann die Gewürze und die Sesamsamen hinzu.
Die Avocadopaste eignet sich als schmackhafter und gesunder Brotaufstrich.

Tipps für Ihren Speiseplan

Nicht nur bei Neurodermitis
Jüngeren Studien zufolge helfen histaminarme Diäten nicht nur bei Neurodermitis, sondern auch bei Urtikaria (Nesselsucht), Nahrungsmittelunverträglichkeiten und Migräne.

Kein tierisches Eiweiß?
Gerade von Vegetariern ist oft zu hören, dass eine streng tierisch eiweißfreie Ernährung (also ohne Milch, Milchprodukte, Fleisch, Fisch, Wurst, Eier) Neurodermitikern helfen könne. Diese Empfehlung ist jedoch bislang nicht zu beweisen, außerdem bringt sie die Gefahr einer drastischen Mangelernährung mit sich, vor allem, was die Versorgung mit Eisen und Vitamin B12 betrifft.

Linol- und Linolensäure
Nahrungsmittel mit einem hohen Gehalt an Linol- und Linolensäure sind:
- Sonnenblumenöl
- Distelöl
- Leinöl
- Sojabohnenöl
- Margarine
- Avocado (100 Gramm decken den halben Tagesbedarf)
- Fisch (Achtung, Allergien!)

Histaminarme Diät
Neurodermitiker und andere Hautkranke profitieren grundsätzlich von histaminarmen Diäten, da ihrem Körper dadurch die »Munition« für allergische Reaktionen geraubt wird. An einigen deutschen Kliniken werden mit dieser Nahrungsumstellung bereits große Erfolge erzielt.
Zu den histaminreichen Speisen zählen Fisch (vor allem aus Konserven), Käse, Hartwurst, Sauerkraut, Wein und Bier.
Dies bedeutet in der Praxis:
- Reduzieren Sie Ihren Fischkonsum auf eine Mahlzeit pro Woche, bevorzugen Sie hier Tiefkühl- oder Frischprodukte, Fischkonserven sollten komplett vom Speiseplan verschwinden.
- Keine Hart- oder Dauerwurst!
- Kein Sauerkraut!
- Keinen Käse, dafür mehr Kefir und Joghurt in den Speiseplan einbauen!
- Keinen Alkohol und auch keine alkoholfreien Biere!

Die Süßigkeiten streichen
Süßigkeiten bedeuten für Neurodermitiker immer eine Reihe von Gefahren:
- Die meisten Süßwaren enthalten Zusatzstoffe, die zu einer allergischen oder pseudoallergischen Reaktion führen können.
- Der Fabrikzucker entzieht dem menschlichen Immunsystem wichtige Biostoffe.
- Süßigkeiten destabilisieren die Psyche, vor allem die von Kindern, indem sie die Differenzierung des Geschmackssinns beeinträchtigen und den Blutzuckerspiegel hektisch auf und ab steigen lassen. Psychosomatischen Erkrankungen wie der Neurodermitis sind dann Tür und Tor geöffnet.
Eine süßwarenfreie Diät ist immer einen Versuch wert, sie bietet allerdings auch keine Garantie für eine Heilung der Neurodermitis. Ihr entscheidender Vorteil: Im Unterschied zu den meisten anderen Diäten birgt sie kein Risiko, denn wer auf Süßigkeiten verzichtet, braucht keine Angst zu haben, in irgendeiner Weise mangelversorgt zu sein.

wenig mit Linol- und Linolensäure versorgt. Eine Verabreichung von Nahrungsmitteln, in denen diese Fettsäuren in hoher Konzentration enthalten sind, macht also in jedem Fall Sinn.

Nachtkerzenöl

In jüngerer Zeit liefen des Öfteren Testreihen, in denen man Neurodermitikern Gamma-Linolensäure in Form von Nachtkerzenöl verabreichte. Die Ergebnisse waren widersprüchlich; nichtsdestoweniger kann eine unterstützende Behandlung mit Gamma-Linolensäurepräparaten sinnvoll sein; sie sollte allerdings mit dem behandelnden Arzt abgestimmt werden.

Avocado-Spinat-Creme

• Zutaten (für 2 Personen): 1 kg tiefgefrorener Spinat, 1 Tasse Gemüsebrühe, 1 Zitrone, 2 Avocados, 2 EL Pflanzenöl, Hefeflocken, Salz, Pfeffer
• Den Spinat im Topf auftauen, dabei nicht zum Kochen bringen! Dann die Gemüsebrühe zugeben.
• Die Zitrone auspressen und den Saft aufbewahren. Die Avocados der Länge nach halbieren, entkernen und schälen.
• Das Fleisch pürieren und mit dem Spinat, dem Zitronensaft, dem Öl und den Hefeflocken vermischen. Nach Geschmack würzen.
• Die Avocadocreme schmeckt zu Vollkornbrot, Kartoffeln oder Reis. Sie enthält wichtige Heilstoffe für das neurodermitische Kind und ist ein vollwertiges Nahrungsmittel.

Avocados – darauf sollten Sie achten
Die Avocado zählt aufgrund ihres hohen Mineral- und Vitamingehaltes sowie ihrer hohen Linol- und Linolenanteile zu einem Nahrungsmittel, das dem Neurodermitiker große Chancen eröffnet. Achten Sie beim Kauf der Früchte darauf, dass die Schale möglichst glatt und fleckenfrei ist. Avocados lagert man am besten im Kühlschrank, sie eignen sich nicht zum Einfrieren.

Kalziumreiche Kräuter wie Petersilie sind ein absolutes Muss.

Osteoporose

Symptome

● Oft leidet der Patient viele Jahre unter keinerlei Beschwerden, denn die Erkrankung verläuft im Anfangsstadium schleichend; erst spät kommt es zu Schmerzen, vor allem im Rückenbereich

● Überdurchschnittliche Neigung zu Knochenbrüchen, vor allem an den Handgelenken und am Oberschenkelhals

● Im fortgeschrittenen Stadium Schmerzen an den Knochen, die sich tagsüber verschlimmern

● In schweren Fällen kommt es zum »Osteoporosebuckel«: Rundrücken im oberen Bereich der Wirbelsäule (durch Wirbeleinbrüche), die Schultern sacken nach vorn; am Körper zeigen sich quer verlaufende Hautfalten, das »Tannenbaumsyndrom«

Mögliche Ursachen

▶ Mangelernährung
▶ Bei Frauen: Sinkende Östrogenproduktion in den Wechseljahren
▶ Bewegungsmangel
▶ Fehlender Aufenthalt im Freien, dadurch kommt zu wenig Sonnenlicht an die Haut, die körpereigene Vitamin-D-Synthese wird nicht stimuliert
▶ Bestimmte Medikamente, vor allem Kortison, Beta-Blocker, Antiepileptika, Thyreostatika (Schilddrüsenblocker)

Kalzium – ideal zu Vorbeugung und Therapie

Biostoff Nummer eins in Hinblick auf die Osteoporose ist ohne Zweifel das Kalzium. Der Gesamtbestand an Kalzium beträgt bei Männern 1000 bis 1100 Gramm, bei Frauen 750 bis 850 Gramm; 99,9 Prozent davon entfallen allein auf die Knochen.

Um der Osteoporose vorbeugen zu können, muss vor allem auf die Kalziumzufuhr während der Phase des Knochenaufbaus geachtet werden. Die absolute Hochphase befindet sich zwischen dem 25. und 35. Lebensjahr, hier werden die höchste Knochendichte und Knochenmasse erreicht. Danach geht es bergab, jedes Jahr geht ungefähr ein Prozent der mühsam erworbenen Knochenmasse verloren.

Ein Volksleiden
In Deutschland leiden sieben bis acht Millionen Menschen an Osteoporose. Frauen sind aufgrund ihrer besonderen hormonellen Situation achtmal so häufig betroffen wie Männer. Wissenschaftler schätzen, dass jährlich etwa 150 000 Knochenbrüche auf Osteoporose zurückzuführen sind.

Spare in der Zeit…

Klar, dass derjenige die besten Karten hat, der in seiner Jugend und seiner jungen Erwachsenenzeit die meiste Knochenmasse aufgebaut hat; er wird den Zeitpunkt der Knochenerweichung und der sich häufenden Brüche am weitesten nach hinten schieben können.

Der Kalziumzufuhr sollte also in der Ernährung schon frühzeitig eine besondere Beachtung geschenkt werden.

Erhöhter Kalziumbedarf

Der Kalziumbedarf ist bei Frauen nach den Wechseljahren deutlich erhöht (siehe unten). Doch auch andere Faktoren erhöhen den Bedarf, denn Kalzium ist ein vielseitiges Mineral, das an mehreren Stellen des Körpers gebraucht wird.

So ist es unentbehrlich zur Blutgerinnung, stark blutende Verletzungen bedeuten also einen erheblichen Kalziumverschleiß. Ferner ermöglicht das Mineral erst die Weiterleitung von Reizen im Nervensystem; starker nervlicher Stress mit zahlreichen einseitigen Sinnesreizen – etwa durch Computerarbeit – steigert also auch den Bedarf.

Schließlich ist Kalzium ein Muskelmineral: Die Muskeln können ihre Bewegungen erst dann einleiten, wenn genügend Kalzium freigesetzt wurde. Dies bedeutet konkret: Auch wenn Sport aufgrund seiner Reizwirkung auf das Knochengewebe grundsätzlich eine wirksame Prophylaxe bei Osteoporose darstellt, braucht der Sportler erheblich mehr Kalzium als der Normalbürger – ein Faktum, das von vielen Athleten und Trainern vernachlässigt wird.

Achtung, Rauchen
Die Gifte des Zigarettenqualms entziehen dem weiblichen Körper das Östrogen und erhöhen dadurch das Risiko der Osteoporose. Bei Frauen in den Wechseljahren, die täglich eine Packung Zigaretten rauchen, besteht eine um zehn Prozent verringerte Knochendichte.

Der tägliche Kalziumbedarf

(In Milligramm pro Tag gemäß der Deutschen Gesellschaft für Ernährung und der amerikanischen Osteoporosekonferenz)

● Säuglinge bis zu 12 Monaten	500
● Kinder, 1 bis 3 Jahre	600
● Kinder, 4 bis 6 Jahre	700
● Kinder, 7 bis 9 Jahre	800
● Kinder, 10 bis 14 Jahre	900 bis 1000
● Jugendliche und Erwachsene	800 bis 900
● Schwangere (ab 6. Monat)	1200
● Stillende	1200
● Frauen vor den Wechseljahren	1000
● Frauen nach den Wechseljahren	1500

Was die Kalziumaufnahme stört

▶ Oxalsäure hemmt die Kalziumausnutzung, weil sie mit dem Mineral unlösliche Verbindungen eingeht, die vom Körper nicht verarbeitet werden können. 220 Milligramm Oxalsäure binden ungefähr 100 Milligramm Kalzium. Für bereits an Osteoporose erkrankte oder durch Osteoporose gefährdete Menschen ist daher die Überwachung der Oxalsäurezufuhr durchaus sinnvoll (siehe Kasten).

▶ Phytin bildet mit Kalzium schwerlösliche Komplexe, die vom Körper nicht verwertet werden können. Einen hohen Phytingehalt findet man vor allem in Getreide. Dennoch sind gerade Vollkornprodukte für die Vorbeugung und Therapie unentbehrlich, da sie in der Regel auch viel Kalzium enthalten. Vorsicht jedoch bei Weizenkleie! Sie enthält mit 3600 Milligramm auf 100 Gramm erheblich zu viel Phytin.

▶ Phosphate verbinden sich mit den Kalziumionen zu Kalziumtriphosphat, das vom Körper kaum verwertet werden kann. Bei sehr hoher Phosphatzufuhr, beispielsweise durch Süßwaren oder Colagetränke, ziehen die gierigen Phosphatmoleküle ihre Kalziumpartner sogar aus Blut und Knochen heraus. Es ist also durchaus gerechtfertigt, bei phosphathaltigen Lebensmitteln von den wirklich großen Risikofaktoren für eine Osteoporose zu sprechen (siehe Kasten).

Vorsicht, das stört die Kalziumaufnahme

Reich an Oxalsäure und daher ungünstig für die Kalziumaufnahme im Körper sind folgende Nahrungsmittel:

- Kaffeeinstantpulver
- Kakaopulver
- Mangold
- Nüsse
- Petersilie
- Pfefferminzblätter
- Rhabarber
- Rote Bete, frisch
- Rote Bete, gekocht
- Spinat
- Teeblätter (schwarz)

Phosphatreiche Nahrungsmittel, die zur Vorbeugung und Therapie einer Osteoporose reduziert werden sollten, sind:

- Fleisch
- Bohnen
- Kichererbsen
- Sojabohnen
- Nüsse
- Schmelzkäse
- Colagetränke
- Schokolade
- Speiseeis
- Fischstäbchen
- Fischfrikadellen

Was die Kalziumaufnahme unterstützt

▶ Vitamin D ist für die Bildung der Proteine notwendig, die das aus der Nahrung zugeführte Kalzium an sich ketten und damit für den Organismus verwertbar machen. Darüber hinaus unterstützt Vitamin D den Kalziumtransport in die Knochen.

Das Vitamin kann von unserer Haut in Eigenregie gebildet werden, wenn wir uns nur ausreichend der Sonne aussetzen. Vor Sonnenbädern in der Sommersonne sei jedoch gewarnt. Sie führen nicht nur zum Sonnenbrand, sondern auch zu Funktionsstörungen in der Haut und damit zu Verlusten an Vitamin D!

Zu den Nahrungsmitteln mit hohem Vitamin-D-Anteil gehören Fisch, Butter, Käse, Milch, Margarine.

▶ Milchzucker macht die Zellmembranen durchlässiger für Kalziumionen. Aus diesem Grund ist Milch für Kinder und Säuglinge als Kalzium- und Vitamin-D-Lieferant immer noch ein Nahrungsmittel erster Wahl. Bedenklich stimmt allerdings die immer weiter zunehmende Anzahl an Menschen, die auf Milchzucker oder Milcheiweiß mit Problemen reagieren (Laktoseunverträglichkeit, Milcheiweißallergien). Für sie sind natürlich Milch und ihre Produkte als Nahrungsmittel ungeeignet.

Problemfall Kalzium

So wichtig das Mineral für die Vermeidung von Knochenerweichung ist, so wenig wird es hierzulande in der Ernährung berücksichtigt. Die Deutschen verzehren gerade einmal 500 Milligramm Kalzium pro Tag, das ist gerade erst die Hälfte des täglichen Bedarfs. 47 Prozent aller Menschen über 65 Jahre trinken Milch seltener als einmal pro Woche. Allerdings sollten Erwachsene eher auf Sauermilchprodukte wie Joghurt und Käse als Kalziumlieferanten setzen.

Problemfall Phosphat

Weniger als die Phosphate aus natürlichen Lebensmitteln sind diejenigen Phosphorverbindungen ein Problem, die den Nahrungsmitteln zu Konservierungs- oder Färbezwecken zugesetzt werden. Denn sie sind in ihrem Bindungsverhalten erheblich aggressiver, außerdem variiert ihre Menge nicht nur von Land zu Land (aufgrund der unterschiedlichen Lebensmittelgesetze), sondern auch von Produkt zu Produkt oft erheblich.

Tipps für Ihren Speiseplan

Nicht zu viel Kaffee

Koffein erhöht die Kalziumausscheidung über Stuhl und Urin. Diese Erhöhung ist allerdings recht gering, so dass dem Osteoporosepatienten zumindest der Genuss von drei Tassen Kaffee pro Tag gegönnt sein sollte – vor allem dann, wenn er seinen Muntermacher nicht schwarz, sondern mit etwas Milch trinkt.

Unser Tipp

Essen Sie zum Abendessen oder Frühstück häufiger mal ein Vollkornbrot mit Streichkäse, den sie mit Kräutern garnieren. Besonders kalziumreich und gleichzeitig schmackhaft sind Dill und Petersilie.

Kalziumreiche Nahrungsmittel

In der folgenden Liste werden lediglich die Nahrungsmittel aufgeführt, die einen hohen Realanteil an Kalzium besitzen. Der Realanteil ergibt sich aus den Kalziummengen abzüglich derjenigen Stoffe, die der Kalziumresorption in unserem Organismus hinderlich sind. So besitzen beispielsweise Spinat, Sojabohnen, Brokkoli, Haselnüsse, Kakao und Mandeln durchaus hohe Kalziumwerte, doch auf der anderen Seite ent-

halten sie viel Phosphat und Oxalsäure, die der Kalziumaufnahme im Weg stehen. Sie wurden daher – wie viele andere kalziumreiche Nahrungsmittel auch – in der Liste nicht berücksichtigt.

Backwaren
● Bienenstich
● Mohnkuchen
● Nussecken
● Printen

Kräuter
● Basilikum
● Bohnenkraut
● Dill
● Gartenkresse
● Kerbel
● Majoran
● Oregano
● Petersilie
● Pfefferminze
● Rosmarin
● Thymian

Milchprodukte
● Käse (eine Ausnahme bildet Schmelzkäse)
● Milch
● Joghurt
● Quark

Samen
● Leinsamen
● Mohn
● Sesam

▶ Zitronensäure sorgt ebenfalls für eine verbesserte Kalziumresorption. Man findet sie vor allem in Zitrusfrüchten und deren Säften. Fruchtsaftgetränke mit Kalziumbeigaben, wie sie in jüngerer Zeit immer häufiger von der Lebensmittelindustrie angeboten werden, machen also durchaus Sinn, denn ihr Kalzium wird von unserem Organismus gut resorbiert. Sie sind in jedem Fall eine ernsthafte Alternative für Menschen, die aus gesundheitlichen Gründen keine Milchprodukte verzehren dürfen.

Wichtig

Kalzium geht in großen Mengen verloren, wenn die Speisen lange gewässert und gekocht werden. Also: Bevorzugen Sie Rohkost oder Mahlzeiten mit kurzer Garzeit!

Tsatsiki

● Zutaten (für 2 Personen): 250 g Magerquark, 250 ml Kefir, 100 ml Milch, kalziumreiche Kräuter (Menge nach persönlichem Geschmack): Schnittlauch, Petersilie, Basilikum, Dill, 1 Zwiebel, 3 Knoblauchzehen, Salz, Pfeffer, 1 kleine Salatgurke
● Quark, Kefir, Milch, Kräuter, Zwiebelstücke und gepressten Knoblauch zu einem Brei verrühren. Dann kommen Gewürze, Kräuter und die fein geschnittenen Gurkenscheiben hinzu.
● Hierzulande wird Tsatsiki immer noch gern zusammen mit Weißbrot serviert, was allerdings im Hinblick auf die kalziumfeindlichen Phytinanteile des Weißbrots eher schade ist. Kombinieren Sie ihn daher besser mit Vollkornbrot – oder noch besser: mit ungeschälten Kartoffeln, deren Kalziumgehalt sich ebenfalls sehen lassen kann.

Erhöhter Kalziumspiegel?

Eine Überversorgung an Kalzium über die Nahrung ist praktisch unmöglich; ein erhöhter Kalziumspiegel im Blut ist daher ein sicheres Symptom für eine schwere Erkrankung und muss unbedingt ärztlich behandelt werden.

Getrocknete Aprikosen – eine verdauungsfördernde Süßigkeit.

Verstopfung

Symptome

- Der Darm wird weniger als einmal in fünf Tagen entleert
- Ständiges Völlegefühl im Unterleib
- Harter und trockener Stuhl
- Die Darmentleerung bereitet Schwierigkeiten, mitunter auch Schmerzen

Ursachen

▶ Ortswechsel

▶ Ernährungsumstellung

▶ Chronischer Stress und unbewältigte psychische Konflikte – hier vor allem solche, die mit dem Komplex »Trennen/Loslassen« zu tun haben

▶ Falsche Ernährung: Zu wenig Ballaststoffe, zu wenig Kalium und zu wenig Inositol

▶ Bestimmte Medikamente (vor allem Schmerz- und Hustenmittel)

Lassen Sie sich beim Essen Zeit

Wer beim Essen lange und ausgiebig kaut, sorgt bereits im Mundraum für eine Zerkleinerung der Lebensmittel. Dadurch wird die Angriffsfläche der Nahrungsmittel größer, außerdem bewirkt der Speichel bereits die ersten chemischen Verdauungsprozesse. Dem Darm als abschließendem Verdauungsorgan wird dadurch die Arbeit leichter gemacht. Auch Blähungen werden so reduziert, da sich keine halb bzw. wenig verdauten Stoffe im Darm ablagern und dort Gärungsgase bilden.

Bitterstoffe regen die Verdauung an

Bitterstoffe werden nur selten genannt, wenn es um eine gesunde Ernährung geht. Dabei besitzen sie eine ganze Reihe von gesundheitsfördernden Effekten; herausragend ist ihre Wirkung auf den gesamten Verdauungsprozess.

Sie regen die Geschmacksnerven auf der Zunge an, wodurch wiederum die Produktion der Verdauungssäfte von Magen und Bauchspei-

Süß gegen Bitter

Wer viel Süßes isst, entwickelt nur wenig Appetit auf Bitteres. Versuchen Sie daher, Ihren Süßwarenkonsum so weit wie möglich zu reduzieren. Sie werden sehen, dass Sie dann mitunter sogar Appetit auf eine Grapefruit bekommen.

cheldrüse sowie die Darmbewegungen mobilisiert werden. Interessanterweise bleibt dabei die Geschwindigkeit, mit der die Nahrung durch den Verdauungstrakt läuft, konstant; es bleibt also den verdauenden Organen nach wie vor genug Zeit, die Nahrung zu verarbeiten; alle nötigen Nährstoffe können in den Blutkreislauf übergehen. Die verdauungsfördernde Wirkung der Bitterstoffe beginnt ungefähr 20 bis 30 Minuten, nachdem sie verzehrt wurden.

Wichtige Nahrungsmittel mit bitterem Geschmack

▶ Mehrfach ungesättigte Fettsäuren wie Linol-, Öl- und Linolensäure befinden sich in großen Mengen in Sonnenblumen-, Weizenkeim-, Erdnuss- und Maiskeimöl.

▶ Aminosäuren wie Leuzin, Phenylalanin, Tyrosin, Tryptophan und Valin regen einerseits die Verdauung an, hemmen andererseits aber den Appetit. Sie eignen sich daher vorzüglich zur Gewichtsregulierung. Man findet die genannten Aminosäuren vor allem in Käse und anderen Milchprodukten.

▶ Magnesiumsulfat, das Bittersalz, fördert die Verdauung und gilt als ein Erste-Hilfe-Mittel bei Lebensmittelvergiftungen. Es findet sich in den meisten Mineralwässern.

▶ Fein zerkleinerte Zwiebeln bekommen binnen weniger Minuten einen bitteren Geschmack. Verantwortlich dafür sind schwefelhaltige Substanzen, die nicht nur die Verdauung fördern, sondern auch die Vermehrung von schädlichen Darmkeimen verhindern.

Kalium für die Darmmuskulatur

Kalium ist ein wichtiger Bestandteil in der so genannten Natrium-Kalium-Pumpe unserer Muskeln, also auch der Darmmuskulatur. Während jedoch die Natriumversorgung über das Kochsalz in unserer täglichen Ernährung weitgehend abgesichert ist, kommt es bei der Kaliumzufuhr immer wieder zu Engpässen.

Hier findet sich reichlich Kalium

- Artischocken
- Bierhefe
- Bohnen
- Kakao
- Leinsamen
- Petersilie
- Pistazienkerne
- Sojabohnen
- Spinat
- Rote Bete
- Topinamburen
- Weizenkleie

Chronische Verstopfungen immer ernst nehmen

Chronische Verstopfungen sind keine Bagatellerkrankungen. In ihrem Gefolge kann es zu Krankheiten kommen wie Hämorrhoiden, Divertikulose, Blinddarmentzündung, Bruchleiden, Krampfadern und Dickdarmkrebs.

Positive Wirkung der Bitterstoffe

Bitterstoffe regen die Verdauung an und zeigen eine Reihe gesundheitsfördernder Effekte. Magnesiumsulfat ist ein altbewährtes Hausmittel bei Vergiftungen. Es aktiviert im Körper auch zahlreiche Enzyme.

Vorsicht, Blähungen

Einige Ballaststoffe mobilisieren leider nicht nur die Verdauung, sondern sorgen auch für Blähungen. Blähungsgefahr besteht hauptsächlich bei Haferkleie, Hafermehl, Gerstenkleie, Karotten, roten Rüben, Rettich, Radieschen, Sellerie, Schwarzwurzeln, Zwiebeln, Hülsenfrüchten, Rosenkohl. Durch entsprechende Würzen wie etwa Kümmel können die Blähungen jedoch weitgehend vermieden werden.

Ballaststoffe gegen träge Därme

Bei den Ballaststoffen handelt es sich nicht um eine einheitliche Substanz, sondern um ein Gemisch unterschiedlicher pflanzlicher Stoffe. Ihre Gemeinsamkeit: Für den Menschen sind sie unverdaulich, d. h., sie passieren den Verdauungstrakt, ohne chemisch verändert zu werden. Da sie keine chemischen Verbindungen eingehen, bedeutet das, dass ihre Wirkungen auf den menschlichen Organismus hauptsächlich physikalischer Natur sind. Doch das hindert die Ballaststoffe nicht, vor allem für die Gesundheit des Darms von entscheidender Bedeutung zu sein.

Vorbeugend gegen schwere Darmleiden

Ballaststoffe erhöhen das Volumen des Darmbreis, außerdem verändern sie seine Konsistenz, so dass er von der Darmmuskulatur leichter weitertransportiert werden kann. Das macht sie zu einem der wirksamsten Heil- und Vorsorgemittel gegen Verstopfung und deren Folgeerkrankungen wie etwa Hämorrhoiden, Divertikulose und Krampfadern.

Holunderbeeren und Holundersaft sind heute leider fast völlig aus unserer Ernährung verschwunden. Dabei steht hier ein hervorragendes Abführmittel zur Verfügung, das ohne jede Nebenwirkung hilft.

Hier finden sich Ballaststoffe

Lebensmittel mit mittlerem Ballaststoffgehalt sind:
- Unpolierter Reis
- Weizenvollkornbrot
- Kartoffeln
- Karotten
- Blumenkohl
- Weißkohl
- Äpfel
- Aprikosen
- Erdbeeren
- Johannisbeeren
- Rosinen
- Bananen

Lebensmittel mit hohem Ballaststoffgehalt sind:
- Bohnen
- Erbsen
- Kichererbsen
- Linsen
- Mandeln

- Pekannüsse
- Pistazienkerne
- Sonnenblumenkerne
- Sesamsamen
- Vollkornbrötchen
- Knäckebrot
- Pumpernickel
- Sechskornbrot
- Vollkorntoast
- Vollkornkekse
- Getrocknete Aprikosen
- Backobst
- Getrocknete Feigen
- Trockenpflaumen
- Holunderbeeren
- Sultaninen

Lebensmittel mit sehr hohem Ballaststoffgehalt sind:
- Weizenkleie
- Leinsamen
- Mohnsamen

Ballast ohne Blähungen

Ballaststoffreiche Nahrungsmittel mit geringem Blähungsrisiko sind:
▶ Weizenkleie
▶ Weizenmehl
▶ Getreideflocken
▶ Obst
▶ Kürbiskerne
▶ Sonnenblumenkerne
▶ Naturreis
▶ Sojaprodukte

Inositol für die Darmmuskeln

Das B-Vitamin Inositol beseitigt Verstopfungen, indem es die an der Darmbewegung beteiligten Muskeln aktiviert. Man findet es vor allem in Vollkorngetreide, Bierhefe, Hülsenfrüchten und Obst.

Wasser macht den Stuhl flüssig

Ausreichendes Trinken wird oft vernachlässigt. Doch so mancher allzu feste Stuhlgang lässt sich einfach durch eine gesteigerte Flüssigkeitszufuhr in Fahrt bringen. Trinken Sie also viel Kräutertee und Mineralwasser, auch dann, wenn Sie keinen Durst verspüren.

Pflaumen – die schnelle Verdauungshilfe

Die Pflaume enthält als Ballaststoffe die so genannten Pektine. Diese Substanzen besitzen eine starke Quellfähigkeit, durch die ein harter Stuhl aufgeweicht wird. Darüber hinaus verbessert die Pflaume durch ihren hohen Kaliumgehalt die Tätigkeit der Darmmuskeln.

Keine Abführmittel

Synthetische Abführmittel schädigen längerfristig den Darm und entziehen dem Körper wichtige Kaliumsalze. Gerade Letzteres ist von großem Nachteil, denn Kaliummangel macht den Darm noch träger, als er vorher war. Mit anderen Worten: Wer einmal mit Abführmitteln beginnt, wird immer mehr davon nehmen müssen, um seine Darmentleerung zu beschleunigen.

Tipps für Ihren Speiseplan

Die richtigen Getränke

Nicht alle Getränke eignen sich zur darmanregenden Flüssigkeitszufuhr. Am besten geeignet sind Mineralwässer, Fruchtsäfte, Fruchtsaft-Mineralwasser-Gemische und Tee.
Ungünstig sind Limonaden und Kakao, ganz schlecht sind Colagetränke, da sie dem Stuhl große Wassermengen entziehen.

Verdauungsfördernde Gewürze

Zu den verdauungsfördernden Gewürzen zählen:
- Ajowan
- Alant
- Galgant
- Kalmus
- Kapern
- Koriander
- Pfeffer
- Pfefferminze
- Tamarinde

Ballaststoffe – den ganzen Tag

- Essen Sie über den Tag verteilt ballaststoffreiche Obstsorten.
- Zum Frühstück sollten reichlich Vollkornbrot oder ballaststoffreiche Frühstückszerealien (z. B. Müsli, Weizenkleie, Getreideflocken, Haferflocken, Haferflakes) auf dem Speiseplan stehen.

- Zu Mittag sollten täglich ballaststoffreiche Gemüsesorten und weniger Fleisch auf den Tisch kommen.
- Trinken Sie regelmäßig verdauungsfördernde Säfte! Besonders geeignet sind Pflaumen-, Holunder-, Sauerkraut- und Zitronensaft.

Natürliche Hilfsmittel

Achten Sie auf die Inositolzufuhr in Ihrer Nahrung. Inositolreiche Nahrungsmittel sind Bierhefe, Melasse, Lezithin, Orangen, Vollkornprodukte und Zitronen.
Haben Sie auch Mut zum Bitteren. Süßen Sie nichts alles, nur weil es ein wenig bitter schmeckt. Denn Bitterstoffe mobilisieren die Verdauung auf sanfte Art.

Kräutertees

Folgende Tees helfen bei Verstopfungen:
- Anis
- Eibisch
- Engelwurz
- Faulbaum
- Fenchel
- Holunder
- Kümmel

Altbewährt und hoch wirksam ist eine Mischung aus – zu gleichen Teilen – Faulbaumblüten, Holunderblüten und Fenchelfrüchten.

Pflaumenmus statt Abführmittel

Hier das Rezept zu einem verdauungsfördernden Bitterpflaumenmus: Treiben Sie 15 bis 20 gekochte Pflaumen durch ein Sieb, und fügen Sie dann dem Brei noch etwa 10 Gramm Bittersalz hinzu! Essen Sie davon alle 30 Minuten 1 Teelöffel. Ersatzweise können Sie für die Pflaumen auch getrocknete Feigen oder Birnen nehmen. Ihr Wirkstoffgehalt ist dem der Pflaumen recht ähnlich.

Obstsalat mit Pflaumen

● Zutaten (für 2 Personen): 8 Pflaumen, 2 Pfirsiche, 1 Kiwi, ½ Zitrone, 50 g Mascarpone, 100 g Joghurt, 1 TL Honig, gehackte Nüsse
● Die Pflaumen und Pfirsiche waschen und entkernen, die Kiwi schälen. Alle Früchte in kleine Scheibchen zerschneiden und zusammenmischen.
● Für die Creme die halbe Zitrone auspressen, dann Mascarpone, Joghurt, Honig und den Zitronensaft mit dem Handmixer verrühren und über das Obst geben.
● Auf die beiden Portionen können dann ein paar Nussstücke verstreut werden. Der Obstsalat schmeckt sehr erfrischend und eignet sich vor allem für die Sommermonate.

Die Pflaume – schon immer geschätzt
Die Pflaume wurde von Ärzten schon immer als verdauungsförderndes Mittel geschätzt. In Armenien und am Kaukasus – in ihrer ursprünglichen Heimat – kommt die Pflaume noch heute zu jeder Gelegenheit auf den Tisch. Die Folge: In diesen Ländern sind Abführmittel praktisch unbekannt.

Föhn im Gebirge – für Wetterkranke oft eine Qual.

Wetterfühligkeit

Symptome

- Typ I (in 44 Prozent aller Fälle): Müdigkeit, Apathie, depressive Verstimmungen, Konzentrationsschwäche

- Typ II (in 43 Prozent aller Fälle): Unrast, Reizbarkeit, Migräne, Übelkeit, Schlaflosigkeit, Herzklopfen, Herzschmerzen, Hitzewallungen, Schwindel, Muskelzittern, Sehstörungen, Atemnot, Reizbarkeit der Schleimhäute

- Typ III (in 13 Prozent aller Fälle): Mischung der Symptome der Typen I und II

Ursachen

Wetterfühlige Menschen haben Schwierigkeiten, sich an veränderte Wetterverhältnisse anzupassen. Grundsätzlich gilt hierbei, dass ein falsch ernährter oder kranker Körper größere Anpassungsprobleme hat als ein gesunder. Daraus können bereits zwei wichtige Regeln für die Wetterfühligkeit abgeleitet werden:

▶ Eine leichte, fettarme Kost sorgt für eine Entlastung des Körpers und fördert dadurch seine Fähigkeit, sich auf Wetterumschwünge einzustellen.

Keine Seltenheit
Ernsthaft wetterkrank sind 30 Prozent aller Menschen, weitere 30 Prozent spüren zumindest Wettereinflüsse, auch wenn sie sich dabei nicht unbedingt negativ beeinträchtigt fühlen.

▶ Sollte sich die Wetterfühligkeit in besonders schweren Symptomen zeigen, empfiehlt sich eine Untersuchung beim Arzt, um möglicherweise bestehenden Erkrankungen auf die Spur zu kommen.

Meteorologische Auslöser

Zu den meteorologischen Hauptauslösern gehören trockene und warme Winde, die aus den umgebenden Luftströmungen eines Tiefdruckgebietes entstanden sind, wie z. B. der Alpenföhn oder der Chamsin in Vorderasien.

Hormon- und Neurotransmitterprobleme

Wetterfühlige Patienten besitzen einen überdurchschnittlich krisenanfälligen Hormon- und Neurotransmitterhaushalt:

▶ Der Wetterfühlige vom Typ I leidet bei Wetterumschwung unter akut nachlassender Noradrenalin- und Serotoninaktivität. Diese

Hormone wirken u. a. als Botenstoffe zwischen den Nervenendigungen und dienen der Aufrechterhaltung des normalen Leistungsvermögens sowie der Bewältigung von Stressreizen. Beim Wetterfühligen vom Typ I haben Umstellungen in der Ernährung relativ große Erfolgsaussichten.

▶ Der Wetterfühlige vom Typ II leidet an einem Überschuss des Botenstoffes Serotonin. Auch wenn das Serotonin allgemein zu Leistungsfähigkeit und Euphorie führt und daher als Glückshormon bezeichnet wird, führt sein Überschuss zu einem abnormen Anstieg aktiver Potenziale. Die Folge ist, dass der Patient unruhig und hektisch wird und unter Schlafstörungen leidet. Der Wetterfühlige vom Typ II reagiert günstig auf hohe Dosierungen an Vitamin A und Vitaminen der B-Gruppe.

▶ Der Wetterfühlige vom Typ III leidet häufig an einer Schilddrüsenüberfunktion. Hier bestehen leider für eine Umstellung in der Ernährung die geringsten Heilungschancen.

Die richtigen Biostoffe für den Typ I

▶ MAO-Hemmer. Hauptziel einer Ernährungstherapie bei Wetterfühligkeit sind die so genannten MAO-(Monoaminoxidase-)Hemmer. Denn die hindern die wichtigen Glückshormone Serotonin, Dopamin und Noradrenalin an der Arbeit. In der Natur finden sich jedoch reichlich Biostoffe, die zu den MAO-Hemmern gezählt werden, also zu den Substanzen, die den MAO-Enzymen den Wind aus den Segeln nehmen.

Dazu zählen in erster Linie Querzetin und Zeaxanthin. Man findet Querzetin überwiegend in Äpfeln, Blumenkohl, Brokkoli, Grünkohl, grünen Bohnen und Kirschen, absoluter Star ist jedoch die gelbe Zwiebel. Zeaxanthin findet man hauptsächlich in Brokkoli, Grünkohl und Spinat.

▶ Die Aminosäure Tryptophan bildet den Vorläufer zum depressionshemmenden Botenstoff Serotonin. Zu den ergiebigen Tryptophanlieferanten gehören Meeresfische, Geflügel, Eier, Hülsenfrüchte sowie Nüsse und Samen.

▶ Die Aminosäure Phenylalanin bildet die Vorstufe zum Glückshormon Noradrenalin. Man findet sie vor allem in Karotten, Roter Bete, Tomaten, Spinat und Äpfeln.

Wichtig: Für den Wetterfühligen vom Typ III sind hohe Dosierungen an Phenylalanin ganz und gar nicht geeignet, weil sie die – beim Typ III ohnehin schon gesteigerte – Produktion der Schilddrüsenhormone weiter anregen.

Welcher Typ sind Sie?
Beobachten Sie genau, zu welchem Typ der Wetterfühligen Sie gehören. Danach richtet sich im Wesentlichen Ihr Ernährungsplan.

Natur pur
Statt in den Medikamentenschrank zu greifen, beißen Sie lieber in einen sauren Apfel. Je nach Typ der Wetterfühligkeit sollten Sie auf die richtige Menge an Obst und Gemüse auf dem Speiseplan achten.

Keine Marotte
Wetterfühligkeit ist nicht etwa eine Marotte oder ein Wehwehchen unserer stressgeplagten Neuzeit, sondern schon seit alters bekannt. So beschäftigte sich schon im 5. Jahrhundert der griechische Arzt Hippokrates mit dem Einfluss des Wetters auf das Wohlbefinden.

Gezielte Ernährung
Achten Sie auf eine ausgewogene Zusammenstellung von Vitaminen und Mineralstoffen. Besonders Rohkost in allen Farben ist dafür geeignet. Das Reizvolle daran – das Auge isst auch mit.

Tipps für Ihren Speiseplan

Weniger Fett

Essen Sie weniger Fett und mehr komplexe Kohlenhydrate. Versuchen Sie, den Verzehr von fettem Fleisch, deftigen Saucen und Süßigkeiten so weit wie möglich zu reduzieren.

Bauen Sie dafür mehr Vollkornprodukte, Kartoffeln und Hülsenfrüchte in Ihren Speiseplan ein.

Nicht schlemmen

Meiden Sie allzu opulente Speisen. Denn je voller Ihr Magen ist, desto weniger Blut bleibt fürs Gehirn, desto schwerer wird es Ihnen fallen, wach zu bleiben.

Äpfel und Brokkoli

Wetterfühlige vom Typ I sollten jeden Tag einen Apfel essen und mindestens zweimal die Woche ein Gemüse mit MAO-Hemmern wie beispielsweise Brokkoli, Grünkohl, Spinat und Blumenkohl. Bereiten Sie sich öfter einen Obstsalat, beispielsweise mit frischen Kirschen, Äpfeln und Bananen.

Viele Vitamine

Wetterfühlige vom Typ II brauchen viel Vitamin A und große Mengen an B-Vitaminen. Versuchen Sie, Ihre morgendlichen Brötchen zu Gunsten von Vollkornbrot (Vollkornbrötchen sind weniger geeignet, weil sie oft überwiegend aus Weißmehl hergestellt wurden) und Müsli (mit Joghurt, Kefir, Milch oder Quark) aufzugeben. Essen Sie mehr Rohkost, in der stets karotinreiche Gemüsesorten auftauchen sollten wie etwa Karotten, Tomaten, Kürbis, Brokkoli und rote bzw. gelbe Paprikafrüchte.

Bierhefe für Vitamin B

Für die Vitamin-B-Versorgung darf beim Typ II ein- bis zweimal pro Woche auch ein Stückchen Leberwurst auf den Tisch kommen. Besser geeignet – weil ärmer an Fett – sind allerdings Bierhefeflocken, die man über seine Speisen streuen kann, oder Bierhefetabletten.

Genussgifte reduzieren

Reduzieren Sie Ihren Konsum an Kaffee und Alkohol! Die beiden Getränke beeinträchtigen die Fähigkeit Ihres Körpers, auf Wetterumschwünge vernünftig zu reagieren.

Machen Sie vor allem nicht den Fehler, auf wetterbedingte Müdigkeit mit Sekt oder Kaffee zu reagieren. In solchen Fällen ist ein frisch gepresster Tomaten- oder Karottensaft viel besser geeignet.

Die richtigen Biostoffe für den Typ II

▶ Vitamin A hilft gegen die Sehstörungen und Reizungen der Schleimhäute. Um den Verdauungstrakt nicht übermäßig zu belasten, empfiehlt sich die Vitamin-A-Zufuhr über pflanzliche Kost mit hohem Karotingehalt. Dazu zählen vor allem Aprikose, Brokkoli, Grünkohl, Kürbis, Karotten und Spinat.
▶ Die Vitamine aus der B-Gruppe unterstützen die Arbeit des Nervensystems, helfen gegen Schlaflosigkeit, Nervosität und Reizbarkeit. Man findet sie in Vollkornprodukten, Gemüse, Bierhefe und Nüssen. Gelegentlich sollten Sie auch ein Stück mageres Fleisch essen.

Rote-Bete-Salat mit Apfel und gelbem Paprika

● Zutaten (für 2 Personen): 1 gelber Paprika, ½ Apfel, 200 g Rote Bete aus dem Glas, 1 EL Apfelessig, Salz, Pfeffer, 1 EL Weizenkeim- oder Distelöl, ½ Zwiebel, etwas gehackte Petersilie, 2 Paranüsse
● Der Paprika wird gewaschen und entkernt, der halbe Apfel entkernt und geschält. Alles wird dann zu dünnen Streifen geschnitten und zusammen mit der Roten Bete (gut abtropfen lassen) vermischt.

● Für die Sauce den Essig in einer Schüssel mit Salz und Pfeffer würzen und mit dem Pflanzenöl verrühren. Die Zwiebel würfeln und zusammen mit der Petersilie untermischen. Die Sauce wird schließlich über den Salat gegossen.
● Den Abschluss bilden die Paranüsse, die gehobelt und über dem Salat verteilt werden. Vor dem Servieren 15 Minuten ziehen lassen.

Unser Kräutertipp
Das Heilkraut der ersten Wahl bei Wetterfühligkeit vom Typ I ist das Johanniskraut. Übergießen Sie 1 Esslöffel der Droge mit 1 großen Tasse siedendem Wasser. 10 Minuten ziehen lassen, schließlich abseihen. Trinken Sie davon 2 Tassen pro Tag.

Auf einen Blick – was hilft, was schadet

Krankheit	Nahrung, die schadet	Nahrung, die heilt
Arteriosklerose	Eier, Rind- und Schweinefleisch, Innereien, fette Saucen, Aal, Süßwaren, Weißmehl	Grüner Tee, Zitrusfrüchte, Knoblauch, Rotwein, pflanzliche Öle, Joghurt, Kefir, Ingwer, Kurkuma
Blutdruck, hoher	Alle fetthaltigen Speisen	Grüner Tee, Knoblauch, Kakis, Rotwein, Sajo-Caju-Pilze
Blutdruck, niedriger	Alle fetthaltigen Speisen	Schwarzer und grüner Tee, Matetee, Rosmarin, Lakritze, Kiwis, Rosmarinwein
Durchfall-erkrankungen	Tee, Kaffee, Colagetränke, alle fettreichen Speisen	Bananen, Kefir, Joghurt, Kartoffel-Möhren-Suppe Äpfel, Heidelbeeren, Mineralwasser
Erbrechen	Zitrusfrüchte, anregende Gewürze, rohe Zwiebeln, Kohl, Hülsenfrüchte, frittierte und fettreiche Speisen	Stilles Mineralwasser, Kamillentee, Götterspeise
Erkältungs-krankheiten	Fettreiche Speisen	Honig, Tee, Knoblauch, Kresse, Mineralwasser, Sanddornsaft, Zwiebeln, Cayennepfeffer
Fieber	Fettreiche Speisen, Fleisch	Hagebutte, Zwiebelwein, Lindenblütentee, Zwiebeln
Gastritis (Magen-schleimhaut-entzündung)	Fettreiche Speisen, scharfe Gewürze	Papayas, Dill, Möhren, Weißkohlsaft, Kefir
Husten	Hartwurst, Käse, Wein, Bier	Honig, Rettich, Knoblauch, Thymian
Karies	Süßwaren, Limonaden, Colagetränke, Weißmehl	Tee, Vollkornprodukte, Käse, fluoridiertes Salz, Walnüsse

Auf einen Blick – was hilft, was schadet

Krankheit	Nahrung, die schadet	Nahrung, die heilt
Krampfadern	Alle fetthaltigen Speisen, Süßwaren	Ingwer, Kiwis, Chilis, Honigmelonen, Knoblauch, Buchweizen
Krebserkrankungen	Alle fetthaltigen Speisen, Süßwaren, Räucherwaren	Tee, Fisch, Vollkornwaren, Gemüse, Kefir, Joghurt, Olivenöl
Menstruations-beschwerden und PMS	Kaffee	Hanfsamen, Fischöl, Olivenöl
Migräne	Alle konservierten Waren, Rind- und Schweinefleisch, Innereien, Hartwurst, Schokolade, Aal, Thunfisch, Bier, Wein, Süßwaren	Tee, Gemüse, Pflanzenöle, Ingwer, Gewürznelken
Neurodermitis	Käse, Hartwurst, Wein, Bier, Süßwaren	Rotbuschtee, Avocados, Fischöl
Osteoporose	Instantkaffee, schwarzer Tee, Konservenwaren, Rhabarber, Nüsse, Rote Bete, Mangold	Joghurt, Kefir, Leinsamen
Rheumatische Arthritis	Fetthaltige Speisen, Aal, Rind- und Schweinefleisch	Fischöl, Hanfsamen, grünes Gemüse, Sellerie, Ingwer, Shiitakepilze
Urtikaria (Nesselsucht)	Käse, Hartwurst, Wein, Bier, Süßwaren	Rotbuschtee, Avocados, Fischöl
Verstopfung	Colagetränke, Fleisch, Käse, Weißmehlprodukte, Süßwaren	Pflaumen, Feigen, Leinsamen, Vollkorn
Wetterfühligkeit	Kaffee, alkoholhaltige Getränke, alle fetthaltigen Speisen	Rotbuschtee, Brokkoli, gelbe und rote Paprikaschoten

Gesunde Nahrung von A bis Z

Wenn Sie sich nun fragen, was Sie bei Ihrem nächsten Einkauf im Supermarkt mit nach Hause nehmen sollen, um etwas für Ihre Gesundheit zu tun, können Ihnen die nächsten Seiten einige Anregungen bieten. Leider konnte nicht alles aufgenommen werden, was uns die Natur bietet, um uns auf gesunde Art satt zu machen – dieses Buch wäre dreimal so dick geworden. So finden Sie beispielsweise nur einige ausgewählte, besonders wirksame Gemüse – was nicht heißen soll, dass das nicht erwähnte Grünfutter ungesund wäre. Dafür lesen Sie öfter etwas über Nahrungsmittel, deren heilsame Wirkung man nicht unbedingt erwartet hätte, und über solche, die sich hierzulande noch nicht so recht durchgesetzt haben. Vielleicht bekommen Sie ja Lust, demnächst Algen, Shiitakepilze oder Sojaprodukte auf den Tisch zu bringen. Und wenn Sie einen guten Tropfen nicht ablehnen: Auch vom Wein erfahren Sie, was er Ihrer Gesundheit Gutes tut.

Algen sind in der japanischen Küche seit alters gebräuchlich.

Algen für Einsteiger
Algengemüse eignet sich als Beilage zu Suppen, Salaten und Fisch. Für Einsteiger am besten sind die beiden Sorten Hijiki und Arame, da sie dem europäischen Geschmackssinn am nächsten kommen. Zur Herstellung von Sushis – in Algen eingewickelte Fischhäppchen – verwendet man getrocknete Algen, die zuvor 15 Minuten lang eingeweicht wurden. Der Vitamingehalt des getrockneten Gemüses ist allerdings deutlich reduziert.

Algen

Herkunft und Geschichte

In Japan werden Algen schon seit Jahrtausenden als gesundes Lebensmittel eingesetzt. Bis heute sind dort Algen in der Küche fest etabliert, während sie in unseren Breiten erst langsam in den Naturkostläden Verbreitung finden.

Die wichtigsten Biostoffe

▶ Hochwertige Proteine
Algengemüse besteht zu etwa sechs Prozent aus Eiweiß, das in seinem Aminosäurenprofil dem Bedarf des Menschen sehr entgegenkommt.
▶ Folsäure
Eine Portion aus 50 Gramm Algengemüse deckt bereits die Hälfte des Tagesbedarfs an Folsäure. Das Vitamin B8 unterstützt die Blutbildung und die Funktionen des Verdauungsapparates. Folsäure ist notwendig zur Verwertung von Vitamin B12. Im Bereich des Gehirns spielt Folsäure die Rolle des Gute-Laune-Stoffes, außerdem fördert es den Schlaf. Bei der Therapie von Depressionen ist es jedoch eher bedeutungslos.

Algen als Heilmittel

Präventiv (vorsorgend) wirken Algen bei:
● Blutarmut
● Krebserkrankungen
● Depressionen
● Osteoporose
● Herzrhythmusstörungen
● Schlafstörungen
● Jodmangelkrankheiten
● Stressbedingter Nervosität

Algen unterstützen die Therapie von:
● Herzrhythmusstörungen

● Jodmangelkrankheiten wie etwa leichter Kropfbildung
● Schlafstörungen

Neben diesen Wirkungen, die durch alle Algen zu erzielen sind, besitzen einige Sorten spezifische Heilwirkungen.
● Norialgen wirken antibiotisch.
● Kombualgen senken den Blutdruck.
● Wakamealgen wirken blutverdünnend.

Der richtige Umgang mit Algen

● Neben den Algen – pro Person etwa 50 Gramm – brauchen Sie nur Butter und Salz. Das Gemüse wird gesäubert, gewaschen und in leicht gesalzenem Wasser eine Minute lang blanchiert.

● Dann Algen mit einem Schaumlöffel herausnehmen und ins Eiswasser geben, damit die Farbe nicht verloren geht.

● Die Butter in einer Pfanne erhitzen und die abgetropften Algen darin bei leichter Hitze durchschwenken, bis sie heiß sind.

▶ Mangan
Eine Portion Algen (50 Gramm) enthält etwa ein Milligramm Mangan. Das Mineral wird zum Aufbau von Bindegewebe und Knochen benötigt. Es gilt mittlerweile als wirkungsvolle Prophylaxe bei Osteoporose. In Algengemüse liegen Mangan und sein Gegenspieler Kupfer in einem sehr günstigen Verhältnis vor, so dass eine optimale Aufnahme der beiden Mineralien gewährleistet ist.

▶ Magnesium
In den Zellen konkurriert Magnesium mit seinem Gegenspieler Kalzium. Während Kalzium erregend wirkt, geht vom Magnesium ein beruhigender Effekt aus. Dies ist besonders für die Arbeit des Herzmuskels von Bedeutung. Ein Mangel an Magnesium führt zur übermäßigen Erregung des Herzmuskels, eine ausreichende Magnesiumversorgung vermag hingegen bei Herzrhythmusstörungen zu helfen. In Algen liegen die beiden konkurrierenden Mineralien im idealen Verhältnis vor. Eine Portion des Meeresgemüses (50 Gramm) deckt fast ein Viertel des gesamten Tagesbedarfs an Magnesium.

Dem gefährlichen Jodmangel vorbeugen

▶ Jod
Als typische Meereslebewesen decken Algen den menschlichen Jodbedarf vorzüglich ab, ihr Jodgehalt reicht sogar zur Therapie von Jodmangelkrankheiten aus. Bereits fünf Gramm getrocknete Algen sorgen für den gesamten Tagesbedarf. Das Spurenelement Jod wird für Stoffwechselvorgänge und die Arbeit der Schilddrüse benötigt.

▶ Fukoidan
Dieser typische Algenwirkstoff wirkt antioxidativ und stärkend auf das Immunsystem. In zahlreichen Untersuchungen konnte seine präventive Wirkung auf Krebserkrankungen eindrucksvoll bestätigt werden.

Algen als Alternative
Vielleicht sind Ihnen Algen als Gemüse überhaupt noch nicht vertraut – und Sie sind skeptisch: Trotzdem sollten Sie dieses schmackhafte und gesunde Gemüse einmal ausprobieren. Schnell und einfach zuzubereiten, bieten Algen eine willkommene Alternative zu Bohnen & Co. Zusätzlich bieten Algen ein günstiges und ausgewogenes Biostoffprofil: Sie liefern wichtige Mineralstoffe wie Mangan, Magnesium und Jod.

Algen im Wok zubereiten
Sind Sie auf der Suche nach einem individuellen und besonderen Geschenk? Wäre da ein schicker Wok nicht eine gute Idee? Im Wok zubereitetes Essen ist gesund und köstlich. Gerade Algen lassen sich ideal in diesem asiatischen Topf zubereiten. Das macht auch kochfreudigen Männern Spaß: Algen im Wok schnell und heiß zubereiten. So verbinden Sie Kochspaß und gesunde Ernährung.

*Eine der ältesten Kultur-
pflanzen und Gesund-
macher: der Apfel.*

Apfel

Herkunft und Geschichte

Äpfel werden seit über 4000 Jahren geerntet. Sie kamen von Klein-asien und Ägypten – aus den Nilgärten Ramses II. – nach Europa. Heute gibt es in Deutschland schätzungsweise 16 Millionen Apfel-bäume. Jeder Bundesbürger verzehrt rund 35 Kilogramm Äpfel pro Jahr. Damit nimmt der Apfel hierzulande eine absolute Spitzenstel-lung ein. Etwa 60 Prozent des verzehrten Kernobstes stammen aus deutschem Anbau.

Vorsicht, Chemie

Kaufen Sie Ihre Äpfel im konventionellen Handel? Das sollten Sie sich vielleicht mal überdenken. Denn diese Äpfel haben in der Regel eine lange »Chemiegeschichte« hinter sich. Üblich sind bei Äpfeln folgende chemische Behandlungen:
▶ Eine Nachwinterspritzung
▶ Zwei Vorblütespritzungen
▶ Eine Blütespritzung
▶ Zwei Nachblütespritzungen
▶ Zwei Obstmadenspritzungen
Sollte der Apfel nach diesen Chemiekuren immer noch eine braune Schale andeuten, dann erhält er ein Tauchbad in Antioxidanzien.
Es ist also besser, wenn Sie Ihre Äpfel aus kontrolliert ökologischem Anbau kaufen. Diese Äpfel sind dann vielleicht etwas kleiner und nicht so schön als die im Handel üblichen Äpfel, dafür sind sie aber weitaus gesünder.

Äpfel immer gut waschen
Alle Äpfel sollten vor dem Verzehr gründlich und lange gewaschen werden, denn viele Äpfel haben mehrere Spritzungen mit chemischen Stoffen hinter sich. Verwenden Sie hierzu abwechselnd heißes und kaltes Wasser. Schälen sollten Sie die Früchte jedoch in keinem Fall, denn die meisten der wertvollen Biostoffe sind in der Schale enthalten. Bei Äpfeln aus kontrolliert biologischem Anbau kön-nen Sie die chemischen Belastungen mit Insektizi-den meist ganz vermeiden.

Apfel als Heilmittel

Äpfel unterstützen die Therapie und Prävention folgender Er-krankungen und Funktionsstörungen:

- Angina pectoris
- Arteriosklerose
- Bluthochdruck
- Darmentzündungen
- Durchblutungsstörungen
- Durchfall
- Eisenmangel
- Erkältungen
- Grippale Infekte
- Herzinfarkt
- Ruhr
- Typhus ambulatorius

Der Apfel als ganzheitliche Wirkungseinheit

● Hinsichtlich des Nähr- und Biostoffgehalt gibt es Obstsorten, die dem Apfel überlegen sind. Dennoch steht uns keine Frucht zur Verfügung, die so erfolgreich bei Durchfall und schwereren Darmentzündungen eingesetzt werden kann wie der Apfel.

● Der regelmäßige Verzehr von einem Apfel pro Tag kann Bluthochdruck beseitigen.

● Der Apfel muss als ganzheitliches Heilmittel betrachtet werden. Seine Heilkraft ist deutlich größer als die Summe seiner Wirkstoffe.

Die wichtigsten Biostoffe des Apfels

▶ Gerbstoffe

Die Gerbstoffe des Apfels beheben Entzündungen der Darmwände. Sie entziehen den in den Darm eingedrungenen Schadbakterien die Nahrung, indem sie deren Nahrungseiweiß an sich binden.

▶ Vitamin C

Äpfel gehören zu den mäßig guten Vitamin-C-Lieferanten. Bedenken Sie jedoch, dass das wichtige Vitamin vor allem im Randbereich der Frucht sitzt. Wer also ausreichende Mengen des Immunvitamins aufnehmen will, darf den Apfel vor dem Verzehr nicht schälen.

▶ Pektine

Pektine sorgen für die Verdickung des Darminhaltes, ohne dass er zähflüssiger wird. Der hohe Pektingehalt des Apfels macht ihn zu einem idealen Heilmittel bei Durchfallerkrankungen. Früher setzten Ärzte Äpfel zur Behandlung der gefährlichen Amöbenruhr ein.

Pektine können erhöhte Cholesterinwerte im Blut senken, indem sie Gallensäuren binden und sie dadurch hindern, in die Cholesterinsynthese einzugehen. Bei einer Wiener Untersuchung aus dem Jahr 1991 verabreichte man Patienten mit hohen Blutfettwerten ein Präparat aus Apfelpektin. Ihr Blut zeigte bereits nach sechs Wochen einen um 30 Prozent verringerten Wert an schädlichem LDL-Cholesterin. Die nützlichen, blutaderreinigenden HDL-Fraktionen des Cholesterins stiegen hingegen an.

▶ Eisen

Mit einem Gehalt von etwa 0,5 Milligramm Eisen auf 100 Gramm spielt der Apfel durchaus eine wichtige Rolle in unserem Eisenhaushalt. Er kann vor allem für Vegetarier wichtig werden, die weder Fleisch noch Milchprodukte oder Eier zu sich nehmen.

Der Apfel der Eva

Mit einem Apfel verführen – das ist nicht nur Eva im Paradies geglückt … Das besonders wichtige Vitamin C in Äpfeln fördert nicht nur die Abwehrkraft des Immunsystems, es steigert auch die Lust. Eine schöne Nachspeise aus Äpfeln rundet ein romantisches Abendessen ideal ab – und macht Lust auf mehr. Hierfür eignet sich beispielsweise ein kaltes Kompott aus Äpfeln oder ein feiner Apfelstrudel mit Schlagsahne. Ihrer Phantasie sind kaum Grenzen gesetzt. So nutzen Sie auf ganz individuelle Weise die Biostoffe des Apfels.

Apfel gegen Durchfall

Durch seinen hohen Pektingehalt bietet sich der Apfel als ideales Mittel gegen Durchfall an. Ein, zwei geriebene Äpfel essen – und bald ist der Darm wieder okay.

Wenn Sie direkt beim Erzeuger oder beim Biobauern Äpfel kaufen, dann können Sie gleich ein paar Kisten Äpfel mitnehmen und Ihre persönliche Vorratshaltung im Keller einrichten. Wenn Sie die Äpfel in flache Obststeigen legen, dann spart das nicht nur Platz im Keller, sondern die Äpfel können auch gut nachreifen. Achten Sie nur darauf, dass die Äpfel nicht zusammen mit anderem Gemüse gelagert werden, denn hier ergeben sich schnell Geschmacksverfälschungen.

Seine Sortenvielfalt und seine ganzjährige Verfügbarkeit auf unseren Märkten machen den Apfel zu einem Hauptbestandteil gesunder Ernährung. Nutzen Sie ihn nicht nur als Frischobst oder Kuchenbelag, sondern experimentieren Sie ruhig mal in der Küche: In der Kombination mit vielen Gemüsen, Salaten, Fisch oder Fleisch schneidet der Apfel gut ab.

Der richtige Umgang mit Äpfeln

▶ Kauf

Kaufen Sie Ihre Äpfel nicht nur nach dem Aussehen. Gerade hochglänzende Riesenäpfel sollten Sie meiden. Am besten kaufen Sie direkt beim kontrolliert ökologischen Anbaubetrieb.

▶ Zubereitung

Äpfel sollten Sie vor dem Verzehr stets mit heißem und kaltem Wasser gut abwaschen und kräftig abreiben.

▶ Zubereitung

Die meisten Biostoffe sind in der Apfelschale, wo sich auch viele Schadstoffe und Allergene konzentrieren. Äpfel aus biologischem Anbau schützen vor vielen Schadstoffen, jedoch nicht vor allen Allergenen. Allergiker sollten also grundsätzlich jeden Apfel schälen.

Äpfel im Keller lagern

Der beste Aufbewahrungsort ist ein kühler, dunkler und keimfreier Obstkeller. Ideal sind 2 bis 4 °C und eine relative Luftfeuchtigkeit von 80 bis 90 Prozent. Bei zu geringer Feuchtigkeit helfen mäusesichere Belüftungsschächte und das Aufstellen wassergefüllter Schalen. Bei überhöhter Luftfeuchtigkeit sollten Sie regelmäßig lüften und die Äpfel in Rindenmulch lagern.

Lagern Sie Winteräpfel in flachen Obststeigen, um in Ihrem Keller Platz zu sparen. Äpfel dürfen wegen Geschmacksveränderungen nicht zusammen mit Gemüse gelagert werden.

Die wichtigsten Apfelsorten

● Cox Orange
Seine Früchte besitzen ein saftiges Fleisch mit feinwürzigem, süßsäuerlichem Geschmack. Erntemonat ist der Oktober, die Früchte halten sich bis zum Februar.

● Discovery
Die Früchte dieser Apfelsorte haben eine rötliche Farbe auf grünem Untergrund. Das Fruchtfleisch schmeckt fein säuerlich, die Genussreife beginnt schon im August.

● Golden Delicious
Diese Apfelsorte beeindruckt durch ihr Weinaroma, das Fleisch ist jedoch eher mürbe. Die Erntezeit fällt auf den Spätherbst. Gegessen werden kann der Apfel frühestens im Januar. Als gutes Lagerobst halten sich Golden Delicious bis in den April.

● Goldparmäne
Sie sind schmackhaft und können bis Februar gelagert werden. Die Erntezeit liegt zwischen September und Mitte Oktober, die Früchte können erst ab November gegessen werden.

● Gravensteiner
Seine Früchte schmecken würzig und süßsauer. Die Ernte beginnt Mitte August und endet im Oktober.

● James Grieve
Seine Reifezeit liegt zwischen September und Anfang November. Seine Früchte sind saftig und schmecken würzig bis süßsauer.

● Jonagold
Sein Geschmack ist feinsäuerlich-süß. Als gutes Lagerobst bleibt Jonagold bis in den März hinein haltbar.

● Ontario
Diese Äpfel haben einen milden aromatischen Geschmack und viel Vitamin C. Die Sorte wird Ende Oktober geerntet. Ontarios halten sich bis April, können aber ab Januar verzehrt werden.

● Roter Boskop
Diese Früchte werden im Oktober geerntet und ab Dezember gegessen. Der rote Boskop hält sich bis in den April.

● Weißer Klarapfel
Diese säuerlichen Äpfel werden schnell mehlig, eignen sich aber vortrefflich zur Zubereitung von Apfelmus. Die Ernte beginnt im Juli, die geernteten Früchte sind nicht lagerfähig.

Vielfalt der Sorten
Apfel ist nicht gleich Apfel: In nebenstehender Übersicht finden Sie die wichtigsten und bekanntesten Apfelsorten mit genauen Angaben zu Geschmack, Erntezeit und Lagerfähigkeit.

APFELSALAT MIT MANDELMUS

Zutaten für 2 Personen

2 Äpfel (nicht zu mehlig)
1 Zitrone
Honig (Menge nach eigenem Geschmack)
2 TL Mandelmus

Zubereitung

Die ungeschälten Äpfel vierteln, entkernen und in feine Scheiben schneiden. Die Zitrone auspressen, den Saft mit den Apfelscheiben, dem Honig und dem Mandelmus vermischen.

Eine süße Versuchung: frische Aprikosen.

Aprikose

Herkunft und Geschichte

Aus dem ursprünglich asiatischen Gewächs ist heutzutage ein Kosmopolit geworden. Der Aprikosenbaum wird mittlerweile sogar in Deutschland in großem Stil angebaut. Das beste und größte Aprikosenangebot besteht in den Monaten Juli und August.

Die wichtigsten Biostoffe

▶ Kalium

100 Gramm Aprikose enthalten 278 Milligramm Kalium. Das Mineral wird vor allem für unseren Wasserhaushalt benötigt, darüber hinaus ist es an der Muskelarbeit beteiligt.

▶ Niazin

Die Aprikose enthält auf 100 Gramm etwa 0,8 Milligramm aktiviertes Niazin. Das essenzielle Vitamin B3 ist an der Zellatmung sowie am Eiweiß-, Fett- und Kohlenhydratstoffwechsel beteiligt. Niazin gilt als Hautschutzvitamin und Mobilisator des Verdauungsapparats. Niazinmangel führt zu krankhaften Veränderungen an den Schleimhäuten, Schwindelanfällen, Appetitverlust, Verdauungsstörungen und Nervosität.

▶ Salizylsäure

Die Verbindung ist verwandt mit dem berühmten Schmerz- und Fiebermittel Azetylsalizylsäure (Aspirin). Aprikosen gehören zu den Früchten mit relativ hohem Salizylsäuregehalt; dadurch eignen sie sich zur Therapie von schmerzhaft-entzündlichen Erkrankungen. Wer freilich allergisch auf den Wirkstoff reagiert, muss die orange Steinfrüchte meiden.

Konservenware

Aprikosen aus der Dose sind besser als ihr Ruf: Im eigenen Saft eingedoste Aprikosen bieten noch 1000 Mikrogramm Karotinoide pro 100 Gramm. Wenn Ihnen keine frischen Früchte zur Verfügung stehen, dann greifen Sie mit ruhigem Gewissen nach der Konserve. Karotinoide sind an der Produktion der Vorstufe zu Vitamin A beteiligt: Gesunde Schleimhäute, ein starkes Immunsystem und eine ausreichende Produktion der Sexualhormone werden von Aprikosen unterstützt.

Aprikose als Heilmittel

Die Aprikose unterstützt die Therapie und Vorbeugung von:

- Darmentzündungen
- Entzündungen der Mundschleimhaut
- Kopfschmerzen
- Lungenkrebs
- Migräne
- Nachtblindheit
- Pellagra
- Prostatakrebs
- Sehstörungen
- Verstopfungen
- Wasser im Gewebe

Der richtige Umgang mit Aprikosen

● Getrocknete Aprikosen sind therapeutisch besonders geeignet, denn sie enthalten über 4500 Mikrogramm Karotinoide auf 100 Gramm, daneben 1370 Milligramm Kalium, 3,2 Milligramm Niazin und acht Gramm Ballaststoffanteil.

● Getrocknete Aprikosen sind ein ideales Mittel bei Darmentzündungen und Verstopfungen. Essen Sie die Früchte regelmäßig vor den Mahlzeiten. Die Tagesration liegt bei 100 Gramm. Trinken Sie dazu viel Flüssigkeit.

▶ Karotinoide

Aprikosen sind ergiebige Karotinlieferanten. 100 Gramm Frucht enthalten durchschnittlich 3600 Mikrogramm Beta-Karotin, das als wichtiger Biostoff gegen Krebs gilt, besonders bei Lungen- und Prostatakrebs. Darüber hinaus bildet das Karotinoid die Vorstufe zu Vitamin A, dem wichtigen Biostoff für eine ausreichende Produktion an Sexualhormonen, gesunde Schleimhäute und Augen sowie einen funktionierenden Immunapparat.

Aprikosen sind keine Vitamin-C-Lieferanten

Aprikosen sind – entgegen der landläufigen Meinung – nicht reich an Vitamin C. Frische Aprikosen enthalten gerade einmal neun Milligramm Vitamin C auf 100 Gramm, Konservenfrüchte sogar nur noch vier Milligramm. So niedrige Werte sind für die tägliche Vitamin-C-Versorgung ohne große Bedeutung.

Die Kraft der Farbe Orange

Ihr hoher Karotingehalt gibt der Aprikose einen intensiven Orangeton. Dadurch eignen sich Aprikosen zum Einsatz in der Farbtherapie, bei depressiven Verstimmungen, Melancholie, Bauchweh und Verstopfungen. Besonders günstig ist der Verzehr von Aprikosen zum Frühstück, Mittagessen und Nachmittagssnack. Am Abend sollten sie aufgrund ihrer belebenden Wirkung besser vermieden werden.

Aprikosen aus der Konserve

Aprikosen aus der Konserve sind besser als ihr Ruf: Saftkonserven besitzen mit 1000 Mikrogramm immer noch relativ viele Karotinoide und auch noch recht viel Kalium und Niazin. Bei Sirupkonserven ist der Biostoffgehalt sogar noch etwas höher.

Aprikosen statt Aspirin?
Durch ihren hohen Gehalt an Salizylsäure eignen sich Aprikosen gut zur Behandlung von schmerzhaft-entzündlichen Erkrankungen. Wie wäre es, wenn Sie ab und zu einmal eine Schmerztablette durch fünf Aprikosen ersetzten? Hiermit können Sie Ihrer Gesundheit etwas Gutes tun – und zugleich Ihren Tablettenkonsum einschränken.

Hernando Cortez brachte im 16. Jahrhundert die Avocado nach Europa.

Avocado

Herkunft und Geschichte

Der spanische Eroberer Hernando Cortez (1485–1547) bekam die Avocado von den Azteken geschenkt und brachte sie von Mexiko nach Europa. Im Unterschied zu manch anderen amerikanischen Früchten vermochte die Avocado jedoch hierzulande nicht so recht Fuß zu fassen. Die Hauptanbaugebiete von Avocados liegen heute in den USA, in Indien, Ozeanien und in Israel.

Die wichtigsten Biostoffe

▶ Linol- und Linolensäure

Die beiden Säuren gehören zu den essenziellen Fettsäuren, auf deren Zufuhr der Körper unbedingt angewiesen ist. Linol- und Linolensäure spielen eine wichtige Rolle bei der Prävention (Vorbeugung) von Herz-Kreislauf-Erkrankungen und prämenstruellen Beschwerden. Linolensäure ist wichtig für Lernvorgänge und Gedächtnisleistungen. Eine Portion Avocado (200 Gramm) deckt rund den ganzen Tagesbedarf an Linolsäure und den halben Tagesbedarfs an Linolensäure.

▶ Kalium

Mit 500 Milligramm Kalium in 100 Gramm Avocadofleisch gehört die Frucht zu den Spitzenreitern. Das Mineral ist wichtig für den Wasserhaushalt. Als Bestandteil der Natrium-Kalium-Pumpe ist Kalium unentbehrlich für die Arbeit der Muskeln.

Avocado – innerlich und äußerlich

Avocados können sowohl innerlich wie auch äußerlich für Ihre Schönheit verwendet werden: Aus dem sanften Fleisch der Frucht können Sie eine köstliche Vorspeise zaubern, oder Sie machen sich eine Gesichtspackung daraus. In beiden Fällen nutzen Sie die zahlreichen Biostoffe der Avocado in gleichem Maß. Bei kosmetischen Anwendungen kommt der besonders hohe Biotingehalt der Frucht zur Wirkung.

Avocado als Heilmittel

Avocados sind durch ihren hohen Gehalt an Kalium, Magnesium, Linol- und Linolensäuren eine wirksame Therapieunterstützung bei:

- Angina pectoris
- Bluthochdruck
- Durchblutungsstörungen
- Herzinfarkt
- Herzrhythmusstörungen
- Prämenstruellen Beschwerden

Der hohe Biotingehalt der Avocado wirkt präventiv gegen:

- Depressionen
- Konzentrationsstörungen
- Müdigkeit
- Osteoporose

Avocados für Ihre Haut

● Der hohe Biotingehalt der Avocado verbessert die Hautstruktur und sorgt für einen rosig gesunden Teint. Auch Fingernägel und Haare gewinnen durch Avocados an Stabilität.

● Die Avocado kann zur äußerlichen Gesichtspackung verarbeitet werden. Dazu benötigen Sie das Fleisch von 1 mittelgroßen Frucht, 1 Esslöffel Sahnequark und den Saft von ½ Zitrone. Das Fruchtfleisch wird püriert und mit den übrigen Zutaten vermischt. Diese Paste kann jeden Morgen und jeden Abend 20 Minuten lang als Maske aufs Gesicht aufgetragen werden. Die Haut sollte vorher gut gereinigt sein. Im Kühlschrank hält sich die Avocadopaste etwa 3 Tage lang.

▶ Vitamin E

Mit 1,4 Milligramm Vitamin E gehört die Avocado zwar nicht zu den Hauptlieferanten dieses Vitamins, aber der Anteil reicht aus, um die empfindlichen ungesättigten Fettsäuren der Frucht (z. B. Linol- und Linolensäure) vor dem Angriff freier Radikale zu schützen.

▶ Niazin

Das Vitamin B3 erfüllt im Körper wichtige Aufgaben: So unterstützt es Zellatmung, Stoffwechsel sowie die Funktionen von Gehirn und Verdauungstrakt. Das Fleisch der Avocado enthält auf 100 Gramm durchschnittlich 1,1 Milligramm bioaktives Niazin.

▶ Pyridoxin

Der Tagesbedarf an Pyridoxin liegt bei zwei Milligramm, der über die Alltagskost meist nicht gedeckt wird. Das Vitamin B6 ist unentbehrlich für den Stoffwechsel, die Nervenzellen, für ein starkes Immunsystem und die Kontrollsysteme des Blutzuckerspiegels.

Avocado und Antibabypille

Die Antibabypille gehört zu den größten Räubern des wichtigen Vitamin B6: Bereits drei Stunden nach Einnahme der Pille sinkt der Pyridoxingehalt im Blut um bis zu 20 Prozent. In der Folge kann es zu Nervosität und Schlafstörungen sowie zu Wasseransammlungen an Händen, Beinen und am Bauch kommen.

Die Avocado gehört mit 0,53 Milligramm – einem Viertel des Tagesbedarfs – auf 100 Gramm Fruchtfleisch zu den bedeutendsten Lieferanten des Vitamins. Avocados sollten daher im Speiseplan von Frauen, die mit der Antibabypille verhüten, einen Stammplatz besitzen.

Geistige Fitness durch Avocado

Avocados enthalten viel Linol- und Linolensäure. Eine ausreichende Versorgung des Organismus mit Linolensäure ist entscheidend für Ihre geistige Fitness: Gedächtnisleistung und Konzentrationsfähigkeit werden direkt von diesem Biostoff gesteuert. Mit nur einer Avocado täglich können Sie Ihrem Gedächtnis schnell wieder auf die Sprünge helfen. Gerade für Lernende ist diese Frucht ein wahrer Segen.

Räuber Antibabypille

Frauen, die mit der Antibabypille verhüten, leiden oft unter Vitamin-B6-Mangel, da die Pille den körpereigenen Vitaminvorrat ziemlich ausräubert. Mit Avocado können Sie hier den besonderen Vitaminverbrauch einfach wieder auffüllen.

▶ Folsäure

100 Gramm Avocadofleisch enthalten 30 Mikrogramm Folsäure. Das essenzielle Vitamin B8 wird im Körper nicht gespeichert und im Darm nur in ungenügendem Umfang selbst hergestellt. Daher sind wir auf eine tägliche Zufuhr durch die Nahrung angewiesen. Folsäure spielt eine wichtige Rolle bei der Zellbildung und bei der Verwertung von Vitamin B12 und Vitamin C. Auch Eisen kann nur mit ausreichend Folsäure zur Blutbildung herangezogen werden.

Stärkung des Immunsystems

Vermischt mit frischem Zitronensaft wirkt die Avocado als optimaler Kräftiger des Immunsystems, da ihr hoher Folsäuregehalt die Verwertung des Vitamin C aus der Zitrone verbessert. Avocado eignet sich als Nahrungsergänzung für Frauen, die wegen Blutarmut mit Eisenpräparaten behandelt werden. Denn die Avocado enthält Biostoffe (Folsäure, Vitamin C) zur Verbesserung der Eisenresorption.

Avocados für geistige Fitness

Für die Mobilisierung des Geisteskräfte gibt es kaum ein besseres Nahrungsmittel als die Avocado. Denn ihr hoher Gehalt an B-Vitaminen und Mineralien sorgt für optimale Stoffwechselvorgänge im Hirn sowie für eine Verbesserung des Reizaustausches zwischen den Neuronen (Gehirnzellen). Die Linol- und Linolensäure verbessern die Abspeicherung von Inhalten – den so genannten Engrammen – in den Langzeitspeicher des Gehirns: Avocados tragen entscheidend zur Verbesserung von Lernfähigkeit und Gedächtnisleistung bei.

*Wenn Sie viel konzentriert
arbeiten müssen, sollten
Sie die Avocado zu einem
festen Bestandteil Ihres
Speisezettels machen. Ihre
Inhaltsstoffe bringen das
Gehirn auf Trab, stärken
vor allem Lernfähigkeit
und Gedächtnis.*

Der richtige Umgang mit Avocados

● Kauf
Die Früchte sollten keine Flecken haben und nicht beschädigt sein. Am besten wählen Sie diejenigen Früchte, deren Fleisch bereits weich ist, sich aber noch nicht allzu sehr eindrücken lässt.

● Lagerung
Reife Früchte lassen sich im Gemüsefach des Kühlschranks drei bis vier Tage aufbewahren. Avocados bitte nicht einfrieren.

● Verzehr
Die Avocado kann ausgelöffelt werden wie eine Kiwi. Sie sollte der Länge nach aufgeschnitten werden, um vorher den Kern zu entfernen. Als besondere Note träufeln Sie etwas Zitronensaft und streuen ein paar Salatkräuter auf das Fleisch.

● Brotaufstrich mit Avocado
Zerkleinern Sie das Fruchtfleisch zu einem Püree. Dann mischen Sie frischen Zitronensaft, Salatkräuter, ein paar Zwiebelstückchen und eine gepresste Knoblauchzehe darunter. Der Brotaufstrich hält sich im Kühlschrank 3, maximal 4 Tage lang.

Spinat und Avocado – eine starke Kombination

Die Avocado zählt zu den Obstsorten mit einem breiten Wirkstoffprofil. Dennoch gibt es in mancherlei Hinsicht auch Defizite, die – will man die Avocado für eine Zeit lang als Hauptspeise einrichten – durch ein oder mehrere andere Pflanzen ausgeglichen werden sollten.

So ist beispielsweise der Gehalt an Karotinoiden, Fluor und Jod bei Avocados relativ gering. Hier können Sie Avocados jedoch ideal mit Spinat ergänzen, beispielsweise mit einer Avocado-Spinat-Creme (siehe Randspalte). Bei diesem recht einfach herzustellenden Rezept verbinden sich die Bioprofile und die jeweiligen Inhaltsstoffe der beiden Gemüsesorten auf ideale Weise.

Die Avocado-Spinat-Paste eignet sich in mehrfacher Hinsicht:

▶ Als Beilage zu zahlreichen Fleischgerichten
▶ Als Brotaufstrich am Abend
▶ Als Dip bei Salaten
▶ Als Belebung einer Rohkostplatte

Sie können die Kombination von Spinat und Avocado auch zu Gemüseaufläufen verwenden, indem Sie den fertigen Auflauf noch mit einigen Löffeln Creme verzieren.

AVOCADO-SPINAT-CREME

Zutaten für 4 Personen

1 Zitrone
1 Zwiebel
2 Avocados
10 g Hefeflocken
1 kg Spinat aus der Tiefkühltruhe
Salz
Pfeffer
1 große Tasse Gemüsebrühe
2 EL Pflanzenöl

Zubereitung

Die Zitrone auspressen, den Saft aufbewahren. Die Zwiebel klein schneiden. Die Avocados der Länge nach halbieren, entkernen und schälen. Anschließend das Fleisch mit dem Zitronensaft, den Hefeflocken und den Zwiebelstücken pürieren. Der Tiefkühlspinat ist schon püriert, braucht nur noch aufgetaut und mit Salz, Pfeffer und Gemüsebrühe gewürzt zu werden. Dann mischen Sie die beiden Gemüsepasten zusammen und verbessern die Konsistenz mit dem Pflanzenöl.

Blumenkohl ist schmackhaft und variantenreich zuzubereiten.

Blumenkohl

Herkunft und Geschichte

Wahrscheinlich kam Blumenkohl mit den Kreuzfahrern des 15. und 16. Jahrhunderts nach Europa. Der ursprüngliche Blumenkohl hatte grüne Köpfe, die im Lauf der Jahre zu einer weißen Farbe umgezüchtet wurden.

Die wichtigsten Biostoffe

▶ Glukosinolate

Blumenkohl enthält auf 100 Gramm rohes Gemüse 41 Milligramm, im erhitzten Zustand 28 Milligramm Glukosinolate. Diese Substanzen wirken antikanzerogen, also vorbeugend gegen Krebs. In jüngerer Zeit verdichten sich die Hinweise, dass sie auch den Östrogenstoffwechsel beeinflussen und dadurch vor allem Tumoren der weiblichen Brust verhindern können.

▶ Pantothensäure

Das Vitamin B5 ist wichtig für den Aufbau neuer Schleimhautzellen, für die Übertragung von Nervenreizen und die Funktion der Nebennieren. Es wirkt über seinen Einfluss auf die Nebennieren entzündungshemmend. In der Ernährungspsychologie gilt Vitamin B5 als Antistressvitamin, weil es den Körper in die Lage versetzt, Stressreize besser zu bewältigen. Eine Portion Blumenkohl (200 Gramm) deckt ein Drittel des Tagesbedarfs an Pantothensäure. Bei allzu langem Wässern und Kochen geht jedoch der wertvolle Biostoff in großem Umfang verloren.

Blumenkohl säubern

Gerade Blumenkohl und besonders Exemplare aus biologischem Anbau sind oft voller Raupen und Ungeziefer. Legen Sie deshalb jeden Blumenkohl vor der Verwendung für 15 Minuten in Salz- oder Essigwasser. Achten Sie dabei darauf, dass der gesamte Blumenkohl mit Wasser bedeckt ist. Unter Umständen zerteilen Sie den Blumenkohl zuvor in mehrere Stücke. Die Tierchen werden dann vom Gemüse vertrieben. Nach einer solchen Reinigung können Sie den Blumenkohl unbedenklich auch roh verzehren.

Blumenkohl als Heilmittel

Blumenkohl unterstützt die Therapie und Vorbeugung folgender Erkrankungen und Beschwerden:

- Abwehrschwäche
- Angina pectoris
- Akne
- Arteriosklerose
- Herzinfarkt
- Infektionen der Atemwege
- Infektionen des Darms
- Krebserkrankungen
- Rheumatische Krankheiten
- Schleimhautentzündungen
- Schnupfen
- Wasser in den Beinen
- Zahnfleischentzündungen
- Zahnfleischschwund

Der richtige Umgang mit Blumenkohl

● Blumenkohl lässt sich als Rohkost oder als gedünstetes Gemüse verzehren. Auf die fetthaltige Sauce hollandaise können Sie dabei gern verzichten. Die besten Gewürze für Blumenkohl sind Basilikum, Salbei, Thymian, Paprika und Petersilie.

● Leider kriecht im Blumenkohl oftmals recht viel Ungeziefer herum. Blumenkohl sollte daher vor dem Rohverzehr oder dem Garen 15 Minuten in Salz- oder Essigwasser liegen. Die Vitaminverluste halten sich dabei in Grenzen.

● Im Kühlschrank hält sich Blumenkohl drei Tage lang. Am besten wird er dabei in Papier eingewickelt, damit er nicht hölzern wird und an Geschmack verliert. Blumenkohl lässt sich auch problemlos einfrieren, denn er verliert nur wenig an Biostoffen.

▶ Folsäure

Das Vitamin B8 unterstützt die Verwertung von Vitamin C, B12 und Eisen. Folsäure ist am Stoffwechsel, den Arbeiten des Darms und an der Reizübertragung der Hirnzellen beteiligt. 100 Gramm Blumenkohl enthalten 55 Mikrogramm Folsäure, das entspricht etwa einem Zehntel des Tagesbedarfs. Allerdings geht Folsäure bei längerer Lagerung und beim langen Kochen um bis zu 80 Prozent verloren.

▶ Vitamin C

Dieses Vitamin kräftigt Immunsystem, Bindegewebe und Zahnfleisch, wirkt Krebs hemmend und verhindert Ablagerungen in den Blutgefäßen. Darüber hinaus unterstützt Vitamin C die Entgiftung des Organismus und die Resorption von Eisen. 100 Gramm Blumenkohl enthalten 75 Milligramm Vitamin C, das allerdings beim langen Kochen und Wässern in großem Umfang verloren geht.

▶ Kalium

Blumenkohl enthält auf 100 Gramm durchschnittlich 330 Milligramm Kalium. Mit dieser Menge geht von Blumenkohl eine starke wassertreibende Wirkung aus. Voraussetzung ist, dass das Gemüse nicht zu stark mit Kochsalz gewürzt wird.

Die heilende Kraft der Blumenkohlblätter

Die Volksmedizin kennt den Saft von Blumenkohlblättern – 6 Blätter auf 1 Liter Wasser, 10 Minuten kochen lassen – als Heilmittel gegen Heiserkeit und Husten. Seine Wirkung gründet auf den schwefelhaltigen Substanzen der Blätter.

Lagerung von Blumenkohl
Blumenkohl ist recht anspruchslos bei der Lagerung: Wickeln Sie das Gemüse in Papier ein, dann können Sie es problemlos bis zu drei Tagen im Gemüsefach des Kühlschranks aufbewahren. Haben Sie vor, Blumenkohl wesentlich länger zu lagern, dann bietet sich der Gefrierschrank an: Blumenkohl lässt sich problemlos einfrieren. Dabei bleiben die allermeisten Biostoffe voll erhalten.

*Der Inbegriff eines gehalt-
vollen Nahrungsmittels:
das Gelbe vom Ei.*

Eier

Herkunft und Geschichte

Hühnereier gehören zu den ältesten Nahrungsmitteln des Menschen. Eier wurden schon in vorgeschichtlicher Zeit zubereitet und verzehrt. In jüngerer Zeit geht es allerdings mit ihrem Image eher bergab.

Vorbei sind die Zeiten, als man das Hühnerei noch vorbehaltlos als vollwertiges Nahrungsmittel propagieren konnte, das sich nicht nur für den Durchschnittskonsumenten, sondern auch für den Vegetarier als Nahrung eignet, weil es dessen problematische Eisen- und Vitamin-B12-Bilanz fleischlos aufbessern würde. Heute ist das Ei belastet von den Vorwürfen, durch seinen Choleringehalt das Herzinfarktrisiko zu fördern, bakteriell verseucht zu sein und aus unhygienischen und barbarischen Massentierhaltungen zu stammen.

Wahrheiten über das Ei

Eine objektive Betrachtung zeigt jedoch, dass der Cholesterinvorwurf das Hühnerei nicht treffen kann.

▶ Erstens ist das Cholesterin mittlerweile in seiner Bedeutung für die Arteriosklerose umstritten.

▶ Zweitens erhöht das Ei den Cholesterinspiegel des Menschen bei weitem nicht in dem Maß wie vermutet.

▶ Drittens enthält das Ei mannigfaltige Biostoffe, die eher zur Reduktion des Herzinfarktrisikos beitragen.

Dem Vorwurf schließlich, bakteriell verseucht und das Produkt der Massentierhaltung zu sein, kann der Konsument selbst wirkungsvoll begegnen, indem er sein Kaufverhalten ändert.

Eier aus Massentierhaltung
Bitte beachten Sie, dass »Bio« und »Öko« ungeschützte Bezeichnungen sind. Jeder Eierproduzent kann diese Zusätze beliebig auf seine Packung drucken lassen. Hier haben Sie keine Garantie, dass die Eier nicht aus der Massentierhaltung stammen. Am besten suchen Sie nach einem Biobauern in Ihrer Gegend, wo Sie die Hühnerhaltung selbst ansehen können. Mehr und mehr Bauernhöfe bieten den Verbrauchern direkten Einblick in ihre Wirtschaftsweise.

Biostoffe, die das Ei nicht oder nur wenig besitzt

Folgende Biostoffe sind nicht in Eiern enthalten:

● Kohlenhydrate: Das Frühstücksei enthält gerade einmal 0,7 Gramm Kohlenhydrate auf 100 Gramm.

● Ballaststoffe: In Eiern gibt es – wie in anderen Tierprodukten auch – keinerlei Ballaststoffe.

● Vitamin C: Das Ei enthält keinerlei Vitamin C. Darin besteht sicherlich einer seiner wesentlichen ernährungsphysiologischen Nachteile.

Eier im Speiseplan

Eier sind hochwertige, aber keine vollwertigen Nahrungsmittel, dazu fehlt es ihnen an Kohlenhydraten, Ballaststoffen und Vitamin C. Ihr Anteil an der Nahrung sollte gut bemessen sein:

● Die meisten Ernährungswissenschaftler empfehlen zwei bis drei Eier pro Woche.

● Gelegentliche Ausrutscher per Omelette oder sonstigen pikanten Eiergerichten sind natürlich erlaubt.

● Auf keinen Fall sollten Eier roh verzehrt werden. Denn hier besteht ein hohes Infektionsrisiko. Außerdem enthält rohes Eiklar große Mengen an Avidin. Diese Substanz hemmt unsere Eiweißverdauung und entzieht unserem Körper wichtiges Biotin.

Die wichtigsten Biostoffe

▶ Ungesättigte und mehrfach ungesättigte Fettsäuren

Im Unterschied zur landläufigen Meinung ist das Ei alles andere als eine bloße Cholesterinbombe. In seinem Fettprofil dominieren vielmehr mit fünf Gramm die ungesättigten und mit 1,5 Gramm die mehrfach ungesättigten Fettsäuren. Diese gesunden Fettsäuren sind am Aufbau derjenigen Wirkstoffe beteiligt, die für die Regulierung der Herzmuskelarbeit, des Blutfettspiegels und Blutdrucks sowie für notwendige Blutgefäßreparaturen sorgen.

▶ Hochwertige Proteine

Das Ei besitzt hochwertige Proteine, die in ihrem Aminosäurenprofil den Bedürfnissen des Menschen weit mehr entgegenkommen als die Profile von Fleisch- und Fischproteinen. Auf den jüngsten Proteinwertigkeitsskalen steht das Ei überlegen an der Spitze. Bei Kraftsportlern wird es daher eine große Rolle in der Ernährung spielen. Die immer noch bei einigen Bodybuildern gebräuchliche Unsitte, sich täglich zehn bis zwölf rohe Eier einzuverleiben, ist jedoch ebenso überflüssig wie gefährlich. Derartige Mengen treiben den Cholesterinspiegel in unkalkulierbare Höhen. Außerdem boykottiert rohes Eiklar die Proteinverdauung des Menschen.

▶ Vitamine aus dem B-Komplex

Eier besitzen ein ausgeglichenes und hochwertiges Profil an B-Vitaminen. Hervorzuheben ist ihr Gehalt an Folsäure (60 Mikrogramm/100 Gramm) und Vitamin B12 (1,4 Mikrogramm/100 Gramm). Die B-Vitamine des Eis bieten durch ihren Einfluss auf den Stoffwechsel einen schützenden Effekt auf Haut, Haare, Blutgefäße und Nerven.

Eier – besser als ihr Ruf
Im Zuge der Aufklärungskampagnen über das Cholesterin gerieten Eier in den zweifelhaften Ruf, den Cholesterinspiegel nach oben zu treiben. Hier gilt es, die Wahrheit wiederherzustellen. Eier sind mit Sicherheit nicht der Cholesterintreiber, für den man sie lange hielt. Neue Forschungen haben ergeben, dass Eier – vernünftig in den Speiseplan eingebaut – das Herzinfarktrisiko eher senken als erhöhen.

Niemals rohe Eier
Vermeiden Sie es grundsätzlich, Eier roh zu verzehren. Neben dem Infektionsrisiko nehmen Sie mit dem rohen Eiklar viel Avidin zu sich. Avidin ist ein gefährlicher Biotinräuber im Organismus.

▶ Vitamin A

100 Gramm Ei enthalten 220 Mikrogramm Vitamin A: Der überwiegende Anteil davon befindet sich im Eigelb. Damit zählt das Hühnerei zu den wichtigen Lieferanten des wichtigen Schleimhaut- und Augenvitamins.

▶ Mineralien

Eier enthalten überdurchschnittlich große Mengen an Kalium, Kalzium, Magnesium, Eisen und Zink. Der überwiegende Kaliumanteil befindet sich im Eiweiß, während sich die anderen Mineralien im Eigelb konzentrieren.

Wie lange ein Ei frisch ist

Eier und Bodybuilding
Aus manchen Bodybuildingstudios kommen immer noch Ernährungstipps, mit vielen Eiern die Proteinversorgung des Körpers und dessen Muskelaufbau zu verbessern. Aus gesundheitlicher Sicht ist dies jedoch strikt abzulehnen. Mit bis zu zehn Eiern täglich verschlechtern Sie Ihre Ernährung einseitig, und Sie treiben damit Ihren Cholesterinspiegel in unkalkulierbare Höhen.

Wenn Sie Eier im Handel kaufen, sind diese bereits einige Tage, mitunter sogar schon mehr als eine Woche alt. Dadurch nimmt ihr Gehalt an Fäulnisbakterien und Salmonellen bedenklich zu. Auf die Aufdrucke auf der Eierschachtel können Sie sich nur bedingt verlassen – sie zeigen meist nur das Verpackungsdatum an. Am besten wäre es, Sie kauften die Eier direkt beim Erzeuger.

So erkennen Sie, ob ein Ei frisch ist

● **Der Sehtest**
Ein frisches Ei ist lichtdurchlässig. Ein älteres Ei zeigt Flecken, wenn man es gegen das Licht hält.

● **Der Dottertest**
Beim frischen Ei ist die Dotterkugel hoch gewölbt und die Dotterhaut fest. Beim älteren Ei hat die Dotterkugel bereits an Spannung verloren.

● **Der Luftkammertest**
Jedes Ei hat eine Luftkammer. Beim frischen Ei ist diese Kammer klein, beim älteren ist sie hingegen ziemlich groß.

● **Der Wassertest**
Wenn man ein frisches Ei in ein Gefäß mit Wasser legt, bleibt es flach am Boden liegen. Das ältere Ei hingegen stellt sich auf, oder es fängt sogar an zu schweben. Dies ist ein sicheres Zeichen, dass sich im Inneren des Eis bereits Gase gebildet haben.

● **Der Verpackungstest**
Grundsätzlich gilt: Kaufen Sie nur Eier aus Pappverpackungen. Plastikverpackungen bieten den Mikroorganismen optimale Wachstumsbedingungen.

Der richtige Umgang mit Eiern

● Kaufen Sie nur Eier aus Freilandhaltungen, wo sich die Hühner ihr Futter selbst suchen können oder mit ausgewogenem Mischfutter ernährt werden. So etwas finden Sie freilich nicht im normalen Handel. Gehen Sie daher direkt zum Bauern oder zum Naturkostladen.

● Gehen Sie den Werbesprüchen der Industrie nicht auf den Leim. Begriffe wie »Frische Landeier« und »Nesteier« sind nicht geschützt und können auch auf Packungen mit Massenzuchtprodukten gedruckt werden. Das gilt auch für Begriffe wie »Bio« und »Öko«. Jährlich kommen 300 Millionen Eier mit dem »Bio«- und »Öko«-Zusatz auf den Markt, obwohl lediglich 50 Millionen aus Freilandhaltung stammen. Dies bedeutet: Für fünf von sechs Eiern wird zu viel bezahlt – und zwar bis zu 30 Pfennig. So viel kann die Differenz zu einem Ökoei betragen.

Eier in anderen Lebensmitteln

Eier sind in sehr vielen Nahrungsmitteln enthalten, beispielsweise in Nudeln, Backwaren, Würsten, Fertiggerichten, Saucen, Suppen und in Mayonnaise. Einige dieser Produkte werden sogar damit beworben, dass sie hochwertige Eier enthalten.

Dabei werden zu ihrer Herstellung keinesfalls Frischeier von »glücklichen« Hühnern verarbeitet, sondern so genanntes Flüssigei, das durch die Salmonellenskandale der letzten Jahre in starken Verruf gekommen ist.

Das Problem Flüssigei

Flüssigei ist äußerst keimanfällig. Bei Untersuchungen fanden sich neben Konservierungs- und Färbemitteln zahlreiche Mikroben, Hühnerkot, Schalenreste und Teile von Hühnerembryos. Die zur Herstellung verwendeten Eier gehörten meist zur Kategorie der Abfall- und Schleudereier – und ganz sicher nicht zu irgendeiner Güteklasse. Das bezeichnet eine Eierbrühe, die aus minderwertigen Eiern herauszentrifugiert wird.

Seien Sie vorsichtig mit Fertigprodukten, die Eier enthalten. Schauen Sie lieber erst einmal, ob es das von Ihnen gewünschte Nahrungsmittel nicht auch ohne Eierzusatz gibt. Frischeiprodukte, die ununterbrochen gekühlt aufbewahrt werden müssen, sollten Sie am besten ganz meiden.

Eier »auf Rezept«?

Die Eier im Handel sind fast alle ein Produkt der Massentierhaltung. Hier werden die Hühner unter schlimmsten Bedingungen zusammengepfercht und durch hohe Dosierungen an Medikamenten am Leben erhalten. Von einer artgerechten Haltung kann hier keine Rede sein. Außerdem gelangen Medikamente ins Ei und damit schließlich auch in den Menschen. Der Kieler Toxikologe Otmar Wassermann erregte vor kurzem Aufsehen mit seiner zynischen Bemerkung, wonach die Fremdstoffbelastung der Eier ein Ausmaß erlangt habe, »bei dessen Fortbestehen die Eier unter Rezeptpflicht gestellt werden sollten«. Besonders stark sind die Gefährdungen bei Flüssigei und Lebensmitteln mit Flüssigei. Davon sollten Sie lieber die Finger lassen.

Die Zuckerschote ist eine der delikatesten Erbsenarten.

Erbse

Herkunft und Geschichte

Die Gartenerbse stammt vermutlich von der italienischen Ackererbse ab, vielleicht hat sie aber auch ihren Weg von China über Indien zu uns nach Europa genommen. Die ersten Aufzeichnungen zu Erbsengerichten finden sich in Europa ab dem 12. Jahrhundert.

Die kugelrunde Erbse – Inbegriff für vollendete Form und Kraft – galt lange Zeit als Fruchtbarkeitssymbol. Heute zählt die Erbse zum Standardgemüse, das das ganze Jahr hindurch angeboten wird.

Wichtiger Eiweißlieferant

Erbsen brillieren mit einem Eiweißprofil, das dem Bedarf des Menschen sehr entgegenkommt: Sie enthalten zwar nur wenig von der Gute-Laune-Aminosäure Tryptophan, dafür aber reichlich Niazin, das ansonsten von unserem Körper in großen Mengen aus Tryptophan synthetisiert werden müsste. Erbsen versorgen uns zwar nicht mit Tryptophan, doch sie minimieren den Tryptophanverbrauch.

Der Proteingehalt junger grüner Erbsen liegt bei 6,6 Gramm auf 100 Gramm. Bei reifen Früchten ist er noch deutlich höher; diese sind allerdings mit einem großen Säureüberschuss ausgestattet und daher schwer verdaulich. Junge grüne Erbsen sind als Heil- und Nahrungsmittel den reifen Erbsen vorzuziehen.

Vom Fruchtbarkeitssymbol zum Standardgemüse
Erbsen galten wegen ihrer vollkommenen und runden Form lange Zeit als Fruchtbarkeitssymbol. Heute sind die kleinen grünen Kugeln zum Standardgemüse in jedem Supermarkt geworden. Die breite Verfügbarkeit dieser Frucht tut ihrer Biowirksamkeit jedoch keinen Abbruch.

Erbse als Heilmittel

Die grüne Erbse unterstützt die Therapie und Prävention (Vorbeugung) folgender Erkrankungen und Funktionsstörungen:

- Abwehrschwäche
- Angina pectoris
- Ängste
- Arteriosklerose
- Nervosität
- Darmkrebs
- Durchblutungsstörungen
- Fettstoffwechselstörungen
- Hautentzündungen
- Herpes
- Herzinfarkt
- Blutarmut
- Haarausfall
- Osteoporose
- Pellagra
- Schlafstörungen

Darüber hinaus schützt der hohe Thiamingehalt der Erbsen vor den Stichen von Mücken und anderen lästigen Insekten.

Erbsen und Gicht

● 100 Gramm grüne Erbsen enthalten 28 Milligramm Purine. Ihr tatsächlicher Einfluss auf den Harnsäurespiegel des Menschen ist jedoch erheblich geringer als der der Purine aus Fleisch, in dem sich neben den Purinen auch noch Substanzen befinden, die das Ausscheiden der Harnsäure aus dem Körper blockieren.

● Erbsen enthalten große Mengen an Molybdän, das als Bestandteil des Enzyms Xanthinoxidase höhere Harnsäurewerte im Blut verhindert. Für gesunde Menschen sind Erbsen daher kein Problem. Gichtkranke oder Gichtgefährdete – bei denen gehäuft Gicht in der Familie aufgetreten ist – sollten Erbsen jedoch nur gelegentlich in den Speiseplan einstreuen.

Die wichtigsten Biostoffe

Mineralien der Erbse

▶ Eisen

Es gibt die Redensart, wonach jede Erbse für einen Tropfen Blut im Körper steht. Dieses Maß ist sicherlich übertrieben. Aber die Erbse gehört mit 1,8 Milligramm auf 100 Gramm zu den wichtigsten Lieferanten des blutbildenden Metalls Eisen. Ihr entscheidender Vorteil liegt darin, dass sie auch über viel Kupfer verfügt, mit dem das Eisen mobilisiert werden kann.

▶ Kalium

Das Mineral ist an den Kontrollmechanismen unseres Wasserhaushaltes beteiligt. Als Bestandteil der so genannten Natrium-Kalium-Pumpe wirkt es an der Arbeit unserer Muskeln mit. Grüne Erbsen enthalten auf 100 Gramm durchschnittlich 304 Milligramm Kalium.

▶ Kupfer

Mit 0,4 Milligramm Kupfer auf 100 Gramm gehören grüne Erbsen zu den wichtigsten Kupferlieferanten der Pflanzenkost. Eine Portion Erbsen (200 Gramm) deckt ein Viertel des gesamten Tagesbedarfs.

Kupfer und Eisen – notwendig für gesunde Blutbildung

Die wichtigste Rolle des Kupfers besteht darin, das Eisen für die Blutbildung heranzuziehen: Ohne Kupfer würde das aus der Nahrung zugeführte Eisen ungenutzt an den Blutproduktionsstätten vorbeigehen. Mit ihrer Wirkstoffkombination aus Eisen und Kupfer gehört die Erbse zu den wichtigsten Heilmitteln bei Blutarmut.

Erbsen zur Blutbildung

Mit Eisen und Kupfer in den Inhaltsstoffen spielen Erbsen eine zentrale Rolle bei der Neubildung von Blut im Organismus. Ohne ausreichend Kupfer könnte das Eisen der Erbsen nicht für die Blutbildung aktiviert werden. Deshalb besteht der entscheidende Vorteil dieses kugeligen Gemüses in der Kombination beider Mineralien.

Vorsicht bei Gicht

Besteht in Ihrer Familie eine Neigung zu Gicht, dann sollten Sie Erbsen nur selten auf den Tisch bringen. Erbsen enthalten Purine, die Einfluss auf den Harnsäurespiegel im Blut nehmen.

▶ Mangan

Dieses Spurenelement ist Bestandteil und Aktivator wichtiger Enzyme – und es ist von großer Bedeutung für den Skelettaufbau: Osteoporosekranke Frauen leiden häufig unter Manganmangel. Eine Portion Erbsen (200 Gramm) deckt bereits zwei Drittel des Tagesbedarfs.

▶ Molybdän

100 Gramm grüne Erbsen enthalten 70 Mikrogramm Molybdän. Dieses Mineral ist Bestandteil des Enzyms Xanthinoxidase, das eine entscheidende Rolle im Harnsäurestoffwechsel spielt. Molybdän in großen Mengen drückt den Harnsäurespiegel im Blut nach unten, bildet also einen wirksamen Puffer zu den relativ hohen Purinwerten der Erbse.

▶ Zink

Zink spielt eine herausragende Rolle im menschlichen Körper, weil es am Aufbau von 160 Hormonen und Enzymen beteiligt ist. Besonders wichtig ist Zink bei der Bildung der Samenzellen, für das Immunsystem und für den Gesundheitszustand von Haut und Haaren. Zinkmangel macht den Weg frei für Haarausfall, Unfruchtbarkeit, Hautentzündungen und Infektionskrankheiten. In der grünen Erbse findet man das Mineral in einer Konzentration von einem Milligramm auf 100 Gramm.

Mangansulfat unter dem Mikroskop. Dieses Spurenelement macht einen großen Teil der ernährungsphysiologischen Qualität der Erbse aus. Es hilft beim Skelettaufbau und beugt der Osteoporose vor.

Der richtige Umgang mit Erbsen

● Frischerbsen
Die besten Frischerbsen gibt es im Sommer direkt beim Erzeuger. Diese Frischerbsen sind nur kurzfristig – etwa zwei Tage – im Kühlschrank haltbar.

● Tiefkühlerbsen
Sie enthalten fast so viele Biostoffe wie die Frischware. Sie sind »tischfertig«, sollten also nur kurz auf kleiner Flamme gedünstet, keinesfalls über längere Zeit gekocht werden.

● Konservenerbsen
Erbsen aus der Konserve enthalten weniger Biostoffe als getrocknete oder tiefgefrorene Früchte, vor allem ihre Anteile an Kalium, Zink, Kupfer und B-Vitaminen sind stark reduziert, dafür ist ihr Gehalt an Kochsalz stark erhöht. Dennoch bilden sie immer noch eine ebenso schmackhafte wie gesunde Beimischung zu Salaten, vor allem in Kombination mit Linsen, Mais und eingemachtem Sellerie.

● Trockenerbsen
Ihr Wassergehalt ist von ursprünglichen 75 auf etwa zwölf Prozent reduziert. Dadurch sind sie relativ lange – bis zu einem Jahr – haltbar, doch ist auch ihr Gehalt an B-Vitaminen deutlich verringert, weil sie im Handel meistens viel Licht abbekommen haben. Getrocknete Erbsen werden vor dem Kochen zehn bis zwölf Stunden eingeweicht. Nehmen Sie das Einweichwasser auch zum Kochen, weil darin zahlreiche Biostoffe gelöst sind.

Das Ganze ist mehr als die Summe der Teile

Bei der Erbse verhält es sich wie bei so vielen Naturprodukten: Die ganze Frucht ist weitaus mehr als die Summe der einzelnen Biostoffe. Die lange Aufzählung der einzelnen Mineralien, Vitamine und sonstigen Biostoffe vermittelt schon einen Eindruck von der Wirkungsvielfalt, welche die Erbse unserem Organismus zu bieten hat. Aber alle Biostoffe zusammen genommen, steigert sich die ernährungsphysiologische Wirkung noch um ein Vielfaches. Erbsen sind wahre Biobomben der Natur – prall gefüllt mit Gesundheit pur.
Der Grund für die Wirkungssteigerung liegt im günstigen Bioprofil der Wirkstoffe, das den Anforderungen einer gesunden und ganzheitlichen Ernährung sehr nahe kommt. So unscheinbar und klein Erbsen auch scheinen – biologisch sind sie ganz groß.

Wirkungsvielfalt der Erbse
Am Aufbau von 160 Hormonen und Enzymen ist das Mineral Zink beteiligt: Samenzellen, Immunsystem, Haut und Haare sind direkt mit diesem Mineral verbunden. Da nimmt es nicht wunder, dass die grüne Erbse mit einem Milligramm Zink auf 100 Gramm Erbsen eine hohe Heilwirkung bietet. Haarausfall, Hautentzündungen und zahlreiche Infektionskrankheiten können mit einer ausreichenden Zinkversorgung vermieden werden. Die Erbse leistet hier einen wichtigen Beitrag zur gesunden Ernährung.

Erbsen sind besonders reich an Thiamin. Das Vitamin B1 hat eine angenehme Nebenwirkung: Wenn man schwitzt, scheidet der Körper mit dem Schweiß das Schwefelatom des Thiamins aus. Dieser Schwefel wirkt als ausgezeichnetes Mittel, um Mücken und anderes stechendes Getier zu vertreiben. Somit sorgt ein gutes Erbsengericht über die reiche Thiaminversorgung auch für einen stechmückenfreien Badespaß im Waldweiher.

Vitamine der Erbse

▶ Thiamin

100 Gramm grüne Erbsen enthalten 0,3 Milligramm Thiamin; eine Portion (200 Gramm) deckt somit knapp die Hälfte des gesamten Tagesbedarfs. Das Vitamin B1 wird für den Kohlenhydratstoffwechsel und die Arbeit der Nervenzellen benötigt. Hohe Dosierungen Thiamin wirken hemmend auf Ängste und Nervosität.

Erbsen gegen Insektenstiche

Nicht zu vernachlässigen ist der Effekt, den Thiamin auf stechende Insekten wie die Mücke ausübt: Das Vitamin enthält ein Schwefelatom, das beim Abbau mit dem Schweiß ausgeschwemmt wird und welches die Mücken ganz und gar nicht riechen können. Wer also vor dem Aufenthalt in einem »stechgefährdeten« Gebiet an Bächen, Flüssen und anderen Gewässern eine Portion Erbsen zu sich nimmt, bleibt von den lästigen Insekten weitgehend verschont.

▶ Riboflavin

Das Vitamin B2 spielt eine Hauptrolle beim Sauerstofftransport im Körper. Riboflavinmangel führt zu mattem Haar und ungesunder Haut. Mit 0,16 Milligramm auf 100 Gramm gehört die grüne Erbse zu den wichtigen Riboflavinlieferanten. Das Vitamin geht allerdings bei längerem Lichteinfall in großem Umfang verloren. Lagern Sie also Ihre Erbsen stets im Dunkeln.

▶ Niazin

Das Vitamin B3 wird vor allem für die Energieproduktion in den Zellen benötigt. Außerdem wirkt es in hohen Dosierungen senkend auf den Blutfettspiegel. 100 Gramm Erbsen enthalten vier Milligramm bioaktives Niazin; eine Portion (200 Gramm) deckt somit fast die Hälfte des Tagesbedarfs.

Pilze im Körper mit Erbsen vermeiden

Wie alle Hülsenfrüchte enthalten auch Erbsen große Mengen an Saponinen. Diese Stoffe wirken nicht nur entzündungshemmend, sondern vor allem antibiotisch auf Pilze im Körper.

Frische Erbsen oder Tiefkühlware?

Wie bei zahlreichen Gemüsearten stellt sich auch bei Erbsen mehr und mehr die Frage: Soll man frische Ware beim Gemüsehändler kaufen, oder kann man guten Gewissens auf die Tiefkühlware aus dem Supermarkt ausweichen?

Bei Erbsen fällt hier die Wahl nicht so leicht: Natürlich bieten frische Erbsen das Maximum an wirksamen Biostoffen, aber dank der Robustheit der Erbsen geht auch bei Tiefkühlware nicht allzu viel davon verloren.

Sonstige Biostoffe der Erbse

▶ Lutein und Zeaxanthin

Diese beiden überaus gesunden Stoffe gehören zu der Gruppe der Karotinoide. 100 Gramm Erbsen enthalten 1700 Mikrogramm Lutein und Zeaxanthin.

Karotinoide schützen vor freien Radikalen

Die Karotinoide gelten als erfolgreiche Fänger von freien Radikalen – schützen also die Körperzellen und wichtige Biostoffe vor der Zerstörung. Im Unterschied zu den meisten anderen Karotinoiden bilden diese zwei Stoffe jedoch nicht die Vorstufe zu Vitamin A – als gezieltes Nahrungsmittel zur Vitamin-A-Versorgung taugen Erbsen somit nicht.

▶ Saponine

Wie alle Hülsenfrüchte enthalten auch Erbsen große Mengen an Saponinen. Diese Stoffgruppe wird von uns nur in geringem Maß resorbiert, die Wirkungen beschränken sich vornehmlich auf den Magen-Darm-Trakt. Dort wirken Saponine in geringer Intensität Krebs hemmend, immunstärkend, antibiotisch (vor allem auf Pilze) und entzündungshemmend.

Erbsen senken den Cholesterinspiegel

Von größter Bedeutung ist jedoch die Wirkung der Saponine in den Erbsen auf den Cholesterinspiegel, der von ihnen über zwei Seiten attackiert wird:

▶ Bindung der Cholesterinmoleküle

Auf direktem Weg zwingen Saponine die Cholesterinmoleküle, mit ihnen einen unlöslichen Komplex zu bilden, der nicht in den Blutkreislauf gelangen kann. Sie hängen also gewissermaßen das Cholesterin an die Leine, so dass es aus dem Blutkreislauf ferngehalten wird.

▶ Bindung der Gallensäuren

Auf indirektem Weg wirken Saponine Cholesterin senkend, indem sie auch die primären Gallensäuren in unlösbare Komplexe mit sich zwingen. Die Leber muss sich deshalb zur Herstellung der Gallensäuren aus dem Cholesterinpool bedienen. Klar, dass dadurch der Cholesterinspiegel im Blut nach unten gedrückt wird.

▶ Aufgrund ihrer stark Cholesterin senkenden Eigenschaften gehören Erbsen zu den wichtigsten Nahrungsmitteln für die Vorbeugung und Therapieunterstützung von Arteriosklerose und deren Folgeerkrankungen.

ERBSEN MIT KRÄUTERKLÖSSEN

Zutaten für 4 Personen

Für die Erbsen:
2 EL Pflanzenöl
200 g frische Erbsen
125 g Schmand
jodiertes Salz
1 TL zerhackte Petersilie
Für die Klöße:
300 ml Milch
100 g Haferflocken
20 g Margarine
jodiertes Salz
1 Ei
30 g Weizenschrot
1 TL zerhackte Zwiebeln
1 EL Kräutermischung

Zubereitung

Erbsen:
Öl und Erbsen mit nur wenig Wasser weich dünsten. Deckel abnehmen, das Wasser verdampfen lassen, Schmand hinzugeben und mit Salz und Petersilie abschmecken.
Klöße:
Milch aufkochen, die Haferflocken hinzugeben. Mit Margarine und 1 Prise Salz aufquellen lassen. Ei, Weizenschrot, Zwiebel und Kräuter untermischen und abkühlen lassen. Klöße formen und in sehr heißem Salzwasser garen lassen.

Schon Hildegard von Bingen nutzte die Heilkraft des Essigs.

Essig

Herkunft und Geschichte

Die Geschichte des Essigs ist so alt wie die Geschichte des Weines. Denn Essig ist nichts anderes als Wein, der lange genug mit Luft und Bakterien in Kontakt kam, um sich in Essigsäure umzuwandeln. So tranken die Phönizier nur deshalb Shekar – einen besonders milden Apfelessig –, weil sie ihren Wein nicht haltbar machen konnten.

Die Babylonier um 5000 v. Chr. vergoren Dattelwein zu Essig und setzten ihn zur Heilung von Kopf- und Ohrenschmerzen ein. Die Militärärzte der Antike verwendeten Weinessig zur Heilung von Wunden, Insektenstichen und Schlangenbissen, die römischen Legionäre mischten Weinessig mit Wasser zu einer Art Energydrink.

Der Gebrauch von Essig im Mittelalter

Im Mittelalter gelang dem Essig der Durchbruch als würzige Beimischung zum Essen – als Heilmittel stand er noch im zweiten Glied. Lediglich eine Handvoll Gelehrter wie etwa die heilige Hildegard (1098–1179) erwähnten, dass man ihn als Medikament einsetzen konnte, »der das Stinkende im Menschen« reinige und dafür Sorge trage, »dass sein Essen den richtigen Weg geht«.

Vom Aromamittel zum Heilmittel

Im Mittelalter standen die Heilwirkungen des Essigs noch im Hintergrund: Vorrangig gebrauchte man Essig als aromatische Würze des Essens. Aber die heilige Hildegard schrieb bereits über die heilenden Kräfte des Essigs. Im 18. Jahrhundert stand dann der Karriere des Essigs als populäres Heilmittel nichts mehr im Wege.

Essig als Heilmittel

- Essig fördert die Harnausscheidung und hilft dadurch bei Wasseransammlungen im Gewebe.

- Essig unterstützt die Verdauung. Daher sollte Essig vor allem bei eiweiß- und fettreichen Speisen zum Einsatz kommen.

- Essigsäure unterbindet Fäulnisprozesse im Darm. Dadurch beugt Essig Krebserkrankungen im Darm vor.

- Die Zitronensäure des Apfelessigs unterstützt die Resorption von Kalzium. Er trägt so zur Vorbeugung von Osteoporose bei.

- Apfelessig hilft aufgrund seines Tanningehaltes vorbeugend und heilend bei Darmerkrankungen.

- In Form von äußeren Anwendungen (Umschläge, getränkte Verbände) unterstützt Essig den Heilungsverlauf von Sportverletzungen wie Zerrungen, Prellungen und Verstauchungen sowie von Insektenstichen und Verletzungen durch Quallen.

Der richtige Umgang mit Essig

● Kaufen Sie nur naturtrüben Essig. In klaren Essigsorten ist der Mineraliengehalt deutlich verringert.

● Der gekaufte Essig sollte aus biologisch-dynamischem Anbau stammen, um das Schadstoffrisiko möglichst gering zu halten. Das kostet zwar ein paar Mark mehr, doch die Investition lohnt sich.

● Essig kann einen wichtigen Bestandteil in Ihren Salatsaucen ausmachen, sollte aber dort nicht ausschließlich zum Einsatz kommen, da er Pflanzenenzyme zerstört. Essig ist eher beim Würzen von Fleischspeisen angezeigt, weil er die Verdauung von Fetten und Proteinen beschleunigt.

Essig in der Volksmedizin

Seit dem 18. Jahrhundert wurde Essig zunehmend als Heilmittel entdeckt. Lord Byron (1788–1824) unterwarf sich harten Zwieback-Essig-Diäten, um Gewicht zu verlieren. In der Volksmedizin wurde Essig zur guten Verdauung sowie zu Desinfektionszwecken eingesetzt. 1949 erschien Cyril Scotts Buch »Cider Vinegar«, in dem Apfelessig als Mittel der Gesunderhaltung und Lebensverlängerung gepriesen wird. Seitdem beschäftigen sich Alternativmediziner und traditionelle Wissenschaftler mit den Heilwirkungen des Essigs.

Die wichtigsten Biostoffe

▶ Essigsäure
Die Säure verleiht dem Essig seinen typischen Geschmack sowie seine konservierende und antiseptische Wirkung. Konzentrierte Essigsäure vernichtet aber die Strukturen einiger Pflanzenenzyme. Ihre Salate sollten Sie daher niemals ausschließlich mit Essig anmachen.
▶ Zitronensäure
Diese Säure ist vor allem im Apfelessig enthalten. Sie unterstützt die Verdauung von Kalzium.
▶ Tannine
Die Tannine des Apfelessigs hemmen in Zusammenarbeit mit der Essigsäure das Wachstum von schädlichen Bakterien im Darm.
▶ Mineralien
Essig – vor allem Apfelessig – ist reich an Mineralien. Hervorzuheben sind seine Werte an Kalium, Magnesium und Zink. Als Vitaminversorger spielt Essig hingegen keine Rolle.

Essig – nicht nur für Salatsaucen

Die gebräuchlichste Verwendung von Essig ist heutzutage für zahlreiche Salatsaucen. Damit sind die Anwendungsbereiche dieses Heilmittels aber bei weitem nicht erschöpft. Vor allem bei der Verdauung von Fett und Protein kann Essig wertvolle Hilfe leisten. Die Kombination aus Fleisch und Essig ist ideal. Hierfür gibt es zahlreiche Rezepte: Wie wäre es beispielsweise am nächsten Sonntag mit einem Rheinischen Sauerbraten? Hier bietet sich gesunde Ernährung in wahren Gourmetqualitäten.

Apfelessig für Ihre Mineralversorgung

Mit der Verwendung von Apfelessig können Sie die gesundheitlichen Wirkungen des Essigs noch steigern: Diese spezielle Essigsorte bietet eine Vielfalt an Mineralien von Kalium über Magnesium bis zu Zink.

Kaum zu glauben – aber Fenchel hilft sogar bei Schlangenbissen.

Fenchel

Herkunft und Geschichte

Fenchel gehört zu den ältesten Heil- und Nahrungspflanzen der Menschen. Hippokrates, Dioskurides und Paracelsus benutzten Fenchel als harntreibende Medizin sowie zur Behandlung von Schlangen- und Hundebissen. Plinius setzte ihn bei 20 verschiedenen Behandlungen ein, beispielsweise zur Stärkung des Milchflusses bei stillenden Müttern und zur Beruhigung des Magens.

Die heilige Hildegard verordnete ihren Patienten Fencheltee, wenn sie verschleimt waren. Der Wiederentdecker der Wasseranwendungen, Pfarrer Kneipp, hielt Fenchel für einen unverzichtbaren Bestandteil jeder Hausapotheke, weil seine Körner so trefflich bei Koliken helfen würden.

Von der Heilkraft des Fenchels berichtet ein mittelalterlicher Vers:

>*Dem Fieber und dem Gift kann Fenchel widersteh'n,*
>*er macht den Magen rein und dient recht hell zu seh'n.«*

Die wichtigsten Biostoffe

▶ Kalzium

Das Mineral wird für den Aufbau der Knochen benötigt, spielt aber auch noch wichtige Rollen in der Arbeit von Nervenzellen und Gehirn. 100 Gramm Fenchel enthalten 100 Milligramm Kalzium.

▶ Kalium

Das Mineral ist an der Stabilisierung des Wasserhaushalts und an der Muskelarbeit beteiligt. Mit 500 Milligramm auf 100 Gramm Kraut gehört der Fenchel zu den ergiebigsten Kaliumlieferanten.

Fenchelsalat
Der Gemüsefenchel treibt aus den Scheiden seiner Grundblätter eine Knolle, aus der man wohl schmeckenden Salat herstellen kann. In Frankreich wird er – fein geschnitten in einer Cassissauce – als Dessert gereicht. Hier können Sie Ihrer Kreativität in der Küche freien Lauf lassen.

Fenchel als Heilmittel

Fenchelkraut unterstützt die Therapie und Prävention (Vorbeugung) folgender Erkrankungen und Beschwerden:

- Abwehrschwäche
- Angina pectoris
- Arteriosklerose
- Blähungen
- Blutarmut
- Durchblutungsstörungen
- Durchfall
- Herzinfarkt
- Husten
- Krebserkrankungen
- Magenkrämpfe
- Wasser im Gewebe

Der richtige Umgang mit Fenchel

● Im Handel gibt es zwei Sorten: Florentiner und Neapolitaner Fenchel. Letztere Sorte ist größer, dafür aber weniger zart.

● Achten Sie beim Kauf darauf, dass die Blätter noch keine bräunlich verwelkte Farbe zeigen. Bei Tiefkühlkost erhalten Sie fast immer frische Ware, auch der Biostoffgehalt der Tiefkühlware kann neben dem der Frischkost durchaus bestehen.

● Frisches Fenchelkraut deponieren Sie am besten im Kühlschrank, eingerollt in Papier. Dort hält es sich etwa fünf Tage.

● Fenchel schmeckt roh und gekocht. Sein Gehalt an Vitamin C und Folsäure ist jedoch bei der Rohkost am höchsten.

▶ Magnesium

Magnesium ist an zahlreichen enzymatischen Prozessen beteiligt. Von besonderer Bedeutung ist seine Rolle im Immunsystem: Magnesiummangel fördert den Ausbruch von Allergien. Mit 30 Milligramm auf 100 Gramm kann der Fenchel viel zur Deckung des Tagesbedarfs beitragen.

▶ Eisen

Wer regelmäßig Fenchelsalat isst, sollte kaum Probleme mit der Blutarmut bekommen. Denn Fenchel übertrifft mit 2,7 Milligramm Eisen auf 100 Gramm fast alle anderen bekannten Gemüsepflanzen.

▶ Karotinoide

Die Karotinoide bilden die Vorstufe zu Vitamin A, dem wichtigen Vitamin für Schleimhäute, Immunsystem und Augen. Darüber hinaus hemmen Karotinoide das Wachstum von Krebszellen und die Bildung von arteriosklerotischen Plaques in den Blutgefäßen. Mit 3500 Mikrogramm auf 100 Gramm gehört Fenchel zu den ergiebigen Karotinlieferanten.

▶ Folsäure

Das Vitamin B8 wird für die Bildung neuer Körperzellen benötigt. Außerdem unterstützt es die Verdauung von Eisen und Vitamin C. Eine Portion Fenchel (200 Gramm) deckt bereits ein Viertel des täglichen Folsäurebedarfs.

▶ Anethol

Dieses ätherische Öl beschleunigt die Tätigkeit der Flimmerhärchen in den Atemwegen. Der Patient kann dadurch besser abhusten. Außerdem hilft Anethol bei Magenkrämpfen, Durchfall und Blähungen.

Fencheltee

Für Fencheltee werden die reifen Früchte genommen. Gießen Sie 1 große Tasse siedendes Wasser über 1 Esslöffel Fenchelkörner. 5 bis 10 Minuten bedeckt ziehen lassen, dann abseihen. Der Tee hilft bei Blähungen, Bronchitis, Durchfall, Husten und Magenkrämpfen. Trinken Sie 3 Tassen pro Tag jeweils zu den Mahlzeiten. Sie können den Tee mit Honig nachsüßen. Als sehr wirksam bei Magen- und Darmbeschwerden hat sich in der Volksmedizin eine Teekombination aus Anis, Kümmel und Fenchel zu gleichen Teilen herausgestellt.

Fenchel für Auflauf und Rohkost

Fenchelgemüse eignet sich vorzüglich zur Verwendung in Aufläufen und auch als Rohkost. Wenn Sie die Knollen bei Ihrer Rohkostplatte verwenden wollen, dann sollten Sie vorher sorgfältig die harten Außenblätter entfernen.

Fisch – eine schier unendliche Vielfalt aus Meer, Seen und Flüssen.

Fisch – total gesund oder stark belastet?
Die Meinungen der Verbraucher gehen bei Fisch oft extrem stark auseinander: Manche halten Fisch für ein total gesundes Nahrungsmittel, während andere bei Fisch nur die Schadstoffbelastungen sehen.

Fisch

Herkunft und Geschichte

Der Fisch wurde immer dort gegessen, wo ein intensiver Kontakt zum Meer bestand. Die antiken Griechen galten als Spezialisten für Fischfang und Zubereitung.

Einen regelrechten Boom erlebte die Fischküche mit der Entdeckung der Trockeneisherstellung auf Ammoniakbasis im Jahr 1875. Der empfindliche Fisch konnte daraufhin schon kurz nach dem Fang eingefroren und damit weitflächig exportiert werden.

Das Imageproblem des Fischs

In Deutschland hat Fisch heute mit einem widersprüchlichen Image zu kämpfen: Eine Umfrage des Fischmarktwirtschaftlichen Marketing-Institutes ergab, dass die eine Hälfte der Deutschen Fisch als zu gesund einschätzt: Fisch ist nach deren Meinung eine Mahlzeit für Kranke, Asketen und Diätetiker.

Die andere Hälfte schätzt Fisch als zu ungesund ein: Hier steht vor allem der angeblich hohe Schadstoffgehalt aus den belasteten und verschmutzten Meeren im Vordergrund.

Da darf es nicht verwundern, dass der Fisch hierzulande eine Außenseiterrolle spielt: Die Deutschen essen gerade einmal 100 Gramm Fisch pro Woche – abzüglich Panade, Gräten und Haut. Die wenigen Fischliebhaber essen keine Frischkost, sondern lieber Rollmöpse, Fischfrikadellen, Dosenfisch und die legendären Fischstäbchen.

Der Quecksilbergehalt der Fische

Fische mit problematischem Quecksilbergehalt:

- Aal
- Hai
- Hecht
- Heilbutt
- Mittelmeerthunfisch
- Schwertfisch

Fische mit unproblematischem Quecksilbergehalt:

- Hering
- Kabeljau
- Makrele
- Rotbarsch
- Sardine und Sardelle
- Schellfisch
- Scholle
- Seelachs

Der Jodgehalt der Fische

Der Jodgehalt bei den verschiedenen Fischsorten ist extrem unterschiedlich. Die nachfolgende Tabelle nennt den Jodgehalt in Mikrogramm Jod pro 100 Gramm Fisch:

● Aal	4	● Makrele	74
● Barsch	4	● Rotbarsch	100
● Brasse	60	● Schellfisch	240
● Forelle	3	● Scholle	190
● Hecht	8	● Seehecht	120
● Heilbutt, weiß	52	● Seelachs	200
● Hering	52	● Sprotte	55
● Kabeljau	120	● Wels	60
● Karpfen	2	● Zander	60

Die wichtigsten Biostoffe

▶ Eisen

Fisch ist eine gute Nahrungsquelle für Menschen, die an Eisenmangel bzw. Blutarmut leiden. Die meisten Fischsorten enthalten über ein Milligramm des wichtigen Blutbildungsmetalls. Spitzenreiter sind Sardelle (4,9 Milligramm), Sardine (2,5 Milligramm), Sprotte (1,9 Milligramm), Zander (1,4 Milligramm) und Hering (1,2 Milligramm).

▶ Eiweiße

Fisch enthält hochwertige Eiweiße mit einem Aminosäurenprofil, das den Bedürfnissen des Menschen sehr entgegenkommt. Im Unterschied zu anderen tierischen Eiweißlieferanten wie Rind- und Schweinefleisch ist bei Fisch das Eiweiß nicht an schwer verdauliches Bindegewebe gekoppelt. Außerdem enthält Fisch wenig Cholesterin.

▶ Jod

Jod spielt eine entscheidende Rolle bei der Regulation des Stoffwechsels und der Arbeit der Schilddrüse. Jodmangel gehört zu den verbreitetsten Mangelerscheinungen in Deutschland. Dieser Mangel könnte durch den regelmäßigen Verzehr von bestimmten Fischsorten – zweimal pro Woche – problemlos beseitigt werden.

Die Unterversorgung mit Jod ist krasser als erwartet – vor allem in Süddeutschland, Österreich und der Schweiz gibt es zahlreiche Kröpfe, krankhaft vergrößerte Schilddrüsen durch Jodmangel. Am besten sorgen Sie für Ihre Jodversorgung, wenn Sie ausschließlich jodiertes Speisesalz verwenden.

Fisch auf den Tisch
Deutschland ist nach wie vor Jodmangelgebiet. Vor allem im alpenländischen Raum ist die Unterversorgung mit Jod besonders krass. Hier kann Fisch Abhilfe schaffen. Besonders geeignet sind Seefische wie Seelachs, Schellfisch oder Kabeljau. Ein- bis zweimal wöchentlich Fisch auf den Tisch, am besten noch mit jodiertem Speisesalz zubereitet, und Sie können das Jodproblem vergessen.

Fisch ist nicht gleich Fisch

Bei den zahlreichen angebotenen Fischsorten gibt es sehr wohl deutliche Unterschiede in der gesundheitlichen Bewertung: So gesund viele Fischsorten hinsichtlich ihrer Inhaltsstoffe auch sind, von manchen Fischen sollten Sie lieber Abstand nehmen. Ein solches Beispiel ist der Aal. Aale enthalten neben sehr viel Cholesterin (142 Milligramm auf 100 Gramm Aal) auch noch ein gehöriges Maß an Arachidonsäure. Diese Säure ist entscheidend bei der Entstehung von rheumatischen Erkrankungen. Wenn in Ihrer Familie also eine Neigung zu Rheuma – oder präziser gesagt: zu entzündlichen Erkrankungen des rheumatischen Formenkreises – besteht, dann sollten Sie lieber auf Aal verzichten. Zusätzlich bietet Aal noch zahlreiche gesättigte Fette, die für den Organismus eher ungünstig sind. Wenn Sie nun Lust auf ein gesundes Fischgericht haben, dann sollten Sie lieber auf Heilbutt, Seelachs oder andere Fischsorten ausweichen.

Der Aal – ein Ausnahmefisch

Im Unterschied zu den meisten anderen Fischen dominiert beim Aal der Gehalt an Substanzen, die für die Gesundheit eher problematisch sind. Dazu gehören vor allem:

- Cholesterin (142 Milligramm auf 100 Gramm)
- Gesättigte Fettsäuren
- Arachidonsäure

Arachidonsäure spielt bei der Entstehung von rheumatischen Erkrankungen eine entscheidende Rolle. Aus diesem Grund sollten Sie Aal lieber meiden und auf andere Fische ausweichen.

▶ Kalium

Dieses Mineral spielt eine zentrale Rolle beim Wasserhaushalt und wirkt als Teil der Natrium-Kalium-Pumpe an der Muskelarbeit mit. Die meisten Fische enthalten auf 100 Gramm mindestens 250 Milligramm Kalium. Spitzenreiter sind Forelle (465 Milligramm), weißer Heilbutt (445 Milligramm), Makrele (400 Milligramm) und Seelachs (430 Milligramm). Thunfisch enthält nur 40 Milligramm.

▶ Niazin

Fisch ist eine sehr ergiebige Quelle für das Nervenvitamin Niazin. Hervorzuheben sind weißer Heilbutt, Lachs, Makrele, Sardine, Schwertfisch und Thunfisch.

▶ Omega-3-Fettsäuren

Diese Fettsäuren wirken sich positiv auf Blutgefäß-, Rheuma- und Gichterkrankungen aus. Hervorzuheben ist die Eikosapentaensäure, eine Omega-3-Fettsäure, die im Blut den Gehalt an problematischen VLDL-Cholesterinen herunterschraubt, die Blutgerinnung in den Adern verhindert und damit die Transportfähigkeit des Blutes verbessert. Man findet diese Substanz vor allem in Kaltwasserfischen wie Makrele und Hering.

▶ Vitamin A

Vitamin A gehört zu den wichtigen Biostoffen für das Immunsystem, außerdem ist es unentbehrlich für die Sehfähigkeit und die Funktionsfähigkeit der Schleimhäute. Nicht alle Fischsorten gehören zu den ergiebigen Vitamin-A-Lieferanten. Absoluter Spitzenreiter ist mit 980 Mikrogramm Vitamin A pro 100 Gramm der Aal, der jedoch aufgrund seiner Problematik für Rheuma- und Herzkranke eher selten auf den Tisch kommen sollte. Besser geeignet sind Makrele (100 Mikrogramm) und Thunfisch (450 Mikrogramm).

Die wichtigsten Fischprobleme

Stichwort »Schadstoffgehalt«

Ein immer wieder gehörter Vorwurf lautet: Die Meere und Süßgewässer sind zu verseucht, als dass man den darin lebenden Fisch noch bedenkenlos essen könnte. Doch im Vergleich zu anderen wichtigen Eiweißträgern wie etwa Rind- und Schweinefleisch fällt die Schadstoffbilanz der Fische relativ günstig aus. Durch zahlreiche Umweltschutzmaßnahmen wurde vor allem der Gehalt an chlorhaltigen Giften und Schwermetallen stark reduziert.

Stichwort »Frischfisch«

Ende 1995 schockte die Stiftung Warentest die Öffentlichkeit mit der Meldung, dass der deutsche Frischfisch schwere hygienische Mängel aufweise. Ein Fünftel der 137 untersuchten Proben wurde beanstandet, ein Viertel war sogar verdorben. Als Ursache wurden Schlampereien des Handels gebrandmarkt: zu wenig Eis zur Kühlung; dekorative Lampen in den Vitrinen, die den Fisch aufheizen; irgendwelche Zierden, die den Fisch mit Keimen versorgen.

Die Entdeckung zeitigte Wirkung, der Fischkonsum sackte zum Teil um bis zu 40 Prozent ab.

Seit der Veröffentlichung der Stiftung Warentest ist man von seiten des Handels um Besserung bemüht: Die Vitrinen sind mit Eis vollgeschaufelt, die Dekorationen verschwanden, und das Verkaufspersonal wurde besser geschult. Einige Anbieter verkürzen unterdessen sogar die Transportzeit, indem sie den Fisch – in Folien verschweißt – direkt einfliegen lassen. Das schlägt sich erwartungsgemäß in den Preisen nieder.

Fisch auf Eis

Achten Sie beim Einkauf von Frischfisch ganz besonders darauf, wie der Fisch angeboten wird: Je mehr Eis Sie in der Vitrine sehen, umso besser ist dies für die Frische des Fisches. Meiden Sie Fischsorten, die nur auf einem Holzbrett angeboten werden. Am allerbesten wählen Sie natürlich den lebenden Fisch – wenn Ihnen das möglich ist.

So erkennen Sie frischen Fisch

- Die Kiemen sind hellrot und fest.
- Die Schuppen sind stabil, nicht zerbröselt oder lückenhaft.
- Die Augen sind prall, klar, glänzend und nach außen gewölbt.
- Die Schleimhaut ist glatt und schmierig.
- Das Fleisch ist fest. Wenn man mit dem Finger drückt, bleiben keine Druckstellen zurück.
- Frischer Seefisch riecht nach Seeluft und Meerwasser. Der typische Fischgeruch ist ein Zeichen, dass der Fisch alt ist und Zersetzungsvorgänge bereits stattfinden.

Freilebende Lachse landen nur selten auf unseren Tellern. Meist liegt in den Fischtheken der Supermärkte Zuchtlachs aus Massentierhaltungen aus, die unverantwortlich hohe Medikamentenrückstände aufweisen.

Stichwort »Lachs«

Der Lachs bereitet dem bewussten Käufer ein ethisches und medizinisches Fischproblem. Noch vor wenigen Jahren war Lachs für die breite Masse der Konsumenten nahezu unerschwinglich, bis man dazu überging, die Flüsse systematisch abzufischen und Lachs in groß angelegten Zuchtfarmen zu züchten.

Die Konsequenzen folgten recht bald: In uralten Stammgewässern wie dem Rhein ist der Lachs heute fast ausgestorben. In den Zuchtfarmen wird dieser Fisch keineswegs unter artgerechten Bedingungen gemästet. Ein besonders dramatisches Beispiel ist Norwegen.

Zuchtlachse aus Norwegen

Problematischer Lachs

Vielleicht ist es Ihnen auch schon aufgefallen: Lachs wird manchmal zu Supersonderangebotspreisen verkauft. Wie ist das bei so einem Edelfisch möglich? Bei Lachsen hat sich – besonders in Norwegen – eine Art der Massentierhaltung durchgesetzt, die sich von Hühnerhaltung nur wenig unterscheidet. Entsprechend hoch sind die medikamentösen Zugaben an die schwachen Tiere. Verzichten Sie im Moment lieber auf Lachs, und weichen Sie auf Köhlerfisch aus.

In Norwegen gibt es kaum noch einen Fjord, in dem sich nicht eine Lachsfarm befindet. Die Tiere werden in enormen Massen gezüchtet. Daraus folgt, dass sie nicht mehr schwimmen können, sondern zu Tausenden nebeneinander liegen. Die Tiere werden mit antibiotischen Medikamenten vollgestopft, um das Infektionsrisiko der Massentierhaltung einzudämmen. Zum krönenden Abschluss werden schließlich noch Farbstoffe zugesetzt, um dem Zuchtfisch wenigstens die Farbe des Wildlachses zu geben.

Es ist klar, dass all diese Substanzen ins Fleisch und damit auch in den Verdauungstrakt des Konsumenten gelangen.

Lassen Sie bis auf weiteres die Finger vom Lachs. Der so genannte Seelachs – unter diesem Begriff versteht man den Köhlerfisch – ist unproblematischer und in seinen Biostoffen durchaus gleichwertig.

Stichwort »Aal«

Auch Aale werden heute bereits in Massenzucht gehalten – was alles andere als ökologisch verträglich ist. Denn diese Zuchttiere brauchen viel Wasser, das mehrfach gereinigt, mit Sauerstoff angereichert und auf mindestens 23 °C geheizt werden muss. Für eine Tonne Aal werden ungefähr 1500 Kubikmeter Frischwasser verbraucht. Das Abwasser enthält pro Liter durchschnittlich 500 bis 600 Milligramm Nitrat und 30 Milligramm Phosphat aus Stoffwechselprodukten und Futterresten.

Streichen Sie den Aal möglichst vom Speisezettel. Dies ist auch in ernährungsphysiologischer Hinsicht kein Verlust, denn im Unterschied zu anderen Fischarten ist Aal aufgrund seines hohen Gehalts an gesättigten Fetten und Arachidonsäure gesundheitlich keineswegs unproblematisch.

Stichwort »Thunfisch«

Der Thunfischfang geht immer noch zu Lasten der Delphine, die zu Tausenden in den riesigen Treibnetzen verenden. Reduzieren Sie daher Ihren Konsum an Thunfisch aus der Dose, und beschränken Sie sich auf Produkte, die mit dem Zusatz »Delphinfreundlich gefangen« versehen sind.

Stichwort »Fischstäbchen«

Fischstäbchen sind gerade bei Kindern sehr beliebt – aber auch viele Erwachsene lieben diese schnelle Fischspeise aus der Tiefkühltruhe. Die appetitlich aussehenden Stäbchen bestehen jedoch manchmal aus undefinierbarem Fischmus, das sich zum Teil aus Resten und Abfällen der Fischzubereitung zusammensetzt. Vielen Produkten sind Phosphate zugesetzt, um sie zusammenzuhalten und das Fleisch bei weißer Farbe zu halten.

Bei Fischstäbchen auf die Qualität achten

Nichtsdestoweniger sind Fischstäbchen für Kinder immer noch besser als die meisten Fleischsorten. Sie sollten jedoch nicht öfter als einmal pro Woche auf den Tisch kommen.

Wenn Sie im Supermarkt vor der Kühltruhe stehen, dann sollten Sie gerade bei Fischstäbchen auf die Qualität achten. Bei den allerbilligsten No-Name-Fischstäbchen stehen die Chancen hoch, schlechte oder zumindest mindere Fischqualität zu erhalten. Achten Sie hier vermehrt auf Markenprodukte – oder vertrauen Sie einfach Ihrer eigenen Erfahrung.

Kindertraum Fischstäbchen

Im Vergleich zu momentan problematischen Fischsorten wie Aal oder Lachs sind die Einwände bei Fischstäbchen wesentlich geringer. Selbstverständlich können Sie bei billigen Fischstäbchen nicht allererste Fleischgüte erwarten – oft werden Fischstäbchen aus Fleischresten und Kleinanteilen zusammengesetzt. Aber trotzdem sind Fischstäbchen noch weitaus besser als andere Formen des Fastfood. Achten Sie bitte darauf, dass die bei Kindern extrem beliebten Fischstäbchen nicht zu oft auf den Tisch kommen. Einmal pro Woche sind sie jedoch zu akzeptieren. Bitte kombinieren Sie Fischstäbchen nicht noch mit Pommes frites, sondern mit einem gesunden Gemüse, eventuell Spinat.

Fisch ist nicht gleich Fisch
Je langlebiger eine Fischart ist, desto höher ist normalerweise auch die Belastung ihres Fleisches bzw. ihrer Innereien mit Schwermetallen oder anderen Schadstoffen. Langlebige Sorten wie Heilbutt oder Thunfisch sollten daher nicht so oft auf dem Speiseplan stehen.

Der richtige Umgang mit Fisch

● Barsch
Der kleine Edelfisch schmeckt am besten als Filet – schnell in Butter gebraten oder kurz in Wein und Sahne im Ofen gegart.

● Forelle
Ganzjährig und preiswert erhältlich. Die Garzeit ist kurz. Geräucherte Forellen bilden eine leckere Vorspeise.

● Heilbutt
Der Nordseefisch lässt sich gut dämpfen und braten. Schwarzer Heilbutt ist billiger als weißer, enthält aber weniger Biostoffe.

● Hering
Heringe gibt es ganzjährig, frische Matjes schmecken zwischen April und Juni. Zubereitungsformen: Bückling (geräuchert), Bismarkhering oder Rollmops (mariniert) und Brathering.

● Karpfen
Seine Saison läuft von September bis April. Karpfen lässt sich sehr gut zusammen mit Gemüse schmoren.

● Makrele
Die jungen Makrelen schmecken im Frühjahr am besten. Der Fisch mit Zebrastreifen sollte rasch zubereitet werden.

● Rotbarsch
Sein herzhaftes Fleisch zerfällt nicht so schnell wie das anderer Fische. Rotbarsch kann gut zu Fischklößen verarbeitet werden.

● Sardine
Preiswert und reich an Nährstoffen, lassen sich Sardinen gut mit Gemüse kombinieren. Meiden Sie Sardinen aus der Konserve.

● Scholle
Plattfisch schmeckt am besten, wenn er knusprig gebraten wurde. Schollenfilets schmecken gut in Kombinationen mit Gemüse.

● Seelachs
Der Köhlerfisch (Seelachs) gilt als Armeleutefisch. Dabei hat er mehr Biostoffe als andere Fischsorten. Leider wird Seelachs oft gefärbt, um ihm eine lachsähnliche Farbe zu verleihen.

● Thunfisch
Thunfischsaison ist zwischen April und Oktober. Sein Geschmack erinnert an Rind- und Kalbfleisch. Riskieren Sie ruhig einmal die Zubereitung des fast grätenfreien Frischfisches.

Die wichtigsten Zubereitungsarten

▶ Backfisch

Wohl jeder kennt den Backfisch, den es fertig als Tiefkühlkost – à la Bolognese – gibt. Für Kinder ist Backfisch eine verlockende Alternative, da sie sonst nicht so leicht von Meerestieren zu überzeugen sind. Für feinere Geschmäcker bietet sich hingegen an, den Fisch – ohne die dicke Paste darauf – selbst zu backen. In italienischen Küchen bäckt man den Fisch oft lediglich mit Olivenöl und einigen Kräutern und bedeckt ihn allenfalls mit einer Knoblauchkruste.

▶ Bratfisch

Dies ist die schnellste und einfachste Zubereitungsform. Lassen Sie sich die Fische beim Einkaufen schon bratfertig anrichten, also ausnehmen und schuppen. Am besten kaufen Sie sich gleich Filets, wenn Sie nicht viel Zeit haben. Vergessen Sie allerdings nicht, dass Filets geschmacklich nicht ganz an vollständige Fische herankommen, weil nun einmal das schmackhafteste Fleisch an den Gräten sitzt.

Fisch in Bella Italia

▶ Fisch mit Nudeln

Hierbei handelt es sich um eine Spezialität der italienischen Küche. Für Nudelgerichte mit Fisch nimmt man nicht etwa teure, sondern eher preiswerte Fische mit geringem Eigengeschmack wie etwa Sardinen und Thunfisch. Eine typisch italienische Küchennote haben schließlich Pasta mit Meeresfrüchten, Muscheln oder Tintenfischen.

▶ Fischsuppen

Fischsuppen sind recht preiswert herzustellen. Die meisten Rezepte stammen von den Fischern, die ihren Fang noch an Bord mit Meerwasser aufkochten. Für die meisten Suppen benötigt man einen Kochtopf mit Dampfeinsatz.

▶ Grillfisch

Gegrillte Fische sind etwas für den Spezialisten – und nicht für die Gelegenheitsgriller. Denn es ist eine Kunst, den Fisch auf dem Grill nicht verkohlen zu lassen und sein typisches Aroma zu bewahren.

Fisch auf spanische Manier

▶ Paella

Dies ist eines der berühmtesten spanischen Reisgerichte. Der Geschmack steht und fällt mit der Qualität der gekochten Fischbrühe, mit der der Reis aufgegossen wird. Der Zeitaufwand für eine gute, selbst zubereitete Paella ist allerdings beträchtlich, weil alle Zutaten nacheinander in die Pfanne wandern.

Fisch schmackhaft zubereiten

Bei den Zubereitungsarten für Fisch sind Ihrer Phantasie und Kreativität keine Grenzen gesetzt: Vom simplen, aber sehr beliebten Backfisch aus der Tiefkühltruhe bis zu raffinierten Fischsuppen und spanischen Paellas finden Sie hier einige Vorschläge. Falls Sie weitere Anregungen wünschen, hilft Ihnen jedes gute Kochbuch weiter. Viele Fischgerichte finden Sie im Tiefkühlregal Ihres Supermarkts. Es lohnt sich aber doch, wenn Sie ein Fachgeschäft für Fisch in Ihrer Stadt suchen und das dortige Angebot in Anspruch nehmen. Sie erhalten meist bessere Qualität zu nur etwas höheren Preisen. Vor allem erhalten Sie hier die volle Wirkstoffvielfalt der Fische, die bei Tiefkühlware nur (leicht) eingeschränkt gegeben ist.

Die bunte Vielfalt gegen fades Essen.

Düfte aus dem Orient
Die geheimnisvollen Düfte aus dem Orient sind seit dem 19. Jahrhundert für jeden erschwinglich. Nutzen Sie die Fülle und Vielfalt der Gewürze für Ihre Gerichte. Verbinden Sie das Angenehme mit dem Gesunden, indem Sie Gewürze gezielt für Ihre Gesundheit einsetzen.

Gewürze

Herkunft und Geschichte

Die Ursprünge der Gewürzkultur liegen im Fernen Osten vor etwa 5000 Jahren. In China und im pharaonischen Ägypten wurden Gewürze wie Majoran, Zimt oder Wacholder bereits zur Therapie eingesetzt. Die Ärzte des antiken Griechenland folgten diesem Vorbild.

Im antiken Rom ging dann diese Heiltradition verloren. Zwar importierten die Römer als erste die Gewürze des asiatischen Raums, doch weniger aus heiltechnischen denn aus kulinarischen Motiven. Mit dem Auseinanderfallen des Römischen Reiches verloren dann die Gewürze ihre Bedeutung in der Küche. Erst mit den Kreuzzügen des 11. Jahrhunderts kehrten die Gewürze zurück.

Gewürze aus den »fernen Landen«

Das Jahr 1512 stellt einen vorläufigen Höhepunkt der Gewürzgeschichte dar. In diesem Jahr entdeckten portugiesische Seefahrer die Molukken. Dieses Gewürzparadies sollte den Portugiesen das Monopol im Gewürzhandel bescheren. Doch andere Staaten zogen bald nach: Man entdeckte, dass viele Gewürze auch in kühleren Zonen gedeihen – damit stieg das Angebot und fiel der Preis.

Im 19. Jahrhundert wurden Gewürze praktisch für jedermann erschwinglich. Ihre Heilkraft wurde jedoch noch wenig geschätzt, denn im Zuge der rasanten Entwicklung der Wissenschaften vertraute man zuerst auf Pillen, Salben und Mixturen aus den Chemielabors. Heute scheint sich jedoch das Blatt wieder zu wenden: Alternative Mediziner aus asiatischer – vor allem buddhistischer und ayurvedischer – Tradition setzen wieder auf Kümmel, Safran, Ingwer & Co.

Gewürze als Heilmittel

Gewürze heilen durch ihre Inhaltsstoffe, ihren Geruch und ihre Stellung im Energiekreis. Der Energiekreis besitzt vier Pole:

- Oben: der Energie gebende Pol
- Unten: der Energie reduzierende Pol
- Links: der beruhigende Pol
- Rechts: der anregende Pol

Der Energiekreis bildet die Basis der Gewürzheilkunde.

> ## Gewürze – die Biostoffkonzentrate
>
> ● Bei Gewürzen handelt es sich in der Regel um Pflanzenprodukte, in denen bestimmte Wirkstoffe der Pflanzen in hohem Maß konzentriert sind. Sie bilden gewissermaßen den verlängerten Arm einer Heilpflanze.
>
> ● Wenn ein Strauch, ein Baum oder eine Blume irgendeine wichtige Substanz enthält, so wird diese in ihren Gewürzen erst recht – in besonders hoher Konzentration – enthalten sein.

Gewürze als Heilmittel

Asiatische Mediziner betonen immer wieder die ganzheitlichen Wirkungen der Gewürze. Gewürze wirken nicht nur über ihre konkreten, nachweisbaren Inhaltsstoffe, sondern auch durch ihren Geschmack, ihre Konsistenz und schließlich ihre Stellung im Energiekreis. Abendländische Wissenschaftler können gerade mit dem letzteren Begriff nur recht wenig anfangen, doch das ändert nichts an seiner Wirksamkeit, die sich im Lauf der Jahrhunderte immer wieder bewähren konnte.

Grundlagen des Energiekreises

Der Energiekreis besitzt vier Pole: Oben und unten stehen sich der Energie gebende und Energie reduzierende, links und rechts der beruhigende und der anregende Pol gegenüber.

Ein nervöser und hektischer Mensch mit Neigung zu Fingerzittern, nervösem Durchfall, Herzklopfen und nasskalten Händen wird in jedem Fall ein Gewürz brauchen, das in der Nähe des beruhigenden Pols angesiedelt ist.

Wo das Gewürz jedoch bezüglich seiner Energien stehen muss, hängt von den Hintergründen der Nervosität ab: Hat sie ihre Ursache in Selbstüberforderung, müssen auch die Energien reduziert werden; hier ist dann ein Gewürz wie Piment angezeigt. Hat die Nervosität jedoch ihre Ursachen in Angst, müssen Energien aufgebracht werden; hier käme dann ein Gewürz wie Ingwer infrage.

Gewürzheilkunde und Homöopathie

Die richtige Auswahl des Gewürzes hängt nicht nur von den genauen Symptomen des betreffenden Menschen, sondern auch von seinen psychischen Hintergründen ab. Hier ähnelt die Gewürzheilkunde in starkem Maß der Homöopathie.

Gewürze im Energiekreis
Sie können Gewürze einzeln und nach persönlichem Gutdünken und individuellem Geschmack einsetzen. Es gibt jedoch auch eine Gewürzlehre, die auf den Erfahrungen der asiatischen Mediziner beruht. Die Heilwirkungen der Gewürze werden hier ganzheitlich gesehen und in den Energiekreis eingeordnet. Nach den Regeln der asiatischen Gewürzlehre werden zur Behandlung einer Erkrankung die jeweils gegensätzlichen Gewürze gewählt: Ein phlegmatischer Patient erhält Gewürze des Energie gebenden und belebenden Pols, ein nervöser Chaotiker das genaue Gegenteil.

Die wichtigsten Gewürze und ihre Heilwirkungen

Gewürz	Heilwirkungen
Anis	Verdauungsstörungen, Blähungen, Husten, nervöse Erschöpfung
Anispfeffer	Durchfall, latente Aggressionen
Cayennepfeffer	Fiebrige Erkrankungen, sexuelle Unlust
Gewürznelke	Zahnschmerzen, Nervosität
Ingwer	Nervöser Magen, Erkältungen, grippale Infekte, Angst
Kalmus	Gastritis, Verlustängste
Kapern	Appetitmangel, Antriebslosigkeit
Kardamom	Blähungen, Selbstzweifel
Koriander	Verstopfung, Appetitmangel, Konzentrationsschwäche, Prüfungsangst
Kümmel	Magenkrämpfe, Blähungen, Heißhunger, zwanghafte Gedanken
Lorbeer	Abwehrschwäche, Zwangsneurosen
Muskat	Rheuma, Gicht, Impotenz
Oregano	Menstruationsbeschwerden, nervöse Ungeduld
Pfeffer	Arteriosklerose, Herzinfarkt, Übergewicht, Schnupfen, Müdigkeit, Konzentrationsschwäche
Piment	Blähungen, stressbedingte Nervosität
Rosmarin	Niedriger Blutdruck, Antriebslosigkeit
Safran	Herzinsuffizienz, Gefühlskälte
Salbei	Mund-, Zahnfleisch- und Halsentzündungen, depressive Verstimmungen
Thymian	Hals- und Racheninfektionen, grippale Infekte, Alpträume
Vanille	Abwehrschwäche, Gefühlskälte
Wacholder	Darmentzündungen, Rheuma, Gicht, Wahn- und Zwangsvorstellungen
Zimt	Kreislaufschwäche, Herzrhythmusstörungen, Stimmungsschwankungen, Schlafstörungen

(Fenchel, Honig, Knoblauch und Paprika werden in einem eigenen Kapitel dargestellt und sind deshalb hier in dieser Übersicht nicht enthalten.)

Heilende Inhaltsstoffe
Die Gewürze enthalten die unterschiedlichsten Biostoffe wie Vitamine, Gerb- und Bitterstoffe, Flavonoide, Saponine u. v. a. m. Diese Substanzen sind für die heilenden Wirkungen der Gewürze verantwortlich.

Der richtige Umgang mit Gewürzen

▶ Kaufen Sie Ihre Gewürze am besten ungemahlen, dann enthalten sie noch die meisten Biostoffe. Das Mahlen ist kein Problem.

▶ Achten Sie bei Gewürzen auf dunkle Verpackungen. Gewürze aus weißem Glas oder Plastik besitzen kaum noch Wirkungen.

▶ Besorgen Sie sich Ihre Gewürze am besten pur. Bei fertigen Gewürzmischungen kennt man selten die Zutaten. Außerdem ist eine Mischung aus vielen Gewürzen gesundheitlich fragwürdig.

▶ Gewürze wirken am besten in frischen Salaten. Bei warmen Speisen Gewürze nicht mitkochen, da hier viele Wirkstoffe verdampfen.

▶ Mischen Sie niemals zu viele Gewürze in ein Essen, denn die Gewürze können sich in ihren Wirkungen gegenseitig negativ beeinflussen. Außerdem rauben Sie damit Ihrem Essen die feinen Nuancen. Ein guter Koch kommt mit vier Gewürzen plus Salz gut aus.

▶ Gewürze halten sich am besten in einem dunklen Glas- oder Keramikbehälter, der halbwegs luftdicht zu verschließen ist. Der Aufbewahrungsort sollte kühl und schattig sein. Die üblichen Stellen auf dem Fensterbrett oder über dem Herd sind denkbar ungeeignet.

Gewürzöle für die Aromatherapie

▶ Gewürze sind auch in Form von Ölen erhältlich. Diese Öle werden in der Aromatherapie eingesetzt, z. B. dadurch, dass man sie in Duftschalen oder Duftlämpchen deponiert. Zu den klassischen Gewürzölen zählen Anis-, Fenchel-, Kardamom-, Muskat-, Oregano-, Pfeffer-, Rosmarin-, Salbei-, Thymian-, Wacholder- und Zimtöl.

Gewürzöle zur Entspannung

Sie erhalten Gewürze auch in ihrer konzentriertesten Form – als Gewürzöle. Hier können Sie den spezifischen Duft und die heilenden Wirkungen der Gewürze auf dem Atemweg genießen. Einige Tropfen Gewürzöl mit Wasser in einer Duft- oder Aromalampe verbreiten nicht nur romantische Stimmung, sie helfen auch ganz direkt bei Ihrer Entspannung, Ihren Yogaübungen oder bei Ihrem Atemtraining. Experimentieren Sie doch einmal mit verschiedenen Gewürzölen: Sie werden bald persönliche Vorlieben und Abneigungen entwickeln.

Schon Katharina von Medici wusste um die kosmetische Wirkung von Gurken.

Gurke

Herkunft und Geschichte

Die Gurke stammt wahrscheinlich aus Indien, wo sie bereits seit 4000 Jahren angebaut wird. Die Griechen und Römer der Antike schätzten ebenfalls den Geschmack dieses Rankengewächses und bauten es in großem Stil an – in Rom wurden sogar extra Gewächshäuser zur Aufzucht angelegt.

Den Durchbruch zur »Schönheitspflanze« schaffte die Gurke durch Katharina von Medici (1519–1589). Die französische Königin setzte das Kürbisgewächs zusammen mit Rosenwasser, Zitronensaft und Mandelöl erstmalig als Hautpflegemittel ein.

Die wichtigsten Biostoffe

▶ Wasser

Gurken bestehen zu 95 bis 98 Prozent aus Wasser. Dadurch eignen sich Gurken als Nahrungsmittel bei fiebrigen Erkrankungen, die stets von einem großen Flüssigkeitsverlust begleitet sind.

▶ Kalium

Gurken enthalten durchschnittlich 141 Milligramm Kalium auf 100 Gramm. Das Mineral ist an der Aufrechterhaltung des osmotischen Drucks und damit am Wasserhaushalt beteiligt. Kalium ist Teil wichtiger Enzyme, und es ermöglicht die Arbeit unserer Muskeln.

▶ Basen

Gurken besitzen von allen Gemüsesorten den höchsten Basenüberschuss. Dadurch sind sie geradezu ideal für Entsäuerungs- und Entwässerungskuren.

Gurkensorten
In Deutschland sind hauptsächlich folgende zwei Gurkensorten bekannt und beliebt: die langen und dünnen Schlangen- bzw. Salatgurken aus Gewächs- und Folienhäusern sowie die dickeren Einlege- und Schalgurken aus dem Freilandbau.

Gurken als Heilmittel

Aufgrund ihres Basenüberschusses und ihres hohen Kaliumgehaltes besitzen Gurken vor allem vier wichtige Heilwirkungen:

- Blutreinigend
- Entschlackend
- Harntreibend
- Stuhlregulierend

Dadurch eignen sich Gurken zur Therapie und Prävention von:

- Gicht
- Unreinheiten der Haut
- Nieren- und Harnsteinen
- Verstopfungen

Der richtige Umgang mit Gurken

● Gurken gehören neben Tomaten, Paprika und Salat zu den Standardkulturen der Gewächshäuser. Sie gedeihen aber auch im eigenen Garten oder auf dem eigenen Balkon.

● Die Wärme liebenden Ranker verlangen einen warmen, humusreichen, durchlässigen Boden, der mit Stallmist angereichert sein sollte. Der Platz muss sonnig, aber windfrei sein.

● Die Saatzeit liegt zwischen Ende März und Ende April. Gurken sollten im Haus vorgezogen werden, die Samen keimen bestens zwischen feuchtem Filter- oder Löschpapier. Später kommen die Pflänzchen in Töpfe, die fünf Wochen später für einige Stunden ins Freie dürfen: Gurken müssen langsam abgehärtet werden, bevor sie Mitte Mai endgültig ins Freie kommen.

● Die Pflanzen werden »entspitzt«, wenn sie vier Blätter gebildet haben. Die langen Triebe können auf dem Boden wachsen oder an Stangen oder Drahtgeflecht festgebunden werden.

● Geerntet wird nach drei Monaten, wenn die Gurken mindestens 15 Zentimeter lang sind. Einlegegurken werden sehr jung (sieben Zentimeter) geerntet, dann schmecken sie am besten.

Lagerung

Geerntete Gurken halten sich bei 8 bis 12 °C Umgebungstemperatur etwa fünf Tage lang. Achten Sie darauf, dass Gurken nicht zusammen mit Äpfeln aufbewahrt werden – denn zwischen den Früchten kommt es schnell zu Geschmacksübertragungen.

Einlegen

Gewürzgurken können eingelegt werden. Dazu werden die gründlich gewaschenen Gurken zusammen mit Dill, einigen gelben Senfkörnern und etwas gepresstem Knoblauch in saubere Einmachgläser gelegt. Dann gießen Sie zu gleichen Teilen Essig und Wasser hinzu, bis die Gläser randvoll gefüllt sind.

Jetzt werden die Glasränder gereinigt und mit Gummiring und Deckel dicht verschlossen. Danach stellen Sie die Gläser in einen Topf, der bis zu drei Vierteln der Glashöhe mit Wasser gefüllt wird. Auf 100 °C erhitzen, etwa 20 Minuten lang bei dieser Temperatur stehen und schließlich vor dem Herausnehmen noch zehn Minuten abkühlen lassen. Die eingelegten Gurken halten sich bei geschlossenem Glas etwa ein Jahr lang.

Gesichtsmaske mit Gurke

Die einfachste Methode, Ihre Haut zu verbessern, ist die Gurkenmaske. Schneiden Sie einfach eine Gurke in Scheiben, und legen Sie diese auf Ihre Gesichtshaut. Sie können aber auch aus der Gurke eine Gesichtscreme herstellen und diese dann auftragen. Durch den hohen Wasser- und Basenanteil wird Ihre Haut hinterher sanft und weich sein.

Selbst gesammelt schmecken sie noch besser: die Heidelbeeren.

Heidelbeere

Herkunft und Geschichte

Die Heidelbeere bestimmt den typischen Charakter der nord- und mitteleuropäischen Laub- und Nadelwälder, in wärmeren Gebieten wie in Italien oder Spanien gibt es sie fast gar nicht. Die griechischen und ägyptischen Heilärzte registrierten das Erikagewächs kaum – lediglich Dioskurides erwähnte die blutstillende Eigenschaft.

Heute gehört die Heidelbeere zu den bekanntesten Beerenfrüchten, die man für Obstkuchen, Marmelade, Fruchtjoghurt, Dickmilch und Quarkspeisen verwendet. Als Heilfrucht ist die Heidelbeere weithin unbekannt.

Die wichtigsten Biostoffe

Inhaltsstoffe der Blätter

Die Blätter werden noch vor der Beerenreife – zwischen Juni und Juli – gesammelt. Sie enthalten Arbutin, Gerbstoffe, etwas Vitamin C, China- und Kaffeesäure sowie den Bitterstoff Erikolin. Interessant ist ihr Gehalt an pflanzlichem Insulin: Dadurch werden Heidelbeerblätter zu einem milden Heilmittel bei Diabetes. Sie eignen sich jedoch aufgrund ihrer Nebenwirkungen in hohen Dosierungen (Vergiftungsgefahr!) nicht für den längeren Gebrauch. Auch bei Entzündungen der Harnwege sowie des Mund- und Rachenraums helfen die Blätter.

Heidelbeerflecken entfernen

Heidelbeeren hinterlassen starke dunkelblaue Flecken. Wenn Sie versehentlich mit Heidelbeeren gekleckert haben, dann sollten Sie etwas Zitronensaft auf den Fleck geben. So lässt er sich später leichter herauswaschen. Auch auf Zunge und Zähnen hinterlassen Heidelbeeren eine intensive dunkelblaue Farbe: Auch hier hilft es, in ein Stück Zitrone zu beißen. Der große Vitamin-C-Schock tut Ihrem Körper nur gut – und der Zitronensaft entfärbt Ihre Zunge.

Heidelbeeren als Heilmittel

Zur Vorbeugung eignen sich Heidelbeeren bei:

- Angina pectoris
- Arteriosklerose
- Bluthochdruck
- Darmentzündungen
- Darmkrebs
- Herzinfarkt
- Schlaganfall
- Spul- und Madenwürmern

Zur Therapie eignen sich Heidelbeeren bei:

- Blasenschwäche
- Darmentzündungen
- Durchfallerkrankungen
- Hämorrhoiden
- Spul- und Madenwürmern
- Vergiftungen

Bei sehr empfindlichen Menschen können die Kerne der Heidelbeeren Reizungen der Magenschleimhaut verursachen.

Aufguss aus Heidelbeerblättern

● Geben Sie 3 Teelöffel zerstoßene Heidelbeerblätter in 1 Tasse kochendes Wasser. 10 Minuten ziehen lassen und danach in kleinen Schlucken trinken.

● Bei Diabetikern hat sich ein Gemisch aus 2 Teelöffeln Heidelbeerblättern und 1 Teelöffel Walderdbeerblättern besonders bewährt. Trinken Sie davon 3 Tassen pro Tag.

● Bitte beachten Sie: Aufgüsse aus Heidelbeerblättern eignen sich weder für den Dauergebrauch noch für Kinder, da sie längerfristig zu Vergiftungen führen können.

Inhaltsstoffe der Beeren

Heidelbeeren besitzen ein ausgewogenes Mineralien- und Vitaminprofil, das jedoch hinsichtlich der Einzelwerte nicht von therapeutischer oder präventiver Bedeutung ist. Mit nur 22 Milligramm Vitamin C, sieben Mikrogramm Folsäure und fünf Milligramm Magnesium nimmt die Heidelbeere innerhalb der übrigen Obstsorten allenfalls eine Nebenrolle wahr.

Fastenkur gegen Würmer

Dennoch reicht das Mineral- und Vitaminprofil der Beeren aus, um sie beispielsweise zu einer dreitägigen Fastenkur gegen Wurmerkrankungen einzusetzen, ohne dass ein Mangel an Mineralien und Vitaminen befürchtet werden muss.

▶ Gerbsäure

Heidelbeeren enthalten überdurchschnittlich viel Gerbsäure. Während jedoch reine Gerbsäure gesundheitlich eher problematisch ist, da sie die oberen Verdauungswege angreifen würde, ist sie in der Heidelbeere an die zahlreichen Farbstoffe der Frucht gekettet. Die Gerbsäuren müssen im Darm erst aus ihren Verbindungen gelöst werden. Dadurch wird ihre Wirkung genau in der richtigen Geschwindigkeit und Dosierung, die für den menschlichen Organismus gesundheitsfördernd sind, freigesetzt.

Gerbsäure wirkt »gerbend« auf die entzündete Darmschleimhaut, d.h., sie lässt das entzündete Gewebe zusammenziehen, festigt es und schränkt die Schleimsekretion ein.

▶ Myrtillin

Hierbei handelt es sich um einen typischen Farbstoff der Heidelbeere. Er hemmt das Wachstum von Krankheitserregern im Darm.

Gesunder Darm durch Heidelbeeren

Die intensive blaue Farbe der Heidelbeere kommt von dem Farbstoff Myrtillin. Dieser natürliche Farbstoff verursacht nicht nur die Heidelbeerflecken, er bekämpft auch zahlreiche Krankheitserreger im Darm. Gönnen Sie Ihrem Darm doch einmal eine Heidelbeerkur – hinterher fühlen Sie sich sogleich besser, und die Verdauung ist in Ordnung.

Sauberer Darm durch Heidelbeeren

Heidelbeeren bekämpfen nicht nur kleine Krankheitserreger im Darm, sie eignen sich auch vorzüglich für eine Wurmkur. Wenn jemand von diesem lästigen Übel befallen ist, dann reichen drei Tage Heidelbeerkur – und der Darm ist wieder sauber.

Gesundheit essen

Bei Heidelbeeren tritt der Idealfall ein: Hier gibt es Gesundheit in ihrer schmackhaftesten Form. Wenn Sie Heidelbeeren mit Milch in einer Schüssel servieren, dann verbinden Sie das Gesunde mit dem Angenehmen. Keine andere Speise ist so leicht verträglich, selbst für schwache Mägen, und keine andere Speise wird die Leckermäuler in Ihrer Familie so restlos begeistern. Wenn Sie ein paar Frühstücksflocken hinzufügen, dann haben Sie das perfekte Frühstück für Jung und Alt. Und zur Krönung des Schlemmertums fügen Sie noch ein paar Stücke Banane zu: Ihre Familie wird nichts anderes mehr wollen. Diese Früchtekombination geht nicht nur am Morgen, sondern stellt auch ein exzellentes Dessert nach einem Mahl dar. Oder Sie kombinieren Heidelbeeren (und Banane) mit Vanille- oder Schokoladeneis. Oder mit Waffeln und Schlagsahne.

▶ Ellagsäure

Ellagsäure wird im Darm nur in geringem Maß verdaut und schnell wieder ausgeschieden. Doch reicht bereits diese relativ kurze Verweildauer aus, um eine Reihe von Entgiftungsenzymen aus den Darmwänden zu »locken«. Dadurch eignet sich die Ellagsäure als Heilmittel gegen chronische und akute Vergiftungen. Ellagsäure ist weiterhin ein wirksames Präventivmittel gegen Darmkrebs.

▶ Pektine

Pektine gehören zu den Ballaststoffen. Sie sind imstande, erhöhte Cholesterinwerte im Blut zu senken. Dadurch spielen sie eine große Rolle bei der Vorbeugung von Herz-Kreislauf-Erkrankungen.

Zubereitungsformen der Heidelbeere

▶ Getrocknete Heidelbeeren

Sie entfalten ihre durchfallhemmende Wirkung am besten, wenn sie vor den Mahlzeiten zerkaut werden.

▶ Heidelbeersaft

Dieser wirkt beruhigend auf den nervösen Darm und hemmt das Wachstum von krank machenden Bakterien in der Darmschleimhaut.

▶ Heidelbeerkuren

Hier werden drei Tage lang rohe und kurz aufgekochte Früchte gegessen. Diese Kur hilft bei Maden- und Spulwürmern; sie hat sich besonders bei Kindern immer wieder bewährt.

▶ Heidelbeeren mit Milch

Es gibt kaum ein besseres Kräftigungsmittel. Diese Kombination wird selbst von schwachen Magenwänden gut vertragen.

▶ Heidelbeersirup

1 l ausgepresster Heidelbeersaft wird mit reichlich Rohrzucker oder Honig kurz aufgekocht und anschließend heiß in Glasflaschen gefüllt. Dieser Sirup eignet sich als Stärkungsmittel und – mit Mineralwasser verdünnt – auch als Erfrischung an heißen Sommertagen.

▶ Heidelbeerlikör

2 bis 3 Hand voll Beeren werden mit 1 Liter Branntwein etwa 8 Tage lang angesetzt, täglich gut durchgeschüttelt und anschließend abfiltriert. Das Filtrat wird mit 400 Gramm Rohrzucker gesüßt und dann gläschenweise zu den Mahlzeiten getrunken, um den Verdauungstrakt bei seiner Arbeit zu unterstützen.

▶ Heidelbeertee

Übergießen Sie 5 (bei Kindern 3) gehäufte Esslöffel der getrockneten Früchte mit ½ Liter Wasser. Die Mischung etwa 10 Minuten kochen lassen und danach abseihen.

Der richtige Umgang mit Heidelbeeren

● Heidelbeeren können Sie im Supermarkt, im Früchtemarkt oder im Reformhaus kaufen. Die billigste und gesündeste Möglichkeit ist jedoch, die gesunden Beeren selbst zu sammeln. So können Sie von einem schönen Spaziergang am Sonntagnachmittag mit reicher Ernte zurückkommen.

● Heidelbeeren können Sie aber auch recht einfach selbst anbauen. Hier erfahren Sie alles, was Sie zu beachten haben.

Heidelbeeren selbst sammeln

Die Erntezeit für Heidelbeeren liegt zwischen Ende Juli und Ende September. Man erkennt die erbsengroßen Beeren an ihrer blauschwarzen Farbe. An ihrem Grund befindet sich ein eingestülpter Ring, der wie ein Krater aussieht und aus dem manchmal noch der Griffel hängt.

Die Beeren müssen nach dem Sammeln gut gewaschen werden. In Gegenden, die von wurmkranken Füchsen bewohnt sind, sollten Sie auf das Sammeln verzichten. Denn die kranken Tiere urinieren gern an Heidelbeersträuchern, die dadurch zu einer Infektionsquelle von gefährlichen Wurmerkrankungen werden können. Achten Sie dabei auf Hinweisschilder im Wald.

Heidelbeeren selbst anbauen

Die Heidelbeere ist nicht nur ein ergiebiger Fruchtstrauch, sondern eignet sich auch als Zierde für den heimischen Garten. Sie braucht sauer reagierenden, leichten, humusreichen und feuchten Boden, der gut gelockert sein sollte. Die Heidelbeere stellt an ihren Standort ähnliche Ansprüche wie der Rhododendron.

Hauptpflanzzeit ist der Herbst, am besten bei abnehmendem Mond. Die Sträucher erhält man in der Regel mitsamt Ballen im Fachgeschäft oder im Gartencenter.

Heidelbeeren brauchen im Frühjahr keinen Schnitt und werden zum ersten Mal nach vier Jahren ausgelichtet, in den folgenden Jahren aber jährlich. Bevorzugen Sie deutsche Züchtungen wie Blauweiß-Zuckertraube (Höhe: 80 Zentimeter) und Blauweiß-Goldtraube (Höhe: zwei Meter). Haben Sie ausreichend Platz, sollten Sie beide Sorten pflanzen – das verbessert die Fruchtbarkeit. Denken Sie daran, dass Vögel die Beeren als Leibspeise schätzen. In der Fruchtzeit sollten daher die Sträucher mit einem Netz geschützt werden.

Ernte in freier Natur

Warum sollten Sie einen Waldspaziergang an einem sonnigen Sommerwochenende nicht einmal dazu nützen, um gemeinsam Heidelbeeren zu sammeln? Die Bewegung an der frischen Luft wird Ihnen gut tun – und das gesammelte Ergebnis wird eine Wohltat für Ihren Magen sein. Dass Sie beim Sammeln reichlich naschen können, das versteht sich doch von selbst.

Heidelbeeren im eigenen Garten

Wer ein großer Liebhaber der Heidelbeeren ist, der kann die Früchte auch im eigenen Garten anbauen. Nebenstehend finden Sie die wichtigsten Hinweise, was Sie beim Anbau von Heidelbeeren im eigenen Garten zu beachten haben, welche Sorten sich hierzu eignen und welche Ansprüche Heidelbeeren an ihren Standort stellen.

Zum Süßen von Tee ist Honig ideal: schmackhaft und gesund.

Honig

Herkunft und Geschichte

Honig gehört zu den ältesten Nahrungsmitteln der Menschen. Felszeichnungen belegen, dass man schon in der Steinzeit Honig sammelte. Die älteste Darstellung eines Honigsammlers – etwa 15 000 Jahre alt – wurde in einer Höhle unweit von Valencia entdeckt.

Die ersten systematischen Zuchtversuche begannen in Ägypten und Kreta, etwa 4000 v. Chr. Die ägyptischen Imker betrieben sogar Wanderbienenzucht und brachten die Tiere in Tonröhren dorthin, wo gerade die meisten blühenden Pflanzen standen. In den Kulturen der Antike wurde Honig als ein Zeichen der Fruchtbarkeit verehrt – und als Beruhigungsmittel. So soll Zeus seinem Vater etwas von der süßen Speise gegeben haben, um ihn in Schlaf zu versetzen.

Honig in den Religionen

Große Bedeutung besitzt das Bienenprodukt in den Religionen, beispielsweise in der Bibel, wo vom berühmten »Land, wo Milch und Honig fließen« die Rede ist. Mohammed drohte den Sündern: »Die erste Wohltat, die Gott dem Menschen entzieht, ist der Honig.« Gotama Buddha schließlich sprach von den zehn Vorzügen, die ein mit Honigstücken vermischter Milchreis besitzt:

Das Land, wo Milch und Honig fließen

Das aus der Bibel legendäre »Land, wo Milch Honig und fließen« ist der Inbegriff von Wohlergehen. Jedes Kind weiß um die beruhigenden und schlaffördernden Eigenschaften von heißer Milch mit Honig. Nicht umsonst sind diese beiden Stoffe in dieser Kombination so beliebt.

Honig als Heilmittel

● Honig wirkt hypertonisch, d. h., er entzieht bakteriellen Zellen das Wasser, so dass diese schrumpfen und schließlich absterben.

● Das Enzym Glukoseoxydase fördert die Bildung von desinfizierendem Wasserstoffperoxid und Glukosesäure, einem Antibiotikum – vor allem im Mund, Rachen und in den Atemwegen.

● Die antibiotischen Wirkungen des Honigs dienen zur Vorbeugung von grippalen Infekten und Erkrankungen der Atemwege.

● In der Therapie sollte Honig jedoch mit Nahrungsmitteln kombiniert werden, die einen hohen Anteil antibiotischer Sulfide (Zwiebeln, Knoblauch) und große Mengen Vitamin C (Zitrusfrüchte, Petersilie, Paprika, Tomaten) besitzen.

● Altbewährt bei Mandelentzündungen, Husten und Erkältungen sind Zwiebel-Honig-Sirup und honigsüßer Lindenblütentee.

Honig bei offenen Wunden

● Bei Schürfungen hilft eine Salbe aus neun Teilen Honig und einem Teil Meerrettich.

● Bei leichteren Verbrennungen sollte die Wunde erst 20 Minuten lang gekühlt und danach mit einem Honigumschlag bedeckt werden. Dadurch werden Narben und Blasen vermieden.

● Bei eitrigen Pickeln hilft eine Auflage aus einem Gemisch von 1 Teelöffel Honig und 30 Tropfen Echinaceatinktur.

»Zehn Dinge gibt uns diese Speise:
Leben und Schönheit, Ausgeglichenheit und Kraft.
Sie vertreibt Hunger, Durst und die Winde.
Sie reinigt die Blase und das Blut, fördert die Verdauung.«

Honig statt Zucker

Heute wird Honig in erster Linie als Brotaufstrich verwendet. Der Bundesbürger verbraucht jährlich 1,4 Kilogramm Honig – wenig im Vergleich zu 36 Kilogramm Zucker jährlich. Ernährungswissenschaftler sind überzeugt, dass viele Wohlstandserkrankungen vermieden werden könnten, wenn zum Süßen weniger industrieller Zucker und mehr natürlicher Honig verwendet würden.

Die wichtigsten Biostoffe

Beim Honig handelt es sich um ein Naturprodukt mit einem komplizierten Wirkstoffprofil, das bis heute noch nicht restlos entschlüsselt ist. Honig bietet folgende Biostoffe:

▶ Honig besteht zu fast 80 Prozent aus Zucker – überwiegend Frucht- und Traubenzucker, daneben auch Rohr- und Malzzucker – und zu 15 bis 20 Prozent aus Wasser. Der Rest setzt sich aus organischen Verbindungen zusammen (Aminosäuren und beruhigendes Azetylcholin), Mineralien (besonders hervorzuheben sind 1,3 Milligramm Eisen pro 100 Gramm) und einigen Vitaminen. Der Mineral- und Vitamingehalt des Honigs ist jedoch insgesamt ohne therapeutische und präventive Bedeutung.

▶ Bedeutsamer ist sein Gehalt an Fruchtzucker und dem Bienenenzym Glukoseoxydase, das in unserem Körper die Bildung antibiotischer Stoffe in Gang setzt. Erwähnenswert ist Propolis: Im Bienenstock dient Propolis zur Verklebung von Rissen, im menschlichen Körper wirkt es als mildes Antibiotikum.

Honig im Alltag

Wenn Sie Ihrem Körper etwas besonders Gutes tun wollen, dann ersetzen Sie doch einfach den Zucker in Ihrer Küche durch Honig: Im Tee und Kaffee, bei allen Süßspeisen und natürlich beim Backen (Honigplätzchen!) ist Honig die bessere Alternative zum industriell raffinierten Weißzucker. In Deutschland wird bislang fast dreimal so viel Zucker wie Honig verbraucht. Dies resultiert daraus, dass Honig hierzulande fast ausschließlich als Brotaufstrich bekannt ist. Nützen Sie die heilsamen Biostoffe des Honigs, und genießen Sie den wohlig sanften Geschmack dieses Bienenprodukts auf der Zunge.

Achtung, Karies

Honig enthält natürlich auch viel Zucker. Deshalb kann Honig – ebenso wie Zucker – Karies verursachen. Also nach dem Honiggenuss Zähne putzen nicht vergessen.

Honig als Beruhigungsmittel

Honig wird von alters her als Beruhigungsmittel eingesetzt. Auch heute bekommen noch viele Kinder ein Gemisch aus Honig und Milch, um besser einschlafen zu können. Die beruhigende Wirkung des Honigs hat zweierlei Gründe:

▶ Honig enthält Azetylcholin, das in der Signalübertragung zwischen unseren Hirnzellen eine wichtige Rolle spielt.

▶ Die sanfte Beschaffenheit von Honig löst über die Sinneszellen auf Gaumen und Zellen beruhigende Reflexe im Nervensystem aus.

Honig als Wundauflage

Wie aus zahlreichen schriftlichen Zeugnissen hervorgeht, wurde Honig schon bei den alten Ägyptern und Griechen für Wundauflagen zum Einsatz gebracht.

Wie man heute aus wissenschaftlicher Sicht weiß, geschah dies aus gutem Grund: Im Hinblick auf die Wundversorgung besitzt das Bienenprodukt einige entscheidende Vorteile, die nicht nur in seiner antiseptischen und antibiotischen Wirkung, sondern auch in seiner mechanischen Wirkungsweise begründet sind. Honig ist zwar klebrig, doch durch seine wasserbindende Eigenschaft verhindert er, dass die Auflage an der Wunde kleben bleibt.

Honig als Zuckerersatz

Honig ist als Süßungsmittel wesentlich hochwertiger als der übliche Fabrikzucker. Das Profil des Honigs ist – schon allein aufgrund seines hohen Fruchtzuckergehalts – viel ausgewogener als beim Rübenzucker. Außerdem enthält Honig zahlreiche Biostoffe, die den Verdauungsprozess des Zuckers fördern.

Kariesgefahr bei zu viel Honig

Die Wirkung des Honigs auf den Zahnschmelz ist in der Wissenschaft umstritten:

▶ Tatsache ist, dass auch Honigzucker ebenso wie industrieller Rübenzucker den Kariesbefall fördert.

▶ Jedoch ist auch unbestritten wahr, dass sich beim Verzehr von Honig im Speichel antibiotische Substanzen bilden, die den Vermehrungsprozess von Karies auslösenden Bakterien stoppen können. Dazu muss der Honig jedoch relativ lange im Mund gehalten werden.

▶ Ersetzen Sie den Fabrikzucker so weit wie möglich durch Honig – doch auf regelmäßiges Zähneputzen dürfen Sie trotzdem nicht verzichten.

Die drei Faktoren der Honigqualität

Honig ist nicht gleich Honig. Die Qualität dieses Naturprodukts hängt von folgenden drei Faktoren ab:

▶ Wassergehalt

Je weniger Wasser Honig enthält, desto länger lässt er sich lagern, und desto intensiver sind Geschmack und Aroma. Außerdem eignet sich wasserarmer Honig besser für Wundauflagen.

▶ Enzymgehalt

Honig ist umso gesünder, je mehr natürliche Enzyme er enthält. Licht, Hitze und längere Lagerung sorgen jedoch dafür, dass diese Stoffe in großem Umfang vernichtet werden.

▶ Der Hydroxymethylsulfat-(HMF-)Wert

Hydroxymethylsulfat (HMF) ist für den Körper des Menschen ohne Bedeutung, doch für den Fachmann bildet es ein gutes Kriterium dafür, ob ein Honig noch frisch ist oder bereits zu lange gelagert wurde. HMF entsteht, wenn sich im Lauf der Zeit Wasser aus den im Honig enthaltenen Zuckern abspaltet. Ein niedriger HMF-Wert steht demzufolge für einen hohen Frischegrad, während ein hoher Wert auf lange Lagerung schließen lässt. Der Deutsche Imkerbund erlaubt 15 Milligramm HMF auf ein Kilogramm Honig.

Diese drei Qualitätskriterien sind leider nicht auf den Honiggläsern verzeichnet. Der Verbraucher muss sich also auf die Kontrollen der Lebensmittelprüfer verlassen.

Honigqualitäten schnell erkennen

In guten Reformhäusern und Fachgeschäften erhalten Sie Einblick in die Gutachten der Lebensmittelprüfer. Achten Sie dabei vor allem auf den HMF-Wert (Hydroxymethylsulfatwert), der über das Alter des Honigs Aufschluss gibt.

Vielfalt der Sorten

Welche der nebenstehend aufgeführten Honigsorten von Ihnen bevorzugt wird, bleibt Ihrem individuellen Geschmack überlassen. So verschieden das Blütenangebot für die Bienen ist, so verschieden wird der Geschmack des Honigs ausfallen. Vielleicht probieren Sie einfach einmal verschiedene Sorten durch, um Ihren persönlichen Favoriten zu finden.

Die wichtigsten Honigsorten

▶ Eukalyptushonig

Bräunliche Farbe, herber Geschmack, flüssige Konsistenz. Hilft bei der Heilung von Erkältungen und Erkrankungen der Atemwege.

▶ Kleehonig

Weiße bis weißlich gelbe Farbe, kristallisiert recht schnell aus.

▶ Lavendelhonig

Weißlich gelbe Farbe, Lavendelgeschmack. Hilft bei Schlafstörungen.

▶ Lindenhonig

Bernsteinfarben, bisweilen grünlich gelb. Würziger Geschmack, wird sehr schnell fest und kristallin. Gut zur Behandlung von Erkältungen.

▶ Rapshonig

Weiße Farbe, wenig Eigengeschmack. Unter allen Honigsorten sicherlich die langweiligste.

▶ Rosmarinhonig

Hellgelbe Farbe, kräftiger Geschmack (jedoch nicht nach Rosmarin).

▶ Salbeihonig

Hellbraune Farbe, würziger Geschmack. Eignet sich vor allem zur Behandlung von Entzündungen im Mund- und Rachenraum. Überaus wirksam ist ein mit Salbeihonig gesüßter Kamillentee. Zur Behandlung von Mund- und Rachenentzündungen sollte er vor dem Herunterschlucken möglichst lange im Mund gehalten werden.

▶ Waldhonig

Die Bienen gewinnen Waldhonig aus den Ausscheidungen von Läusen, die an Nadelbäumen leben. Der Honig ist mineralienreich, schmeckt herb-würzig und kristallisiert langsam aus.

Was wie ein wildes Gewimmel aussieht, ist nur die Oberfläche einer hoch organisierten sozialen Struktur. So verfügen Bienen z. B. über ein ausgeprägtes Verständigungssystem untereinander.

Der richtige Umgang mit Honig

● Je naturbelassener Honig ist, desto hochwertiger ist er. Achten Sie beim Kauf darauf, dass das Produkt ungeklärt ist und nicht über 40 °C erhitzt wurde. Guter Honig wurde kalt abgefüllt und stammt von einem einzigen Imker. Minderwertigere Honigsorten sind willkürlich zusammengestellte Mixturen unterschiedlicher Honigsorten.

● Wenn Sie sich wirklich etwas Gutes tun wollen, dann investieren Sie ein paar Mark mehr und kaufen sich Honig direkt beim Imker. Versichern Sie sich jedoch, dass seine Bienen nicht im Industriegebiet sammeln und nicht mit Zucker gefüttert werden.

● Am besten lagern Sie Honig in einem trockenen, kühlen und dunklen Raum oder ganz einfach im Kühlschrank. Achten Sie darauf, dass das Glas immer gut verschlossen ist.

Wie Honig hergestellt wird

Die Herstellungsart ist für die Qualität des Honigs von entscheidender Bedeutung. Es gibt folgende Qualitäten bei Honig:

▶ Kunsthonig
Kunsthonig hat nichts mit Honig zu tun, sondern ist Invertzuckercreme aus Zucker, Aroma- und Farbstoffen. Der Name ist heute verboten.

▶ Presshonig
Die Waben werden zusammengepresst, um an ihren Honig zu kommen. Bei diesem Verfahren gehen viele Biostoffe verloren.

▶ Schleuderhonig
Die gängigste Form der Honiggewinnung: Durch Schleudern der Waben wird der Honig gewonnen. Diese Herstellungsart liefert nicht ganz so hochwertigen Honig wie den Tropf- oder Wabenhonig, ist aber immer noch gut genug als Heil- und Nahrungsmittel.

▶ Seimhonig
Seimhonig wird durch Auspressen und Erwärmen der Waben gewonnen. Bei über 40 °C gehen viele Biostoffe verloren.

▶ Tropfhonig
Die Waben werden so lange aufgehängt, bis der ganze Honig abgeflossen ist. Das kostet Zeit – und damit auch Geld.

▶ Wabenhonig
Wabenhonig bekommt man nur beim Imker oder im Reformhaus. Man hängt die noch geschlossenen Honigwaben auf und lässt den Honig herausfließen. Dieser Honig ist das ideale Heilmittel.

Vorsicht bei Kunsthonig
Kunsthonig ist bei weitem kein Honig, sondern ein übles Gemisch aus Zucker, Aroma- und Farbstoffen. Die korrekte Bezeichnung lautet Invertzuckercreme. Lassen Sie die Finger von diesem Produkt. Der Name Kunsthonig ist übrigens zum Schutz des Verbrauchers schon seit längerem verboten.

Wabenhonig für Ihre Wohnung
Vielleicht finden Sie Gefallen daran, einmal eine oder mehrere Bienenwaben in Ihrer Wohnung aufzuhängen. Geschlossene Bienenwaben erhalten Sie beim Imker oder im Reformhaus. Ganz langsam tropft dann der Honig aus den Waben heraus. Der so gewonnene Wabenhonig ist die wertvollste aller Honigarten. Allerdings brauchen Sie hierzu schon eine gehörige Portion Geduld.

*In hohem Alter noch kör-
perlich und geistig rege –
mit Joghurt kein Problem.*

**Hohes Lebensalter
durch Joghurt**

Wie bei zahlreichen Bulgaren nachgewiesen werden
konnte, fördert Joghurt
die Gesundheit so ent-
scheidend, dass man fol-
gern kann: Je mehr
Joghurt man isst, umso
älter wird man. Den wis-
senschaftlichen Nachweis
zwischen Joghurtkonsum
und hoher Lebenserwar-
tung führte der russische
Nobelpreisträger Elie
Metchnikoff. Er glaubte an
seine eigenen Forschun-
gen, aß viel Joghurt – und
wurde recht alt.

Joghurt

Herkunft und Geschichte

Im Balkan ist Joghurt schon lange bekannt, hierzulande kennt man dieses Milchprodukt erst seit Beginn des 20. Jahrhunderts. Heute gehört Joghurt zu den beliebtesten Milcherzeugnissen.

Seit vielen Jahren ist die Tatsache bekannt, dass die Milchsäurebakterien des Joghurts positive Wirkungen auf den menschlichen Körper besitzen. Der russische Nobelpreisträger Elie Metchnikoff kam zu dem Schluss, dass die überdurchschnittlich hohe Lebenserwartung der Bulgaren auf deren hohen Joghurt- und Kefirkonsum zurückzuführen sei. Metchnikoff vermutete, dass Milchsäurebakterien unerwünschte Fäulnisvorgänge im Darm unter Kontrolle halten. Der Forscher führte auch seinen eigenen vorzüglichen Gesundheitszustand auf seinen immensen Joghurtverzehr zurück – Metchnikoff wurde 71 Jahre alt, ein für damalige Verhältnisse recht hohes Alter.

Die wichtigsten Biostoffe

▶ Fluor

100 Gramm Joghurt enthalten bis zu 20 Mikrogramm Fluorid, das vor allem beim Wachstum von Knochen und Zähnen eine große Rolle spielt. Fluor gilt als wichtigster Zahnschmelzhärter.

▶ Kalzium

100 Gramm Joghurt enthalten je nach Fettstufe bis zu 140 Milligramm Kalzium. Das Mineral ist wichtiger Bestandteil von Knochen und Zähnen, auch hilft es bei der Übertragung von Nervenimpulsen.

Joghurt als Heilmittel

● Milchsäurebakterien produzieren antibiotische Substanzen, die schädliche Bakterien wie Salmonella typhimurium, den Auslöser von Darmentzündungen, und Escherichia coli, den Auslöser des berüchtigten Reisedurchfalls, attackieren.

● Milchsäurebakterien machen anderen Mikroorganismen, die sich im Darm in ihrer Nähe aufhalten, das Leben schwer. Denn Milchsäurebakterien produzieren zahlreiche organische Säuren, die auf viele solcher – meist schädlicher – Kleinstlebewesen wachstumshemmend wirken.

Der richtige Umgang mit Joghurt

Die Herstellung von Joghurt ist etwas schwieriger als von Dickmilch, trotzdem gibt es keine großen Probleme:

● Kochen Sie die Milch kurz auf. Der Topf wird anschließend bis auf 45 °C in kaltem Wasser abgekühlt.

● Jetzt kommen die Bakterienstämme, z.B. als Joghurt-Bio-Ferment aus Naturkostläden oder Reformhäusern, hinzu. Gut durchrühren und das Gemisch in kleine Gefäße abfüllen.

● Die ideale Gärungstemperatur liegt zwischen 42 und 45 °C. Es gibt mittlerweile spezielle Brutgeräte, die diese Temperatur genau einhalten können. Nach einigen Stunden haben die Bakterien die Milch zu Joghurt umgewandelt.

Milchunverträglichkeit – kein Problem mit Joghurt

Manche Menschen vertragen keine Milch, weil ihrem Darm das Enzym Laktase fehlt, das für die Verarbeitung des Milchzuckers sorgt. Der Konsum von Milch führt dadurch bei ihnen zu akuten Verdauungsbeschwerden wie Durchfall und Magenkrämpfen.

Dennoch können diese Menschen ohne Probleme Joghurt und andere fermentierte Milchprodukte verzehren, obwohl diese – trotz überstandener Gärung – immer noch reichlich Milchzucker enthalten. Der Grund: Die mit dem Joghurt zugeführten Milchsäurebakterien versorgen den Darm mit der fehlenden Laktase.

Wie Milchsäure heilen kann

Joghurt entsteht aus Gärungsprozessen, die durch Bakterienstämme in Gang gesetzt werden. Diese Bakterien besitzen beachtliche Wirkungen auf die Gesundheit.

▶ Arteriosklerose

Die im Joghurt enthaltenen Milchsäurebakterien senken den Cholesterinspiegel, indem sie in den Gallensäurestoffwechsel eingreifen. Dazu bedarf es jedoch einer Zufuhr von mindestens 680 Milliliter fermentierten Milchprodukten. Niedrigere Quoten haben keine Wirkung auf den Cholesterinspiegel.

▶ Erkrankungen des Verdauungstrakts

Joghurt besitzt einen ausgesprochen günstigen Effekt auf virusbedingten Durchfall. So erkrankten Kinder, die regelmäßig Joghurt aßen, deutlich seltener an Durchfall als Kinder einer Kontrollgruppe ohne den hohen Joghurtverzehr.

JOGHURT-KEFIR-MISCHUNG FÜR MÜSLI

Zutaten für 2 Personen

125 g Joghurt
125 g Kefir
2 EL Zitronensaft
1 TL Honig oder brauner Zucker

Zubereitung

Alle Zutaten mischen und gut verrühren.

JOGHURT-SAHNE-SAUCE FÜR OBSTSALATE

Zutaten

125 g Joghurt
125 g süße Sahne
2 EL Zitronensaft

Zubereitung

Alle Zutaten mischen und gut verrühren.
Diese Sauce ist kalorienreicher als reine Joghurtsauce (siehe Randspalte übernächste Seite), sie eignet sich vor allem zu Obstsalaten.

**Joghurt und
Milchunverträglichkeit**
**Auch wenn Sie keine Milch
vertragen, so ist doch
Joghurt für Sie gut zu
genießen: Die mit dem
Joghurt zugeführten Milch-
säurebakterien sorgen im
Darm für die fehlende Lak-
tase, an der Menschen mit
Milchunverträglichkeit
sonst leiden.**

▶ Pilzerkrankungen der Vagina

Eine Candidavaginitis, eine Pilzerkrankung des weiblichen Ge-
schlechtsorgans, kann mit Joghurt geheilt werden. Nach regelmäßigem Joghurtgenuss waren fast alle Patientinnen beschwerdefrei. Die
Lebendkulturen des Joghurts reduzierten die Candidapilze im Darm
und verringerten damit die Gefahr der Selbstansteckung.

▶ Krebs

Milchsäurebakterien aktivieren das Immunsystem und schaffen dadurch die Grundlage für den körpereigenen Kampf gegen den Krebs.
Außerdem hemmen sie die so genannten fäkalen Enzyme, die als einer der Hauptauslöser für Krebs gelten. Bei der Krebstherapie besitzt
Joghurt zumindest eine unterstützende Funktion.

*Joghurt und Obst – eine
ideale Verbindung. Die
Kombination aus vitamin-
haltigen Früchten und
milchsäurehaltigem Jo-
ghurt ist in ihrer gesundheitsfördernden Wirkung
kaum zu schlagen.*

Bioghurt hat das richtige Milchsäureprofil

Im Unterschied zum normalen Joghurt werden bei Bioghurt gleichzeitig drei Bakterienstämme verwendet:

● Lactobacillus acidophilus – seine Milchsäuren sind zur Hälfte links-, zur anderen Hälfte rechtsdrehend.

● Streptococcus thermophilus – er produziert ausschließlich rechtsdrehende Milchsäuren.

● Bifidum bifidum – er erzeugt zu 95 Prozent rechtsdrehende Milchsäuren.

Der Anteil an unproblematischen L(+)-Milchsäuren ist daher beim Bioghurt deutlich höher als beim Normaljoghurt. Außerdem schmeckt Bioghurt milder und ist leichter bekömmlich.

Links- und rechtsdrehende Milchsäure

Milchsäurebakterien besitzen zwei Möglichkeiten, wie sie ihre Milchsäuren herstellen:

▶ Linksdrehende D(–)-Milchsäuren

Im einen Fall drehen sich die Moleküle links herum – man spricht dann von D(–)-Milchsäuren.

▶ Rechtsdrehende L(+)-Milchsäuren

Im anderen Fall drehen sich die Moleküle rechts herum – hier ist dann von L(+)-Milchsäuren die Rede.

Kein dramatischer Unterschied

Die Diskussion um diese beiden Milchsäuren wird gern dramatisiert. Aber der Körper kann die rechtsdrehenden Milchsäuren, die L(+)-Milchsäuren, relativ schnell verarbeiten. Zur Verdauung der linksdrehenden Säuren, der D(–)-Milchsäuren, braucht er eine gewisse Zeit. Aus diesem Grund ist Joghurt mit mehrheitlich rechtsdrehenden Milchsäuren zu bevorzugen. Aber wenn Sie vor der Alternative Joghurt mit Linksdrehern oder überhaupt kein Joghurt stehen, dann greifen Sie ruhig zu.

Keine Medaille ohne Kehrseite: Zu viel Joghurt mit D(–)-Milchsäuren kann zu einer Übersäuerung des Bindegewebes führen. Auch diese Aussage ist jedoch wieder in den vergleichenden Zusammenhang zu stellen: Der Übersäuerung durch Fleisch- und Wurstprodukte kommt im Alltag eine ungleich größere Bedeutung zu als der gesamten Joghurtpalette.

JOGHURTSAUCE FÜR ROHKOSTSALATE

Zutaten

125 g Joghurt
1 EL Zitronensaft
1 EL fein gehackte Zwiebeln
1–2 Knoblauchzehen
jodiertes Salz
Pfeffer
1 TL Dill oder ein anderes Kraut, z. B. Petersilie oder Basilikum

Zubereitung

Alle Zutaten vermischen und gut verrühren.
Zu südländischen Salaten passt Knoblauch – die Zehen mit der Knoblauchpresse hineindrücken –, zu Tomatensalaten nehmen Sie Basilikum anstelle von Dill.

Eine ideale Gemüse-beilage, die auch noch optisch eindrucksvoll daherkommt.

Karotte

Herkunft und Geschichte

Karotte, gelbe Rübe, Mohrrübe oder Möhre: Mögen die Namen der Karotte auch unterschiedlich sein, ihre botanische Herkunft ist es nicht. Die Wildform stammt aus Südeuropa und Asien, wo sie heute am häufigsten anzutreffen ist. Die Römer betrieben wohl als erste Karottenanbau in großem Stil. Heute werden weltweit pro Jahr annähernd 14 Millionen Tonnen der orange Rüben produziert.

Die wichtigsten Biostoffe

Mineralien der Karotte

▶ Kalium

Dieses Mineral ist unentbehrlich für den Wasserhaushalt; hohe Kaliumdosierungen wirken entwässernd. Kalium ist zusätzlich an der Arbeit der Muskeln beteiligt. Karotten zählen mit 240 Milligramm auf 100 Gramm zu den wichtigsten Kaliumlieferanten.

Vitamine der Karotte

▶ Folsäure

Folsäure wird für die Produktion unserer Glückshormone benötigt – ohne Folsäure keine gute Laune. Darüber hinaus verbessert das Vitamin B8 die Resorption von Vitamin C, Vitamin B12 und Eisen. Junge Karotten enthalten auf 100 Gramm ca. 28 Mikrogramm Folsäure, ältere Rüben nur noch zwölf Mikrogramm.

Leuchtend orange für Ihre Gesundheit

Das leuchtende Orange der Karotte kommt durch den hohen Gehalt an Karotinoiden: 100 Gramm Karotten enthalten 7900 Mikrogramm Beta-Karotin und 3600 Mikrogramm Alpha-Karotin. Dermaßen hohe Mengen kann sonst kein Gemüse aufweisen. Lassen Sie sich daher ruhig von der leuchtenden Farbe dieser Frucht verführen – Karotten sind eine Zierde auf jedem Rohkostteller ebenso wie als Gemüsebeilage zu Fleisch und Fisch.

Karotten als Heilmittel

Karotten wirken therapieunterstützend und präventiv bei folgenden Erkrankungen und Beschwerden:

- Akne
- Angina pectoris
- Arteriosklerose
- Blutarmut
- Bronchitis
- Darmentzündungen
- Durchblutungsstörungen
- Herzinfarkt

- Lungenkrebs
- Nachtblindheit
- Prostatakrebs
- Schleimhautreizungen
- Sexueller Unlust
- Spulwürmern
- Verstopfungen
- Wasser in den Beinen

Kleiner Karottenkalender

● In Deutschland gibt es Karotten das ganze Jahr über, zur Hälfte stammen sie aus heimischem Anbau. Wichtige Importländer sind Italien, Frankreich, Holland, Belgien und Spanien.

● Die ersten Frühkarotten kommen als Bundkarotten auf den Markt. Sie sind schmackhaft, doch ihr Karotingehalt ist relativ gering. Und sie bleiben nicht allzu lange frisch. Sie können die Haltbarkeit etwas verlängern, wenn Sie die Blätter entfernen.

● Vom Sommer bis zum Herbst gibt es Karotten ohne Kraut, meistens in länglicher Form oder als süßlich runde Pariser Karotten. Meiden Sie die so genannten Waschkarotten aus dem Plastikbeutel – sie schmecken fad und neigen zur Fäulnis.

Sonstige Inhaltsstoffe der Karotte

▶ Karotinoide
Karotten sind die Könige unter den Karotinlieferanten: 100 Gramm Karotten enthalten 7900 Mikrogramm Beta-Karotin, 3600 Mikrogramm Alpha-Karotin und 260 Mikrogramm Lutein und Zeaxanthin. Beta- und Alpha-Karotin gelten als wichtige Biostoffe gegen Krebs, besonders Lungen- und Prostatakrebs. Karotinoide bilden die Vorstufe zu Vitamin A, dem zentralen Biostoff für Sexualhormone, für gesunde Schleimhäute und Augen sowie für den Immunapparat.
▶ Pektine
Diese Form der Ballaststoffe mobilisiert die Verdauung und senkt den Cholesterinspiegel. Im Verbund mit den typischen ätherischen Ölen der Karotte treiben Pektine die Spulwürmer aus dem Darm. Außerdem beugen Pektine der Arteriosklerose vor.

Die Kraft der Farbe Orange

Der hohe Karotingehalt ist für das leuchtende Orange der Karotten verantwortlich. Die Farbtherapeutin Ingrid Kraaz von Rohr empfiehlt depressiv veranlagten Menschen, den Tag mit einem Saft aus Karotten und Äpfeln zu beginnen. Die warmen Farben dieses Getränks machen wach und lassen den Tag frohen Mutes beginnen.
Das warme und kräftige Orange der Karotte wirkt belebend und ermutigend. Darüber hinaus aktiviert die Farbe den Verdauungsapparat – ein Aspekt, der bei den unbestrittenen verdauungsfördernden Wirkungen der Karotte, die meistens auf deren Pektine bezogen werden, häufig vergessen wird.

Farbtherapie mit Karotten
Durch ihre leuchtende Orangefärbung sind Karotten nicht nur ein optischer Blickfang auf dem Gemüseteller, diese Früchte lassen sich auch hervorragend zur Farbtherapie einsetzen. Die warme Farbe der Karotten lässt Sie den Tag gut gelaunt beginnen und vertreibt schnell depressive Verstimmungen. Probieren Sie doch mal die Kraft dieser Farbe selbst aus, indem Sie zum Start des Tages ein Glas Karottensaft zu sich nehmen.

Karotten im Plastikbeutel
Meiden Sie wenn möglich Karotten, die in Plastikbeuteln verpackt sind. Diese gewaschenen Früchte neigen sehr stark zur Fäulnis – und schon nach wenigen Tagen zeigen sich die ersten schwarzen Flecke. Kaufen Sie lieber unverpackte Karotten im Bund, noch mit dem Grün – oder Sie greifen gleich zur Reformhausware.

Kefir

Kefir – ein erfrischendes Sauermilchgetränk mit gesundheitsfördernder Wirkung.

Herkunft und Geschichte

Kefir stammt aus dem Kaukasus und ist ein sprudelndes, alkoholhaltiges Sauermilchprodukt, das durch den Zusatz von Kefirknöllchen – einer Mischung aus Hefen und den beiden Milchsäurebakterien Streptococcus lactis und Lactobacillus caucasius – hergestellt wurde. Bei der heutigen Kefirherstellung werden Kefirkulturen mit geringem Hefegehalt bevorzugt, um weniger Kohlensäure zu produzieren. Der handelsübliche Milchkefir enthält 0,2 bis 0,8 Prozent Alkohol. Man erhält Kefir in den vier Fettgehaltsstufen der Milch.

Neben dem Kefir aus Milch setzt sich in jüngerer Zeit immer mehr der Wasserkefir durch. Ausgangssubstanz ist hier glukosehaltiges Wasser, das mit Hilfe spezieller Pilz- und Bakterienkulturen vergoren wird. Wasserkefir erreicht bereits nach zwei Tagen Gärung 1,75 Prozent Alkohol, nach drei Tagen vier Prozent und nach vier Tagen bereits fünf Prozent.

Kefir auf Milch- oder Wasserbasis

Die meisten Kefirsorten sind Sauermilchprodukte, die mit Hefe zur Gärung gebracht werden. Mehr und mehr setzt sich jedoch auch Wasserkefir durch. Hier wird glukosehaltiges Wasser vergoren. Der Alkoholgehalt ist bei Wasserkefir wesentlich höher als bei Milchkefir – er kann bis zu fünf Prozent erreichen (Milchkefir: 0,8 Prozent). Aber auch der Wasserkefir besitzt keine Wundereigenschaften, selbst wenn sie ihm oft und von vielen Leuten nachgesagt werden.

Unbewiesene Wunderwirkungen

Dem Wasserkefir werden eine Reihe von regelrechten Wunderwirkungen zugeschrieben: So soll er therapeutisch wirksam sein bei Magengeschwüren und Tuberkulose, auch wird er als Muttermilchersatz empfohlen. Neben den typischen – auch bei Joghurt und Milchkefir bekannten – Wirkungen von Kalzium, Fluor und Milchsäurebakterien ist jedoch davon rein wissenschaftlich gar nichts bewiesen.

Links- und rechtsdrehende Milchsäuren

Milchsäurebakterien besitzen prinzipiell zwei Möglichkeiten, wie sie ihre Milchsäuren herstellen:

● Im einen Fall drehen sich die Moleküle links herum – man spricht dann von D(–)-Milchsäuren.

● Im anderen Fall drehen sich die Milchsäuren rechts herum – hier ist dann von L(+)-Milchsäuren die Rede. Die Diskussion um diese beiden Milchsäuren wird gern dramatisiert.

● Der Körper kann die Rechtsdreher relativ schnell verarbeiten, braucht für die Linksdreher aber mehr Zeit. Im Kefir dominieren die besser verträglichen L(+)-Milchsäuren.

Kefir als Erfrischungsdrink

● Mischen Sie 0,25 Milliliter Milchkefir mit dem Saft von 1 Zitrone, 1 Esslöffel braunem Zucker und 1 Prise zerriebenem Ingwer.

● Diese Mischung ist nicht nur eine Wohltat für die Gesundheit, sondern sie macht auch wach, erhöht die Konzentration und löscht den Durst. Mit dieser Vielzahl an Wirkungen können nur die wenigsten handelsüblichen Erfrischungsgetränke dienen.

Die wichtigsten Biostoffe

▶ Kalzium

100 Gramm Kefir enthalten je nach Fettstufe 100 bis 120 Milligramm Kalzium. Das Mineral ist wichtigster Bestandteil von Knochen und Zähnen, außerdem ist Kalzium an der Muskelarbeit und der Reizübermittlung in den Nerven beteiligt.

▶ Fluor

100 Gramm Kefir enthalten bis zu 13 Mikrogramm Fluorid, das vor allem beim Wachstum von Knochen und Zähnen eine große Rolle spielt. Fluor gilt als wichtigster Zahnschmelzhärter.

▶ Vitamin A

Kefir mit Sahne enthält mit 110 Mikrogramm relativ viel Vitamin A. Das Vitamin spielt bei der Gesunderhaltung der Augen und der Schleimhäute sowie bei der Mobilisierung des Immunsystems eine entscheidende Rolle. In fettärmeren Kefirsorten ist der Anteil von Vitamin A jedoch stark reduziert.

Ideal – stetiger Wechsel zwischen Joghurt und Kefir

Kefir hat gegenüber Joghurt den Nachteil des Alkoholgehaltes, dafür jedoch den Vorteil, leichter bekömmlich zu sein und erfrischende Kohlensäure zu enthalten. Im Bakterienprofil bestehen zwischen den Milchprodukten Unterschiede, weil beim Kefir ein Pilz beteiligt ist. Hinsichtlich der gesundheitlichen Wirkungen sollten Sie Kefir und Joghurt kombinieren: Joghurt eignet sich vor allem als Zutat für Salatsaucen und mit Früchten als leckerer Nachtisch oder Milchersatz zum Frühstück. Demgegenüber ist Kefir – allein schon wegen seines Alkoholgehaltes – eher etwas für den Nachmittag und den Abend. Seine Kohlensäure macht ihn zum idealen Erfrischungsgetränk, das anderen Frischmachern wie Colagetränken, Limonade und Bier bei den gesundheitlichen Wirkungen weit überlegen ist.

KEFIR-OBST-MÜSLI

Zutaten für 2 Personen

1 Kiwi
1 Banane
1 TL brauner Zucker
2 EL Zitronensaft
300 g Kefir
5 EL Haferflocken
2 EL Haselnüsse

Zubereitung

Kiwi und Banane schälen und in kleine Stücke schneiden. Dann das Obst in eine Schale geben, süßen und mit dem Zitronensaft säuern. Lassen Sie das Ganze eine Weile ziehen. In der Zwischenzeit verquirlen Sie den Kefir mit den Haferflocken. Am Schluss gießen Sie den Kefir über das Obst. Die Nüsse streuen Sie über die bereits verteilten Portionen.

KEFIR-OBSTSAFT-MIX

Zutaten für 2 Personen

300 g Kefir
100 ml Maracujasaft
250 ml Orangensaft
1 TL Vanillepulver
etwas Zucker

Zubereitung

Kefir mit den beiden Säften verquirlen, dann mit Vanille und Zucker abschmecken. Je nach Zuckerungsgrad der Säfte können Sie auf das Nachsüßen verzichten.

KEFIRKALTSCHALE

Zutaten für 2 Personen

300 g Erdbeeren
300 g Kefir
1 TL Fruchtzucker
2 EL Zitronensaft

Zubereitung

Die Erdbeeren waschen und im Sieb trocknen lassen. Anschließend im Mixer pürieren und mit dem Kefir und dem Zucker vermischen. Mit dem Zitronensaft die Kefirkaltschale abschmecken. Sehr gut passt die Kaltschale zu Vollkorngebäck. Anstelle der Erdbeeren können Sie auch Kiwis oder Orangen nehmen.

Die Heilkraft der Milchsäurebakterien

Kefir entsteht aus Gärungsprozessen, die durch Bakterienstämme in Gang gesetzt werden. Diese Bakterien besitzen beachtliche Wirkungen auf die Gesundheit:

▶ Arteriosklerose

Milchsäurebakterien senken den Cholesterinspiegel, indem sie in den Gallensäurestoffwechsel eingreifen. Dazu bedarf es jedoch einer Zufuhr von mindestens 680 Milliliter fermentierten Milchprodukten. Niedrigere Quoten haben keine Wirkung auf den Cholesterinspiegel.

▶ Erkrankungen des Verdauungstrakts

Milchsäurebakterien produzieren eine Reihe antibiotischer Substanzen, die schädliche Bakterien attackieren wie etwa Salmonella typhimurium, den Auslöser von Darmentzündungen, und Escherichia coli, den Auslöser des berüchtigten Reisedurchfalls. Schließlich soll nicht vergessen werden, dass Milchsäurebakterien anderen Mikroorganismen im Darm das Leben schwer machen. Milchsäurebakterien produzieren zahlreiche organische Säuren, die auf den überwiegenden Anteil des mikroskopischen Lebens wachstumshemmend wirken.

▶ Krebserkrankungen

Milchsäurebakterien aktivieren das Immunsystem und schaffen dadurch die Grundlage für den körpereigenen Kampf gegen den Krebs. Außerdem hemmen sie die so genannten fäkalen Enzyme, die mittlerweile als einer der Hauptauslöser für Krebswucherungen gelten. Schließlich verhindern Milchsäurebakterien, dass sich harmlose primäre Gallensäuren im Darm zu aggressiven sekundären Gallensäuren umwandeln, die die Darmwände attackieren.

Mittlerweile gilt als gesichert, dass Milchsäurebakterien vor Brust- und Dickdarmkrebs schützen und bei deren Therapie eine zumindest unterstützende Funktion besitzen. Der Verzehr von 500 Gramm Kefir pro Tag gilt unbestritten als wirksame Krebsprophylaxe.

Gesunder Ersatz bei Milchunverträglichkeit

▶ Milchunverträglichkeit

Viele Menschen vertragen keine Milch, weil ihrem Darm das Enzym Laktase fehlt, das Milchzucker verarbeitet. Der Konsum von Milch führt bei diesen Menschen zu akuten Verdauungsbeschwerden wie Durchfall und Magenkrämpfen. Dennoch können sie ohne Probleme Kefir und andere fermentierte Milchprodukte verzehren, obwohl diese immer noch reichlich Milchzucker enthalten. Der Grund: Die mit fermentierten Milchprodukten zugeführten Milchsäurebakterien versorgen den Darm mit der fehlenden Laktase.

Die gesunde Alternative fürs Frühstück: Ersetzen Sie doch die Milch im Müsli oder zu den Cornflakes ab und zu durch Kefir. Die enthaltenen Milchsäurebakterien bringen den Darm in Ordnung und stärken das Immunsystem.

Kefir als kulinarische Leckerei

Kefir genießt leider oftmals den Ruf, zwar sehr gesund zu sein, aber ansonsten – wie andere gesunde Sachen auch – nicht gerade zu den Leckereien zu gehören. Dabei eignet er sich für eine ganze Reihe von schmackhaften Rezepten.

In den Randspalten dieser Seiten finden Sie einige gute Rezepte mit Kefir: Die Rezepte sind allesamt leicht zuzubereiten, benötigen wenige Zutaten und bieten auch an heißen Sommernachmittagen eine gute Erfrischung.

Zusammen mit Obst und eventuell Haferflocken ist Kefir eine Wohltat für Ihren Organismus: frisch und lecker. Und der leichte Alkoholgehalt bei Milchkefir trägt noch seinen Teil zur Erfrischung bei.

Geben Sie sich einen Ruck, und probieren Sie doch einmal diese Rezepte aus: Kombinieren Sie die gesunden Heilwirkungen mit sommerlichen Leckereien.

Keine Angst vor Alkohol

Der Alkoholgehalt in normalem Milchkefir ist sehr niedrig – handelsübliche Sorten enthalten gerade mal 0,2 bis 0,8 Prozent Alkohol. Der sagenumwobene Wasserkefir bringt da schon weitaus mehr mit: Bis zu fünf Prozent Alkohol enthält Wasserkefir auf Glukosewasserbasis – mehr als viele Biersorten.

Die »Wappenfrucht« der Neuseeländer.

Kiwi

Herkunft und Geschichte

Die Kiwi wurde erstmalig in der chinesischen Literatur des 15. Jahrhunderts erwähnt. Diesem Umstand verdankt sie ihren Spitznamen »chinesische Stachelbeere«. Um 1900 kam die Kiwi nach Neuseeland, vor 20 Jahren erreichte sie die deutschen Wochenmärkte. Früher war der Kiwirebstock gerade einmal als Zierpflanze in botanischen Gärten bekannt, heute ist die Kiwi Neuseelands Nationalfrucht und wird auch in Deutschland immer beliebter.

Die Hauptanbaugebiete der Kiwi liegen in Frankreich, Italien und in Neuseeland. Einzelne Kiwiplantagen gibt es in Baden-Württemberg.

Die wichtigsten Biostoffe

▶ Vitamin C

In jüngster Zeit wurden große Fortschritte auf dem Gebiet der Vitamin-C-Versorgung erzielt. So steht mittlerweile fest, dass es sich bei der Askorbinsäure nicht nur um ein Immunvitamin, sondern auch um einen regelrechten »Biomörtel« der Blutgefäßwände handelt. Vitamin-C-Mangel führt zu einer höheren Verletzungsanfälligkeit der Blutadern und damit zu einem höheren Infarktrisiko. Vitamin C kann jedoch nicht gespeichert oder in Eigenproduktion hergestellt werden: Wir sind auf regelmäßige Zufuhr des Vitamins angewiesen.

Mit 71 Milligramm auf 100 Gramm gehört die Kiwi zu den stärksten Vitamin-C-Lieferanten. Ihr entscheidender Vorteil: Unter ihrem dunklen Pelz vermag der lichtempfindliche Biostoff auch einige Tage der Lagerung zu überdauern, ganz im Unterschied etwa zu Petersilie oder Blattsalat, deren hohe Vitamin-C-Reserven schon nach wenigen Stunden im Lager weitgehend zerstört sind.

Von China über Neuseeland zu uns
Die Kiwi stammt nicht, wie wir heute denken, aus Neuseeland. Ursprünglich wuchs die »chinesische Stachelbeere« im Reich der Mitte. Erst um 1900 erreichte die grüne Frucht die neuseeländischen Inseln. Heute möchte wohl kaum einer mehr auf diese Vitamin-C-Bombe verzichten, die sich in unseren Küchen und Fruchtbechern so unentbehrlich gemacht hat. Und dass die Kiwi noch die Verdauung fördert, ist ein angenehmer Nebeneffekt.

Kiwis als Heilmittel

Kiwis unterstützen die Therapie und Prävention (Vorbeugung) von folgenden Erkrankungen und Beschwerden:

- Abwehrschwäche
- Angina pectoris
- Arteriosklerose
- Grippalen Infekten
- Herzinfarkt
- Schnupfen
- Sodbrennen
- Wasser im Gewebe

Der richtige Umgang mit Kiwis

● Seit 1990 regelt eine EU-Verordnung, welchen Reifegrad eine Kiwi haben muss, damit sie geerntet werden kann. Maßzahl ist der so genannte Brixwert: Dieser muss mindestens 6,2 betragen, bevor die Kiwi in den Sammelbehälter wandern darf.

● Für den Kunden hat diese Vorschrift durchaus Sinn. Denn früher kamen manche Kiwis viel zu früh auf den Markt, die dann äußerlich wohl reif und fest aussahen, doch selbst bei langem Nachreifen keinen rechten Geschmack mehr entwickeln konnten. Jetzt ist dieses Risiko deutlich verringert worden.

● Achten Sie beim Einkauf darauf, dass die Kiwis nicht zu weich sind. Nehmen Sie am besten die ganz harten Früchte, wenn Sie sich nicht sicher sind, wann Sie die Kiwis essen werden. Aufgrund der Brixverordnung der EU können Sie halbwegs sicher sein, dass auch diese »Kiwisteine« zu Hause nachreifen und Geschmack entwickeln werden.

● Im Obstkorb halten sich harte Kiwis bis zu fünf oder sechs Tage, im Kühlschrank etwas länger.

● Für Obstsalate oder Obstquarkspeisen schälen Sie die Kiwis, danach schneiden Sie das Fleisch in dünne Scheiben. Ansonsten schneiden Sie die Frucht einfach in der Mitte durch und löffeln das Fruchtfleisch aus.

▶ Kalium

Kiwis taugen aufgrund ihres hohen Kaliumgehaltes durchaus zur Entwässerungsdiät. Mit 300 Milligramm des Minerals auf 100 Gramm Fruchtfleisch bringt die leckere Frucht träge Nieren wieder auf Trab.

Bessere Verdauung mit Kiwis

▶ Enzyme

Die Kiwi ist reich an Enzymen, die bei der Verdauungsarbeit des Menschen behilflich sein können. Vor allem eiweißreiche Speisen können unter Anwesenheit von Kiwis besser verdaut werden.
Bereiten Sie sich doch häufiger einmal einen Obstquark mit vielen Kiwis. Sie werden merken, wie leicht Ihrem Magen auf einmal das Verdauen dieser eiweißreichen Speise fallen wird. Ein besonders köstliches Rezept für ein Kiwisorbet finden Sie nebenstehend in der Randspalte.

KIWISORBET

Zutaten für 2 Personen

2 Kiwis
2 EL Apfelsaft
1 EL Zitronensaft
2 EL Mineralwasser
1 Eiweiß
1 Prise Salz
20 g Fruchtzucker

Zubereitung

Kiwis schälen, in Scheiben schneiden und im Mixer pürieren. Mit Säften und Mineralwasser verrühren und in einer Metallschüssel für ½ Stunde ins Gefrierfach stellen.
In der Zwischenzeit das Eiweiß mit etwas Salz steif schlagen, den Zucker nach und nach einrieseln lassen. Schlagen Sie so lange weiter, bis sich der gesamte Zucker gelöst hat.
Jetzt das Kiwipüree aus dem Tiefkühllager holen, auf den Eischnee geben und mit einem Teigschaber darunterziehen. Anschließend kommt das Ganze für mindestens 4 Stunden ins Gefrierfach. Vor dem Servieren lassen Sie das Kiwisorbet für ½ Stunde im Kühlschrank antauen. Den letzten Pep können Sie ihm mit etwas Eierlikör verleihen.

Knoblauch

Louis Pasteur entdeckte 1858 die antibiotische Wirkung des Knoblauchs.

Herkunft und Geschichte

Knoblauch gehört zu den ältesten Heilpflanzen der Menschen. In der altindischen Medizin galt Knoblauch als profundes Kräftigungsmittel. Auch die Ägypter gaben beim Bau der Cheopspyramide ihren Arbeitern reichlich Knoblauch zu essen, um sie bei Kräften zu halten. Die Ärzte der Antike setzten die würzigen Zehen zur Therapie von Kopfschmerzen, Schlangenbissen, Würmern, Durchfall und Hautausschlägen ein. Selbst bei den ersten Olympischen Spielen wurde Knoblauch als legales Dopingmittel eingenommen.

Heute gelten die gesundheitlichen Vorzüge des Knoblauchs als wissenschaftlich erwiesen, vor allem seine Wirkungen auf das Herz-Kreislauf-System und auf bakterielle und virale Infektionen sind unbestritten. Mittlerweile gibt es viele Präparate des Liliengewächses auf dem Markt, die jedoch frischem Knoblauch unterlegen sind.

Die wichtigsten Biostoffe

▶ Alliin

Dieser Wirkstoff kommt nicht nur im Knoblauch, sondern auch in Zwiebeln vor. Alliin hemmt zahlreiche Enzyme, die sonst den Blutfettspiegel nach oben treiben. Eine überragend wichtige Rolle spielt das Alliin in der Leber. Dort schmuggelt sich die Schwefelverbindung wie ein Spion in die Stoffwechselvorgänge ein, so dass es erst gar nicht zur Synthese von Cholesterin kommen kann.

Geruch und Wirkung
Auch wenn manche Leute den Geruch von Knoblauch auf den Tod nicht ausstehen können – Knoblauch ist und bleibt gesund. Die Zehen dieser zwiebelähnlichen Frucht senken entscheidend das Risiko von Gefäßerkrankungen. Darum geben Sie sich einen Ruck, und kümmern Sie sich mal nicht um den Geruch. Einen Trost gibt es dabei für Sie: Wer täglich Knoblauch isst, der nimmt den Geruch immer weniger wahr.

Knoblauch als Heilmittel

Knoblauch unterstützt die Therapie und Vorbeugung von folgenden Erkrankungen:

- Amöbenruhr
- Angina pectoris
- Appetitlosigkeit
- Arteriosklerose
- Asthma bronchiale
- Bluthochdruck
- Bronchitis
- Darmentzündungen
- Durchblutungsstörungen
- Durchfall
- Erkältungen
- Fadenwürmern
- Grippalen Infekten
- Herzinfarkt
- Koliken
- Schlaganfall
- Spulwürmern
- Verstopfung

Der richtige Umgang mit Knoblauch

● Die richtige Dosierung zur Vorbeugung liegt bei einer Zehe pro Tag, bei akuten Erkrankungen können es auch zwei bis drei Zehen täglich sein.

● Die Zehen können ganz verzehrt werden oder aber zum Würzen über den Saucen oder Speisen ausgedrückt werden.

● Die Geruchsentwicklung über Haut und Atem ist nie ganz zu vermeiden, sie lässt jedoch bei täglichem Knoblauchverzehr im Lauf der Zeit deutlich nach.

▶ Allizin

Dieses Sulfid bildet den Hauptwirkstoff des Knoblauchs und ist für seinen unverwechselbaren Geruch verantwortlich. Allizin wird in der Pflanze aus Alliin gebildet, das auch in Zwiebeln vorkommt, dort jedoch nicht in Allizin umgewandelt wird.

Knoblauch anstelle von Penizillin?

Schon Louis Pasteur fand im Jahr 1858 heraus, dass Knoblauch antibiotisch wirkt – eine Wirkung, die Wissenschaftler heute für den Knoblauchwirkstoff Allizin bestätigen können. So unterdrückt Knoblauch selbst in niedrigen Konzentrationen das Wachstum von zahlreichen Bakterien, Pilzen und Hefen: Ein Milligramm Allizin wirkt genauso wie zehn Mikrogramm Penizillin – ohne dessen Nebenwirkungen zu besitzen. So wirkt Knoblauch nicht negativ auf die Darmflora, im Gegenteil: Er unterstützt das Darmmilieu und wird dadurch zu einem wirksamen Heilmittel bei Durchfall, Darmentzündungen und anderen Darmerkrankungen.

Knoblauch hemmt das Wachstum von Krebszellen, wobei hier neben Allizin auch andere Schwefelverbindungen eine Rolle spielen.

▶ Ajoen

Dieser Stoff wird in der Knoblauchpflanze aus dem Allizin gebildet. Er ähnelt in seiner Wirkung dem Aspirin (Azetylsalizylsäure). Ajoen ist imstande, die Blutgerinnung in den Arterien zu verhindern. Dadurch verringert sich das Risiko von gefährlichen Arterienverschlüssen in Herz, Lunge und Gehirn.

Ajoen konnte bislang weder in Knoblauchpulvern noch in entsprechenden Tabletten, Ölen oder Extrakten nachgewiesen werden. Wer also seinem Herz-Kreislauf-System etwas wirklich Gutes tun will, muss zu den frischen und duftenden Zehen greifen.

Vielzweckmittel Knoblauch

Knoblauch vereint zahlreiche wichtige Heilwirkungen: Er wirkt antibiotisch, so wie Penizillin, und gegen Schmerzen, so wie Azetylsalizylsäure. Warum verzichten Sie nicht einmal auf den gewohnten Griff zur Schmerztablette und holen sich die schmerzlindernde Wirkung direkt aus der Natur – mit Knoblauch?

Hierzulande noch viel zu wenig genutzt: der Kürbis.

Kürbis

Herkunft und Geschichte

Die Indianer kannten den Kürbis schon lange, bevor Portugiesen und Spanier den »Dickkopf« unter den Gemüsepflanzen nach Europa brachten. Die amerikanischen Ureinwohner waren überzeugt, dass der Verzehr des schmackhaften Fruchtfleisches und der ölhaltigen Samenkörner ein langes Leben garantierte. Man setzte Kürbis bei Rauschmittelvergiftungen ein und verjagte böse Geister damit. Das alljährliche Halloweenfest ist ein kleiner Rest dieses Glaubens.

Nach Europa kam der Kürbis Ende des 16. Jahrhunderts, wobei bis heute ungeklärt ist, ob der Export mit Absicht oder unfreiwillig geschah. Der Kürbis setzte sich aufgrund der einfachen Zucht, der hohen Lagerfähigkeit und seiner therapeutischen Kräfte schnell durch.

Die wichtigsten Biostoffe

▶ Karotinoide

100 Gramm Kürbis enthalten 3800 Mikrogramm Alpha-Karotin, 3100 Mikrogramm Beta-Karotin sowie 1500 Mikrogramm Lutein und Zeaxanthin. Der Gemüseriese besitzt damit innerhalb des Pflanzenreiches eines der wirksamsten Karotinoidprofile.

Halloween

Das im US-amerikanischen Raum sehr populäre Halloweenfest hat einen seiner Gründe in der Heilkraft des Kürbisses: Die indianischen Ureinwohner benutzten den Kürbis zur Behandlung von Vergiftungen. Im nächsten Schritt wurden mit dem Kürbis böse Geister verjagt. Diese Tradition setzt sich bis heute fort, wenn sich amerikanische Kinder phantasievoll als Geister verkleiden und mit beleuchteten Kürbissen die Freunde und Nachbarn erschrecken.

Kürbis als Heilmittel

● Kürbiskerne gelten als altbewährtes Heilmittel bei Bandwürmern. Kürbiskerne vermindern die Haftfähigkeit des Bandwurmkopfs. Die Würmer können leichter abgehen.

● Die Kürbiskernkur sollte erst begonnen werden, wenn die Patienten etwa 12 Stunden lang nichts mehr gegessen haben. Dann erhalten sie pro Stunde etwa 500 Gramm (Kinder die Hälfte) geschälte, möglichst frische Kürbissamen. Nach den ersten 3 Stunden gibt es dann als Abführmittel 2 Esslöffel Rizinusöl. Erst abends darf wieder gegessen werden.

Aufgrund seines hohen Gehaltes an Karotinoiden, Vitamin E und Kalium eignet sich der Kürbis zur Therapie bei:

● Darmschleimhautentzündung
● Prostatavergrößerung
● Harn- und Nierensteinen
● Infektionen
● Krebsgeschwüren
● Entzündeten Augen

Der richtige Umgang mit Kürbis

● Die Aufzucht der Kürbispflanzen ist relativ problemlos, es braucht kein Hacken, kein Ausputzen, kein Düngen und auch keine Pflanzenschutzmittel – als Boden genügt oft ein Komposthaufen. Ende April wird im Frühbeet ausgesät, nach den Eisheiligen kommen die Jungpflanzen in Abständen von ein bis zwei Metern hinaus ins Freie.

● Die Blütezeit beginnt im Juni, die Ernte im Oktober. Ein Kürbis ist ausgereift, wenn er beim Anklopfen hohl klingt und eine harte Schale besitzt.

Durch seine Karotinoide eignet sich der Kürbis hervorragend als Lieferant von Vitamin A. Darüber hinaus wirken Beta-Karotin und Lutein als Antikanzerogene, besitzen also Krebs hemmende Eigenschaften, vor allem im Hinblick auf Tumoren an Lunge, Gebärmutterhals, Speiseröhre und Verdauungsapparat.

Außerdem mobilisieren Karotinoide die Verteidigungskräfte unseres Immunsystems. Hier wirken Karotinoide vorbeugend gegen Infektionskrankheiten wie etwa Erkältungen.

▶ Vitamin E

100 Gramm Kürbis enthalten durchschnittlich ein Milligramm Vitamin E. Dieses Vitamin gilt als wichtiger Mobilisator des Immunsystems, außerdem schützt es Zellwände und wichtige Biostoffe wie Vitamin A und ungesättigte Fettsäuren vor dem Angriff freier Radikale. Der Zusammenhang von Vitamin-E-Mangel und Krebserkrankungen gilt mittlerweile als gesichert.

▶ Kalium

Das Mineral spielt eine entscheidende Rolle in unserem Wasserhaushalt. Außerdem ist es über die so genannte Natrium-Kalium-Pumpe ein unentbehrlicher Bestandteil unserer Muskelarbeit. In 100 Gramm Kürbis befinden sich 383 Milligramm des wichtigen Minerals.

Kürbis im eigenen Garten

Die gigantischen Kürbisse können bis zu 50 Kilogramm schwer werden. Die Riesenpflanzen neigen aufgrund ihres Gewichts dazu, sich regelrecht in den Boden einzugraben – und da sind sie natürlich fäulnisgefährdet.

Sobald die Früchte etwas größer geworden sind, kann man sie auf Styropor, Hartfaserplatten oder dergleichen legen. Dort bleiben die Kürbisse trocken und geschützt.

Kürbiszucht leicht gemacht
Es ist wirklich leicht, sich seine eigenen Kürbisse im Garten zu ziehen. Hierzu genügt ein kleines Eckchen oder ein alter Komposthaufen. Kürbisse sind sehr pflegeleicht. Nur sollten Sie wegen ihrer riesigen Größe – Kürbisse können bis zu 50 Kilogramm schwer werden – etwas trockenes Material unterlegen.

Leinsamen, ein »Abfallprodukt« der Bekleidungsherstellung – aber was für ein gesundes!

Vom Flachslieferanten zur Heilpflanze
Ursprünglich wurde Leinsamen allein wegen des Flachsmaterials angepflanzt. Heutezutage stehen mehr die Heilwirkungen von Leinsamen im Vordergrund. In erster Linie wird Leinsamen bei Darmproblemen eingesetzt – von der simplen Verstopfung bis zur langwierigen Darmentzündung: Für die Volks- und Naturmedizin war Leinsamen schon immer eine wichtige Heilpflanze.

Leinsamen

Herkunft und Geschichte

Leinen zählt zu den ältesten Kulturpflanzen der Menschen. Am Anfang stand seine Verwendung als Flachs zur Herstellung von Geweben, später gewannen die Pflanze und ihr Samen zunehmend Bedeutung als Heil- und Nahrungsmittel. Die heilige Hildegard rühmte die entzündungshemmende, erweichende und schmerzstillende Kraft der Leinenpflanze. Bis heute wird Leinsamen für die Behandlung von Verstopfungen, Harnsteinen und Darmentzündungen eingesetzt.

Die wichtigsten Biostoffe

Mineralien bei Leinsamen

▶ Kalium
Mit 200 Milligramm auf 100 Gramm gehört der Leinsamen zu den bedeutendsten Kaliumlieferanten. Das Mineral wirkt entwässernd, außerdem ist es unentbehrlich für die Arbeit der Muskeln.
▶ Kalzium
Das Mineral stellt den wichtigsten Bestandteil unserer Knochen und Zähne. Es ist an der Kontrolle der Muskelspannung sowie an der Reizübertragung der Nervenzellen beteiligt. Mit 260 Milligramm auf 100 Gramm gehört Leinsamen zu den führenden Kalziumlieferanten. Allerdings enthält Leinsamen kein Vitamin D, um das Mineral im Körper zu aktivieren. Nicht zuletzt deshalb empfiehlt es sich, Leinsamen mit Milchprodukten wie Joghurt und Quark zu kombinieren.

Leinsamen als Heilmittel

Leinsamen eignet sich zur Unterstützung von Vorbeugung und Therapie bei folgenden Krankheiten oder Funktionsstörungen:

- Blähungen
- Blutarmut
- Brustkrebs
- Dickdarmkrebs
- Gastritis
- Gedächtnisschwäche
- Harnsteinen
- Heuschnupfen
- Jodmangelerkrankungen
- Karies
- Magengeschwür
- Nervosität
- Osteoporose
- Verstopfung
- Wasser in den Beinen
- Zwölffingerdarmgeschwür

Der richtige Umgang mit Leinsamen

● Leinsamen eignet sich als Zugabe bei fruchtigen Joghurt- und Quarkspeisen.

● Sie können Leinsamen aber auch als Körnerbeimischung oder als Auflage bei dunklen Brot- und Brötchensorten verwenden.

● Man kann auch die Samen teelöffel- oder esslöffelweise pur zu sich nehmen und danach reichlich Flüssigkeit trinken.

● Die optimale Tagesdosis von Leinsamen liegt für Erwachsene bei zwei bis drei Esslöffeln pro Tag.

▶ Magnesium

120 Gramm Leinsamen decken den gesamten Tagesbedarf an Magnesium. Das Mineral erfüllt mannigfaltige Aufgaben in unserem Organismus. So ist es an Knochenbildung, Zellatmung und Enzymaktivierung beteiligt. Von besonders großer Bedeutung ist seine Rolle bei der Reizübertragung zwischen den Nerven. Jüngere Untersuchungen ergaben eine vorbeugende Wirkung von Magnesium bei Allergien, vor allem bei Heuschnupfen.

▶ Eisen

Mit 8,2 Milligramm Eisen auf 100 Gramm gehört der Leinsamen zu den führenden Eisenversorgern im Reich der Nüsse und Samen. Das Metall wird vor allem zur Blutbildung benötigt.

Mit Leinsamen für gute Zähne

▶ Fluor

Das Mineral spielt seine bedeutendste Rolle bei der Härtung unseres Zahnschmelzes. Fluormangel bildet die Hauptursache von Karies. Mit 80 Mikrogramm auf 100 Gramm zählt Leinsamen zu den ergiebigsten Fluorversorgern.

Sie dürfen aber den Leinsamen nicht einfach schlucken, sondern müssen ihn lange kauen. Dadurch hält er lange Kontakt zu den Zähnen, so dass es am Zahnschmelz zu einer Reaktion kommen kann, bei der Fluor in den Zahnschmelz eingelagert wird.

▶ Jod

Jod wird vor allem für die Funktionen der Schilddrüse benötigt. Jodmangel ist in Deutschland sehr verbreitet. Wer täglich seine Portion Leinsamen über seine Milchspeisen streut und Leinsamenbrot isst, leistet einen wesentlichen Beitrag dazu, dass es bei ihm nicht zu diesem Mangel kommt.

Früher für Flachs – heute für gute Zähne
Durch seinen Fluoranteil sorgt Leinsamen für einen harten Zahnschmelz. Mit Leinsamen im Frühstücksmüsli können Sie langfristig Karies vorbeugen. Allerdings muss Leinsamen dazu sehr gut gekaut werden, denn erst nach einiger Zeit lagert sich das Fluor im Zahnschmelz ein.

Vitamine bei Leinsamen

▶ Vitamin E

Das Vitamin wirkt als Radikalefänger und schützt so Körperzellen und wichtige Biostoffe vor dem Angriff aggressiver Substanzen. Darüber hinaus wird Vitamin E für die Arbeit des Immunapparats und der Keimdrüsen gebraucht. 100 Gramm Leinsamen decken immerhin ein Fünftel des Tagesbedarfs.

▶ Pyridoxin

Das Vitamin B6 unterstützt den Fett- und Eiweißstoffwechsel sowie die Arbeit des Nervensystems. 100 Gramm Leinsamen decken bereits mehr als ein Viertel des gesamten Tagesbedarfs. Leinsamen eignet sich als Nahrungsergänzung bei Kindern, Schwangeren und Menschen, die Antibiotika oder die Antibabypille einnehmen, denn hier ist der Pyridoxinbedarf um ein Vielfaches erhöht.

Sonstige Biostoffe bei Leinsamen

▶ Leinöl

Das Öl wirkt zusammen mit den Ballaststoffen als Stuhlregulationsmittel. Es fungiert im Darm nicht nur als Gleit- und Quellmittel, sondern auch als positiver Reiz auf Darmwand und Darmflora. Die Fäulnis- und Gärungsprozesse werden normalisiert, der Stuhl verliert seinen unangenehmen Geruch, Blähungen und Verstopfungen gehen zurück. Die günstigen Einflüsse auf die Nutzbakterien des Darms sind vor allem bei einer Behandlung mit Antibiotika von Nutzen, bei der die Darmflora akut gefährdet ist.

▶ Ballaststoffe

Leinsamen enthält auf 100 Gramm durchschnittlich 36 Gramm Ballaststoffe. Damit zählt er zu den wirksamen Mitteln gegen Verstopfung. Die Ballaststoffe des Leinsamens sind außerdem reich an Lignanen, die stark Krebs hemmend wirken.

▶ Lignane

Keine andere uns bekannte Nutzpflanze enthält so viele Lignane wie der Leinsamen. Mit 80 Milligramm auf 100 Gramm ist er absoluter Spitzenreiter. Diese Wirkstoffe sind ein Teil der Ballaststoffe im Leinsamen. Lignane werden von den Bakterien unseres Darms aufgeweicht, schließlich resorbiert und in der Leber für den Urin aufbereitet. Sie wirken in hohem Maß antikanzerogen, also hemmend auf die Entstehung von Krebstumoren. Besonders groß ist ihre Wirkung im Dickdarm sowie auf Tumoren, die in Zusammenhang mit den weiblichen Geschlechtshormonen stehen, besonders in der weiblichen Brust.

JOGHURT-OBST-LEINSAMEN-MÜSLI

Zutaten für 2 Personen

1 Kiwi
1 Banane
1 TL brauner Zucker
2 EL Zitronensaft
200 g Joghurt
100 ml Milch
5 EL Haferflocken
1 EL Leinsamen
1 EL Haselnüsse

Zubereitung

Kiwi und Banane schälen und in kleine Stücke schneiden. Dann das Obst in eine Schale geben, süßen und mit dem Zitronensaft säuern. Lassen Sie das Ganze eine Weile ziehen. In der Zwischenzeit verquirlen Sie den Joghurt und die Milch mit den Haferflocken und dem Leinsamen. Am Schluss gießen Sie das Gemisch über das Obst, die Nüsse streuen Sie über die bereits verteilten Portionen.

Das Joghurt-Obst-Leinsamen-Müsli besitzt ein Wirkstoffprofil, das praktisch alle gesundheitlichen Bedürfnisse unseres Körpers abdeckt.

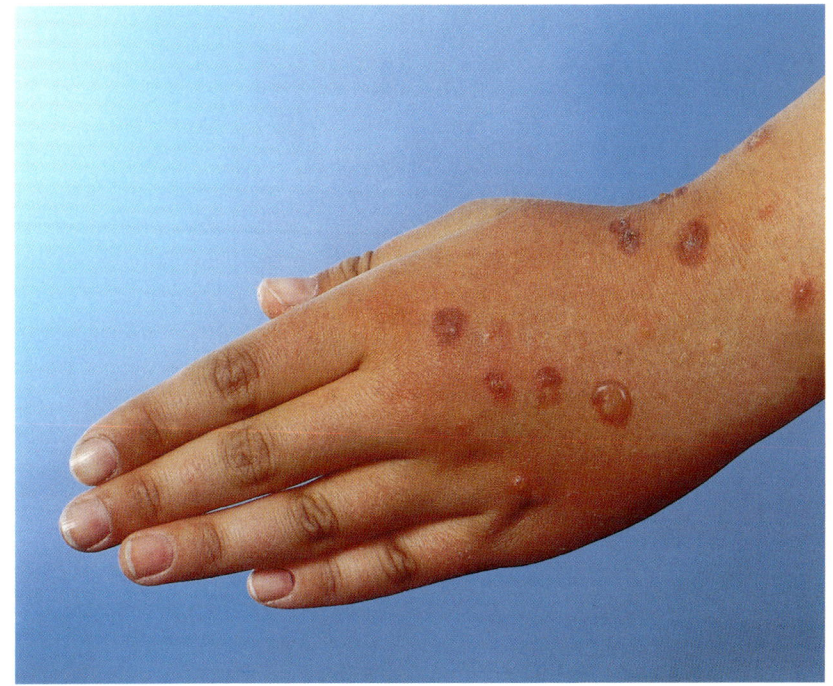

Neben seinen innerlichen Wirkungen – vor allem gegen die Bildung von gefährlichen Tumoren – kann Leinsamen auch äußerlich angewandt werden. Umschläge helfen gegen Hauterkrankungen wie Akne oder Ekzeme, aber auch bei Menstruationsbeschwerden und Darmkrämpfen.

Darüber hinaus sollte Leinsamen aufgrund seines hohen Pyridoxingehalts regelmäßig von Frauen gegessen werden, die mit der Antibabypille verhüten. Auch wer gerade mit Antibiotika behandelt wird, sollte zu Leinsamen als gesundem Nahrungsergänzungsmittel greifen, um die Darmflora und den Pyridoxinvorrat im Organismus wiederaufzubauen.

Leinsamenumschläge

Leinsamen eignen sich auch zur äußerlichen Anwendung gegen Entzündungen, Akne, Furunkel, Magen-Darm-Krämpfe und Menstruationsbeschwerden. Am besten bereiten Sie sich einen Umschlag aus Leinsamenbrei. Dazu verrühren Sie die gemahlenen Körner mit heißem Wasser zu einem dicken Brei, den Sie dann auf einem Leinentuch oder einem Baumwollhandtuch verstreichen.

Leinsamen und Blausäure

Leinsamen enthält geringe Mengen an Blausäure. Um jedoch eine Vergiftung zu riskieren, müsste man ungefähr ein halbes Kilogramm des Samens verzehren. Davor schützen jedoch schon allein seine ölig körnige Konsistenz und sein herber Geschmack.

KIWI-LEINSAMEN-MÜSLI

Zutaten für 2 Personen

2 Kiwis
1 Banane
40 g Weizenflocken
1 EL Leinsamen
30 g Naturhonig
1 EL Zitronensaft
20 g gehackte Haselnüsse

Zubereitung

Kiwifleisch mit scharfem Löffel herausholen und zerkleinern. Banane schälen und schneiden. Dann alle Zutaten mischen. Bei Bedarf können Sie noch Milch hinzufügen.

Wirkt so stark, wie sie schmeckt: die Meerrettichwurzel.

Meerrettich

Herkunft und Geschichte

Vom Namen her hat der Meerrettich seinen Ursprung wohl weniger im Meer als in der Mähre, dem Pferd. Das behaupten zumindest die Sprachgeschichtler. Woher dieser Bezug kommt, liegt allerdings im Dunkeln, denn die würzige Wurzel gehört eigentlich nicht unbedingt zu den Leibspeisen der Huftiere.

Die Heimat der Meerrettichwurzel sind die Steppen der Mongolei. Nach Deutschland kam sie Ende des 12. Jahrhunderts, sehr wahrscheinlich durch Kaufleute, die in Kontakt mit dem mongolischen Reich standen.

Die wichtigsten Biostoffe

▶ Benzyl-Isothiozyanat

Benzyl-Isothiozyanat ist ein sanftes und natürliches Antibiotikum. Es handelt sich hierbei um ein Senföl, das eine ungemein starke antibiotische Kraft besitzt. Der Verzehr von zehn Gramm Meerrettichwurzeln ist gleichbedeutend mit der Aufnahme von 20 Milligramm antibiotischen Inhaltsstoffen – eine ungeheure Konzentration, die sich im menschlichen Organismus vor allem in den Harn- und Atemwegen niederschlägt.

Salzersatz
Der Umgang mit Salz stellt bei der Schonkost wohl das größte Problem dar – es zu ersetzen ist manchmal notwendig, aber der Verzicht fällt nicht leicht. Frisch geriebener Meerrettich gibt Suppen und Salaten die nötige Würze, von Gemüse- oder Fleischgerichten ganz zu schweigen.

Meerrettich als Heilmittel

Mit dem Meerrettich bietet uns die Natur ein Antibiotikum, das in seiner Effektivität, seiner stimulierenden Kraft auf das Immunsystem und dem geringen Nebenwirkungsrisiko seinesgleichen sucht. Er eignet sich daher vorzüglich zur Therapie und Prävention von folgenden Infektionskrankheiten, wobei seine größte Wirksamkeit in den Atem- und Harnwegen erzielt wird:

- Blasenentzündung
- Bronchitis
- Grippalen Infekten
- Harnröhrenentzündungen
- Husten
- Nierenentzündung
- Schnupfen

Aufgrund seines hohen Gehalts an Vitamin C wirkt er auch präventiv bei:
- Abwehrschwäche
- Arteriosklerose und ihren Folgeerkrankungen
- Krebs

Der richtige Umgang mit Meerrettich

● Erntezeit für den Meerrettich ist in unseren Breiten der Herbst; zu dieser Zeit erhält man auch die Wurzeln mit dem höchsten Gehalt an Vitamin C.

● Kaufen Sie am besten nur die frischen Wurzeln. Der Meerrettich im Glas enthält nur noch wenig Vitamin C. Und ist ein Glas erst einmal geöffnet, verflüchtigen sich auch schnell seine antibiotischen Öle.

● Die Meerrettichwurzeln werden geschält und zerrieben. Nehmen Sie immer nur so viel, wie wirklich gebraucht wird. Kleine Meerrettichstückchen lohnen sich nicht zur Aufbewahrung, weil sie schon nach wenigen Stunden fast alle wichtigen Biostoffe verloren haben.

● Komplette Meerrettichwurzeln lagern Sie in Sandkisten oder aber – gut mit Stanniol versiegelt – im Kühlschrank.

Schlauer als ein künstliches Antibiotikum
In Experimenten konnte nachgewiesen werden, dass Benzyl-Isothiozyanat die Mikroorganismen nicht etwa direkt attackiert, sondern sich in deren Stoffwechsel einschaltet und dadurch ihre Vermehrung unterdrückt – ein bemerkenswerter Trick, der für uns Menschen den entscheidenden Vorteil besitzt, dass sich unser Immunsystem nicht über Gebühr mit dem Abtransport von zerstörten Zellen beschäftigen muss. Mit anderen Worten: Die Senföle des Meerrettichs wirken antibiotisch, ohne dass unser Körper durch eine übermäßige Schleim- oder Eiterbildung belastet würde.

Ein entscheidender Vorteil des Benzyl-Isothiozyanats: Es wird bereits im Zwölffingerdarm restlos in unseren Blutkreislauf geschleust, gelangt also nicht mehr in Dünn- und Dickdarm. Dadurch können die dort ansässigen Nutzbakterien nicht mehr in – möglicherweise tödlichen – Kontakt mit den antibiotischen Stoffen kommen. Meerrettich wirkt also antibiotisch, ohne dabei die Darmflora in Mitleidenschaft zu ziehen. Allein dieser Umstand macht ihn allen synthetischen Antibiotika weit überlegen! Nicht umsonst wirft die Pharmaindustrie mittlerweile Präparate mit dem Meerrettichwirkstoff auf den Markt – viel teurer als ein schmackhafter Meerrettichsalat.

▶ Vitamin C
Nur die wenigsten wissen, dass Meerrettich sehr viel Vitamin C besitzt. Mit 119 Milligramm auf 100 Gramm schlägt er sogar solche ergiebigen Vitamin-C-Bomben wie Tomaten, Paprika, Ebereschenfrüchte, Erdbeeren, Grapefruits, Orangen und Kiwis. Der Grund für seine überdurchschnittlichen Werte liegt einfach darin, dass Meerrettich das wichtige Immunvitamin unterirdisch in seinen Wurzeln speichert und es daher vor den zerstörerischen Kräften des Sonnenlichts schützt. Vitamin C gilt bekanntermaßen als unentbehrlicher Biostoff für unser Immunsystem. Und das macht den Meerrettich mit seinen antibiotischen Senfölen endgültig zu einer regelrechten Wunderwaffe gegen Infektionskrankheiten.

Ohne Umwege auf den Tisch: frische Milch.

Milch

Herkunft und Geschichte

Die Rinderzucht kennt der Mensch schon seit etwa 8000 Jahren, und genauso lange wird wahrscheinlich schon die Milch als Nahrungsmittel verwendet. Der früheste geschichtliche Beleg stammt aus einer Tempelinschrift der Sumerer aus dem Jahre 3100 v.Chr.

Muttermilch – immer noch das Nonplusultra

Milch ist ein wichtiges Nahrungsmittel, darf jedoch in seiner ernährungsphysiologischen Bedeutung nicht überschätzt werden. Der häufig gehörte Satz, wonach ein Glas Milch pro Tag besonders für Kinder ein Muss sein soll, um ihre Knochen und ihr Wachstum zu unterstützen, ist eher ein geschickter Werbegag als eine wissenschaftliche Tatsache. Hinsichtlich der Versorgung an Vitaminen und Mineralien gibt es zahlreiche pflanzliche Nahrungsmittel, die der Milch überlegen sind. Und an die Muttermilch kommt kein Kuhmilchersatz heran, mag er auch noch so gewissenhaft hergestellt worden sein.

Die wichtigsten Biostoffe

▶ Hochwertige Proteine

Milch enthält hochwertiges Eiweiß, das im Aminosäurenprofil dem Bedarf des Menschen sehr entgegenkommt. Der eigentliche Eiweißanteil ist mit 3,3 Gramm auf 100 Gramm eher gering, dafür ist er – im Unterschied zu Fleisch – nicht an säurebildende Purine gebunden. Leider nimmt die Zahl derer, die an Allergie gegenüber Milcheiweiß leiden, aufgrund der zunehmenden Umweltbelastungen immer mehr zu.

Volksnahrungsmittel
Heute konsumiert der Durchschnittsbundesbürger knapp 80 Liter Milch pro Jahr, davon über die Hälfte als Vollmilch. Den Rest nimmt er in Form von Milchprodukten wie Käse, Quark und Joghurt zu sich.

Milch als Heilmittel

Milch wirkt vorbeugend auf folgende Erkrankungen und Funktionsstörungen:

- Blutarmut
- Konzentrationsschwäche
- Osteoporose
- Wachstumsstörungen

Darüber hinaus eignet sie sich in Form von Sauermilchprodukten als Nahrungsmittel für Magen-, Darm- und Nierenkranke.

Der richtige Umgang mit Milch

● Kaufen Sie Ihre Milch am besten in dunklen Mehrwegglasflaschen, hier bleibt die Milch am längsten frisch.

● Achten Sie auf das Mindesthaltbarkeitsdatum der Milch, sie sollte im Kühlschrank gelagert und vor allem im Sommer nicht zu lange im Freien stehen gelassen werden.

● Halten Sie die Flaschen gut geschlossen, denn Milch nimmt gern die Gerüche von anderen Lebensmitteln an.

▶ Milchfett

Das Fett der Milch enthält über 200 Fettsäuren, aber nur wenig Cholesterin. Im Unterschied zu anderen tierischen Fetten ist es leicht verdaulich. Außerdem ist Milchfett ein günstiges Transportmittel für fettlösliche Biostoffe wie etwa die Vitamine A und D.

▶ Milchzucker

Der Milchzucker Laktose wird im menschlichen Darm durch Bakterien in Milchsäure umgewandelt, die das Wachstum erwünschter Mikroorganismen unterstützt und das Wachstum unerwünschter Fäulnisbakterien unterdrückt. Außerdem fördert Milchsäure die darmeigene Produktion an B-Vitaminen und die Aufnahme von Kalzium. Voraussetzung sind die Anwesenheit und einwandfreie Funktionstüchtigkeit des Darmenzyms Laktase.

Ein Großteil der Weltbevölkerung leidet jedoch an angeborenem Laktasemangel, vor allem in Asien und Afrika. Dadurch kann der Milchzucker nicht vollständig verdaut werden. In Deutschland leiden schätzungsweise mindestens fünf Prozent der Bevölkerung an Laktoseunverträglichkeit.

Vitamine in der Milch

▶ Riboflavin

Das B-Vitamin wird für das Wachstum, den Stoffwechsel und den Sehvorgang benötigt. Der Tagesbedarf an Riboflavin liegt bei 1,6 Milligramm, er kann durch einen Liter Milch problemlos gedeckt werden. Bei Kindern, Rauchern und schwangeren Frauen ist der Bedarf jedoch um ein Vielfaches erhöht; hier sollten dann überdurchschnittlich riboflavinhaltige Gemüsesorten wie beispielsweise Sojabohnen, Erbsen, Linsen, Brokkoli und Grünkohl möglichst oft zum Einsatz kommen.

Milch als Proteinquelle

Besonders gut für Ihre Ernährung ist Milch, da sie alle lebensnotwendigen Nährstoffe enthält. Sie liefert dem Körper viel Kalzium und Proteine, die, kombiniert mit Getreide oder Kartoffeln, besser verwertet werden können als tierisches Eiweiß. Produkte, die rechtsdrehende Milchsäure enthalten, sind besonders magenschonend; Joghurt oder Kefir unterstützt die Darmflora.

▶ Orotsäure

Orotsäure wird mitunter auch als Vitamin B13 bezeichnet. Diese Säure schützt die Darmbakterien, unterstützt das Wachstum und den Zellstoffwechsel sowie die Funktionen von Herz und Leber. Den höchsten Anteil besitzt mit etwa 40 Milligramm pro 100 Gramm die Schafsmilch, Kuhmilch enthält zehn Milligramm, Frauenmilch nur noch 6,3 Milligramm auf 100 Gramm.

▶ Kalzium und Vitamin D

Kuhmilch enthält auf 100 Gramm durchschnittlich 120 Milligramm Kalzium und 0,06 Mikrogramm Vitamin D. Beide Werte sind im Verhältnis zu vielen anderen Nahrungsmitteln nicht überragend, dennoch gehört Milch zu den wichtigsten Kalziumlieferanten des Menschen. Der Grund: Ihr Vitamin-D-Gehalt und ihr Milchzucker, der für ein günstiges Darmmilieu sorgt, garantieren, dass das wichtige Mineral optimal den Knochen und Zähnen zugeführt wird.

▶ Kobalamin

Das B-Vitamin Kobalamin wird für den Stoffwechsel, den Aufbau der Zellkerne und die Reifung der roten Blutkörperchen benötigt. Auch die Energiereserven im Muskel können nur unter Anwesenheit von reichlich Vitamin B12 angelegt werden. Milch ist mit 0,4 Mikrogramm auf 100 Gramm ein sehr ergiebiger Kobalaminlieferant.

Allergien gegen Milcheiweiß

Milchallergie und Milchunverträglichkeit werden häufig verwechselt, dabei liegen ihnen ganz unterschiedliche Probleme zugrunde. Die Allergie bezieht sich auf die Proteine der Milch, die Milchunverträglichkeit hingegen auf den Milchzucker, sie wird daher auch besser als Laktoseunverträglichkeit bezeichnet.

Kuhmilchallergie

Die Kuhmilchallergie tritt leider in Deutschland immer häufiger auf; Ursache hierfür ist eine generelle Schwächung des Immunsystems durch Umweltgifte und psychischen Stress. Zurzeit liegt die Häufigkeit der Milchallergie bei ein bis zwei Prozent, bei Kindern gehen einige Schätzungen von sieben Prozent aus.

Hauptallergieauslöser ist das Molkeneiweiß Beta-Laktoglobulin. Es ist hitzestabil, kann also auch durch Abkochen nicht abgebaut werden. Milchallergiker benötigen in der Regel eine spezielle Diät, in der das Milcheiweiß ausgespart ist. Dabei gilt es, auch auf versteckte Milcheiweiße in Brotwaren, Kuchen, Fertiggerichten, Wurstwaren, Süßigkeiten, Mayonnaise und dergleichen zu achten.

Milchallergie – die Symptome
Die Symptome der Milchallergie zeigen sich bei der Allergie vom Soforttyp in dünnem, wässrigen Stuhlgang und Erbrechen, mitunter zeigen sich auf der Haut Ausschläge. Im schlimmsten Fall kommt es zu Atemnot und zum Kreislaufzusammenbruch. Bei Milchallergien vom verzögerten Typ lassen sich längerfristig eine Gewichtsabnahme und ein Appetitverlust beobachten. In schlimmen Fällen kommt es zu Blutungen im Darm.

Laktoseunverträglichkeit – empfindlich gegen Milchzucker

Bei dieser Krankheit kann Milchzucker nicht verdaut werden, weil es im Darm an aktiver Laktase fehlt. Dieser Mangel ist angeboren oder die vorübergehende Folge einer Magen-Darm-Infektion; mitunter liegt aber auch eine »Entwöhnungsunverträglichkeit« vor, d. h., dass der Betreffende lange Zeit keine Milch mehr getrunken hat und dadurch die Laktaseproduktion seines Darms aus dem Training gekommen ist.

Die unterschiedlichen Milchsorten

▶ Rohmilch

Dieses Produkt entspricht der Milch, wie sie aus dem Euter der Kuh gewonnen wird. Sie darf nur direkt vom Erzeuger vertrieben werden, und zwar am selben Tag des Melkens oder einen Tag danach. Ihr Biostoffgehalt ist dem der verarbeiteten Milch weit überlegen, dafür birgt sie ein hohes Infektionsrisiko. Für Säuglinge und ältere Menschen kommt sie daher nicht infrage.

Laktoseunverträglichkeit – die Symptome

Laktoseunverträglichkeit tritt am häufigsten bei Kindern zwischen 3 und 15 Jahren auf. Ihre Symptome sind Blähungen, Bauchkrämpfe, wässriger Stuhl. Im Unterschied zur Milchallergie stellt die Milchunverträglichkeit nur ein geringes Problem dar, da die meisten Betroffenen durchaus imstande sind, fermentierte Milchprodukte wie Joghurt und Kefir zu verzehren.

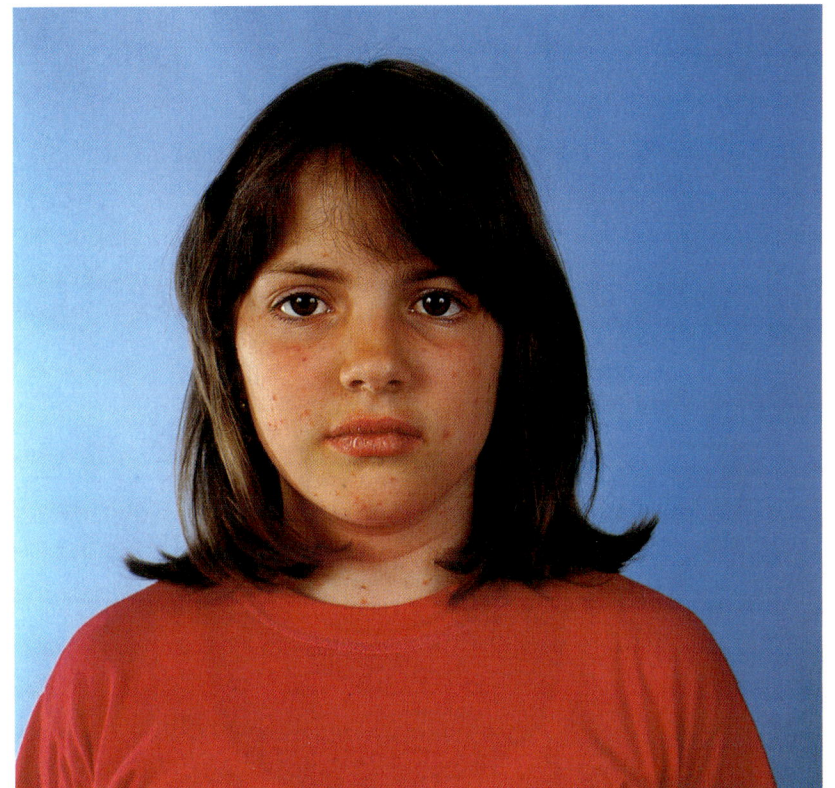

Wer gegen Milch allergisch ist, dessen Körper reagiert auf die in der Milch enthaltenen Proteine. Meist bleibt es bei Durchfall und Hautausschlägen, es können aber auch schwerere Formen auftreten.

> ▶ Vorzugsmilch

Hierbei handelt es sich um Rohmilch, die auch im Lebensmittelhandel angeboten wird. Sie unterliegt strengsten Vorschriften hinsichtlich der Hygiene von Vieh, Personal, Stallungen, Behandlung, Verpackung und Beförderung. Sie ist dementsprechend teuer.

> ▶ Vollmilch

Vollmilch ist pasteurisierte (also ultrakurzerhitzte) Rohmilch mit einem Mindestfettgehalt von 3,5 Prozent. Beim Pasteurisieren gehen etwa zehn Prozent an Milcheiweiß und einige Milchsäurebakterien verloren. Dennoch bringt das Pasteurisieren aus ernährungsphysiologischer Sicht keine wesentliche Beeinträchtigung der Milch mit sich.

> ▶ Fettarme Milch

Ihr Fettgehalt ist auf 1,5 bis 1,8 Prozent reduziert. Sie enthält weniger Kalorien, aber auch weniger Biostoffe als Vollmilch. Ihre Haltbarkeit ist deutlich verkürzt. Bei fettarmer Milch kommt es häufiger zu Milchunverträglichkeiten als bei Vollmilch. Unser Tipp: Wer wirklich etwas von den gesundheitlichen Vorzügen der Milch haben will, sollte Vollmilch trinken und das Fett woanders sparen, beispielsweise durch die Verringerung des Konsums von Süßigkeiten und Fleisch.

> ▶ Magermilch

Magermilch enthält fast kaum noch Fett (etwa 0,3 Prozent) und noch weniger Biostoffe als fettarme Milch.

> ▶ H-Milch

Ultrahocherhitzte Milch ist in geschlossener Verpackung auch ohne Kühlung haltbar. Im Biostoffgehalt kann sie durchaus mit pasteurisierter Milch mithalten, ihr Geschmack lässt allerdings zu wünschen übrig. Auch können bei der langen Lagerung gesundheitlich bedenkliche Stoffe aus der Packung in die Milch übergehen.

Homogenisierte Milch

Oft wird die Milch vor oder nach dem Pasteurisieren noch homogenisiert. Ziel dieses Verfahrens ist es, das Aufrahmen zu verhindern. Dazu wird die Milch unter Hochdruck auf einer Stahlplatte verspritzt, um ihre Fettkügelchen zu zerschmettern. Faktisch wird dabei jedoch die Oberfläche des Fetts vergrößert, was nach Ansicht einiger Wissenschaftler für unseren Verdauungstrakt nicht unproblematisch ist. Bevorzugen Sie daher Milch, die nicht homogenisiert ist!

Milch light – ein modischer Unsinn

Die Nahrungsmittelindustrie hat in den letzten Jahren einige Milch-Light-Produkte hervorgebracht, um damit dem neuen Kalorienbewusstsein der Bevölkerung entgegenzukommen. Für den Hersteller ist es kein Problem, den Milcherzeugnissen Fett zu entziehen. Ein größeres Problem ist jedoch, trotz des Fettverlustes den Geschmack zu erhalten – denn Fett ist nun einmal der Träger zahlreicher Geschmacksstoffe. Viele Hersteller versuchen das Geschmacksdefizit durch entsprechende Gaben an Zucker auszugleichen, was für den Verbraucher natürlich gesundheitlich von Nachteil ist.

Darüber hinaus konnte festgestellt werden, dass der verstärkte Verzehr von Light-Produkten insgesamt den Verzehr des betreffenden

Milchersatz – sinnvolle Alternative?

Die Einfuhr und Herstellung von Milchersatzprodukten sind seit 1989 bzw. seit 1990 in Deutschland erlaubt. Für Milchallergiker sollen sie den Vorteil bieten, an die gesundheitlichen Vorteile der Milch heranzukommen, ohne dabei allergische Reaktionen auf Milcheiweiß erwarten zu müssen. Ähnliches gilt für Menschen mit Unverträglichkeit auf Milchzucker, die mit anderen Zuckern ja in der Regel keine Probleme haben. Außerdem enthalten die Milchersatzprodukte weniger Cholesterin und gesättigte Fette.

Zu den typischen Ersatzprodukten gehören Milch-Frucht-Desserts, Sprühschaum, flüssige Kaffeeweißer und Brotaufstriche. Die Hersteller greifen in der Produktion auf pflanzliche Fette und Eiweiße zurück wie etwa Sojaeiweiß, Palmöl und Sonnenblumenöl.

Milchersatzprodukte haben allerdings eine ganze Reihe von Nachteilen:

● Pflanzliche Fette sind schwerer verdaulich als Milchfett, sie belasten den Verdauungstrakt stärker.
● Der Körper kann die Biostoffe der Milchersatzprodukte nicht optimal verwerten.
● Der Vitamingehalt (vor allem an Vitamin D) der Milchersatzprodukte ist geringer.
● Milchersatz enthält oft viele Zusatzstoffe, um wenigstens in die Nähe von Geschmack und Farbe der natürlichen Milchprodukte zu kommen.

Fazit: Wer keine gesundheitlichen Probleme mit dem Verzehr von Milch hat, sollte auf Milchersatz verzichten. Und auch für diejenigen, die keinen Milchzucker verdauen können, bietet sich als Alternative an, auf Joghurt und Kefir umzusteigen – denn diese Milchprodukte liefern die Enzyme für die Verdauung des Milchzuckers gleich mit.

Das Kochen von Milch

▶ Die Milch sollte nur im Milchtopf abgekocht werden. Diesen Topf auch nicht für andere Speisen verwenden.
▶ Vor dem Kochen den Topf immer mit kaltem Wasser ausspülen.
▶ Die Milch rasch erhitzen, dabei aber Acht geben, da sie leicht überläuft.
▶ Wenn die Milch nicht sofort verarbeitet wird, sollte sie wieder rasch abgekühlt werden.
▶ Sollte sich Ihre Achtsamkeit dem brodelnden Milchtopf doch einmal entzogen haben – sofort mit viel Kochsalz eingestreut, sind die eingebrannten Milchreste schnell entfernt.

Nahrungsmittels steigert. Mit anderen Worten: Wer auf fettarme Milch umsteigt, trinkt insgesamt mehr davon, als er zuvor von einer Milch mit normalem Fettgehalt getrunken hat. Der Grund: Die fettarmen Produkte erzielen nur einen geringen Sättigungsgrad, den der Konsument mit einem verstärkten Verzehr auszugleichen versucht. Der Umstieg auf Light-Produkte hat somit nur wenig Sinn.

*Das natürlichste Getränk
überhaupt ist Wasser.*

Mineralwasser

Herkunft und Geschichte

Schon die alten Römer vertrauten dem Brunnenwasser, später fuhren wohlhabende Bürger zu Heilwasserkuren nach Baden-Baden, Karlsbad oder Bad Pyrmont. Lange Zeit war Mineralwasser alles andere als ein Getränk für das breite Publikum, es galt als Inbegriff für Gesundheitsapostel und Askesefanatiker. Das hat sich grundlegend geändert. Heute trinkt der Deutsche etwa 100 Liter Mineralwasser pro Jahr – immerhin fast so viel wie Bier.

Was Mineralwasser von anderen Wässern unterscheidet

Natürliches Mineralwasser überragt andere Wässer wie Tafel- und Quellwasser hinsichtlich seines Mineralgehaltes. Die genauen Unterscheidungskriterien sind in der Mineral- und Tafelwasserverordnung aus dem Jahr 1990 geregelt.

Demnach handelt es sich beim Mineralwasser um Grundwasser aus geschützten Wasservorkommen. Das Wasser darf von der Quelle bis zur Flasche nicht in seinen ernährungsphysiologischen Werten verändert werden, allerdings dürfen aus geschmacklichen Gründen Eisen und Schwefel entfernt werden. Beim Tafelwasser hingegen handelt es sich um »nachgemachtes Mineralwasser«, das aus Meersalzen, Quell- und Meerwasser zusammengemischt werden darf. Quellwasser schließlich stammt aus künstlich oder natürlich erschlossenen Quellen, im Unterschied zum Mineralwasser sind keine Mindestgehalte an Mineralien vorgeschrieben.

Sprudel und stille Wässer
Grundsätzlich wird zwischen stillen und prickelnden Mineralwässern unterschieden. Die sprudelnden enthalten bis zu acht Gramm Kohlensäure auf einen Liter, bei den stillen Wässern liegt der Kohlensäuregehalt unter zwei Gramm pro Liter. Wichtig: Sprudelwässer fördern die Verdauung und mobilisieren das Herz-Kreislauf-System, dafür provozieren sie Aufstoßen – vor allem wenn sie direkt aus der Flasche getrunken werden. Außerdem befördern ihre Bläschen den Alkohol schneller ins Blut. Mischen Sie also Ihren Wein lieber mit stillem Wasser.

Mineralwasser als Heilmittel

Mineralwasser unterstützt die Heilung von allen Erkrankungen, die erhöhten Wasserbedarf mit sich bringen. Dazu gehören:

- Beschwerden nach übermäßigem Alkoholgenuss
- Darmentzündungen, Erbrechen und Durchfall
- Verbrennungen
- Fiebrige Erkrankungen
- Entzündungen der Harnwege und Nierenfunktionsstörungen
- Hitzeerschöpfung und Hitzschlag
- Starke Monatsblutungen

Reine Geschmacksfrage

● Wer regelmäßig Mineralwasser trinkt, weiß es schon längst: Wasser schmeckt nicht gleich nach Wasser. Allerdings schmecken die teuren Marken nicht unbedingt besser als die preiswerten; oftmals beeindrucken die »edlen Wässerchen« lediglich durch ihren hohen Kochsalzgehalt, der im Hinblick auf die Gesundheit sicherlich entbehrlich ist.

● Grundsätzlich gilt: Mineralwasser mit hohem Schwefel- bzw. Sulfatanteil schmeckt eher bitter, Wasser mit hohem Natriumgehalt eher salzig, und ein hoher Kalziumgehalt lässt das Wasser trocken und erdig wirken.

● Die Geschmacksnoten des Mineralwassers entfalten sich am besten bei einer Trinktemperatur von 6 bis 8 °C.

Idealer Schlankmacher

Mineralwasser ist kalorienfrei und daher das optimale Getränk, um das Körpergewicht konstant zu halten oder zu verringern. Bei starkem Mineralienverlust durch körperliche Aktivität erhält es den Mineralstoffhaushalt aufrecht.

Die wichtigsten Biostoffe

Mineralwasser brilliert – wie schon sein Name sagt – durch sein breites Mineralienprofil. Die handelsüblichen Mineralwässer enthalten vor allem:
▶ Kalzium
▶ Magnesium
▶ Natrium
▶ Kalium
▶ Chrom
▶ Chloride
▶ Schwefel

Das Eisen wird aus geschmacklichen Gründen in der Regel durch ein spezielles Verfahren entfernt, die entsprechenden Mineralwässer sind mit dem Zusatz »enteisent« versehen.

Für Babys nur das Beste

Für die Zubereitung von Säuglingsnahrung sollte das Mineralwasser höchstens enthalten:
▶ 20 Milligramm Natrium
▶ 10 Milligramm Nitrat (NO_3)
▶ 0,02 Milligramm Nitrit (NO_2)
▶ 240 Milligramm Sulfat
▶ 1,5 Milligramm Fluorid

Der Blick aufs Etikett lohnt sich

Das Mineralienprofil der einzelnen Wassermarken kann sehr unterschiedlich sein; in jedem Fall muss es aber auf dem Etikett erläutert sein. Unser Tipp: Bevorzugen Sie Marken mit einem niedrigen Natrium- (weniger als 100 Milligramm/Liter), dafür aber einem höheren Magnesium- (mehr als 50 Milligramm/Liter) und Kalziumgehalt (mehr als 150 Milligramm/Liter). Denn Natriumsalze nehmen wir bereits mit der normalen Alltagsnahrung zu uns, sie müssen nicht auch noch per Getränk zugeführt werden.

Ein typischer Anblick in den Mittelmeerländern: der Olivenbaum.

Olive

Herkunft und Geschichte

Olivenbäume bzw. Ölbäume sind typische Mittelmeerbäume und haben den dortigen Einwohnern nicht nur zu Nahrungszwecken gedient. Der knorrige Wuchs der über 1000 Jahre alt werdenden Bäume hat vor allem die Dichter und Denker des antiken Griechenland zu so mancher Zeile inspiriert.

Heute stammen 97 Prozent der Olivenernte aus dem Mittelmeergebiet, vor allem aus Spanien, wobei freilich der größte Anteil zur Herstellung des Speiseöls verwendet wird.

Öl- und Tafeloliven

Grundsätzlich können die Früchte des Ölbaums unterteilt werden in Tafeloliven mit dickem, fleischigem und relativ fettarmem Fruchtfleisch und in Öloliven, die sich durch recht dünnes Fleisch, dafür aber durch hohen Ölgehalt hervortun. Die Farbe der Früchte hängt nicht nur von der Sorte, sondern auch vom Reifegrad ab. Vollreife Früchte sind violett bis schwarzblau gefärbt, die jungen Früchte besitzen schon dieselbe Farbe, sind aber innen noch grün.

Die wichtigsten Biostoffe

▶ Natrium

Eingelegte Oliven enthalten natürlich viel Kochsalz und damit viel Natrium. Der Natriumgehalt von 100 Gramm eingelegten Oliven beträgt über 2000 Milligramm.

▶ Fluor

Fluor ist für die Entwicklung der kindlichen Zähne und Knochen von großer Bedeutung. Mit 30 Mikrogramm auf 100 Gramm zählt

Aus dem sonnigen Süden
Der Mittelmeerraum gilt als Heimat der Olive. Von Spanien bis Syrien werden Ölbäume in Plantagen angepflanzt – knorrige Stämme, so weit das Auge reicht. Bei günstigem Klima sind sogar mehrere Ernten im Jahr möglich. Aber Olive ist nicht gleich Olive. Die einzelnen Arten unterscheiden sich nach Reifegrad, Farbe, Größe, Fettgehalt und – nicht zuletzt – Geschmack.

Oliven und Olivenöl als Heilmittel

Oliven und ihr Öl wirken präventiv und therapeutisch bei folgenden Erkrankungen:

- Abwehrschwäche
- Angina pectoris
- Arteriosklerose
- Chronischer Müdigkeit
- Durchblutungsstörungen
- Fettstoffwechselstörungen
- Herzinfarkt
- Krebserkrankungen

Eingelegte Oliven – Gesundheit, die schmeckt

Frische Oliven sind aufgrund ihres hohen Bitterstoffgehalts ungenießbar, sie müssen daher zum Entbittern eingelegt werden.

● Einlegen mit Gärung: Die jungen Früchte werden mit einer Lauge (meistens Natronlauge) behandelt, gewaschen und anschließend in Salzwasser eingelegt. Hier kommt es dann zu Gärungsprozessen, die mit der Milchsäuregärung des Sauerkrauts vergleichbar sind. Ist die Gärung beendet, werden die Früchte in Lake oder frischer Salzlösung mit Gewürzen abgefüllt. Vollreife Früchte werden ohne Laugenbehandlung direkt im Salzwasser eingelegt und vergoren.

● Einlegen ohne Gärung: Zur Herstellung schwarzer, unvergorener Oliven werden die Früchte bis zu fünfmal in Natronlauge gewässert. Dem letzten Waschwasser wird zur Farbstabilisierung häufig Eisenglukonat zugesetzt. Dieser Zusatzstoff ist wohl ungefährlich, aber eigentlich überflüssig.

Tipp
Essen Sie am besten vergorene Oliven. Denn der Biostoffgehalt der unvergorenen Früchte ist relativ gering, da beim wiederholten Behandeln mit Natronlauge viele Stoffe herausgespült oder vernichtet werden.

die Olive wohl nicht zu den Spitzenlieferanten des wichtigen Minerals, doch sie vermag sicherlich einen nicht unerheblichen Anteil zum täglichen Fluorbedarf von 1000 Mikrogramm beizutragen.

▶ Kalzium
Die Olive zählt mit einem Kalziumanteil von 80 bis 100 Milligramm auf 100 Gramm zu den wichtigsten Kalziumversorgern. Das Mineral wird vor allem für den Aufbau von Knochen und Zähnen benötigt.

▶ Vitamine
Als Vitaminlieferant ist die Olive eher bedeutungslos. Hervorzuheben sind allein die 210 Mikrogramm Karotinoide und die zwei Gramm Vitamin E auf 100 Gramm.

Sonstige Biostoffe der Olive

▶ Fettsäuren
100 Gramm marinierte Oliven enthalten 10 Gramm ungesättigte und 1,3 Gramm mehrfach ungesättigte Fettsäuren. Die ungesättigten Fettsäuren wirken an unserem Fett- und Cholesterinstoffwechsel mit, sie sind unentbehrlich für die Durchblutung des Herzmuskels, die Stabilisierung des Blutdrucks sowie für die Arbeit des Immunsystems. Olivenöl ist allerdings im Verhältnis zu anderen Pflanzenölen ein eher sparsamer Lieferant für ungesättigte Fettsäuren, sein gesundheitlicher Wert begründet sich vor allem in seinem hohen Squalenanteil (siehe

Auf die Presse kommt es an
Achten Sie darauf, dass Sie in Ihrer Küche ausschließlich kaltgepresstes Olivenöl verwenden. Warmgepresstes Öl ist von minderer Qualität und sollte nur bei der Produktion von Seife und Schmiermitteln Anwendung finden.

unten). Der niedrige Gehalt an ungesättigten Fetten hat aber auch seinen Vorteil, nämlich den, dass Olivenöl gut zum Backen und Braten bei hohen Temperaturen eingesetzt werden kann. Bei hohen Temperaturen bereiten andere Pflanzenöle des Häufigeren Probleme (Verschmorungen, Verdampfungen).

Squalen – ein neu entdeckter Lebensretter

Die fettähnliche Substanz Squalen ist eine der großen ernährungswissenschaftlichen Entdeckungen der letzten Jahre. Sie gilt als eine der Hauptursachen für die lange Zeit nicht verstandene Tatsache, dass die Bewohner der Mittelmeerländer trotz ihres hohen Fleisch- und Nikotinkonsums viel seltener von Herzinfarkt und Krebs heimgesucht werden als hierzulande.

Squalen besitzt chemisch eine gewisse Verwandtschaft mit den Karotinoiden und hat auch einige ähnliche medizinische Eigenschaften. So sorgt Squalen für die Gesundheit und Geschmeidigkeit der Haut, es macht sie widerstandsfähiger gegenüber Sonnenstrahlen; außerdem mobilisiert es das Immunsystem. Von allergrößter Bedeutung sind jedoch seine Wirkungen auf den Cholesterinspiegel und auf die Entstehung von Krebstumoren.

Die Cholesterinfeuerwehr

Squalen greift direkt in den Cholesterinspiegel ein, seine Anwesenheit »überredet« unseren Stoffwechsel gewissermaßen dazu, weniger körpereigenes Cholesterin zu produzieren. Dadurch wirkt Squalen vorbeugend und therapeutisch auf Arteriosklerose und deren Folgeerkrankungen wie Angina pectoris, Herzinfarkt und Schlaganfall.

Krebsvorsorge

Weiterhin wirkt Squalen in unserem Körper als Sauerstoffreiniger und Sauerstoffdepot. Es zieht gefährliche und Krebs fördernde Sauerstoffradikale aus dem Körper, um sie zwischenzulagern und später als ungefährlichen, lebensspendenden Sauerstoff wieder an die Körperzellen abzugeben. Dadurch werden gleich zwei Fliegen mit einer Klappe gefangen: Es kursieren weniger aggressive freie Radikale im Körper, und die Zellen leiden weniger unter Sauerstoffnot – eine Not, die gerade entartete Tumorzellen stark macht.

In China wird Squalen seit längerem medizinisch zur Entgiftung des Körpers eingesetzt, in Japan und Korea wird es regelmäßig als Nahrungsergänzung verschrieben, vor allem bei älteren Menschen, deren Zellen eine »Sauerstoffkur« benötigen.

Fett als Balsam

Das wichtigste Verarbeitungsprodukt der Steinfrucht ist Olivenöl. Aber vor allem in südlichen Gefilden wird ein großer Teil der Ernte auch als Frucht verzehrt. In vielen andalusischen Bars werden spanische Oliven (»aceitunas«) traditionell zu Bier oder Sherry in kleinen Schälchen gereicht. Neben der Funktion als Snack dienen Oliven auch der Gesundheit. Herausragende Bedeutung haben dabei essenzielle Fettsäuren, die der menschliche Organismus nicht selber produzieren kann. Die positiven Wirkungen reichen von der Entgiftung des Körpers über die Stärkung des Immunsystems bis zur Minderung des Krebsrisikos.

Klassiker Nr. 1 – Olivenquark

Zutaten:
250 g Quark (Magerstufe), 4 EL Kefir, 1 Knoblauchzehe,
1 Zwiebel, Salz, Paprikapulver edelsüß, Pfeffer, 2 EL fein gehackte Oliven

● Den Quark mit Kefir, ausgepresster Knoblauchzehe und klein
gehackter Zwiebel vermischen. Dann mit den Gewürzen abschmecken. Am Ende die Olivenstücke untermischen. Bedenken
Sie, dass Sie nicht mehr salzen müssen, falls Sie Oliven aus dem
Glas nehmen!

Der Olivenquark eignet sich als schmackhafte und leicht verdauliche Beigabe zum Abendessen.

Klassiker Nr. 2 – griechischer Salat

Zutaten für 2 Personen:
1 Kopf grüner Salat, 1 gelber Paprika, 2 Tomaten, 100 g Schafskäse, 1 Zwiebel, 50 g schwarze Oliven, 1 TL Weinessig, Salz,
Pfeffer, Oregano, 2 EL Raps- oder Weizenkeimöl, 2 Knoblauchzehen

● Den Salat waschen und die Blätter im Sieb trockenschleudern,
anschließend klein schneiden. Den gelben Paprika waschen, entkernen und in schmale Streifen schneiden.

● Die Tomaten entstielen und in dünne Scheiben schneiden, der
Schafskäse wird gewürfelt (in nicht zu kleine Würfel, sonst wird
er leicht matschig!), die Zwiebel in Ringe geschnitten. Alle Zutaten mit den Oliven in einer Schüssel vermischen.

● Für die Sauce den Essig mit den Gewürzen verrühren, bis sich
das Salz gelöst hat. Dann das Öl hinzugeben. Die Knoblauchzehen abziehen und über der Öl-Essig-Mischung auspressen. -
Gießen Sie die Sauce über den Salat.

Der griechische Salat eignet sich als vollwertiges Mittagessen.

Tipp für die Zubereitung
Oliven eignen sich gut zu Brot und Käse sowie zu Salaten. Wer allerdings den Salat gleichzeitig mit Olivenfrüchten und Olivenöl zubereitet, tut des Guten und Bitteren zu viel. Das ideale Pflanzenöl zu olivenreichen Salaten ist geschmacklich neutrales Weizen- oder Maiskeimöl.

Klassiker auf kalten Platten
Die Olive ist nicht mehr nur in mediterranen Salaten zu Hause – sie hat sich als appetitliche Zutat auf allen kalten Platten durchgesetzt. Nicht zu vergessen: der trockene Martini mit einer Olive als Aperitif.

Oliven nehmen hinsichtlich des Squalens eine absolute Spitzenposition unter allen denkbaren Nahrungsmitteln ein. Ihr Gehalt liegt bei
sage und schreibe 680 Milligramm auf 100 Gramm. Dagegen wirken
sich die 44 Milligramm der – eigentlich ziemlich fettreichen – Avocado beispielsweise recht mickrig aus.

Je kleiner, desto schärfer, aber immer gesund: Paprika.

Paprika

Herkunft und Geschichte

Die ursprüngliche Heimat des Paprikas sind die Tropen und Subtropen Südamerikas. Mit Kolumbus kam er nach Europa; vor allem in höheren Kreisen begann man, von einem feuerroten Gewürz zu schwärmen, das so »süß wie die Sünde« und so »scharf wie der Teufel« sein sollte.

Eine langsame Karriere

Die Einfuhr des Gewürzes begann mit dem 16. Jahrhundert; als Fruchtgemüse musste der Paprika sich jedoch bis zum Zweiten Weltkrieg gedulden, bis er sich in Deutschland etablieren konnte. Heute gehört er aufgrund der Treibhauszucht zu den Stammgästen in den Gemüseregalen.

Die wichtigsten Biostoffe

▶ Kapsaizin

Diese Substanz verhindert die Blutgerinnung, verbessert die Fließeigenschaften des Blutes. Dadurch verhindert es Engpässe und Stauungen in den Blutgefäßen, das Risiko von Durchblutungsstörungen, Herzinfarkten und Schlaganfällen sinkt, die Heilung von Verletzungen an Muskeln, Sehnen, Bändern und Knochen wird beschleunigt. Darüber hinaus wirkt Kapsaizin vorbeugend bei Migräneanfällen.

Paprikapulver enthält höhere Mengen an Kapsaizin als das Frischgemüse – es sei denn, man isst zumindest einen Teil der Trennwände

Tipp für Migränekranke
Wenn Sie zu denjenigen Migränekranken gehören, deren Schmerzattacken sich durch bestimmte Symptome wie Hautkribbeln und Flimmern vor den Augen ankündigen, sollten Sie beim ersten Auftreten dieser Symptome sofort eine rote Paprikaschote mitsamt ihren Trennwänden und Kernen essen. Sie kann möglicherweise durch ihren hohen Gehalt an Kapsaizin das Schlimmste verhindern.

Paprika als Heilmittel

Paprika hilft therapeutisch und vorbeugend bei:

- Angina pectoris
- Arteriosklerose
- Darmentzündung (nur roter und gelber Paprika)
- Durchblutungsstörungen
- Grippalen Infekten
- Herzinfarkt
- Konzentrationsschwäche
- Krebs
- Lernschwäche
- Magenschleimhautentzündung (nur roter und gelber Paprika)
- Schnupfen
- Stumpfen Sportverletzungen (Prellungen, Zerrungen)

Der richtige Umgang mit Paprika

● Kaufen Sie nur kleine Paprika mit fester Schale. Die Früchte aus den vorgepackten 500-Gramm-Netzen werden sehr schnell weich, weil sie bereits relativ lange vorgelagert wurden. Die besten Früchte erhält man zwischen Juli und Oktober.

● Gekochte Paprika sind biologisch praktisch ohne Bedeutung. Als Rohkost ist die Frucht jedoch hinsichtlich ihrer Biowertigkeit kaum zu überbieten.

● Die richtige Vorbereitung: Den Paprika kurz abwaschen, halbieren und schneiden. Die Trennwände und Kerne sind etwas für den Liebhaber, der die Schärfe nicht scheut – und für den, der den Heilungserfolg sucht, denn die Schärfe kommt vom Biostoff Kapsaizin.

● Der beste Lagerungsort für Gemüsepaprika ist der Kühlschrank. Hier hält er sich bis zu fünf Tage lang.

und Kerne mit, denn dort sitzt besonders viel Kapsaizin. Es ist also nicht nur Schlamperei, sondern macht durchaus Sinn, das Gemüse nicht allzu gründlich auszunehmen.

▶ Vitamin C

Mit 140 Milligramm auf 100 Gramm gehören Paprika zu den ergiebigsten Vitamin-C-Lieferanten überhaupt. Der Biostoff wird für die Stärkung der Abwehrkräfte sowie zum Intakthalten der Blutgefäßwände benötigt. Vergessen Sie jedoch nicht, dass Vitamin C sehr hitze- und lichtsensibel ist. Sie dürfen den Paprika also nicht zu lange lagern und kochen ihn auch am besten nicht.

▶ Karotinoide

Grüne Paprika spielen als Karotinlieferanten keine Rolle, doch der Gehalt der roten und gelben Früchte ist enorm: 3840 Mikrogramm auf 100 Gramm, damit steht er selbst der Karotte nicht viel nach! Die Karotinoide fungieren zum Teil als Vorstufe des wichtigen Schleimhautvitamins A, außerdem wirken sie Krebs hemmend und antibiotisch, in den Endverzweigungen der Blutgefäße schützen sie das Gewebe vor dem Angriff aggressiver Substanzen.

▶ Niazin

Eine Portion Paprika (200 Gramm) deckt ein Sechstel des Tagesbedarfs an Niazin. Das Vitamin wird für den Zellstoffwechsel gebraucht, Niazinmangel führt zu Lern- und Konzentrationsschwäche.

Der Schadstoffgehalt des Paprikas

Aufgrund seiner hohen Treibhausquote stand Paprikagemüse lange Zeit im Verdacht, eine Nitrat- und Pestizidbombe zu sein. Jüngere Untersuchungen geben jedoch Entwarnung. In Bezug auf den Nitratgehalt gehört Paprika zusammen mit Tomaten, Rosenkohl, Zwiebeln und Kartoffeln zu den Schlusslichtern der Tabelle, er enthält in der Regel nicht mehr als 500 Milligramm des bedenklichen Stickstoffsalzes auf ein Kilogramm. Auch bei PCB und Pestiziden weist er in der Regel relativ niedrige Rückstände auf, die erlaubten Höchstwerte überschreitet er fast nie.

Tipp

Wählen Sie Paprika der niedrigeren Handelsstufen. Der ist zwar kleiner, dafür aber in der Regel weniger gedüngt und weniger mit Nitraten belastet.

Reis ist das Hauptnahrungsmittel für mehrere Milliarden Menschen.

Reis

Herkunft und Geschichte

Der Reisanbau ist schätzungsweise bereits etwa 8000 Jahre alt und wurde wahrscheinlich erstmals in Südchina und Indien betrieben. Durch die Araber kam das nahrhafte Getreide im Mittelalter nach Europa, konnte sich dort vorderhand allerdings lediglich in Spanien etablieren.

Ende des 13. Jahrhunderts erzählte der Venezianer Marco Polo seinen staunenden Landsleuten, dass er auf chinesischen Staatsbanketten unter einem Dutzend Reisgerichten wählen konnte und dass man in China sage und schreibe 54 verschiedene Reisweinsorten kannte.

Immer noch eine Nebenrolle

Die Erzählungen des Weltreisenden blieben freilich ohne Wirkung. Reis spielt bis heute im Verhältnis zu Fleisch, Brot, Kartoffeln und Nudeln allenfalls eine Nebenrolle auf dem europäischen Landwirtschafts- und Nahrungsmarkt. Mit annähernd 95 Prozent des Gesamtertrags rangieren die asiatischen Reisbauern einsam an der Spitze der Herstellungsstatistik. Nur etwa drei Prozent der Ernte werden auf dem Weltmarkt gehandelt – der überwiegende Teil verbleibt als Grundnahrungsmittel in den Erzeugerländern.

Naturreis und Parboiled Reis sind Trumpf

Die Biostoffe des Reisgetreides befinden sich in der Silberhaut, einer Art zweiten Schale des Reiskorns (die erste Schale – die Strohhülse – ist ungenießbar und wird nach der Ernte entfernt). Der Haken an der Silberhaut: Sie enthält nicht nur Proteine, Mineralien und Vitamine, sondern auch Fett, das schnell ranzig wird und dadurch den Reis re-

Nicht nur als Beilage
War früher der Reis auf unserem Teller vor allem als Beilage zum Hauptgericht oder als Süßspeise vertreten, findet er heute sehr viel Verwendung in der Vollwertküche (selbstverständlich ungeschält). Mit allerlei Gemüsesorten kann man Risottos kreieren, die, falls überhaupt etwas übrig bleibt, zum Abendbrot als Reissalat Verwendung finden.

Reis als Heilmittel

Reis unterstützt die Therapie und Vorbeugung von:

- Immunschwäche
- Vorzeitigen Alterserscheinungen
- Karies
- Knochenwachstumsstörungen bei Kindern
- Nervenschwäche
- Osteoporose
- Sehstörungen
- Wasseransammlungen im Gewebe

Der richtige Umgang mit Reis

● Reis nimmt – sofern er nicht in überflüssigen Beuteln gekocht wird – schon beim Garen sehr gut Gewürze und Aromen an. Daher der Tipp: Kochen Sie ihn nicht nur im üblichen Salzwasser, Sie können ihn auch in Brühe, Tomatensaft oder einem Wasser-Wein-Gemisch zubereiten. Während des Garens kann er bereits gewürzt werden; sehr gut ist Curry für indische und Zimt für eher süße Reisspeisen.

● Die Garzeit wird verkürzt, wenn Sie den Reis vor dem Kochen bereits in Wasser einweichen.

● Naturreis wird ernährungsphysiologisch noch »runder«, wenn man ihn mit anderem Getreide wie Dinkel, Weizen oder Roggen vermischt. Außerdem schmecken Mischungen aus zwei Dritteln Reis und einem Drittel einheimischem Getreide besonders würzig und knackig.

● Immer wieder ein Problem: Dadurch, dass Reis beim Kochen um etwa das Dreifache an Umfang zunimmt, fällt es schwer, die Portionen vorher richtig einzuschätzen.
Faustregel: Sie brauchen als Hauptgericht ca. 100 Gramm, für Reis als Beilage ca. 60 Gramm und für Reis als Suppenbeilage ca. 25 Gramm Rohreis pro Person; bei Kindern jeweils etwa ein Drittel weniger.

Entschlacken mit Reis
Fühlen Sie sich nicht so ganz wohl in Ihrem Körper? Plagen Sie überflüssige Pfunde? Dann sollten Sie sich ein paar Reistage oder eine Reiskur verordnen. Denn Reis besitzt den Vorteil, dass er gut sättigt, leicht verdaulich ist und entwässernd wirkt. Diese entwässernde Wirkung hilft, Übergewicht abzubauen. Verwenden Sie für Ihre Schlankheitskur ausschließlich ungesalzenen Naturreis. Der vielleicht etwas fade Geschmack lässt sich mit frischem Obst, Gemüse oder Kräutern aufpeppen.

lativ schnell verderben lässt. Die Industrie entwickelte deshalb Methoden, die getrockneten Körner von der Silberhaut zu befreien: Der Reis wurde poliert. Dadurch blieb er länger frisch, erstrahlte außerdem in makellosem Weiß, doch er verlor auch so gut wie alle Biostoffe. In Asien führte der polierte Reis zu einer regelrechten Epidemie von Vitamin- und Mineralmangelerkrankungen wie etwa Beriberi.
Wer wirklich am Erhalt der Biostoffe des Reisgetreides interessiert ist, sollte daher auf Natur- bzw. Vollkornreis setzen, der seiner Silberhaut nicht beraubt wurde – oder auf den so genannten Parboiled Reis. Der besitzt zwar auch keine Silberhaut mehr, doch durch ein spezielles Verfahren wurden bei ihm die Biostoffe der Silberhaut zu einem großen Anteil (etwa 80 Prozent) in das Reiskorn hineingedrückt. Seine Oberfläche ist wasserdampfgehärtet, so dass die Biostoffe auch schön im Innern bleiben und der Reis beim Kochen nicht verklebt.

Die wichtigsten Biostoffe

▶ Kalium

Kalium spielt eine wichtige Rolle in unserem Wasserhaushalt, außerdem ist es an der Arbeit unserer Muskeln beteiligt. 100 Gramm gekochter Naturreis enthalten 25 Milligramm, 100 Gramm gekochter Parboiled Reis enthalten 30 Milligramm Kalium.

▶ Kalzium

Kalzium bildet den wichtigsten Mineralbestandteil unserer Knochen und Zähne. 100 Gramm gekochter Naturreis und Parboiled Reis enthalten jeweils 33 Milligramm des wichtigen Minerals.

▶ Fluor

Fluor wird vor allem in der Wachstumsphase von Kindern und Jugendlichen in großem Umfang gebraucht, weil es die Stabilität von Knochen und Zähnen fördert. Gekochter Naturreis enthält 15 Mikrogramm, Parboiled Reis 20 Mikrogramm Fluor auf 100 Gramm.

Wichtige Spurenelemente und Vitamine

▶ Selen

Das Spurenelement Selen gehört zu den Mineralentdeckungen der letzten Jahre. Es erfüllt wichtige Funktionen in der Immunabwehr, indem es die Produktion des Enzyms Glutathionperoxidase fördert, das

Reis ist kein Vitamin-C-Versorger
Reis enthält nicht ein Milligramm Askorbinsäure (Vitamin C), egal, ob er poliert wurde oder nicht. Dies ist mit einer der Gründe für die große Infektanfälligkeit der chinesischen Bevölkerung. Grundsätzlich gilt: Reis eignet sich aufgrund seines Vitamin-C-Defizits nicht als Hauptnahrungsmittel, wohl aber als erstklassige Ergänzung zu Gemüsespeisen.

Joghurtreis – der pikante Begleiter für frisches Gemüse

Zutaten für 2 Personen: 2 EL Pflanzenfett, 1 TL schwarze Senfkörner, 30 g Naturreis, Salz (Menge nach Geschmack), 1 Prise brauner Zucker (Menge nach Geschmack), 300 ml Wasser, 250 g Joghurt

● Das Pflanzenfett im Topf erhitzen, die Senfkörner hinzufügen und den Deckel sogleich wieder schließen. Sobald die Senfkörner hörbar zu springen beginnen, den Topf vom Herd nehmen.

● Nun den Reis mitsamt Salz und Zucker hinzurühren und unter ständigem Rühren anrösten. Schließlich das zuvor erhitzte Wasser hinzugeben und den Reis 5 Minuten lang kochen lassen.

● Jetzt heißt es, noch einmal einige Minuten zu warten, bis der Reis das Wasser vollständig aufgesogen hat. Erst dann rühren Sie den Joghurt dazu.

● Joghurtreis eignet sich vor allem als Beilage zu knackigen Gemüsegerichten.

Wichtige Tipps zur Aufbewahrung

● Rohreis braucht trockene und luftige Lagerung. Er sollte nicht in der Nähe geruchsintensiver Lebensmittel gelagert werden, weil er gern andere Aromen annimmt. Naturreis lässt sich etwa ein halbes Jahr, Parboiled Reis etwa drei Jahre lang aufbewahren.

● Bereits gekochter Reis hält sich im Kühlschrank bis zu einer Woche, in der Tiefkühltruhe bis zu einem halben Jahr. Er lässt sich mit Butter, Wasser und Gewürzen wunderbar als Bratreis oder Backreis wiederverwenden. Tiefgekühlter Reis taut schneller auf, wenn man ihn in einem Sieb über dampfendem Wasser aufhängt.

sich in unserem Körper auf das »Abfischen« freier Radikale spezialisiert hat. Außerdem bringt es die Fress- und Killerzellen des Immunsystems auf Trab. Ganz wichtig ist Selen für die Entgiftung – gerade in Gegenden mit hoher Umweltbelastung (Industriegebieten nahe landwirtschaftlichen Großbetrieben usw.) sollte auf eine besonders selenreiche Nahrung geachtet werden. Gekochter Naturreis und Parboiled Reis enthalten jeweils zehn Mikrogramm Selen auf 100 Gramm.

▶ Zink

Zink unterstützt die Immunabwehr und erhöht die Wirkung von Insulin. Darüber hinaus beeinflusst das Mineral die Produktion und Wirkung der Geschlechtshormone, bei Kindern ist es vor allem im Hinblick auf die Wundheilung von Bedeutung. Naturreis und Parboiled Reis enthalten auf 100 Gramm jeweils 0,4 Milligramm Zink.

Gegen Stress und frühes Altern

▶ Niazin

Niazin bewahrt vor Stress und frühzeitigen Alterserscheinungen. Als Niazinversorger ist Naturreis mit 1,3 Milligramm auf 100 Gramm Parboiled Reis deutlich überlegen.

▶ Thiamin

Thiamin wird benötigt für die Arbeit der Nerven, den Kohlenhydratstoffwechsel, den Appetit, die Herzfunktionen und die Verdauung. Unpolierter Reis enthält im Rohzustand 0,4 Milligramm dieses B-Vitamins, beim Kochen gehen davon jedoch große Mengen verloren. 100 Gramm gekochter Naturreis enthalten nur 0,07 Milligramm, 100 Gramm Parboiled Reis nur noch 0,05 Milligramm Thiamin.

REISQUARK

Zutaten für 2 Personen

200 ml Milch
Fruchtzucker
Vanillepulver
30 g Naturreis
150 g Quark
1 Glas Kompott (z. B. Heidelbeeren, Preiselbeeren)

Zubereitung

Milch mit dem Fruchtzucker und dem Vanillepulver aufkochen. Die Menge von Zucker und Vanille richtet sich nach dem Süßegrad des verwendeten Kompotts. Nach dem Aufkochen den Reis einstreuen, noch einmal aufkochen lassen und bei geringer Hitze auf der Kochplatte ausquellen lassen. Abkühlen lassen und den Quark hinzugeben. Das Kompott wird nicht hineingemischt, sondern bildet beim Servieren die Beilage zu dem Milch-Quark-Reis.
Der Reisquark mit Obstkompott eignet sich als Frühstück oder als Snack für den Nachmittag (anstelle von Kuchen und Schokolade).

Das Sauerkraut im Urzustand: der Weißkohlkopf.

Sauerkraut

Herkunft und Geschichte

Fälschlicherweise wird das Sauerkraut oftmals als typisch deutsches Erzeugnis dargestellt. Daran ist jedoch nichts Wahres. Schon Hippokrates (460–370 v. Chr.) verschrieb seinen Patienten vergorenes Kohlgemüse zur Therapie von Darmgeschwüren. Die Chinesen legten ihren Kohl bereits lange vor unserer Zeitrechnung in Reiswein ein, um ihn haltbarer und schmackhafter zu machen. Archäologen fanden bei Ausgrabungen von römischen Vorratshäusern diverse Bottiche und Fässer, die einen deutlichen Hinweis auf eine groß angelegte Sauerkrautherstellung im antiken Rom gaben. Auf deutschem Gebiet startete das Sauerkraut seine Karriere erst im frühen Mittelalter, als »Cumpust« und als »Surkrut«.

Vergessenes Heilmittel

Sauerkraut wurde in früheren Zeiten häufig und erfolgreich als Heilmittel eingesetzt – viel häufiger als heute. Louis Pasteur (1822–1895), der berühmte französische Bakteriologe, hielt das vergorene Kraut für das »gesündeste Gemüse der Welt«. Pfarrer Kneipp (1821–1897)

Geschichtliches rund ums Sauerkraut

Man könnte glauben, dieses Kraut stamme aus deutschen Landen, zumal auch der moderne Amerikaner gern die Bezeichnung »Krauts« für die Deutschen verwendet. Doch weit gefehlt – Ostasien gilt als Ursprungsgebiet des Sauerkrauts. Die Mongolen sollen es bei ihren Beutezügen nach Westen gebracht haben. Während der Zeit griechischer und römischer Herrschaft war es als Heilmittel von großer Bedeutung.

Sauerkraut als Heilmittel

Sauerkraut unterstützt die Vorbeugung und Therapie von:

- Angina pectoris
- Appetitschwäche
- Arteriosklerose
- Durchblutungsstörungen
- Erkältungen
- Fettstoffwechselstörungen
- Gedächtnisschwäche
- Gicht
- Grippalen Infekten
- Herzinfarkt
- Jodmangelerkrankungen wie Kropf, Schilddrüsen- und Wärmeregulationsstörungen (z. B. Hitzewellen)
- Konzentrationsstörungen bzw. -schwäche
- Krebserkrankungen (vor allem Darmkrebs)
- Lernschwäche
- Problemen bei der Wundheilung
- Osteoporose
- Störungen der Darmflora
- Verstopfungen
- Wasseransammlungen im Gewebe
- Zahnfleisch- und Mundschleimhautentzündungen

Der richtige Umgang mit Sauerkraut

● Kaufen Sie Ihr Sauerkraut nur im Reformhaus oder beim Bauern, es sollte keinesfalls mehr als 2,5 Prozent Salz und keine anderen Zusatzstoffe enthalten. Sauerkrautkonserven sind weniger schmackhaft und besitzen viel weniger Biostoffe.

● Sauerkraut ist nun einmal salzig und sauer-scharf. Darin besteht seine therapeutische, aber auch seine kulinarische Besonderheit. Es wäre daher ein Fehler, ihn vor dem Verzehr durch Wässern gaumengerechter machen zu wollen. Dabei gehen vor allem wichtige Vitamine verloren.

● Beim Kochen gehen viele Biostoffe verloren, am gesündesten ist Sauerkrautsalat. Hier schmeckt das Kraut auch am typischsten. In jedem Fall ist Sauerkraut viel mehr als nur eine bloße Beilage zu Schweinshaxe, Kasseler oder anderen Deftigkeiten.

schätzte es als »Besen für Magen und Darm«, der die schlechten Gase fortnehme, die Nerven stärke und die Blutbildung fördere.

Im Zeitalter der hoch technisierten Medizin wurden dann die preiswerten und risikoarmen antibiotischen Wirkungen des Sauerkrauts in den Hintergrund gedrängt. Dafür gab es vor allem zwei Gründe: Erstens war mit den synthetischen Antibiotika viel mehr Geld zu verdienen, zweitens konnte man sich in der Schulmedizin einfach nicht zu der Einsicht durchringen, dass ausgerechnet die Milchsäurebakterien des Sauerkrauts antibiotisch wirken sollten, wo man doch sonst alles daransetzte, Bakterien so weit wie möglich zu vernichten. Heute gelingt dem Sauerkraut langsam, aber sicher wieder die Rückkehr in die ärztlichen Therapiesysteme – zumindest bei jenen Medizinern, die alternativen Behandlungsformen offen gegenüberstehen.

Was bei der Milchsäuregärung geschieht

Bei der Milchsäuregärung von Weißkohl zu Sauerkraut handelt es sich um eine ökologisch sehr günstige Spezialform des Haltbarmachens, die im Unterschied zu anderen Konservierungsmethoden keine Energie von außen benötigt. Grundlage der Vergärung sind vielmehr Bakterien und Hefen, die den Kohl »umarbeiten«, ihm bestimmte Stoffe entziehen, ihm auf der anderen Seite jedoch auch bestimmte Stoffe zuführen. So sinkt bei der Gärung von Weißkohl zu Sauerkraut der Gehalt an Thiamin, Folsäure und Vitamin C, andererseits

Ursache und Wirkung
Jeder kennt es – man geht auf eine Party, um mal schnell hallo zu sagen. Hier ein Smalltalk, dort ein Gläschen … Die Nacht wird lang, und am nächsten Tag brummt einem der Kopf. Um den Kater zu vertreiben, sollten Sie es einmal mit rohem Sauerkraut probieren. Der hohe Gehalt an Vitamin C vertreibt die quälenden Kopfschmerzen und macht Sie wieder frisch und munter.

steigt der Gehalt von Riboflavin, Pyridoxin, Cholin, Vitamin K und Eisen. Nicht zu vergessen schließlich die Milchsäurebakterien selbst, die ja nach ihrer Arbeit nicht einfach verschwinden, sondern im Gemüse bleiben und beim Verzehr in die menschlichen Därme gelangen, wo sie eine Reihe von biopositiven Wirkungen entfalten.

Die wichtigsten Biostoffe

▶ Kalium

Mit 288 Milligramm auf 100 Gramm gehört das Sauerkraut zu den ergiebigsten Kaliumlieferanten der Natur. Das Mineral wird für unseren Wasserhaushalt benötigt und für die Aktivierung unserer Muskeln.

▶ Kalzium

Das Mineral spielt eine wichtige Rolle beim Aufbau von Knochen und Zähnen sowie bei der Muskelarbeit. Sauerkraut enthält auf 100 Gramm 48 Milligramm des wertvollen Minerals.

▶ Jod

Das Spurenelement wird für den Stoffwechsel und die Arbeit der Schilddrüse benötigt. 100 Gramm Sauerkraut enthalten 12,5 Mikrogramm Jod; damit vermag es einen wertvollen Beitrag zur täglichen Jodversorgung zu leisten.

Die wichtigsten Vitamine des Sauerkrauts

▶ Vitamin K

Vitamin K spielt eine wichtige Rolle bei der Wundheilung. Eine Portion Sauerkraut deckt bereits den gesamten Tagesbedarf.

FÜNFMINUTENKRAUT

Zutaten für 2 Personen

1 Zwiebel
50 g Öl oder Butter
500 g Sauerkraut
etwas Kümmel

Zubereitung

Klein gehackte Zwiebel in Öl oder Butter in der Pfanne glasig dünsten. Sauerkraut dazugeben und unter ständigem Wenden braten, bis es glänzt und natürlich heiß ist. Mit Kümmel abschmecken.

Vom Armeleutegemüse zum Manageressen?

● Sauerkraut galt in früheren Zeiten als Armeleuteessen, das aufgrund seines hohen Nährstoffgehalts und seines Vitaminreichtums die Bevölkerung ländlicher Gebiete gut über den Winter brachte. In der gehobenen Küche wurde es lange Zeit gar nicht zur Kenntnis genommen – es galt nur als Beilage zu so deftig proletarischer Kost wie Eisbein, Kassler und Bratwurst.

● Dabei hat Sauerkraut alle Voraussetzungen, um Karriere als Nahrungsbestandteil für Spitzenkräfte zu machen. Es wirkt mental erfrischend und euphorisierend, und es macht widerstandsfähig gegen Stress. Vor allem aber wirkt es anregend auf den Gehirn- und Nervenstoffwechsel und ist somit genau das, was man bei geistiger Tätigkeit braucht.

Sauerkraut reicht man vor allem gern zu deftigen Brotzeiten. Das hat nicht nur einen geschmacklichen, sondern auch einen gesundheitlichen Effekt: Fleischwaren bzw. tierische Fette werden so leichter verdaulich.

▶ Pyridoxin

Das B-Vitamin unterstützt den Fett- und Eiweißstoffwechsel sowie die Arbeit des Nervensystems. Sauerkraut zählt mit 0,2 Milligramm auf 100 Gramm zu den wichtigsten Pyridoxinlieferanten; im gekochten Zustand ist allerdings davon nicht mehr viel übrig.

▶ Riboflavin

Das B-Vitamin ermöglicht die Produktion von Stresshormonen in den Nebennieren; es ist also notwendig, um auf Stressreize angemessen reagieren zu können. Darüber hinaus hilft es bei der Umsetzung der Nahrungsenergien in Muskelarbeit und Muskelmasse; es gehört also zu den Biostoffen, die für den Sportler eine besondere Bedeutung besitzen.

Beim Gärungsprozess geht der ohnehin schon beachtliche Riboflavingehalt des Weißkohls noch weiter in die Höhe; beim Sauerkraut beträgt er schließlich 50 Mikrogramm auf 100 Gramm.

▶ Vitamin C

Mit 20 Milligramm auf 100 Gramm gehört Sauerkraut zu den wichtigsten Vitamin-C-Lieferanten, nicht zuletzt auch vor dem Hintergrund, dass es genügend Folsäure aufweist, die den Resorptionsprozess der Askorbinsäure unterstützt. Es ist noch nicht lange her, da wurde es auf Schiffen als wirksame Prophylaxe gegen die Vitamin-C-

Gegen Cholesterin und Arteriosklerose

Die Milchsäurebakterien des Sauerkrauts senken den Cholesterinspiegel, indem sie in den Gallensäurestoffwechsel eingreifen. Dazu bedarf es zwar der scheinbar gewaltigen Zufuhr von mindestens 600 Gramm Sauerkraut oder 680 Gramm fermentierten Milchprodukten pro Tag. Wenn man aber beide Nahrungsmittel miteinander mischt, ist es gar nicht so schwierig, auf diese Quote zu kommen.

Mangelkrankheit Skorbut eingesetzt. Das Vitamin geht allerdings beim Kochen in großen Mengen verloren.

▶ Cholin

Beim Gärungsprozess des Sauerkrauts entstehen große Mengen an Cholin. Dieser Wirkstoff ist am Fettstoffwechsel beteiligt, Cholinmangel führt zu erhöhten Blutfettwerten. Als Vorstufe des wichtigen Neurotransmitters Azetylcholin wird es außerdem für die Arbeiten des Gehirns gebraucht; so manche Gedächtnislücke und Konzentrationsschwäche hat ihre Ursache im Mangel an Cholin.

Milchsäure und Milchsäurebakterien

Sauerkraut entsteht aus Gärungsprozessen, die durch bestimmte Bakterienstämme in Gang gesetzt werden. Mit 1,6 Gramm auf 100 Gramm enthält es sogar mehr Milchsäure als Joghurt. Die Milchsäurebakterien des Sauerkrauts besitzen eine ganze Reihe von gesundheitlichen Vorzügen.

Milchsäurebakterien machen Milch verträglich

Die Milchsäurebakterien des Sauerkrauts helfen bei Unverträglichkeit gegen Milchzucker, die vor allem bei Kindern im Alter von 3 bis 15 Jahren auftritt.

Hilfe für den kranken Verdauungstrakt

Die Milchsäurebakterien des Sauerkrauts regenerieren die angegriffenen Schleimhäute des Darms, wobei ihnen die Vitamine aus dem B-Komplex des Sauerkrauts behilflich sind. Noch wichtiger ist aber ihre antibiotische Wirkung, wie etwa auf Salmonella typhimurium, den Auslöser von Darmentzündungen, und auf Escherichia coli, den Auslöser des berüchtigten Reisedurchfalls. Nicht zu vergessen schließlich, dass es die Milchsäurebakterien anderen Mikroorganismen grundsätzlich schwer machen, sich im Darm in ihrer Nähe aufzuhalten. Denn sie produzieren bei ihrer Tätigkeit zahlreiche organische Säuren, die auf den überwiegenden Anteil des mikroskopischen Lebens wachstumshemmend wirken.

Krebsmittel aus der Naturapotheke

Bereits Forschungsergebnisse aus den siebziger Jahren belegten, dass Krebskranke oft über eine gestörte Darmflora verfügen. Dadurch kommt es zu einem verstärkten Auftreten von Fäulnisvorgängen, die bekanntermaßen den Körperzellen – vor allem im Darm – aggressiv zusetzen. Schon damals vermutete man, dass man durch das Instand-

ANANASKRAUT

Zutaten für 4 Personen

1 Zwiebel
40 g Butter oder Öl
2–3 Äpfel
1 kg Sauerkraut
¼ l Ananassaft
Salz
⅛ l Weißwein
500 g Ananas (am besten frisch)

Zubereitung

Die fein geschnittene Zwiebel im Fett andünsten, geschälte und fein geschnittene Äpfel dazugeben. Das Sauerkraut hinzufügen, mit Ananassaft und Salz zugedeckt bei kleiner Hitze ca. 1 Stunde gar dünsten. Zum Schluss Weißwein und die klein geschnittenen Ananasstücke untermischen, aufkochen lassen und abschmecken.

Sauerkrautsalat süßsauer

Zutaten für 2 Personen:
400 g Sauerkraut, Salz, flüssiger Süßstoff, Zitronensaft, Pfeffer, 2 EL Weinessig, 3 EL Raps- oder Weizenkeimöl, 1 Zwiebel

● Das Sauerkraut auf die vorgesehenen Teller verteilen.

● Für die Sauce Salz, Süßstoff, Zitronensaft und Pfeffer nach Geschmack in den Essig geben und so lange verrühren, bis das Salz gelöst ist. Dann erst das Öl hinzugeben. Die Zwiebel abziehen, in kleine Würfel zerteilen und unter die Sauce mischen.

● Am Schluss die Sauce über die beiden vorbereiteten Sauerkrautportionen gießen.

Sauerkrautsalat mit Trauben

Zutaten für 2 Personen:
1 Apfel (nicht zu mehlig), 100 g blaue Trauben, 200 g Sauerkraut, Salz, Pfeffer, flüssiger Süßstoff, 1 EL Weinessig, 2 EL Raps- oder Weizenkeimöl

● Den Apfel waschen, entkernen und in dünne Scheiben schneiden. Die Trauben waschen, halbieren und entkernen (falls nötig). Vermischen Sie Obst und Sauerkraut in einer Schüssel.

● Für die Sauce Salz, Pfeffer und Süßstoff nach eigenem Geschmacksempfinden in den Essig geben und so lange verrühren, bis sich das Salz gelöst hat. Erst dann kommt das Öl hinzu. Gießen Sie die Sauce über den Salat.

SALATPLATTE MIT SAUERKRAUT UND ÄPFELN

Zutaten für 2 Personen

1 Kopf Feldsalat
1 Apfel (süß, nicht zu mehlig)
200 g Sauerkraut
100 g Joghurt
Pfeffer
1 TL gemahlener Kümmel
Salz

Zubereitung

Den Salat verlesen, waschen und im Sieb trockenschleudern. Die einzelnen Blätter auf die beiden vorgesehenen Teller verteilen. Den Apfel schälen, entkernen und in schmale Streifen schneiden. Dann mit dem Sauerkraut vermischen.
Für die Sauce Joghurt mit Pfeffer und Kümmel verrühren, mit Salz abschmecken. Verteilen Sie das Apfel-Sauerkraut-Gemisch auf die Salatblätter, und gießen Sie dann die Salatsauce darüber.

setzen der Darmflora mit Hilfe von Milchsäurebakterien die Fäulnisvorgänge und damit auch das Krebsrisiko eindämmen könnte. Diese Vermutungen scheinen sich nun aus unterschiedlichen Richtungen wissenschaftlich zu bestätigen. So steht heute fest, dass Milchsäurebakterien das Immunsystem mobilisieren und dadurch die Grundlage für den körpereigenen Kampf gegen den Krebs schaffen. Außerdem hemmen sie die so genannten fäkalen Enzyme, die aus den Fäulnisvorgängen entstehen und mittlerweile zu den Hauptauslösern für Krebswucherungen zählen. Schließlich verhindern Milchsäurebakterien, dass sich die primären Gallensäuren im Darm zu den sekundären und aggressiven Gallensäuren umwandeln können, die ansonsten die Darmwände attackieren würden.

Ein geschmacksintensiver Kaliumspender ist der Sellerie.

Sellerie

Herkunft und Geschichte

Bei uns gibt es gegenwärtig vor allem drei Sorten Sellerie auf dem Markt: Knollen-, Stangen- und Blattsellerie. Ihr gemeinsamer Vorfahr ist der Wildsellerie, dessen Wurzel so scharf schmeckt, dass sie zu allen Zeiten immer nur als Medizin eingesetzt wurde.

Zwiespältiges Image

Das historische Image des Selleries hat zwei völlig unterschiedliche Seiten. In frühen Mythen und Ritualen war er dem Gott der Unterwelt geweiht, stand er für Tod, Tränen und Verderben, aber auch für Sieg und Triumph. Die Griechen beispielsweise schmückten ihre olympischen Sieger mit einem Kranz aus Selleriegrün.

Ab dem 16. Jahrhundert wurde Sellerie in allen Pflanzenbüchern geführt, man rühmte seine harntreibende Wirkung und pflanzte ihn in Klostergärten als Heilkraut an. Aus seinen Samen und seinen Wurzelknollen gewann man ein Öl, dem man eine Steigerung der Manneskraft nachsagte.

Die wichtigsten Biostoffe

▶ Kalium

Sellerie gehört, was seinen Kaliumgehalt betrifft, zu den Spitzenreitern unter den Nahrungsmitteln. Allein in seinen Blättern befinden sich 700 Milligramm des wichtigen Minerals auf 100 Gramm Blattmasse. Das Mineral wird für den Wasserhaushalt und für die Muskelarbeit benötigt. Extrazufuhren an Kalium verbessern die Harnabgabe. Sein harntreibender Kaliumgehalt in Verbindung mit seinen Anteilen an desinfizierenden Terpenen macht den besonderen therapeutischen Reiz des Selleries aus.

Deftiges Sellerieschnitzel
Bekannt ist die Verwendung von Sellerie als Suppengemüse oder in Salaten. Als eine richtige Hauptmahlzeit sollten Sie einmal Sellerie, zubereitet wie ein paniertes Schnitzel, probieren. Hierzu schneiden Sie 1 geputzte Knolle in etwa 1 Zentimeter dicke Scheiben, würzen und panieren sie. In einer Pfanne werden sie in Butter oder Öl von beiden Seiten goldbraun gebraten, bis sie mit der Gabel zu durchstechen sind. Schmeckt wunderbar mit Kartoffelsalat!

Sellerie als Heilmittel

Sellerie unterstützt die Therapie und Prävention von:

- Gicht
- Harnwegsentzündungen
- Husten
- Nierensteinen
- Mund- und Rachenentzündungen
- Wasseransammlungen im Gewebe

Der richtige Umgang mit Sellerie

● Knollensellerie

Kaufen Sie möglichst nur die frischen Knollen und keinen Sellerie aus dem Glas. Denn hier ist der Gehalt an Vitaminen deutlich verringert, seine harntreibende Wirkung bleibt allerdings weitgehend bestehen.

Die Blätter der Knollen werden entfernt. Man kann sie gut einfrieren und später für Suppen nutzen.

Die Knolle selbst wird geschrubbt und in kleine Stückchen zerschnitten. Sie sollten sofort mit Zitronensaft beträufelt werden, damit Geschmack und Biostoffe des Selleries erhalten bleiben.

Die unversehrten Knollen können sich im Gemüsefach des Kühlschranks durchaus ein paar Wochen halten.

● Stangensellerie

Auch ihn holen Sie am besten frisch. Er wird gewaschen und in feine Streifen geschnitten.

Die unversehrten Stangen wickeln Sie zum Lagern in ein feuchtes Tuch, dann kommen sie ins Gemüsefach des Kühlschranks.

Tipp: Das Kochwasser des Stangenselleries nicht wegkippen, sondern trinken. Dieser Selleriesud wird in der Volksmedizin als bewährtes Heilmittel bei Husten geschätzt.

▶ Terpene

Der Sellerie selbst braucht seine Terpene, um während des Wachstums schädliche Bakterien und Pilze von sich fern zu halten. Sie erfüllen auch im Menschen einige Schutzfunktionen. Im Rachen- und Mundraum töten sie schädliche Bakterien, in Leber und Darm erhöhen sie die Aktivität von entgiftenden Enzymen. Einige Wissenschaftler vermuten daher, dass sie antikanzerogene – Krebs hemmende – Eigenschaften besitzen.

Gesichert ist in jedem Fall, dass die Terpene des Selleries die Harnwege desinfizieren. Nimmt man dann noch den harntreibenden Kaliumgehalt des Selleries hinzu, so wird klar, dass er geradezu optimal zur Behandlung von Entzündungen der Harnwege geeignet ist, wie sie vor allem bei Frauen und im Winter häufig auftreten. Denn Sellerie enthält nicht nur antibiotische Stoffe, sondern spült mit ihnen auch noch gezielt die Harnwege durch.

SELLERIESALAT

Zutaten

250 g Sellerieknolle
2 TL Zitronensaft
1 Apfel (süß, nicht zu mehlig)
1 Zwiebel
1 TL Salatkräuter
jodiertes Salz
1 EL Distelöl

Zubereitung

Salat:
Die Sellerieknolle bürsten, schälen und fein raspeln. Nach dem Raspeln mit 1 Teelöffel Zitronensaft beträufeln. Den Apfel waschen, entkernen und in kleine Stücke schneiden. Die Zwiebel abziehen und ebenfalls zerkleinern. Dann alles miteinander vermischen.
Sauce:
Die Salatkräuter und das Salz in den restlichen Zitronensaft geben. Das Distelöl kommt erst hinzu, wenn das Salz gelöst ist. Am Ende gießen Sie die Sauce über den Selleriesalat.
Selleriesalat schmeckt als Beilage zu allen möglichen Gerichten, so auch als Salat zum Abendbrot. Ersatzweise für das Öl kann auch Joghurt verwendet werden.

Shiitake

Herkunft und Geschichte

Ursprünglich wuchs der aus China stammende Pilz auf den einge-kerbten Ästen bestimmter Laubbäume, heute wird er – ähnlich wie andere Speisepilze – großflächig kultiviert. In Japan und China hat er schon lange einen Stammplatz in Küche und Medizin, in Deutsch-land macht er sich erst langsam auf den Weg, die Gemüsemärkte zu erobern.

In China gelten Pilze generell als Symbole eines langen Lebens. Für den Shiitakepilz scheint diese Symbolik in ganz besonderem Maß zu-zutreffen.

Die wichtigsten Biostoffe

▶ Lentysin

Lentysin bewirkt eine Senkung der Blutfettwerte, indem es die Chole-sterinsynthese blockiert.

▶ Pantothensäure

Dieser Stoff ist wichtig für gesunde Haut und Haare, außerdem ist er an der Produktion von Kortisol beteiligt. Dadurch wirkt Panto-thensäure als natürlicher Entzündungshemmer. Nicht zu unterschät-zen ist schließlich ihre Wirkung als Mobilisator der Fettverbrennung.

▶ Biotin

Biotin unterstützt die Bildung der roten Blutkörperchen. 100 Gramm des Shiitakepilzes decken die Hälfte des ganzen Tagesbedarfs.

▶ Lentinan

Diese Substanz wird in Japan bereits als Medikament gegen Magen- und Lungentumoren verarbeitet und zur Ergänzung der Chemothe-rapie bei Krebs eingesetzt. Lentinan hat eine stark modulierende Wirkung auf das Immunsystem, es verbessert die Arbeit der Fresszel-

Relativ neu auf europäi-schen Esstischen ist der Shiitakepilz.

Ein Pilz gegen den Krebs
Die Wirkstoffkombination des Shiitakepilzes gewähr-leistet nicht nur einen aus-sichtsreichen Kampf gegen den Krebs, sondern auch, dass die Nebenwirkungen dieses Kampfes im Rah-men gehalten werden. Wer in seiner Familie eine überdurchschnittliche Rate an Krebserkrankungen aufweist, sollte pro Woche mindestens ein Shiitake-gericht essen.

Shiitake als Heilmittel

Der Shiitakepilz unterstützt die Therapie und Prävention von:

- Abwehrschwäche
- Angina pectoris
- Arteriosklerose
- Arthritis
- Durchblutungsstörungen
- Fettstoffwechselstörungen
- Herzinfarkt
- Krebserkrankungen

Der richtige Umgang mit Shiitake

● Der Shiitakepilz ist hierzulande auf dem besten Weg, aus seiner Exotenecke herauszukommen. Man bekommt ihn mittlerweile auf Wochenmärkten und in gut sortierten Gemüseläden.

● Der Shiitakepilz erinnert in seinem Geschmack etwas an den Steinpilz.

● Der Shiitakepilz sollte vor dem Verzehr nicht gewaschen werden, dies würde seinen Geschmack beeinträchtigen.

● Schneiden Sie ihn in kleine Scheiben, die sie dann in Butter und etwas Wasser dünsten. Auf gar keinen Fall lange kochen!

● Der Pilz eignet sich als Beilage zu allen möglichen Gerichten. Sehr lecker schmeckt er zu Salaten, die mit Hühnerfleisch zubereitet wurden.

● Er sollte nach dem Kauf so bald wie möglich verzehrt werden.

SHIITAKE MIT TOMATEN

Zutaten für 2 Personen

200 g Shiitake
150 g Tomaten
1 Zwiebel
20 g Margarine
Salz
1 Prise zerriebener Ingwer

Zubereitung

Pilze in Scheiben schneiden. Die Tomaten häuten und würfeln. Die klein geschnittene Zwiebel mit Margarine in der Pfanne anrösten, dann Pilze und Tomaten hinzufügen, schmoren lassen und mit Salz und Ingwer würzen.
Das Shiitake-Tomaten-Gemüse eignet sich als Beilage zu Reis und Kartoffeln.

len und der T-Lymphozyten, mobilisiert außerdem die Bildung des Krebskillers Interleukin 1. Lentinan verhindert die Metastasenbildung von Lungenkrebs, durch seine immunmodulierenden Wirkungen vermag es schließlich auch Autoimmunkrankheiten (wenn das Abwehrsystem gegen die Zellen des eigenen Körpers vorgeht) wie z. B. einige Formen der Arthritis zu heilen.

Eine intelligente Wirkstoffkombination gegen Krebs

Im Shiitakepilz haben sich wichtige Biostoffe zu einer außergewöhnlich günstigen Wirkstoffkombination zur Krebsbekämpfung zusammengeschlossen. Das Lentinan unterstützt die Arbeit des Immunsystems, optimiert vor allem dessen diagnostische Fähigkeiten, damit auch die »Killereinheiten« die feindlichen Tumorzellen erkennen und vernichten können.

Auch gegen Nebenwirkungen

Die Pantothensäure sorgt schließlich dafür, dass bei dem Kampf gegen den Krebs entzündliche Reaktionen nicht überschießen können, dass also Schwellungen und Schmerzen im Rahmen bleiben. Das Biotin schließlich verbessert das Blutbild und gewährleistet dadurch die optimale Nährstoffversorgung des Gewebes – ein Problem, das gerade in der Krebstherapie von entscheidender Bedeutung sein kann.

Soja und seine Produkte bieten eine breite Palette gesunder Nahrungsmittel.

Soja

Herkunft und Geschichte

Die Sojabohne wurde wahrscheinlich schon vor 5000 Jahren in China angebaut. Doch erst im Jahr 712 gelangte sie über Ostasien nach Europa. Von hier aus startete sie zu einem Triumphzug als gesundes Nahrungsmittel, der sie bis in die USA brachte, wo sie mittlerweile hinter Baumwolle, Mais und Weizen zu den wichtigsten landwirtschaftlichen Pflanzenerzeugnissen zählt.

Soja überall

Doch mit ihrem Siegeszug in den Küchen erfuhr die Sojabohne gleichzeitig eine Menge von Veränderungen und Verarbeitungen, die nicht immer positiv waren. So wird sie mittlerweile in zahlreiche Industrieprodukte eingearbeitet wie etwa Toastbrot, Frittierfett, Mayonnaise, Fischkonserven, Süßwaren, Babynahrung, Brotaufstriche und Speiseöle.

Der Verbraucher erfährt entweder nichts von diesen Veränderungen, oder aber ihm wird mit dem Zusatz »Soja« suggeriert, dass es sich dabei um ein gesundes Produkt handelt. Dabei bleibt eine Nuss-Nougat-Creme auch dann noch eine kalorienreiche Fett- und Einfachzuckerbombe, wenn man ihr etwas Soja zugibt, und auch Schokolade

Sojafleisch – nicht die Bohne gesund

Aufgrund ihres hohen Eiweiß-, Vitamin- und Mineralstoffgehaltes ist die Sojabohne ein hochwertiges Nahrungsmittel. Was aber daraus gemacht wird, ist mit Vorsicht zu genießen. Die Rede ist vom so genannten Sojafleisch, einem Produkt aus Sojafaser, auch Textured Vegetable Protein (TVP) genannt. Diese Sojafaserprodukte sind reine Industrieprodukte, die chemischen Prozeduren unterworfen wurden und mit der gesunden Sojabohne nicht mehr viel zu tun haben.

Soja als Heilmittel

Die Sojabohne und ihre natürlichen Produkte unterstützen die Prävention und Therapie von folgenden Erkrankungen und Funktionsstörungen:

- Abwehrschwäche
- Akne
- Angina pectoris
- Arteriosklerose
- Blutarmut
- Darmkrebs
- Durchblutungsstörungen
- Harnwegsentzündungen
- Fettigen Haaren
- Fettiger Haut

- Fettstoffwechselstörungen
- Gedächtnisschwäche
- Hautentzündungen
- Hautschuppen
- Herzinfarkt
- Konzentrationsschwäche
- Lernschwäche
- Muskelkrämpfe
- Osteoporose
- Unfruchtbarkeit

Vorsicht, Mogelpackungen

Soja ist seit einiger Zeit ein etabliertes Produkt der Lebensmittelindustrie, und damit wurde es auch zum Produkt von Manipulationen. Der Begriff »Sojafleisch« beispielsweise soll der Kundschaft vorgaukeln, dass sie hier einen eiweißreichen und gesunden Fleischersatz einkauft. In Wirklichkeit handelt es sich dabei um ein denaturiertes Kunstprodukt, bei dem das Sojaeiweiß mittels einer Lauge aus dem Sojamehl herausgelöst und danach in ein Säurebad gepresst wurde, damit es auch schön fest bleibt.

Auch Sojasauce hat nichts mit dem gesunden Sojaöl gemein, sondern brilliert einzig und allein durch ihren immens hohen Kochsalzgehalt. Die reichhaltige Verwendung der Sojasauce wird in Japan für die dort vorherrschende hohe Ziffer an Bluthochdruckpatienten (Hypertoniker) verantwortlich gemacht.

Zu den gesunden Sojaprodukten gehören hingegen:

● Miso (enthält allerdings viel Salz, ist daher nicht geeignet für Hypertoniker)
● Sufu
● Tempeh
● Tofu
● Sojamilch

verändert unter Sojabeteiligung nicht ihren eigentlichen Charakter, nämlich ein Karies erzeugender und vitaminverschlingender Dickmacher zu sein.

Ein hochwertiger Eiweißlieferant

Als Eiweißlieferant ist die Sojabohne allen Fleischsorten und auch den anderen tierischen Eiweißlieferanten wie z. B. Milch, Käse und Hühnerei weit überlegen. Sie enthält auf 100 Gramm durchschnittlich 36 Gramm hochwertiges Eiweiß, und das, ohne – wie beim Fleisch – mit gesundheitsschädlichen Stoffen wie zugesetzten Hormonen oder Medikamenten sowie Cholesterin und gesättigten Fetten verbunden zu sein. Das einzige Manko ist, dass es dem Eiweißprofil von Soja an Methionin fehlt, doch dieser Mangel kann durch Soja-Getreide-Kombinationen oder Soja-Joghurt-Kombinationen ohne Schwierigkeiten behoben werden.

QUICHE MIT TOFU

Zutaten für 2–3 Personen

150 g Weizenvollkornmehl
Salz, etwas Wasser
75 g Butter
300 g gehäutete Tomaten
1 Bund Frühlingszwiebeln
250 g Tofu
250 g Joghurt
1 EL Crème fraîche
100 g geriebener Emmentaler
Pfeffer, Muskat
Sonnenblumen- und Kürbiskerne

Zubereitung

Teig:
Das Mehl mit Salz, Wasser und der weichen Butter zu einem glatten Mürbeteig kneten. In eine gefettete Springform legen, auf dem Boden auseinander drücken und am Backformrand hochpressen.
Belag:
Die Tomaten, die Frühlingszwiebeln und den abgetropften Tofu in Scheiben schneiden und auf dem Teigboden verteilen. Joghurt mit Crème fraîche, Emmentaler, Salz, Pfeffer und Muskat verrühren und über den Belag gießen. Nach Belieben Sonnenblumen- und Kürbiskerne darüber streuen. Auf mittlerer Schiene bei 200 °C etwa 40 Minuten backen. Voilà!

Keine Lust auf tierisches Eiweiß

Wenn Sie zu den Menschen zählen, die tierische Produkte vom Speiseplan ganz oder teilweise gestrichen haben, sollten Sie unbedingt auf den hohen Eiweißgehalt der Sojabohne zurückgreifen. Sie schützt vor Mangelerscheinungen und versorgt Sie mit den für den menschlichen Organismus so wichtigen Proteinen.

Richtig gekocht währt am längsten

Sollte der Umgang mit Soja für Sie noch fremd sein, beachten Sie beim Kochen Folgendes: Die Sojabohnen immer über Nacht einweichen; sie werden dadurch von Bitterstoffen befreit und sind leichter verdaulich. Am nächsten Tag müssen sie gut gekocht werden. Roh sollten Sie Sojabohnen auf keinen Fall verzehren, da sie in dieser Form viele gesundheitsschädliche Stoffe beinhalten.

Eine hochwertige Energiequelle

Sojabohnen und -mehl bestehen zu ca. 16 Prozent aus Kohlenhydraten, die überwiegend aus komplexen Zuckermolekülen und Zuckerarten (Stachyose, Arabin, Galaktan) bestehen, die auch von Diabetikern verwertet werden können. Sojaspeisen versorgen uns langfristig mit Energie, sie eignen sich daher als Kost für Menschen, die körperlich oder geistig lange und mit hoher Intensität arbeiten müssen.

Die wichtigsten Biostoffe

Soja und seine Vitamine

▶ Thiamin

100 Gramm Sojabohnen enthalten knapp ein Milligramm Thiamin, eine Portion (200 Gramm) deckt somit den gesamten Tagesbedarf. Der Sojaquark Tofu enthält allerdings kaum noch Thiamin.

Das B-Vitamin wird für den Kohlenhydratstoffwechsel und die Arbeit der Nervenzellen benötigt. Hohe Dosierungen an Thiamin wirken hemmend auf Ängste und Nervosität.

Nicht zu vernachlässigen ist auch der Effekt, den Thiamin auf stechende Insekten wie etwa die Mücke ausübt. Das Vitamin enthält nämlich ein Schwefelatom, das beim Abbau mit dem Schweiß ausgeschwemmt wird und das Mücken ganz und gar nicht riechen können. Wer also vor dem Aufenthalt in einem »stechgefährdeten« Gebiet an Bächen, Flüssen und anderen Gewässern eine Portion Sojabohnen zu sich nimmt, bleibt von den lästigen Insekten weitgehend verschont.

▶ Riboflavin

Das B-Vitamin spielt eine Hauptrolle beim Sauerstofftransport im Körper. Riboflavinmangel führt zu mattem Haar und ungesunder Haut. Mit 0,52 Milligramm auf 100 Gramm gehört die Sojabohne zu den wichtigsten Riboflavinlieferanten überhaupt. Das Vitamin geht allerdings bei längerem Lichteinfall in großem Umfang verloren. Lagern Sie also Ihre Sojawaren stets im Dunkeln.

▶ Pyridoxin

Das B-Vitamin wird für den Stoffwechsel und die Arbeit des Nervensystems benötigt. Pyridoxinmangel ist weit verbreitet, er führt zu Hautentzündungen, Schuppenbildungen, fettigen Haaren (aufgrund erhöhter Talgproduktion) und Krämpfen.

100 Gramm Sojabohnen enthalten 1,19 Milligramm Pyridoxin. Diese Quote macht die Hülsenfrucht mit ihren natürlichen Produkten zu einem wichtigen Heilmittel bei Hauterkrankungen wie z. B. Akne, außerdem eignet sie sich als vorbeugende Zusatzernährung für Men-

schen mit stark erhöhtem Pyridoxinbedarf (Raucher, Alkoholiker und Frauen, die mit der Antibabypille verhüten).

▶ Niazin

Das B-Vitamin wird vor allem für die Energieproduktion in den Zellen benötigt. Außerdem wirkt es in hohen Dosierungen senkend auf den Blutfettspiegel. 100 Gramm Sojabohnen enthalten zehn Milligramm bioaktives Niazin, eine Portion (200 Gramm) deckt somit den gesamten Tagesbedarf. Beim Sojaquark Tofu ist die Niazinmenge auf 1,4 Milligramm reduziert.

Soja und seine Mineralien

▶ Mangan

Das Spurenelement ist Bestandteil und Mobilisator wichtiger Enzyme, es ist von großer Bedeutung für den Skelettaufbau: Osteoporosekranke Frauen leiden häufig unter Manganmangel. 100 Gramm Sojabohnen enthalten 2,8 Milligramm des wichtigen Minerals – damit ist bereits die Hälfte des Tagesbedarfs gedeckt.

▶ Kalium

Mit 1730 Milligramm auf 100 Gramm gehört die Sojabohne zu den Kaliumbomben der Natur. Das Mineral ist an den Kontrollmechanismen unseres Wasserhaushaltes beteiligt, seine leicht wasserausschwemmende Wirkung ist jedoch bei der sehr trockenen Sojabohne eher unerwünscht und sollte daher mit reichlich Flüssigkeitszufuhr aufgefangen werden.

Soja und das Kalziumproblem

Sojabohnen enthalten zwar überdurchschnittlich viel Kalzium, doch das Mineral wird durch seine Bindungen an die ebenfalls vorhandene Phytinsäure daran gehindert, von unserem Darm resorbiert zu werden. Aus diesem Grund kann auch bei reichhaltiger Sojazufuhr nicht auf die Aufnahme von Fisch, Milchprodukten oder anderen kalziumhaltigen Nahrungsmitteln verzichtet werden.

Soja und Gicht

● 100 Gramm Sojabohnen enthalten zwar 65 Milligramm Purine, ihr tatsächlicher Einfluss auf den Harnsäurespiegel des Menschen ist jedoch erheblich geringer als der von Fleisch, in dem sich neben den Purinen auch noch Substanzen befinden, die das Ausscheiden der Harnsäure aus dem Körper blockieren.

● Außerdem enthalten Sojabohnen große Mengen an Molybdän, das als Bestandteil des Enzyms Xanthinoxidase höhere Harnsäurewerte im Blut verhindert. Für gesunde Menschen sind Sojabohnen daher kein Problem. Gichtkranke oder Gichtgefährdete (bei denen gehäuft Gichtfälle in der Familie aufgetreten sind) sollten Sojabohnen hingegen meiden und alternativ auf Tofu ausweichen, der wesentlich weniger (21 Milligramm pro 100 Gramm) Purine enthält.

Soja versorgt den Körper lange mit Energie, hilft gegen die Gicht, stärkt das Immunsystem und das Gehirn. Die reichlich enthaltenen Spurenelemente sorgen überdies für gesunde Haut und glänzende Haare.

Soja und Wasser
Sojabohnen enthalten nur sehr wenig Wasser, bei ihrem Verzehr sollte daher ausgiebig Flüssigkeit getrunken werden, am besten ein Gemisch aus Fruchtsaft und Mineralwasser. Beim Tofu stellt sich dieses Problem nicht, denn er ist mit 85 Gramm auf 100 Gramm relativ wasserreich.

▶ Eisen
Der tägliche Eisenbedarf liegt bei 12 bis 18 Milligramm, 100 Gramm Sojabohnen enthalten knapp zehn und Sojamehl zwölf Milligramm Eisen. Sie sind damit der beste Beweis, dass man die Eisenversorgung des Menschen auch ohne Fleisch problemlos decken kann. Ein weiterer Vorteil der Sojabohne: Sie enthält viel Kupfer, das dafür Sorge trägt, dass das Eisen tatsächlich der Blutbildung zugeführt wird.
▶ Kupfer
Mit 1,5 Milligramm auf 100 Gramm gehören Sojabohnen zu den ergiebigsten Kupferlieferanten der Pflanzenkost. Die wichtigste Rolle des Kupfers besteht darin, das Eisen für die Blutbildung heranzuziehen: Ohne Kupfer würde das aus der Nahrung zugeführte Eisen ungenutzt an den Blutproduktionsstätten vorbeigehen.
In seiner einmaligen Wirkstoffkombination aus Eisen und Kupfer gehört Soja sicherlich zu den ersten Heilmitteln bei Blutarmut.
▶ Molybdän
100 Gramm Sojabohnen enthalten 150 Mikrogramm Molybdän. Das Mineral ist Bestandteil des Enzyms Xanthinoxidase, das eine entscheidende Rolle im Harnsäurestoffwechsel spielt. Molybdän in großen Mengen drückt den Harnsäurespiegel im Blut, es bildet einen wirksamen Puffer zu den relativ hohen Purinwerten der Sojabohne.

▶ Selen

100 Gramm Sojabohnen decken den Tagesbedarf an Selen. Das Spurenelement spielt eine zentrale Rolle im Immunstoffwechsel, sorgt vor allem für das Einfangen der freien Radikale. Dadurch schützt es die Körperzellen und wichtige Biostoffe vor Zerstörung.

▶ Zink

Zink spielt eine wichtige Rolle im menschlichen Körper, insofern es am Aufbau von 160 Hormonen und Enzymen beteiligt ist. Herausragend ist seine Wirkung auf die Bildung der männlichen Samen, das Immunsystem und auf den Gesundheitszustand von Haut und Haaren. Zinkmangel ist Ursache für Haarausfall, Hautentzündungen, Unfruchtbarkeit und Infektionskrankheiten. Die Sojabohne enthält auf 100 Gramm durchschnittlich 4,3 Milligramm Zink. Eine Portion (200 Gramm) deckt den gesamten Tagesbedarf.

Sonstige Biostoffe in Sojaprodukten

▶ Linol- und Linolensäure

Diese Fettsäuren machen 61 Prozent des gesamten Sojaöls aus. Sie spielen eine wesentliche Rolle bei der Verhinderung von Ablagerungen in den Blutgefäßen, außerdem unterstützen sie bestimmte Arbeiten des Gehirns wie etwa Lernen und Gedächtnis.

▶ Lezithin

Der Stoff gehört zu den wichtigen Bestandteilen des Zellstoffwechsels, er enthält viel Cholin und Inositol. Lezithin wird benötigt für die Fettverwertung, hohe Dosierungen an Lezithin senken den Cholesterinspiegel. Darüber hinaus gilt es als Frischmacher der Seele, da es die Neuronen im Gehirn funktionsbereit hält.

▶ Saponine

Wie alle Hülsenfrüchte enthalten auch Sojabohnen große Mengen an Saponinen, im Sojaquark Tofu sind die Biostoffe allerdings kaum noch enthalten. Ihre größte Wirkung haben sie im Hinblick auf den Cholesterinspiegel, den sie von zwei Seiten attackieren: Auf direktem Weg zwingen Saponine die Cholesterinmoleküle, mit ihnen einen unlöslichen Komplex zu bilden, der nicht in den Blutkreislauf gelangen kann. Sie hängen also gewissermaßen das Cholesterin an die Leine, so dass es aus dem Blutkreislauf fern gehalten wird.

Auf indirektem Weg wirken Saponine Cholesterin senkend, indem sie auch die primären Gallensäuren in unlösbare Komplexe mit sich zwingen. Die Leber wird dadurch genötigt, sich zur Herstellung der Gallensäuren aus dem Cholesterinbestand im Blut zu bedienen. Klar, dass auch dadurch der Cholesterinspiegel gesenkt wird.

SOJABOHNENEINTOPF

Zutaten für 4 Personen

300 g Sojabohnen
1 l Gemüsebrühe
1 Zwiebel
1–2 Knoblauchzehen
Olivenöl
300 g Kartoffeln
300 g Karotten
300 g Tomaten
Gewürze

Zubereitung

Sojabohnen über Nacht einweichen. Am nächsten Tag abseihen und in der Gemüsebrühe ca. 1 Stunde gut durchkochen. Zwiebel und Knoblauch fein schneiden und in Öl glasig dünsten. Die geschnittenen oder gewürfelten Kartoffeln, Karotten und Tomaten hinzugeben und mit Gewürzen (je nach Geschmack) anreichern. Das Gemüse ca. 20 Minuten garen, zu den Bohnen hinzugeben und nochmals aufkochen.

In der Sojabohne paaren sich die Cholesterin senkenden Eigenschaften der Saponine mit den Cholesterin senkenden Eigenschaften des Lezithins und dem hohen Anteil an fettarmem Eiweiß. Aus diesem Grund gehören Sojabohnen und ihre natürlichen Produkte zu den Nahrungsmitteln, die besonders für die Vorbeugung und Therapieunterstützung von Arteriosklerose und deren Folgeerkrankungen angezeigt sind.

Die einzelnen Sojaprodukte

Sojabohnen – keinesfalls roh essen

Die Bohnen sollten beim Kauf keinen Schädlingsbefall und eine glatte Oberfläche zeigen. Sie dürfen keinesfalls im rohen Zustand gegessen werden, da hierbei Enzyme aktiv werden, die zu Blutverklumpungen führen können.

Vor dem Kochen werden die Sojabohnen bis zu zwölf Stunden eingeweicht, um die Schale abzulösen. Danach gibt man sie mit frischem Wasser in den Dampftopf, wo sie 20 Minuten gar gekocht werden. Die gekochten Bohnen können zu Brätlingen verarbeitet oder aber zu Salat angerichtet werden.

Sojamehl – mehr Eisen als im Ausgangsstoff

Das Mehl ist von gelblicher Farbe und schmeckt angenehm süß und etwas nach Nüssen. Für die Verwendung gilt: Ein gehäufter Esslöffel Sojamehl entspricht einem Ei, zwei gehäufte Esslöffel einem viertel Liter Milch. Das Mehl ist der Bohne, aus der es gewonnen wird, in einigen Biostoffwerten (z. B. beim Eisen) sogar überlegen, sein Vitamingehalt ist jedoch geringer. Es muss trocken, kühl und gut verschlossen aufbewahrt werden.

Tofu – frisch am besten

Tofu, ein quarkähnliches Sojaprodukt, wird aus heißer Sojamilch hergestellt, die mit dem natürlichen Gerinnungsmittel Nigari versetzt wird. Tofu zählt in Asien zu den unersetzlichen Grundnahrungsmitteln, allein in China werden jährlich eine halbe Million Tonnen Sojabohnen zu Tofu verarbeitet. Er ist fett- und kalorienarm, cholesterinfrei und leicht verdaulich. Mittlerweile existieren auch hierzulande eine Reihe von »Tofuereien«, in denen der Sojaquark in Bioqualität hergestellt wird.

Frischen Tofu bewahrt man nach Öffnen der Verpackung am besten unter einer – täglich zu erneuernden – Wasserschicht im Kühlschrank auf. Vergessen Sie jedoch nicht, dass bei jedem neuerlichen Wässern wichtige Biostoffe verloren gehen. Essen Sie daher den Tofu so frisch wie möglich.

Sojamilch, der Kalziumspender

Sojamilch wird aus Wasser und gequollenen, zerkleinerten und gekochten Sojabohnen hergestellt. Im Handel ist sie auch als »Sojagetränk« oder »Sojadrink« erhältlich. Sehr bekömmlich und sehr erfrischend, eignet sie sich auch zur Herstellung von Sauermilchgetränken und Tofu. Sojamilch taugt durchaus als Milchersatz, da durch das lange Kochen und Quellen die Phytinsäure unschädlich gemacht wurde, die ansonsten beim Verzehr von Sojabohnen die Kalziumaufnahme blockiert.

Tempeh – würzig und eiweißhaltig

Diese Sojaspezialität aus Java findet auch hierzulande immer mehr Liebhaber. Beim Tempeh werden die Sojabohnen mit einem Schimmelpilz vergoren. Tempeh schmeckt würziger und enthält mehr Eiweiß als Tofu, beim Braten in Olivenöl wird deutlich an Aroma gewonnen.

Miso – gut für den Darm

Miso ist eine unter Anwesenheit von Milchsäurebakterien und Schimmelpilzen vergorene Paste aus Sojabohnen, Salz und einer Getreideart. Leider enthalten die in Japan hergestellten Produkte oft eine Reihe von unerwünschten Zusatzstoffen. In den hiesigen Naturkostläden wird jedoch meistens auf natürliche Weise hergestelltes Miso angeboten.

Miso beeindruckt nicht nur durch die heilenden Kräfte der Sojabohne, sondern auch durch die Wirkungen der Milchsäurebakterien. So unterstützt es die Darmflora und hemmt die Entwicklung von Krebstumoren im Darm. Durch den hohen Salzgehalt eignet sich Miso jedoch nicht für Bluthochdruckkranke.

Sufu – ein Käse aus Soja

Zur Herstellung von Sufu werden Tofuwürfel eine Stunde lang in eine Kochsalz-Zitronen-Lösung gelegt. Danach werden sie mit Heißluft bei 100 °C pasteurisiert. Bestimmte hinzugefügte Pilzarten sorgen dann dafür, dass sich der Tofu in den Sufukäse verwandelt; die Ausreifung dauert allerdings bis zu einem Jahr. Der Sojakäse ist recht cremig und eignet sich nach dem Mittagessen zum pikanten Nachtisch.

Vielfältiger Tofu
Das Sojaprodukt Tofu gilt als idealer Fleischersatz und Eiweißlieferant. Die kalorienarme Substanz ist reich an Vitaminen und Mineralstoffen. Obwohl Tofu meist vakuumverpackt angeboten wird, ist er nur begrenzt haltbar. Um die Haltbarkeit zu erhöhen, wird er oft geräuchert. Tofu ist mild, entfaltet aber kaum Eigengeschmack. Er kann daher geschmacklich überaus vielfältig variiert werden. Das Sojaprodukt lässt sich ähnlich wie Fleisch zubereiten. Daher ist Tofu ein geeignetes Nahrungsmittel für Menschen, die ihren Fleischkonsum verringern wollen.

Jedes Frühjahr wird der Spargel von den Feinschmeckern sehnsüchtig erwartet.

Spargel

Herkunft und Geschichte

Bekannt war der Spargel bereits den alten Chinesen vor etwa 5000 Jahren, doch die antiken Römer sind wohl die Väter der Spargelzucht. Legendär wurde ihr Riesenspargel, den sie rund um die Stadt Ravenna anbauten: Bei ihm soll bereits eine einzelne Spargelpfeife 200 Gramm gewogen haben. Er galt als Leibgericht des römischen Feldherrn Augustus.

Das erste deutsche Spargelbeet entstand 1567 im Stuttgarter Lustgarten. Heute wird das Liliengewächs im ganzen Bundesgebiet angebaut, wobei seine Erntezeit von Land zu Land – je nach den Temperaturen der betreffenden Region – variiert. So kann in günstigen Jahren der erste Spargel bereits Ende März gestochen werden, während man in Norddeutschland mitunter bis Mai warten muss. Die Erntezeit dauert insgesamt acht bis zehn Wochen und sollte gewöhnlich bis Johanni (24. Juni) beendet sein.

Die wichtigsten Biostoffe

Mineralien

Nicht nur der Gaumen lacht

Neben dem kulinarischen Genuss, den uns diese Pflanze im Frühsommer beschert, führt sie dem Körper etliche Schönheitsvitamine zu und dient nach den langen Wintermonaten als Jungbrunnen. So steigert der Wirkstoff Biotin die Geschmeidigkeit der Haut, Niazin weckt die Lebensfreude und sorgt für erholsamen Schlaf, und die Pantothensäure sorgt für Vitalität und schönes Haar.

▶ Jod

Spargel enthält sieben Mikrogramm Jod auf 100 Gramm, eine Portion (500 Gramm) deckt also ungefähr ein Fünftel des gesamten Tagesbedarfs. Zum Ausgleich bei bereits bestehendem Jodmangel ist das

Spargel als Heilmittel

Spargel unterstützt die Therapie und Prävention von:

- Angina pectoris
- Arteriosklerose
- Bluthochdruck
- Diabetes Typ II
- Durchblutungsstörungen
- Hautekzemen
- Herzinfarkt
- Osteoporose
- Wasseransammlungen im Gewebe

Darüber hinaus unterstützt Spargel durch seinen Gehalt an Vitamin K die Heilung von Schnitt-, Brand- und Schürfwunden. Schließlich wirkt er vorbeugend gegen Krebserkrankungen und Jodmangel.

Der richtige Umgang mit Spargel

● Frische
Der Spargel sollte weder gebrochen sein noch irgendwelche Nagetierschäden aufweisen. Frischer Spargel duftet angenehm aromatisch; wenn man ihn mit dem Finger drückt, sollte aus dem unteren Ende der Pfeife etwas Wasser austreten.

● Schälen
Man schält ihn vom Kopf nach unten. Junger Spargel wird dünn, zum Ende hin etwas dicker geschält. Holzige Stellen gehören entfernt. Am Ende der Pfeifen schneiden Sie etwa zwei Zentimeter ab.

● Portionen
Eine Spargelportion beträgt etwa 500 Gramm.

● Kochen
Spargel braucht einen großen Topf, am besten sollten alle Spargelköpfe in dieselbe Richtung zeigen. Grüner Spargel ist bereits nach acht bis zehn Minuten gar, der weiße braucht etwas länger, zwischen 15 und 20 Minuten. Das Gemüse sollte am Ende gar, aber nicht weich gekocht sein.

● Lagerung
Frischer Spargel sollte so bald wie möglich gegessen werden. Er eignet sich wohl zur Lagerung im Tiefkühlfach, allerdings leidet darunter seine typische physische Konsistenz: Er wird weich und matschig. Im Unterschied dazu kann der Tiefkühlspargel der Industrie, der ja bei −35 bis −40 °C »schockgefroren« wird, recht herzhaft schmecken.

Spargelstechen – eine Weisheit für sich

Bevor die Spitzen des weißen Spargels die Erdoberfläche durchbrechen, wird der edelste und zarteste seiner Herkunft bereits vor Sonnenaufgang gestochen. Vielleicht ist deshalb sein Geschmack so mild. Der französische Spargel darf einige Zentimeter aus der Erde herausragen, bevor er geerntet wird. Seine Spitzen zeichnen sich durch eine blauviolette Farbe aus, und sein Geschmack ist schon bedeutend herber. Der grüne Spargel wächst ganz und gar über den Erdboden hinaus und ist eine besonders würzige Variante.

wohl zu wenig. Nichtsdestoweniger trägt regelmäßiger Spargelverzehr mit Sicherheit dazu bei, den Mangel an diesem wichtigen Spurenelement bereits im Vorfeld zu verhindern. Zu den typischen Jodmangelkrankheiten gehören Kropf, Wärmeregulationsstörungen und Funktionsstörungen der Schilddrüse.

▶ Kalium
100 Gramm Spargel enthalten 207 Milligramm Kalium. Das Liliengewächs gehört damit zu den wichtigsten Lieferanten dieses Minerals. Abhängig von einer ausreichenden Kaliumversorgung sind neben den Skelettmuskeln die Muskeln in Darm und Blutgefäßen sowie – besonders wichtig – der Herzmuskel. Zusammen mit dem spezifi-

Güteklasse beachten

Wenn Sie ein Spargelessen für Gourmets vorbereiten möchten, sollten Sie die Güteklasse »Extra« wählen. Sie zeichnet sich durch gleich lange und gleich dicke Stangen mit festen weißen Köpfen aus. Für »normale« Spargelessen genügen Güteklasse I und II, bei denen die Stangen unterschiedlich ausgebildet sind. Für Suppen und als Beilage können Sie Bruchspargel verwenden. Achten Sie darauf, dass die Schnittenden nicht holzig oder brüchig sind.

schen Spargelwirkstoff Asparagin (siehe nächste Seite) bildet der hohe Kaliumanteil die Hauptursache für die betont harntreibenden Wirkungen des Spargels.

▶ Mangan

Eine Portion von 500 Gramm Spargel deckt etwa zwei Drittel des gesamten Tagesbedarfs an Mangan. Das Spurenelement ist an der Bildung des Bindegewebes und der Knochen beteiligt. Amerikanische Studien ergaben, dass osteoporosekranke Frauen oftmals mit Mangan unterversorgt sind.

▶ Chrom

Bereits 200 Gramm Spargel reichen aus, unseren gesamten Tagesbedarf an Chrom zu decken. Dieses Mineral hilft, den Blutzucker abzubauen. Beim Diabetes Typ II konnten bereits große Erfolge mit einer Chrombehandlung erzielt werden. Hier ist also eine Ernährung mit Spargel durchaus sinnvoll; nicht zuletzt ist der Spargel schon aufgrund seines hohen Wasser- und niedrigen Kaloriengehaltes für Diabetiker ein optimal geeignetes Nahrungsmittel.

Darüber hinaus beeinflusst Chrom die Arbeit bestimmter Enzyme, die am Fettstoffwechsel beteiligt sind. Chrom hilft Patienten mit star-

Dass der Spargel wunderbar schmeckt und etliche gesundheitsfördernde Wirkungen hat, hat sich mittlerweile wohl überall herumgesprochen. Dass er durch seinen Gehalt an Vitamin K auch zur besseren Wundheilung beiträgt, ist noch relativ unbekannt.

ken Fettstoffwechselstörungen, deren Cholesterinspiegel dramatisch erhöht ist. Im Hinblick auf die Vorsorge von cholesterinbedingten Arterienverkalkungen und deren Folgekrankheiten (z. B. Herzinfarkt) ist Spargel also nahezu ideal, vor allem auch vor dem Hintergrund, sättigend und dennoch kalorienarm zu sein.

Vitamine

▶ Folsäure

100 Gramm Spargel enthalten 86 Mikrogramm Folsäure. Das B-Vitamin ist wichtig für Blutbildung, Haarwuchs, Magen-Darm-Tätigkeit und die Arbeit der Hirnzellen. Ohne ausreichende Mengen Folsäure sind wir psychisch nicht imstande, gute Laune zu entwickeln.

▶ Niazin

Eine Portion Spargel deckt die Hälfte des Tagesbedarfs an Niazin. Das B-Vitamin wird vor allem für die Zellatmung, den Stoffwechsel und die Arbeit der Hirnzellen benötigt. Um Spargel zu niazintherapeutischen Zwecken einzusetzen, ist sein Niazingehalt jedoch deutlich zu gering.

▶ Vitamin E

Dieses Vitamin gilt als wichtiger Radikalefänger, es schützt die Körperzellen und wichtige Biostoffe vor dem Angriff aggressiver Moleküle. Darüber hinaus unterdrückt es die Produktion von Stoffen, die in unserem Körper die Entstehung von entzündlichen Reaktionen fördern. Vitamin E gilt als wichtiges Immunvitamin mit Krebs hemmender Wirkung. Eine Portion (500 Gramm) Spargel deckt fast die Hälfte des Tagesbedarfs.

▶ Vitamin K

Spargel enthält überdurchschnittlich viel Vitamin K, wobei der Gehalt vom jeweiligen Standort der Pflanze abhängt. Das Vitamin ist vor allem ein Garant der Wundheilung. Bei schlecht heilenden Wunden kann Spargel als Heilmittel durchaus sinnvoll sein.

Sonstige Biostoffe des Spargels

▶ Asparagin

Asparagin macht den typischen, schon in der Antike geschätzten Heileffekt des Spargels aus. Es steigert die Zelltätigkeit der Nieren und sorgt dadurch für eine Erhöhung der Wasserausscheidung, ohne dass es zu entzündlichen Reizungen kommt. Der Spargel wurde als Diät für den Wassersüchtigen und Nierenkranken schon bei den alten Ägyptern, Römern und Griechen empfohlen. Sie setzten ihn auch bereits bei chronischen Hautekzemen ein, in dem festen Wissen, dass

---

SPARGELCREMESUPPE

Zutaten für 4 Personen

500 g Spargel
½ l Brühe
1 EL Butter
2 TL Mehl
¼ l Weißwein
Salz
Cayennepfeffer
2–3 EL süße Sahne
1 EL gehackter Schnittlauch

Zubereitung

Den Spargel schälen, in gleich lange Stücke schneiden und in der bereits vorher zubereiteten Brühe (Gemüse- oder Hühnerbrühe) ca. 20 Minuten bei mäßiger Hitze garen. Unterdessen die Butter schmelzen und das Mehl darin goldgelb anschwitzen. Sofort den ganzen Spargelsud angießen und kräftig mit dem Schneebesen schlagen, damit sich keine Klümpchen bilden. Den Weißwein hinzufügen und einmal kurz aufkochen lassen. Mit Salz und Cayennepfeffer abschmecken, die Spargelstücke hinzufügen und die Sahne unterziehen. Nach Belieben die Suppe mit Schnittlauch garnieren und sofort servieren.

Finger weg vom Dosenspargel

Spargel aus der Dose ist kein guter Frischspargelersatz! Denn sein Biostoffgehalt kann dem des frischen Spargels nicht das Wasser reichen. Einige Vergleiche:

Biostoffe	Frischspargel	Dosenspargel
Kalium	207,0 mg	104,0 mg
Jod	7,0 µg	0,9 µg
Vitamin E	2,0 mg	1,5 mg
Niazinäquivalent	1,3 mg	1,1 mg
Folsäure	86,0 µg	55,0 µg
Vitamin C	21,0 mg	15,0 mg

Im Natriumgehalt (Dosenspargel: 355 mg; Frischspargel: 4 mg) freilich ist das Dosengemüse aufgrund seiner Salzlake weit überlegen. In Hinsicht auf die spezifischen therapeutischen Effekte des Spargels (Aktivierung von Nieren und Wasserausscheidung) ist der hohe Kochsalzgehalt jedoch genau das Falsche, denn Natriumchlorid hält das Wasser nur im Gewebe zurück.

Spargel und Purine

Oft liest oder hört man die Warnung, wonach der Spargel aufgrund seines hohen Puringehaltes nicht allzu häufig auf dem Speiseplan erscheinen sollte. Menschen mit hohen Harnsäurewerten und Gichtkranke, so heißt es, sollten ihn grundsätzlich meiden. Tatsache ist: Mit zehn Milligramm Purinen auf 100 Gramm enthält der Spargel wohl mehr Purine als die meisten anderen Gemüsesorten, im Vergleich zu Fleisch spielt er hinsichtlich unserer Harnsäurewerte jedoch keine Rolle. Seine biopositiven Eigenschaften überwiegen bei weitem!

eine Verbesserung der Nierentätigkeit mit gleichzeitiger Entschlackung dem Gesundheitszustand der Haut förderlich ist. Besonders reich an Asparagin ist der grüne Spargel.

Spargel als Delikatesse

Die Spargelsaison – zu kurz für Gourmets

Die Spargelsaison dauert leider nur ungefähr ein Vierteljahr. Es gibt wohl genügend Importware aus Belgien, Holland, Italien und Frankreich, doch die beste Zeit für den Spargel bleiben Frühjahr und Frühsommer.

Klassengesellschaft

Der Spargel ist eingeteilt in drei Klassen, die Einteilung erfolgt nach der Dicke und Gleichmäßigkeit der Stangen. Klasse I stellt die höchste, Klasse III die niedrigste Stufe dar. Nichtsdestoweniger können auch hier die Waren gut schmecken; einen hohen Biostoffgehalt besitzen sie allemal.

Welcher Wein zum Spargel?

Spargel ist ein edles Gemüse, und dazu gehört – für den Gourmet – auch ein edler Wein. Er sollte keinesfalls zu süß sein, sondern eher herb. Am besten eignet sich trockener Weißwein – und das nicht nur geschmacklich, sondern auch medizinisch. Denn im Unterschied zu Rotwein enthält er keine Gerbstoffe, die das Vitamin-B-Reservoir des Spargels attackieren.

Saucen – leicht oder gehaltvoll

Klassischerweise kredenzt man zu Spargel die gelbe Sauce hollandaise. Die ist aber, will man nicht auf industriell gefertigte Tütenware zurückgreifen, die mit dem Original nur den Namen gemein hat, nicht gerade leicht herzustellen und aufgrund ihres hohen Buttergehalts nicht unbedingt etwas für Kalorienbewusste.

Geeignet sind jedoch auch Kräuter-Quark-Mayonnaisen, die süßsaure Cumberlandsauce, Champignonsauce (mit Wein und Sahne) oder Sauce vinaigrette.

Lieber nicht aufwärmen

Spargel bereitet dabei ähnliche Probleme wie Spinat. Er entwickelt in der Zeit vor dem Wiederaufwärmen zahlreiche Nitrate, die sich schließlich beim Erhitzen in Krebs erzeugende Nitrite umwandeln. Spargel sollte also keinesfalls in aufgewärmtem Zustand verzehrt werden!

Spargel – besonders gesund in Kombinationen

So wichtig der Spargel für die Heilung von bestimmten Krankheiten sein kann, muss dennoch festgehalten werden, dass er nicht zu den vollwertigen Nahrungsmitteln gehört. Denn in Bezug auf einige Biostoffe ist er nur sehr unzureichend ausgerüstet. Das betrifft vor allem seinen Gehalt an Eisen, Zink, Kupfer, Selen, Karotinoiden, Vitamin D, Vitamin B12 und Vitamin C. Hier muss er durch andere Nahrungsmittel ergänzt werden.

Besonders wirksam sind Kombinationen des Spargels mit:

▶ Spinat
▶ Pinienkernen
▶ Sesam
▶ Brunnenkresse
▶ Linsensprossen
▶ Weizensprossen
▶ Karotten

SPARGELSALAT MIT KAROTTEN, MUNGBOHNEN UND PINIENKERNEN

Zutaten für 2 Personen

6 Spargelpfeifen
2 Karotten
2 EL Mungbohnen
2 EL Pinienkerne
1 EL zerkleinerte Brunnenkresse
200 ml Joghurt
1 EL Zitronensaft
Curry
Salz

Zubereitung

Salat:
Den Spargel putzen und garen. Danach in kleine Scheiben schneiden. Die Karotten waschen und in kleine Stifte schneiden. Spargel, Karotten, Mungbohnen und Pinienkerne zusammenmischen und auf 2 Teller mit ausgestreuter Brunnenkresse verteilen.
Sauce:
Joghurt und Zitronensaft verrühren, mit Curry und Salz abschmecken. Schließlich die Sauce über die beiden Salatteller gießen.

Tee

Tee ist immer noch das gesündeste und billigste Genussmittel.

Herkunft und Geschichte

Um die Herkunft des Tees rankt sich eine Reihe von Mythen. Eine buddhistische Legende erzählt vom Mönch Bodhi-Darma, dem beim Meditieren immer die Augen zufielen, so dass er sich schließlich in gänzlich unbuddhistischem Zorn die Lider abschnitt. Aus den weggeworfenen Lidern sollen dann die ersten Teesträucher gewachsen sein. Eine andere Legende berichtet von dem chinesischen Kaiser Sheng-Nung, der sich nach alter chinesische Sitte Tag für Tag sein Trinkwasser abkochte. Einmal fielen ihm dabei jedoch einige Blätter des Teestrauchs in den Kessel. Das Wasser färbte sich bernsteinfarben, und als der Kaiser davon kostete, fühlte er sich wunderbar belebt. Glaubt man dieser Legende, wäre der Tee fast 5000 Jahre alt – denn so lange ist es her, dass Sheng-Nung in China regierte.

Heute ein Volksgetränk

Als Volksgetränk etablierte sich der Tee in China erst im 6. Jahrhundert unserer Zeitrechnung. Anfang des 17. Jahrhunderts gelangte er nach Europa, in Deutschland wird erstmalig im Jahr 1660 über den Genuss von Tee berichtet.

Heute werden in Deutschland pro Jahr etwa 20 000 Tonnen Tee eingeführt, der meiste davon stammt aus Assam, einer Provinz im Nor-

Von Asien nach Europa

Wussten Sie, dass Tee erst im 17. Jahrhundert nach Europa kam? Seinen Siegeszug startete das ursprünglich asiatische Getränk zunächst beim wichtigsten europäischen Handelspartner Chinas und Indiens – in Großbritannien. Riesige Schiffsladungen von Tee erreichten über den Indischen und Atlantischen Ozean die britischen Häfen. Von dort verbreitete sich der Tee rasch in viele andere europäische Staaten.

Tee als Heilmittel

Tee unterstützt die Prävention (Vorbeugung) und Therapie von folgenden Erkrankungen:

- Abwehrschwäche
- Angina pectoris
- Arteriosklerose
- Bluthochdruck
- Darmentzündungen
- Durchblutungsstörungen
- Durchfall
- Harnsteinen
- Herzinfarkt
- Karies
- Knochenwachstumsstörungen bei Kindern
- Krebs (vor allem Magen-, Darm- und Brustkrebs)
- Nervösem Darm
- Nervösem Magen
- Osteoporose
- Wasseransammlungen (z. B. in den Beinen)
- Zahnfleischentzündungen

Die einzelnen Teesorten und ihr Geschmack

● Assamtee ist ein kräftiger Tee mit dunkler Farbe und würzigem Geschmack. Er behält sein Aroma auch bei hartem Wasser.

● Ceylontee ist goldfarben, schmeckt eher etwas bitter. Seine anregende Wirkung hält besonders lange an.

● Ceylonmischung ist etwas milder als der reine Ceylontee.

● Chinesischer Tee wird oft mit Blüten- und Aromastoffen vermischt.

● Darjeelingtee ist Tee aus dem indischen Hochland. Ihn zeichnet ein hoher Gehalt an Mineralien und Flavonoiden aus.
Bei hartem Wasser kann sich sein Aroma jedoch nur schlecht entfalten.

● Ostfriesentee besteht aus indischem und indonesischem Tee. Er besitzt ein kräftiges Aroma und einen hohen Fluorgehalt.

● Russischer Tee (Rauchtee) stammt aus den ehemaligen Staaten der UdSSR. Er wird oft geräuchert, sein Geschmack ist daher etwas für Liebhaber.

● Russische Mischung hat nichts mit dem russischen Tee gemeinsam, sie ist aus indischen und chinesischen Teesorten zusammengemischt. Der Geschmack ist relativ mild.

Tee ist nicht gleich Tee

Aus den frühesten Teepflanzen Ost- und Südasiens wurden durch Kreuzungen zahlreiche weitere Teesorten entwickelt. Zwischen ihnen bestehen deutliche Geschmacks- und Qualitätsunterschiede. Sie beruhen u. a. auf den Klima- und Bodenverhältnissen im Anbaugebiet sowie auf dem Alter der geernteten Pflanzen.

---

den Indiens. Die größten Teekonsumenten stellen in Deutschland die Ostfriesen, sie allein trinken bereits ein Viertel des importierten Tees. Sie leiden übrigens auch überdurchschnittlich selten an Karies, was nicht zuletzt am hohen Fluor- und Theaflavingehalt ihres Lieblingsgetränks liegt.

Schwarzer und grüner Tee

Die Herstellung des schwarzen Tees erfolgt in vier Schritten: Welken, Rollen, Fermentieren und Trocknen. Beim grünen Tee entfällt der Schritt der Fermentierung, ein Oxidationsprozess, bei dem sich die Zellsäfte der gebrochenen Teeblätter mit dem Luftsauerstoff verbinden. Hierbei verfärben sich die Blätter kupferrot bis dunkelbraun, und die Aromastoffe werden aufgeschlossen. Vor allem werden Teile des Koffeins aus ihren Bindungen an Gerbstoffe und Flavonoide gelöst und dadurch aktiviert. So kommt es, dass schwarzer Tee intensiver schmeckt als grüner Tee, dieser dafür weniger stark, aber länger anhaltend anregend wirkt als schwarzer Tee.

Lagerung von Tee

Wie bei allen verderblichen Waren spielt auch bei Tee die Art der Lagerung eine wichtige Rolle. Bei Beachtung einiger Grundregeln bewahrt Tee sein Aroma bis zu mehreren Jahren. Ideal ist eine trockene Lagerung bei Zimmertemperatur in verschließbaren Behältern. Bewährt haben sich dabei vor allem Blechdosen, Porzellan und Steingut. Übrigens: Teebeutel beinhalten häufig Teeblätter minderer Qualität.

Süßen, aber wie?

Tee wird mit oder ohne Zucker getrunken. Wenn gesüßt wird, stehen viele Möglichkeiten offen. Ein wertvolles Nahrungsmittel ist Honig; er beinhaltet viele Vitamine und Mineralstoffe. Verbreiteter als Süßmittel für den Tee ist jedoch Zucker. Herkömmlicher (weißer) Fabrikzucker verliert bei der industriellen Verarbeitung alle wertvollen Vitamine und Spurenelemente. Etwas besser schneidet brauner Zucker ab, ein Zwischenprodukt bei der Herstellung von weißem Zucker. So vielfältig wie die Süßmittel sind auch die Methoden, ja Zeremonien des Teesüßens. In einigen Gebieten der Türkei beispielsweise hat sich eine bestimmte Art des Teetrinkens etabliert. Der Teegenießer nimmt ein Stück Würfelzucker in den Mund und trinkt dazu. Mit einem Stück Zucker können auf diese Weise mehrere Gläser Tee gesüßt werden.

Die wichtigsten Biostoffe

▶ Mangan

Teeblätter enthalten überdurchschnittlich viel Mangan. Ein Liter Tee reicht bereits aus, um die Hälfte des Tagesbedarfs zu decken.

▶ Fluor

Schwarzer und grüner Tee enthalten überdurchschnittlich viel Fluor, bis zu einem Milligramm auf zwei Tassen – und damit ist bereits der Tagesbedarf gedeckt. Wichtig: In offenen Tees ist der Fluorgehalt höher als bei Tees, die im Beutel aufgegossen werden.

▶ Polyphenole

Sie machen die Hauptwirkstoffe des Tees aus. Als besonders effektiv gelten die Polyphenole des grünen Tees. Sie fischen freie Radikale aus unserem Körper und schützen uns dadurch vor Krebs- und Herz-Kreislauf-Erkrankungen. Umstritten ist allerdings, ob sie auch – wie oft behauptet wird – den Cholesterinspiegel senken. Als gesichert gilt jedoch, dass die Phenole des grünen Tees das Oxidieren der Cholesterinablagerungen verhindern und dadurch die Gefäßinnenwände vor Verhärtungen schützen. In der chinesischen Volksmedizin wird grüner Tee auch zur Therapie von Migräne eingesetzt.

▶ Vitamin C

Grüner Tee enthält je nach Anbau recht beachtliche Mengen dieses das Immunsystem stützenden Biostoffs. Beim schwarzen Tee ist jedoch aufgrund des Welkens kein Vitamin C mehr zu finden.

▶ Theaflavin

Findet man besonders im schwarzen Tee. Es behindert die Verdauungsarbeit der Kariesbakterien.

Muntermacher Tee – langsam, aber länger

▶ Koffein

Eine Tasse Tee (150 Milliliter) enthält etwa 60 Milligramm Koffein. Diese Angabe besitzt jedoch nur eine bedingte Aussagekraft über die tatsächliche Wirkkraft des Koffeins, insofern der aus dem Kaffee bekannte Muntermacher durch einige andere Wirkstoffe des Tees in seiner Wirkung beeinflusst wird. Grundsätzlich gilt: Tee wirkt weniger anregend als Kaffee, dafür hält diese leicht anregende Wirkung länger an.

▶ Gerbsäuren

Die Gerbsäuren des Tees besitzen eine Reihe von unterschiedlichen Eigenschaften. So beeinträchtigen sie die Resorption von Koffein, was u. a. für die weniger ausgeprägte, dafür länger anhaltende Erregungswirkung des Tees verantwortlich ist. Wichtiger ist jedoch ihre

Hochwertiger Tee stammt in der Hauptsache aus Nepal, Indien und Sri Lanka. Anbau und Ernte sind aufwändig und zeitintensiv; dazu kommt der Transport über See nach Europa – Faktoren, die den Tee im 16. und 17. Jahrhundert zu einem Luxusartikel gemacht haben. Heute ist er für jeden erschwinglich, obwohl für auserlesene Sorten immer noch hohe Preise bezahlt werden.

beruhigende Wirkung auf Magen und Darm. Tee eignet sich daher vor allem zur Therapie und Vorbeugung von nervös bedingten Magen- und Darmstörungen.

Die Zubereitung

▶ Schwarzer und grüner Tee werden beide mit recht geringen Blattdosierungen zubereitet, für eine Tasse reicht in der Regel 1 gestrichener Teelöffel vollkommen aus.

▶ Schwarzer Tee wird mit kochendem Wasser überbrüht, grüner Tee mit heißem (etwa 80 °C) Wasser aufgegossen.

▶ Übergießen Sie den Tee mit dem Wasser. 3 bis 8 Minuten ziehen lassen. Eine kurze Ziehdauer sorgt für milden Geschmack und eine stark anregende Wirkung. Eine längere Ziehdauer wirkt weniger anregend, der Tee schmeckt dafür etwas bitterer.

▶ Grüner Tee kann mehrmals aufgegossen werden. Die Zeit, die der Tee ziehen muss, kann beim Zweit- und Drittaufguss deutlich verringert werden.

Tee und Pestizide

Während Kaffeetrinker weitgehend von Pestiziden verschont bleiben, kann sich der Teeliebhaber darauf leider nicht verlassen. Einige Experten schätzen sogar, dass etwa 50 bis 80 Prozent des im Handel befindlichen Tees eigentlich nicht verzehrfähig sind, weil sie zu hohe Pestizidrückstände aufweisen. Grund zur Panik besteht jedoch nicht.

Schwarzer Tee und die Eisenversorgung

Schwarzer Tee hemmt die Aufnahme von Eisen, wenn er zu den Mahlzeiten getrunken wird. Für Menschen mit einer Neigung zu Blutarmut kann das durchaus ein ernstes Problem sein.

Tipp: Trinken Sie den schwarzen Tee vorwiegend zwischen den Mahlzeiten. Als Getränk zu den Speisen wählen Sie am besten grünen Tee, Fruchtsäfte oder Mineralwasser.

Denn die meisten Pestizide sind nur schwer wasserlöslich, d. h., dass nur ein geringer Teil von ihnen in den Aufguss und damit auch in den Körper übergeht. Nach Untersuchungen des Landesuntersuchungsamts Freiburg verbleiben 90 bis 95 Prozent der Schadstoffe im Sieb.

Als Alternative kommen Tees aus ökologischem Anbau in Betracht. Doch auch hier erbrachte eine Untersuchung im Auftrag der Zeitschrift »Natur« bei einigen Produkten genauso hohe Pestizidwerte wie beim Normaltee. Dies ist nicht unbedingt auf einen Etikettenschwindel zurückzuführen: Es dauert halt einfach noch einige Zeit, bis die Unmengen an Pestiziden, die sich in all den Jahren des hemmungslosen Chemiekriegs gegen das Ungeziefer im Boden angesammelt haben, zersetzt und abgebaut sind.

Aromatees – viel Geschmack, wenig Wirkung

Alle Jahre wieder kommen so genannte Aromatees in Mode wie etwa Orangen-, Vanille- oder Kiwitee. Die Teegrundlage ist hier in der Regel jedoch ziemlich bescheiden, meistens handelt es sich um maschinell gepflückte Teemischungen aus China oder Russland. Denen werden dann diverse Blüten, Schalen, Vanillestückchen oder dergleichen zugemischt, die allerdings weniger auf das Aroma als auf die Optik wirken, d. h., sie täuschen den Geschmack nur vor, denn das eigentliche Aroma wird durch natürliche oder naturidentische Öle erzeugt.

Diese Öle sind in der Regel nicht gesundheitsschädigend. Insgesamt muss jedoch der ernährungsphysiologische Wert von Aromatees als eher gering eingestuft werden. Außerdem wirken sie auf unsere Geschmacksnerven eher abstumpfend, ganz im Unterschied zu schwarzem und grünem Tee, die durch ihre Gerb- und Bitterstoffe den Geschmackssinn verfeinern und für kulinarische Genüsse empfindlicher machen.

Kräutertee

Neben grünen und schwarzen Tees (und dem halb- oder anfermentierten Oolong) gibt es natürlich noch zahlreiche Kräutertees, die gezielt zur Therapie bzw. Vorbeugung von bestimmten Krankheiten eingesetzt werden können. Dabei werden in der Regel jeweils 2 Esslöffel der Droge mit 1 großen Tasse siedendem Wasser übergossen, anschließend 10 Minuten ziehen gelassen und abgeseiht. Die wichtigsten Teekräuter zum Trinken finden Sie in der Tabelle auf der folgenden Seite.

Earl Grey – ein Klassiker
Eine positive Ausnahme unter den aromatisierten Tees bildet der Earl Grey. Dieser mit Bergamotteöl aromatisierte Tee ist seit Jahrhunderten ein Klassiker im europäischen Teeimportland Nummer Eins, in Großbritannien. Aus dieser Tradition heraus sind durchaus anspruchsvolle Sorten Earl Grey im Handel, die nicht nur durch den Aromastoff, sondern auch durch die Qualität der Teegrundlage überzeugen.

Kräutertees – wogegen sie helfen

Kräuter	Heilkräftige Pflanzenteile	Indikationen
Baldrian	Wurzeln	Nervosität, Schlafstörungen, Ängste, Depressionen
Blutwurz	Wurzeln	Durchfall, Darmentzündungen
Brennnessel	Blätter, Wurzeln	Rheumatische Erkrankungen
Fenchel	Früchte	Blähungen, Magenkrämpfe, Husten
Hirten-täschel	Kraut	Nasenbluten, starke Regelblutungen
Holunder	Blüten	Erkältung, Bronchitis
Hopfen	Zapfen	Nervosität, Depressionen, Schlafstörungen
Huflattich	Blätter	Husten
Johannis-kraut	Kraut, Blüten	Depressionen, Wetterfühlig-keit, Bettnässen, Schlafstö-rungen, Darmentzündungen, Herzschwäche
Kamille	Blüten	Magenbeschwerden, Erkältungen, Rachen-entzündungen
Kümmel	Früchte	Blähungen, Appetitmangel, Darmentzündungen
Lavendel	Blüten	Nervosität, Durchfall, nervöse Magenstörungen
Linde	Blüten	Erkältungen, Bronchitis
Melisse	Blätter	Nervosität, Kopfschmerzen
Pfefferminze	Blätter	Magenkrämpfe, Brechreiz
Salbei	Blätter	Halsentzündungen, Darm- und Magenentzündungen, Schweißattacken
Schafgarbe	Kraut oder Blüten	Magenkrämpfe, Appetit-mangel
Süßholz	Wurzeln	Husten, Gastritis
Thymian	Blühendes Kraut	Bronchitis, Erkältungen, Darm- und Magenentzündungen
Wacholder	Beeren	Sodbrennen, Blähungen

Grünes Geheimnis aus Südamerika

In Europa noch wenig verbreitet ist Matetee. Seine Blätter stammen vom südamerikanischen Mateteestrauch. Sie werden unbehandelt (grün) oder geröstet angeboten. Matetee enthält weniger Koffein als schwarzer Tee, wirkt dennoch anregend und belebend. Ein weiterer positiver Nebeneffekt ist die Förderung des Stoffwechsels. In vielen südamerikanischen Ländern gilt Matetee als Volksgetränk. Zu den größten Produzenten und Konsumenten gehört Argentinien. Hierzulande wird er in vielen Natur-kostläden und Reformhäu-sern angeboten.

Leuchtend rot und prall-voll mit gesunden Bio-stoffen: die Tomate.

Der Reifegrad ist entscheidend

Achten Sie darauf, dass Sie ausschließlich rote, voll ausgereifte Tomaten essen. Das ist nicht nur eine Frage des besseren Geschmacks, sondern auch der Gesundheit. Grüne, unreife Tomaten enthalten den Giftstoff Solanin, der das Nervensystem angreift. Je kleiner und grüner die Tomaten sind, desto höher ist der Anteil an Solanin. Es gibt aber auch Rezepturen, in denen grüne Tomaten verarbeitet werden. Die werden dann aber immer gekocht und eingelegt. Für den Verzehr von frischen Tomaten geht also nichts über ein kräfti-ges »Tomatenrot«.

Tomate

Herkunft und Geschichte

Die Azteken waren wohl die ersten, die das Nachtschattengewächs kultivierten; sie nannten es »Tuatel«, aus dem dann »Tomatle« und schließlich unsere »Tomate« wurde. Als Kolumbus 1498 das zweite Mal von Südamerika heimkehrte, brachte er ein paar Exemplare des Gewächses mit nach Europa. Doch ihre Früchte waren noch klein und schmeckten sehr bitter. Es sollte noch viele Jahre dauern, bis dem peruanischen Strauch die uns heute bekannten Früchte zu entlocken waren. Die Tomate kam Anfang des 19. Jahrhunderts nach Deutschland. Ihr großer Durchbruch kam mit dem Ersten Weltkrieg.

Die wichtigsten Biostoffe

▶ Vitamin C

Mit 24 Milligramm auf 100 Gramm gehören Tomaten zu den ergiebigen Vitamin-C-Lieferanten. Der Biostoff wird für die Stärkung der Abwehrkräfte sowie zum Intakthalten der Blutgefäßwände benötigt. Vergessen Sie jedoch nicht, dass Vitamin C sehr hitze- und lichtsensibel ist. Sie dürfen Tomaten also nicht zu lange lagern und am besten auch nicht kochen.

▶ Karotinoide

Tomaten spielen als Karotinlieferanten eine durchaus ernst zu nehmende Rolle, hervorzuheben ist vor allem ihr Gehalt an Lykopin (3100 Mikrogramm auf 100 Gramm).

Das Lykopin fungiert zwar nicht als Vorstufe des wichtigen Schleimhautvitamins A, dafür wirkt es Krebs hemmend. Amerikanische Untersuchungen ergaben, dass eine hohe Lykopinkonzentration im Blut

Tomaten als Heilmittel

Tomaten helfen therapeutisch und präventiv bei:

- Angina pectoris
- Arteriosklerose
- Darmentzündung
- Durchblutungsstörungen
- Grippalen Infekten
- Diabetes
- Herzinfarkt
- Krebs (vor allem bei Tumoren der Bauchspeicheldrüse, der Gallenblase und dem Mastdarm)
- Schnupfen

Der richtige Umgang mit Tomaten

● Kauf
Erkundigen Sie sich beim Kauf der Tomaten nach ihrer Herkunft.
Am besten schmecken die von Hochsommer bis Herbst angebotenen Freilandtomaten, sie weisen auch den geringsten Schadstoffgehalt auf.

● Zubereitung
Vor dem Verzehr werden die Tomaten gewaschen und von ihrem Stielansatz befreit. Die meisten Biostoffe sitzen in der Schale, leider sitzen dort auch die meisten Schadstoffe. Tipp: Bei Freilandtomaten (vor allem aus kontrolliert ökologischem Anbau) können Sie auch die Schale mitessen, bei Treibhaustomaten sollten Sie eher auf geschältes Gemüse setzen. Zum Häuten halten Sie die Tomate mit einer Gabel kurz ins kochende Wasser, danach lässt sich die Schale leicht entfernen.

● Gewürze
Tomatengewürz Nummer eins ist das Basilikum.

● Lagerung
Tomaten geben bei ihrer Lagerung Äthylen ab, ein Gas, das andere Gemüsesorten bleicht und ihnen den Geschmack nimmt. Lagern Sie daher Tomaten immer isoliert im Gemüsefach Ihres Kühlschranks. Zwei Stunden vor dem Verzehr nehmen Sie die Früchte aus dem Kühlschrank, damit sie bei Zimmertemperaturen wieder an Aroma gewinnen können.

Der Schadstoffgehalt der Tomate

Aufgrund der hohen Treibhausquote beim Anbau stand die Tomate lange Zeit im Verdacht, eine Nitrat- und Pestizidbombe zu sein. Jüngere Untersuchungen geben jedoch Entwarnung. In Bezug auf den Nitratgehalt gehört die Tomate zusammen mit Paprika, Rosenkohl, Zwiebeln und Kartoffeln zu den Schlusslichtern der Tabelle, sie enthält in der Regel nicht mehr als 500 Milligramm des bedenklichen Stickstoffsalzes auf ein Kilogramm. Auch bei PCB und Pestiziden weist sie in der Regel relativ niedrige Rückstände auf.

---

mit einem niedrigen Risiko für Bauchspeicheldrüsen-, Gallenblasen- und Mastdarmkrebs vergesellschaftet ist.

▶ Folsäure
100 Gramm Tomaten enthalten 39 Mikrogramm Folsäure. Das B-Vitamin erfüllt seine Hauptaufgaben im Nervensystem, Folsäuremangel wird als Mitauslöser psychiatrischer Erkrankungen diskutiert. Es wird außerdem für die Verwertung von Eisen und Vitamin C benötigt. Durch ihren hohen Folsäuregehalt erhält die Tomate eine noch größere Bedeutung als Vitamin-C-Versorger.

▶ Chrom
Eine Portion Tomaten (200 Gramm) deckt bereits ein Drittel des Tagesbedarfs eines Erwachsenen an Chrom, das vor allem für die Zuckerverwertung von Bedeutung ist. Tomaten unterstützen so die Behandlung von Diabetes.

Tipp

Kaufen Sie nicht nach Größe. Je größer die Tomaten, umso mehr sind sie in der Regel mit Düngerrückständen belastet. Bevorzugen Sie die Freilandtomaten, ihre beste Zeit ist von Juli bis November.

Eine gesunde Alternative zur Kartoffel ist die Topinambur.

Topinambur

Herkunft und Geschichte

Eine indianische Delegation aus Kanada brachte im 17. Jahrhundert die Topinambur an den französischen Hof und damit nach Europa. Sie behauptete sich zunächst als Zierpflanze und wurde im Lauf des 18. Jahrhunderts mehr und mehr als Gemüsealternative zur Kartoffel gebräuchlich.

Im Zuge der agrarindustriellen Entwicklung geriet sie dann zunächst einmal in Vergessenheit, weil man ihre Knollen einfach nicht maschinell ernten konnte. Heute feiert die Topinambur eine wohlverdiente Wiedergeburt.

Die wichtigsten Biostoffe

▶ Inulin

Beim Inulin handelt es sich um eine besondere Form der Kohlenhydrate, die – im Unterschied etwa zum üblichen Rohrzucker – den Blutzuckerspiegel nur allmählich ansteigen lassen, ihn also nicht auf bedenkliche Spitzenwerte hochtreiben. Dadurch eignet sich die Knolle der Topinambur als unbedenklicher Kohlenhydratlieferant für Diabetiker: Sie dürfen doppelt so viel Topinamburknollen essen, wie ihnen Kartoffeln erlaubt sind. Aus demselben Grund können sie auch einen wichtigen Baustein in einer Abmagerungsdiät bilden.

▶ Kalium

Das Mineral wird für den Wasserhaushalt benötigt und spielt zusammen mit seinem Gegenspieler Natrium eine entscheidende Rolle bei

Zubereitung als Kochgemüse

Topinamburen schmecken gekocht und als Rohkost gleichermaßen gut. Für ein warmes Gericht werden die Früchte in Salzwasser mitsamt Schale weich gekocht (die Garzeit hängt von der Größe der Knollen ab). Als Kochgemüse enthält die Topinambur leider nur noch wenig Thiamin. Nicht zu lange kochen, sonst zerfällt auch das Inulin!

Topinamburen als Heilmittel

Topinamburen unterstützen die Prävention und Therapie von:

- Ängsten
- Blutarmut durch Eisenmangel (Anämie)
- Diabetes
- Nervosität
- Wasseransammlungen im Gewebe (vor allem in den Beinen)

Darüber hinaus eignet sich die Topinambur als gleicherweise kohlenhydratreiche wie sättigende Speise mit niedrigem Kaloriengehalt als ideales Nahrungsmittel für Abmagerungskuren.

Der richtige Umgang mit Topinamburen

● Kauf
Mittlerweile führt jeder gut sortierte Gemüseladen die gesunden Knollen in seinem Sortiment. Die beste Topinamburzeit liegt zwischen November und April.

● Geschmack
Die Früchte der »Jerusalemartischocke« (so der Name des Gemüses in England) erinnern in ihrem Geschmack an frische Nüsse und Salatherzen. Sie sind ungemein sättigend.

● Gewürze
Topinamburgewürze der ersten Wahl sind Kresse und Luzernengrün.

● Lagerung
Topinambur verliert schnell an Wasser und Geschmack. Sie sollte daher höchstens eine Woche im Gemüsekorb gelagert werden, im kühlen Sandbett hält sie sich ein bis zwei Monate.

der Muskelarbeit. Mit 480 Milligramm auf 100 Gramm gehört die Topinambur zu den ergiebigen Kaliumlieferanten; sie eignet sich dadurch zur Therapie von Wasseransammlungen im Gewebe.

▶ Eisen
Mit 3,7 Milligramm auf 100 Gramm enthält die Topinambur für eine Pflanze einen bemerkenswert hohen Eisenanteil. Das Metall wird vor allem zur Produktion des Blutfarbstoffes Hämoglobin benötigt, Topinambur unterstützt damit die Therapie und Prävention von Eisenmangel und eisenmangelbedingter Blutarmut.

▶ Thiamin
Das B-Vitamin eilt vor allem zu jenen Zellen, die große Mengen an Kohlenhydraten benötigen; es fungiert als wichtiger »Energienspediteur« für Nerven- und Gehirnzellen. In Studien konnte gezeigt werden, dass Thiamin beruhigend und angstlösend wirkt.
Mit dem B-Vitamin besitzt die Topinambur ein weiteres wichtiges Argument für ihre Verwendung als Kohlenhydratlieferant für Diabetiker. Sie enthält mit dem Inulin nicht nur eine besonders sanft wirkende Zuckerart, sondern liefert auch gleich jenen Biostoff mit, der den Zucker direkt zu jenen Zellen bringt, wo er am dringlichsten benötigt wird. Bereits eine Portion Topinambur (150 Gramm) deckt ein Viertel des gesamten Tagesbedarfs an Thiamin.

Zubereitung als Rohkost
Die Knolle wird zunächst sorgfältig geschrubbt und dann geschnitten – die Schale bleibt dran! Die Scheiben der Knollen müssen sofort mit Öl oder Zitronensaft beträufelt werden, um ihre Biostoffe vor den schädlichen Einflüssen des Luftsauerstoffs zu schützen. Lassen Sie Salat mit Topinamburen mindestens eine Stunde lang ziehen, sie werden dadurch bekömmlicher!

Früher gab es beim Bäcker nichts anderes als das gesunde Vollkornbrot.

Vollkornbrot

Herkunft und Geschichte

Das erste Brot wurde vor etwa 8000 Jahren gebacken, als die Menschen gelernt hatten, Hirse anzubauen. Die frühen Ägypter verwendeten Brot als heiliges Symbol und Opfergabe für die Götter, auf sie gehen die Entdeckung des Sauerteigs und die Verwendung von Weizen zur Brotherstellung zurück. Die antiken Römer hingegen sahen das Backen eher pragmatisch als Mittel zur Verpflegung des Volkes. Unter ihnen erlebte das Backhandwerk einen regelrechten Boom. Um 100 v. Chr. soll es in Rom 258 Bäckereien gegeben haben.

Grundnahrungsmittel für Jahrhunderte

Brot bildete viele Jahrhunderte lang das Grundnahrungsmittel überhaupt. Um das Jahr 1800 herum wurden pro Jahr und Kopf sage und schreibe 300 Kilogramm Brot verzehrt. Der heutige Verbrauch liegt bei etwa 80 Kilogramm, Tendenz steigend.

Das Vollkornbrot ist nicht etwa – wie man vielleicht aufgrund der vollmundigen Versprechungen der Lebensmittelindustrie glauben könnte – eine Erfindung der ökobewussten Gegenwart, sondern eigentlich genau die Brotsorte, die all die Jahrhunderte üblich war und jetzt wiederentdeckt wird.

Gesundheit für die Armen

Schade um die Schale
Für das Backen von Weißbrot wird nur das Innere des Getreidekorns, der Mehlkörper, verwendet. Schale und Keimling werden entfernt. Gerade sie enthalten jedoch wichtige Vitamine, Ballast- und Mineralstoffe. Auf die Randschichten des Korns zu verzichten bedeutet den Verlust zahlreicher Biostoffe. Also – das ganze Korn soll es sein.

Nur die Reichen konnten sich früher erlauben, feinere weiße Brotsorten aus Auszugsmehlen zu kaufen, um dadurch ihren gehobenen Lebensstandard auszudrücken. Die ärmere Bevölkerung hingegen war auf »ungereinigte« Vollkornmehle angewiesen – und lebte damit er-

---

Vollkornbrot als Heilmittel

Vollkornbrot unterstützt die Therapie und Prävention von:

- Arteriosklerose
- Blutarmut
- Durchblutungsstörungen
- Herzinfarkt
- Heuschnupfen
- Karies
- Konzentrationsschwäche
- Lernstörungen
- Krebserkrankungen, vor allem im Verdauungsbereich
- Nervenschwäche
- Verstopfung

Der richtige Umgang mit Vollkornbrot

● Kaufen Sie kein geschnittenes Brot. Die einzelnen Scheiben trocknen schneller aus als Brot am Stück.

● Kaufen Sie kein Brot, das in Plastikfolie verschweißt ist – erst recht kein Schnittbrot in Plastikfolie. Denn diesen Brotsorten sind häufig Chemikalien zur Verbesserung der Haltbarkeit zugesetzt.

● Für die Lagerung von Brot gilt: Erhöht man die Lagerungstemperatur auf 60 °C, so verzögert man das Austrocknen; senkt man hingegen die Lagerungstemperatur, wird die Austrocknung beschleunigt. Erst ab Temperaturen von unter 0 °C kommt es wieder zu einer Verzögerung des Alterungsprozesses des Brotes. Für den täglichen Hausgebrauch bedeutet dies, dass man Brot entweder möglichst frisch verzehren oder aber im Tiefkühlfach lagern sollte. Denn eine Lagerung bei Temperaturen von 60 °C ist in der Regel zu kostspielig und aufwändig, außerdem werden bei solchen Temperaturen viele Vitamine zerstört.

● Lagern Sie Ihr Brot nicht in verschlossenen Brotdosen, denn dort fühlt sich der Schimmelpilz pudelwohl. Dasselbe gilt für Plastiktüten. Am besten geeignet für eine Lagerung von einigen Tagen ist der Steinguttopf aus Großmutters Zeiten.

Brot in der Tiefkühltruhe

▶ Frieren Sie Ihr Brot ein, wenn es noch lauwarm ist. Dann schmeckt es nach dem Auftauen am besten.

▶ Frieren Sie Brot nicht zweimal hintereinander ein.

▶ Beachten Sie beim Einfrieren, dass Brot sehr schnell fremde Gerüche annimmt. In der Tiefkühltruhe sollte es also möglichst sauber und geruchsfrei sein.

▶ Aufgetautes Brot wird relativ schnell hart, es sollte daher so bald wie möglich gegessen werden.

▶ Wenn Sie keine Zeit haben sollten, das natürliche Auftauen Ihres Tiefkühlbrotes abzuwarten, so können Sie auch mit dem Backofen nachhelfen. Stellen Sie jedoch einen Topf mit Wasser dazu, denn sonst werden Sie allenfalls trockenen »Getreidebeton« aus Ihrem Herd ziehen können.

heblich gesünder. Im Zuge der Entwicklungen in der Lebensmittelindustrie wurde jedoch in diesem Jahrhundert das Brot aus Auszugsmehlen zur Massenware – und damit zu einem Massenproblem. Denn diese Brotart besitzt nur noch wenige Biostoffe, sie wird von vielen Wissenschaftlern für zahlreiche Zivilisationserkrankungen verantwortlich gemacht, von der Arteriosklerose bis zur Zahnfäule.

Die wichtigsten Biostoffe

▶ Ballaststoffe
Vollkornbrot enthält mitunter drei- bis fünfmal so viele Ballaststoffe wie Weißbrot. Den Ballaststoffen kommt bei der Vorbeugung von typischen Zivilisationskrankheiten wie Arteriosklerose, Herzinfarkt, Verstopfungen, Darmentzündungen und Krebs eine große Rolle zu.
▶ Vitamine und Mineralien
Der Vergleich auf der nächsten Seite zwischen Toastbrot und Vollkornbrot zeigt, wie groß die Unterschiede sein können.

Vollkorn gegen Toast – 2:0 für Vitamine und Mineralien

Mineral	Toastbrot	Vollkornbrot
Kalium	160 mg	250 mg
Eisen	1,4 mg	2,8 mg
Fluor	70 µg	95 µg
Kupfer	0,4 mg	0,5 mg
Zink	1,4 mg	2,2 mg

Vitamine	Toastbrot	Vollkornbrot
Vitamin E	1,0 mg	2,0 mg
Thiamin	0,1 mg	0,21 mg
Bioaktives Niazin	2,3 mg	4,5 mg
Folsäure	10 µg	40 µg

Andere Länder, andere Brote

Brotkultur hat in Mitteleuropa eine lange Tradition. Die Palette an unterschiedlichen Brotsorten ist überaus reichhaltig. Vielfach sind Mehrkornbrote im Angebot; bei ihnen werden Körner verschiedener Getreidearten (Weizen, Roggen, Gerste, Hafer usw.) verwendet. Häufig werden beim Backen auch Gewürze wie Kümmel oder Sesam beigemengt. Eine andere Art Vollkornbrot stammt aus Skandinavien – das Knäckebrot. Aufgrund der kurzen Backzeit sind in diesem knusprigen Flachgebäck noch viele hitzeempfindliche Vitamine enthalten. Nichts gegen indische Pitta, türkische Pide oder italienische Pizza – aber Brot aus Vollkornmehl hat wesentlich höhere Nährwerte.

Schon beim Kauen gesund

Die höhere Bissfestigkeit wirkt sich ebenfalls günstig auf die Gesundheit aus. Vollkornbrot muss in der Regel länger gekaut werden als Weißbrot. Dieser Umstand trainiert die Zähne, sorgt für den Übergang von ersten Fluormengen direkt in den Zahnschmelz und gewährleistet schließlich eine bessere Verdauung, weil die Nahrung vor dem Eintritt in den Magen-Darm-Trakt besser vorverdaut wurde.

Vorsicht, Biobrot als Mogelpackung

Nicht alles, was als gesundes Biobrot daherkommt, hat etwas mit Vollkornbrot zu tun. Der Begriff »Bio« ist nicht geschützt und kann daher auf alles Mögliche angewandt werden. Hier die typischen Tricks und Mogelpackungen, auf die man als Kunde von gesunden Backwaren achten sollte.

Die Farbtäuschung

Die dunkle Farbe eines Brotes lässt ebenfalls nicht unbedingt auf die Verwendung von vollem Korn schließen. Denn es gibt viele Möglichkeiten, ein Brot dunkel zu färben: Man kann es beispielsweise länger oder bei höherer Hitze backen, oder man gibt ihm einfach dunklen Malzextrakt hinzu.

Der Semmelschwindel

Vollkornbrötchen müssen laut gesetzlicher Vorschrift lediglich 30 Prozent Vollkornmehl enthalten. Richtiges Vollkornbrot muss hingegen zu 90 Prozent aus Vollkornmehlen bestehen. Mit anderen Worten: Bei den Vollkornbrötchen können die Bäcker auch Semmeln verkaufen, die überwiegend mit Auszugsmehlen hergestellt wurden. Sie taugen daher in der Regel nicht für die vollwertige Ernährung.

Der Körnertrick

Wenn ein Brot Körner oder Getreideflocken in der Kruste aufweist, muss es noch lange kein Vollkornbrot sein. Selbst ein paar Körner im Inneren des Brotes ergeben noch keinen zwingenden Hinweis auf die tatsächliche Beschaffenheit des verwendeten Mehls. Auch Schrotbrot muss nicht unbedingt etwas mit Vollkorn zu tun haben.

Die Pumpernickellegende

Pumpernickel ist zwar gesünder als Weißbrot, weil er viel mehr Mineralien (vor allem Magnesium) enthält, doch er ist beileibe nicht so gesund, wie allgemein vermutet wird. Der Grund: Er wird bei mäßiger Temperatur bis zu 20 Stunden lang in einer Dampfkammer gebacken – dabei gehen viele Vitamine ganz einfach kaputt.

Optimales Vollkornbrot – so hat es zu sein

▶ Wirklich gutes Vollkornbrot ist nicht nur zu 90 Prozent – wie vom Gesetzgeber vorgeschrieben –, sondern zu 100 Prozent aus Vollkornmehl hergestellt.
▶ Das Mehl stammt aus Getreide, das aus kontrolliert ökologischem Anbau stammt. Denn ansonsten besteht die Gefahr, dass bei seinem Anbau mit großen Mengen an Chemikalien zu Werke gegangen wurde.
▶ Die Teigzubereitung erfolgt ohne chemische Zusätze. Natursauerteig und natürliche Backfermente reichen zur Herstellung eines schmackhaften Vollkornbrotes vollkommen aus. Ein sorgfältig gebackenes Brot benötigt auch zu seiner Konservierung keine extra zugeführten Chemikalien.

Achtung, Schimmel

Verschimmeltes Brot gehört komplett entfernt, und zwar in die normale Mülltonne und nicht etwa in die Biotonne mit dem Kompost. Es darf auf keinen Fall irgendwelchen Tieren gegeben werden.
Kommen Sie nicht auf die Idee, die verschimmelten Stellen herauszuschneiden und den Rest essen zu wollen. Denn Brot ist eine relativ luftige Speise, in der sich der Schimmelpilz gut fortbewegen und verteilen kann (im Unterschied zu Käse, bei dem der Schimmel recht gut eingegrenzt werden kann).

Lang anhaltende Sättigung
Das kann Fastfood nicht bieten: schmackhaftes, vollwertiges Essen, das anhaltend sättigt und kein unangenehmes Völlegefühl vermittelt. Wenn Sie zum Frühstück Vollkornprodukte essen, beginnen Sie den Tag richtig. Sie haben »etwas im Magen« und belasten Ihren Organismus nicht. Vielleicht wird sogar der Pausensnack überflüssig!

Warnung
Der Verzehr von verschimmeltem Brot ist eine ernst zu nehmende Gefahr. Er kann zu akuten Vergiftungen führen, längerfristig sind krebsartige Veränderungen im Magen-Darm-Trakt zu befürchten.

Wein

Der griechische Gott Bacchus war für alles zuständig, was mit Alkohol zu tun hatte.

Herkunft und Geschichte

Wein ist ein Getränk mit uralter kultureller und mystischer Tradition. Im alten Transkaukasien wurde er 5000 Jahre vor unserer Zeitrechnung als Rauschmittel eingesetzt, das man als von Gott gesandtes und damit auch von ihm gewolltes Instrument zur ekstatischen Erhöhung des Menschen verehrte. Ähnlich dachten die Ägypter und die Griechen.

Wein – in Deutschland ein Außenseiter

In der heutigen Bundesrepublik ist der Weinkonsum ohne Bedeutung. Der Durchschnittsbundesbürger trinkt nicht mehr als 20 Liter Wein im Jahr – das ist nur ein Bruchteil der 72 Liter, die der Durchschnittsfranzose im Jahr verzehrt (und nicht annähernd so viel wie die 130 Liter, die der Deutsche pro Jahr an Bier trinkt). Dafür leiden die Franzosen erheblich seltener an Herz- und Kreislauferkrankungen (Wissenschaftler sprechen hier vom French-Paradox, weil nämlich die Franzosen aufgrund ihres hohen Fett- und Nikotinkonsums eigentlich viel häufiger unter Arteriosklerose leiden müssten), und es gibt nicht wenige Ärzte, die dafür den hohen Weinkonsum verantwortlich machen.

Rotwein, dicker Kopf und Allergien

In der Regel führt Rotwein eher zum dicken Kopf als Weißwein. Der Grund: Er enthält mehr Histamine, die zu starken Spannungsänderungen an den Blutgefäßen der Stirnmuskulatur führen können. Darüber hinaus haben auch viele Allergiker Probleme mit dem Rotwein, weil dessen Histamine die Überreaktionen des Immunsystems noch weiter »anfeuern«.

Wein und Gesundheit

Nicht mehr umstritten ist, dass mäßiger und regelmäßiger Alkoholgenuss einige präventive Eigenschaften besitzt, vor allem im Hinblick

---

Wein als Heilmittel

Wein hilft bei vielen Erkrankungen – aber nicht jeder Wein ist für jedes Wehwehchen gleichermaßen geeignet. Beachten Sie deshalb die Liste auf der übernächsten Seite. Für die folgenden Erkrankungen gibt es zumindest eine hilfreiche Weinsorte:

- Altersschwäche
- Appetitmangel
- Angina pectoris
- Blasenentzündung
- Blutarmut
- Bronchitis
- Depressive Verstimmungen
- Gicht
- Osteoporose
- Verstopfung

Der richtige Umgang mit Wein

● Setzen Sie vor allem auf trockene Weine, denn die sind verträglicher. Süße Weine sind leider immer noch häufig mit Zucker verpanscht.

● Seien Sie beim Wein nicht zu sparsam. Meiden Sie Produkte aus dem Supermarkt, vor allem die Spätlesesonderangebote. Kaufen Sie Ihren Wein dort, wo man Ihnen Auskunft über Anbau, Kellerwirtschaft und Schwefelgehalt des Weines geben kann. Bioweine erkennt man an der kleinen BÖW-(Bundesverband Ökologischer Weinbau-)Nummer auf dem Etikett.

● Wein wird am besten liegend aufbewahrt, damit sein Korken stets von Flüssigkeit umspült wird. Das schützt beide – Wein wie Korken – vor schneller Oxidation und Geschmacksverlust.

● Die Lagertemperatur liegt idealerweise konstant bei 12 bis 15 °C. Wenn Sie keinen großen Keller haben, kommt vielleicht ein spezieller Weinkühlschrank für Sie in Betracht, der allerdings nicht ganz billig ist.

● Lagern Sie Ihren Wein nicht im Hellen und keinesfalls in der Küche – es gibt Gewürzaromen, für die der Korken kein ernst zu nehmendes Hindernis ist.

auf Herz-Kreislauf-Erkrankungen. Darüber hinaus enthalten die einzelnen Weinsorten auch noch Substanzen, die ganz spezifische Wirkungen im menschlichen Organismus entfalten.

Rotwein – fast schon pure Medizin

Überragend sind die gesundheitlichen Wirkungen von Rotwein. Der Grund: Rotwein enthält große Mengen an Querzetin, einem Flavonoid, das in den Blutgefäßen wie ein Rohrputzer wirkt. So wurde in einer kürzlich erschienenen Studie festgestellt, dass selbst eine 1000fache Verdünnung von Rotwein die Oxidation von LDL-Cholesterin besser verhindern kann als eine vergleichbare Menge an Vitamin E, das normalerweise als der Radikalefänger und Oxidationshemmer überhaupt gilt.

Insofern oxidiertes LDL-Cholesterin als Hauptauslöser von Arteriosklerose gilt, muss zumindest ein mäßiger Tageskonsum von etwa zwei Glas Rotwein als wirksame Prävention von Herz-Kreislauf-Erkrankungen angesehen werden.

Der Weinkult der alten Griechen

Die antiken Männer und Frauen aus Athen, Korinth & Co. waren wohl die größten Weinkenner der Geschichte. Ihr Gott Dionysos war als Gott des Weins zuständig für diejenigen Toten, die beim Totengericht als Belohnung für ihr gutes Leben im glückseligen Symposium unterkamen. Die Dionysospriesterinnen durften sozusagen von Amts wegen volltrunken sein, um ihrem Gott wirklich nahe zu sein. Berühmt und berüchtigt sind die Dionysosfeste, bei denen der Rausch des Weines mit dem der Sexualität inniglich verbunden wurde. Die Griechen hatten keinerlei Probleme mit dieser Verbindung, und alles wirkte bei ihnen ganz natürlich – sehr im Unterschied zu den heutigen Karnevalsveranstaltungen.

Wein und Pestizide

Mitte des letzten Jahrhunderts begannen die Winzer damit, die Schädlinge an ihren Reben zuerst mit Schwefel und dann mit einer Kupfervitriolverbindung zu attackieren. Schließlich kam es sogar zum Einsatz von Arsenverbindungen. Der Einsatz von Pestiziden ist heute leider noch nicht ausgemerzt, jedoch werden mittlerweile auch im traditionellen Weinbau immer häufiger neue, alternative Wege der Schädlingsbekämpfung beschritten. Das Sortiment an Bioweinen steigt ständig an. Hier wird dann auf mineralische Düngung verzichtet, außerdem werden widerstandsfähige Rebsorten kultiviert und Nützlinge gefördert, um den Einsatz von Schädlingsbekämpfungsmitteln überflüssig zu machen.

Welcher Wein hilft bei welcher Krankheit?

▶ Altersschwäche

Hier eignen sich vor allem Weinsorten wie Müller-Thurgau, Spätburgunder vom Kaiserstuhl, Riesling oder Naturwein der Champagne. Denn diese Weine enthalten viele Mineralien, vor allem Kalium, Kalzium und Magnesium.

▶ Angina pectoris

Bei gelegentlichen Herzschmerzen und Neigung zur Herzinsuffizienz (Herzschwäche) helfen Spätburgunder und Trollinger aus Baden-Württemberg sowie Rotweine aus Frankreich und dem Rheingau. Denn all diese Weine enthalten viel Kalium und Magnesium, um die Aktivitäten im Herzmuskel abzusichern.

▶ Appetitmangel

Hierzu eignen sich vor allem Weißweine, da sie die Magentätigkeit anregen.

▶ Blasenentzündung

Trinken Sie süße Weißweine aus der Anjou und Traminer. Die entfalten bei ihrer Ausscheidung durch den Urin antiseptische Wirkungen.

▶ Blutarmut

Dafür nehmen Sie am besten Ruländer vom Kaiserstuhl oder Rotwein aus dem Rheingau. Denn diese Weine enthalten viel Eisen.

▶ Bronchitis

Zur Therapie sind hier die roten Bordeauxweine geeignet. Sie enthalten antibiotische Flavonoide und Phosphor. Unser Tipp: Erwärmen Sie den Wein auf etwa 60 °C, und fügen Sie dann etwas Zimt und einige Zitronenschalen hinzu.

▶ Depressive Verstimmungen

Trinken Sie Rotwein. Denn der enthält stimulierende Kalzium-Phosphor-Verbindungen.

▶ Gicht

Hier helfen Roséwein aus der Provence und die leichten Silvaner aus Franken. Diese Weine fördern die Tätigkeit der Nieren und senken den Harnsäurespiegel. Sie sollten vor allem zum Mittag- und Abendessen getrunken werden.

▶ Osteoporose

Dagegen helfen der Riesling vom Kaiserstuhl und von der Hessischen Bergstraße, die auf kalziumhaltigem Boden wachsen.

▶ Verstopfungen

Dagegen hilft trockener Riesling, weil er die Magenbewegungen und die Sekretion von Verdauungssäften anregt.

»Gebe Gott, den Frankenwein / gäbe es auf Krankenschein.« Volksmund und Volksseele haben – wen wundert's – zu allen Zeiten freudig auf die gesundheitsfördernden Eigenschaften des Alkohols Bezug genommen.

Wein und Schwefel

Auch die meisten Bioweine können nicht vollständig auf Schwefel verzichten, denn das Mineral hat im Produktionsprozess den Sinn, Neben- und Zwischenprodukte der Gärung abzubinden, den Wein vor Oxidation zu schützen und die Vermehrung von Hefepilzen und Bakterien zu hemmen.

Weinskandale

Ende der achtziger und Anfang der neunziger Jahre häuften sich in Europa die Weinskandale. 1985 brachten Weinhändler italienische Weine auf den Markt, denen Methanol zugesetzt war – eine Panscherei, die mehreren Menschen das Leben kostete.

1986 drang der Glykolskandal an die Öffentlichkeit. Österreichische Winzer hatten ihren Weinen Glykol zugesetzt, um sie süßer zu machen. Glykol schädigt die Nieren, verändert das Blutbild und gilt als Krebs erregend.

1992 wurde bekannt, dass italienische Weine mit Methylisozyanat versetzt worden waren – ein Mittel, dass früher als Entseuchungsmittel für den Boden eingesetzt wurde. Es gilt noch heute als wirksames Mittel gegen Insekten, Würmer, Pilze und Unkräuter – in hohen Dosierungen schädigt es das menschliche Nervensystem.

Die Situation heute: Ökoweinbauern sind auf dem Vormarsch, die Kontrollen sind strenger geworden. Eine absolute Sicherheit vor Skandalen gibt es freilich nicht, vor allem nicht beim Wein aus dem Kaufhaus. Befolgen Sie unsere Tipps für den Weinkauf.

Kater vom Schwefel?

Für die einzelnen Weinsorten aus deutschem Anbaugebiet sind bestimmte Schwefelgrenzwerte vorgeschrieben, deren Einhaltung in der Regel penibel beachtet wird. Nichtsdestoweniger können bei empfindlichen Personen auch niedrige Schwefelkonzentrationen zu Beschwerden wie Kopfschmerzen, Übelkeit, Völlegefühl, Durchfall und Aufstoßen führen. So mancher Kater nach einer Flasche Wein hat möglicherweise seine Ursache in einer Empfindlichkeit gegenüber schwefeligen Weinsäuren.

Wirsing

Wirsing – als Rohkost leider kaum genutzt.

Herkunft und Geschichte

Die Urform des Wirsings stammt aus Oberitalien. In früheren Zeiten wurde er gern in Form von Umschlägen bei rheumatischen Erkrankungen eingesetzt, heute beschränkt sich seine Anwendung auf die Küche, wobei er leider viel zu häufig gekocht wird.

Die wichtigsten Biostoffe

▶ Glukosinolate

Ähnlich wie Weißkohl besticht auch Wirsing durch einen hohen Anteil an Glukosinolaten. Diese Wirkstoffe greifen vor allem in die Anfangsprozesse von Krebswucherungen ein, indem sie bestimmte Enzyme einschleusen und damit für das Wachstum der Tumoren schlechtere Bedingungen schaffen. Darüber hinaus wirken die Glukosinolate antibiotisch und bilden dadurch eine wirkungsvolle Ergänzung zum Vitamin C des Wirsingkohls. Vergessen Sie jedoch nicht, dass ein hoher Anteil an Glukosinolaten durchs Kochen verloren geht!

▶ Vitamin C

Mit 45 Milligramm auf 100 Gramm gehört Wirsing zu den ergiebigsten Vitamin-C-Lieferanten. Der Biostoff wird für die Stärkung der Abwehrkräfte sowie zum Intakthalten der Blutgefäßwände benötigt. Vitamin C ist jedoch sehr hitze- und lichtsensibel. Sie dürfen den Wirsing nicht zu lange lagern, kochen Sie ihn auch am besten nicht.

▶ Vitamin E

Vitamin E schützt Zellwände und empfindliche Substanzen vor dem Angriff aggressiver Substanzen. Darüber hinaus hilft es Muskeln und Nerven, Sauerstoff einzusparen. Nicht zu unterschätzen schließlich

Im Winter frisch auf den Tisch

Wirsing ist der kräftige und würzige Bruder des Weißkohls, der in Deutschland in so großen Mengen angebaut wird, dass wir uns im Herbst und Winter der heimischen Ware bedienen können. Das sehr variable Gemüse eignet sich für herzhafte Eintöpfe, seine Blätter kann man aber auch zu so genannten Wirsingrouladen verarbeiten. Als Beilage reicht man ihn als Gemüse »al dente« oder püriert als Wirsingmus. Auch als Salat findet Wirsing zunehmend Anklang.

Wirsing als Heilmittel

Wirsing wirkt therapieunterstützend und präventiv bei folgenden Erkrankungen:

- Abwehrschwäche
- Angina pectoris
- Arteriosklerose
- Durchblutungsstörungen
- Grippalen Infekten
- Fruchtbarkeitsstörungen des Mannes
- Herzinfarkt
- Osteoporose
- Schnupfen

Der richtige Umgang mit Wirsing

● Kauf
Kaufen Sie nicht nach Größe, sondern nach Festigkeit.

● Zubereitung
Wirsing schmeckt sowohl roh als auch gekocht. Als Rohkost ist er biologisch sehr viel wertvoller. Die einzelnen Blätter müssen gründlich gewaschen werden, denn in den Vertiefungen der krausen Blätter lagern nicht selten Insekteneier.

● Gewürze
Die idealen Gewürze für Wirsing sind Salbei und Thymian, als Verdauungshilfe und Schutz vor Blähungen darf Kümmel, Anis oder Fenchel nicht fehlen.

● Lagerung
Wirsing welkt schnell. Im Kühlschrank hält er ungefähr fünf Tage, im kühlen Keller – auf einem Lagerrost mit allseitiger Luftzufuhr – kann er jedoch durchaus vier Wochen frisch bleiben.

seine kosmetische Bedeutung als »Hautstraffer« und als »Fruchtbarkeitshilfe« für die männlichen Samenzellen. Mit 2,5 Milligramm auf 100 Gramm trägt Wirsing einiges zur Vitamin-E-Versorgung bei.

▶ Folsäure
100 Gramm Wirsing enthalten 90 Mikrogramm Folsäure. Das B-Vitamin erfüllt seine Hauptaufgaben im Nervensystem, Folsäuremangel wird als Mitauslöser psychischer Erkrankungen diskutiert. Es wird außerdem für die Verwertung von Eisen und Vitamin C benötigt. Durch seinen sehr hohen Folsäuregehalt erhält der Wirsing eine noch größere Bedeutung als Vitamin-C-Versorger.

▶ Kalzium
Mit 47 Milligramm auf 100 Gramm gehört Wirsing zu den ergiebigsten Kalziumquellen. Das Mineral wird vor allem in der Wachstumsphase und den Wechseljahren für den Knochenaufbau benötigt.

▶ Jod
Das Mineral wird in der Schilddrüse gebraucht, sein Mangel führt z. B. zu Kropf und Wärmeregulationsstörungen. Mit fünf Mikrogramm auf 100 Gramm bildet der Wirsing eine Ausnahme unter den eigentlich eher jodarmen Gemüsesorten. Zu Therapiezwecken ist sein Anteil jedoch zu gering, außerdem muss sein Jod mit seinen Glukosinolaten um den Eintritt in die Schilddrüse konkurrieren.

WIRSINGSALAT MIT KAROTTEN UND SELLERIE

Zutaten für 2 Personen

6 Blätter Wirsing
1 Rettich
2 Karotten
125 g Joghurt
1 EL Zitronensaft
1 EL gehackter Schnittlauch
Salz
Pfeffer
1 EL gehacktes Fenchelgrün

Zubereitung

Gemüse:
Die Wirsingblätter gründlich waschen und in feine Streifen schneiden. Den Rettich putzen und hobeln, die Karotten schälen und raspeln. Dann die einzelnen Gemüsesorten in einer Schüssel zusammenmischen.
Sauce:
Joghurt, Zitronensaft, Schnittlauch, Salz und Pfeffer miteinander verrühren. Schließlich über den Salat gießen. Das Fenchelgrün verteilen Sie abschließend über die bereits kredenzten Portionen.

Die Zwiebel ist seit über 2000 Jahren als Heilmittel im Gebrauch.

Bei Insektenstichen hilfreich bis lebensrettend
Das Zerkauen einer Zwiebel kann aufgrund ihrer schwellungslindernden Wirkung Menschen das Leben retten, die einen Insektenstich im Mund- oder Rachenraum erlitten haben. An weniger gefährlichen Stellen der Haut hilft das Einreiben der Einstichstelle mit einer aufgeschnittenen Zwiebel.

Zwiebel

Herkunft und Geschichte

Die Heimat der Zwiebel sind die Gebirgsregionen Afghanistans, Pakistans und Irans. Dort wächst sie noch heute in ihrer wilden Urform. Die alten Ägypter verehrten die Zwiebel als Symbol des Mondes, für ihre Bauern war sie neben Brot das wichtigste Nahrungsmittel. Beim Kräfte zehrenden Bau der riesigen Pyramiden stärkten sich die Arbeiter mit Lauch, Knoblauch und Zwiebeln.

Allheilmittel – von Augenweh bis Wurmbefall

Die antiken Griechen schätzten die Zwiebel als Beilage zu Fleisch- und Fischgerichten. Hippokrates (460–370 v. Chr.) empfahl sie zur Stärkung der Augen – wohl wissend, dass ihr Saft uns zum Weinen bringt und dadurch die Augenbindehäute reinigt.

Im Mittelalter wurde die Zwiebel zum Schutz gegen Cholera und Pest eingesetzt. In Kräuterbüchern des 16. Jahrhunderts empfiehlt man sie gegen Brandblasen, Wassersucht und Wurmbefall. Für den amerikanischen Präsidenten George Washington (1732–1799) war das aromatische Liliengewächs ein Allheilmittel, egal, ob er eingewachsene Zehennägel hatte oder unter einer Erkältung litt.

Die wichtigsten Biostoffe

▶ Sulfide

Ähnlich wie Knoblauch, Schnittlauch und Schalotten besticht die Zwiebel durch ihren hohen Gehalt an Schwefelverbindungen, die vor allem in Schleimhäuten desinfizierende Eigenschaften besitzen. Doch

Zwiebeln als Heilmittel
Die Zwiebel hilft therapeutisch und präventiv bei:

- Angina pectoris
- Arteriosklerose
- Bronchitis
- Durchblutungsstörungen
- Grippalen Infekten
- Herzinfarkt
- Karies
- Magenkrebs
- Schlaganfall
- Schnupfen
- Störungen im Fettstoffwechsel
- Wurmerkrankungen im Darm

Der richtige Umgang mit Zwiebeln

● Kauf

Grundsätzlich enthalten alle erhältlichen Zwiebelarten (Koch-, Gemüse-, Gewürz- und Perlzwiebeln) ähnliche Anteile an wirksamen Sulfiden. Koch- und Gemüsezwiebeln sollten beim Kauf noch nicht ausgekeimt und fest sein.

● Zubereitung

Zwiebeln schmecken roh und gekocht. Roh sind sie therapeutisch am wirksamsten. Denken Sie jedoch daran, dass klein gehackte Zwiebelstücke umgehend verarbeitet werden sollten, da sonst die ätherischen Öle abdampfen.

● Lagerung

Im schattigen Gemüsekorb halten sich Zwiebeln mindestens einen Monat lang.

---

damit ist ihr Wirkungsspektrum noch lange nicht erschöpft. Sie wirken gegen Magenkrebs und hemmen die Gerinnung innerhalb der Blutgefäße: Das Blut kann besser fließen, das Risiko von Gefäßverschlüssen (z. B. Schaufensterkrankheit, Schlaganfall, Herzinfarkt) wird deutlich verringert. In jüngerer Zeit verdichten sich auch die Hinweise darauf, dass Zwiebeln den Blutfettspiegel senken.

Nicht zu vergessen schließlich die Wirkungen der ätherisch wirkenden Schwefelöle auf die Verdauung. Sie mobilisieren die Arbeit von Magen, Darm, Leber, Gallenblase und Bauchspeicheldrüse und optimieren dadurch die Eiweißverdauung. Schon allein aus diesem Grund macht es Sinn, Fleischgerichte grundsätzlich mit Zwiebeln zu garnieren.

▶ Fluor

100 Gramm Zwiebeln enthalten 42 Mikrogramm Fluor, bei getrockneten Zwiebeln sind es sogar 350 Mikrogramm. Das Mineral wird vor allem für den Knochenaufbau und die Härtung des Zahnschmelzes benötigt.

▶ Zink

Mit 1,4 Mikrogramm auf 100 Gramm gehört die Zwiebel zu den zinkreichen Gemüsesorten. Dieses Mineral spielt eine wichtige Rolle im Immunsystem, wird außerdem zur Eiweißbildung benötigt – neben den ätherischen Ölen noch ein weiteres Argument dafür, Zwiebeln unbedingt zur Garnitur von Fleischgerichten einzusetzen.

Das Atemproblem

Ähnlich wie beim Knoblauch sorgen die Sulfide der Zwiebel über das Abatmen für einen Geruch, der von vielen Menschen eher mit Argwohn quittiert wird. Auch wenn gerade im Abatmen der Schwefelöle ihr therapeutischer Nutzen bei Bronchitis und grippalen Infekten liegt: Wer auf diesen Nutzen nicht angewiesen ist, sollte zumindest überlegen, ob er seinen Zwiebelkonsum nicht besser dosieren kann – Zwiebeln zum Frühstück beispielsweise wirken auf den Partner alles andere als aphrodisierend!

Öfter zum Fleisch

Zwiebeln verbessern die Eiweißverdauung, sie sollten daher bei keinem Fleischgericht fehlen.

Impressum

© 2000 Südwest Verlag, München, in der Econ Ullstein List Verlag GmbH & Co. KG, München

Alle Rechte vorbehalten. Nachdruck – auch auszugsweise – nur mit Genehmigung des Verlags.

Lektorat:
Dr. Alex Klubertanz,
Dr. Bertram J. Ganzfelder
Redaktionsleitung und medizinische Fachberatung:
Dr. med. Christiane Lentz
Bildredaktion:
Sabine Kestler, Tanja Nerger
Produktion:
Manfred Metzger (Leitung),
Annette Aatz
Umschlaggestaltung:
Heinz Kraxenberger, München; Till Eiden
Layout:
Till Eiden
Satz/DTP:
Wolfgang Lehner

Printed in Italy

ISBN 3-517-06313-4

Über die Autoren

Dr. Jörg Zittlau studierte Biologie, Sportmedizin und Philosophie. Er ist freier Wissenschaftsjournalist und Autor mit den Schwerpunkten Alternativ- und Naturmedizin, Ernährung und Psychologie.
Dr. med. Norbert Kriegisch ist Arzt für Naturheilverfahren mit eigener Praxis in München. Seine Schwerpunkte sind die ganzheitliche Betrachtung von Gesundheitsstörungen und die natürlichen Methoden zur Vorbeugung und Behandlung.

Literatur

Gregori, E./Lindner, G./Schlieper, C.: Richtige Ernährung. Bohmann Verlag. Wien 1988
Münzing-Ruef, I.: Kursbuch gesunde Ernährung. Zabert Sandmann. München 1996
Oberbeil, K./Lentz, Dr. C.: Obst & Gemüse als Medizin. Südwest Verlag. 6. Auflage, München 2000
Treutwein, N.: Übersäuerung – Krank ohne Grund? Südwest Verlag. 6. Auflage, München 2000
Zittlau, Dr. J./Kriegisch, Dr. N./Heinke, D.-P.: Hausmittel. Die besten Rezepte für die Gesundheit. Südwest Verlag. 7. Auflage, München 2000

Hinweis

Bildnachweis

AKG, Berlin: 11, 304, 310, 344, 366, 434; Bavaria, Gauting: 217 (Hans Reinhard); Bilderberg, Hamburg: 301 (Reinhart Wolf), 343 (Chr. v. Alvensleben); Mauritius, Mittenwald: 141 (U. Kerth); New Eyes, Hamburg: 172 (Retna/Acheson); Pasieka Alfred, Hilden: 16, 28, 34, 50, 68, 86, 170, 186, 246, 266, 322; Südwest Verlag, München ©: U1 o.l. (Christian Kargl/Ute Schoenenburg), U1 m. (Studio L'Eveque, Harry Bischof), U1 u.r. (Dirk Albrecht), 122 (Hans Seidenabel), 125 (N.N.), 169, 170, 176, 184 (Michael Holz), 174, 178, 180 (Rainer Hofmann), 182 (Karl Newedel), 160 (Ute Schoenenburg), 188 (Michael Nagy), 181, 185, 213, 223, 227, 235, 239, 265, 275, 289, 299, 328, 428; Tony Stone, München: 130 (Jerome Tisne), 283 (Christel Rosenfeld); Transglobe Agency, Hamburg: 7 (N.N.), 8 (UsMuc), 15, 232, 276, 364 (Reporters/P. Broze), 20, 287 (Reporters/A. Schroeder), 23, 42, 280, 404 (Antje Wiech), 26, 32, 157, 167, 214, 250, 253, 262, 284, 290, 306, 316, 376 (Pawel Kanicki), 40 (Einar Bangsund), 52, 249 (Aloha/Trizeps), 62, 96 (R. König), 83 (Retna/Ewing Reeson), 100 (Popperfoto/PPP), 113, 354 (Stephan Wallocha), 115, 136, 152, 188, 295, 312, 320, 350, 367, 380, 392, 414 (Index Stock), 117 (Popperfoto), 118, 158 (TWFS/Ken Browar), 126, 353 (Jerrican), 129 (Lecourieux/Jerrican), 132 (Peter Wiegel), 142, 396, 416 (Reporters/B. Chederros), 146 (P. Mayen), 154 (Attard), 164 (TWFS/T. Biondo), 169 (W. Seeling), 173, 366 (N. Kuzmanic), 175 (Blume), 176 (G. + M. de Lossy), 178 (Studio Pierer), 182 (Gable/Jerrican), 219 (Ralph Metzger), 220 (Jenny Acheson), 224, 231 (Fotopic), 228 (Frank Chmura), 236 (Makra/Studio Davino), 240 (Hofer), 245, 390, 437 (Tschanz-Hofmann), 254 (Reporters/P. Ache), 259 (Gisela Caspersen), 260 (Werner Meidinger), 279 (Van Bucher), 292 (Andreas Laible), 296 (Foc/Jacques), 302 (G. Deichmann), 308 (N.N.), 314 (W. Wiese), 330 (Braasch), 332 (Van Riel), 336 (Stock Market), 340 (N.N.), 346 (B.-D. Roth), 356 (N.N.), 358 (N.N.), 360 (Nordlicht/D. Schneider), 370 (Di Girolamo), 372, 402, 406 (Fine Food Photography), 377, 383 (Interfoto/Wilfried Wirth), 384 (Ivo V. Renner), 386 (E. Perauer), 393 (P. Spierenburg), 410 (A. Schroeder), 420 (Retna/Ken Bank), 423 (N.N.), 426 (Klaus Hackenberg), 430 (Zone 5), 438 (W. Seeling), 440 (Christer Andreason).

Krankheiten- und Beschwerdenregister

Sachregister